100%

# 백신

중학 과학 1.2

# 장풍쌤의 중학 과학 백점 비법

\+

\+

\+

\+

| | |
|---|---|
| **발행일** | 2025년 5월 15일 |
| **펴낸곳** | 메가스터디(주) |
| **펴낸이** | 손은진 |
| **개발 책임** | 배경윤 |
| **개발** | 이지애, 김윤희, 조은정 |
| **디자인** | (주)이츠북스, 디자인마인드 |
| **마케팅** | 엄재욱, 김세정 |
| **제작** | 이성재, 장병미 |
| **주소** | 서울시 서초구 효령로 304(서초동) 국제전자센터 24층 |
| **대표전화** | 1661.5431(내용 문의 02-6984-6915 / 구입 문의 02-6984-6868,9) |
| **홈페이지** | http://www.megastudybooks.com |
| **출판사 신고 번호** | 제 2015-000159호 |
| **출간제안/원고투고** | 메가스터디북스 홈페이지 <투고 문의>에 등록 |




**메가스터디BOOKS**

'메가스터디북스'는 메가스터디㈜의 교육, 학습 전문 출판 브랜드입니다.
초중고 참고서는 물론, 어린이/청소년 교양서, 성인 학습서까지 다양한 도서를 출간하고 있습니다.


KC
· **제품명** 백신 중학 과학 1-2
· **제조자명** 메가스터디㈜ · **제조년월** 판권에 별도 표기 · **제조국명** 대한민국 · **사용연령** 11세 이상
· **주소 및 전화번호** 서울시 서초구 효령로 304(서초동) 국제전자센터 24층 / 1661-5431

# 머리말

언제나 그랬듯이! 2022 개정 교육과정 중학교 과학의 기준이 되는 **2022개정 백신 중학 과학**을 새롭게 펴냈습니다.

20여 년간 강의하며 수많은 제자와 함께한 경험을 통해, 중학교 과학을 탄탄하게 다져놓아야 고등학교 과학의 기초와 틀이 잡히고 나아가 수능 준비의 초석이 된다는 것을 깊이 깨달았습니다. 장풍의 20년 강의 경험과 비법을 담아, 더 완성도 높은 교재로 만들었습니다.

**백신 중학 과학**은 2022개정 교육과정에 맞추어 폭넓은 배경지식과 사고력, 응용력을 키우는 데 중점을 두고 7종 교과서를 모두 분석하여 중요 내용을 종합적으로 담았으며, 개념 이해를 바탕으로 자연스럽게 암기가 되도록 했을 뿐 아니라 학생들이 궁금해 했던 내용을 집중적으로 학습할 수 있도록 구성했습니다.

끝으로, **중학교 과학이 탄탄하게 다져질수록 고등학교 과학이 더 쉬워진다는 것을 꼭 강조하고 싶습니다.** 백신 과학 시리즈를 통해 중등부터 고등, 수능까지 자연스럽게 연결되는 과학 학습이 될 수 있길 희망합니다.

자기 자신이 감동할 만큼 최선을 다해주시길 부탁드립니다.
저 역시 여러분을 위해 더욱 노력하겠습니다.

감사합니다.

# 구성과 특징

## 1 이해 쏙쏙~ 개념 학습!

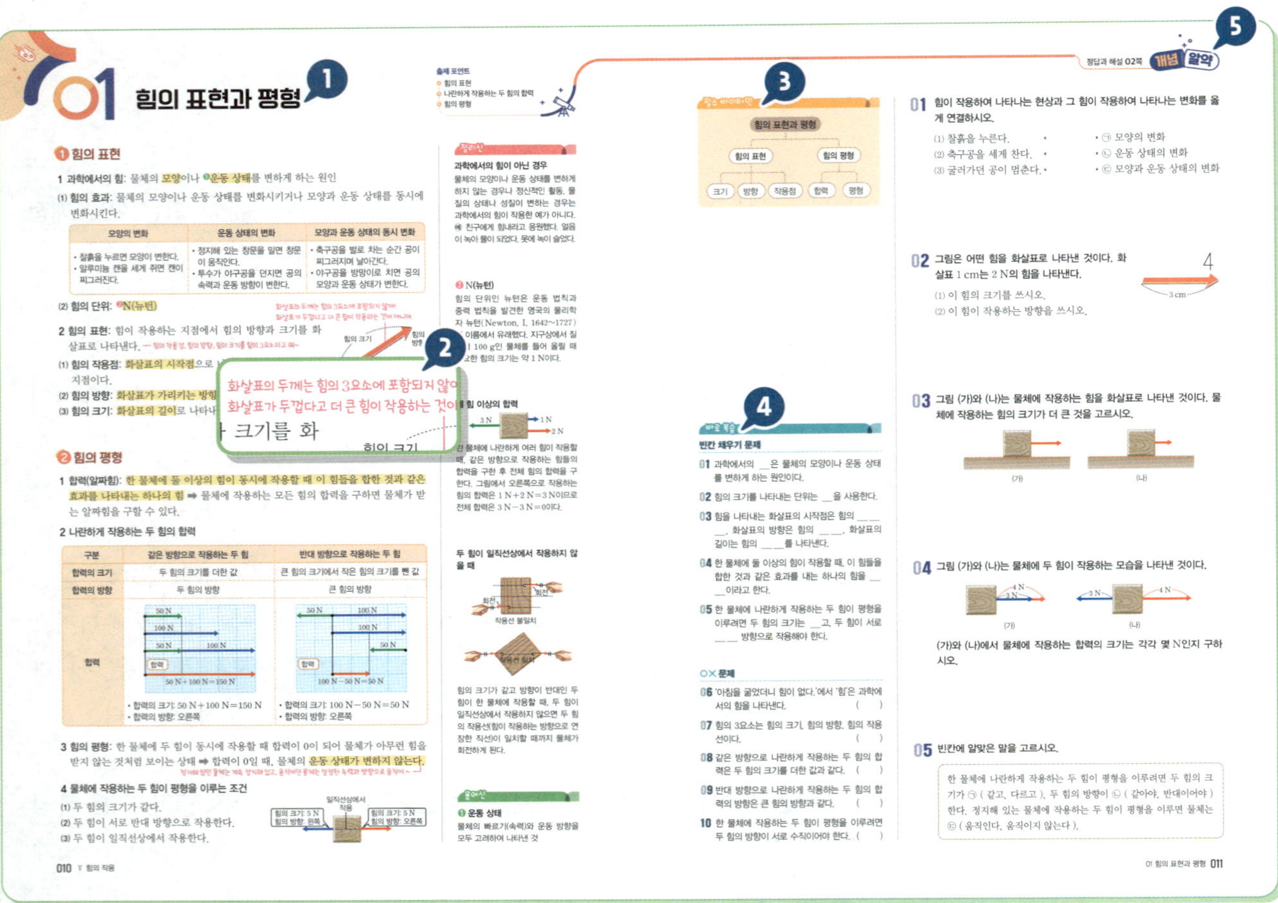

### ❶ 교과서 개념 학습

새 교과서 7종을 철저히 분석하여 중요 개념을 꼭꼭 챙겨서 그림 자료와 함께 이해하기 쉽게 정리했습니다.

### ❷ 강의를 듣는 듯 친절한 첨삭 설명

어려운 용어, 보충 설명, 꼭 암기해야 할 내용을 첨삭해 주었습니다.

### ❸ 필수 바이타민

핵심 개념을 한눈에 파악할 수 있도록 개념도로 정리했습니다.

### ❹ 바로 복습

핵심 용어와 개념을 빈칸 채우기 문제와 OX 문제로 바로 복습해 보세요.

### ❺ 개념 알약

학습한 개념을 제대로 이해했는지 기본 문제로 확인해 보세요.

# 2 탐구 & 보충 학습으로 개념 완벽 정복!

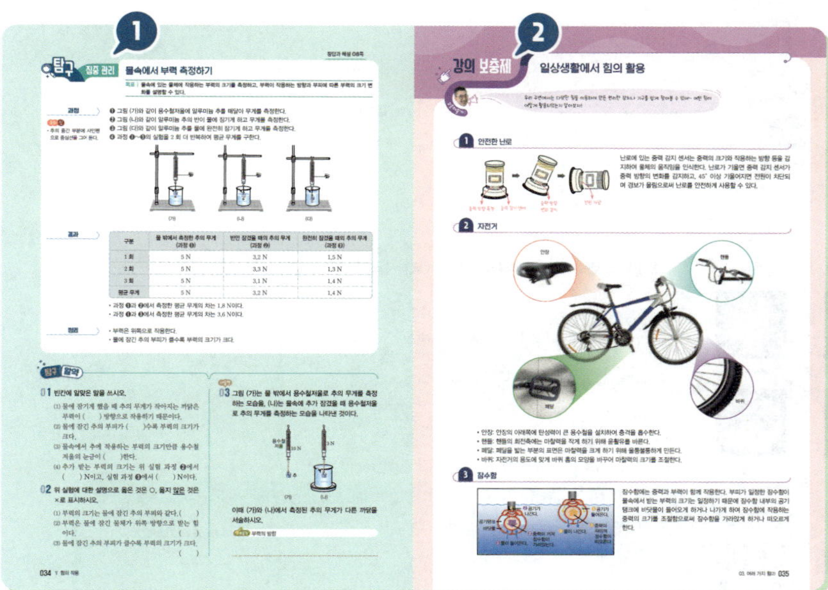

## ❶ 탐구 집중 관리

7종 교과서의 중요 탐구를 자세히 설명하고, 관련된 탐구 문제를 제시하여 어떤 형태의 탐구 문제가 출제되어도 자신있게 해결할 수 있도록 했습니다.

## ❷ 강의 보충제

이해하기 어려운 개념이나 본문에서 설명이 부족했던 부분을 자세하게 설명했습니다.

# 3 유형 잡고, 실전 문제로 실력 UP!

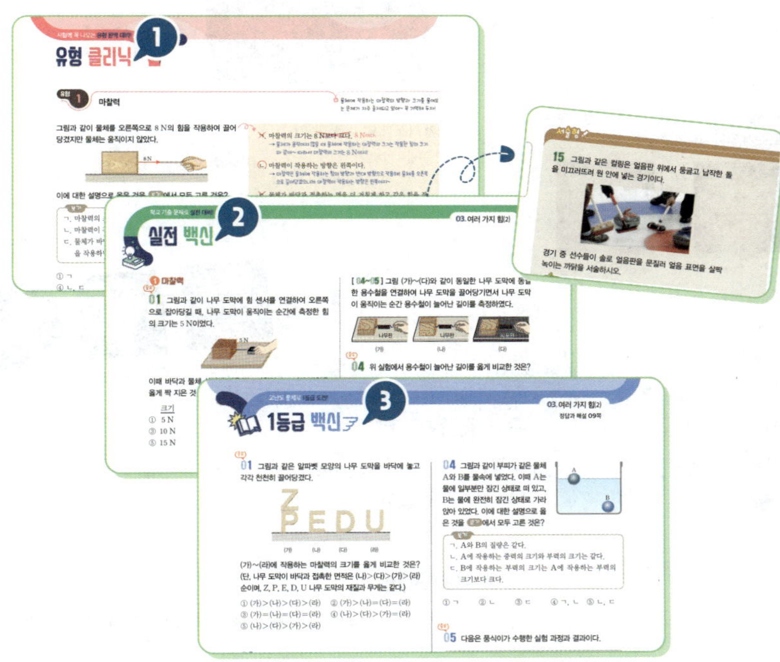

## ❶ 유형 클리닉

학교 기출 문제를 분석하여 자주 출제되는 대표 유형 문제를 선별하고 문제 접근 방식과 문제와 개념을 연결시키는 방법 등을 자세히 설명했습니다.

**ZP point** | 문제 풀 때 필요한 장풍 쌤만의 비법을 전수합니다.

## ❷ 실전 백신

학교 시험 실전 문제로 실력을 다질 수 있도록 했습니다. **중요**는 시험에 꼭 나오는 문제이므로 반드시 확인하세요.

## ❸ 1등급 백신

고난도 문제를 통해 실력을 한 단계 더 높여 보세요.

# 4 빈출 자료 & 대단원 문제

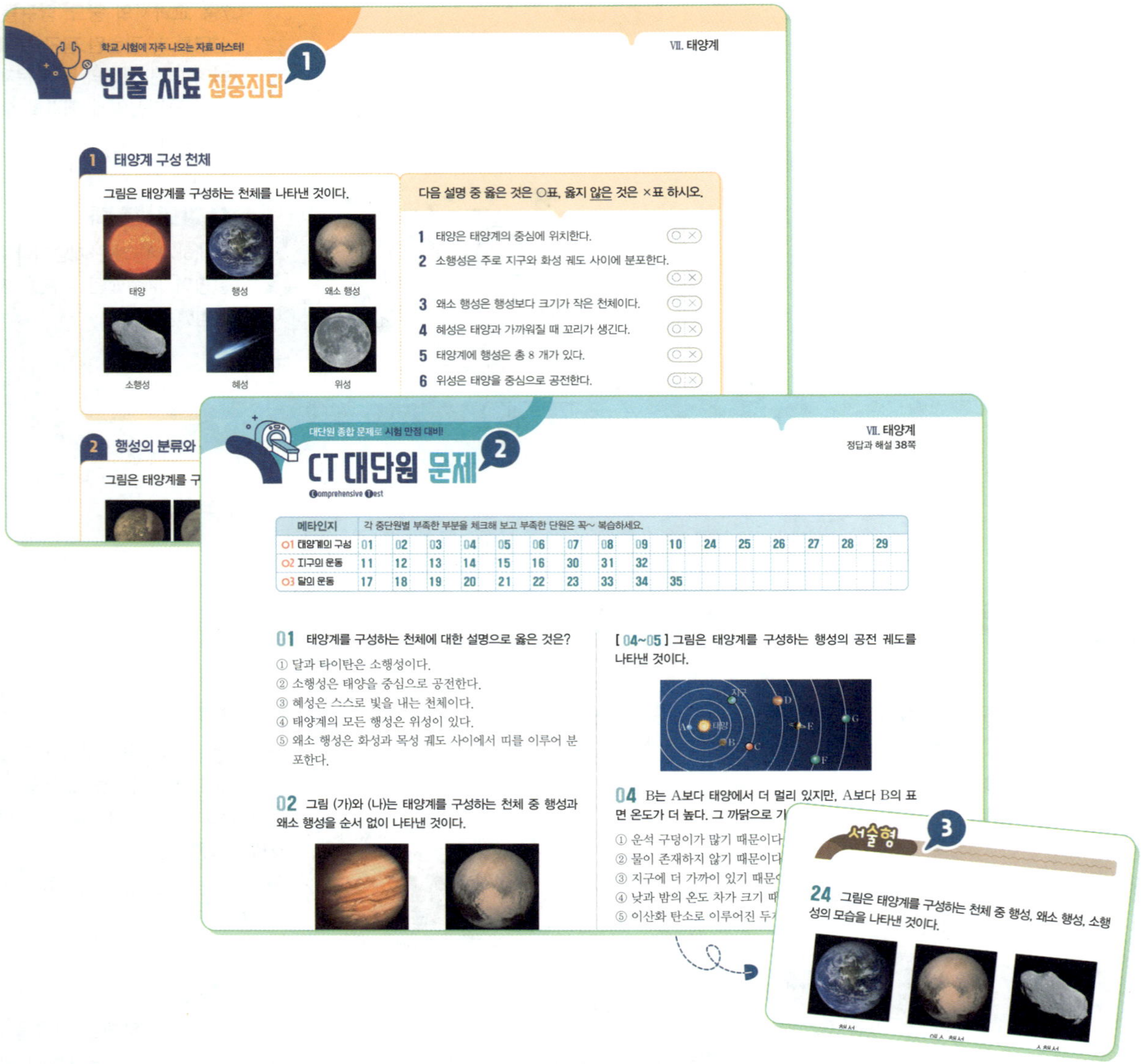

## 빈출 자료 집중진단 ①

학교 시험에 자주 나오는 자료 마스터!

VII. 태양계

### 1 태양계 구성 천체

그림은 태양계를 구성하는 천체를 나타낸 것이다.

태양 / 행성 / 왜소 행성 / 소행성 / 혜성 / 위성

다음 설명 중 옳은 것은 O표, 옳지 않은 것은 ×표 하시오.

1 태양은 태양계의 중심에 위치한다. ( O / × )
2 소행성은 주로 지구와 화성 궤도 사이에 분포한다. ( O / × )
3 왜소 행성은 행성보다 크기가 작은 천체이다. ( O / × )
4 혜성은 태양과 가까워질 때 꼬리가 생긴다. ( O / × )
5 태양계에 행성은 총 8 개가 있다. ( O / × )
6 위성은 태양을 중심으로 공전한다. ( O / × )

### 2 행성의 분류와

그림은 태양계를 구

## CT 대단원 문제 ②

대단원 종합 문제로 시험 만점 대비!

Comprehensive Test

VII. 태양계
정답과 해설 38쪽

| 메타인지 | 각 중단원별 부족한 부분을 체크해 보고 부족한 단원은 꼭~ 복습하세요. | | | | | | | | | | | | | | |
|---|---|---|---|---|---|---|---|---|---|---|---|---|---|---|---|
| 01 태양계의 구성 | 01 | 02 | 03 | 04 | 05 | 06 | 07 | 08 | 09 | 10 | 24 | 25 | 26 | 27 | 28 | 29 |
| 02 지구의 운동 | 11 | 12 | 13 | 14 | 15 | 16 | 30 | 31 | 32 | | | | | | |
| 03 달의 운동 | 17 | 18 | 19 | 20 | 21 | 22 | 23 | 33 | 34 | 35 | | | | | |

**01** 태양계를 구성하는 천체에 대한 설명으로 옳은 것은?

① 달과 타이탄은 소행성이다.
② 소행성은 태양을 중심으로 공전한다.
③ 혜성은 스스로 빛을 내는 천체이다.
④ 태양계의 모든 행성은 위성이 있다.
⑤ 왜소 행성은 화성과 목성 궤도 사이에서 띠를 이루어 분포한다.

**02** 그림 (가)와 (나)는 태양계를 구성하는 천체 중 행성과 왜소 행성을 순서 없이 나타낸 것이다.

[ 04~05 ] 그림은 태양계를 구성하는 행성의 공전 궤도를 나타낸 것이다.

**04** B는 A보다 태양에서 더 멀리 있지만, A보다 B의 표면 온도가 더 높다. 그 까닭으로 가

① 운석 구덩이가 많기 때문이다
② 물이 존재하지 않기 때문이다
③ 지구에 더 가까이 있기 때문
④ 낮과 밤의 온도 차가 크기 때
⑤ 이산화 탄소로 이루어진 두꺼

## 서술형 ③

**24** 그림은 태양계를 구성하는 천체 중 행성, 왜소 행성, 소행성의 모습을 나타낸 것이다.

---

**❶ 빈출 자료 집중 진단**
학교 시험 문제를 분석하여 자주 출제되는 자료를 선별하고 OX 문제로 정리했습니다.

**❷ 대단원 문제**
다양한 실전 문제로 지금까지 쌓아온 실력을 점검하고 부족한 부분을 채우도록 합시다.

**❸ 서술형 문제**
다양한 서술형 문제를 완벽하게 소화하여 과학 100점에 도전해 봅시다.

# 5 수행평가 대비

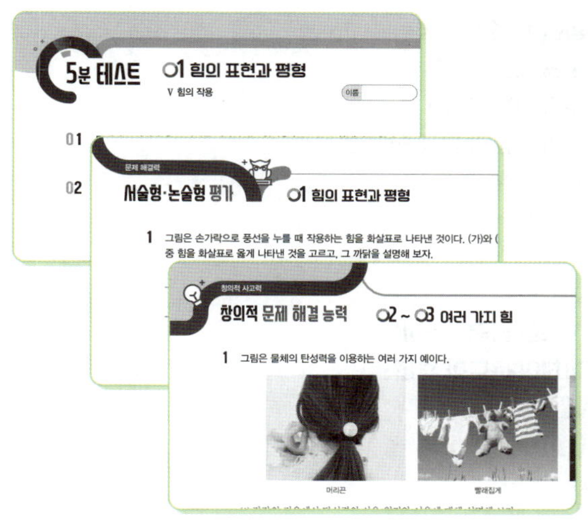

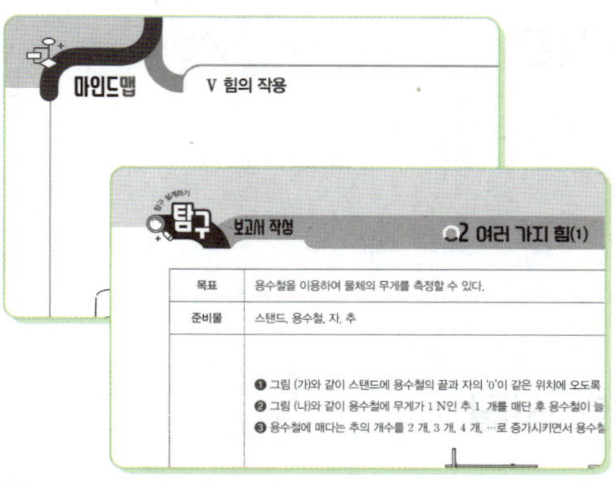

## 5분 테스트 | 서술형·논술형 평가 | 창의적 문제 해결 능력 | 마인드맵 | 탐구 보고서 작성

학교에서 실시되는 수행평가 중 가장 많이 실시되는 형태로 구성했습니다. 진도 교재와 함께 학습해 나가면 어떤 형태의 수행평가도 모두 대비할 수 있습니다.

# 6 중간·기말고사 대비

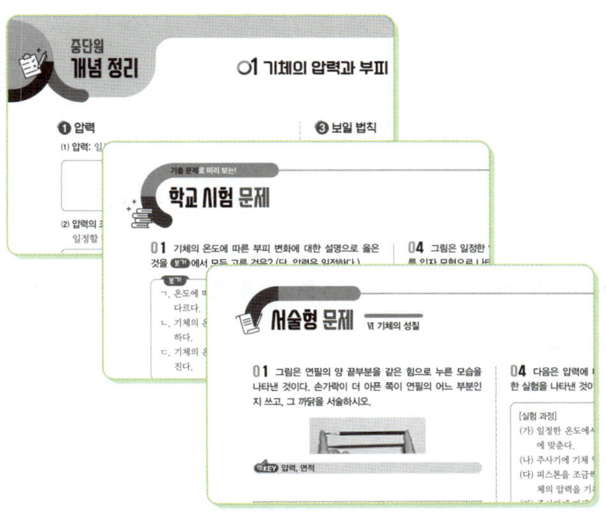

## 중단원 개념 정리

시험 직전 중단원 핵심 개념을 정리해 볼 수 있도록 했습니다.

## 학교 시험 문제

학교 시험에 자주 출제되었던 문제로 구성하여 실제 시험에 대비할 수 있도록 했습니다.

## 서술형 문제

대단원별 주요 서술형 문제를 집중 연습할 수 있도록 KEY 와 함께 수록했습니다.

# 차례

| V 힘의 작용 | 백신 | 동아출판 | 미래엔 | 비상교육 | YBM | 지학사 | 천재(임) | 천재(정) |
|---|---|---|---|---|---|---|---|---|
| 01 힘의 표현과 평형 | 010 ~ 017 | 145 ~ 149 | 156 ~ 159 | 158 ~ 161 | 139 ~ 143 | 154 ~ 157 | 152 ~ 155 | 154 ~ 155 |
| 02 여러 가지 힘 (1) | 018 ~ 029 | 150 ~ 157 | 160 ~ 167 | 164 ~ 169 | 144 ~ 147 | 158 ~ 165 | 156 ~ 163 | 156 ~ 163 |
| 03 여러 가지 힘 (2) | 030 ~ 041 | 158 ~ 163 | 168 ~ 173 | 170 ~ 174 | 148 ~ 151 | 166 ~ 171 | 164 ~ 169 | 164 ~ 169 |
| 04 힘의 작용과 운동 상태 변화 | 042 ~ 051 | 167 ~ 175 | 178 ~ 185 | 178 ~ 187 | 155 ~ 161 | 176 ~ 185 | 174 ~ 181 | 174 ~ 183 |

| VI 기체의 성질 | 백신 | 동아출판 | 미래엔 | 비상교육 | YBM | 지학사 | 천재(임) | 천재(정) |
|---|---|---|---|---|---|---|---|---|
| 01 기체의 압력과 부피 | 064 ~ 077 | 187 ~ 195 | 198 ~ 205 | 198 ~ 202 206 ~ 209 | 173 ~ 181 | 198 ~ 205 | 196 ~ 203 | 194 ~ 203 |
| 02 기체의 온도와 부피 | 078 ~ 089 | 199 ~ 203 | 210 ~ 215 | 210 ~ 215 | 185 ~ 191 | 210 ~ 215 | 208 ~ 213 | 208 ~ 213 |

| VII 태양계 | 백신 | 동아출판 | 미래엔 | 비상교육 | YBM | 지학사 | 천재(임) | 천재(정) |
|---|---|---|---|---|---|---|---|---|
| 01 태양계의 구성 | 100 ~ 115 | 215 ~ 226 240 ~ 242 | 228 ~ 239 | 226 ~ 235 | 203 ~ 213 | 228 ~ 239 252 ~ 253 | 228 ~ 243 | 226 ~ 239 |
| 02 지구의 운동 | 116 ~ 127 | 229 ~ 233 | 244 ~ 247 | 238 ~ 241 | 217 ~ 222 | 244 ~ 247 | 248 ~ 253 | 244 ~ 251 |
| 03 달의 운동 | 128 ~ 139 | 234 ~ 239 | 248 ~ 253 | 242 ~ 247 | 223 ~ 228 | 248 ~ 251 | 254 ~ 259 | 252 ~ 259 |

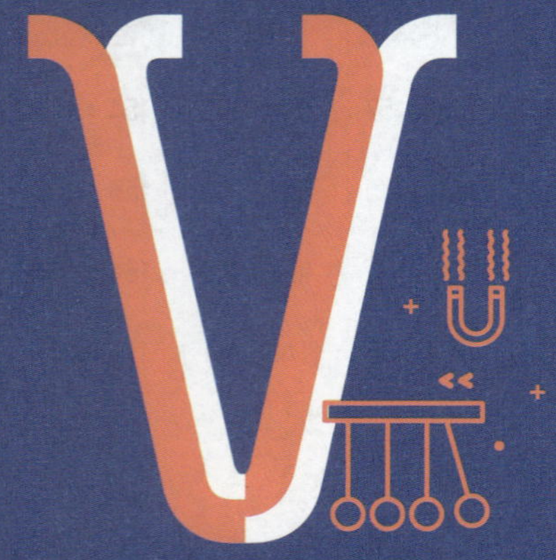

# 힘의 작용

이 단원을 공부하기 전에 이전 학년에서 배운 개념을 알고 있는지 확인해 보세요.

일상생활에서 용도에 맞게 다양한 저울을 사용하여 ❶ [          ]를 측정한다.

상점에서 상품을 사고팔 때 정확한 ❷ [          ]를 알지 못하면 상품의 가격을 정확하게 정할 수 없다.

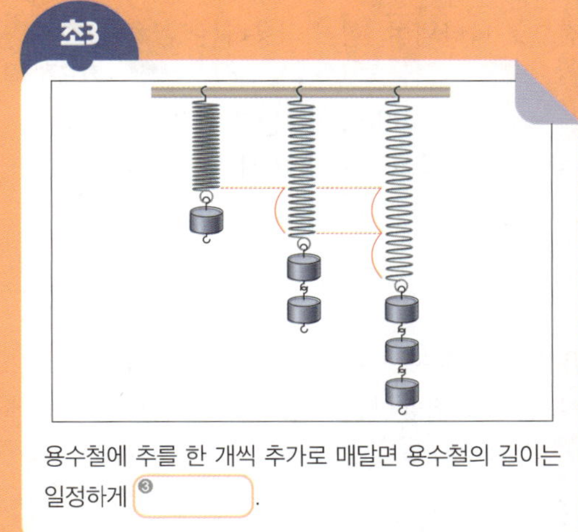

용수철에 추를 한 개씩 추가로 매달면 용수철의 길이는 일정하게 ❸ [          ].

## 이 단원 연계 개념은...

| 초등 3~4학년 | | 중학교 1학년 | | 고1 통합과학 1 |
|---|---|---|---|---|
| · 힘과 우리 생활 | ▶ | · 힘의 표현과 평형<br>· 여러 가지 힘(1)<br>· 여러 가지 힘(2)<br>· 힘의 작용과 운동 상태 변화 | ▶ | · 시스템과 상호작용 |

# 01 힘의 표현과 평형



## ① 힘의 표현

**1 과학에서의 힘**: 물체의 모양이나 ❶운동 상태를 변하게 하는 원인

**(1) 힘의 효과**: 물체의 모양이나 운동 상태를 변화시키거나 모양과 운동 상태를 동시에 변화시킨다.

| 모양의 변화 | 운동 상태의 변화 | 모양과 운동 상태의 동시 변화 |
| --- | --- | --- |
| • 찰흙을 누르면 모양이 변한다.<br>• 알루미늄 캔을 세게 쥐면 캔이 찌그러진다. | • 정지해 있는 창문을 밀면 창문이 움직인다.<br>• 투수가 야구공을 던지면 공의 속력과 운동 방향이 변한다. | • 축구공을 발로 차는 순간 공이 찌그러지며 날아간다.<br>• 야구공을 방망이로 치면 공의 모양과 운동 상태가 변한다. |

**(2) 힘의 단위**: ❷N(뉴턴)

**2 힘의 표현**: 힘이 작용하는 지점에서 힘의 방향과 크기를 화살표로 나타낸다. — 힘의 작용점, 힘의 방향, 힘의 크기를 힘의 3요소라고 해~

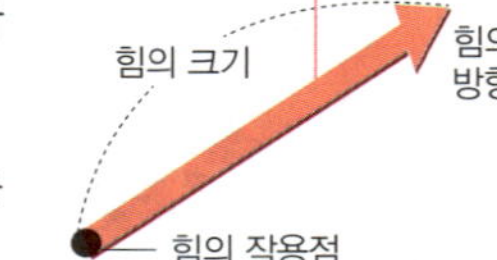


**(1) 힘의 작용점**: 화살표의 시작점으로 나타내며, 힘이 작용하는 지점이다.

**(2) 힘의 방향**: 화살표가 가리키는 방향으로 힘이 작용하는 방향을 나타낸다.

**(3) 힘의 크기**: 화살표의 길이로 나타내며, 힘의 크기에 비례하도록 그린다.

## ② 힘의 평형

**1 합력(알짜힘)**: 한 물체에 둘 이상의 힘이 동시에 작용할 때 이 힘들을 합한 것과 같은 효과를 나타내는 하나의 힘 ➡ 물체에 작용하는 모든 힘의 합력을 구하면 물체가 받는 알짜힘을 구할 수 있다.

**2 나란하게 작용하는 두 힘의 합력**

| 구분 | 같은 방향으로 작용하는 두 힘 | 반대 방향으로 작용하는 두 힘 |
| --- | --- | --- |
| 합력의 크기 | 두 힘의 크기를 더한 값 | 큰 힘의 크기에서 작은 힘의 크기를 뺀 값 |
| 합력의 방향 | 두 힘의 방향 | 큰 힘의 방향 |
| 합력 | 50 N / 100 N / 50 N 100 N / 합력 / 50 N+100 N=150 N | 50 N 100 N / 100 N / 50 N / 합력 / 100 N−50 N=50 N |
| | • 합력의 크기: 50 N+100 N=150 N<br>• 합력의 방향: 오른쪽 | • 합력의 크기: 100 N−50 N=50 N<br>• 합력의 방향: 오른쪽 |

**3 힘의 평형**: 한 물체에 두 힘이 동시에 작용할 때 합력이 0이 되어 물체가 아무런 힘을 받지 않는 것처럼 보이는 상태 ➡ 합력이 0일 때, 물체의 운동 상태가 변하지 않는다.

정지해 있던 물체는 계속 정지해 있고, 움직이던 물체는 일정한 속력과 방향으로 움직여~

**4 물체에 작용하는 두 힘이 평형을 이루는 조건**

**(1)** 두 힘의 크기가 같다.

**(2)** 두 힘이 서로 반대 방향으로 작용한다.

**(3)** 두 힘이 일직선상에서 작용한다.

---

**과학에서의 힘이 아닌 경우**

물체의 모양이나 운동 상태를 변하게 하지 않는 경우나 정신적인 활동, 물질의 상태나 성질이 변하는 경우는 과학에서의 힘이 작용한 예가 아니다. ⑩ 친구에게 힘내라고 응원했다. 얼음이 녹아 물이 되었다. 못에 녹이 슬었다.

**❷ N(뉴턴)**

힘의 단위인 뉴턴은 운동 법칙과 중력 법칙을 발견한 영국의 물리학자 뉴턴(Newton, I. 1642~1727)의 이름에서 유래했다. 지구상에서 질량이 100 g인 물체를 들어 올릴 때 필요한 힘의 크기는 약 1 N이다.

**세 힘 이상의 합력**



한 물체에 나란하게 여러 힘이 작용할 때, 같은 방향으로 작용하는 힘들의 합력을 구한 후 전체 힘의 합력을 구한다. 그림에서 오른쪽으로 작용하는 힘의 합력은 1 N+2 N=3 N이므로 전체 합력은 3 N−3 N=0이다.

**두 힘이 일직선상에서 작용하지 않을 때**

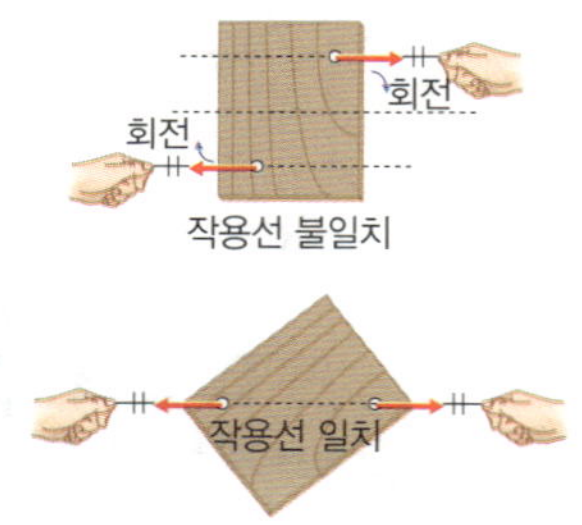


힘의 크기가 같고 방향이 반대인 두 힘이 한 물체에 작용할 때, 두 힘이 일직선상에서 작용하지 않으면 두 힘의 작용선(힘이 작용하는 방향으로 연장한 직선)이 일치할 때까지 물체가 회전하게 된다.



**❶ 운동 상태**

물체의 빠르기(속력)와 운동 방향을 모두 고려하여 나타낸 것

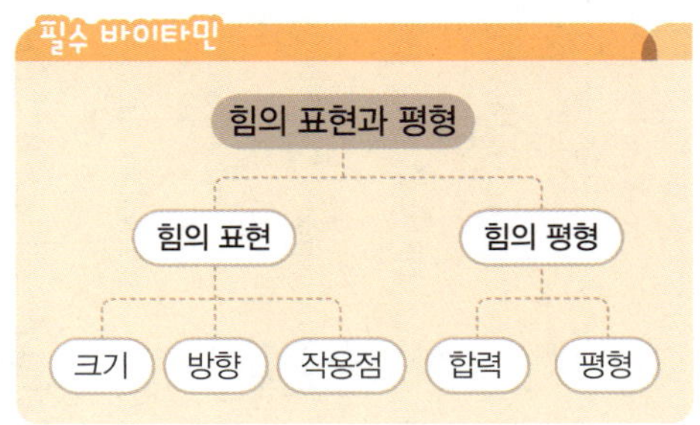


**01** 힘이 작용하여 나타나는 현상과 그 힘이 작용하여 나타나는 변화를 옳게 연결하시오.

(1) 찰흙을 누른다. •　　• ㉠ 모양의 변화
(2) 축구공을 세게 찬다. •　　• ㉡ 운동 상태의 변화
(3) 굴러가던 공이 멈춘다. •　　• ㉢ 모양과 운동 상태의 변화

**02** 그림은 어떤 힘을 화살표로 나타낸 것이다. 화살표 1 cm는 2 N의 힘을 나타낸다.

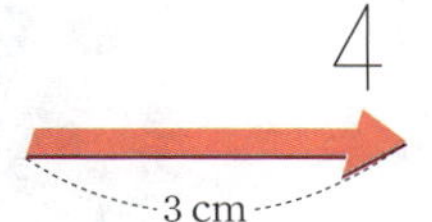


(1) 이 힘의 크기를 쓰시오.
(2) 이 힘이 작용하는 방향을 쓰시오.

**03** 그림 (가)와 (나)는 물체에 작용하는 힘을 화살표로 나타낸 것이다. 물체에 작용하는 힘의 크기가 더 큰 것을 고르시오.

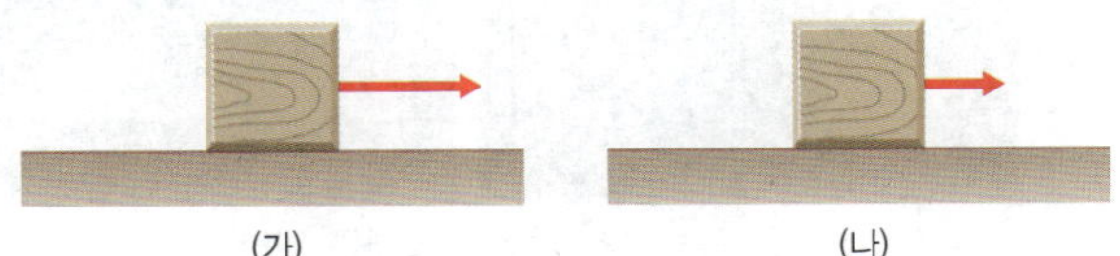


**04** 그림 (가)와 (나)는 물체에 두 힘이 작용하는 모습을 나타낸 것이다.

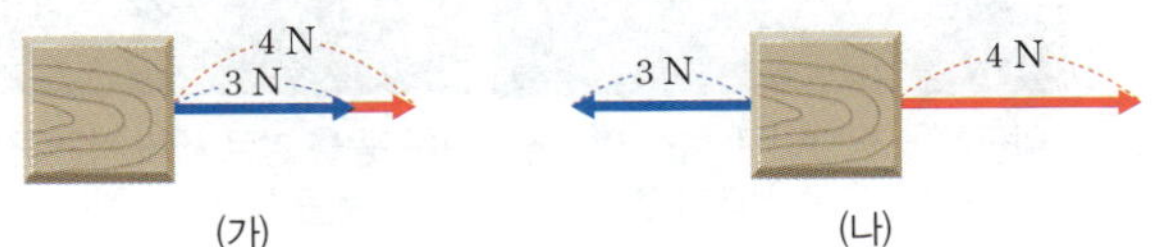


(가)와 (나)에서 물체에 작용하는 합력의 크기는 각각 몇 N인지 구하시오.

**05** 빈칸에 알맞은 말을 고르시오.

> 한 물체에 나란하게 작용하는 두 힘이 평형을 이루려면 두 힘의 크기가 ㉠ ( 같고, 다르고 ), 두 힘의 방향이 ㉡ ( 같아야, 반대이어야 ) 한다. 정지해 있는 물체에 작용하는 두 힘이 평형을 이루면 물체는 ㉢ ( 움직인다, 움직이지 않는다 ).

---



**빈칸 채우기 문제**

**01** 과학에서의 ___은 물체의 모양이나 운동 상태를 변하게 하는 원인이다.

**02** 힘의 크기를 나타내는 단위는 ___을 사용한다.

**03** 힘을 나타내는 화살표의 시작점은 힘의 _____, 화살표의 방향은 힘의 _____, 화살표의 길이는 힘의 _____를 나타낸다.

**04** 한 물체에 둘 이상의 힘이 작용할 때, 이 힘들을 합한 것과 같은 효과를 내는 하나의 힘을 _____이라고 한다.

**05** 한 물체에 나란하게 작용하는 두 힘이 평형을 이루려면 두 힘의 크기는 ___고, 두 힘이 서로 _____ 방향으로 작용해야 한다.

**○✕ 문제**

**06** '아침을 굶었더니 힘이 없다.'에서 '힘'은 과학에서의 힘을 나타낸다. (　　)

**07** 힘의 3요소는 힘의 크기, 힘의 방향, 힘의 작용선이다. (　　)

**08** 같은 방향으로 나란하게 작용하는 두 힘의 합력은 두 힘의 크기를 더한 값과 같다. (　　)

**09** 반대 방향으로 나란하게 작용하는 두 힘의 합력의 방향은 큰 힘의 방향과 같다. (　　)

**10** 한 물체에 작용하는 두 힘이 평형을 이루려면 두 힘의 방향이 서로 수직이어야 한다. (　　)

# 힘의 효과와 두 힘이 평형을 이루는 예

일상생활에서 과학에서의 힘이 작용하는 여러 경우를 알아보고 힘의 효과를 구분해 보자. 그리고 물체에 두 힘이 작용하여 평형을 이루는 예를 찾아보자.

## 1 일상생활에서의 다양한 힘의 작용과 효과

- **모양의 변화**: 물체에 힘이 작용하면 물체의 모양이 변하기도 한다. 힘을 제거했을 때 물체의 성질에 따라 변한 모양이 원래대로 돌아올 수도 있고, 돌아오지 않을 수도 있다.

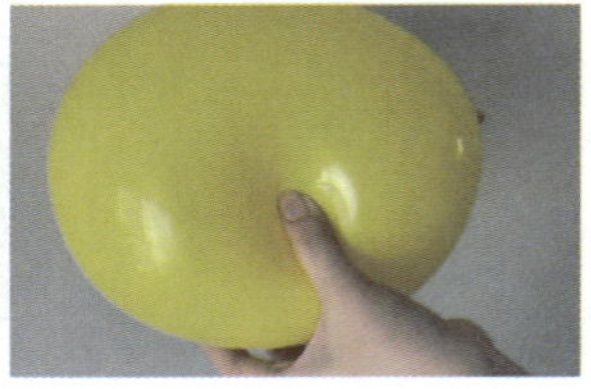

밀가루 반죽을 누르면 반죽의 모양이 변한다.

찰흙을 누르면 찰흙의 모양이 변한다.

풍선을 누르면 풍선이 납작해진다.

알루미늄 캔을 손으로 세게 쥐면 캔이 찌그러진다.

- **운동 상태의 변화**: 운동 상태는 물체의 운동 방향과 속력이다. 물체에 힘이 작용하면 물체의 운동 방향이 변하거나 속력이 변한다.

정지해 있는 창문을 밀면 창문이 움직인다.

썰매를 밀면 썰매의 속력이 변한다.

정지한 골프공을 살짝 치면 공의 속력이 변한다.

원반을 던지면 원반이 날아간다.

- **모양과 운동 상태의 동시 변화**: 물체에 힘이 작용할 때 물체의 모양과 운동 상태가 모두 변하기도 한다.

야구공을 방망이로 치면 야구공의 모양과 운동 상태가 변한다.

축구공을 발로 세게 차면 공의 모양과 운동 상태가 변한다.

테니스공을 세게 치면 공의 모양과 운동 상태가 변한다.

자동차가 벽에 부딪치면 찌그러지며 멈춘다.

## 2 두 힘이 평형을 이루는 예

| 줄다리기 | 공중에 떠 있는 고리 자석 | 물체를 당겼지만 물체가 움직이지 않을 때 | 지면 위에 서 있는 사람 | 줄에 매달려 있는 물체 |
|---|---|---|---|---|
|  |  |  |  |  |
| 왼쪽에서 줄을 잡아당기는 힘과 오른쪽에서 줄을 잡아당기는 힘이 평형을 이룬다. | 빨간색 자석이 초록색 자석을 밀어내는 힘과 중력이 평형을 이룬다. | 물체를 당기는 힘과 바닥과 물체의 접촉면에서 작용하는 마찰력이 평형을 이룬다. | 지면이 사람을 떠받치는 힘과 중력이 평형을 이룬다. | 줄이 물체를 당기는 힘과 중력이 평형을 이룬다. |

# 유형 클리닉

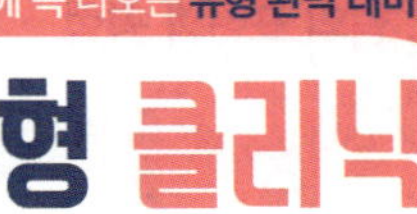

## 유형 1 힘의 효과

+ 힘의 효과에 의해 나타나는 현상과 힘이 무엇을 변화시키는지 물어보는 문제가 출제돼!

물체에 힘이 작용하여 나타나는 현상과 그 힘의 효과를 옳게 짝 지은 것은?

① 야구공을 방망이로 세게 친다. ─ 모양의 변화
② 축구공을 발로 세게 찬다. ─ 운동 상태의 변화
③ 굴러오던 공을 잡는다. ─ 운동 상태의 변화
④ 스펀지를 누른다. ─ 모양과 운동 상태의 변화
⑤ 정지해 있던 수레를 민다. ─ 모양과 운동 상태의 변화

① 야구공을 방망이로 세게 친다. ─ 모양의 변화
→ 야구공을 방망이로 세게 칠 때 야구공의 모양이 변하면서 운동 방향도 함께 변해.

② 축구공을 발로 세게 찬다. ─ 운동 상태의 변화
→ 축구공을 발로 세게 차는 경우 힘에 의해 축구공의 모양과 운동 상태가 함께 변하지.

③ 굴러오던 공을 잡는다. ─ 운동 상태의 변화
→ 굴러오던 공을 잡으면 운동하던 공이 정지하게 되지. 힘에 의해 운동 상태가 변하는 거야!

④ 스펀지를 누른다. ─ 모양과 운동 상태의 동시 변화
→ 스펀지를 누르면 스펀지가 찌그러지면서 모양만 변해! 이때 스펀지의 운동 상태는 변하지 않아.

⑤ 정지해 있던 수레를 민다. ─ 모양과 운동 상태의 변화
→ 정지해 있던 수레를 밀면 움직이기 시작하면서 운동 상태가 변하지. 수레의 모양은 변하지 않아.

답 ③

**ZP point**
힘의 효과 3가지! 모양이 변한다! 운동 상태가 변한다! 모양과 운동 상태가 함께 변한다!

## 유형 2 힘의 합력

+ 힘의 합력을 구하는 방법과 합력의 크기를 비교하는 문제가 출제돼~

그림 (가), (나)와 같이 마찰이 없는 수평면 위에 놓인 물체에 2 N과 5 N의 두 힘이 나란하게 작용하고 있다.

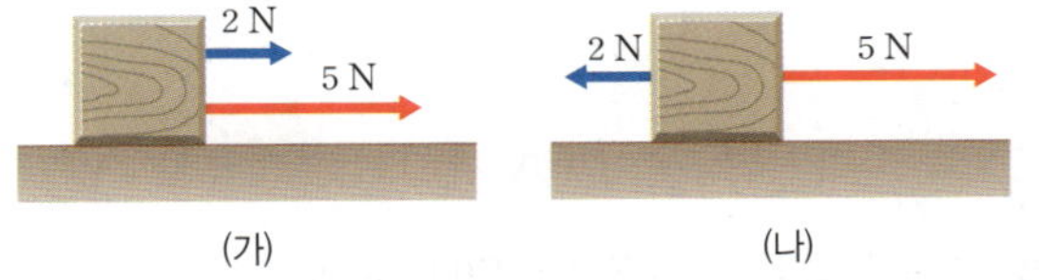


이에 대한 설명으로 옳은 것은?

① (가)에서 합력의 크기는 3 N이다.
② (나)에서 물체는 정지해 있다.
③ (나)에서 합력의 크기는 7 N이다.
④ (가)와 (나)에서 합력의 방향은 반대이다.
⑤ (가)에서 합력의 크기는 (나)에서 합력의 크기보다 크다.

① (가)에서 합력의 크기는 ~~3~~ 7 N이다.
→ 같은 방향으로 두 힘이 작용하니까 합력의 크기는 두 힘의 합이지! 따라서 합력의 크기는 2 N + 5 N = 7 N이고, 합력의 방향은 오른쪽이야.

② (나)에서 물체는 ~~정지해 있다.~~ 움직인다.
→ 반대 방향으로 두 힘이 작용할 때, 합력의 방향은 큰 힘의 방향이야. 오른쪽으로 더 큰 힘이 작용하니까 물체는 오른쪽으로 움직여!

③ (나)에서 합력의 크기는 ~~7~~ 3 N이다.
→ 반대 방향으로 두 힘이 작용할 때, 합력의 크기는 큰 힘의 크기에서 작은 힘의 크기를 뺀 값이야. 따라서 합력의 크기는 5 N − 2 N = 3 N이야.

④ (가)와 (나)에서 합력의 방향은 ~~반대이다.~~ 같다.
→ (가)와 (나)에서 합력의 방향은 모두 오른쪽으로 같아.

⑤ (가)에서 합력의 크기는 (나)에서 합력의 크기보다 크다.
→ 물체에 작용하는 두 힘이 (가)에서는 같은 방향, (나)에서는 반대 방향이지? (가)에서 합력의 크기는 7 N, (나)에서 합력의 크기는 3 N이니까 합력의 크기는 (가)에서가 (나)에서보다 커!

답 ⑤

**ZP point**
두 힘이 같은 방향 ➡ 합력의 크기는 두 힘의 합, 방향은 두 힘의 방향
두 힘이 다른 방향 ➡ 합력의 크기는 두 힘의 차, 방향은 큰 힘의 방향

# 실전 백신

## ① 힘의 표현

**01** 밑줄 친 힘이 과학에서 의미하는 힘인 것은?

① 책상에 힘을 주어 교실 뒤로 옮겼다.
② 아침에 일찍 일어나 하루 종일 힘이 들었다.
③ 병원에 입원한 친구에게 힘내라고 응원했다.
④ 공부하느라 힘든 언니에게 영양제를 선물했다.
⑤ 모두가 힘을 합쳐야 위기를 극복할 수 있을 것이다.

**02** 과학에서의 힘이 작용할 때 나타날 수 있는 현상으로 옳은 것을 [보기]에서 모두 고른 것은?

> [보기]
> ㄱ. 물체의 모양 변화    ㄴ. 물체의 질량 변화
> ㄷ. 물체의 속력 변화    ㄹ. 물체의 무게 변화
> ㅁ. 물체의 운동 방향 변화

① ㄱ, ㄴ       ② ㄴ, ㄹ       ③ ㄷ, ㄹ
④ ㄱ, ㄷ, ㅁ    ⑤ ㄱ, ㄹ, ㅁ

**03** 힘의 효과가 나타나지 <u>않은</u> 것은?

① 깡통이 찌그러졌다.
② 농구공을 바닥에 세게 튕겼다.
③ 날아온 공에 유리창이 깨졌다.
④ 강한 바람이 불어 사과가 떨어졌다.
⑤ 우주에서 우주선이 일정한 속력과 방향으로 이동했다.

**04** (중요) 물체에 힘이 작용하여 나타난 현상 중 모양과 운동 상태가 동시에 변하는 현상으로 옳은 것을 [보기]에서 모두 고른 것은?

> [보기]
> ㄱ. 대리석을 망치로 내리쳤더니 깨졌다.
> ㄴ. 자동차가 벽에 세게 부딪치며 멈추었다.
> ㄷ. 닫혀 있던 창문을 밀었더니 창문이 열렸다.
> ㄹ. 축구공을 발로 세게 찼더니 멀리 날아갔다.
> ㅁ. 알루미늄 캔을 손으로 세게 쥐었더니 찌그러졌다.

① ㄱ, ㄷ       ② ㄱ, ㅁ       ③ ㄴ, ㄷ
④ ㄴ, ㄹ       ⑤ ㄹ, ㅁ

**05** 과학에서의 힘에 대한 설명으로 옳은 것은?

① 힘의 단위는 kg(킬로그램)이다.
② 물체에 힘을 작용하면 물체의 질량이 달라질 수 있다.
③ 얼음이 녹아 물이 되는 것은 힘이 작용했기 때문이다.
④ 힘을 화살표로 나타낼 때 화살표의 시작점은 힘이 작용하는 지점이다.
⑤ 힘을 화살표로 나타낼 때 화살표의 두께가 두꺼울수록 힘의 크기가 크다.

**06** 그림은 힘을 화살표로 나타낸 것이다.

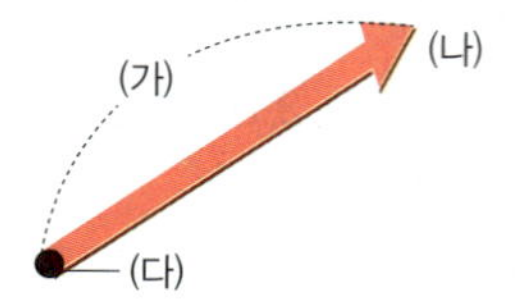


화살표에서 (가)~(다)가 의미하는 것을 옳게 짝 지은 것은?

|   | (가) | (나) | (다) |
|---|---|---|---|
| ① | 힘의 방향 | 힘의 크기 | 힘의 작용점 |
| ② | 힘의 방향 | 힘의 작용점 | 힘의 크기 |
| ③ | 힘의 크기 | 힘의 방향 | 힘의 작용점 |
| ④ | 힘의 크기 | 힘의 작용점 | 힘의 방향 |
| ⑤ | 힘의 작용점 | 힘의 방향 | 힘의 크기 |

**07** 그림 (가), (나)와 같이 책상 위에 연필을 놓고 서로 다른 위치에서 연필에 힘을 작용했더니 연필의 움직임이 서로 달랐다.

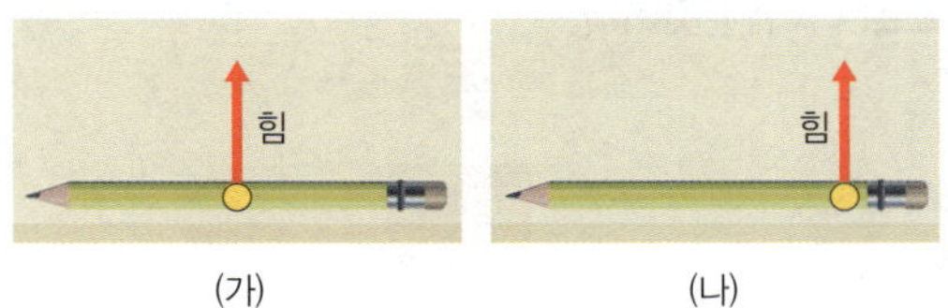


(가)와 (나)에서 연필의 움직임이 서로 다른 까닭에 대한 설명으로 옳은 것을 보기 에서 모두 고른 것은? (단, (가)와 (나)에서 화살표의 길이는 같다.)

보기
ㄱ. 연필에 작용하는 힘의 방향이 다르기 때문이다.
ㄴ. 연필에 작용하는 힘의 크기가 다르기 때문이다.
ㄷ. 연필에 작용하는 힘의 작용점이 다르기 때문이다.

① ㄱ          ② ㄴ          ③ ㄷ
④ ㄱ, ㄴ       ⑤ ㄴ, ㄷ

**08** 그림은 어떤 힘을 화살표로 나타낸 것이다. 이 힘과 작용점과 방향은 같고, 크기만 1.5배 큰 힘을 옳게 나타낸 것은?

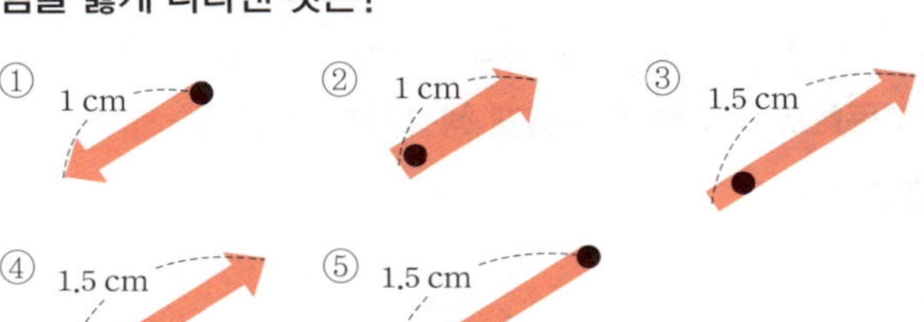




**09** 그림은 어떤 힘을 화살표로 나타낸 것이다.

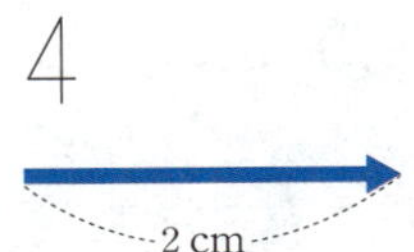


이 힘의 방향과 힘의 크기를 옳게 짝 지은 것은? (단, 화살표의 길이 1 cm는 5 N의 힘을 나타낸다.)

|   | 방향 | 크기 |   | 방향 | 크기 |
|---|------|------|---|------|------|
| ① | 동쪽 | 2 N  | ② | 동쪽 | 10 N |
| ③ | 서쪽 | 2 N  | ④ | 서쪽 | 10 N |
| ⑤ | 북쪽 | 10 N |   |      |      |

## ② 힘의 평형

**10** 힘의 합력에 대한 설명으로 옳은 것은?

① 두 힘의 방향이 같을 때 합력의 방향은 두 힘의 방향과 반대이다.
② 두 힘의 방향이 같을 때 합력의 크기는 큰 힘에서 작은 힘을 뺀 값과 같다.
③ 두 힘의 방향이 반대일 때 합력의 방향은 작은 힘의 방향과 같다.
④ 크기가 같은 두 힘이 반대 방향으로 작용할 때 힘의 합력은 0이다.
⑤ 물체에 3 개 이상의 나란한 힘이 동시에 작용할 때는 합력을 구할 수 없다.



**11** 그림은 한 물체에 3 N과 4 N의 두 힘이 나란하게 작용하는 모습을 나타낸 것이다.

물체에 작용한 합력의 방향과 크기를 옳게 짝 지은 것은?

|   | 방향  | 크기 |   | 방향   | 크기 |
|---|-------|------|---|--------|------|
| ① | 왼쪽  | 1 N  | ② | 왼쪽   | 3 N  |
| ③ | 오른쪽 | 1 N  | ④ | 오른쪽 | 4 N  |
| ⑤ | 오른쪽 | 7 N  |   |        |      |

**12** 그림은 물체를 양쪽에서 잡아당겼을 때 물체가 움직이지 않고 정지해 있는 모습을 나타낸 것이다.

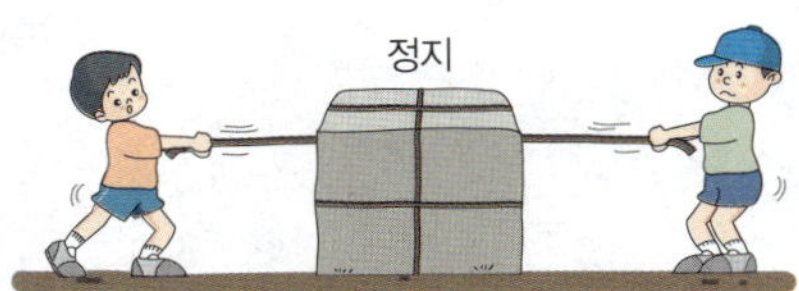


이에 대한 설명으로 옳은 것만을 보기 에서 모두 고른 것은? (단, 물체에 작용하는 마찰은 무시한다.)

보기
ㄱ. 물체에 작용하는 두 힘의 크기는 같다.
ㄴ. 물체에 작용하는 두 힘의 방향은 같다.
ㄷ. 물체에 작용하는 두 힘은 일직선상에서 작용한다.

① ㄱ          ② ㄴ          ③ ㄱ, ㄷ
④ ㄴ, ㄷ       ⑤ ㄱ, ㄴ, ㄷ

**13** 한 물체에 3 N과 4 N의 두 힘이 나란하게 작용할 때, 두 힘의 합력의 크기가 될 수 있는 것을 <u>모두</u> 고르면?

① 1 N  ② 3 N  ③ 4 N
④ 5 N  ⑤ 7 N

**14** 그림 (가)~(다)와 같이 마찰이 없는 수평면에 놓인 물체에 두 힘이 나란하게 각각 작용하고 있다.

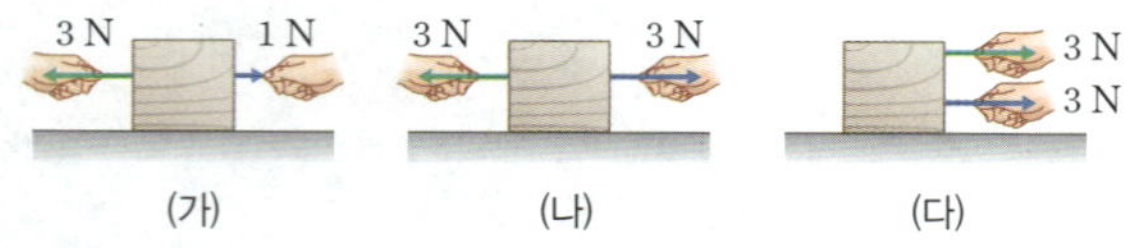


물체에 작용한 힘의 합력이 0인 것을 모두 고른 것은?

① (가)  ② (나)  ③ (다)
④ (가), (나)  ⑤ (나), (다)

**중요**
**15** 그림과 같이 한 물체에 여러 힘이 나란하게 작용하고 있을 때, 힘들의 합력의 크기가 가장 큰 것은?

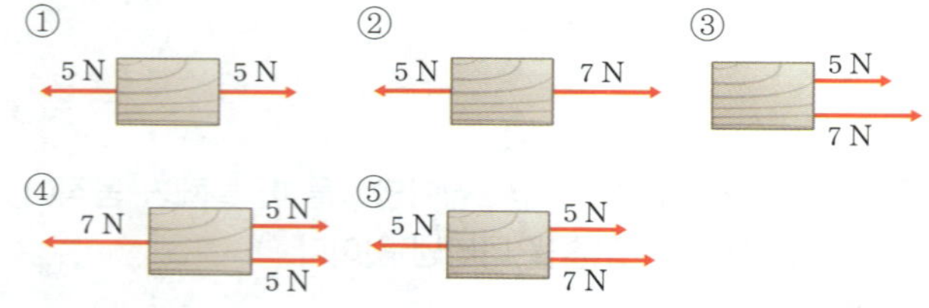


**16** 힘의 평형을 이루고 있는 예가 <u>아닌</u> 것은?

① 지면 위에 사람이 가만히 서 있다.
② 하늘에 열기구가 떠서 정지해 있다.
③ 공을 발로 찼더니 공이 멀리 날아갔다.
④ 힘을 주어 의자를 밀었으나 의자가 움직이지 않는다.
⑤ 줄다리기를 할 때 줄이 어느 쪽으로도 움직이지 않는다.



**17** 그림은 물체에 오른쪽 방향으로 작용하는 4 N의 힘을 화살표로 나타낸 것이다.

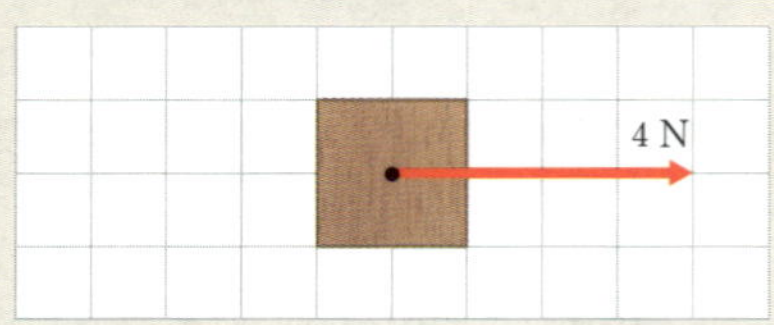


같은 지점에서 물체에 왼쪽 방향으로 작용하는 2 N의 힘을 화살표로 나타내고, 그렇게 생각한 까닭을 서술하시오.

**KEY** 화살표의 길이, 화살표의 방향

**18** 그림 (가)와 (나)는 두 학생이 물체를 50 N과 100 N의 힘으로 잡아당기는 모습을 나타낸 것이다.

(가), (나)에서 물체에 작용하는 두 힘의 합력의 크기를 등호나 부등호로 비교하고, 그렇게 생각한 까닭을 서술하시오.

**KEY** 방향

**중요**
**19** 그림은 줄다리기를 할 때 줄을 양쪽에서 힘을 주어 당겼지만 어느 쪽으로도 움직이지 않는 모습을 나타낸 것이다.

줄이 움직이지 않은 까닭을 서술하시오.

**KEY** 힘의 평형

# 1등급 백신

**(중요)**

**01** 그림은 책상에 놓여 있는 책에 작용하는 힘을 화살표로 나타낸 것이다.

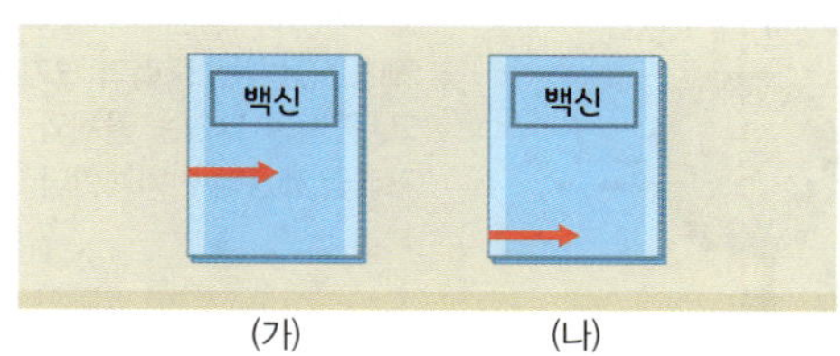


(가)와 (나)에서 힘을 나타내는 요소 중 서로 일치하는 것을 **보기** 에서 모두 고른 것은? (단, (가)와 (나)에서 화살표의 길이는 같다.)

> **보기**
> ㄱ. 힘의 크기　　　　　ㄴ. 힘의 방향
> ㄷ. 힘의 작용점　　　　ㄹ. 힘의 효과

① ㄱ, ㄴ　　　　② ㄱ, ㄷ　　　　③ ㄱ, ㄹ
④ ㄴ, ㄷ　　　　⑤ ㄷ, ㄹ

**(신유형)**

**02** 그림 (가), (나)와 같이 책상에 놓인 책을 손으로 눌러 고정하고 같은 크기의 힘으로 잡아당기고 있다.

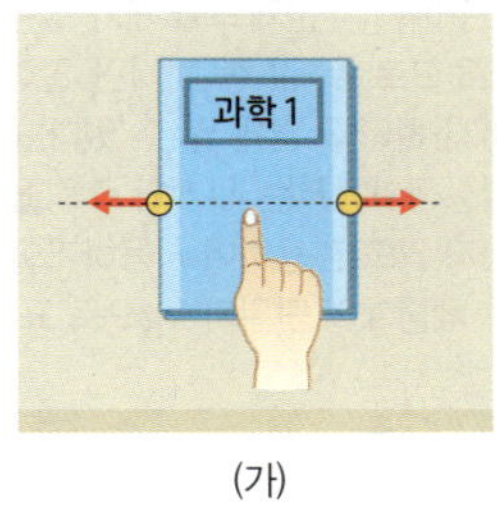


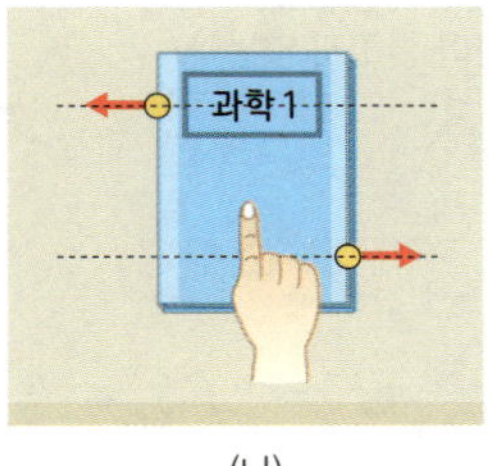




이에 대한 설명으로 옳은 것만을 **보기** 에서 모두 고른 것은? (단, 바닥과의 마찰은 무시한다.)

> **보기**
> ㄱ. (가)와 (나)에서 두 힘은 같은 작용선상에 있다.
> ㄴ. 책을 누른 손을 치워도 (가)의 책은 움직이지 않는다.
> ㄷ. 책을 누른 손을 치우면 (나)의 책은 시계 방향으로 회전한다.

① ㄱ　　　　② ㄴ　　　　③ ㄱ, ㄷ
④ ㄴ, ㄷ　　　　⑤ ㄱ, ㄴ, ㄷ

**03** 그림은 힘 (가)~(바)를 화살표로 나타낸 것이다.

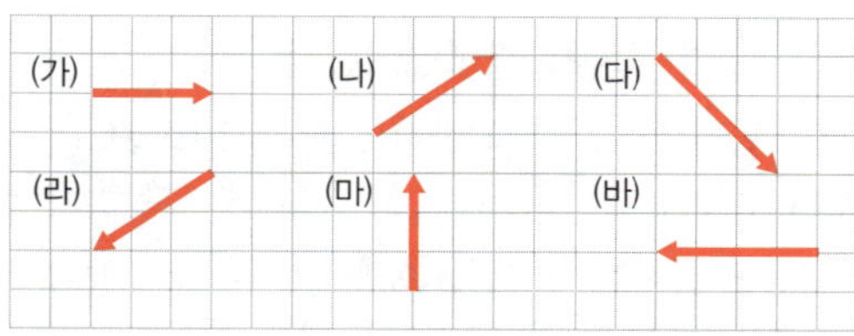


(가)~(바) 중 힘의 크기가 30 N인 것을 모두 고른 것은? (단, 모눈 눈금 1 칸은 10 N의 힘을 나타낸다.)

① (가)　　　　② (다)　　　　③ (가), (마)
④ (나), (라)　　　⑤ (마), (바)

**04** 그림과 같이 한 물체에 세 힘이 나란하게 작용하고 있다.

물체에 작용하는 힘이 평형을 이루기 위해 필요한 힘의 방향과 크기를 옳게 짝 지은 것은?

|  | 방향 | 크기 |  | 방향 | 크기 |
|---|---|---|---|---|---|
| ① | 오른쪽 | 3 N | ② | 오른쪽 | 7 N |
| ③ | 왼쪽 | 2 N | ④ | 왼쪽 | 3 N |
| ⑤ | 왼쪽 | 7 N |  |  |  |

**05** 그림과 같이 물체가 줄에 매달린 채 가만히 정지해 있다. 물체에는 두 힘 $F_1$, $F_2$가 작용한다. 이에 대한 설명으로 옳은 것만을 **보기** 에서 모두 고른 것은?

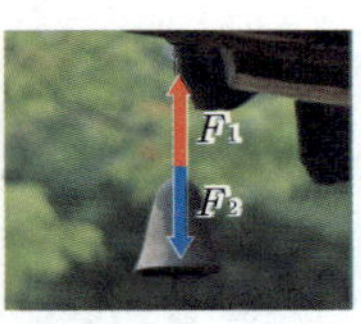


> **보기**
> ㄱ. 힘의 크기는 $F_1$보다 $F_2$가 더 크다.
> ㄴ. 물체에 작용하는 합력의 크기는 0이다.
> ㄷ. 물체에 작용하는 두 힘은 평형을 이룬다.

① ㄱ　　　　② ㄴ　　　　③ ㄷ
④ ㄱ, ㄴ　　　　⑤ ㄴ, ㄷ

# 02 여러 가지 힘(1)

## ❶ 중력

**1 중력**: 지구가 물체를 끌어당기는 힘

(1) **중력의 방향**: 지구 중심 방향(=❶연직 방향)

(2) ❷**중력의 크기** └─ 물체의 운동 상태와 관계없이 항상 지구 중심 방향을 향해~

    ① 질량이 클수록, 지구와 물체 사이의 거리가 가까울수록 크다.

    ② 장소에 따라 중력의 크기가 달라진다. ── 중력은 지구뿐만 아니라 달이나 화성 등 다른 천체에서도 작용해~

    ➡ 달에서의 중력 = 지구에서의 중력 × $\frac{1}{6}$

(3) **중력에 의한 현상과 이용**

    ① 날아가는 화살이 아래로 떨어진다.

    ② 처마 끝에 고드름이 아래로 자란다.

    ③ 목걸이나 머리카락이 아래로 떨어진다.

    ④ 눈, 비, 우박 등이 하늘에서 아래로 떨어진다.

    ⑤ 번지점프나 스카이다이빙을 하면 아래로 떨어진다.

    ⑥ 수직추를 이용하여 기둥, 벽 등의 수직을 확인할 수 있다.

고드름

비

번지점프

스카이다이빙

수직추

### 2 무게와 질량

| 구분 | 무게 | 질량 |
| --- | --- | --- |
| 정의 | 물체에 작용하는 중력의 크기 | 물체의 고유한 양 |
| 단위 | N(뉴턴) ➡ 힘의 단위와 같다. | g(그램), kg(킬로그램) |
| ❸측정 기구 | 용수철저울, 가정용 저울 | 양팔저울, 윗접시저울 |
| 특징 | 측정하는 장소에 따라 중력의 크기가 달라지므로 무게가 변한다. | 물체의 고유한 양은 변하지 않으므로 측정하는 장소에 따라 질량이 변하지 않는다. |
| 질량과 무게의 관계 | • 질량이 1 kg인 물체에 작용하는 지구에서 중력의 크기(무게)=9.8 N<br>• 같은 장소에서 무게는 질량에 비례한다. ➡ 무게=9.8×질량 | |

### 3 지구와 달에서의 질량과 무게 ── 달에서 무게는 지구에서 무게의 $\frac{1}{6}$이야~

| 지구 | 달 |
| --- | --- |
| 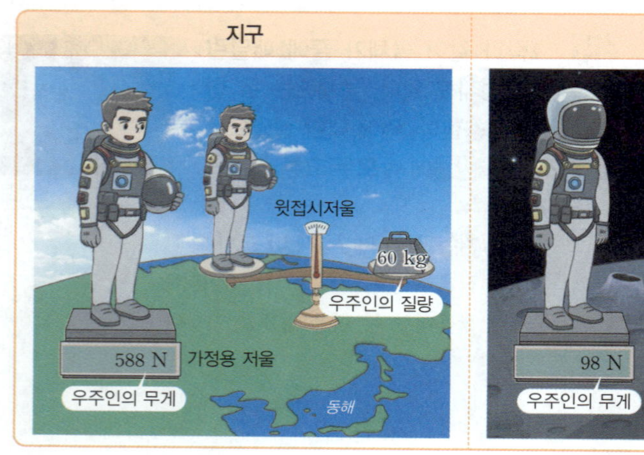 |  |







---

정리신

❷ **중력의 크기**

물체가 지구 중심에서 멀어질수록 물체에 작용하는 중력의 크기는 작아지고, 중력의 크기는 물체와 지구 사이 거리의 제곱에 반비례한다.

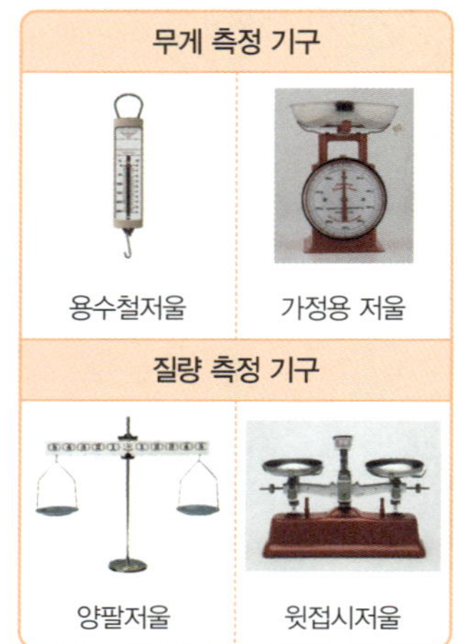



**떨어져 있어도 작용하는 힘**

중력은 지표면에 있는 물체뿐만 아니라 공중에 떠 있는 물체에도 작용한다.

❸ **측정 기구**

| 무게 측정 기구 | |
| --- | --- |
| 용수철저울 | 가정용 저울 |

| 질량 측정 기구 | |
| --- | --- |
| 양팔저울 | 윗접시저울 |

**일상생활에서 무게의 단위**

지구에서는 물체의 무게가 질량에 비례하므로 두 값 중 하나만 알아도 나머지 하나를 쉽게 알 수 있다. 따라서 일상생활에서는 무게와 질량을 구별하지 않고 혼용하여 사용하기도 한다. ㉞ 체중계의 단위가 kg으로 표시됨

**무중력 상태**

무중력 상태는 중력이 없는 상태가 아니고, 중력은 있지만 중력과 크기는 같고 방향이 반대인 힘이 작용하여 중력의 효과를 느낄 수 없는 상태이다.

용어신

❶ **연직 방향**

지표면과 수직을 이루는 방향

**여러 가지 힘**

- **중력** → 지구가 물체를 끌어당기는 힘
- **탄성력** → 물체가 원래 모양으로 되돌아가려는 힘

**01** 그림의 (가)~(다)에 물체를 두었을 때, 각 위치에서 물체에 작용하는 중력의 방향을 화살표로 표시하시오.

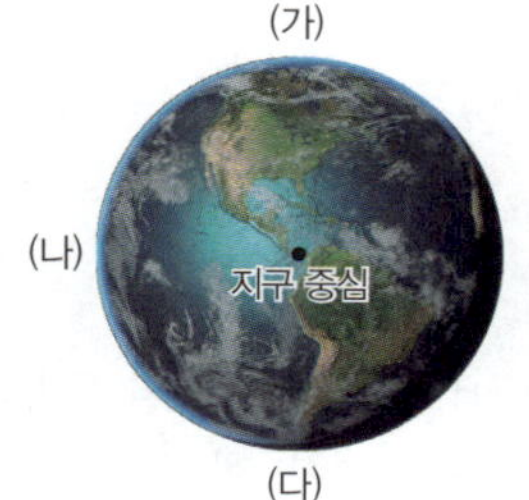


**02** 중력에 의한 현상이나 이용한 예로 가장 거리가 먼 것은?

**03** 지구에서 무게가 588 N인 사람이 달에 가면 무게는 몇 N이 되는지 쓰시오. (단, 달에서의 중력은 지구에서 중력의 $\frac{1}{6}$이다.)

**04** 빈칸에 알맞은 말을 쓰시오.

> (㉠ )은/는 물체의 고유한 양으로 장소에 따라 변하지 않으며, (㉡ )은/는 물체에 작용하는 중력의 크기로 장소에 따라 변한다.



**빈칸 채우기 문제**

**01** 중력은 ＿＿＿가 물체를 끌어당기는 힘이다.

**02** 중력의 방향은 지구 ＿＿＿ 방향이다.

**03** 물체에 작용하는 중력의 크기는 물체의 ＿＿＿에 비례한다.

**04** 지구에서 질량이 5 kg인 물체의 달에서의 질량은 ＿＿ kg이다.

**05** 지구에서 측정한 물체의 무게는 달에서 측정한 무게의 ＿＿ 배이다.

**○✕ 문제**

**06** 중력의 방향은 항상 지구 중심을 향한다. (　　)

**07** 무중력 상태는 중력이 없는 상태이다. (　　)

**08** 지표면에 놓여 있는 모든 물체에는 항상 중력이 작용한다. (　　)

**09** 날아가는 화살이 아래로 떨어지는 것은 중력에 의한 현상이다. (　　)

**10** 물체의 무게는 측정하는 장소에 따라 변하지 않는다. (　　)

**05** 그림과 같이 모양과 크기는 같고 질량이 서로 다른 두 물체 A와 B에 대한 설명으로 옳은 것은? (단, 달에서의 중력은 지구에서 중력의 $\frac{1}{6}$이다.)

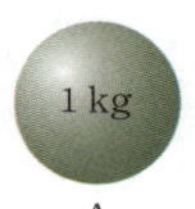

① 지구에서 두 물체의 무게는 같다.
② 달에서 두 물체의 질량은 같다.
③ 달에서 두 물체의 무게는 같다.
④ 지구에 있는 A와 달에 있는 B의 질량은 같다.
⑤ 지구에 있는 A와 달에 있는 B의 무게는 같다.

## ② 탄성력

### 1 탄성과 탄성력

(1) **탄성**: ❶변형된 물체가 원래 모양으로 되돌아가려는 성질

(2) **탄성력**: 힘을 받아 변형된 물체가 원래 모양으로 되돌아가려는 힘

### 2 탄성력의 방향과 크기

(1) ❷**탄성력의 방향**: 변형된 물체가 원래 모양으로 되돌아가려는 방향 ➡ ❸**탄성체에 작용하는 힘의 방향과 반대 방향**

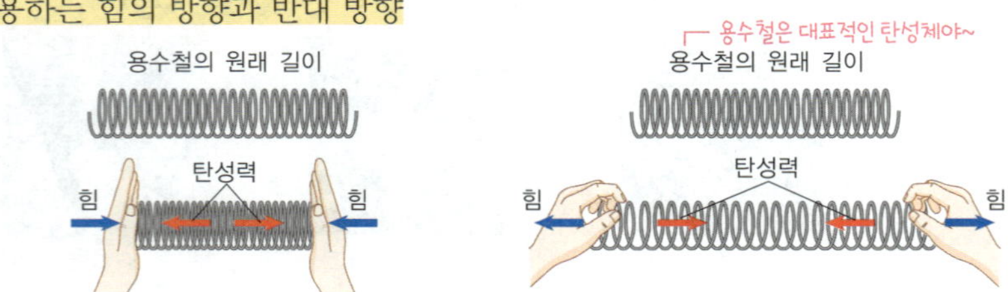


(2) **탄성력의 크기**: 탄성체에 작용한 힘의 크기와 같음 ➡ 탄성체가 늘어나거나 줄어든 길이에 비례
└ 탄성체의 변형이 클수록 탄성력이 커져~

### 3 탄성력의 이용: 생활용품, 장난감, 악기 및 운동 기구, 교통수단 등 다양하게 이용된다.

(1) **생활용품**: 빨래집게, 침대, 머리끈, 용수철저울, 컴퓨터 자판 등

(2) **장난감**: 고무 동력기, 새총 등

(3) **운동 기구**: 트램펄린, 완력기, 양궁, 장대높이뛰기, 번지점프 등

(4) **교통수단**: 자동차 타이어, 자전거 안장 등

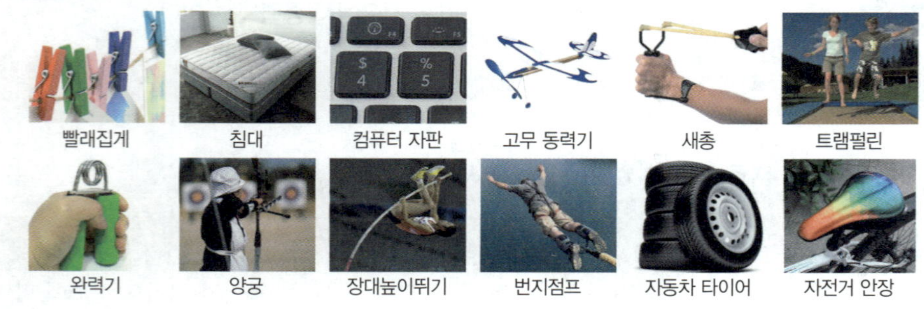


### 4 용수철을 이용한 힘의 크기 측정: 용수철이 늘어난 길이∝용수철에 작용한 힘의 크기 ∝탄성력의 크기

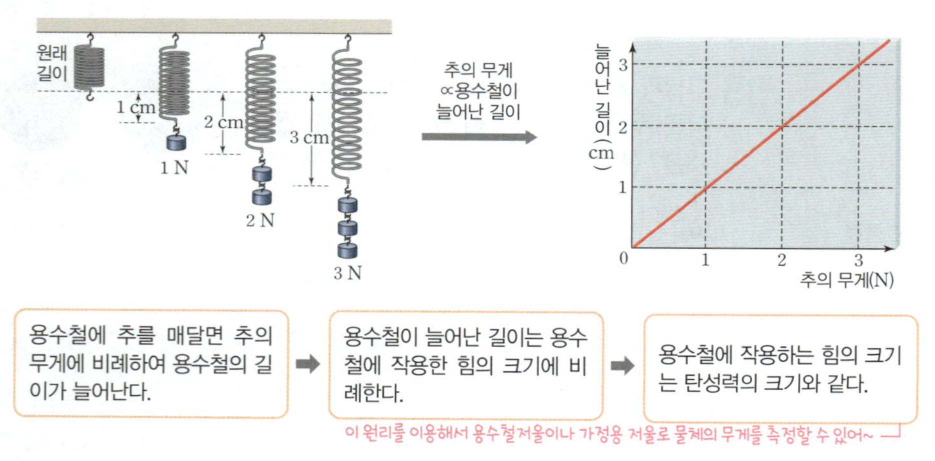


| 용수철에 추를 매달면 추의 무게에 비례하여 용수철의 길이가 늘어난다. | ➡ | 용수철이 늘어난 길이는 용수철에 작용한 힘의 크기에 비례한다. | ➡ | 용수철에 작용하는 힘의 크기는 탄성력의 크기와 같다. |

이 원리를 이용해서 용수철저울이나 가정용 저울로 물체의 무게를 측정할 수 있어~



---



❷ **탄성력의 방향**
탄성체는 탄성체에 작용한 힘의 방향으로 변형되고, 원래 모양으로 되돌아가려 한다. 따라서 탄성력의 방향은 작용한 힘의 방향과 반대 방향이다.

**탄성 한계**
탄성체가 탄성을 유지할 수 있는 힘의 한계로, 탄성체가 탄성 한계를 넘으면 원래 모양으로 되돌아가기 어렵다.

**탄성력과 중력**

용수철에 추를 매달았을 때 용수철은 추에 작용하는 중력에 의해 아래 방향으로 늘어나고, 이로 인해 용수철에는 원래 모양으로 되돌아가기 위해 위 방향으로 탄성력이 작용한다. 이때 탄성력의 크기는 물체에 작용하는 중력의 크기와 같고, 탄성력의 방향은 중력의 방향과 반대 방향이다.



❶ **변형**
물체가 힘을 받아 모양이나 형태가 변하는 것

❸ **탄성체**
탄성을 지닌 물체 예 용수철, 고무줄, 스펀지, 풍선 등

바로 복습

**빈칸 채우기 문제**

**11** 힘을 받아 변형된 물체가 원래 모양으로 되돌아가려는 성질을 ＿＿＿이라고 한다.

**12** ＿＿＿＿＿은 힘을 받아 변형된 물체가 원래 모양으로 되돌아가려는 힘이다.

**13** 탄성력의 방향은 탄성체에 작용하는 힘의 방향과 ＿＿＿ 방향이다.

**14** 탄성력의 크기는 용수철이 늘어난 길이에 ＿＿＿한다.

**○✕ 문제**

**15** 탄성력의 크기는 탄성체에 작용한 힘의 크기와 같다.　　　　　　( 　 )

**16** 탄성체의 변형된 정도가 클수록 탄성력의 크기가 작다.　　　　　　( 　 )

**17** 용수철을 늘어나게 했을 때는 탄성력이 작용하지만 용수철을 줄어들게 했을 때는 탄성력이 작용하지 않는다.　( 　 )

**18** 양궁은 탄성력을 이용하여 화살을 발사하는 운동 경기이다.　　　　　( 　 )

**06** 빈칸에 공통으로 들어갈 알맞은 말을 쓰시오.

> 용수철에 작용하는 힘의 크기는 ( 　　　 )의 크기와 같다. 따라서 용수철이 늘어난 길이는 ( 　　　 )의 크기에 비례한다.

**07** 탄성력을 이용한 물체를 보기 에서 모두 고른 것은?

> **보기**
> ㄱ. 트램펄린　　　　　　　ㄴ. 열기구
> ㄷ. 컴퓨터 자판　　　　　　ㄹ. 스케이트

① ㄱ, ㄴ　　　　② ㄱ, ㄷ　　　　③ ㄴ, ㄷ
④ ㄴ, ㄹ　　　　⑤ ㄷ, ㄹ

**08** 그림과 같이 나무 도막에 용수철을 연결한 다음, 용수철을 왼쪽으로 잡아당겼더니 용수철이 늘어났다. 이때 용수철에 작용하는 탄성력의 방향을 쓰시오.

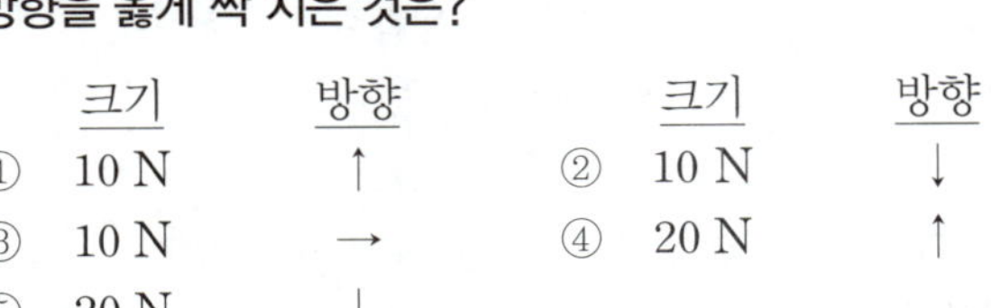

**09** 그림과 같이 용수철에 20 N의 힘을 작용해 화살표 방향으로 잡아당길 때, 이 용수철에 작용하는 탄성력의 크기와 방향을 옳게 짝 지은 것은?

|  | 크기 | 방향 |  | 크기 | 방향 |
|---|---|---|---|---|---|
| ① | 10 N | ↑ | ② | 10 N | ↓ |
| ③ | 10 N | → | ④ | 20 N | ↑ |
| ⑤ | 20 N | ↓ |  |  |  |

**10** 어떤 용수철에 무게가 10 N인 추를 매달았더니 용수철의 길이가 10 cm만큼 늘어났다. 이 용수철에 다른 추를 매달았더니 용수철의 길이가 5 cm만큼 늘어났다면, 이 추의 무게는 몇 N인지 구하시오.

## 탐구 집중 관리 용수철의 탄성력 측정하기

**목표** | 용수철을 이용하여 탄성력의 크기를 측정하고, 용수철이 늘어난 길이와 탄성력 사이의 관계를 설명할 수 있다.

**과정**

**주의 신**
• 실험을 하기 전 힘 센서의 값을 0으로 맞춘다.

❶ 책상 위에 고정된 나사못에 용수철의 한쪽 끝을 걸고, 다른 쪽 끝에는 힘 센서를 연결한다.
❷ 책상 위에 용수철과 나란하게 30 cm 자를 놓고, 용수철의 처음 길이를 측정한다.
❸ 힘 센서를 천천히 잡아당겨 용수철을 5 cm씩 늘이면서 힘 센서로 측정한 힘의 크기를 기록한다.

**결과**

| 용수철이 늘어난 길이(cm) | 5 | 10 | 15 | 20 | 25 |
|---|---|---|---|---|---|
| 탄성력의 크기(N) | 0.8 | 1.6 | 2.4 | 3.2 | 4.0 |

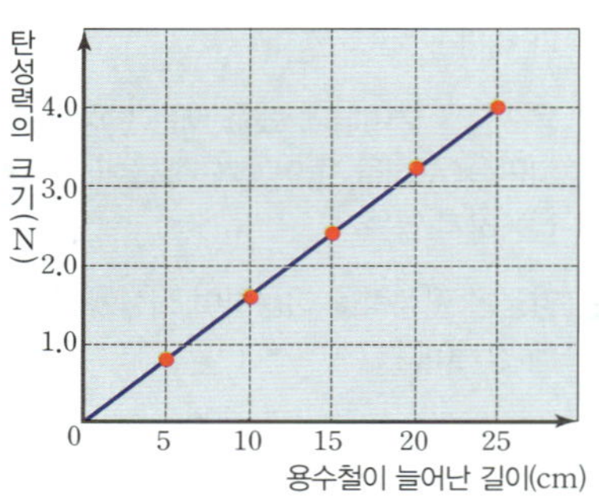


**정리**

• 용수철이 늘어난 길이가 2 배, 3 배, 4 배 …가 되면 탄성력의 크기도 2 배, 3 배, 4 배 …가 된다.
• 탄성력의 크기는 용수철이 늘어난 길이에 비례한다.

## 탐구 알약

**01** 빈칸에 들어갈 알맞은 말을 쓰시오.

(1) 힘 센서로 측정한 힘의 종류는 (          )이다.
(2) 용수철에 작용하는 탄성력은 힘 센서를 잡아당기는 방향과 (          ) 방향으로 작용한다.
(3) 용수철이 늘어난 길이는 작용하는 힘의 크기가 클수록 (          ).

**02** 위 실험에 대한 설명으로 옳은 것은 ○, 옳지 <u>않은</u> 것은 ×로 표시하시오.

(1) 탄성력의 크기는 용수철을 잡아당기는 힘의 크기와 같다. (          )
(2) 용수철을 30 cm 늘어나게 하려면 4.8 N의 힘이 필요하다. (          )
(3) 용수철이 늘어난 길이는 탄성력의 크기에 비례한다. (          )
(4) 용수철의 전체 길이가 3 배가 되면 용수철의 탄성력의 크기도 3 배가 된다. (          )

**03** 위 실험에서 원래 길이가 5 cm였던 용수철을 잡아당겨 10 cm가 되었다면, 용수철에 작용한 힘의 크기는 몇 N인지 쓰시오.

**04** 그림은 어떤 용수철에 추를 매달았을 때, 추의 무게에 따라 용수철이 늘어난 길이를 측정하여 나타낸 것이다. 이 용수철에 무게가 40 N인 추를 매달았을 때, 용수철이 늘어난 길이는?

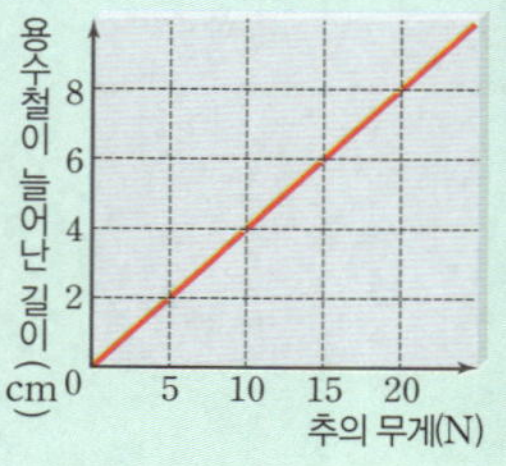


① 10 cm  ② 12 cm  ③ 14 cm
④ 16 cm  ⑤ 18 cm

# 그래프 그리기

실험을 통해 얻은 측정값으로 실험의 결과가 무엇을 의미하는지 이해할 수 있어야 해~ 측정값을 그래프로 나타내면
측정값 사이의 관계를 쉽게 이해할 수 있지! 지금부터 측정값을 그래프로 나타내는 방법을 자세히 배워 보자!

## 1 $x$축(가로축)과 $y$축(세로축)에 나타낼 요인 정하기

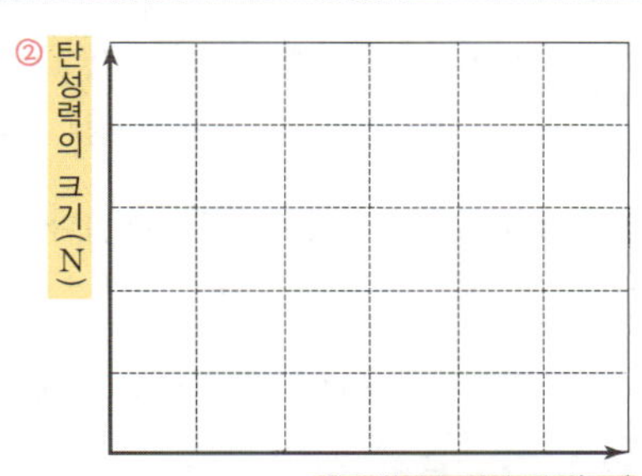


① $x$축에는 실험에서 변화시키는 요인을 써주면 돼!
용수철을 이용하여 탄성력의 크기를 측정하는 실험에서 용수철이 늘어난
길이를 변화시켜 주었으니까 $x$축에는 용수철이 늘어난 길이를 쓰고, 괄호
안에는 단위를 써주면 돼!
② $y$축에는 $x$축 값인 '용수철이 늘어난 길이'에 의해 변화된 요인을 써주는 거
야~ '용수철이 늘어난 길이'에 의해 탄성력의 크기가 달라지므로 $y$축에는
탄성력의 크기를 쓰고 괄호 안에는 단위를 써주면 돼!

## 2 눈금 나타내기

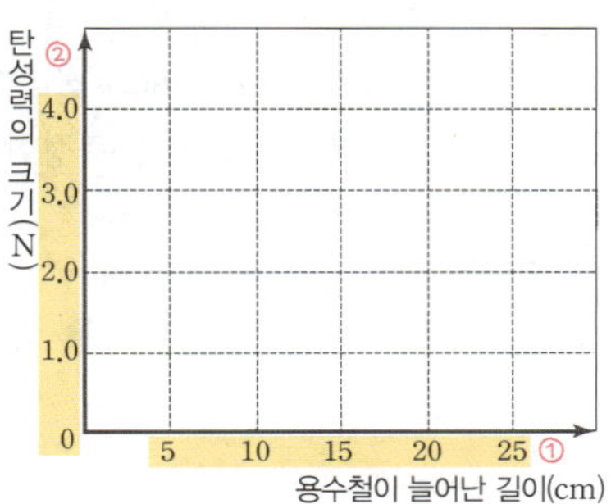


① 실험에서 용수철을 5 cm씩 최대 25 cm만큼 늘였다면
$x$축 최댓값은 '25'가 되겠지! 이때 가로 눈금 한 칸의 크기는 5 cm로 하
면 되겠지!
② 용수철이 늘어난 길이가 25 cm일 때 탄성력의 크기가 4 N이므로 $y$축
최댓값은 '4.0'이 되고, 세로 눈금 한 칸의 크기는 1.0 N으로 하면 돼~

## 3 두 축의 측정값이 만나는 자리에 점찍기

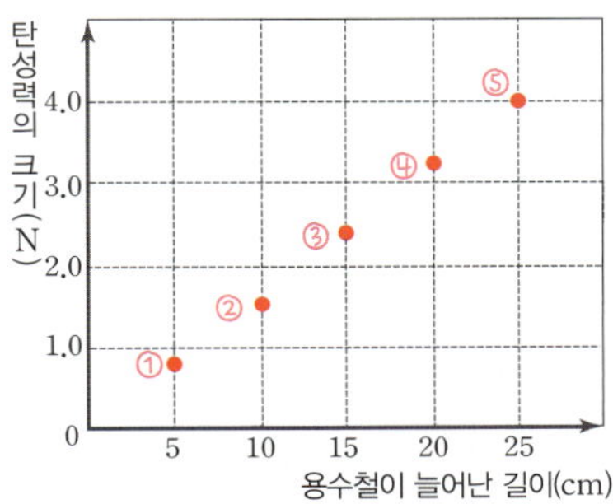


① 용수철이 늘어난 길이가 5 cm일 때 탄성력의 크기는 0.8 N
② 용수철이 늘어난 길이가 10 cm일 때 탄성력의 크기는 1.6 N
③ 용수철이 늘어난 길이가 15 cm일 때 탄성력의 크기는 2.4 N
④ 용수철이 늘어난 길이가 20 cm일 때 탄성력의 크기는 3.2 N
⑤ 용수철이 늘어난 길이가 25 cm일 때 탄성력의 크기는 4.0 N

## 4 점을 연결해서 직선 또는 곡선 그리기

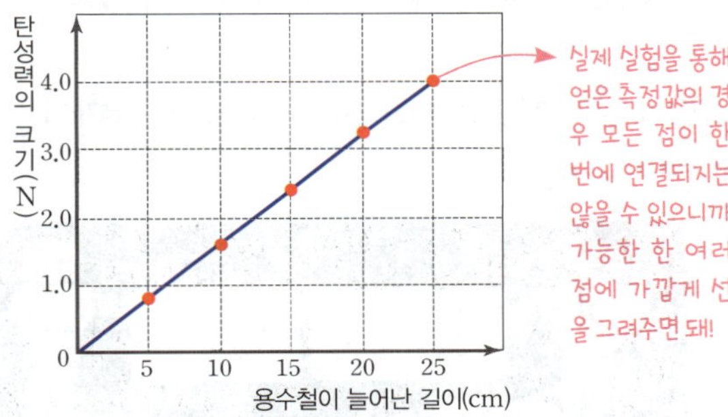


실제 실험을 통해 얻은 측정값의 경우 모든 점이 한 번에 연결되지는 않을 수 있으니까 가능한 한 여러 점에 가깝게 선을 그려주면 돼!

## 5 그래프를 보고 두 측정값의 관계 해석하기

$x$축(가로축) 값이 커짐에 따라 $y$축(세로축) 값이 일정하게 증가하므로 탄성력의 크기가 용수철이 늘어난 길이와 비례한다는 것을 알 수 있지!
$x$축 값을 추의 개수 대신에 추의 무게( N )로 표기하기도 하는데, 이때도 같은 그래프가 나타나게 돼! 즉, 용수철이 늘어난 길이는 추의 무게와 비례하는 거야~

# 유형 클리닉

## 유형 1 중력



**중력에 대한 설명으로 옳은 것은?**

① 중력은 지구 바깥 방향으로 작용한다.
② 중력의 크기는 장소가 바뀌어도 변하지 않는다.
③ 물체에 작용하는 중력의 크기는 그 물체의 질량과 같다.
④ 달에서 측정한 물체의 무게는 지구에서 측정한 무게의 6 배이다.
⑤ 지구 중심에서 멀어질수록 물체에 작용하는 중력의 크기는 작아진다.

---

✗ 중력은 지구 바깥(중심) 방향으로 작용한다.
→ 중력은 지구 중심 방향(연직 방향)으로 작용해~!

✗ 중력의 크기는 장소가 바뀌어도 변하지 않는다. 변한다.
→ 중력의 크기는 장소에 따라 변해! 달에서의 중력은 지구에서 중력의 $\frac{1}{6}$ 이야!

✗ 물체에 작용하는 중력의 크기는 그 물체의 질량과 같다. 무게와 같다.
→ 물체에 작용하는 중력의 크기는 그 물체의 무게와 같지! 중력의 크기는 그 물체의 질량에 비례해~

✗ 달에서 측정한 물체의 무게는 지구에서 측정한 무게의 6($\frac{1}{6}$) 배이다.
→ 달에서 측정한 물체의 무게는 지구에서 측정한 무게의 $\frac{1}{6}$ 이야!

⑤ 지구 중심에서 멀어질수록 물체에 작용하는 중력의 크기는 작아진다.
→ 중력의 크기는 지구 중심에서 멀어질수록 작아져~

**답 ⑤**

**ZP point**
지구가 물체를 끌어당기는 힘 ➡ 중력!
중력 ➡ 질량에 비례!

---

## 유형 2 지구와 달에서 질량과 무게 비교



**그림과 같이 지구에서 질량이 60 kg이고, 무게가 588 N인 사람이 있다.**

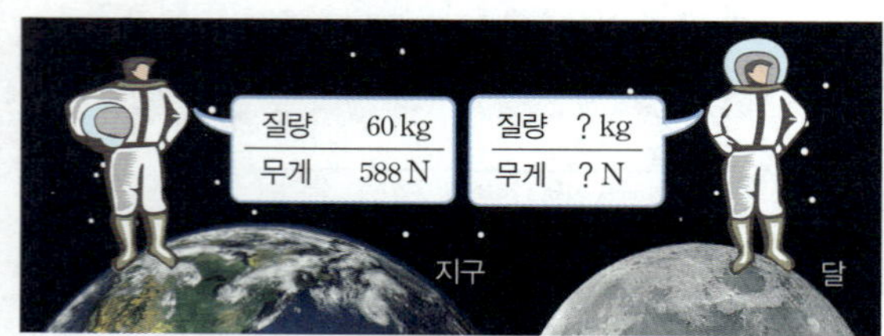


**달에서 이 사람의 질량과 무게를 옳게 짝 지은 것은? (단, 지구에서의 중력은 달에서 중력의 6 배이다.)**

| | 질량(kg) | 무게(N) | | 질량(kg) | 무게(N) |
|---|---|---|---|---|---|
| ① | 10 | 98 | ② | 10 | 588 |
| ③ | 60 | 98 | ④ | 60 | 588 |
| ⑤ | 360 | 588 | | | |

---

질량은 물체의 고유한 양으로, 측정 장소가 달라져도 변하지 않아! 지구에서 질량이 60 kg인 사람은 달에서 질량을 측정해도 그 값은 60 kg으로 같지~
무게는 물체에 작용하는 중력의 크기로, 측정 장소에 따라 그 값이 변해! 달에서의 무게는 지구에서 측정한 무게의 $\frac{1}{6}$ 이야. 따라서 지구에서 측정한 무게가 588 N인 사람이 달에서 무게를 측정하면 $588 \text{ N} \times \frac{1}{6} = 98 \text{ N}$이 되는 거야!

**답 ③**

**ZP point**
질량은 측정 장소가 변해도 값이 변하지 않는 물체의 고유한 양!
무게는 측정 장소에 따라 값이 달라지는 중력의 크기!

# 유형 클리닉

## 유형 3 · 탄성력의 크기

+ 탄성력의 크기를 비교하는 문제는 자주 출제되므로 반드시 기억해야 해~

그림은 서로 다른 용수철에 무게가 다른 추를 각각 매달았을 때 용수철이 늘어난 모습을 나타낸 것이다. 탄성력의 크기가 가장 큰 것은?

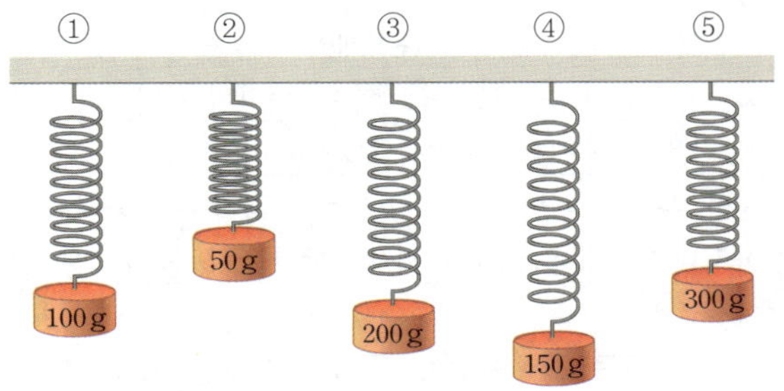

탄성력의 크기는 탄성체에 작용한 힘의 크기와 같아. 이 문제에서 탄성체는 용수철이고, 작용한 힘은 추의 무게야~ 추의 무게가 무거울수록 작용하는 중력의 크기가 커지고, 무게는 질량에 비례해!

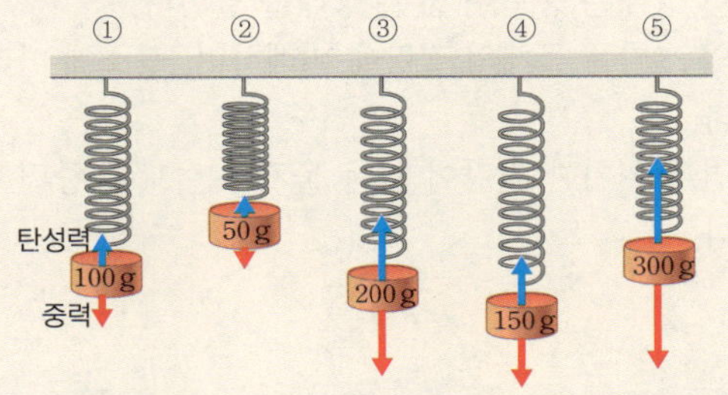


그림에서 질량이 가장 큰 300 g의 추에 가장 큰 중력이 작용하고, 그렇기 때문에 탄성력의 크기가 가장 큰 것은 300 g의 추가 매달린 ⑤번이야! 탄성체의 종류가 다를 때는 길이가 길다고 해서 탄성력의 크기가 반드시 큰 건 아니라는 것을 명심해 두자.

답 ⑤

**ZP point**
탄성력의 크기는 외부에서 탄성체에 작용한 힘의 크기와 같은 크기!

## 유형 4 · 탄성력의 크기와 방향

+ 탄성력의 크기와 방향을 물어보는 문제는 매우 자주 출제돼! 서술형으로도 출제될 수 있으니 완벽하게 이해해야 해~

그림과 같이 벽에 고정된 용수철에 무게가 30 N인 나무 도막을 연결한 후, 10 N의 힘을 작용하여 용수철을 왼쪽으로 압축했다.

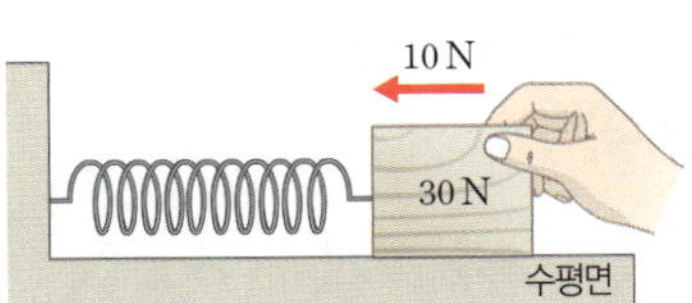


탄성력의 크기는 탄성체에 작용하는 힘의 크기와 같고, 방향은 탄성체가 변형된 방향의 반대 방향이지~

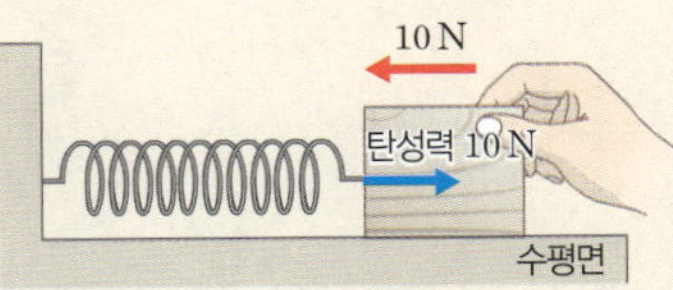


10 N의 힘을 작용하여 용수철을 왼쪽으로 압축했으므로 탄성력의 크기는 10 N이고, 방향은 오른쪽이야!

답 ②

이때 용수철에 작용하는 탄성력의 크기와 방향을 옳게 짝 지은 것은? (단, 나무 도막과 수평면 사이의 마찰은 무시한다.)

| | 크기 | 방향 | | 크기 | 방향 |
|---|---|---|---|---|---|
| ① | 10 N | 왼쪽 | ② | 10 N | 오른쪽 |
| ③ | 30 N | 왼쪽 | ④ | 30 N | 오른쪽 |
| ⑤ | 40 N | 오른쪽 | | | |

**ZP point**
탄성력은 외부에서 탄성체에 작용한 힘과 크기는 같고! 방향은 반대!

# 실전 백신

## ① 중력

**01** 중력에 대한 설명으로 옳지 <u>않은</u> 것은?

① 중력의 방향은 지구 중심을 향한다.
② 중력은 지구가 물체를 끌어당기는 힘이다.
③ 무중력 상태는 중력이 없는 상태를 말한다.
④ 중력의 크기는 물체의 질량에 비례하며, 장소에 따라 달라진다.
⑤ 지표면에 위치한 질량이 있는 물체에는 모두 중력이 작용한다.

**02** 그림은 지구 근처에 있는 물체 A, B의 위치를 표시한 것이다. (가) <u>A에 작용하는 중력의 방향</u>과 (나) <u>B를 가만히 놓았을 때 떨어지는 방향</u>을 옳게 짝 지은 것은?

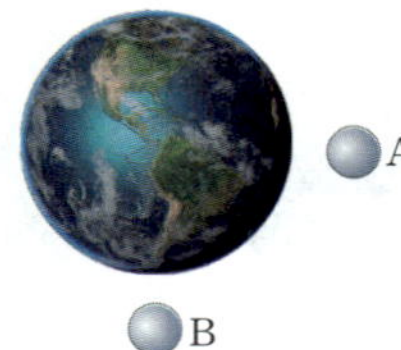


| | (가) | (나) | | (가) | (나) |
|---|---|---|---|---|---|
| ① | ← | ↓ | ② | ← | ↑ |
| ③ | → | ↓ | ④ | ↓ | ↑ |
| ⑤ | ↓ | ↓ | | | |

**03** 지구에서 측정한 풍식이의 몸무게는 735 N이었다. 지구에서 측정한 풍식이의 질량과 달에서 측정한 풍식이의 질량, 달에서 측정한 풍식이의 무게를 옳게 짝 지은 것은? (단, 지구에서 질량이 1 kg인 물체에 작용하는 중력의 크기는 9.8 N이고, 달에서의 중력은 지구에서 중력의 $\frac{1}{6}$이다.)

| | 지구에서의 질량 | 달에서의 질량 | 달에서의 무게 |
|---|---|---|---|
| ① | 12.5 kg | 12.5 kg | 122.5 N |
| ② | 12.5 kg | 75 kg | 122.5 N |
| ③ | 75 kg | 12.5 kg | 735 N |
| ④ | 75 kg | 75 kg | 122.5 N |
| ⑤ | 75 kg | 75 kg | 735 N |

**04** 학생들이 한라산 정상에서 금을 산 후 바닷가 마을에서 팔려고 한다. 다음 대화 내용 중 옳은 것은?

- 풍식: ① 어느 곳에서나 질량은 같으니까 양팔저울을 사용하면 이득이 있을 거야.
- 풍순: 아니야. ② 어느 곳에서나 질량이 같으니까 가정용 저울을 사용해서 질량을 측정해야 이득을 볼 수 있지!
- 풍만: ③ 높은 곳으로 올라갈수록 중력이 커지니까 가정용 저울을 사용하면 손해를 보게 될 거야.
- 풍민: 무슨 소리! ④ 높은 곳으로 올라갈수록 중력이 작아지니까 가정용 저울을 사용해야 이득을 볼 수 있는 거야~
- 풍돌: 너희들 모두 틀렸어. ⑤ 모두 이득을 볼 수 없으니까 진정해.

**05** 질량과 무게에 대한 설명으로 옳은 것은? (단, 지구에서 질량이 1 kg인 물체에 작용하는 중력의 크기는 9.8 N이고, 달에서의 중력은 지구에서 중력의 $\frac{1}{6}$이다.)

① 질량과 무게는 장소에 관계없이 항상 일정하다.
② 지구에서 질량이 6 kg인 물체는 달에서 무게가 1 N이다.
③ 지구에서 질량이 6 kg인 물체는 달에서 질량이 1 kg이다.
④ 지구에서 무게가 9.8 N인 물체는 달에서 질량이 1 kg이다.
⑤ 달에서 질량이 1 kg인 물체는 지구에서 무게가 1 N이다.

**06** 표는 수성, 지구, 목성에서의 중력의 크기를 상대적으로 나타낸 것이다.

| 행성 | 수성 | 지구 | 목성 |
|---|---|---|---|
| 중력의 크기 (상댓값) | 0.4 | 1 | 2.5 |

수성에서 질량이 4 kg으로 측정된 물체를 지구와 목성으로 가져왔을 때, 물체에 대한 설명으로 옳은 것은? (단, 지구에서 질량이 1 kg인 물체의 무게는 10 N이다.)

① 수성에서 물체의 무게는 40 N이다.
② 목성에서 물체의 무게는 100 N이다.
③ 지구에서 물체의 질량은 100 kg이다.
④ 목성에서 물체의 질량은 지구에서의 2.5 배이다.
⑤ 질량에 관계없이 각 행성에서 물체를 당기는 힘은 동일하다.

**(중요) 07** 그림과 같이 질량이 같은 두 물체 (가)와 (나)를 지표면으로부터 1 m 높이에서 가만히 놓았다.

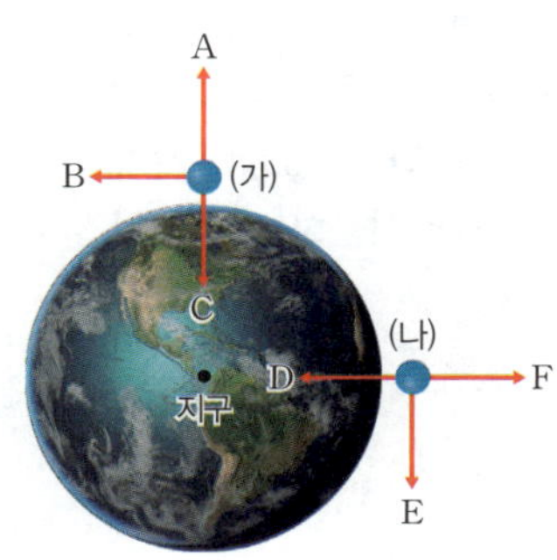


이에 대한 설명으로 옳은 것을 보기 에서 모두 고른 것은?

보기
ㄱ. (가)는 C 방향으로 떨어진다.
ㄴ. (나)는 E 방향으로 떨어진다.
ㄷ. 두 물체에 작용한 힘은 중력이다.
ㄹ. 두 물체에는 모두 지구 중심 방향으로 힘이 작용한다.

① ㄱ, ㄴ　　　② ㄴ, ㄷ　　　③ ㄷ, ㄹ
④ ㄱ, ㄷ, ㄹ　　　⑤ ㄴ, ㄷ, ㄹ

## ② 탄성력

**08** 그림은 장대높이뛰기와 양궁을 각각 나타낸 것이다.

장대높이뛰기

양궁

장대와 활시위에 공통으로 이용된 힘에 대한 설명으로 옳지 않은 것은?

① 힘의 종류는 탄성력이다.
② 지구가 물체를 끌어당기는 힘이다.
③ 빨래집게, 용수철저울에 쓰이는 힘이다.
④ 힘의 방향은 탄성체에 작용한 힘의 방향과 반대 방향이다.
⑤ 힘에 의해 변형된 물체가 원래 모양으로 되돌아가려는 힘을 말한다.

**(중요) 09** 탄성력에 대한 설명으로 옳지 않은 것은?

① 고무 동력기는 고무의 탄성력을 이용한 예이다.
② 변형된 물체가 원래 모양으로 되돌아가려는 힘이다.
③ 탄성체의 변형된 정도가 클수록 탄성력의 크기가 크다.
④ 탄성력의 크기는 탄성체를 변형시킨 힘의 크기와 같다.
⑤ 탄성력은 탄성체를 변형시킨 힘과 같은 방향으로 작용한다.

**10** 그림과 같이 어떤 용수철에 무게가 5 N인 추를 매달았을 때 용수철이 늘어난 길이가 2 cm였다.

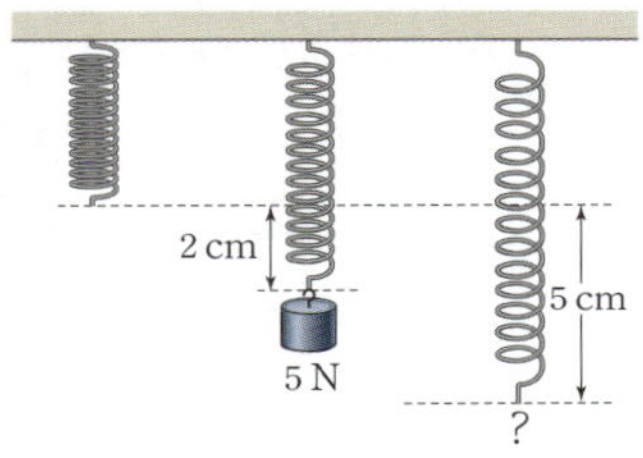


이 용수철을 5 cm 늘이기 위해 매달아야 하는 추의 무게는?

① 5 N　　　② 7.5 N　　　③ 10 N
④ 12.5 N　　　⑤ 15 N

**11** 그림은 어떤 용수철에 추를 매달았을 때, 추의 무게에 따라 용수철이 늘어난 길이를 측정하여 나타낸 것이다. 이 용수철에 무게가 18 N인 추를 매달았을 때, 용수철이 늘어난 길이는?



① 10 cm　　　② 12 cm　　　③ 14 cm
④ 16 cm　　　⑤ 18 cm

**(중요)**

**12** 그림과 같이 벽에 고정되어 있는 길이 10 cm의 용수철을 10 N의 힘으로 왼쪽으로 잡아당겼더니 용수철의 길이가 15 cm가 되었다.

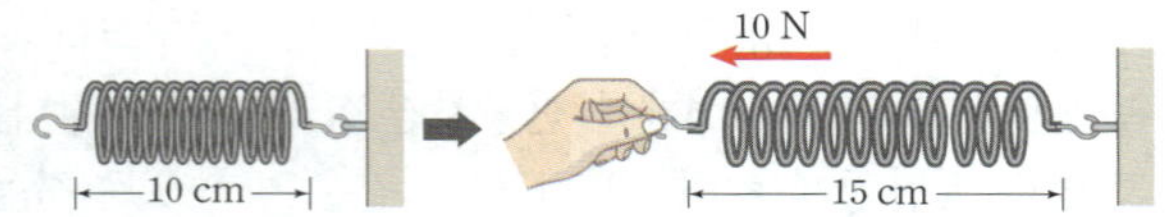


이에 대한 설명으로 옳지 <u>않은</u> 것은?

① 탄성력이 왼쪽으로 작용한다.
② 용수철이 손을 당기는 힘이 작용한다.
③ 용수철에 작용하는 탄성력의 크기는 10 N이다.
④ 손을 놓으면 용수철은 원래 모습으로 되돌아간다.
⑤ 12 N의 힘으로 용수철을 잡아당기면 용수철의 전체 길이는 16 cm가 된다.

**13** 그림과 같이 길이가 14 cm인 용수철에 질량이 400 g인 추를 1 개 매달았을 때 용수철의 길이는 16.5 cm가 되었고, 2 개 매달았을 때 용수철의 길이는 19 cm가 되었다.

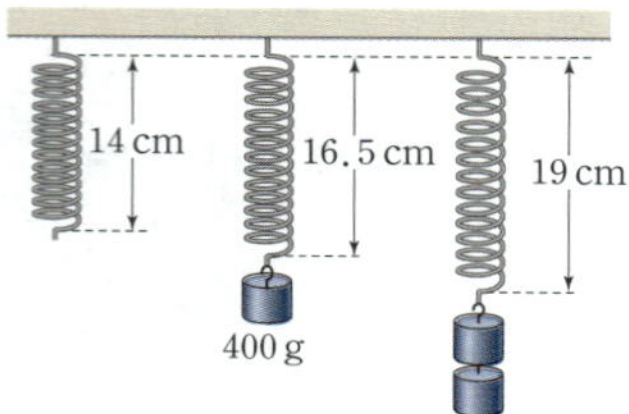


이 용수철의 길이가 26.5 cm가 되었을 때, 용수철에 매단 추의 개수와 추에 작용하는 중력의 크기를 옳게 짝 지은 것은? (단, 추의 질량은 같고, 지구에서 질량이 1 kg인 물체에 작용하는 중력의 크기는 9.8 N이다.)

| | 추의 개수 | 중력의 크기 |
|---|---|---|
| ① | 4 개 | 15.68 N |
| ② | 4 개 | 19.6 N |
| ③ | 5 개 | 19.6 N |
| ④ | 5 개 | 23.52 N |
| ⑤ | 6 개 | 23.52 N |



**서술형**

**14** 그림과 같이 농구공을 위로 던져 올렸더니 농구공이 위로 올라갔다가 잠시 후 지면으로 떨어졌다. A, B, C 각각의 지점에서 농구공에 작용하는 중력의 방향을 서술하시오.

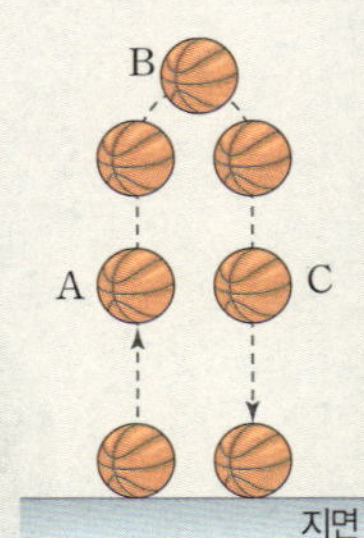


**KEY** 중력, 지구 중심 방향

**15** 그림과 같이 인형을 고무풍선 위에 놓고 아래로 눌렀다가 놓으면 인형이 원래 위치로 되돌아간다. 그 까닭을 서술하시오.

**KEY** 탄성력의 방향

**16** 어떤 용수철에 물체를 매달았을 때 용수철이 늘어난 길이가 12 cm가 되었다. 같은 실험을 달에서 했을 때 용수철이 늘어난 길이는 몇 cm인지 풀이 과정과 함께 구하시오. (단, 지구에서 측정한 무게는 달에서 측정한 무게의 6 배이다.)

**KEY** 용수철이 늘어난 길이 ∝ 물체의 무게

# 1등급 백신

**01** 그림 (가)~(다)는 풍식이가 동일한 장소에서 다양한 자세로 각각 동일한 체중계 위에 올라가 있는 모습을 나타낸 것이다.

체중계에 측정되는 무게의 크기를 옳게 비교한 것은?

① (가)>(나)>(다)  　② (가)=(나)>(다)
③ (가)=(다)>(나)  　④ (가)=(나)=(다)
⑤ (나)>(가)>(다)

**02** 그림 (가)는 길이가 10 cm인 용수철이 들어 있는 원통에 쇠구슬을 연직 방향으로 떨어뜨리는 것을 나타낸 것이고, (나)는 (가)에서 쇠구슬이 용수철을 압축시키면서 아래로 내려갔다가 용수철에 의해 다시 위로 튀어오를 때 시간에 따른 용수철의 길이 변화를 나타낸 것이다.

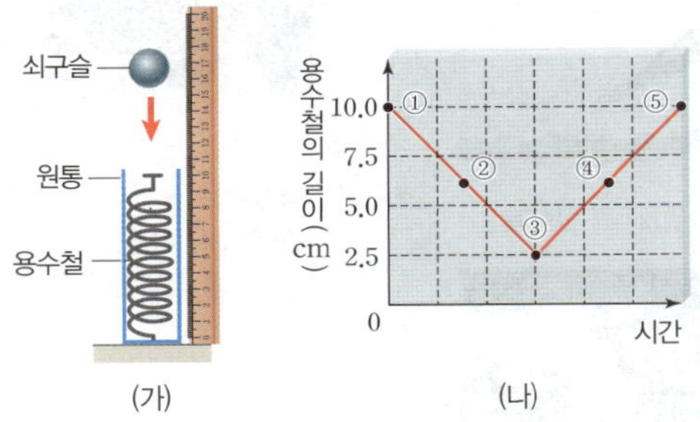



(나)에서 용수철에 의해 쇠구슬이 가장 큰 힘을 받은 때는?

① 쇠구슬과 용수철이 충돌을 시작할 때
② 용수철이 압축되는 동안
③ 용수철이 최대로 압축되었을 때
④ 용수철이 늘어나는 동안
⑤ 용수철이 원래 모양으로 되돌아왔을 때

**03** 그림 (가)는 태양계의 여러 행성에서 같은 물체에 작용하는 중력의 크기를 비교한 것이고, (나)는 화성에서 질량이 1 kg인 추를 용수철에 매단 모습을 나타낸 것이다.

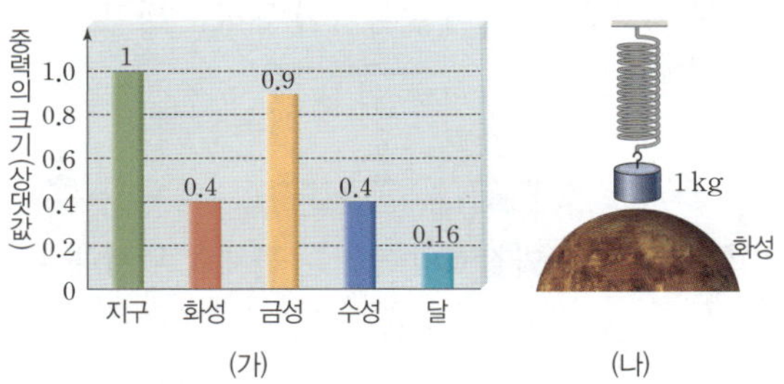



(나)에서 추가 움직이지 않고 정지해 있을 때, 이에 대한 설명으로 옳지 **않은** 것은? (단, 지구에서 질량이 1 kg인 물체에 작용하는 중력의 크기는 10 N이며, 용수철의 질량은 무시한다.)

① 용수철에 작용하는 탄성력의 방향은 위쪽이다.
② 용수철에 작용하는 중력의 크기는 10 N이다.
③ 추가 정지해 있을 때 용수철에 작용하는 탄성력과 중력의 크기는 같다.
④ 추가 정지해 있을 때 추에 작용하는 탄성력의 크기는 4 N이다.
⑤ 동일한 실험을 달에서 하면 용수철이 늘어나는 길이가 줄어든다.

**04** 그림은 지구와 달에서 같은 종류의 활을 사용하여 화살을 위쪽으로 쏘아올리는 모습을 나타낸 것이다. 두 화살의 질량과 크기는 동일하며, 잡아당긴 활시위의 길이는 같다.

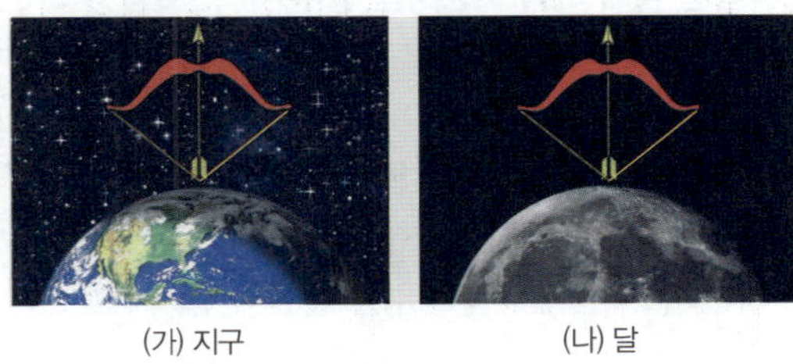

(가) 지구　　　　　　(나) 달

이에 대한 설명으로 옳은 것을 보기 에서 모두 고른 것은? (단, 지구에서의 중력은 달에서의 6 배이며, 중력과 탄성력만 고려한다.)

> **보기**
> ㄱ. (가)와 (나)에서 화살에 작용하는 중력의 방향은 서로 다르다.
> ㄴ. 화살에 작용하는 탄성력의 크기는 (가)에서가 (나)에서의 6 배이다.
> ㄷ. (나)에서 화살이 (가)에서보다 6 배 높게 올라간다.

① ㄱ　　② ㄴ　　③ ㄷ　　④ ㄱ, ㄴ　⑤ ㄴ, ㄷ

# 03 여러 가지 힘(2)

## ❶ 마찰력

**1 마찰력**: 두 물체의 접촉면에서 물체의 운동을 방해하는 힘

**(1) 마찰력의 방향**: 물체의 운동을 방해하는 방향

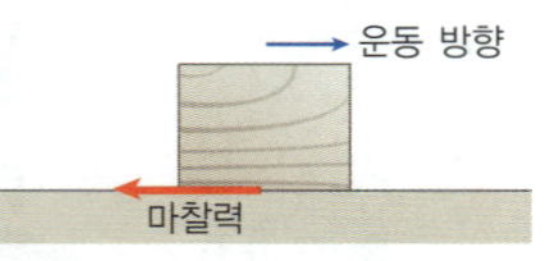


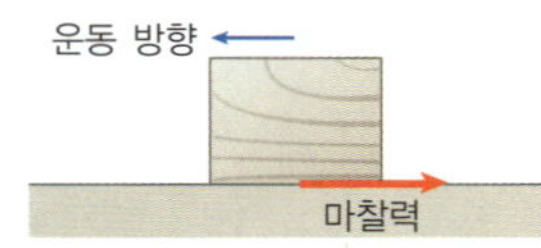


**(2) 마찰력의 크기**: 마찰력의 크기는 물체의 무게와 ❶접촉면의 거칠기에 영향을 받는다.

| 물체의 무게 | 접촉면의 거칠기 |
|---|---|
| (가)  >  (나) | (다)  >  (라) |

- 물체의 무게: (가)>(나)
- 마찰력의 크기: (가)>(나)
  ➡ 물체의 무게가 무거울수록 마찰력의 크기가 크다.
- 접촉면의 거칠기: (다)>(라)
- 마찰력의 크기: (다)>(라)
  ➡ 접촉면이 거칠수록 마찰력의 크기가 크다.

**2 빗면에서의 마찰력**

| 기울기가 완만할 때 | 기울기가 급할 때 |
|---|---|


미끄러지려는 힘=마찰력 ➡ 물체가 미끄러지지 않는다. / 미끄러지려는 힘>마찰력 ➡ 물체가 미끄러진다.

**3 마찰력의 이용**

**(1) 마찰력을 작게 하여 이용하는 경우**
① 창문이나 서랍을 열고 닫을 때 바퀴를 이용한다.
② 수영장의 미끄럼틀에 물을 뿌린다.
③ 얼음 위에서 스케이트를 탄다.
④ 자전거 체인에 ❷윤활유를 칠한다.
⑤ 눈 위에서 스키나 스노보드를 탄다.

문 틀에 달린 바퀴

물을 이용한 미끄럼틀

얼음 위의 스케이트

윤활유를 칠한 체인

**(2) 마찰력을 크게 하여 이용하는 경우**
① 자동차 타이어에 체인을 감고 눈길을 달린다.
② 투수가 백색 가루를 손에 묻힌 다음 공을 던진다.
③ 등산화의 바닥을 울퉁불퉁하게 만든다.
④ 계단 끝에 미끄럼 방지 테이프를 붙인다.
⑤ 고무장갑의 손바닥 부분을 울퉁불퉁하게 만든다.

체인 감은 자동차 타이어 / 백색 가루를 묻히는 투수

바닥이 울퉁불퉁한 등산화 / 미끄럼 방지 테이프 계단

---



**접촉면의 넓이와 마찰력의 크기**

접촉면의 넓이와 마찰력의 크기는 관계가 없으며, 같은 물체일 경우 무게가 같기 때문에 접촉면의 넓이와 관계없이 마찰력의 크기는 같다.
- 접촉면의 넓이: (가)<(나)
- 마찰력의 크기: (가)=(나)

## ❶ 접촉면과 마찰력

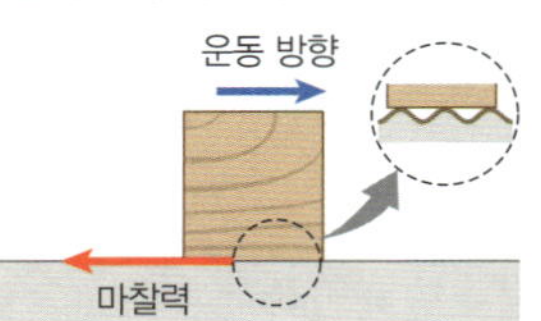


접촉면이 매끄러워 보여도 이 면을 확대해서 보면 울퉁불퉁하기 때문에 마찰력이 생기게 된다.

**정지해 있는 물체에 작용하는 마찰력의 크기**

힘을 가해도 물체가 움직이지 않을 때 마찰력은 물체에 작용한 힘과 반대 방향으로, 작용한 힘의 크기와 같은 크기만큼 작용한다.



## ❷ 윤활유
기계가 맞닿는 부분의 마찰을 줄이기 위하여 쓰는 기름

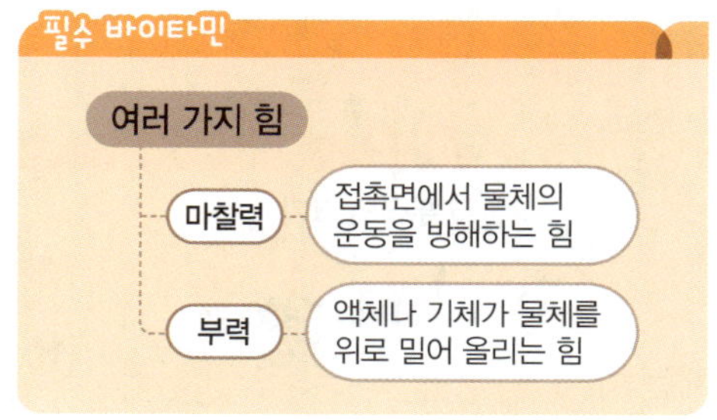



**01** 그림과 같이 나무 도막에 용수철을 연결한 다음, 용수철을 왼쪽으로 잡아당겼더니 나무 도막이 왼쪽으로 움직였다. 이때 나무 도막에 작용하는 마찰력의 방향을 쓰시오.

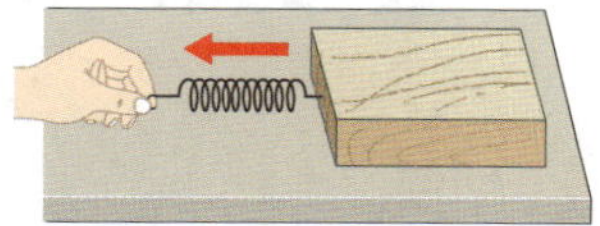

**02** 마찰력의 크기에 영향을 주는 요인을 보기 에서 모두 고르시오.

> 보기
> ㄱ. 물체의 무게          ㄴ. 물체의 크기
> ㄷ. 접촉면의 거칠기       ㄹ. 접촉면의 넓이

**03** 마찰력을 작거나 크게 하여 이용하는 경우를 각각 보기 에서 모두 고르시오.

> 보기
> ㄱ. 등산화의 바닥          ㄴ. 자동차 타이어의 체인
> ㄷ. 수영장 미끄럼틀의 물    ㄹ. 얼음 위에서 타는 스케이트
> ㅁ. 창문 틀에 달린 바퀴     ㅂ. 자전거 체인에 뿌리는 윤활유

(1) 마찰력을 작게 하여 이용하는 경우          (          )
(2) 마찰력을 크게 하여 이용하는 경우          (          )

**04** 다음 밑줄 친 부분은 마찰력에 대한 설명이다. 옳지 <u>않은</u> 것은?

> 마찰력은 ① 두 물체의 접촉면에서 물체의 운동을 방해하는 힘이고, ② 물체의 운동 방향과 반대 방향으로 작용한다. 마찰력의 크기는 ③ 물체의 무게와 접촉면의 거칠기에 따라 달라지며, ④ 접촉면의 넓이가 넓을수록 크다. 일상생활에서는 ⑤ 마찰력을 크게 하여 이용하기도 하고, 작게 하여 이용하기도 한다.

**05** 그림은 서로 다른 조건에서 나무 도막을 끌어당기는 모습을 나타낸 것이다.

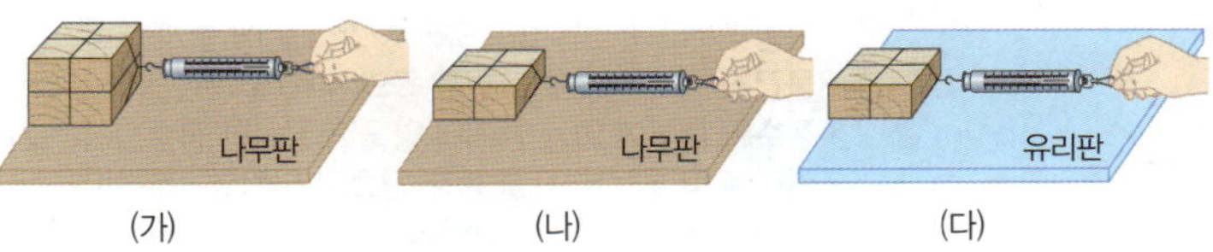


(가)~(다)에서 나무 도막에 작용하는 마찰력의 크기를 옳게 비교한 것은? (단, (가)~(다)에 사용한 나무 도막은 같다.)

① (가) > (나) > (다)          ② (가) > (나) = (다)
③ (가) > (다) > (나)          ④ (가) = (다) > (나)
⑤ (나) > (가) = (다)

---



**빈칸 채우기 문제**

**01** ______은 두 물체의 접촉면에서 물체의 운동을 방해하는 힘이다.

**02** 마찰력의 방향은 물체의 운동 방향과 ____ 방향이다.

**03** 물체가 무거울수록 마찰력의 크기가 __ 다.

**04** 접촉면이 ____ 수록 마찰력의 크기가 크다.

**05** 스케이트를 탈 때는 마찰력이 ____ 수록 앞으로 잘 나아간다.

**○✕ 문제**

**06** 마찰력은 물체가 서로 떨어져 있을 때는 작용하지 않는다. (          )

**07** 물체에 힘을 작용했을 때 물체가 움직이지 않았다면 물체에 작용한 마찰력은 0이다. (          )

**08** 마찰력의 크기는 접촉면의 넓이가 넓을수록 크다. (          )

**09** 빗면에 놓여 정지해 있는 물체에 작용하는 마찰력의 크기는 빗면의 기울기가 급할수록 크다. (          )

**10** 고무장갑의 손바닥 부분이 울퉁불퉁한 것은 마찰력을 작게 하기 위해서이다. (          )

## ② 부력

**1 부력**: 액체나 기체가 물체를 위로 밀어 올리는 힘

**(1) 부력의 방향**: 물체를 밀어 올리는 방향 ➡ 중력과 반대 방향

① 부력이 중력보다 크면 물체는 위로 떠오르고, 부력이 중력보다 작으면 물체는 아래로 가라앉는다.

② 부력이 중력과 같으면 물체는 떠오르거나 가라앉지 않고 정지해 있다.

**(2) ❶부력의 크기**: 액체나 기체 속에 들어 있는 물체의 부피에 비례한다.

> 부력의 크기는 물체가 밀어낸 액체나 기체의 무게와 같지!

| 물에 잠긴 물체의 부피가 다를 때 | 물에 잠긴 물체의 무게가 다를 때 |
|---|---|
| 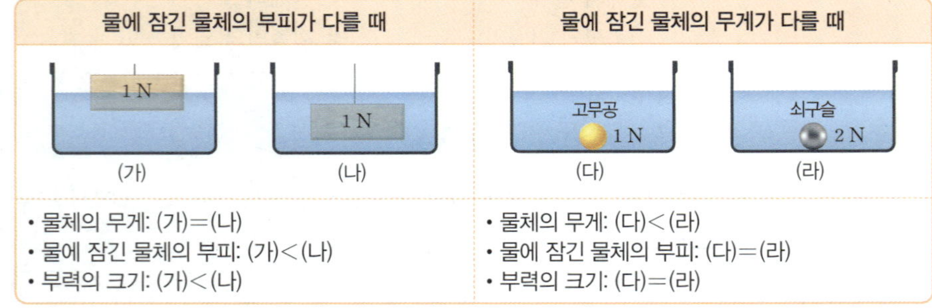<br>(가)　　　　(나) | 고무공 1 N　　　쇠구슬 2 N<br>(다)　　　　(라) |
| • 물체의 무게: (가)=(나)<br>• 물에 잠긴 물체의 부피: (가)<(나)<br>• 부력의 크기: (가)<(나) | • 물체의 무게: (다)<(라)<br>• 물에 잠긴 물체의 부피: (다)=(라)<br>• 부력의 크기: (다)=(라) |

**2 부력의 크기 측정**: 지구가 추를 당기는 중력의 크기는 물 밖이나 물속에서 차이가 없지만 추를 물속에 넣으면 추에 부력이 작용하기 때문에 용수철저울의 눈금이 감소한다. ➡ 부력의 크기＝물 밖에서 물체의 무게－물속에서 물체의 무게

> 물체에 작용하는 부력은 물체가 물에 잠긴 부분의 부피가 클수록 커진다.

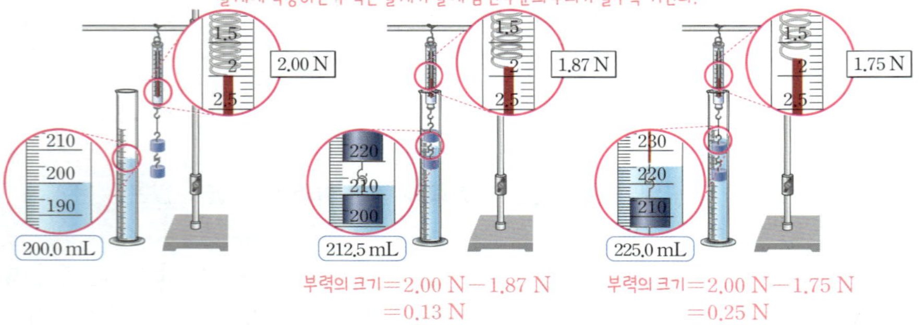

부력의 크기＝2.00 N－1.87 N ＝0.13 N

부력의 크기＝2.00 N－1.75 N ＝0.25 N

### 3 부력의 이용

| 기체 속에서 받는 부력의 이용 | • 비행선 내부에는 공기보다 가벼운 헬륨이 들어 있어 공기의 부력으로 하늘에 떠 있다.<br>• 풍등이나 열기구 내부에 불을 피우면 부력을 받아 하늘로 올라간다.<br><br>비행선이 떠 있다.　풍등이 떠오른다.　열기구가 떠오른다. |
|---|---|
| 액체 속에서 받는 부력의 이용 | • 구명조끼나 튜브를 이용하면 사람이 물에 쉽게 뜰 수 있다.<br>• 물건을 가득 실은 화물선은 물의 부력에 의해 물에 뜬다.<br>• 잠수함 내부에 있는 공기의 양을 조절하면 잠수함이 뜨거나 가라앉는다.<br>• 바다에 떠 있는 부표를 통해 암초의 위치를 확인한다.<br>• 테왁이 받는 부력을 이용하여 물속에서 해녀는 테왁을 잡고 잠시 쉬거나 이동할 수 있다.<br><br>구명조끼를 착용하여 물 위에 뜬다.　무거운 배가 물 위에 뜬다.　잠수함이 떠오른다.　부표가 바다 위에 떠 있다. |

---



**❶ 부력의 크기**

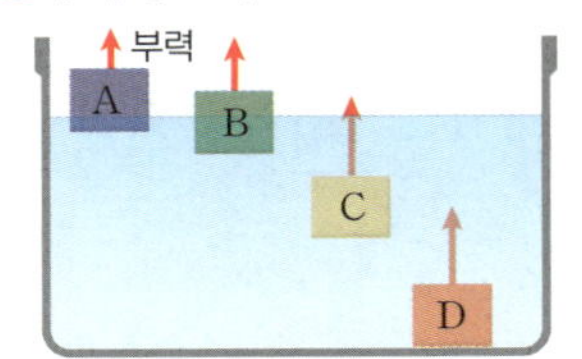


• 물체가 물에 잠기면서 밀어낸 물의 무게와 같다.

• 물에 잠긴 부피가 클수록 크다.
➡ D＝C>B>A

**빙산**

물이 얼어서 얼음이 되면 부피가 커진다. 물속에 얼음을 넣으면 얼음에 작용하는 중력보다 부력이 더 크기 때문에 얼음이 떠오르게 되는 것처럼 물이 얼음을 밀어 올리는 부력으로 인해 빙산도 물 위에 떠다닌다.

**물고기의 부레**

물고기는 부레에 들어 있는 공기의 양을 조절하여 물속에서 위아래로 움직인다. 이때 부레에 공기가 들어가면 부피가 커져 부력이 커지기 때문에 위쪽으로 떠오른다.

## 바로 복습

### 빈칸 채우기 문제

**11** ______은 액체나 ______가 물체를 위로 밀어 올리는 힘이다.

**12** 부력의 방향은 중력과 ______ 방향이다.

**13** 부력의 크기는 물체가 밀어낸 액체의 ______와 같다.

**14** 물에 잠긴 물체의 ______가 클수록 부력의 크기가 크다.

**15** 배가 바닷물에 뜨는 것은 배에 ______이 작용하기 때문이다.

### ○× 문제

**16** 부력의 방향은 지구 중심 방향이다. (   )

**17** 물체에 작용하는 부력보다 중력이 작으면 물체는 위로 떠오른다. (   )

**18** 물속에 가라앉아 있는 물체에는 부력이 작용하지 않는다. (   )

**19** 물에 잠긴 물체의 부피에 따라 물체에 작용하는 부력의 크기가 달라진다. (   )

**20** 같은 물체에 작용하는 부력의 크기는 항상 일정하다. (   )

---

**06** 그림은 물속에서 풍순이가 수영하는 모습을 나타낸 것이다.

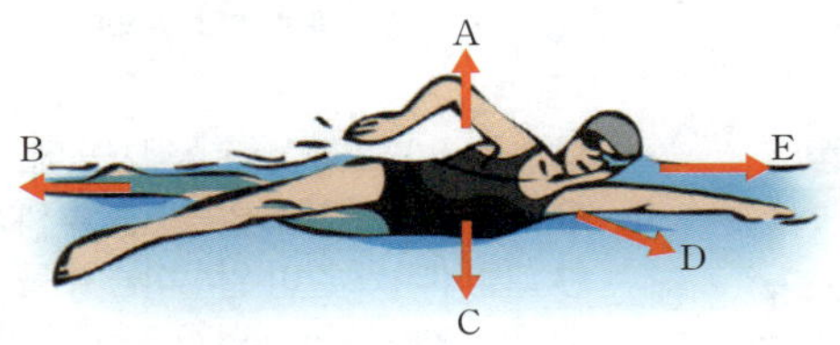


풍순이에게 작용하는 부력의 방향은?

① A          ② B          ③ C          ④ D          ⑤ E

**07** 그림과 같이 물이 든 수조에 부피가 같은 물체 A~D를 넣었다. 이때 부력을 가장 작게 받는 물체는?

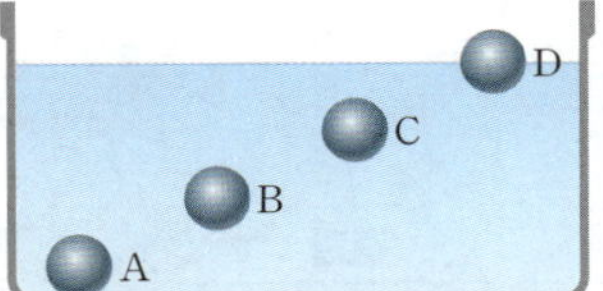


① A          ② B
③ C          ④ D
⑤ 모두 같다.

**08** 무게가 10 N인 물체를 용수철저울에 매달아 물속에 넣었더니 용수철저울에 측정된 무게가 6 N이었다. 이때 물체에 작용하는 부력의 크기는 몇 N인지 구하시오.

**09** 그림과 같이 나무 막대 양쪽 끝에 질량과 부피가 같은 추를 매단 다음 수평을 맞추고 왼쪽 추를 물이 들어 있는 컵에 잠기게 했다.

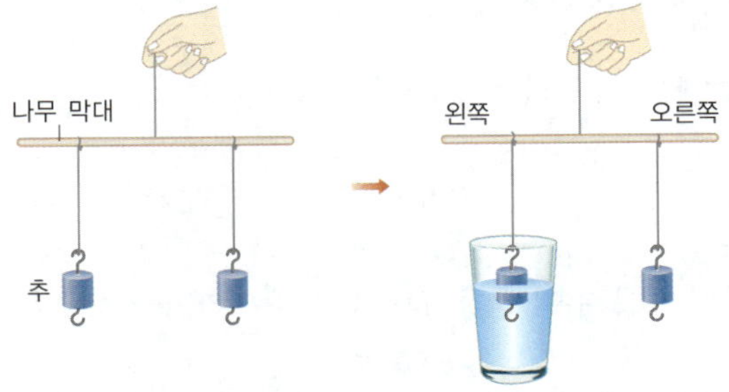


이때 나무 막대는 왼쪽과 오른쪽 중 어느 쪽으로 기울어지는지 쓰시오.

**10** 부력을 이용한 예를 보기 에서 모두 고르시오.

> **보기**
> ㄱ. 구명조끼          ㄴ. 배          ㄷ. 헬륨 풍선
> ㄹ. 번지점프          ㅁ. 열기구          ㅂ. 트램펄린

## 탐구 집중 관리 물속에서 부력 측정하기

**목표 |** 물속에 있는 물체에 작용하는 부력의 크기를 측정하고, 부력이 작용하는 방향과 부피에 따른 부력의 크기 변화를 설명할 수 있다.

**과정**

주의 신
• 추의 중간 부분에 사인펜으로 중심선을 그어 둔다.

❶ 그림 (가)와 같이 용수철저울에 알루미늄 추를 매달아 무게를 측정한다.
❷ 그림 (나)와 같이 알루미늄 추의 반이 물에 잠기게 하고 무게를 측정한다.
❸ 그림 (다)와 같이 알루미늄 추를 물에 완전히 잠기게 하고 무게를 측정한다.
❹ 과정 ❶~❸의 실험을 2회 더 반복하여 평균 무게를 구한다.

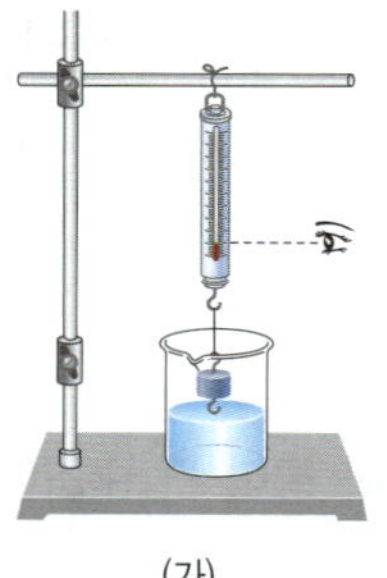
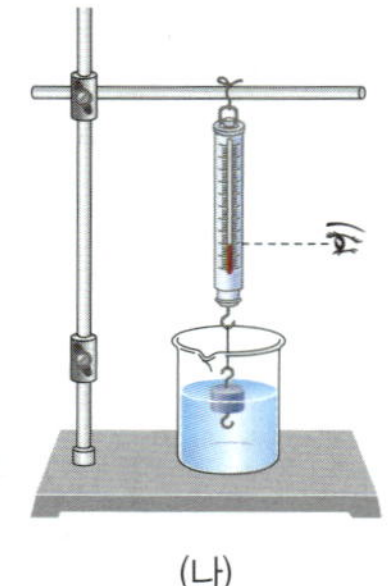
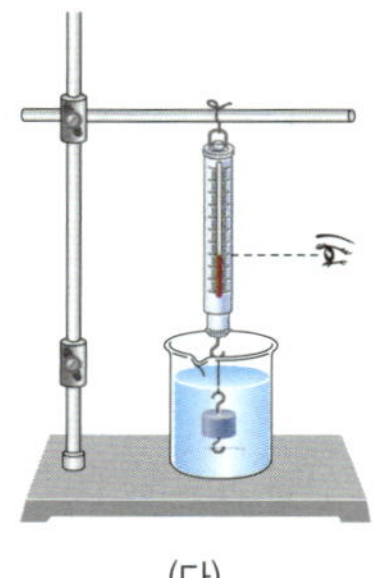

(가)  (나)  (다)

**결과**

| 구분 | 물 밖에서 측정한 추의 무게 (과정 ❶) | 반만 잠겼을 때의 추의 무게 (과정 ❷) | 완전히 잠겼을 때의 추의 무게 (과정 ❸) |
|---|---|---|---|
| 1 회 | 5 N | 3.2 N | 1.5 N |
| 2 회 | 5 N | 3.3 N | 1.3 N |
| 3 회 | 5 N | 3.1 N | 1.4 N |
| 평균 무게 | 5 N | 3.2 N | 1.4 N |

• 과정 ❶과 ❷에서 측정한 평균 무게의 차는 1.8 N이다.
• 과정 ❶과 ❸에서 측정한 평균 무게의 차는 3.6 N이다.

**정리**

• 부력은 위쪽으로 작용한다.
• 물에 잠긴 추의 부피가 클수록 부력의 크기가 크다.

## 탐구 알약

**01** 빈칸에 알맞은 말을 쓰시오.

(1) 물에 잠기게 했을 때 추의 무게가 작아지는 까닭은 부력이 (      ) 방향으로 작용하기 때문이다.
(2) 물에 잠긴 추의 부피가 (      )수록 부력의 크기가 크다.
(3) 물속에서 추에 작용하는 부력의 크기만큼 용수철저울의 눈금이 (      )한다.
(4) 추가 받는 부력의 크기는 위 실험 과정 ❷에서 (      ) N이고, 실험 과정 ❸에서 (      ) N이다.

**02** 위 실험에 대한 설명으로 옳은 것은 ○, 옳지 않은 것은 ×로 표시하시오.

(1) 부력의 크기는 물에 잠긴 추의 부피와 같다. (      )
(2) 부력은 물에 잠긴 물체가 위쪽 방향으로 받는 힘이다. (      )
(3) 물에 잠긴 추의 부피가 클수록 부력의 크기가 크다. (      )

서술형
**03** 그림 (가)는 물 밖에서 용수철저울로 추의 무게를 측정하는 모습을, (나)는 물속에 추가 잠겼을 때 용수철저울로 추의 무게를 측정하는 모습을 나타낸 것이다.

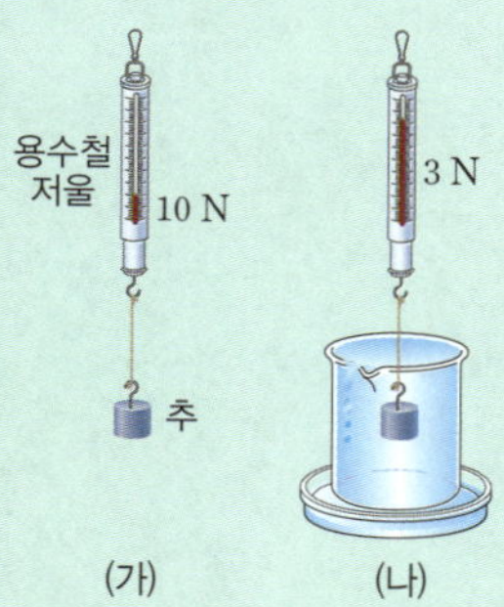


이때 (가)와 (나)에서 측정된 추의 무게가 다른 까닭을 서술하시오.

 **KEY** 부력의 방향

# 일상생활에서 힘의 활용

우리 주변에서는 다양한 힘을 이용하여 만든 편리한 장치나 기구를 쉽게 찾아볼 수 있어~ 어떤 힘이 어떻게 활용되었는지 알아보자!

## 1  안전한 난로

난로에 있는 중력 감지 센서는 중력의 크기와 작용하는 방향 등을 감지하여 물체의 움직임을 인식한다. 난로가 기울면 중력 감지 센서가 중력 방향의 변화를 감지하고, 45° 이상 기울어지면 전원이 차단되며 경보가 울림으로써 난로를 안전하게 사용할 수 있다.

## 2  자전거

- 안장: 안장의 아래쪽에 탄성력이 큰 용수철을 설치하여 충격을 흡수한다.
- 핸들: 핸들의 회전축에는 마찰력을 작게 하기 위해 윤활유를 바른다.
- 페달: 페달을 밟는 부분의 표면은 마찰력을 크게 하기 위해 울퉁불퉁하게 만든다.
- 바퀴: 자전거의 용도에 맞게 바퀴 홈의 모양을 바꾸어 마찰력의 크기를 조절한다.

## 3  잠수함

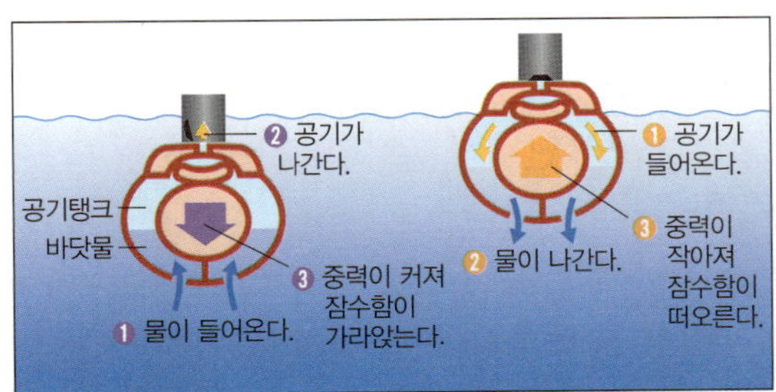


잠수함에는 중력과 부력이 함께 작용한다. 부피가 일정한 잠수함이 물속에서 받는 부력의 크기는 일정하기 때문에 잠수함 내부의 공기 탱크에 바닷물이 들어오게 하거나 나가게 하여 잠수함에 작용하는 중력의 크기를 조절함으로써 잠수함을 가라앉게 하거나 떠오르게 한다.

# 유형 클리닉

## 유형 1  마찰력

물체에 작용하는 마찰력의 방향과 크기를 물어보는 문제가 자주 출제되고 있어~ 꼭 기억해 두자!

그림과 같이 물체를 오른쪽으로 8 N의 힘을 작용하여 끌어당겼지만 물체는 움직이지 않았다.

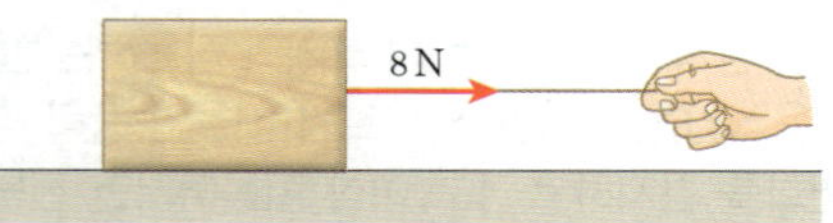


이에 대한 설명으로 옳은 것을 보기 에서 모두 고른 것은?

> **보기**
> ㄱ. 마찰력의 크기는 8 N보다 크다.
> ㄴ. 마찰력이 작용하는 방향은 왼쪽이다.
> ㄷ. 물체가 바닥과 접촉하는 면을 더 거칠게 하고 같은 힘을 작용하면 물체는 움직인다.

① ㄱ　　　　　② ㄴ　　　　　③ ㄱ, ㄷ
④ ㄴ, ㄷ　　　　⑤ ㄱ, ㄴ, ㄷ

---

ㄱ. 마찰력의 크기는 ~~8 N보다 크다.~~ 8 N이다.
→ 물체가 움직이지 않을 때 물체에 작용하는 마찰력의 크기는 작용한 힘의 크기와 같아~ 따라서 마찰력의 크기는 8 N이지!

ㄴ. 마찰력이 작용하는 방향은 왼쪽이다.
→ 마찰력은 물체에 작용하는 힘의 방향과 반대 방향으로 작용해! 물체를 오른쪽으로 끌어당겼으니까 마찰력이 작용하는 방향은 왼쪽이지~

ㄷ. 물체가 바닥과 접촉하는 면을 더 거칠게 하고 같은 힘을 작용하면 물체는 ~~움직인다.~~ 움직이지 않는다.
→ 마찰력의 크기는 접촉면이 거칠수록 커져~ 따라서 물체가 바닥과 접촉하는 면을 더 거칠게 하면 더 큰 힘을 작용해야 물체가 움직일 수 있지!

답 ②

**ZP point**
물체에 힘을 작용해도 물체가 정지해 있을 때 마찰력의 크기는 물체에 작용하는 힘의 크기와 같고, 방향은 반대!

---

## 유형 2  마찰력의 크기

마찰력의 크기를 비교하는 문제는 빈출 유형이야. 마찰력의 크기에 영향을 주는 요인은 꼭 알아둬~

그림과 같이 무게가 동일한 나무 도막을 빗면 위에 올려놓고 빗면을 서서히 기울이면서 나무 도막이 미끄러지는 순간을 관찰하였다. (가)와 (나)에서 빗면의 재질은 사포, (다)에서 빗면의 재질은 유리, (라)에서 빗면의 재질은 나무이다.

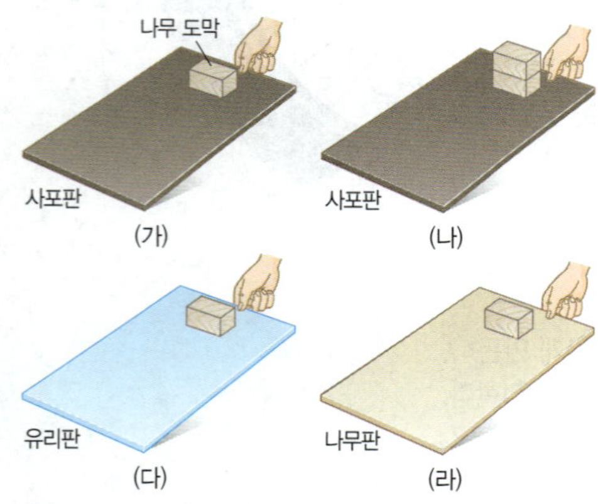


나무 도막이 미끄러지기 시작할 때 빗면의 기울기를 비교한 것으로 옳은 것은?

① (가)=(다)=(라)>(나)　　② (나)>(가)>(라)>(다)
③ (다)>(나)>(가)>(라)　　④ (라)>(가)=(나)>(다)
⑤ (라)>(나)>(가)>(다)

---

나무 도막이 미끄러지는 순간의 빗면의 기울기는 마찰력의 크기를 보여주는 거야.

• (가), (나): 물체의 무게에 따른 마찰력의 크기 비교

→ 마찰력의 크기는 물체가 무거울수록 크지. (가)에서보다 (나)에서 마찰력이 더 크기 때문에 빗면의 기울기는 (가)에서보다 (나)에서 더 커!

• (가), (다), (라): 접촉면의 거친 정도에 따른 마찰력의 크기 비교

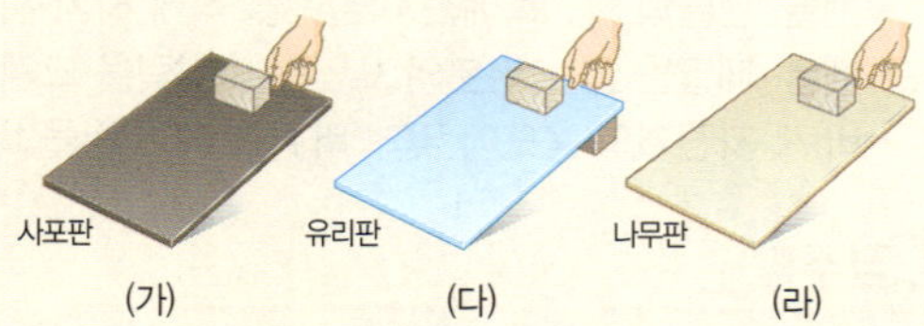


→ 사포판, 유리판, 나무판의 거칠기를 비교하면 사포판이 가장 거칠고, 유리판이 가장 매끄럽지! 접촉면이 거칠수록 마찰력의 크기는 커지므로 마찰력의 크기는 (가)에서 가장 크고, (다)에서 가장 작아!
따라서 빗면의 기울기를 비교하면 (나)>(가)>(라)>(다)가 되는 거야.

답 ②

**ZP point**
마찰력의 크기는 물체가 무거울수록, 접촉면이 거칠수록 커!

# 유형 클리닉

## 유형 3 부력의 크기

물속에 있는 물체에 작용하는 부력의 크기를 구하는 문제가 자주 출제되니까 잘 이해해야 해!

그림과 같이 무게가 5 N인 추를 비커에 들어 있는 물에 잠기게 하면서 용수철저울의 눈금 변화를 관찰하였다. 추가 절반만큼 잠겼을 때 용수철저울의 눈금이 3 N을 가리켰다.

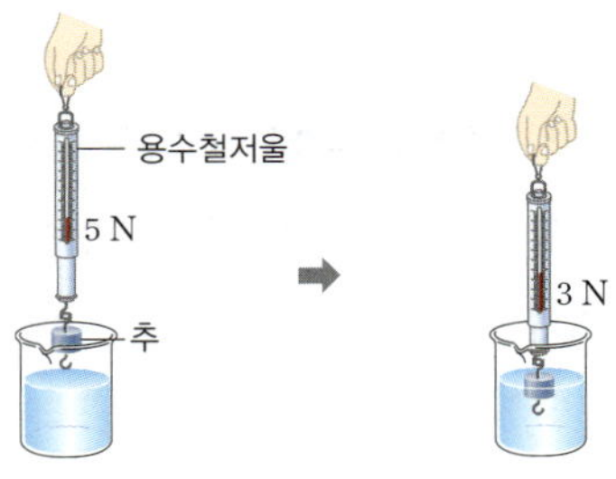

이때 추에 작용하는 부력의 크기는?

① 2 N  ② 3 N  ③ 4 N
④ 5 N  ⑤ 8 N

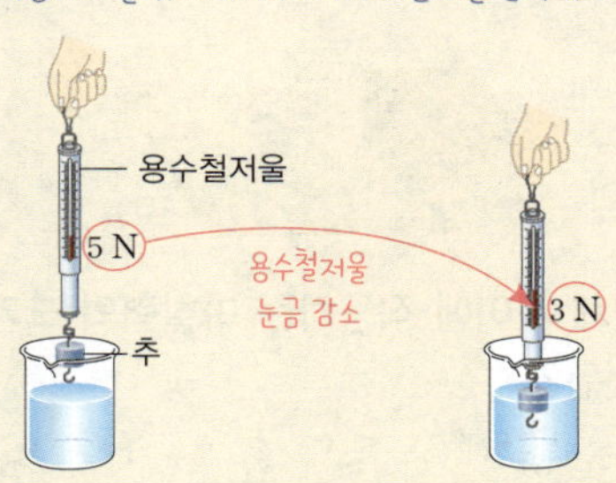


추가 물에 잠겼을 때 용수철저울의 눈금이 감소했지? 추가 물에 잠기면 중력과 반대 방향으로 부력이 작용해서 물 밖에서보다 가벼워지는 것을 알 수 있어~

추에 작용하는 부력의 크기＝물 밖에서 추의 무게－물속에서의 추의 무게로 구할 수 있어! 물 밖에서 추의 무게가 5 N이고, 추가 물에 잠겼을 때 측정된 무게가 3 N이므로 추가 물속에서 받는 부력의 크기는 5 N－3 N＝2 N이야!

답 ①

**ZP point**

부력의 크기＝물 밖에서 추의 무게－물속에서 추의 무게

## 유형 4 부력의 이용

일상생활에서 부력을 이용하는 예를 파악하는 문제가 출제되니까 부력을 이용한 경우를 다양하게 알고 있어야 해!

일상생활에서 부력을 이용하는 경우가 나머지 넷과 <u>다른</u> 것은?

① 물놀이를 할 때 튜브를 이용한다.
② 물건을 가득 실은 화물선이 물에 뜬다.
③ 바닷속에 있던 잠수함이 물 위로 떠오른다.
④ 잠수부가 납 벨트를 하고 편하게 잠수를 한다.
⑤ 바다에 떠 있는 부표를 이용하여 암초의 위치를 파악한다.

① 물놀이를 할 때 튜브를 이용한다.
→ 물놀이를 할 때 공기가 들어 있는 튜브를 이용하면 물에 떠 있을 수 있어~!

② 물건을 가득 실은 화물선이 물에 뜬다.
→ 물건을 가득 실은 화물선은 물에 잠기는 부피가 커지기 때문에 부력도 커져서 물에 뜰 수 있지!

③ 바닷속에 있던 잠수함이 물 위로 떠오른다.
→ 바닷속에 있던 잠수함 내부에 공기가 들어오고 물이 빠져나가면 잠수함에 작용하는 중력보다 부력이 커져~ 그래서 잠수함이 물 위로 떠오르는 거야!

④ 잠수부가 납 벨트를 하고 편하게 잠수를 한다.
→ 잠수부가 물에 들어가면 부력 때문에 몸이 뜨게 돼! 그래서 잠수부는 무거운 납 벨트를 해서 중력을 크게 하면 부력을 이기고 편하게 잠수를 할 수 있는 거야~ 따라서 이것은 중력을 이용하는 경우로 볼 수 있지!

⑤ 바다에 떠 있는 부표를 이용하여 암초의 위치를 파악한다.
→ 가벼운 부표는 바다에 떠 있기 때문에 암초의 위치를 표시하거나 항로를 안내하는 역할을 해~!

답 ④

**ZP point**

부력＞중력: 위로 떠오름
부력＝중력: 정지해 있음
부력＜중력: 아래로 가라앉음

# 실전 백신

## ① 마찰력

**01** 그림과 같이 나무 도막에 힘 센서를 연결하여 오른쪽으로 잡아당길 때, 나무 도막이 움직이는 순간에 측정한 힘의 크기는 5 N이었다.

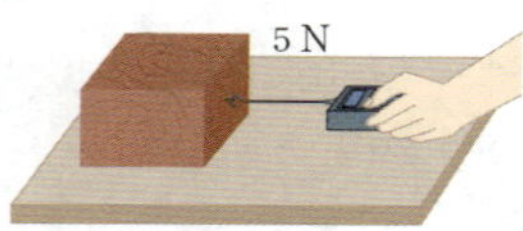


이때 바닥과 물체 사이에 작용하는 마찰력의 크기와 방향을 옳게 짝 지은 것은?

| | 크기 | 방향 | | 크기 | 방향 |
|---|---|---|---|---|---|
| ① | 5 N | → | ② | 5 N | ← |
| ③ | 10 N | → | ④ | 10 N | ← |
| ⑤ | 15 N | → | | | |

**02** 그림과 같이 풍식이가 바닥에 놓여 있는 상자를 오른쪽으로 힘을 주어 밀었으나 상자가 움직이지 않았다. 이에 대해 나눈 대화 내용으로 옳지 <u>않은</u> 것을 <u>모두</u> 고르면?

① 풍식: 내가 상자를 미는 힘보다 마찰력의 크기가 커서 상자가 움직이지 않았어.
② 풍순: 마찰력은 왼쪽 방향으로 작용했어.
③ 풍돌: 상자가 가벼워지면 마찰력의 크기가 작아지니까 상자에 들어 있는 물체를 꺼내면 상자를 밀 수 있어.
④ 풍만: 접촉면이 좁을수록 마찰력의 크기가 작아지니까 상자를 세워보면 어떨까?
⑤ 풍복: 바닥에 비누칠을 하면 마찰력의 크기가 작아지니까 상자를 쉽게 밀 수 있어.

**03** 마찰력의 크기가 작을 때 편리한 경우를 보기 에서 모두 고른 것은?

> **보기**
> ㄱ. 썰매를 탈 때　　　　ㄴ. 빙판길을 걸을 때
> ㄷ. 서랍을 열고 닫을 때　　ㄹ. 투수가 공을 던질 때

① ㄱ, ㄷ　　　② ㄱ, ㄹ　　　③ ㄴ, ㄷ
④ ㄴ, ㄹ　　　⑤ ㄷ, ㄹ

---

[ **04~05** ] 그림 (가)~(다)와 같이 동일한 나무 도막에 동일한 용수철을 연결하여 나무 도막을 끌어당기면서 나무 도막이 움직이는 순간 용수철이 늘어난 길이를 측정하였다.

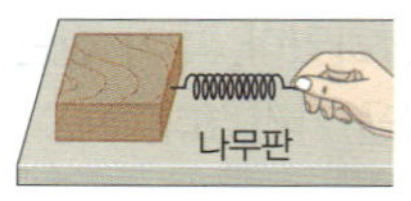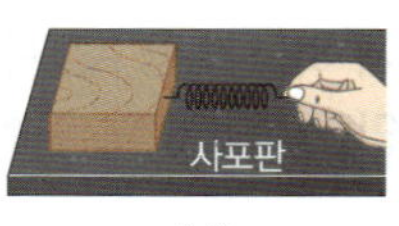


**04** 위 실험에서 용수철이 늘어난 길이를 옳게 비교한 것은?

① (가)=(나)>(다)　　② (나)=(다)>(가)
③ (나)>(가)>(다)　　④ (다)>(가)=(나)
⑤ (다)>(나)>(가)

**05** 위 실험을 통해 알 수 있는 사실을 <u>모두</u> 고르면?

① 접촉면이 거칠수록 마찰력의 크기가 크다.
② 접촉면이 넓을수록 마찰력의 크기가 크다.
③ 접촉면이 좁을수록 마찰력의 크기가 크다.
④ 물체의 무게가 무거울수록 마찰력의 크기가 크다.
⑤ 접촉면의 넓이와 마찰력의 크기는 관계가 없다.

**06** 그림은 눈이 오는 겨울철에 자동차 타이어에 체인을 감는 모습을 나타낸 것이다. 자동차 타이어에 체인을 감는 것과 관련 있는 힘을 이용하는 예로 가장 적절한 것은?

① 번지점프를 하면 아래로 떨어진다.
② 등산화 바닥을 울퉁불퉁하게 한다.
③ 자전거 안장에 완충 장치를 설치한다.
④ 용수철저울로 물체의 무게를 측정한다.
⑤ 수영장에서 구명조끼를 착용하여 사고를 예방한다.

**07** 그림과 같이 풍식이는 동일한 빗면에서 각각 바닥의 재질이 다른 신발인 등산화, 운동화, 스키를 신고 서 있었다. 바닥 재질의 거친 정도는 등산화 > 운동화 > 스키 순이다.

빗면의 기울기가 변할 때, 이에 대한 설명으로 옳지 <u>않은</u> 것은? (단, 신발의 무게는 모두 동일하다.)

① 마찰력이 가장 큰 신발은 등산화이다.
② 풍식이가 빗면 위에 정지해 있을 때는 마찰력의 크기가 0이다.
③ 빗면의 기울기가 커져도 풍식이가 받는 중력의 크기는 변하지 않는다.
④ 미끄러지기 시작할 때 빗면과 지표면이 이루는 각의 크기가 가장 큰 것은 (가)이다.
⑤ 빗면의 기울기가 커질 때 가장 먼저 미끄러지기 시작하는 것은 (다)이다.

**08** 그림과 같이 빗면 위에 물체가 놓여 있다.

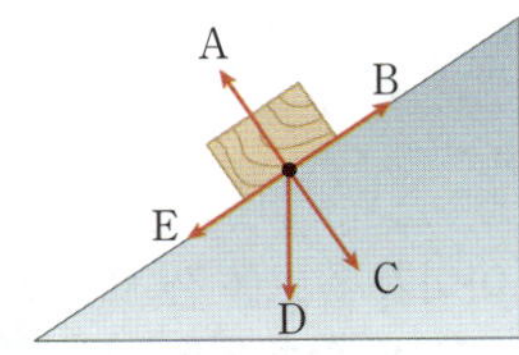


(가) 물체가 빗면 위에 정지해 있을 경우 마찰력이 작용하는 방향과 (나) 물체가 빗면을 따라 미끄러져 내려오는 경우 마찰력이 작용하는 방향을 옳게 짝 지은 것은?

| | (가) | (나) | | (가) | (나) |
|---|---|---|---|---|---|
| ① | A | C | ② | A | D |
| ③ | B | B | ④ | B | E |
| ⑤ | E | D | | | |

### ② 부력

**09** 부력에 대한 설명으로 옳은 것은?

① 부력의 방향은 중력과 같은 방향이다.
② 부력의 크기는 물에 잠긴 물체의 무게와 같다.
③ 물체의 무게가 무거울수록 부력의 크기가 크다.
④ 같은 물체에 작용하는 부력의 크기는 항상 같다.
⑤ 물에 잠긴 물체의 부피가 클수록 부력의 크기가 크다.



**10** 그림과 같이 추를 물이 가득 들어 있는 비커에 담그면서 용수철저울의 눈금 변화를 관찰하였다. 이에 대한 설명으로 옳지 <u>않은</u> 것은?

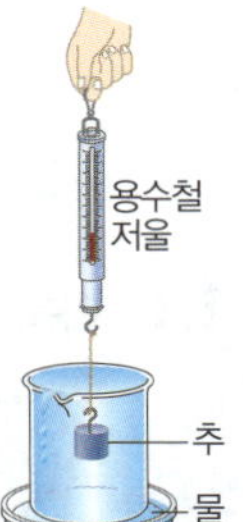


① 추가 받는 부력의 방향은 위쪽 방향이다.
② 물에 잠기는 추의 부피가 클수록 부력의 크기가 크다.
③ 추에 작용하는 부력의 크기는 추의 무게에 비례한다.
④ 물에 잠기는 추의 부피가 클수록 용수철저울의 눈금이 감소한다.
⑤ 물 밖에서 추의 무게와 물속에서 추의 무게의 차는 흘러넘친 물의 무게와 같다.

**11** 그림과 같이 같은 양의 물이 들어 있는 수조에 질량이 같고 부피가 다른 물체를 같은 깊이까지 밀어 넣은 채로 정지해 있었다.

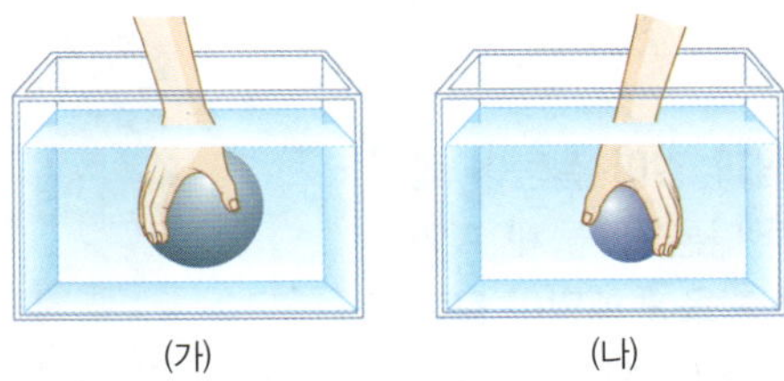


이에 대한 설명으로 옳지 <u>않은</u> 것은?

① (가)와 (나)에서 물체에는 위쪽 방향으로 부력이 작용한다.
② (가)와 (나)에서 물체에 작용하는 부력의 크기는 같다.
③ (가)와 (나)에서 물체에 작용하는 중력의 크기는 같다.
④ 물체를 밀어 넣을 때 드는 힘의 크기는 (가)에서가 (나)에서보다 크다.
⑤ 물체를 밀어 넣는 데 드는 힘과 물체에 작용하는 중력의 크기 합은 물체를 위로 밀어 올리는 힘의 크기와 같다.

**12** 부력에 의한 현상을 보기 에서 모두 고른 것은?

> **보기**
> ㄱ. 번지점프를 하면 아래로 떨어진다.
> ㄴ. 수영장에서 튜브를 탄 채 물 위에 가만히 떠 있다.
> ㄷ. 물고기가 부레에 들어 있는 공기의 양을 조절하면서 물에 뜨거나 가라앉는다.

① ㄱ      ② ㄴ      ③ ㄱ, ㄷ
④ ㄴ, ㄷ      ⑤ ㄱ, ㄴ, ㄷ

**13** 다음은 풍돌이가 한 실험에 대한 설명이다.

> 용수철저울에 질량이 1 kg인 물체를 매단 후 물이 가득 담긴 비커 안에 넣었더니 비커에서 물 200 g이 흘러넘쳤다.

(가) 물체가 물속에서 받는 부력의 크기와 (나) 물체를 물에 넣었을 때 용수철저울의 눈금을 옳게 짝 지은 것은? (단, 질량이 1 kg인 물체의 무게는 9.8 N이다.)

|  | (가) | (나) |  | (가) | (나) |
|---|---|---|---|---|---|
| ① | 1.96 N | 1.96 N | ② | 1.96 N | 7.84 N |
| ③ | 7.84 N | 1.96 N | ④ | 7.84 N | 7.84 N |
| ⑤ | 9.8 N | 9.8 N |  |  |  |

**14** 그림과 같이 질량이 같고 부피가 다른 두 물체 A와 B를 수평 저울에 매달아 물이 담긴 수조 속에 넣었다. A와 B가 모두 물에 완전히 잠겼을 때, 저울이 기울어지는 방향과 그 까닭을 옳게 짝 지은 것은? (단, 부피는 A가 B보다 작다.)

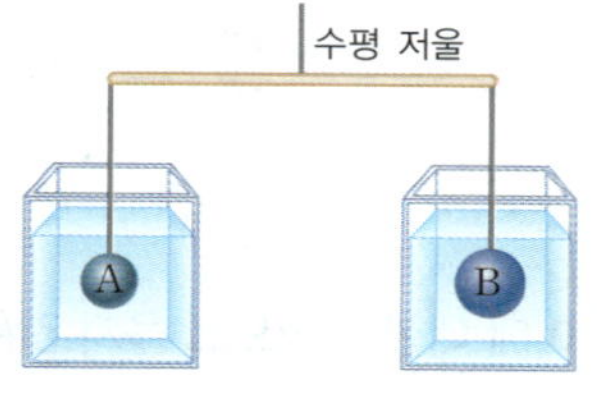


|  | 방향 | 까닭 |
|---|---|---|
| ① | 수평 | 두 물체의 질량이 같기 때문에 |
| ② | A | A의 질량이 감소하기 때문에 |
| ③ | A | B에 작용하는 부력이 더 크기 때문에 |
| ④ | B | B의 무게가 증가하기 때문에 |
| ⑤ | B | A에 작용하는 부력이 더 크기 때문에 |

**서술형**

**15** 그림과 같은 컬링은 얼음판 위에서 둥글고 납작한 돌을 미끄러뜨려 원 안에 넣는 경기이다.

경기 중 선수들이 솔로 얼음판을 문질러 얼음 표면을 살짝 녹이는 까닭을 서술하시오.

 **KEY** 마찰력의 크기

**16** 그림과 같이 부피는 같지만 질량이 다른 두 공 A, B를 물에 완전히 잠기게 넣었다.

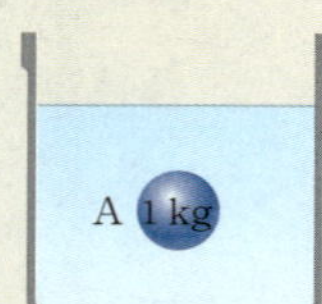

이때 A가 받는 부력과 B가 받는 부력의 크기를 비교하고, 그 까닭을 서술하시오.

 **KEY** 부력의 크기는 물에 잠긴 부피에 비례

**17** 그림과 같이 아이가 튜브를 낀 채 물 위에 가만히 떠 있다. 이때 아이가 물 위에 뜰 수 있도록 하는 힘의 종류와 방향에 대해 서술하시오.

 **KEY** 부력

# 1등급 백신

**01** 그림과 같은 알파벳 모양의 나무 도막을 바닥에 놓고 각각 천천히 끌어당겼다.

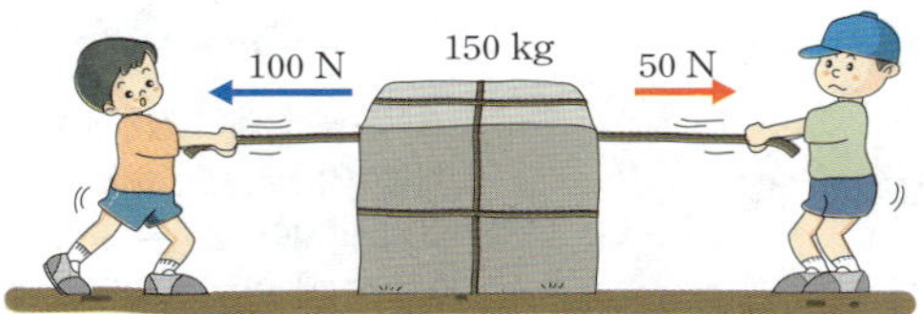


(가)~(라)에 작용하는 마찰력의 크기를 옳게 비교한 것은? (단, 나무 도막이 바닥과 접촉한 면적은 (나)>(다)>(가)>(라) 순이며, Z, P, E, D, U 나무 도막의 재질과 무게는 같다.)

① (가)>(나)>(다)>(라)　② (가)>(나)=(다)=(라)
③ (가)=(나)=(다)=(라)　④ (나)>(다)>(가)=(라)
⑤ (나)>(다)>(가)>(라)

**02** 그림과 같이 바닥에 놓여 있는 질량이 150 kg인 물체에 왼쪽으로 100 N의 힘이, 오른쪽으로 50 N의 힘이 작용하고 있다. 이때 물체는 움직이지 않고 정지해 있다.

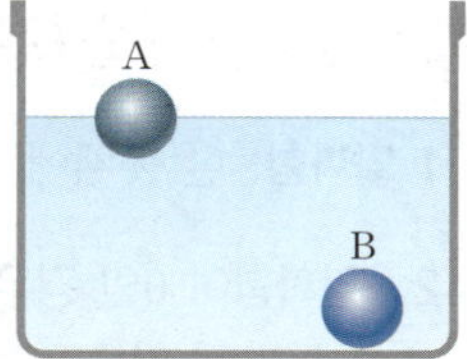


이에 대한 설명으로 옳은 것은? (단, 지구에서 질량이 1 kg인 물체에 작용하는 중력의 크기는 10 N이다.)

① 물체에 작용하는 중력의 크기는 150 N이다.
② 물체에 작용하는 마찰력의 크기는 50 N이다.
③ 물체에 작용하는 마찰력과 중력의 방향은 서로 반대이다.
④ 물체가 정지해 있으므로 이 물체에는 마찰력이 작용하지 않는다.
⑤ 물체를 오른쪽으로 끌어당기는 힘이 100 N이 되면 물체에 작용하는 마찰력의 크기가 증가한다.

**03** 물이 가득 들어 있는 수조에 물체를 넣었을 때, 물체가 모두 물에 완전히 잠겼다. 이때 물체가 받는 부력의 크기가 가장 큰 것은?

| | ① | ② | ③ | ④ | ⑤ |
|---|---|---|---|---|---|
| 물체 모양 | ○ | ○ | □ | □ | □ |
| 질량 | 10 kg | 10 kg | 5 kg | 5 kg | 3 kg |
| 부피 | 50 cm³ | 30 cm³ | 50 cm³ | 100 cm³ | 30 cm³ |

**04** 그림과 같이 부피가 같은 물체 A와 B를 물속에 넣었다. 이때 A는 물에 일부분만 잠긴 상태로 떠 있고, B는 물에 완전히 잠긴 상태로 가라앉아 있었다. 이에 대한 설명으로 옳은 것을 보기 에서 모두 고른 것은?

> ㄱ. A와 B의 질량은 같다.
> ㄴ. A에 작용하는 중력의 크기와 부력의 크기는 같다.
> ㄷ. B에 작용하는 부력의 크기는 A에 작용하는 부력의 크기보다 크다.

① ㄱ　② ㄴ　③ ㄷ　④ ㄱ, ㄴ　⑤ ㄴ, ㄷ

**05** 다음은 풍식이가 수행한 실험 과정과 결과이다.

[실험 과정]
(1) 그림 (가)와 같이 빈 수조를 전자저울 위에 올려놓고 영점을 맞춘 후 물 10 N을 넣는다.
(2) 그림 (나)와 같이 부피가 0.4 L인 물체를 용수철저울에 연결하여 물체의 절반만 물에 넣고 용수철저울과 전자저울의 측정값을 기록한다.

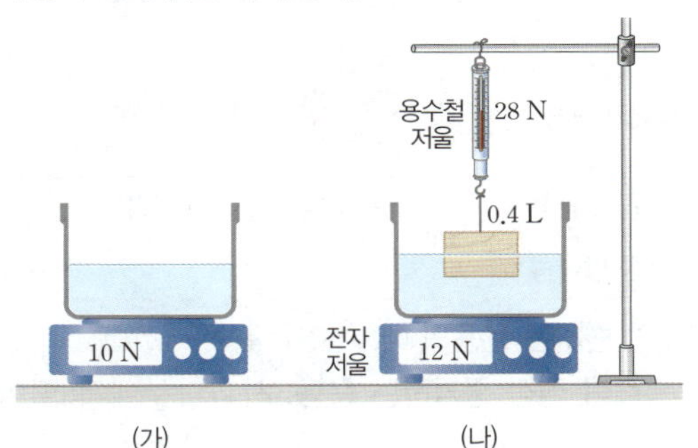


[실험 결과]

| 물체의 잠긴 부피 | 용수철저울의 눈금 | 전자저울의 눈금 |
|---|---|---|
| 0.2 L | 28 N | 12 N |

이에 대한 설명으로 옳은 것을 보기 에서 모두 고른 것은?

> ㄱ. 물체에 작용하는 부력의 크기는 2 N이다.
> ㄴ. 공기 중에서 물체를 매단 용수철저울의 측정값은 40 N이다.
> ㄷ. 물체가 물에 완전히 잠기는 경우 용수철저울의 측정값은 26 N이다.

① ㄱ　② ㄴ　③ ㄷ　④ ㄱ, ㄷ　⑤ ㄴ, ㄷ

# 04 힘의 작용과 운동 상태 변화

## ① 알짜힘과 물체의 운동

**1 알짜힘**: 한 물체에 여러 힘이 작용할 때 모든 힘을 합한 힘
└─ 중력, 탄성력, 마찰력, 부력 등 물체가 받는 여러 가지 힘이 해당돼~

**2 ❶알짜힘이 0인 경우**: 물체의 운동 상태는 변하지 않는다. ➡ 정지해 있던 물체는 계속 정지해 있고, 움직이던 물체는 ❷일정한 운동 상태를 유지한다.

**3 알짜힘이 0이 아닌 경우**: 알짜힘이 작용하는 방향에 따라 물체의 운동 상태가 변한다. ➡ 물체의 운동 상태 변화는 ❸속력만 변하는 경우, 운동 방향만 변하는 경우, 속력과 운동 방향이 모두 변하는 경우로 나눌 수 있다.

| 알짜힘의 방향과 운동 방향이 같을 때 | 알짜힘의 방향과 운동 방향이 반대일 때 | 알짜힘의 방향과 운동 방향이 수직일 때 | 알짜힘의 방향과 운동 방향이 비스듬할 때 |
|---|---|---|---|
| 운동 방향 / 알짜힘 | 운동 방향 / 알짜힘 | 운동 방향 / 알짜힘 | 운동 방향 / 알짜힘 |
| 속력이 점점 증가한다. | 속력이 점점 감소한다. | 운동 방향만 변한다. | 속력과 운동 방향이 모두 변한다. |

## ② 속력과 운동 방향이 변하는 운동

**1 속력만 변하는 운동**: 물체의 운동 방향과 나란한 방향으로 알짜힘이 작용하면 물체의 속력만 변하고 운동 방향은 변하지 않는다.

**(1) 물체의 속력만 변하는 운동**

| 구분 | 속력이 점점 증가하는 운동 | 속력이 점점 감소하는 운동 |
|---|---|---|
| 운동하는 물체의 모습 | 운동 방향 / 알짜힘 | 운동 방향 / 알짜힘 |
| 알짜힘의 방향 | 운동 방향과 같은 방향 | 운동 방향과 반대 방향 |
| 운동 방향 | 변하지 않음 | |

**(2) 속력만 변하는 운동의 예**
　① **속력이 점점 증가하는 운동**: 사과나무에서 떨어지는 사과, 빗면을 내려오는 스키 선수, 낙하하는 자이로 드롭, 짚라인 등
　② **속력이 점점 감소하는 운동**: 연직으로 던져 올린 공, 잔디 위에서 굴러가는 골프공, 제동 장치를 작동한 자동차 등

**2 운동 방향만 변하는 운동**: 물체의 운동 방향과 수직 방향으로 알짜힘이 작용하면 물체의 운동 방향만 변하고 속력은 변하지 않는다.

**(1) 물체의 운동 방향만 변하는 운동**

| 운동 | 일정한 속력으로 원을 그리며 움직이는 운동 |
|---|---|
| 알짜힘의 방향 | 원의 중심 방향 |
| 속력 | 변하지 않음 |
| ❹운동 방향 | 원의 접선 방향 ➡ 계속 변함 |
| 알짜힘과 운동 | 알짜힘과 운동 방향이 서로 수직 |

**(2) 운동 방향만 변하는 운동의 예**: 대관람차, 회전목마, 인공위성 등

---



**❶ 알짜힘이 0인 경우**
물체에 힘이 작용하지 않거나, 물체에 작용하는 힘이 평형을 이루는 경우

**❷ 일정한 운동 상태를 유지하는 운동**

컨베이어 벨트, 무빙워크, 에스컬레이터 등은 작용하는 알짜힘이 0이므로 일정한 속력과 방향으로 운동한다.

**쇼트트랙 경기에서 주자를 교체할 때 뒤에서 미는 까닭**

쇼트트랙 릴레이 경기에서 주자를 교체할 때는 터치만 해도 규정에 어긋나지 않지만 보통은 힘껏 밀어준다. 이는 뒤에 있는 달리던 선수의 미는 힘이 앞에 있는 교대할 선수의 운동 방향과 같은 방향으로 작용하여 교대할 선수의 속력이 빨라지기 때문이다.

**❹ 줄에 매달려 원운동하는 물체를 놓았을 때**

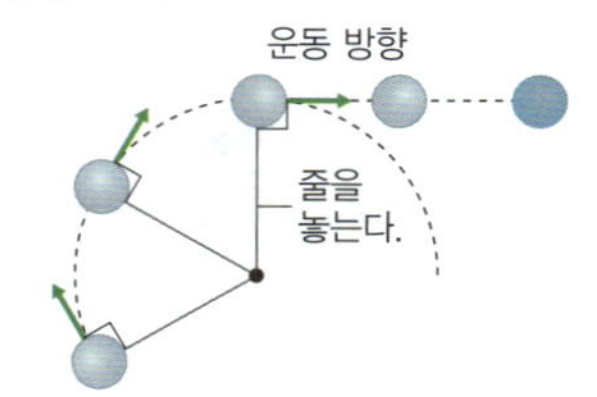


줄을 놓으면 물체에는 더 이상 원의 중심 방향으로 알짜힘이 작용하지 않는다. 따라서 줄을 놓았을 때의 위치에서 운동 방향으로 날아간다.



**❸ 속력**
단위 시간 동안 물체가 이동한 거리

## 필수 바이타민

### 힘의 작용과 운동 상태 변화

**물체의 운동** — 알짜힘
- 속력만 변하는 운동
- 운동 방향만 변하는 운동
- 속력과 운동 방향이 모두 변하는 운동

**일상생활에서 힘의 작용**
- 바닥에 놓인 물체 ··· 힘의 평형
- 힘의 특징을 이용한 기구나 장치

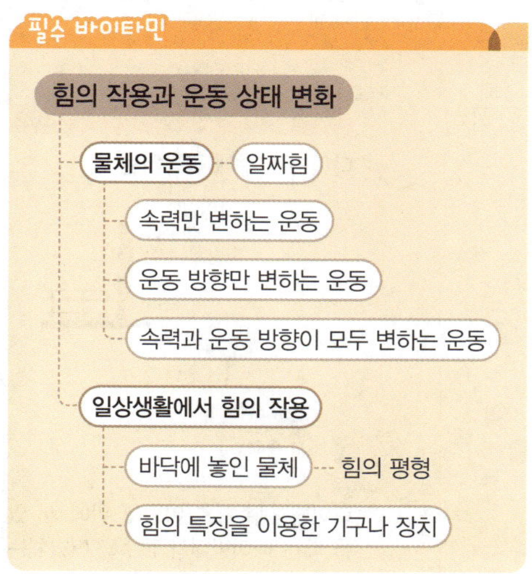

**01** 다음과 같이 운동 상태가 변하는 경우를 보기에서 찾아 기호를 쓰시오.



(1) 속력만 변한다.　　　　　　　　　　　　　　　　(　　　)
(2) 운동 방향만 변한다.　　　　　　　　　　　　　　(　　　)
(3) 속력과 운동 방향이 모두 변한다.　　　　　　　　(　　　)

**02** 빈칸에 알맞은 말을 고르시오.

(1) 물체에 작용하는 알짜힘의 방향과 운동 방향이 서로 ( 수직인, 비스듬한 ) 경우, 물체는 운동 방향만 변한다.
(2) 물체에 작용하는 알짜힘의 방향과 운동 방향이 같을 경우, 물체의 속력은 점점 ( 감소, 증가 )한다.
(3) 연직으로 던져 올린 공이 위로 올라가는 동안 운동 방향과 ( 같은, 반대 ) 방향으로 알짜힘이 작용한다.

## 바로 복습

### 빈칸 채우기 문제

**01** 알짜힘이 ＿인 경우 물체의 운동 상태는 변하지 않는다.

**02** 알짜힘이 0이 아닌 경우 물체의 ＿＿＿ ＿＿＿가 변한다.

**03** 물체의 운동 방향과 나란한 방향으로 알짜힘이 작용하면 물체의 ＿＿＿만 변한다.

**04** 물체의 운동 방향과 수직 방향으로 알짜힘이 작용하면 물체의 ＿＿＿ ＿＿＿만 변한다.

### ○✕ 문제

**05** 운동하는 물체에 작용하는 알짜힘이 0인 경우 물체는 정지한다.　(　　　)

**06** 사과나무에서 떨어지는 사과에는 운동 방향과 같은 방향으로 알짜힘이 작용한다.　(　　　)

**07** 일정한 속력으로 원을 그리며 움직이는 운동을 하는 물체에 작용하는 알짜힘의 방향은 원의 중심 방향이다.　(　　　)

**08** 인공위성의 운동 방향은 인공위성 궤도의 접선 방향이다.　(　　　)

**03** 그림은 어떤 물체가 화살표를 따라 속력이 일정한 원운동을 하는 모습을 나타낸 것이다.

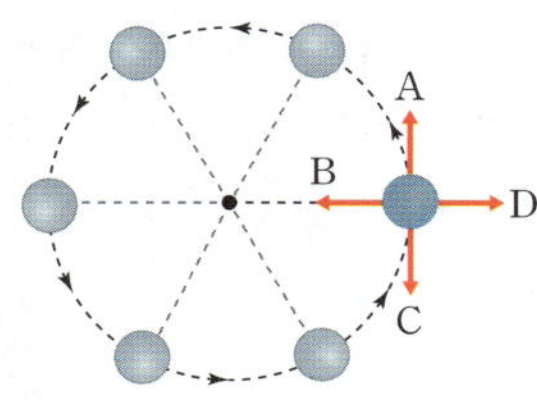


(1) A~D 중 물체의 운동 방향을 쓰시오.
(2) A~D 중 물체에 작용하는 알짜힘의 방향을 쓰시오.

**04** 보기는 물체에 작용하는 알짜힘의 방향에 따라 운동하는 예를 나타낸 것이다.



물음에 알맞은 답을 기호로 쓰시오.

(1) 속력만 변하는 운동을 하는 경우　　　　　　　　(　　　)
(2) 운동 방향만 변하는 운동을 하는 경우　　　　　　(　　　)

**3 속력과 운동 방향이 모두 변하는 운동**: 물체의 운동 방향과 비스듬한 방향으로 알짜힘이 작용하면 물체의 속력과 운동 방향이 모두 변한다.

**(1) 물체의 속력과 운동 방향이 모두 변하는 운동**

| 구분 | 비스듬히 던져 올린 물체의 운동 | 같은 경로를 왕복하는 운동 |
|---|---|---|
| 운동하는 물체의 모습 | 운동 방향 / 중력 | 운동 방향 |
| 알짜힘의 방향 | 중력이 항상 연직 아래 방향으로 작용 | 계속 변함 — 운동 방향에 비스듬한 방향이지! |
| 속력 | 느려졌다가 빨라짐 | 빨라졌다가 느려지는 걸 반복함 |
| 운동 방향 | 운동 경로의 접선 방향 ➡ 계속 변함 | |

**(2) 속력과 운동 방향이 변하는 운동의 예**

① **비스듬히 던져 올린 물체의 운동**: 비스듬히 던져 올린 공, 날아가는 화살, 스케이트보드를 타고 점프할 때, 발로 찬 축구공 등

② **같은 경로를 왕복하는 운동**: 그네, 바이킹, 시계추 등

③ **그 외의 운동**: 롤러코스터 등

## ❸ 일상생활에서의 힘의 작용

**1 일상생활에서 힘의 평형**

**(1) 바닥에 놓인 물체에 작용하는 힘**

① 바닥이 물체를 떠받치는 힘과 중력이 작용한다.

② 바닥이 물체를 떠받치는 힘과 중력이 서로 평형을 이루고 있다. ➡ 물체에 작용하는 알짜힘은 0이다. — 두 힘의 방향은 서로 반대, 크기는 같아~

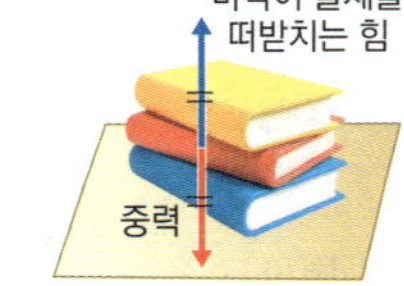


**(2) 평형을 이루고 있는 여러 가지 힘**

| 구분 | 문 멈춤 장치 | 수직추 | 물 위에 떠 있는 인형 |
|---|---|---|---|
| 예시 | 닫히려는 힘 / 마찰력 | 실 / 실이 추를 당기는 힘 / 수직추 / 중력 | 부력 / 중력 |
| 평형을 이루는 힘 | 닫히려는 힘과 마찰력 | 실이 추를 당기는 힘과 중력 | 부력과 중력 |

**2 일상생활에서 힘의 특징을 이용한 기구나 장치**

**(1) 미끄럼 방지 양말**: 양말 바닥에 마찰력이 큰 고무를 붙여 미끄러지는 것을 막는다.

**(2) 가정용 저울**: 저울 내부에 있는 용수철의 탄성력을 이용하여 물체에 작용하는 중력의 크기(무게)를 측정한다.

**(3) 모래시계**: 모래에 작용하는 중력과 좁은 틈 사이의 마찰력을 이용해서 일정한 양의 모래가 떨어지며 시간을 측정한다.

**(4) 수중 카메라**: 수중 촬영을 할 때 카메라를 부피가 크고 가벼운 물체로 감싸면 부력이 커져서 무거운 카메라를 다루기 쉬워진다.

**(5) 컴퓨터 자판**: 자판 아래에는 용수철이 들어 있어 손가락으로 자판을 눌렀다가 떼면 탄성력에 의해 원래 대로 돌아온다.



**다이빙 선수에 작용하는 힘**

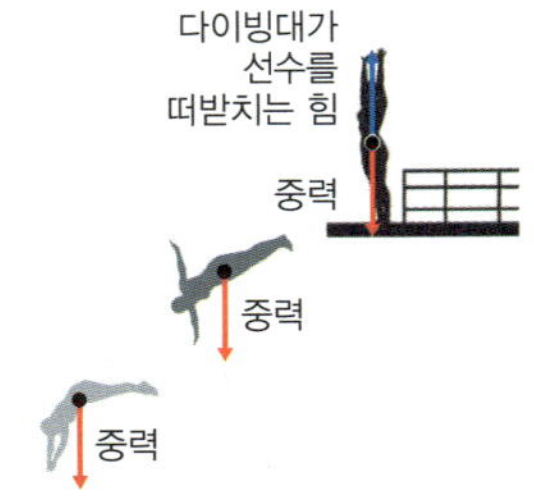


다이빙 선수가 다이빙대 위에 서 있을 때는 다이빙대가 선수를 떠받치는 힘과 중력이 평형을 이루지만, 다이빙대에서 뛰어내리면 다이빙대가 선수를 떠받치는 힘이 사라져 알짜힘이 0이 아니므로 선수는 아래로 떨어진다.

**엘리베이터에 작용하는 힘**

• 엘리베이터가 정지해 있을 때: 알짜힘＝0
• 엘리베이터가 일정한 속력으로 올라갈 때: 알짜힘＝0
• 엘리베이터가 점점 빨라질 때: 알짜힘≠0
• 엘리베이터가 점점 느려질 때: 알짜힘≠0

**빈칸 채우기 문제**

**09** 물체의 운동 방향과 ________ 방향으로 알짜힘이 작용하면 물체의 속력과 운동 방향이 모두 변한다.

**10** 바닥에 놓인 물체에는 바닥이 물체를 떠받치는 힘과 _____이 작용한다.

**11** 정지해 있는 엘리베이터에 작용하는 알짜힘은 __이고, 힘의 ____을 이루고 있다.

**○× 문제**

**12** 비스듬히 던져 올린 물체의 운동 방향은 운동 경로의 접선 방향이다. （　）

**13** 같은 경로를 왕복하는 운동에서 작용하는 알짜힘의 방향은 변하지 않는다. （　）

**14** 용수철에 매달려 정지해 있는 추에 작용하는 탄성력의 크기는 중력의 크기보다 크다. （　）

**05** 그림은 비스듬히 던져 올린 물체의 모습을 일정한 시간 간격으로 나타낸 것이다. 이에 대한 설명으로 옳은 것은 ○, 옳지 <u>않은</u> 것은 ×로 표시하시오.

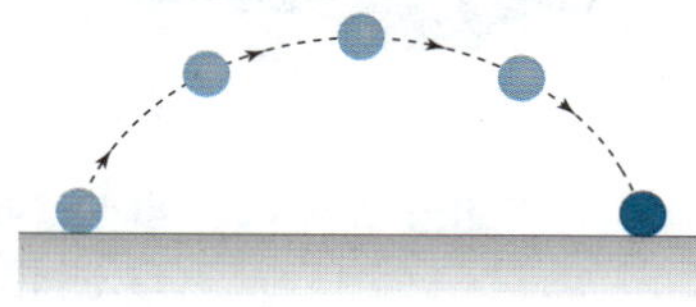

(1) 물체의 속력과 운동 방향이 모두 변한다. （　）
(2) 물체에 작용하는 알짜힘의 방향이 계속 변한다. （　）
(3) 물체에 작용하는 알짜힘의 방향과 운동 방향은 서로 비스듬하다. （　）

**06** 알짜힘의 방향과 운동 방향의 관계에 따른 운동을 하는 놀이 기구를 옳게 연결하시오.

(1) 알짜힘의 방향과 운동 방향이 같을 때　•　　•　㉠ 바이킹
(2) 알짜힘의 방향과 운동 방향이 수직일 때　•　　•　㉡ 짚라인
(3) 알짜힘의 방향과 운동 방향이 비스듬할 때　•　　•　㉢ 대관람차

**07** 속력과 운동 방향이 모두 변하는 운동의 예를 보기 에서 <u>모두</u> 고르시오.

> **보기**
> ㄱ. 날아가는 화살　　　　ㄴ. 시계추
> ㄷ. 회전목마　　　　　　ㄹ. 자이로 드롭
> ㅁ. 미끄럼틀을 타고 내려오는 공　　ㅂ. 롤러코스터

**08** 책상 위에 놓여 있는 화분, 실에 매달려 있는 수직추, 물 위에 떠 있는 구명보트에 작용하는 중력과 평형을 이루는 힘을 각각 쓰시오.

(1) 

(2) 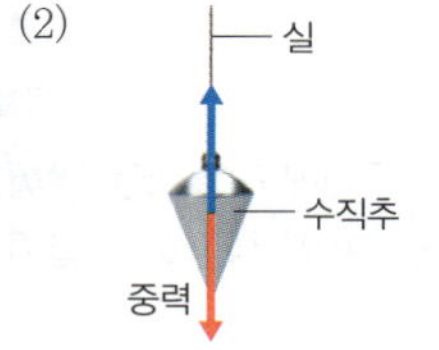


(3) 

（　　　　）（　　　　）（　　　　）

**09** 빈칸에 알맞은 말을 고르시오.

(1) 양말 바닥에 마찰력이 ( 큰, 작은 ) 고무를 붙여 미끄러지는 것을 막는다.
(2) 모래시계는 모래에 작용하는 ( 중력, 부력 )과 좁은 틈 사이의 마찰력을 이용해서 일정한 양의 모래가 떨어지며 시간을 측정한다.
(3) 컴퓨터 자판 아래에 있는 용수철의 ( 탄성력, 마찰력 )에 의해 눌렸던 키보드 자판이 원래대로 돌아온다.

# 탐구 집중 관리 여러 가지 상황에서 힘의 작용 탐구하기

**목표** | 여러 가지 상황에서 힘의 작용을 관찰하고 분석할 수 있다.

### 과정

**주의 신**
• 중력, 탄성력, 마찰력, 부력 이외에도 물체에 작용하는 다양한 힘을 고려한다.

❶ 모둠별로 장난감, 놀이 기구, 교통수단, 운동 경기 등 힘의 작용과 관련하여 탐구할 소재를 선택한다.
❷ 선택한 소재와 관련된 물체가 운동하는 모습을 글과 그림으로 기록하여 다른 모둠과 공유한다.
❸ 공유한 물체의 운동을 다음 네 가지 그룹으로 분류한다.
  ⑴ 속력만 변하는 물체의 운동
  ⑵ 운동 방향만 변하는 물체의 운동
  ⑶ 속력과 운동 방향 모두 변하는 물체의 운동
  ⑷ 속력과 운동 방향이 모두 변하지 않는 물체의 운동
❹ 분류한 물체의 운동에 대해 각각 작용한 힘과 운동의 특징을 기록한다.

### 결과

| ⑴ 속력만 변하는 물체의 운동 | | ⑵ 운동 방향만 변하는 물체의 운동 | |
|---|---|---|---|
| 자이로 드롭 | 정거장에 들어오는 열차 | 대관람차 | 회전 그네 |
| 중력을 받아 속력이 점점 빨라진다. | 정거장에 들어오는 열차는 마찰력에 의해 속력이 점점 느려진다. | 대관람차를 움직이는 힘이 원의 중심 방향으로 작용하여 운동 방향이 변한다. | 회전 그네 중심 방향으로 힘이 작용하여 운동 방향이 변한다. |
| ⑶ 속력과 운동 방향이 모두 변하는 물체의 운동 | | ⑷ 속력과 운동 방향이 모두 변하지 않는 물체의 운동 | |
| 롤러코스터 | 스키 점프 | 물 위에 떠 있는 배 | 에스컬레이터 |
| 여러 가지 힘이 작용하여 위치에 따라 속력과 운동 방향이 변한다. | 스키 점프대에서 뛰어오른 스키 점프 선수는 포물선을 그리며 낙하한다. | 중력과 부력이 평형을 이루어 물 위에 떠 있다. | 작용하는 알짜힘이 0이므로 속력과 운동 방향이 변하지 않는다. |

### 정리

• 물체에 작용하는 알짜힘이 0이 아닌 경우 속력 또는 운동 방향만 변하거나 속력과 운동 방향이 모두 변한다.
• 물체에 작용하는 알짜힘이 0인 경우 힘의 평형이 이루어져 속력과 운동 방향이 모두 변하지 않는다.

## 탐구 알약

**01** 빈칸에 알맞은 말을 쓰시오.

⑴ 정거장에 들어오는 열차에 작용하는 힘은 운동 방향과 (     ) 방향이다.
⑵ 회전 그네의 운동 방향은 원의 (     ) 방향이다.
⑶ 스키 점프대에서 뛰어오른 스키 점프 선수에게 (     )이 작용하여 낙하한다.
⑷ 물 위에 떠 있는 배에 작용하는 알짜힘은 (     )이다.

**02** 그림은 손 위에 놓여 있는 사과의 모습을 나타낸 것이다. 이때 사과에 작용하는 힘을 모두 그림에 화살표로 나타내고, 어떤 힘인지 쓰시오.

# 유형 클리닉

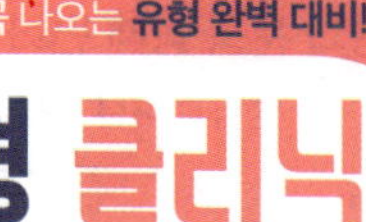

## 유형 1 속력만 변하는 운동

알짜힘에 따라 속력이 변하는 운동에 대해 묻는 문제가 출제돼! 물체에 알짜힘이 작용할 때 속력이 어떻게 변하는지 확실하게 이해해 보자!

그림 (가)는 경사로에서 점점 빠른 속력으로 내려오는 자전거의 모습을, (나)는 제동 장치를 작동한 자전거의 모습을 나타낸 것이다.

(가)      (나)

이에 대한 설명으로 옳은 것을 보기 에서 모두 고른 것은?

> **보기**
> ㄱ. (가)에서 자전거에는 운동 방향과 같은 방향으로 알짜힘이 작용한다.
> ㄴ. (나)에서 자전거의 속력은 점점 느려진다.
> ㄷ. (가)와 (나)에서 자전거에 작용하는 알짜힘은 0이다.

① ㄱ      ② ㄷ      ③ ㄱ, ㄴ
④ ㄴ, ㄷ      ⑤ ㄱ, ㄴ, ㄷ

ㄱ. (가)에서 자전거에는 운동 방향과 같은 방향으로 알짜힘이 작용한다.
→ (가)에서 자전거에는 운동 방향과 같은 방향으로 알짜힘이 작용하기 때문에 속력이 점점 빨라지는 거야!

ㄴ. (나)에서 자전거의 속력은 점점 느려진다.
→ 자전거의 제동 장치를 작동하면 마찰력이 운동 방향과 반대 방향으로 작용하기 때문에 자전거의 속력은 점점 느려져~

ㄷ. (가)와 (나)에서 자전거에 작용하는 알짜힘은 0이다. (0이 아니다.)
→ (가)와 (나)에서 모두 자전거의 속력이 변하고 있지? 그건 자전거에 작용하는 알짜힘이 0이 아니기 때문이야~

답 ③

**ZP point**
알짜힘의 방향과 운동 방향이 같으면 속력이 점점 빨라짐
알짜힘의 방향과 운동 방향이 반대이면 속력이 점점 느려짐

## 유형 2 속력과 운동 방향이 모두 변하는 운동

운동하는 물체에 어떻게 힘이 작용하면 물체의 속력과 운동 방향이 모두 변할 수 있는지 이해해야 해~

그림은 비스듬히 던져 올린 농구공이 운동하는 모습을 나타낸 것이다.

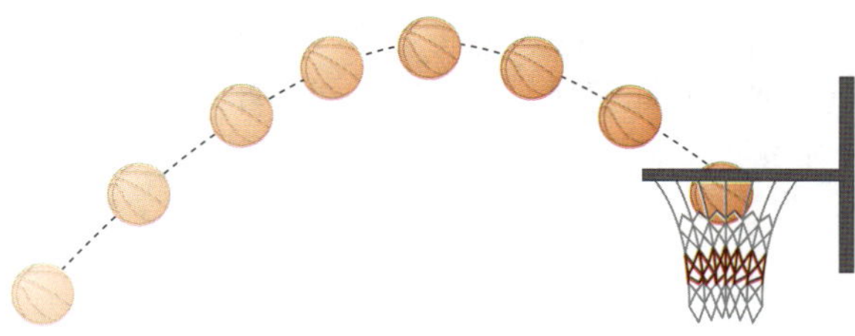

농구공이 날아가는 동안 변하는 것을 보기 에서 모두 고른 것은?

> **보기**
> ㄱ. 농구공의 속력
> ㄴ. 농구공의 운동 방향
> ㄷ. 농구공에 작용하는 알짜힘의 방향

① ㄱ      ② ㄴ      ③ ㄷ
④ ㄱ, ㄴ      ⑤ ㄴ, ㄷ

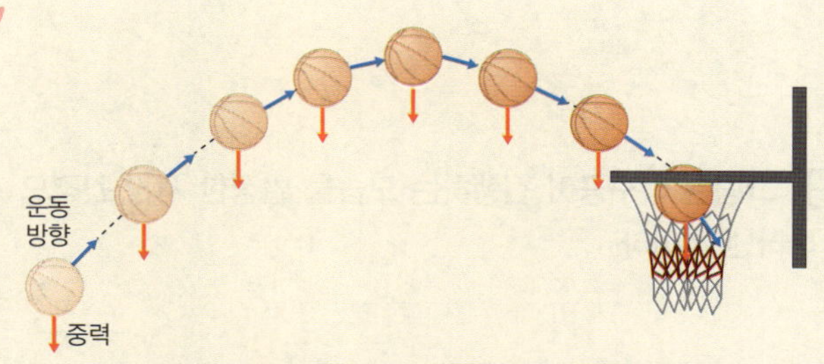


비스듬히 던져 올린 농구공에는 중력이 항상 연직 아래 방향으로 작용해! 그래서 운동 방향과 알짜힘의 방향이 비스듬하기 때문에 농구공의 속력과 운동 방향은 모두 변하지~

답 ④

**ZP point**
비스듬히 던져 올린 물체의 운동에서 변하는 것: 속력, 운동 방향
비스듬히 던져 올린 물체의 운동에서 변하지 않는 것: 알짜힘의 방향

# 실전 백신

## ① 알짜힘과 물체의 운동

**01** 물체에 작용하는 알짜힘이 0이 <u>아닌</u> 경우는?

① 물 위에 떠 있는 인형
② 연직으로 던져 올려진 공
③ 무빙워크 위에 있는 가방
④ 에스컬레이터 위에 있는 사람
⑤ 컨베이어 벨트 위에 놓인 상자

**02** 그림과 같이 마찰이 없는 레일 위에서 쇠구슬을 가만히 놓았을 때, 수평면에서 쇠구슬의 운동으로 옳은 것은?

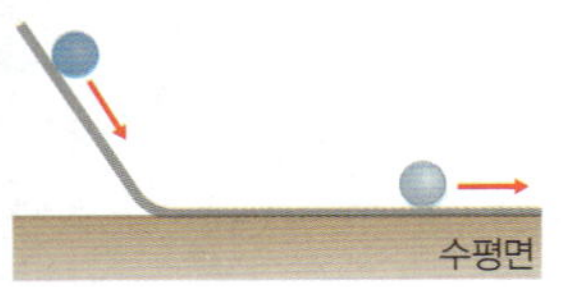


① 속력이 점점 빨라지는 운동
② 속력이 점점 느려지는 운동
③ 속력과 운동 방향이 일정한 운동
④ 속력이 점점 느려져서 멈추는 운동
⑤ 속력은 일정하지만 운동 방향이 변하는 운동

**(중요)**
**03** 그림은 탁구공이 진행하는 모습을 일정한 시간 간격으로 나타낸 것이다.

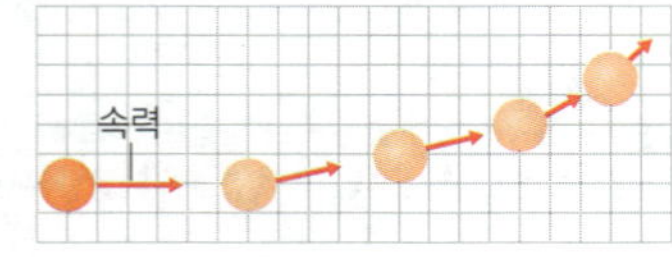


탁구공의 운동에 대한 설명으로 옳은 것을 보기 에서 모두 고른 것은?

> **보기**
> ㄱ. 탁구공의 운동 방향만 변했다.
> ㄴ. 탁구공에 작용하는 알짜힘은 0이 아니다.
> ㄷ. 탁구공에 작용하는 힘의 방향은 운동 방향에 수직이다.

① ㄱ     ② ㄴ     ③ ㄷ
④ ㄱ, ㄴ     ⑤ ㄴ, ㄷ

## ② 속력과 운동 방향이 변하는 운동

**04** 물체의 속력이 점점 감소하는 운동으로 옳은 것을 보기 에서 모두 고른 것은?

> **보기**
> ㄱ. 제동 장치를 작동한 자전거
> ㄴ. 잔디 위에서 굴러가는 골프공
> ㄷ. 사과나무에서 떨어지는 사과
> ㄹ. 미끄럼틀을 타고 내려오는 사람

① ㄱ, ㄴ     ② ㄱ, ㄷ     ③ ㄴ, ㄹ
④ ㄱ, ㄷ, ㄹ     ⑤ ㄴ, ㄷ, ㄹ

**(신유형)**
**05** 그림 (가)는 연직 아래로 공을 떨어뜨리는 모습을, (나)는 연직 위로 공을 던져 올리는 모습을 나타낸 것이다.

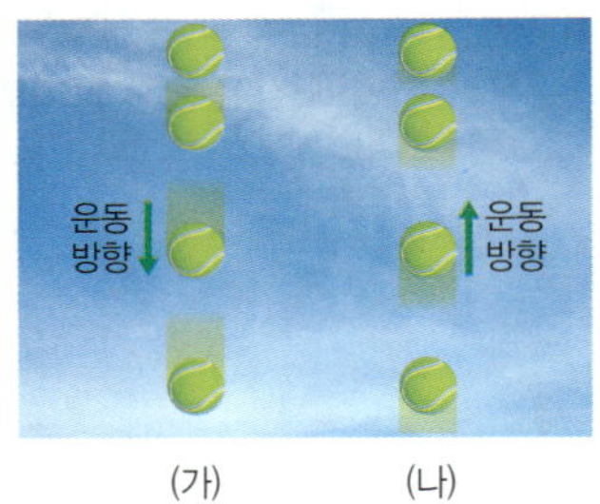


이에 대한 설명으로 옳은 것은? (단, 공기 저항은 무시한다.)

① (가)의 공은 속력이 점점 느려진다.
② (나)의 공은 속력이 점점 빨라진다.
③ (가)와 (나)의 공에는 모두 중력이 작용한다.
④ (가)와 (나)의 공은 운동 방향이 계속 변한다.
⑤ (가)와 (나)의 공에 작용하는 알짜힘의 방향은 서로 반대 방향이다.

**06** 그림은 줄에 매달린 공이 일정한 속력으로 원운동을 하는 모습을 나타낸 것이다. 이때 (가) 공에 작용하는 힘의 방향과 줄을 놓았을 때 (나) 공이 날아가는 방향을 옳게 짝 지은 것은?

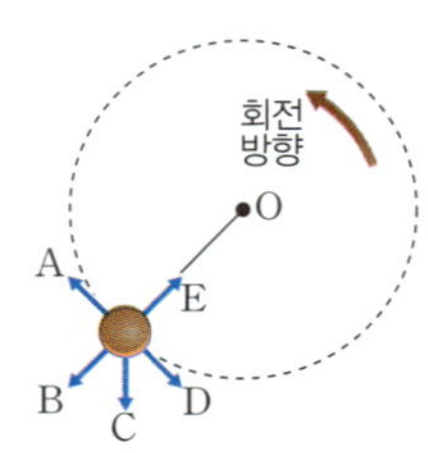


| | (가) | (나) | | (가) | (나) |
|---|---|---|---|---|---|
| ① | B | E | ② | C | A |
| ③ | C | D | ④ | E | C |
| ⑤ | E | D | | | |

**07** 그림은 지구 주위를 돌고 있는 인공위성의 모습을 나타낸 것이다. 이 인공위성의 운동에 대한 설명으로 옳은 것은?

① 속력과 운동 방향이 모두 변하지 않는다.
② 속력은 변하지 않지만 운동 방향이 변한다.
③ 중력과 반대 방향으로 알짜힘이 작용한다.
④ 운동 방향과 나란한 방향으로 알짜힘이 작용한다.
⑤ 운동하는 인공위성에는 알짜힘이 작용하지 않는다.

**(신유형)**

**10** 그림은 풍식이가 그네를 타고 있는 모습을 나타낸 것이다. 그네의 운동에 대한 설명으로 옳은 것을 보기 에서 모두 고른 것은?

> **보기**
> ㄱ. 그네의 속력은 계속 증가한다.
> ㄴ. 그네의 운동 방향은 계속 변한다.
> ㄷ. 그네에 작용하는 알짜힘과 운동 방향은 서로 수직이다.

① ㄱ　　　② ㄴ　　　③ ㄱ, ㄷ
④ ㄴ, ㄷ　　　⑤ ㄱ, ㄴ, ㄷ

**(중요)**

**08** 그림은 지면에서 비스듬히 던져 올린 공의 운동을 나타낸 것이다.

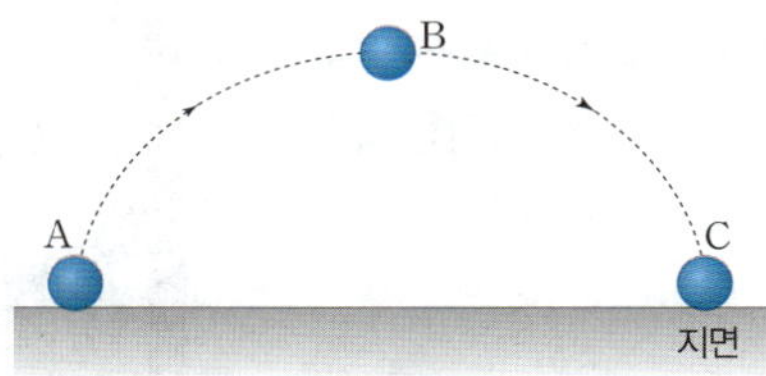

A~C 세 지점에서 공에 작용하는 알짜힘의 방향을 옳게 짝 지은 것은? (단, 공기 저항은 무시한다.)

| | A | B | C | | A | B | C |
|---|---|---|---|---|---|---|---|
| ① | ↓ | ↓ | ↓ | ② | ↑ | ↑ | ↑ |
| ③ | ↗ | → | ↘ | ④ | ↘ | ↘ | → |
| ⑤ | → | → | → | | | | |

**(중요)**

**11** 그림은 바이킹, 회전목마, 자이로 드롭의 운동을 속력과 운동 방향의 변화에 따라 분류한 순서도이다.

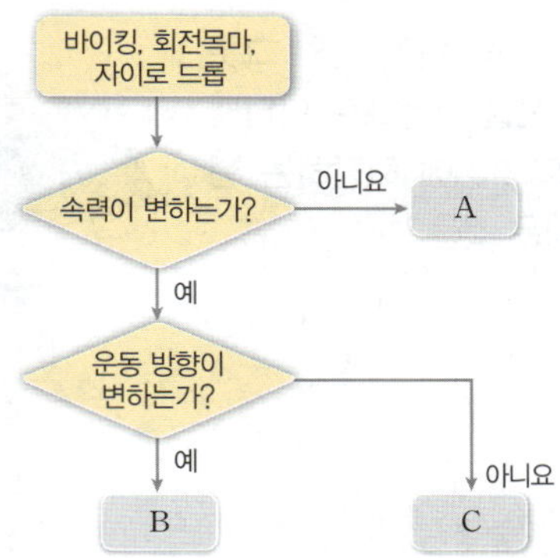


A~C에 알맞은 놀이 기구를 옳게 짝 지은 것은?

| | A | B | C |
|---|---|---|---|
| ① | 바이킹 | 자이로 드롭 | 회전목마 |
| ② | 바이킹 | 회전목마 | 자이로 드롭 |
| ③ | 자이로 드롭 | 바이킹 | 회전목마 |
| ④ | 회전목마 | 바이킹 | 자이로 드롭 |
| ⑤ | 회전목마 | 자이로 드롭 | 바이킹 |

**09** 그림은 지면에서 비스듬히 위로 던져 올린 공이 A~E의 경로를 거쳐 지면에 떨어지는 모습을 나타낸 것이다. 공의 운동에 대한 설명으로 옳지 않은 것은? (단, 공기 저항은 무시한다.)

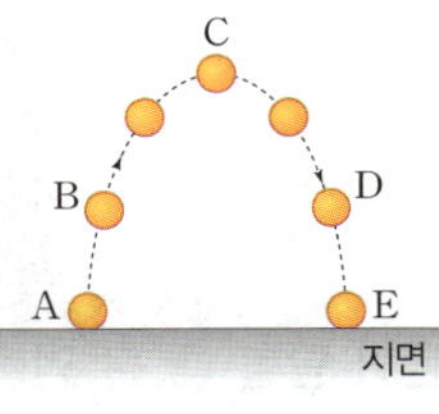

① A~B 구간에서는 속력이 느려진다.
② C에서는 힘을 받지 않는다.
③ D~E 구간에서는 속력이 빨라진다.
④ 운동하는 동안 운동 방향이 계속 변한다.
⑤ 운동 방향은 각 위치에서 접선의 방향이다.

**12** 물체의 속력과 운동 방향이 모두 변하는 운동으로 옳지 않은 것은?

① 날아가는 화살의 운동
② 비스듬히 찬 축구공의 운동
③ 경사로를 내려오는 자전거의 운동
④ 절벽에서 수평으로 던진 야구공의 운동
⑤ 스키 점프대에서 뛰어오른 스키 점프 선수의 운동

### ③ 일상생활에서의 힘의 작용

**13** 그림은 풍순이가 엘리베이터를 타고 있는 모습을 나타낸 것이다. 풍순이가 받는 알짜힘이 0인 경우만을 보기 에서 모두 고른 것은?

> **보기**
> ㄱ. 엘리베이터가 1층에 멈춰 있다.
> ㄴ. 엘리베이터가 점점 빠르게 올라간다.
> ㄷ. 엘리베이터가 일정한 속력으로 올라간다.
> ㄹ. 엘리베이터가 점점 느리게 올라간다.

① ㄱ, ㄴ  　② ㄱ, ㄷ  　③ ㄴ, ㄹ
④ ㄱ, ㄷ, ㄹ  　⑤ ㄴ, ㄷ, ㄹ

**14** 그림은 식탁 위에 놓인 그릇에 작용하는 힘을 화살표로 나타낸 것이다. (가)와 (나)에 해당하는 힘을 옳게 짝 지은 것은?

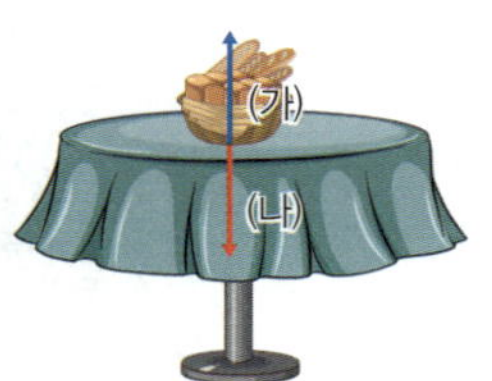

|  | (가) | (나) |
|---|---|---|
| ① | 부력 | 중력 |
| ② | 부력 | 마찰력 |
| ③ | 중력 | 식탁이 그릇을 떠받치는 힘 |
| ④ | 식탁이 그릇을 떠받치는 힘 | 마찰력 |
| ⑤ | 식탁이 그릇을 떠받치는 힘 | 중력 |

**(중요)**
**15** 다음은 사과가 정지해 있는 여러 가지 경우에 대한 설명이다.

> • 물 위에 떠 있는 사과는 중력과 ( ㉠ )이 평형을 이룬다.
> • 용수철저울에 매달려 있는 사과는 중력과 ( ㉡ )이 평형을 이룬다.

㉠과 ㉡에 들어갈 힘을 옳게 짝 지은 것은?

|  | ㉠ | ㉡ |  | ㉠ | ㉡ |
|---|---|---|---|---|---|
| ① | 탄성력 | 마찰력 | ② | 탄성력 | 부력 |
| ③ | 마찰력 | 부력 | ④ | 부력 | 탄성력 |
| ⑤ | 부력 | 마찰력 |  |  |  |

---

**서술형**

**16** 그림은 풍순이를 향해 일정한 방향으로 굴러오는 공을 나타낸 것이다.

풍식이가 공을 좀 더 빠르게 풍순이에게 전달하려 한다. 이때 풍식이가 공을 어떻게 차야 풍순이에게 속력만 더 빠르게 전달할 수 있는지를 그렇게 생각한 까닭과 함께 서술하시오.

🔑 **KEY** 공의 운동 방향, 알짜힘의 방향

---

**17** 그림은 시계 안에 있는 시계추가 운동하는 모습을 나타낸 것이다. 시계추에 작용하는 알짜힘의 방향과 운동 상태에 대해 서술하시오.

🔑 **KEY** 알짜힘의 방향, 속력, 운동 방향

---

**18** 그림은 미끄러운 바닥 위에 문 멈춤 장치를 설치한 모습을 나타낸 것으로, 문 멈춤 장치가 제대로 작동하지 않았다.

문이 닫힐 때 문 멈춤 장치가 제대로 작동하기 위한 방법 한 가지를 그렇게 생각한 까닭과 함께 서술하시오.

🔑 **KEY** 마찰력, 문이 닫히려는 힘

# 1등급 백신

**01** 그림 (가)는 스카이다이버가 낙하산을 펴기 전 수직 낙하하는 모습을, (나)는 낙하산을 편 후 일정한 속력과 운동 방향으로 내려오는 모습을 나타낸 것이다.

(가)　　　　　(나)

이에 대한 설명으로 옳은 것을 보기 에서 모두 고른 것은?

> 보기
> ㄱ. (가)에서 스카이다이버의 속력은 점점 빨라진다.
> ㄴ. (나)에서 스카이다이버에게는 부력이 작용한다.
> ㄷ. (가)에서보다 (나)에서 스카이다이버에게 작용하는 알짜힘이 더 크다.

① ㄱ　　　② ㄴ　　　③ ㄷ　　　④ ㄱ, ㄴ　　　⑤ ㄴ, ㄷ

**02** 그림과 같이 원형 파이프를 수평한 바닥에 놓은 후 (가)에서 쇠구슬을 굴려 넣었다. (나)로 나온 쇠구슬의 운동 방향은? (단, 모든 마찰은 무시한다.)

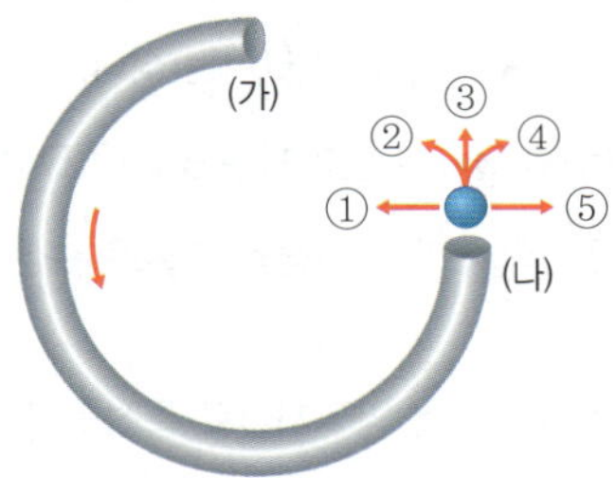

**03** 그림은 수평 방향으로 던진 공의 운동을 일정한 시간 간격으로 나타낸 것이다. 공의 운동에 대한 설명으로 옳은 것을 보기 에서 모두 고른 것은? (단, 공기 저항은 무시한다.)

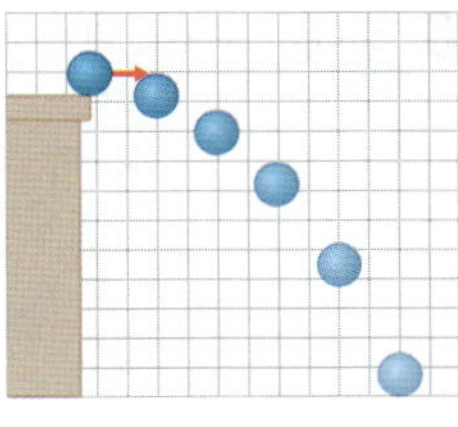

> 보기
> ㄱ. 수직 방향의 속력은 변하지 않는다.
> ㄴ. 수평 방향으로 작용하는 알짜힘은 0보다 크다.
> ㄷ. 속력과 운동 방향이 모두 변한다.

① ㄱ　　　② ㄴ　　　③ ㄷ　　　④ ㄱ, ㄴ　　　⑤ ㄴ, ㄷ

**04** 그림은 어떤 물체가 운동하는 동안 시간에 따른 속력을 나타낸 것이다.

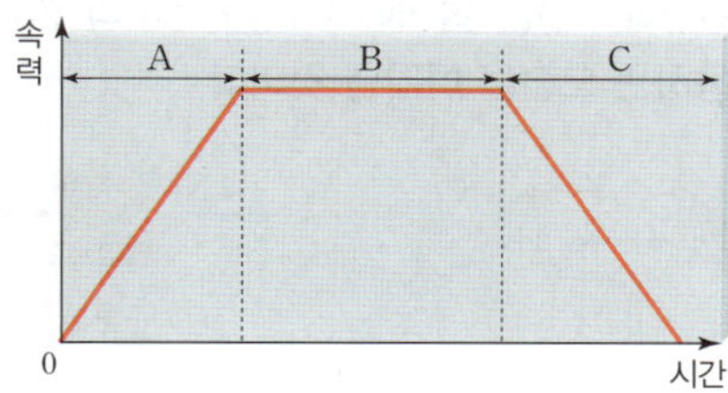

이에 대한 설명으로 옳지 <u>않은</u> 것은?

① A 구간에서 물체의 운동 방향이 일정했다면, 알짜힘은 물체의 운동 방향과 같은 방향으로 작용했다.
② B 구간에서 물체의 운동 방향이 일정했다면, 물체에 작용한 알짜힘은 0이다.
③ B 구간에서 물체의 운동 방향이 변했다면, 알짜힘은 물체의 운동 방향과 수직인 방향으로 작용했다.
④ C 구간에서 물체의 운동 방향이 변했다면, 알짜힘은 물체의 운동 방향과 반대 방향으로 작용했다.
⑤ A 구간과 C 구간에서 운동 방향이 일직선상에서 같은 방향이라면, 두 구간에서 작용한 알짜힘의 방향은 반대이다.

**05** 다음은 가정용 저울로 물체의 무게를 측정하는 과정을 나타낸 것이다.

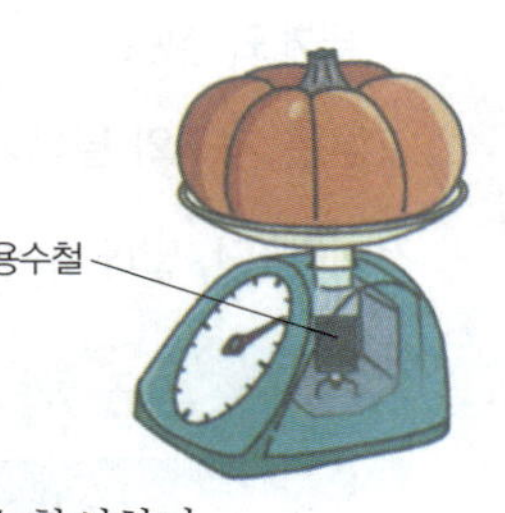


> • 아무것도 올려놓지 않은 가정용 저울의 눈금이 0이 되도록 조절한다.
> • 무게를 측정하고자 하는 물체를 가정용 저울에 올린다.
> • ㉠ 바늘이 회전하여 정지하면 그때 바늘이 가리키는 숫자를 확인한다.

이에 대한 설명으로 옳은 것을 보기 에서 모두 고른 것은?

> 보기
> ㄱ. 용수철의 탄성력을 이용한 장치이다.
> ㄴ. ㉠일 때 물체에 작용하는 알짜힘은 0이다.
> ㄷ. 물체를 치우면 가정용 저울의 바늘은 다시 0으로 돌아간다.

① ㄱ　　　　②ㄴ　　　　③ ㄱ, ㄷ
④ ㄴ, ㄷ　　　⑤ ㄱ, ㄴ, ㄷ

# 빈출 자료 집중진단

## 1 힘의 표현과 평형

그림 (가)와 (나)는 물체에 2 N과 3 N의 힘이 나란하게 작용하는 모습을 나타낸 것이다.

다음 설명 중 옳은 것은 ○표, 옳지 <u>않은</u> 것은 ×표 하시오.

**1** 화살표의 길이가 길수록 힘의 크기가 크다. (○ ×)

**2** (가)에서 물체에 작용하는 두 힘의 방향은 같다. (○ ×)

**3** (나)에서 물체에 작용하는 두 힘의 방향은 같다. (○ ×)

**4** (나)에서 물체에 작용한 합력의 크기는 5 N이다. (○ ×)

**5** (나)에서 물체에 작용한 합력의 방향은 왼쪽이다. (○ ×)

**6** (가)와 (나)에서 물체에 작용한 합력의 방향은 같다.

(○ ×)

## 2 중력

### ● 중력의 방향과 크기

그림은 지구와 지구 주위에 있는 물체를 나타낸 것이다.

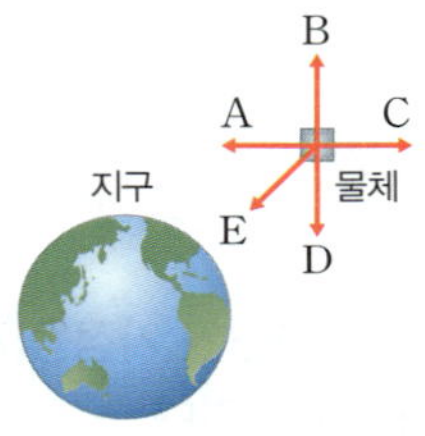


### ● 무게와 질량

그림은 지구와 달에서 우주인의 무게와 질량을 나타낸 것이다.(단, 달에서의 중력의 지구에서 중력의 $\frac{1}{6}$이다.)

다음 설명 중 옳은 것은 ○표, 옳지 <u>않은</u> 것은 ×표 하시오.

**1** 중력은 지구가 물체를 끌어당기는 힘이다. (○ ×)

**2** 중력의 방향은 지구 중심 방향이다. (○ ×)

**3** 물체의 질량이 클수록 중력의 크기는 작다. (○ ×)

**4** 물체를 놓았을 때 물체가 떨어지는 방향은 D이다. (○ ×)

**5** 지구에서 우주인의 무게는 가정용 저울로 측정할 수 있다.

(○ ×)

**6** 달에서 우주인의 질량은 양팔저울로 측정할 수 있다.

(○ ×)

**7** 달에서 우주인의 질량은 10 kg이다. (○ ×)

**8** 달에서 우주인의 무게는 98 N이다. (○ ×)

## 3 탄성력

그림 (가)는 용수철에 매단 추의 개수에 따라 용수철이 늘어나는 모습을, (나)는 추의 무게에 따라 용수철이 늘어난 길이를 나타낸 것이다.

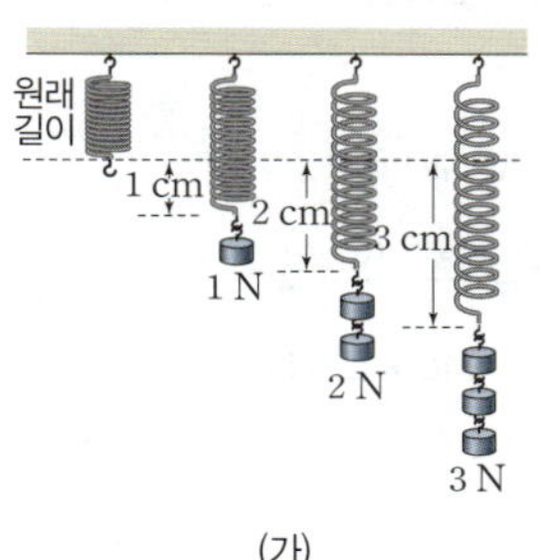
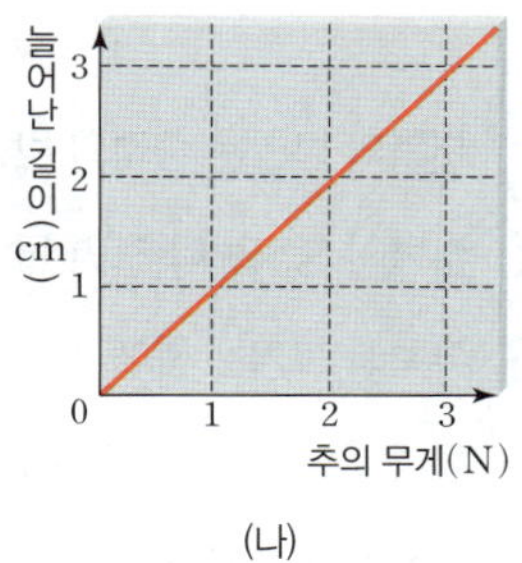

(가)                    (나)

다음 설명 중 옳은 것은 ○표, 옳지 않은 것은 ×표 하시오.

**1** 탄성력은 변형된 물체가 원래 모양으로 되돌아가려는 힘이다. ( ○ × )

**2** 탄성력의 방향은 탄성체에 가해지는 힘의 방향과 같다. ( ○ × )

**3** 탄성력의 크기는 탄성체가 늘어난 길이에 반비례한다. ( ○ × )

**4** 용수철에 추를 4개 매달면 용수철이 늘어난 길이는 4 cm가 된다. ( ○ × )

**5** 추를 2개 매달았을 때 용수철에 작용한 힘의 크기는 2 N이다. ( ○ × )

**6** 추를 3개 매달았을 때 용수철의 탄성력의 크기는 3 N이다. ( ○ × )

## 4 마찰력

그림은 수평면에 놓여 있는 무게가 30 N인 나무 도막을 15 N의 힘으로 끌어당기는 모습을 나타낸 것이다. 이때 나무 도막은 움직이지 않는다.

다음 설명 중 옳은 것은 ○표, 옳지 않은 것은 ×표 하시오.

**1** 마찰력은 두 물체의 접촉면에서 물체의 운동을 방해하는 힘이다. ( ○ × )

**2** 마찰력은 물체의 운동 방향과 반대 방향으로 작용한다. ( ○ × )

**3** 나무 도막에 작용하는 마찰력의 크기는 30 N이다. ( ○ × )

**4** 나무 도막에 작용하는 마찰력의 방향은 왼쪽이다. ( ○ × )

## 5 용수철에 연결된 나무 도막에 작용하는 여러 가지 힘

그림은 용수철에 나무 도막을 연결한 후, 수평면에서 끌어당겼다가 놓는 모습을 나타낸 것이다.

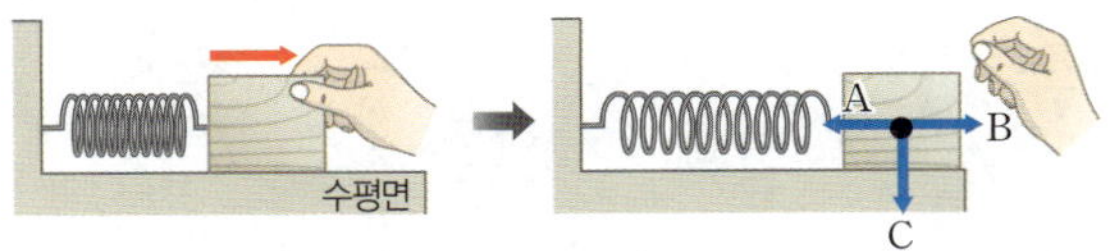


다음 설명 중 옳은 것은 ○표, 옳지 않은 것은 ×표 하시오.

**1** 손을 놓는 순간 나무 도막에 작용하는 마찰력의 방향은 A이다. ( ○ × )

**2** 손을 놓는 순간 나무 도막에 작용하는 탄성력의 방향은 B이다. ( ○ × )

**3** 손을 놓는 순간 나무 도막에 작용하는 중력의 방향은 C이다. ( ○ × )

# 빈출 자료 집중진단

## 6 부력

그림은 무게가 10 N인 추를 용수철저울에 매달아 물이 가득 찬 비커에 완전히 잠기도록 넣은 모습을 나타낸 것이다.

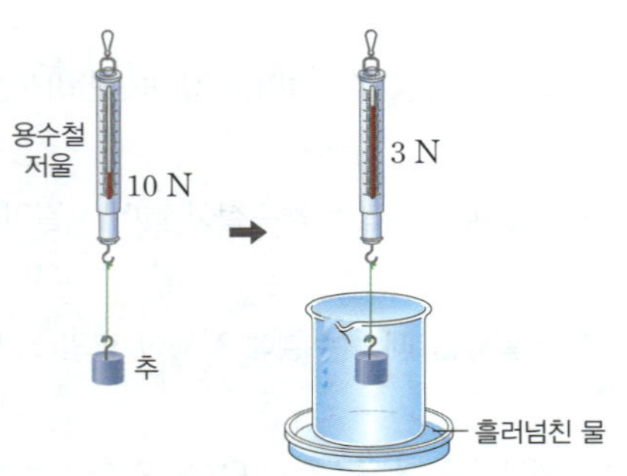


**다음 설명 중 옳은 것은 ○표, 옳지 <u>않은</u> 것은 ×표 하시오.**

**1** 부력의 방향은 중력의 방향과 반대이다.　( ○ × )

**2** 부력이 중력보다 크면 물체는 위로 떠오른다.　( ○ × )

**3** 부력의 크기는 물에 잠긴 추의 부피에 비례한다.　( ○ × )

**4** 물 밖에서 추의 무게는 10 N이다.　( ○ × )

**5** 물속에서 추에 작용하는 중력의 크기는 10 N이다.　( ○ × )

**6** 물속에서 추에 작용하는 부력의 크기는 3 N이다.　( ○ × )

**7** 흘러넘친 물의 무게는 3 N이다.　( ○ × )

## 7 알짜힘과 물체의 운동

그림 (가)~(라)는 마찰이 없는 바닥에서 운동하는 공에 각각 다른 방향으로 힘이 작용하는 모습을 나타낸 것이다.

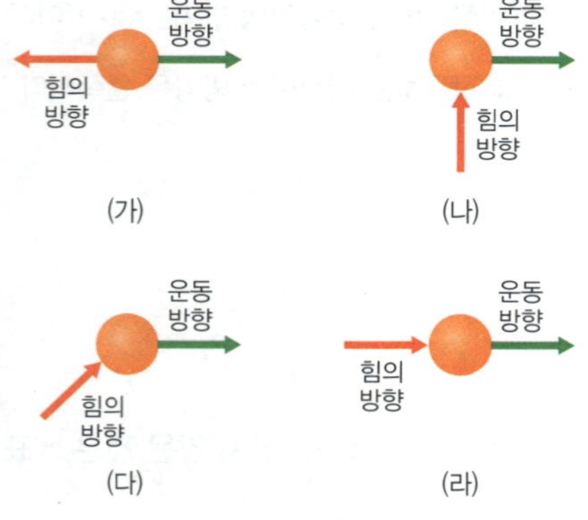


**다음 설명 중 옳은 것은 ○표, 옳지 <u>않은</u> 것은 ×표 하시오.**

**1** (가)에서 공의 속력은 변한다.　( ○ × )

**2** (가)에서 공의 운동 방향은 변하지 않는다.　( ○ × )

**3** (나)에서 공의 속력은 변한다.　( ○ × )

**4** (나)에서 공의 운동 방향은 변하지 않는다.　( ○ × )

**5** (다)에서 공의 속력은 변하지 않는다.　( ○ × )

**6** (다)에서 공의 운동 방향은 변한다.　( ○ × )

**7** (라)에서 공의 속력은 변하지 않는다.　( ○ × )

**8** (라)에서 공의 운동 방향은 변한다.　( ○ × )

## 8 속력과 운동 방향이 변하는 운동

그림은 놀이 공원에서 볼 수 있는 다양한 놀이 기구의 모습을 나타낸 것이다.

자이로 드롭

바이킹

롤러코스터

대관람차

**다음 설명 중 옳은 것은 ○표, 옳지 <u>않은</u> 것은 ×표 하시오.**

**1** 자이로 드롭은 물체의 운동 방향과 같은 방향으로 알짜힘이 작용한다. (○ : ×)

**2** 자이로 드롭이 내려올 때 운동 방향이 변한다. (○ : ×)

**3** 바이킹에는 운동 방향에 수직으로 알짜힘이 작용한다. (○ : ×)

**4** 바이킹의 속력은 변하지 않는다. (○ : ×)

**5** 롤러코스터에는 운동 방향에 비스듬히 알짜힘이 작용한다. (○ : ×)

**6** 롤러코스터가 내려올 때는 속력이 점점 빨라진다. (○ : ×)

**7** 대관람차에 작용하는 알짜힘의 방향은 원 궤도의 중심 방향이다. (○ : ×)

**8** 대관람차의 운동 방향은 계속 변한다. (○ : ×)

## 9 일상생활에서의 힘의 작용

그림은 일상생활에서 여러 가지 힘의 작용을 이용한 예를 나타낸 것이다.

문 멈춤 장치

미끄럼 방지 양말

모래시계

컴퓨터 자판

**다음 설명 중 옳은 것은 ○표, 옳지 <u>않은</u> 것은 ×표 하시오.**

**1** 문 멈춤 장치에 의해 문이 움직이지 않을 때 평형을 이루는 힘은 문이 닫히려는 힘과 중력이다. (○ : ×)

**2** 미끄럼 방지 양말은 마찰력을 크게 하여 이용한 예이다. (○ : ×)

**3** 모래시계에서 아래로 떨어지는 모래에 작용하는 알짜힘은 0이다. (○ : ×)

**4** 컴퓨터 자판을 누른 상태로 멈춰 있을 때 탄성력과 키보드 자판을 누르는 힘은 평형을 이룬다. (○ : ×)

**5** 컴퓨터 자판을 눌렀다가 떼면 탄성력에 의해 자판이 원래 위치로 되돌아온다. (○ : ×)

# CT 대단원 문제
**Comprehensive Test**



| 메타인지 | 각 중단원별 부족한 부분을 체크해 보고 부족한 단원은 꼭~ 복습하세요. | | | | | | | | | | |
|---|---|---|---|---|---|---|---|---|---|---|---|
| 01 힘의 표현과 평형 | 01 | 02 | 03 | 04 | 05 | 26 | 27 | | | | |
| 02 여러 가지 힘(1) | 06 | 07 | 08 | 09 | 10 | 11 | 12 | 28 | 29 | | |
| 03 여러 가지 힘(2) | 13 | 14 | 15 | 16 | 17 | 18 | 30 | 31 | 32 | | |
| 04 힘의 작용과 운동 상태 변화 | 19 | 20 | 21 | 22 | 23 | 24 | 25 | 33 | 34 | 35 | 36 |

**01** 과학에서의 힘이 작용하여 나타나는 현상이 <u>아닌</u> 것은?

① 사과가 나무에서 떨어졌다.
② 골프공이 굴러오다가 멈췄다.
③ 풍선을 눌렀더니 납작해졌다.
④ 손에 들고 있던 아이스크림이 녹았다.
⑤ 축구공을 발로 세게 찼더니 멀리 날아갔다.

**(중요)**
**02** 그림 (가)는 북서쪽 방향으로 작용하는 5 N의 힘을 나타낸 것이다.

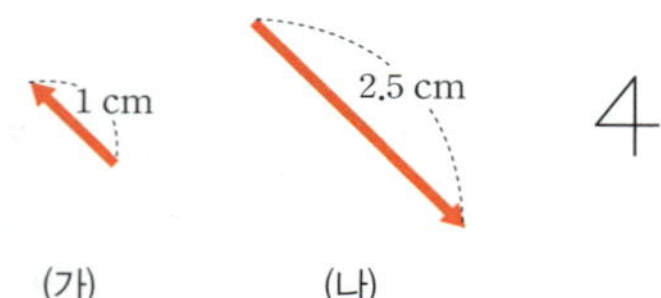


그림 (나)의 화살표가 나타내는 힘의 크기와 방향을 옳게 짝지은 것은?

| | 힘의 크기 | 힘의 방향 | | 힘의 크기 | 힘의 방향 |
|---|---|---|---|---|---|
| ① | 5 N | 북서쪽 | ② | 5 N | 남동쪽 |
| ③ | 12.5 N | 남서쪽 | ④ | 12.5 N | 남동쪽 |
| ⑤ | 12.5 N | 동쪽 | | | |

**03** 그림은 바닥에 놓여 있는 축구공을 발로 세게 차는 순간 공에 작용하는 힘을 화살표로 나타낸 것이다. 이 힘에 대한 설명으로 옳지 <u>않은</u> 것은?

① 힘의 단위는 N(뉴턴)이다.
② 힘이 작용한 순간 공의 모양이 달라진다.
③ 화살표의 시작점은 힘의 작용점을 나타낸다.
④ 공에 힘이 작용해도 공의 속력은 달라지지 않는다.
⑤ 공에 작용하는 힘의 크기가 클수록 화살표의 길이가 길다.

**04** 그림 (가)~(다)와 같이 물체에 나란한 방향으로 두 힘이 각각 작용하고 있다.

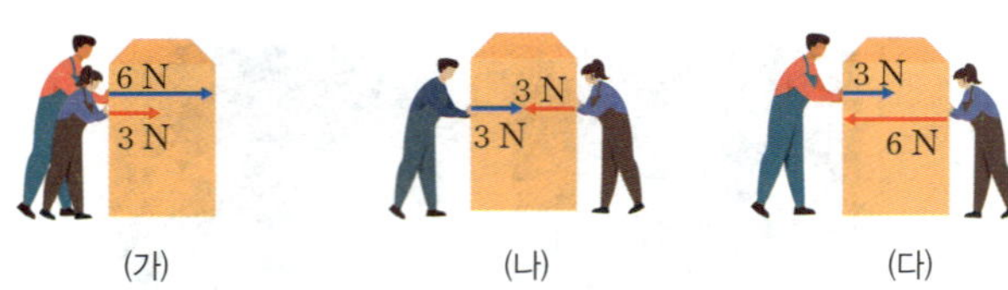


물체에 작용한 합력의 크기를 옳게 비교한 것은?

① (가)>(나)>(다)  　② (가)>(나)=(다)
③ (가)>(다)>(나)  　④ (가)=(다)>(나)
⑤ (가)=(나)=(다)

**05** 그림은 A와 B가 양쪽에서 힘을 주어 상자를 밀었지만 정지해 있는 모습을 나타낸 것이다. 이에 대한 설명으로 옳은 것을 <u>보기</u>에서 모두 고른 것은?
(단, 상자에 작용하는 마찰은 무시한다.)

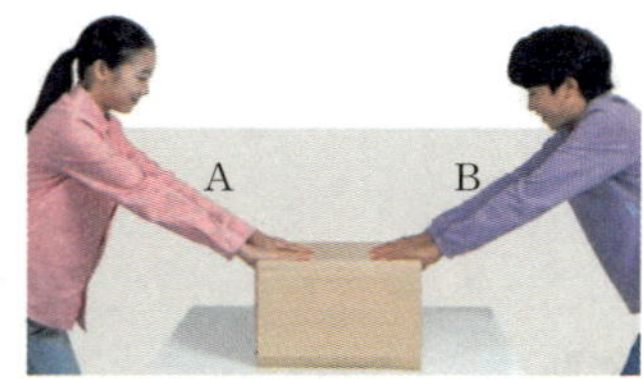


> **보기**
> ㄱ. 상자를 미는 힘의 크기는 A와 B가 다르다.
> ㄴ. 상자를 미는 힘의 방향은 A와 B가 반대이다.
> ㄷ. A가 상자를 미는 힘과 B가 상자를 미는 힘은 일직선 상에서 작용한다.

① ㄱ  　　② ㄴ  　　③ ㄷ
④ ㄱ, ㄴ  　⑤ ㄴ, ㄷ

**06** 그림은 사과가 나무에서 떨어지는 모습을 나타낸 것이다. 이 그림에 나타난 힘에 대한 설명으로 옳은 것은?

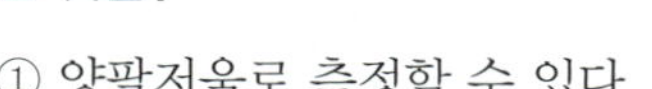

① 양팔저울로 측정할 수 있다.
② 지구에서 멀어질수록 커진다.
③ 장소에 관계없이 크기가 항상 일정하다.
④ 지구 중심을 향하는 방향으로 작용한다.
⑤ 공중에 떠 있는 물체에는 작용하지 않는다.

**07** 달에서 무게가 98 N인 운석을 지구로 가져왔다. 지구에서 측정한 이 운석의 질량과 무게를 옳게 짝 지은 것은? (단, 지구에서 질량이 1 kg인 물체에 작용하는 중력의 크기는 9.8 N이며, 지구에서의 중력은 달에서 중력의 6 배이다.)

| | 질량 | 무게 | | 질량 | 무게 |
|---|---|---|---|---|---|
| ① | 10 kg | 98 N | ② | 10 kg | 588 N |
| ③ | 60 kg | 98 N | ④ | 60 kg | 294 N |
| ⑤ | 60 kg | 588 N | | | |

**08** 질량과 무게에 대한 설명으로 옳은 것은?

① 무게의 단위는 kg이다.
② 달에서는 물체의 질량이 클수록 무게가 크다.
③ 같은 물체라도 장소에 따라 측정되는 질량이 다르다.
④ 물체의 무게는 산 꼭대기보다 산 아래에서 더 가볍다.
⑤ 달에서 윗접시저울에 질량이 60 kg인 사람과 질량이 10 kg인 추 1 개가 각각 올라가 있을 때 윗접시저울이 수평을 이룬다.

**09** 그림과 같이 용수철에 추를 매달아 추의 무게를 변화시키면서 용수철이 늘어난 길이를 측정한 결과가 표와 같았다.

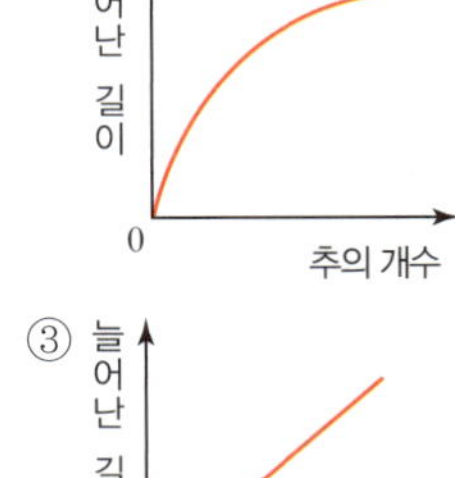

| 추의 무게(N) | 용수철이 늘어난 길이 (cm) |
|---|---|
| 1 | 1.8 |
| 2 | 3.6 |
| 3 | 5.4 |
| 4 | 7.2 |

용수철에 매다는 추의 개수와 용수철이 늘어난 길이의 관계를 옳게 나타낸 것은?

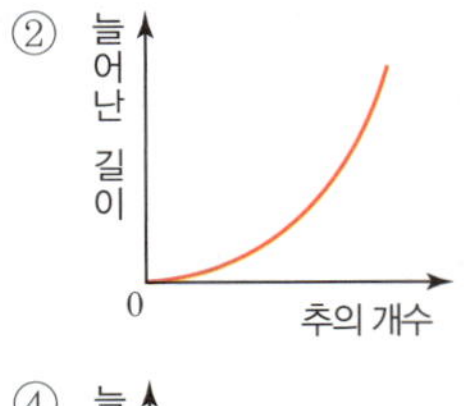
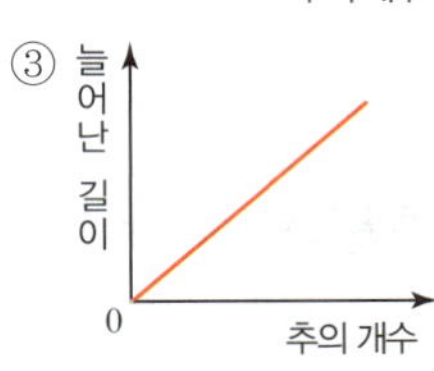
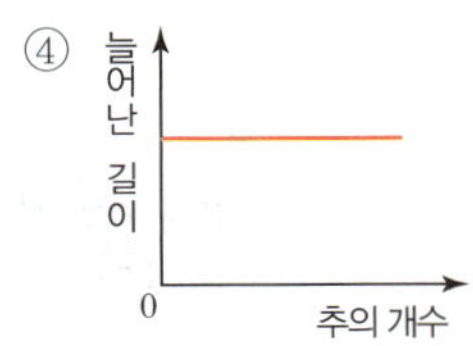
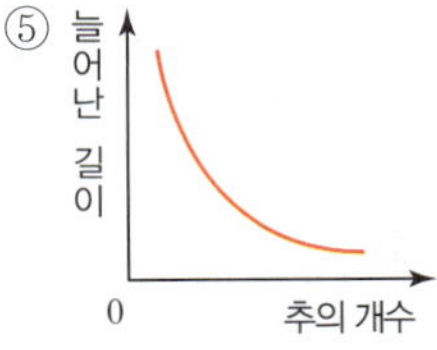

**10** 탄성력에 대한 설명으로 옳지 않은 것은?

① 탄성력의 크기는 작용한 힘의 크기와 같다.
② 탄성력은 작용하는 힘의 방향과 반대 방향으로 작용한다.
③ 변형된 물체가 원래 모양으로 되돌아가려는 힘을 말한다.
④ 용수철저울은 탄성력을 이용하여 힘의 크기를 측정한다.
⑤ 탄성체는 아무리 크게 변형되어도 처음 상태로 되돌아간다.

**11** 일상생활에서 탄성력을 이용하는 경우로 가장 거리가 먼 것은?

① 활을 이용하여 화살을 쏜다.
② 자전거의 안장은 충격을 흡수한다.
③ 빨래집게를 이용하여 빨래를 고정한다.
④ 풍등에 불을 피워 하늘 높이 날려 보낸다.
⑤ 장대를 이용하여 높은 장애물을 뛰어넘는다.

**12** 그림과 같이 원래의 길이가 10 cm인 용수철에 질량이 60 g인 추를 매달았더니 용수철의 길이가 13 cm가 되었다. 이 용수철에 질량이 100 g인 추를 매달았을 때, 용수철의 전체 길이는?

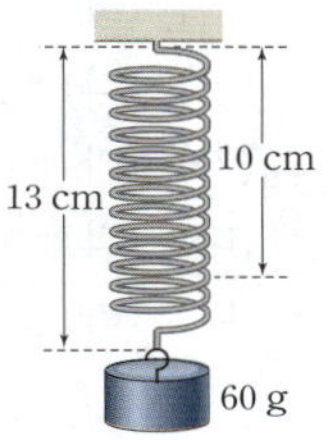

① 13 cm  ② 14 cm
③ 15 cm  ④ 16 cm  ⑤ 18 cm

**13** 그림과 같이 빗면에 놓여 있는 물체에 힘을 주어 물체를 빗면 위로 밀어 올렸다. 이때 물체에 작용하는 중력과 마찰력의 방향을 옳게 짝 지은 것은?

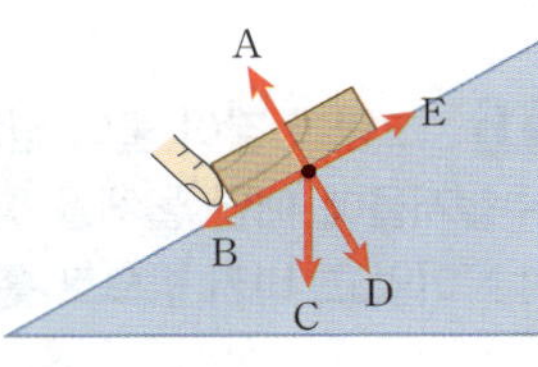


| | 중력 | 마찰력 | | 중력 | 마찰력 |
|---|---|---|---|---|---|
| ① | A | B | ② | C | B |
| ③ | C | E | ④ | D | B |
| ⑤ | D | E | | | |

**14** 수평면에서 무게가 100 N인 물체를 20 N의 힘으로 끌어당겼을 때 물체가 움직이지 않았다면, 물체와 바닥 사이에 작용한 마찰력의 크기는?

① 20 N  ② 50 N  ③ 80 N
④ 100 N  ⑤ 120 N

## CT 대단원 문제

**15** 그림과 같이 재질과 무게가 동일한 나무 도막에 용수철저울을 연결하여 천천히 끌어당기면서 나무 도막이 움직이는 순간 용수철저울의 눈금을 측정하였다.

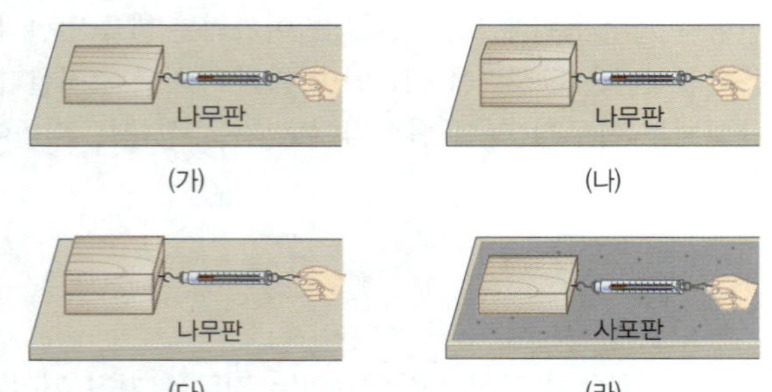


(1)~(3)을 알아보기 위해 비교해야 할 실험을 옳게 짝 지은 것은?

> (1) 물체의 무게와 마찰력의 관계
> (2) 접촉면의 넓이와 마찰력의 관계
> (3) 접촉면의 거칠기와 마찰력의 관계

| | (1) | (2) | (3) |
|---|---|---|---|
| ① | (가), (다) | (가), (나) | (가), (라) |
| ② | (가), (다) | (가), (나) | (나), (라) |
| ③ | (가), (라) | (나), (라) | (다), (라) |
| ④ | (나), (라) | (가), (나) | (가), (다) |
| ⑤ | (나), (라) | (가), (라) | (나), (다) |

**16** 그림과 같이 물이 넘치기 전까지 가득 채운 비커에 용수철저울에 매단 물체를 넣었다. 이때 용수철저울의 눈금이 3 N이었고, 비커 밖으로 흘러넘친 물의 무게는 2 N이었다.

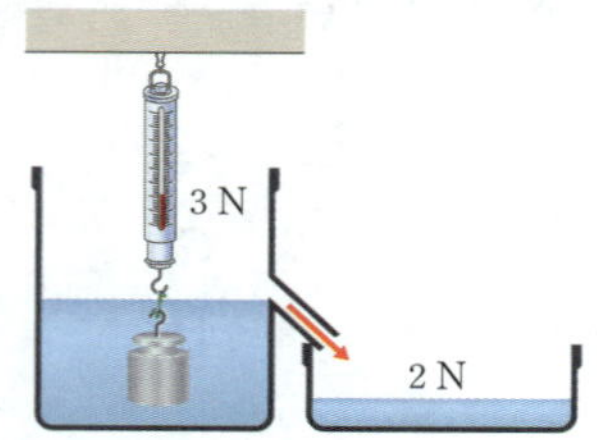


이에 대한 설명으로 옳은 것은?

① 부력과 중력은 같은 방향이다.
② 물 밖에서 물체의 무게는 3 N이다.
③ 물체에 작용하는 부력의 크기는 3 N이다.
④ 물에 잠긴 물체의 무게가 무거울수록 부력의 크기가 크다.
⑤ 물체에 작용하는 부력의 크기는 흘러넘친 물의 무게와 같다.

**17** 그림에서 A, B, C는 바닷속의 고래, 거북, 바위를 각각 나타낸 것이다. 이에 대한 설명으로 옳은 것을 <u>모두</u> 고르면? (단, 부피와 질량은 모두 A>C>B 순이다.)

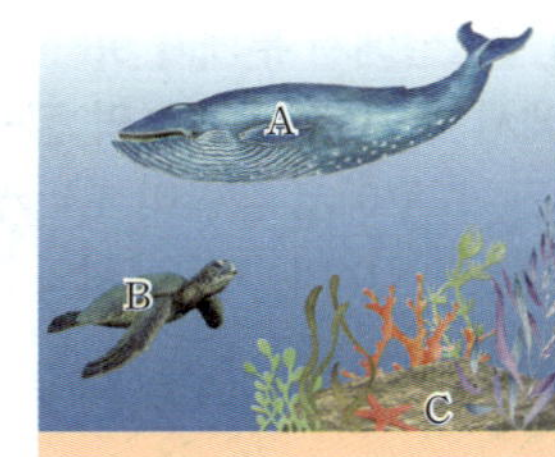


① A에 작용하는 부력의 크기가 가장 크다.
② C에 작용하는 중력의 크기는 부력의 크기보다 크다.
③ A~C에 작용하는 중력의 방향은 서로 다르다.
④ A~C에 작용하는 부력의 방향은 서로 다르다.
⑤ B에 작용하는 중력의 크기는 A에 작용하는 중력의 크기보다 크다.

**18** 그림 (가)와 같이 질량이 2 kg인 나무 도막을 물에 넣자 나무 도막의 절반만 물에 잠긴 상태로 떠올라 정지하였다. 이후 그림 (나)와 같이 나무 도막 위에 질량이 2 kg인 추를 올려놓았더니 나무 도막만 물에 잠겨 떠 있는 채로 정지해 있었다.

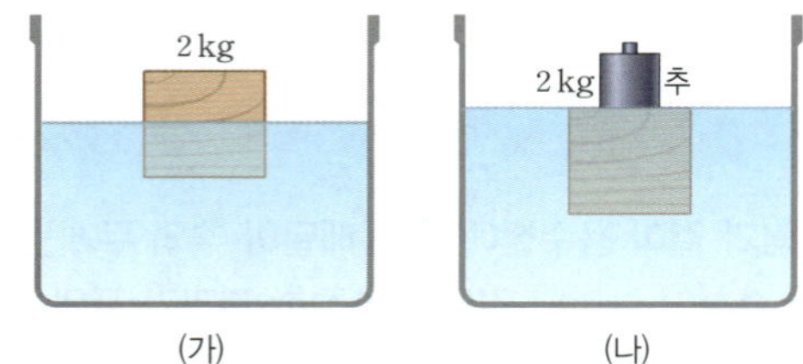


이에 대한 설명으로 옳은 것을 [보기]에서 모두 고른 것은? (단, 지구에서 질량이 1 kg인 물체에 작용하는 중력의 크기는 9.8 N이다.)

> **[보기]**
> ㄱ. (가)와 (나)에서 나무 도막에 작용하는 부력의 크기는 같다.
> ㄴ. (가)에서 나무 도막에 작용하는 중력의 크기는 9.8 N이다.
> ㄷ. (나)에서 나무 도막에 작용하는 부력의 크기는 39.2 N이다.

① ㄱ     ② ㄷ     ③ ㄱ, ㄴ
④ ㄴ, ㄷ     ⑤ ㄱ, ㄴ, ㄷ

**19** 빗면을 따라 내려가는 탁구공의 진행 방향으로 바람을 불어줄 때 나타나는 현상으로 옳은 것은?

① 속력만 빨라진다.
② 속력만 느려진다.
③ 운동 방향만 변한다.
④ 속력과 운동 방향이 모두 변한다.
⑤ 속력과 운동 방향이 모두 변하지 않는다.

**20** 일정한 운동을 하는 공에 여러 가지 방향으로 알짜힘을 가할 때, 속력만 변하는 경우를 보기 에서 모두 고른 것은?

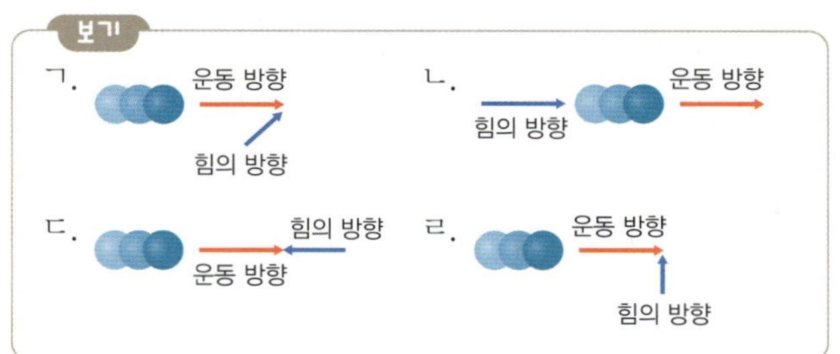


① ㄱ, ㄴ     ② ㄱ, ㄹ     ③ ㄴ, ㄷ
④ ㄴ, ㄹ     ⑤ ㄷ, ㄹ

**21** 그림은 공을 줄에 매달아 일정한 속력으로 원운동시키는 모습을 나타낸 것이다.

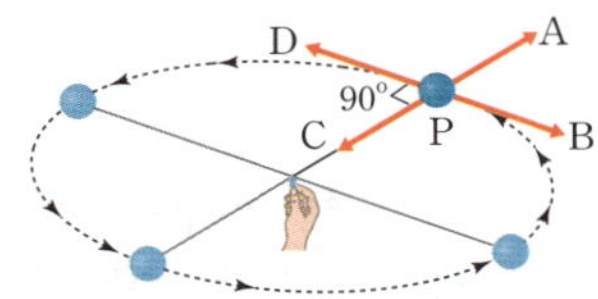


P 지점에서 공의 운동에 대한 설명으로 옳은 것을 보기 에서 모두 고른 것은?

보기
ㄱ. 공에 작용하는 알짜힘의 방향은 A이다.
ㄴ. 공의 운동 방향은 C이다.
ㄷ. 줄이 끊어졌을 때 공이 날아가는 방향은 D이다.

① ㄱ     ② ㄷ     ③ ㄱ, ㄴ
④ ㄱ, ㄷ     ⑤ ㄴ, ㄷ

**22** 그림은 비스듬히 던져 올린 농구공이 운동하는 모습을 나타낸 것이다.

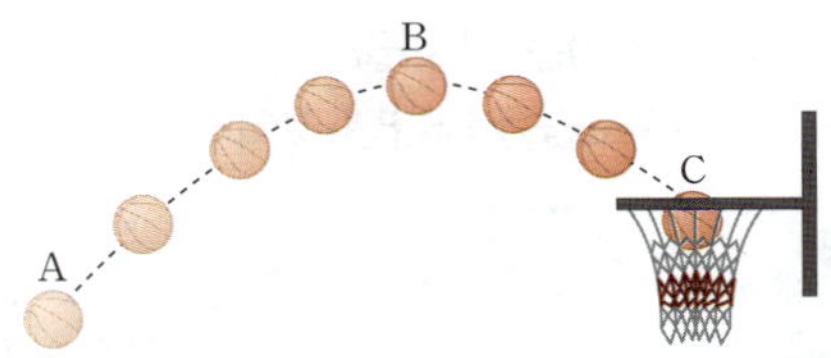


이에 대한 설명으로 옳은 것을 보기 에서 모두 고른 것은?

보기
ㄱ. A~B 구간에서 농구공의 속력은 일정하다.
ㄴ. B에서 농구공에 작용하는 알짜힘은 0이다.
ㄷ. B와 C에서 농구공의 운동 방향은 서로 다르다.

① ㄱ     ② ㄷ     ③ ㄱ, ㄴ
④ ㄴ, ㄷ     ⑤ ㄱ, ㄴ, ㄷ

**23** 물체의 속력과 운동 방향이 모두 변하는 운동을 하는 경우로 옳은 것은?

① 연직 위로 던져 올린 야구공
② 잔디 위에서 굴러가는 골프공
③ 미끄럼틀을 타고 내려오는 사람
④ 지구 주위를 돌고 있는 인공위성
⑤ 공중에서 골대로 들어가는 축구공

**24** 그림은 무빙워크, 대관람차, 그네의 운동을 속력과 운동 방향 변화에 따라 분류한 순서도이다.

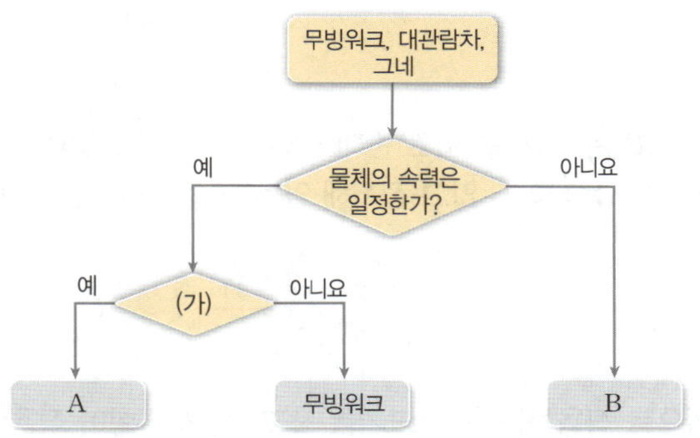


이에 대한 설명으로 옳은 것을 보기 에서 모두 고른 것은?

보기
ㄱ. (가)에 들어갈 조건은 '작용하는 알짜힘이 0인가?'이다.
ㄴ. A에 들어갈 놀이 기구는 대관람차이다.
ㄷ. B에 들어갈 놀이 기구에 작용하는 알짜힘의 방향은 물체의 운동 방향에 수직이다.

① ㄱ     ② ㄴ     ③ ㄱ, ㄷ
④ ㄴ, ㄷ     ⑤ ㄱ, ㄴ, ㄷ

**25** 그림은 물 위에 떠 있는 장난감 배에 용수철을 매달아 잡아당기는 모습을 나타낸 것이다.

장난감 배에 작용하는 중력, 부력, 탄성력의 방향을 옳게 짝 지은 것은? (단, •은 힘이 작용하지 않는다는 것을 의미한다.)

| | 중력 | 부력 | 탄성력 | | 중력 | 부력 | 탄성력 |
|---|---|---|---|---|---|---|---|
| ① | ↑ | ↑ | → | ② | ↑ | ↓ | ← |
| ③ | • | • | → | ④ | ↓ | ↑ | ← |
| ⑤ | ↓ | ↓ | → | | | | |

# CT 대단원 문제

**26** 그림은 어떤 힘을 화살표로 나타낸 것이다.

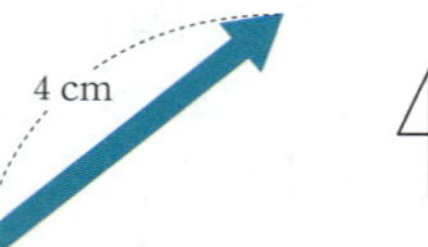

이 힘의 방향과 크기를 쓰고, 그렇게 생각한 까닭을 서술하시오. (단, 화살표 1 cm는 2 N의 힘을 의미한다.)

**KEY** 방향, 크기

**27** 그림은 물체를 서로 반대 방향으로 동시에 잡아당겼을 때 물체가 움직이지 않고 정지해 있는 모습을 나타낸 것이다.

왼쪽으로 작용하는 힘의 크기를 쓰고, 물체에 힘이 작용했지만 물체가 움직이지 않고 정지해 있는 까닭을 서술하시오.

**KEY** 알짜힘, 힘의 평형

**28** 그림 (가)는 지구에서 추를 용수철에 매달아 정지 상태에서 탄성력을 측정한 것이다. 이때 탄성력의 크기는 30 N이었다. 그림 (나)는 (가)에서와 같은 질량의 추 2개를 같은 용수철에 매달아 달에서 측정한 것이다.

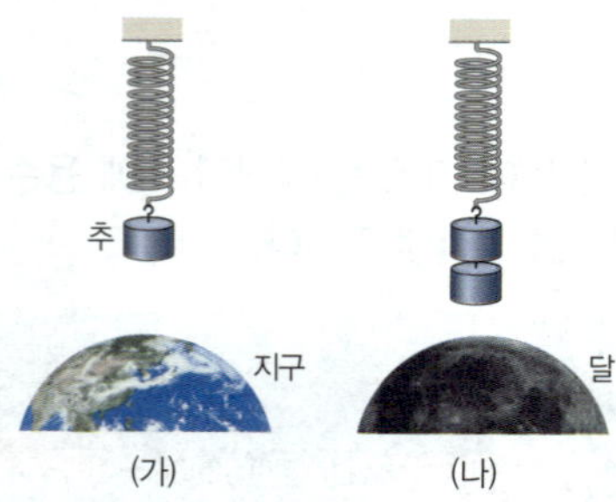

(가)에서 추에 작용한 중력의 크기와, (나)에서 측정된 탄성력의 크기는 얼마인지 구하고, 풀이 과정을 서술하시오. (단, 지구에서의 중력은 달에서 중력의 6 배이다.)

**KEY** 추에 작용하는 중력의 크기＝물체의 무게
달에서 추의 무게＝지구에서 추의 무게×$\frac{1}{6}$

**29** 길이가 12 cm인 용수철에 질량이 100 g인 추 1 개를 매달았더니 용수철의 길이가 1 cm만큼 늘어났다.

⑴ 같은 용수철에 질량이 100 g인 추 4 개를 매달았을 때 용수철의 전체 길이는 몇 cm인지 쓰고, 그 과정을 서술하시오.

**KEY** 추 1 개 → 늘어난 길이 1 cm

⑵ 같은 추를 여러 개 매달아 같은 용수철이 5 cm 늘어났을 때, 용수철에 작용하는 탄성력의 크기는 몇 N인지 쓰고, 그 과정을 서술하시오. (단, 질량이 1 kg인 물체에 작용하는 중력의 크기는 9.8 N이다.)

**KEY** 탄성력의 크기＝작용한 힘의 크기

**30** 그림과 같이 나무 도막을 올려놓은 판을 들어 올리면서 나무 도막이 미끄러지기 시작하는 순간 빗면의 각도를 측정하였다.

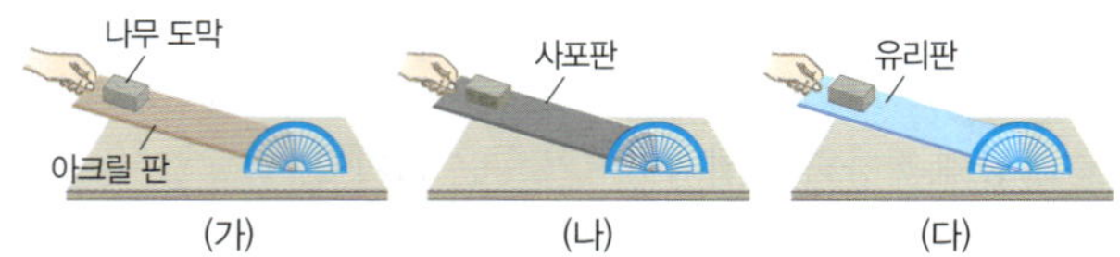


(가)~(다)에서 나무 도막이 미끄러지기 시작하는 순간에 빗면의 각도를 부등호를 사용하여 비교하고, 그렇게 생각한 까닭을 마찰력의 크기와 관련지어 서술하시오.

**KEY** 빗면의 각도 ∝ 마찰력의 크기

**31** 그림 (가)와 (나)는 빈 화물선과 화물을 가득 실은 화물선이 물에 떠 있는 모습을 나타낸 것이다.

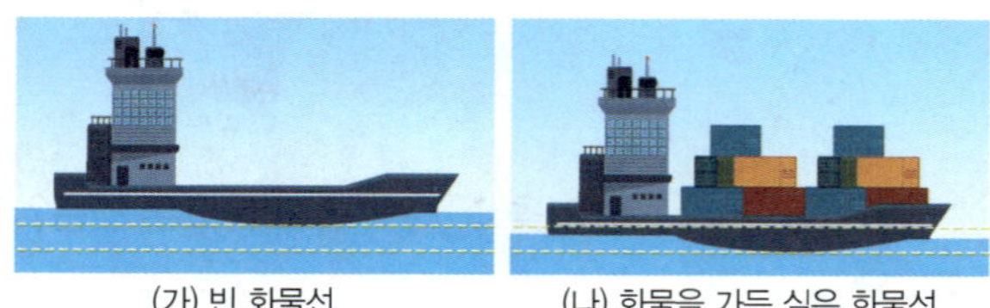

(가) 빈 화물선　　　　(나) 화물을 가득 실은 화물선

화물선에 화물을 가득 실어도 화물선이 바다에 가라앉지 않는 까닭을 서술하시오.

**KEY** 물에 잠긴 부피, 부력의 크기

**32** 다음은 풍식이가 수행한 실험이다.

[실험 과정]
(1) 그림 (가)와 같이 용수철의 한쪽에 고무공을 연결하고, 다른 쪽을 비커 중앙의 바닥에 고정시킨 후 용수철의 처음 길이를 측정하였다.

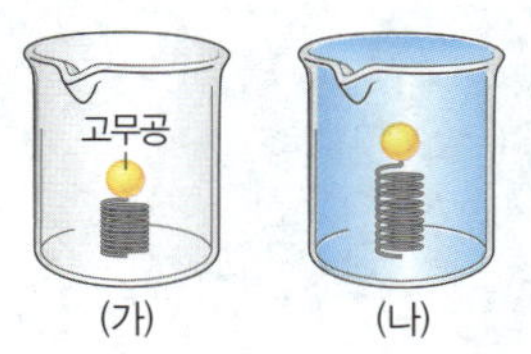


(2) 그림 (나)와 같이 고무공이 완전히 잠기도록 물을 채운 후 용수철의 길이를 측정하였다.

[실험 결과]

| 과정 | (1) | (2) |
| --- | --- | --- |
| 용수철의 길이 | 3 cm | 5 cm |

(1) 실험에서 용수철의 길이가 증가한 까닭을 서술하시오.

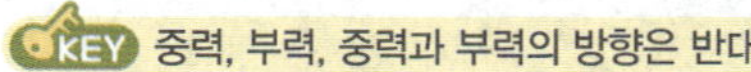


(2) 물을 덜어내어 고무공의 절반만 물에 잠기게 한다면, 이때 용수철의 길이는 몇 cm가 되는지 서술하시오.



**33** 그림은 양궁 선수가 화살을 쏘는 모습을 나타낸 것이다.

양궁 선수가 화살을 쏠 때 맞추고자 하는 과녁의 위치보다 약간 위를 향해 화살을 쏘는 까닭을 서술하시오.



**34** 그림과 같이 풍식이가 실에 매단 공을 화살표 방향으로 돌리고 있다.

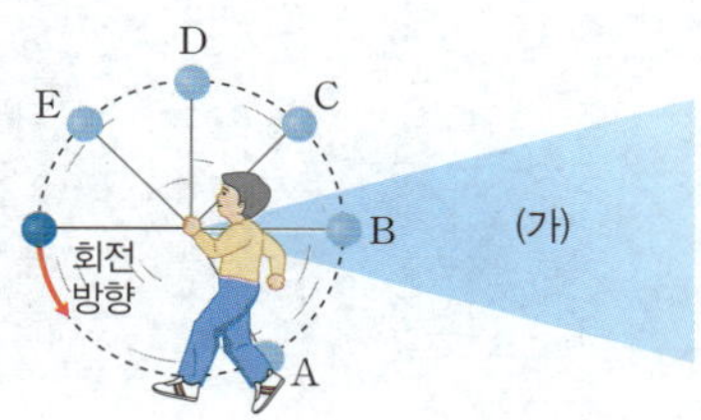


공을 (가) 영역으로 날아가도록 하기 위해서는 어느 지점에서 공을 놓아야 하는지를 그렇게 생각한 까닭과 함께 서술하시오.



**35** 그림 (가)와 (나)는 운동하는 공의 모습을 일정한 시간 간격으로 나타낸 것이다.

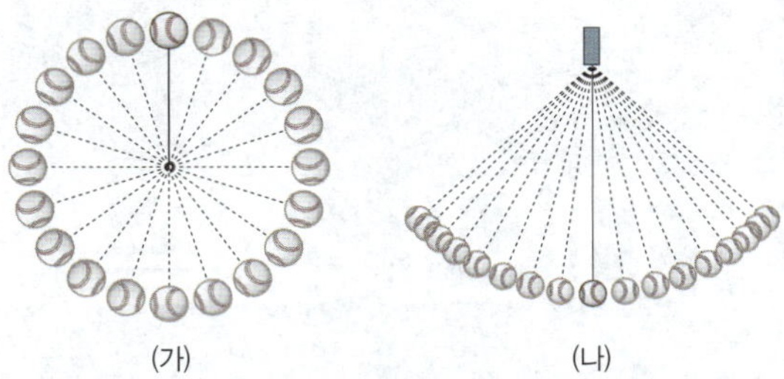


두 운동의 공통점과 차이점을 쓰고, 두 운동이 왜 다르게 나타나는지를 알짜힘의 방향과 관련지어 서술하시오.



**36** 다음은 철판에 부착하여 다양한 물건을 걸 수 있도록 만들어진 자석 후크에 대한 설명이다.

강력한 자석이 있어 철판에 부착하여 물건을 걸 수 있는 자석 후크에는 걸 수 있는 물건의 무게가 정해져 있다. 따라서 걸고자 하는 물건의 무게를 생각하여 알맞은 자석 후크를 골라 사용해야 한다.

정해진 무게보다 큰 무게의 물건을 자석 후크에 매달았을 때 나타날 것으로 예상되는 상황과 그 까닭을 서술하시오.

# VI

# 기체의 성질

이 단원을 공부하기 전에 이전 학년에서 배운 개념을 알고 있는지 확인해 보세요.

**초3**

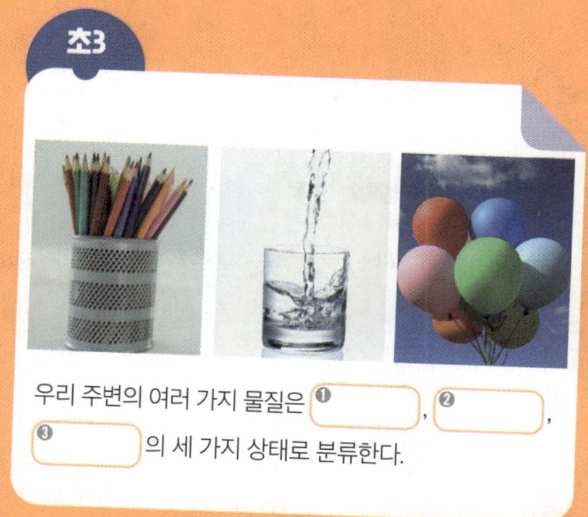

우리 주변의 여러 가지 물질은 ❶ [ ], ❷ [ ],
❸ [ ]의 세 가지 상태로 분류한다.

**초4**

담는 용기에 따라 모양이 변하고, 그 공간을 항상 가득
채우는 물질의 상태를 ❹ [ ]라고 한다.

**초4**

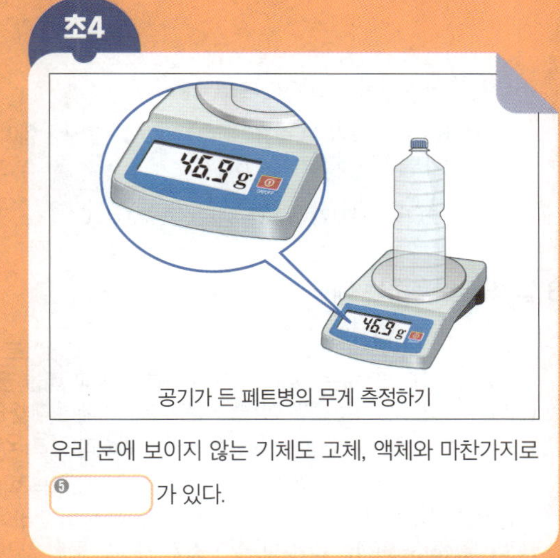


공기가 든 페트병의 무게 측정하기

우리 눈에 보이지 않는 기체도 고체, 액체와 마찬가지로
❺ [ ]가 있다.

정답 ❶ 고체 ❷ 액체 ❸ 기체 ❹ 기체 ❺ 무게

## 이 단원 연계 개념은...

| 초등 3~4학년 | | 중학교 1학년 | | 고등학교 |
|---|---|---|---|---|
| • 물체와 물질<br>• 여러 가지 기체 | → | • 기체의 압력과 부피<br>• 기체의 온도와 부피 | → | • 물질과 에너지 |

# 01 기체의 압력과 부피

## ① 압력

**1 압력**: 일정한 면적에 작용하는 힘

$$압력 = \frac{수직으로 작용하는 힘}{힘이 작용하는 면적}$$

**2 ❶압력의 크기**: 면적이 같을 때는 작용하는 힘이 클수록, 힘의 크기가 같을 때는 힘이 작용하는 면적이 좁을수록 압력이 크다. — 힘이 클수록, 힘이 작용하는 면적이 좁을수록 압력이 커져!

**압력의 크기 비교**

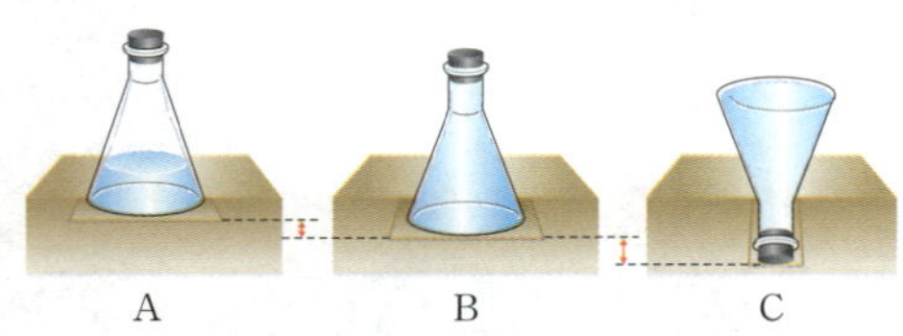

|  | A | B | C |

| 힘이 작용하는 면적이 같음(A와 B) | 작용하는 힘의 크기가 같음(B와 C) |
| --- | --- |
| • 작용하는 힘의 크기: A<B<br>• 스펀지가 눌리는 정도: A<B | • 힘이 작용하는 면적: B>C<br>• 스펀지가 눌리는 정도: B<C |

➡ 압력의 크기(스펀지가 눌리는 정도): A<B<C

**3 압력을 이용하는 예**

| 압력을 크게 이용하는 경우<br>(힘이 작용하는 면적을 좁게 함) | • 바늘이나 못, 스케이트 날을 날카롭게 제작한다.<br>• 주사를 맞을 때 바늘 끝이 뾰족한 주사기를 이용한다.<br>• 음료수 용기에 빨대를 꽂을 때 뾰족한 쪽으로 꽂는다.<br>• 눈이 얼어있는 산을 오를 때 신발에 ❷아이젠을 착용한다. |
| --- | --- |
| 압력을 작게 이용하는 경우<br>(힘이 작용하는 면적을 넓게 함) | • 자동차 타이어 수는 일반 자동차보다 트럭이 많다.<br>• ❸탄산음료 병의 밑바닥을 꽃잎 모양으로 만든다.<br>• 스키, ❷설피 등의 밑면을 넓혀 눈에 빠지지 않게 한다.<br>• 얼음 위를 걸어갈 때보다 기어갈 때 얼음이 깨질 위험이 적다. |

## ② 기체의 압력

┌ 기체 입자는 끊임없이 운동하면서 물체와 충돌해 힘을 가해!

**1 기체의 압력(기압)**: 일정한 면적에 기체 입자가 충돌하여 가하는 힘

**(1) 방향과 크기**: 모든 방향으로 같은 크기만큼 작용한다.

**(2) 압력의 크기에 영향을 주는 요인**: 일정한 크기의 용기 안에 들어 있는 기체 입자의 개수가 많을수록 기체 입자가 용기 벽에 충돌하는 횟수가 늘어 기체의 압력이 커진다.

| 탄산음료가 든 페트병 속 기체의 압력 | 고무풍선 속 기체의 압력 |
| --- | --- |
| 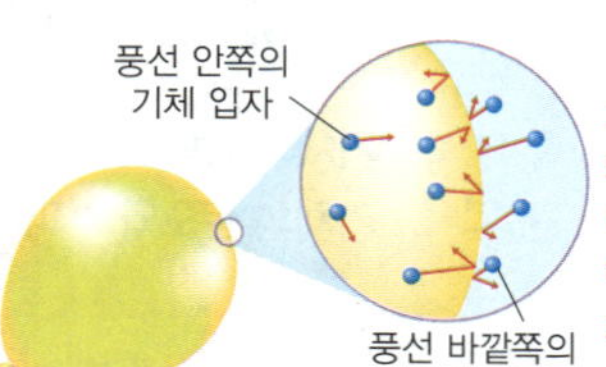<br>뚜껑을 열지 않은 페트병　뚜껑을 열었다가 닫은 페트병 |  |
| 뚜껑을 열었다가 닫으면 페트병 용기 벽에 충돌하는 기체 입자의 개수가 적어져 기체의 압력이 작아진다. ➡ 페트병을 누르기 쉬워진다. | 고무풍선에 공기를 넣으면 풍선 속 공기 입자의 개수가 많아져 안쪽 면에 충돌하는 횟수가 증가해 압력이 커진다. 이때 기체 입자는 모든 방향으로 운동하므로 고무풍선이 둥글게 부풀어 오른다. |

---



**압력의 단위**

일정한 면적에 작용하는 힘으로 압력의 단위는 $N/cm^2$, $N/m^2$를 사용하며, $N/m^2$를 Pa(파스칼)이라고 한다.

**❶ 압력의 크기**

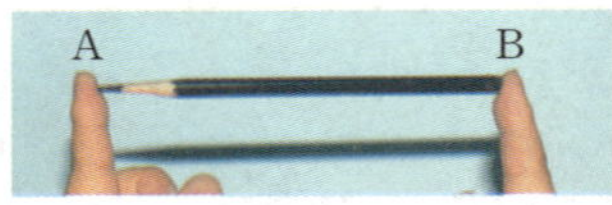


같은 크기의 힘이 작용할 때 면적이 좁은 A가 B보다 압력이 크게 작용하여 A의 손가락이 더 많이 눌린다.

**압력의 크기를 비교할 수 있는 현상**
• 풍선은 손가락으로 누를 때보다 압정으로 누를 때 잘 터진다.
• 모래사장을 걸을 때 운동화보다 굽이 뾰족한 구두가 깊이 박힌다.
• 갯벌에서 널빤지를 이용하여 이동한다.

**❷ 설피와 아이젠**

설피　　　　아이젠

설피는 눈에 닿는 면적이 넓어 압력이 작아지므로 신발만 신었을 때보다 눈에 발이 잘 빠지지 않는다. 반면 아이젠은 뾰족한 금속으로 힘을 받는 면적을 좁혀 눈이 얼어있는 산을 오를 수 있게 한다.

**❸ 탄산음료 병의 밑바닥이 꽃잎 모양인 까닭**

탄산음료에 녹아 있는 이산화 탄소가 빠져나오면 병 속 기체의 압력이 커지는데, 밑바닥을 꽃잎 모양으로 만들어 표면적을 넓히면 커진 압력을 분산시킬 수 있다.



**❸ 대기압**
지구를 둘러싸고 있는 대기에 의한 압력으로 지표 부근에서의 대기압은 약 1 기압이다.

---

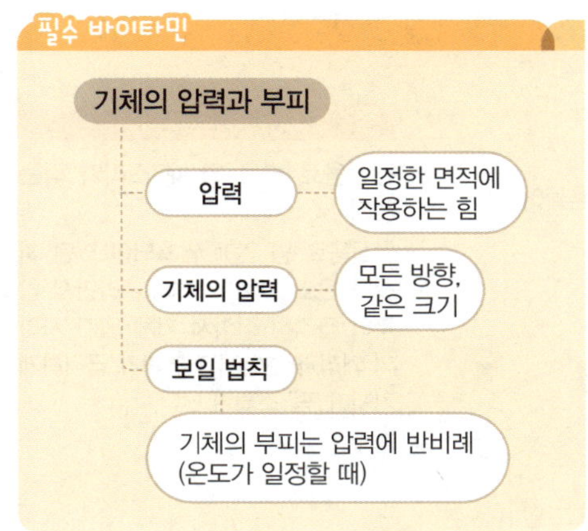



**01** 압력에 대한 설명으로 옳은 것은 ○, 옳지 <u>않은</u> 것은 ×로 표시하시오.

(1) 일정한 면적에 작용하는 힘이다. 　　　　　　　　　( 　 )

(2) 힘이 작용하는 면적이 넓을수록 작아진다. 　　　　( 　 )

(3) 용기 안에 들어 있는 기체 입자의 개수가 많을수록 작다. ( 　 )

**02** 그림 (가)~(다)는 크기와 질량이 같은 벽돌을 스펀지 위에 올려놓은 모습을 나타낸 것이다.

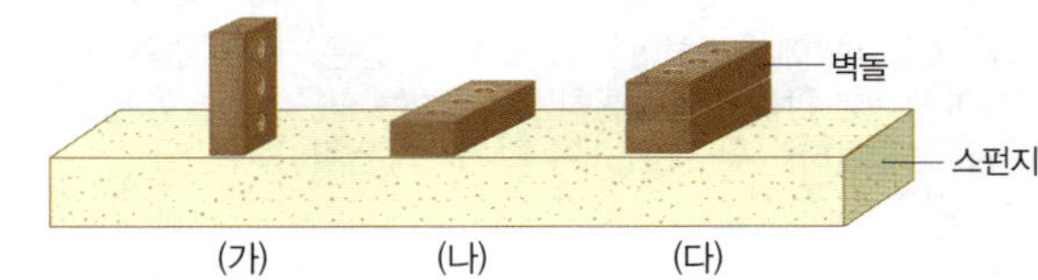



(1) (가)와 (나)의 스펀지에 작용하는 압력의 크기를 등호 또는 부등호를 사용하여 비교하시오.

(2) (나)와 (다)의 스펀지에 작용하는 압력의 크기를 등호 또는 부등호를 사용하여 비교하시오.

**03** 압력을 크게 이용하는 경우가 <u>아닌</u> 것은?

① 칼날　　　② 못　　　③ 스키　　　④ 바늘　　　⑤ 스케이트

**04** 기체의 압력에 대한 설명으로 옳은 것을 **보기**에서 <u>모두</u> 고르시오.

> **보기**
>
> ㄱ. 방향에 따라 크기가 다르게 작용한다.
> ㄴ. 일정한 면적에 기체 입자가 충돌하여 나타나는 힘이다.
> ㄷ. 같은 부피일 때, 들어 있는 기체 입자의 개수가 많을수록 기체의 압력이 커진다.

**05** 그림은 탄산음료가 들어 있는 페트병을 나타낸 것이다.

뚜껑을 열지 않은 페트병　뚜껑을 열었다가 닫은 페트병

**뚜껑을 열었다가 닫은 페트병이 뚜껑을 열지 않은 페트병보다 누르기 쉬운 까닭을 서술하시오.**

---



### 빈칸 채우기 문제

**01** 압력은 일정한 면적에 작용하는 ＿＿이다.

**02** 작용하는 힘이 일정할 때, 힘이 작용하는 면적이 ＿＿＿수록 압력이 커진다.

**03** 고무풍선이 부풀어 오를수록 기체 입자가 충돌하는 횟수는 ＿＿＿＿＿다.

**04** 기체 입자의 개수가 많을수록 충돌하는 횟수가 늘어나 기체의 압력이 ＿＿진다.

### ○× 문제

**05** 송곳이 손가락보다 고무풍선을 터트리기 쉽다. 　　　　　　　　　　　( 　 )

**06** 기체의 압력은 일정한 면적에 기체 입자가 충돌하여 가하는 힘이다. 　　( 　 )

**07** 기체의 압력은 힘이 작용하는 방향에서 가장 크다. 　　　　　　　　　( 　 )

**08** 탄산음료 병의 밑바닥을 꽃잎 모양으로 만드는 것은 압력을 크게 이용한 예이다. ( 　 )

# 01 기체의 압력과 부피

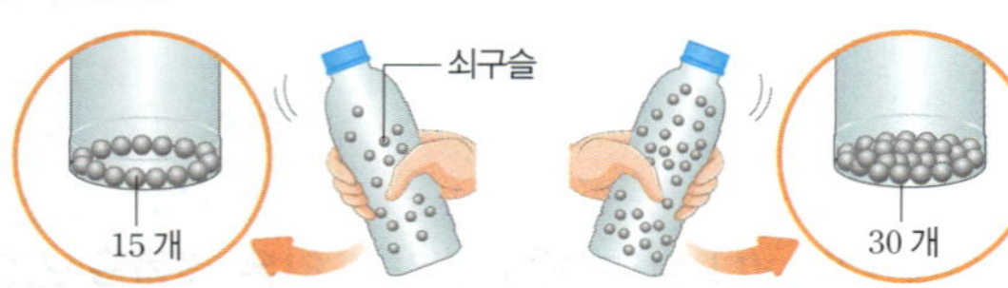

**쇠구슬을 이용한 기체의 압력 실험**

2 개의 페트병에 각각 쇠구슬을 15 개와 30 개 넣고, 두 페트병의 뚜껑을 닫은 뒤 같은 빠르기로 흔들어 손에 느껴지는 힘을 비교한다.



쇠구슬이 15 개 들어 있는 페트병    쇠구슬이 30 개 들어 있는 페트병

① 페트병을 흔들 때 쇠구슬이 페트병의 벽면에 충돌하며 힘을 가한다. ➡ 쇠구슬을 기체 입자라고 할 때, 쇠구슬이 벽면에 충돌하여 손에 느껴지는 힘은 기체의 압력이다.
② 쇠구슬이 페트병 안쪽 면에 충돌하면서 가하는 힘은 쇠구슬이 많을수록 크다. ➡ 쇠구슬을 기체 입자라고 할 때, 충돌하는 횟수가 많을수록 기체의 압력이 커진다.

## 2 기체의 압력을 이용한 예

(1) **포장용 에어 캡**: 물건의 파손을 막기 위해 포장용 에어 캡을 이용한다.
(2) ❶**압축 공기**: 압축 공기를 이용하여 옷이나 신발에 묻은 먼지를 털어 낸다.
(3) **혈압계**: 혈압계의 공기 주머니에 공기를 채워 힘을 가하여 혈압을 측정한다.
(4) **흡착판**: 기체 입자가 흡착판에 충돌하여 벽 쪽으로 미는 힘을 가하므로 잘 떨어지지 않는다.
(5) **구조용 안전 매트**: 사람이 떨어질 때 안전 매트의 부피가 줄어들면서 충격을 흡수해 사람을 보호한다.
(6) **자동차 구조용 에어 잭**: 지면과 자동차 사이에 에어 잭을 설치하고 공기를 넣으면 에어 잭이 부풀어 오르며 자동차를 들어 올린다.

압축 공기

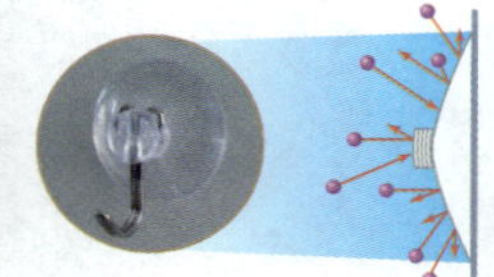
흡착판

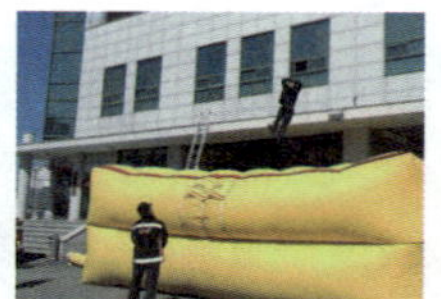
구조용 안전 매트

자동차 구조용 에어 잭

## ❸ 기체의 압력과 부피 – 보일 법칙

**1 기체의 압력과 부피**: 온도가 일정할 때 기체에 작용하는 압력이 커지면 기체의 부피는 작아지고, 기체에 작용하는 압력이 작아지면 기체의 부피는 커진다.

**감압 용기 속 고무풍선의 크기 변화**

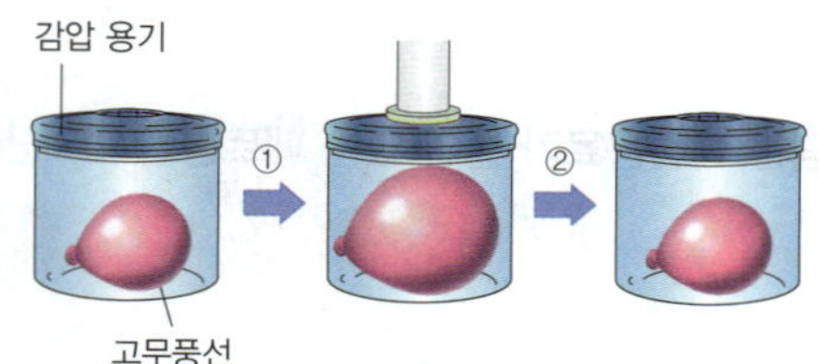


① 감압 용기 속의 공기를 빼내는 경우: 감압 용기 속 기체 입자의 개수 감소 → 감압 용기 속 기체 입자의 충돌 횟수 감소 → 감압 용기 속 기체의 압력 감소 → 고무풍선 속 기체의 부피 증가 → 고무풍선 속 기체 입자의 충돌 횟수 감소 → 고무풍선 속 기체의 압력 감소
② 감압 용기 속에 공기를 넣는 경우: 감압 용기 속 기체 입자의 개수 증가 → 감압 용기 속 기체 입자의 충돌 횟수 증가 → 감압 용기 속 기체의 압력 증가 → 고무풍선 속 기체의 부피 감소 → 고무풍선 속 기체 입자의 충돌 횟수 증가 → 고무풍선 속 기체의 압력 증가

---

**정리신**

**탄산음료 병을 열 때 소리가 나는 까닭**
탄산음료 병 안에 압축되어 있던 이산화 탄소 기체가 병이 열리면서 압력이 급격히 작아져 기체 입자 사이의 거리가 멀어지고 부피가 급격하게 커지며 '퍽' 소리가 난다.

**압력의 변화와 기체 입자의 운동성**
일정한 양의 기체에 작용하는 압력이 변하면 입자의 충돌 횟수는 변하지만, 입자의 운동성은 변하지 않는다. 기체 입자의 운동성은 온도가 높을수록 활발하다.

**압력에 따른 기체 입자의 변화**
온도가 일정할 때 기체의 압력과 부피가 변하면 기체 입자 사이의 거리와 기체 입자의 충돌 횟수가 변한다. 이때 기체 입자의 개수, 기체 입자의 크기, 기체 입자의 운동성은 변하지 않는다.

**주사기 속 고무풍선의 크기 변화**

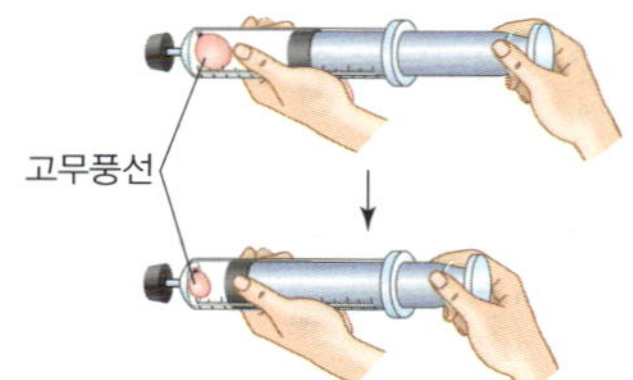


주사기의 입구를 막고 피스톤을 누르면 주사기 속 기체의 부피가 작아지고, 기체 입자의 충돌 횟수가 증가하여 기체의 압력이 커진다. 따라서 고무풍선의 크기가 작아지고, 고무풍선 속 기체의 압력이 커진다.

**용어신**

❶ **압축**
물질에 압력을 가하여 물질의 부피를 줄이는 것

**빈칸 채우기 문제**

**09** 일정한 온도에서 기체에 작용하는 압력이 커지면 기체의 부피는 ＿＿진다.

**10** 기체 입자의 충돌 횟수가 ＿＿하면 기체의 압력이 작아진다.

**11** 입구를 막은 주사기의 피스톤을 누를 때 주사기 속 기체의 압력은 ＿지고, 부피는 ＿＿＿진다.

**○✕ 문제**

**12** 구조용 안전 매트는 기체의 압력을 이용하여 사람을 구조하는 장치이다. ( )

**13** 기체의 압력이 변할 때 기체 입자의 개수는 달라진다. ( )

**14** 고무풍선에 공기를 주입할수록 기체 입자의 운동이 활발해진다. ( )

**15** 입구를 막은 주사기의 피스톤을 당길 때 주사기 속 기체 입자의 충돌 횟수는 감소한다. ( )

**06** 그림과 같이 농구공의 바람이 빠질 때 감소하는 것을 보기 에서 모두 고르시오. (단, 온도는 일정하다.)

보기

ㄱ. 입자의 충돌 횟수   ㄴ. 입자의 크기   ㄷ. 입자의 운동 속도
ㄹ. 입자의 개수   ㅁ. 입자의 질량   ㅂ. 농구공의 부피

**07** 다음은 압력에 따른 기체의 부피 변화에 대한 설명을 나타낸 것이다. 빈칸에 알맞은 말을 고르시오.

온도가 일정할 때 외부 압력이 ㉠ ( 커, 작아 )지면, 기체의 부피가 커지고, 기체 입자의 충돌 횟수가 ㉡ ( 증가, 감소 )하여 기체의 압력이 ㉢ ( 커, 작아 )진다.

[ **08~09** ] 그림 (가)와 (나)는 온도가 일정할 때 감압 용기 속의 압력을 조절한 모습을 나타낸 것이다.

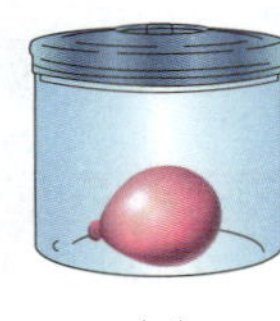

(가)      (나)

**08** (가)와 (나) 중 감압 용기 속의 압력이 커진 경우를 고르시오.

**09** (가)에서 (나)로 변할 때, 감압 용기와 고무풍선 속 기체의 압력은 각각 어떻게 변하는지 서술하시오.

**10** 그림과 같이 입구를 막은 주사기에 일정량의 기체와 고무풍선을 넣고 피스톤을 눌렀을 때 고무풍선의 부피는 어떻게 변하는지 서술하시오.

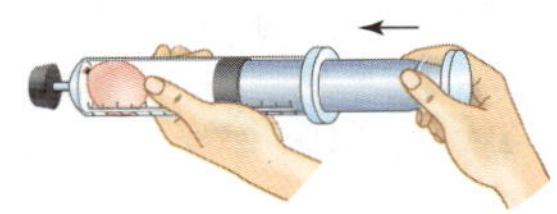

# 01 기체의 압력과 부피

**2 ❶보일 법칙**: 온도가 일정할 때, 기체의 압력과 부피는 서로 ❷반비례한다.

$$\text{부피}(V) \propto \frac{1}{\text{압력}(P)} \Rightarrow \text{압력}(P) \times \text{부피}(V) = k(\text{일정}) \Rightarrow P_1 \times V_1 = P_2 \times V_2$$

$P$는 Pressure, $V$는 Volume의 첫 글자를 딴 거야!

($P_1$=처음 압력, $V_1$=처음 부피, $P_2$=나중 압력, $V_2$=나중 부피)

**압력에 따른 기체의 부피 변화**

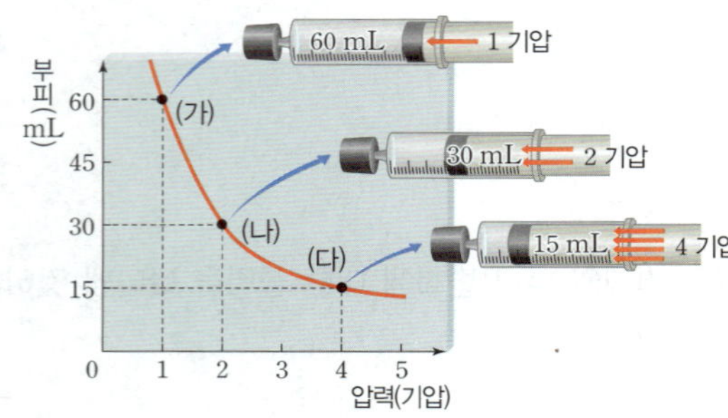


| 구분 | (가) | (나) | (다) |
|---|---|---|---|
| 압력(기압) | 1 | 2 | 4 |
| 부피(mL) | 60 | 30 | 15 |

$1 \times 60 = 2 \times 30 = 4 \times 15$ 모두 60으로 일정!

- (가) → (나): 기체의 압력이 2 배가 되면 부피는 $\frac{1}{2}$ 배가 된다.
- (가) → (다): 기체의 압력이 4 배가 되면 부피는 $\frac{1}{4}$ 배가 된다.
- ❸(가)~(다)에서 기체의 압력과 부피의 곱은 일정 ➡ 기체의 부피는 압력에 반비례한다.

### (1) 보일 법칙과 입자 운동(온도가 일정할 때)

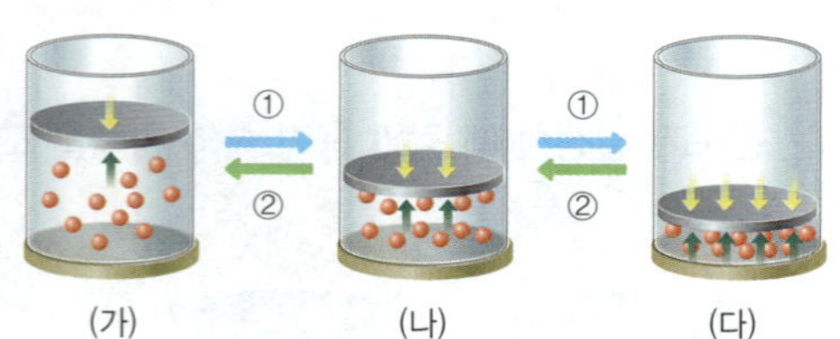


- 압력: (가)<(나)<(다)
- 부피: (가)>(나)>(다)
- 기체 입자 사이의 거리: (가)>(나)>(다)
- 기체 입자의 충돌 횟수: (가)<(나)<(다)
- 온도, 기체 입자의 개수와 운동 속도: (가)=(나)=(다)

① **외부 압력이 커질 때(→)**: 기체의 부피 감소 → 기체 입자 사이의 거리 감소 → 기체 입자의 충돌 횟수 증가 → 기체의 압력 증가
→ 기체의 압력과 외부 압력이 같아질 때까지 작아져!

② **외부 압력이 작아질 때(←)**: 기체의 부피 증가 → 기체 입자 사이의 거리 증가 → 기체 입자의 충돌 횟수 감소 → 기체의 압력 감소
→ 기체의 압력과 외부 압력이 같아질 때까지 커져!

### (2) 보일 법칙으로 설명할 수 있는 현상

① 자전거 타이어에 연결된 공기 펌프를 누르면, 자전거 타이어가 팽팽해진다.
→ 공기 펌프를 누르면 공기 펌프 내부의 부피가 작아지고 압력이 커져 타이어 안으로 공기가 들어가기 때문이야!

② 잠수부가 물속에서 내뿜은 공기 방울의 크기가 수면 위로 올라가면서 점점 커진다.
→ 바닷속에는 수압(물이 누르는 압력)이 존재해! 수면으로 올라갈수록 수압이 작아지기 때문에 공기 방울의 크기가 커지는 거야~

③ 높은 산 정상에 오르면 과자 봉지가 부풀어 오른다.
→ 높은 곳으로 올라갈수록 대기압이 작아져~ 그렇기 때문에 과자 봉지 속 공기의 부피가 커지는 거지~

④ 높은 산 정상에서 뚜껑을 닫은 빈 페트병을 산 아래로 가져오면 찌그러진다.
→ 대기압이 작은 산 정상에서 닫은 페트병 속 기체의 압력은 산 아래의 대기압보다 작아서 페트병이 찌그러져!

⑤ 손에서 놓친 풍선은 높은 곳으로 날아가다가 공중에서 터진다.
→ 높이 날아갈수록 대기압이 작아지면, 풍선이 부풀어 오르다가 펑~터져 버려!

⑥ 운동화를 신고 달릴 때 푹신한 느낌이 들도록 공기 주머니가 든 밑창을 사용한다.
→ 운동화 밑창에 들어 있는 공기 주머니는 압력에 따라 부피가 변하면서 발에 가해지는 충격을 줄여줘~

⑦ ❹기체 저장 용기에는 많은 양의 기체를 보관할 수 있다.
→ 산소, 수소, 헬륨 등의 기체에 높은 압력을 가하여 부피를 줄이고, 높은 압력을 견딜 수 있는 특수 용기에 보관해!

⑧ ❺에어바운스에 공기를 넣어 부풀린 후 놀이 기구로 사용한다.
→ 에어바운스을 누를 때 부피는 작아지고 압력이 커져 몸에 느끼는 충격이 줄어들어~



---

**정리신**

**❶ 보일**(Boyle, R., 1627~1691)
1662 년 직접 제작한 J자 모양의 유리관을 사용하여 기체의 압력과 부피가 서로 반비례한다는 보일 법칙을 발표하였다.

**❸ 온도가 일정할 때 기체의 압력과 기체의 압력×부피 그래프**

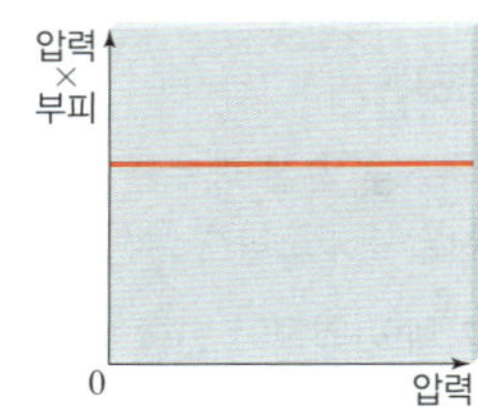


**외부 압력과 내부 압력**

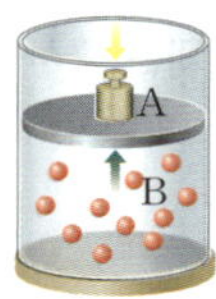


외부 압력(A)은 기체에 작용하는 압력이며, 내부 압력(B)은 용기 속 기체의 압력이다. A와 B의 크기는 대기압과 추가 누르는 압력의 합이다.

**범퍼카가 부서지지 않는 까닭**
범퍼카의 아래쪽에는 기체가 들어 있는 튜브인 범퍼가 존재한다. 범퍼카가 충돌할 때 튜브 속 기체의 부피가 작아지면서 충격을 흡수하므로 범퍼카가 부서지지 않는다.

**비행기를 타고 이륙하거나 높은 곳에 올라가면 귀가 먹먹해지는 까닭**
높은 곳으로 올라가면 대기압이 작아지면서 고막 안쪽 공기의 부피가 커지기 때문이다.

기체 저장 용기    에어바운스

**용어신**

**❷ 반비례**
한쪽의 양이 커질 때 다른 쪽의 양이 그와 같은 비율로 작아지는 관계

바로 복습

## 빈칸 채우기 문제

**16** 보일 법칙: 온도가 일정할 때 기체의 압력과 부피는 _______한다.

**17** 온도가 일정할 때 기체의 부피가 $\frac{1}{2}$ 배가 되면 압력은 __ 배가 된다.

**18** 비행기의 고도가 높아질수록 _______이 작아지고 고막 안쪽 공기의 ____가 커져 귀가 먹먹해진다.

## ○✕ 문제

**19** 압력이 클수록 기체 입자 사이의 거리는 가까워진다. ( )

**20** 높은 산에 올라갔을 때 과자 봉지가 부풀어 오르는 것은 대기압이 커졌기 때문이다. ( )

**21** 기체의 압력이 증가할 때 기체의 부피와 기체 입자의 운동 속도는 증가한다. ( )

**22** 일정한 용기에 기체를 많이 저장하기 위해서는 기체에 큰 압력을 주어야 한다. ( )

**11** 일정한 온도에서 압력에 따른 기체의 부피 변화를 나타낸 것으로 옳은 것은?

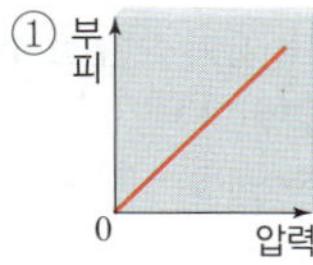
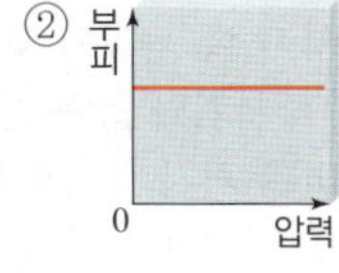
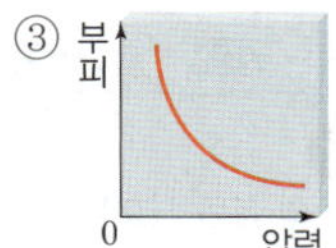
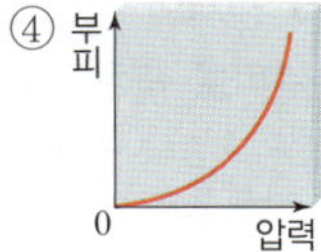
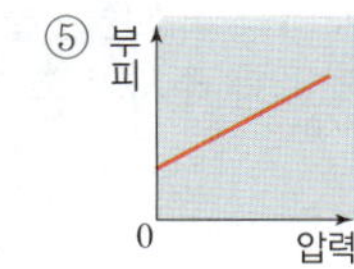

**12** 그림은 온도가 일정할 때 실린더 속 기체의 압력에 따른 부피 변화를 나타낸 것이다. (가)~(다)에 대한 설명으로 옳은 것은 ○, 옳지 않은 것은 ✕로 표시하시오.

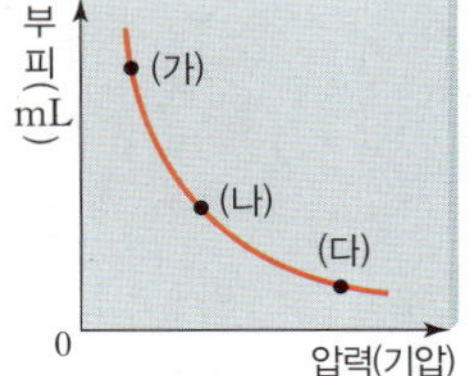

(1) 부피가 가장 큰 것은 (가)이다. ( )
(2) 압력이 가장 작은 것은 (다)이다. ( )
(3) 기체의 압력과 부피의 곱은 (가)가 (나)보다 크다. ( )

**13** 그림은 (가)의 실린더에 압력을 가하여 (나)와 같은 상태가 된 모습을 나타낸 것이다.

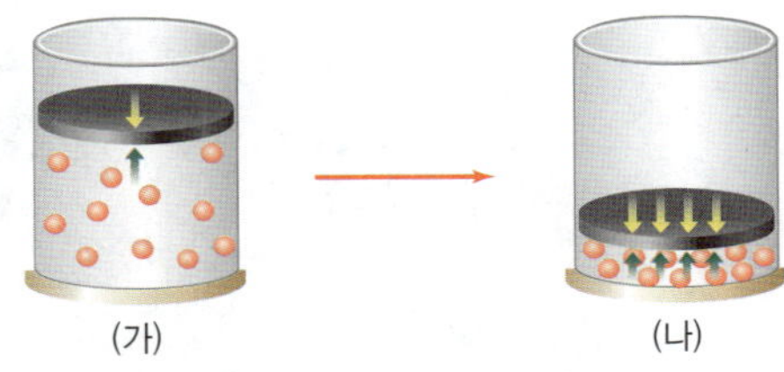


실린더 속 기체의 변화를 '증가', '일정', '감소'로 구분하시오. (단, 온도는 일정하다.)

(1) 기체 입자의 질량: ____   (2) 기체의 부피: ____
(3) 기체의 압력: ____   (4) 기체 입자의 개수: ____
(5) 기체 입자의 크기: ____   (6) 기체 입자의 충돌 횟수: ____
(7) 기체 입자 사이의 거리: ____   (8) 기체 입자의 운동 속도: ____

**14** 보일 법칙으로 설명할 수 있는 현상이 <u>아닌</u> 것은?

① 에어바운스를 부풀려 놀이 기구로 사용한다.
② 높은 산에 올라가면 과자 봉지가 부풀어 오른다.
③ 높은 곳에 올라가서 밥을 지으면 밥이 설익는다.
④ 비행기를 타거나 높은 곳에 올라가면 귀가 먹먹해진다.
⑤ 잠수부가 물속에서 내뿜은 공기 방울의 크기가 수면 위로 올라가면서 점점 커진다.

## 탐구 집중 관리 · 보일 법칙: 기체의 압력과 부피 관계

**목표** | 일정한 온도에서 압력에 따른 기체의 부피 변화를 설명할 수 있다.

**과정**

**주의 신**
• 주사기의 몸통 부분을 오래 잡고 있으면 주사기 속 기체 온도가 변할 수 있으므로 주사기의 손잡이 부분을 잡도록 한다.

❶ 주사기 속 공기의 부피가 60 mL가 되도록 피스톤의 눈금을 맞춘 다음, 주사기와 압력 센서를 연결한다.
❷ 스마트 기기에 기체 압력 측정 앱을 실행하고, 압력 센서와 스마트 기기를 연결한다.
❸ 주사기의 피스톤을 눌러 압력 센서의 값이 1.5, 2.0, 2.5, 3.0 기압이 되었을 때 주사기 속 기체의 부피를 측정한다.

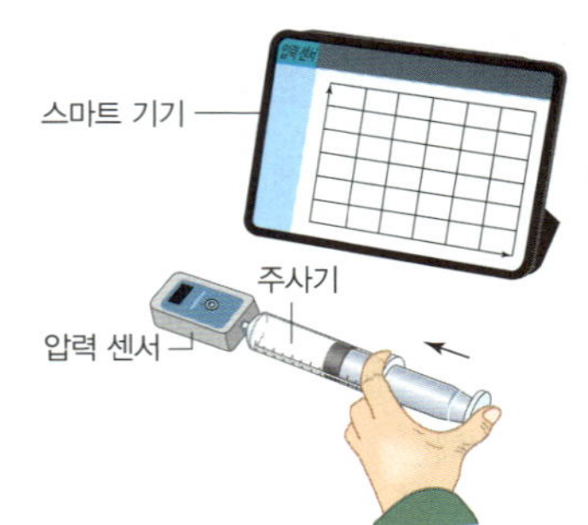


**결과**

| 압력(기압) | 1.0 | 1.5 | 2.0 | 2.5 | 3.0 |
|---|---|---|---|---|---|
| 공기의 부피( mL ) | 60 | 40 | 30 | 24 | 20 |
| 압력×부피 | 60 | 60 | 60 | 60 | 60 |

**정리**

• 주사기의 피스톤을 눌러 외부 압력이 커지면 주사기 속 기체의 부피는 작아진다.
• 일정한 온도에서 기체의 압력이 커져도 압력×부피의 값은 항상 일정하며, 기체의 부피는 압력에 반비례한다.
• 압력 증가에 따른 주사기 속 기체의 부피 변화를 입자 모형으로 나타내면 그림과 같다.

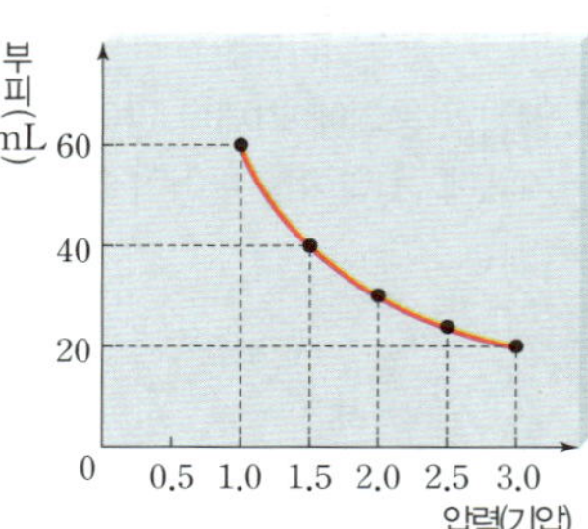


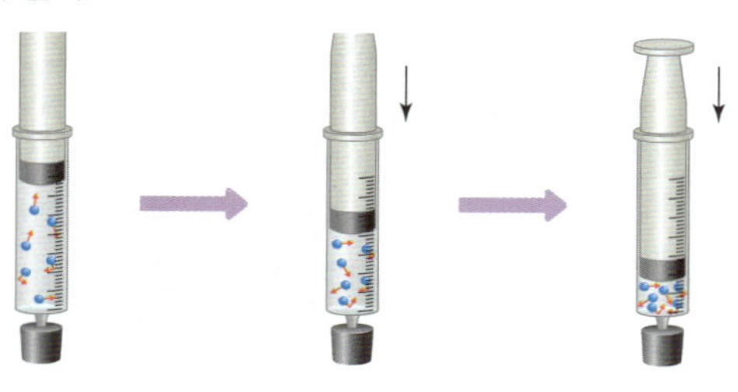

## 탐구 알약

**01** 위 실험에 대한 설명으로 옳은 것은 ○, 옳지 않은 것은 ×로 표시하시오. (단, 온도는 일정하다.)

(1) 피스톤을 누르면 주사기 속 기체의 압력이 커진다. ( )
(2) 피스톤을 많이 누를수록 기체 입자의 운동 속도가 빨라진다. ( )
(3) 피스톤을 누르면 주사기 속 기체의 부피가 작아진다. ( )
(4) 기체 입자의 충돌 횟수는 1.0 기압에서 가장 많다. ( )
(5) 피스톤을 누르면 주사기 속 기체 입자의 개수가 줄어든다. ( )

**02** 위 실험에서 압력이 5.0 기압일 때 기체의 부피는 몇 mL인지 쓰시오. (단, 온도는 일정하다.)

**03** 압력에 따라 기체의 부피가 변하는 현상으로 옳지 않은 것은?

① 높은 곳에 올라가면 과자 봉지가 부풀어 오른다.
② 여름철에는 겨울철보다 자동차 타이어에 공기를 적게 넣는다.
③ 비행기를 타고 위로 올라가면 귀가 먹먹해진다.
④ 자전거 타이어에 연결된 공기 펌프를 누르면 자전거 타이어가 팽팽해진다.
⑤ 잠수부가 물속에서 내뿜은 공기 방울의 크기가 수면 위로 올라가면서 점점 커진다.

# 일상생활에서 기체의 압력을 이용한 예

일상생활에서 우리는 알게 모르게 기체의 압력을 이용하고 있어! 여기에서 기체의 압력을 이용하는 몇 가지 예를 확인해 보자!

## 1 비행기 안 공기의 압력을 조절하는 여압 장치

비행기가 높이 올라갈수록 대기압이 작아지므로 비행기 탑승자가 지상에서처럼 편안하게 생명활동을 하기 위해서는 비행기 안 공기의 압력을 지상과 비슷하게 만들어야 한다. 이처럼 비행기 안 기압을 조절하는 장치를 여압 장치라고 한다. 여압 장치는 비행기 엔진에서 압축된 공기를 비행기 안으로 공급하고, 비행기 안의 공기를 밖으로 배출하는데, 이때 공급하고 배출하는 공기의 양으로 비행기 안의 압력을 조절한다.

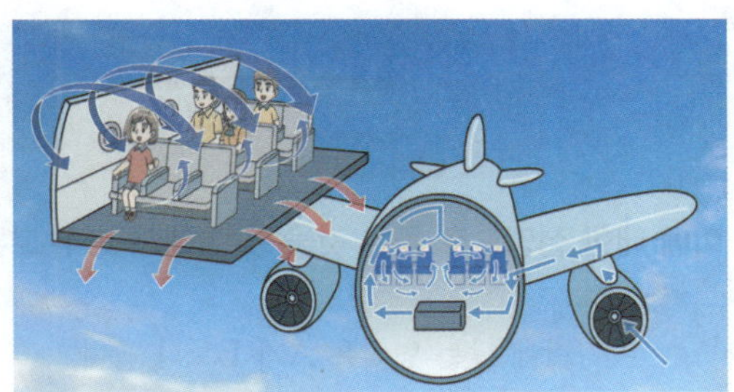

## 2 생명을 구하는 하임리히법

우리 몸은 공기가 드나드는 기도와 음식물이 지나는 식도가 가깝게 붙어 있다. 그래서 음식물을 먹다가 음식물이 기도로 잘못 넘어가면서 기도를 막는 경우가 발생한다. 이때 기도가 완전히 막히면 사람은 산소가 부족해 의식을 잃을 수 있으며, 심한 경우 심정지 상태에 이를 수 있다. 음식물을 꺼내기 위해서 기도가 막힌 사람의 배 위쪽을 손으로 강하게 밀어 올리면 몸속 공기의 부피가 작아지면서 압력이 커지고, 압력이 커진 몸속 공기가 음식물을 밀어내 기도 밖으로 나오게 되는데, 이를 하임리히법이라고 한다.

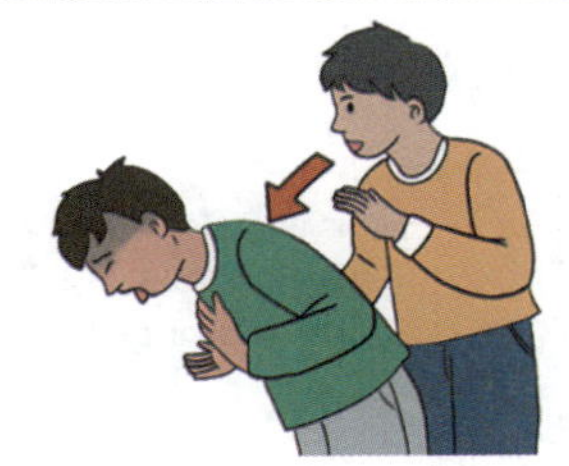


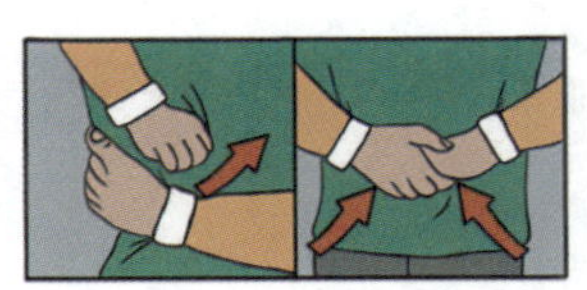


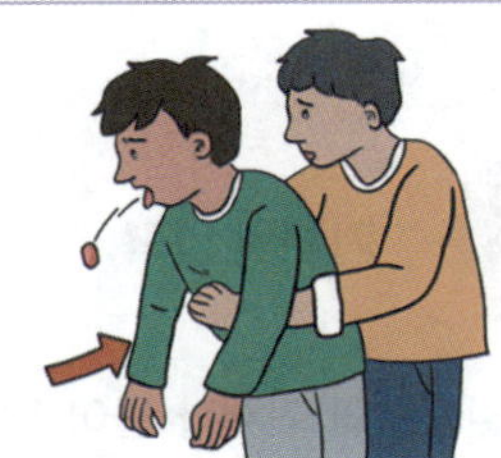


## 3 다양하게 활용되는 압력 센서

스마트 기기에 글씨를 쓰거나 그림을 그릴 수 있는 스마트펜의 펜촉에는 압력을 감지하는 센서가 있어 누르는 정도에 따라 선의 굵기나 색의 농도를 조절할 수 있다. 압력 센서는 펜촉이 얼마나 세게 눌리는지 감지하여 펜을 세게 누르면 굵은 선, 가볍게 누르면 얇은 선을 그릴 수 있다.

사물 인터넷(IoT) 기술이 발달하면서 스포츠 분야에서는 선수의 몸이나 장비에 센서를 부착하여 실시간으로 데이터를 수집 분석함으로써 선수들의 능력 향상에 이용하고 있다. 압력 센서를 선수들의 신발 안에 넣어 근육의 움직임이 적절한지, 바른 자세로 걷거나 뛰고 있는지를 판단한다. 또한, 태권도 경기복, 농구 코트의 3점 슛 라인, 펜싱 경기복 등에 압력 센서를 붙여 득점 상황을 판단하고 공정한 시합을 이어가는 데 중요하게 이용된다.

# 유형 클리닉

## 유형 1 압력의 크기 비교

압력의 크기를 비교할 때는 작용하는 힘의 크기와 면적을 반드시 확인하고 비교해야 해~

그림은 연필의 양쪽 끝을 같은 힘으로 누를 때의 모습을 나타낸 것이다.

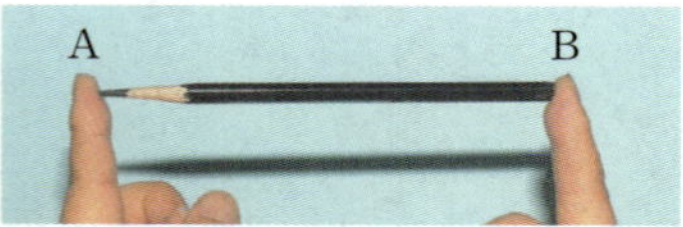


이에 대한 설명으로 옳은 것을 보기 에서 모두 고른 것은?

보기
ㄱ. 손가락에 닿는 면적은 A가 B보다 좁다.
ㄴ. 손가락에 가해지는 압력은 A가 B보다 작다.
ㄷ. 손가락에 가해지는 힘의 크기는 A가 B보다 크다.

① ㄱ　　　　② ㄴ　　　　③ ㄱ, ㄴ
④ ㄴ, ㄷ　　　⑤ ㄱ, ㄴ, ㄷ

ㄱ. 손가락에 닿는 면적은 A가 B보다 좁다.
→ 손가락에 닿는 면적은 뾰족한 부분의 A가 뭉툭한 부분의 B보다 좁아!

ㄴ. 손가락에 가해지는 압력은 A가 B보다 작다. 크다
→ 같은 힘으로 양쪽 끝을 누를 때 손가락에 가해지는 압력은 힘이 작용하는 면적이 좁은 A가 B보다 커~

ㄷ. 손가락에 가해지는 힘의 크기는 A가 B보다 크다. A와 B가 같다
→ 손가락에 가해지는 힘의 크기는 양쪽 끝을 같은 힘으로 누르니까 A와 B 모두 같지~

답 ①

ZP point

$$압력 = \frac{수직으로\ 작용하는\ 힘}{힘을\ 받는\ 면적}$$

## 유형 2 기체의 압력

기체의 압력이 변할 때 기체 입자들이 어떻게 변하는지, 또 변하지 않고 일정한 것은 무엇인지 정확하게 구분해야 해!

그림은 일정량의 기체가 들어 있는 실린더의 압력을 변화시킬 때 기체의 부피 변화를 나타낸 것이다.

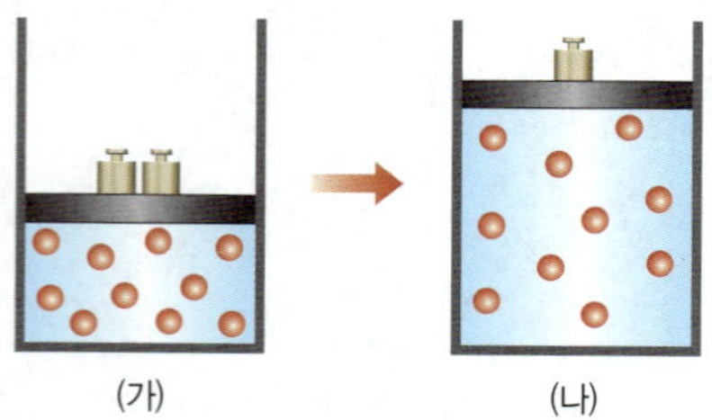


(가)보다 (나)일 때 더 큰 값으로 옳은 것을 보기 에서 모두 고른 것은? (단, 온도는 일정하다.)

보기
ㄱ. 실린더 안 기체의 부피
ㄴ. 기체 입자의 운동 속도
ㄷ. 실린더 안 기체 입자의 개수
ㄹ. 기체 입자 사이의 거리

① ㄱ, ㄴ　　　② ㄱ, ㄹ　　　③ ㄴ, ㄷ
④ ㄱ, ㄷ, ㄹ　　⑤ ㄴ, ㄷ, ㄹ

ㄱ. 실린더 안 기체의 부피
→ 추가 2개에서 1개로 줄어들면서 실린더 안 기체의 압력은 작아져~ 그러면 실린더 안 기체 입자 사이의 거리가 멀어지고 부피가 커지지!

ㄴ. 기체 입자의 운동 속도
→ 온도는 일정하니까 기체 입자의 운동 속도는 변하지 않아!

ㄷ. 실린더 안 기체 입자의 개수
→ 실린더 안으로 기체의 출입이 없으니까 입자의 개수는 그대로야!

ㄹ. 기체 입자 사이의 거리
→ 기체의 압력이 작아지면서 기체 입자 사이의 거리는 멀어져~

답 ②

ZP point

기체의 압력과 부피가 변할 때 변하지 않는 것(단, 온도 일정)
: 기체 입자의 개수, 기체 입자의 크기, 기체 입자의 운동 속도!

# 유형 클리닉



## 유형 3   압력 변화에 따른 기체의 부피 변화

주사기 그림 자료를 제시하고 기체의 압력과 부피의 관계를 묻는 문제가 출제될 수 있어~

그림은 입구를 막은 주사기 속에 작게 분 고무 풍선을 넣었을 때 주사기 속 기체의 모습을 모형으로 나타낸 것이다. 피스톤을 눌렀을 때 일어나는 변화에 대한 설명으로 옳은 것을 보기에서 모두 고른 것은?

고무 풍선

**보기**

ㄱ. 주사기 속 기체에 가해지는 압력이 커진다.
ㄴ. 기체 입자의 충돌 횟수가 감소한다.
ㄷ. 풍선 속 기체 입자의 크기가 줄어든다.

① ㄱ     ② ㄷ     ③ ㄱ, ㄴ
④ ㄴ, ㄷ     ⑤ ㄱ, ㄴ, ㄷ

ㄱ. 주사기 속 기체에 가해지는 압력이 커진다.
→ 주사기의 피스톤을 누르면 주사기 속 기체의 부피가 작아져~ 그러니까 기체에 가해지는 압력이 커지겠지?

ㄴ. 기체 입자의 충돌 횟수가 감소한다. 증가한다.
→ 주사기 속 기체의 부피가 작아지지만, 기체 입자의 개수는 변하지 않아~ 기체 입자의 개수가 같을 때, 부피가 작아지면 입자의 충돌 횟수가 증가하지~

ㄷ. 풍선 속 기체 입자의 크기가 줄어든다. 일정하다.
→ 풍선의 부피가 작아진다고 해서 풍선 속에 들어 있는 기체 입자의 크기가 달라지지는 않아!

답 ①

**ZP point**
외부 압력↑ ➡ 기체 부피↓ ➡ 입자의 충돌 횟수↑ ➡ 기체 압력↑

## 유형 4   보일 법칙

일정한 온도에서 기체의 압력과 부피가 서로 반비례 관계임을 묻는 문제가 자주 출제되니까 꼭 알아두자!

그림은 온도가 일정할 때 일정량의 기체의 압력에 따른 기체의 부피 변화를 나타낸 것이다.

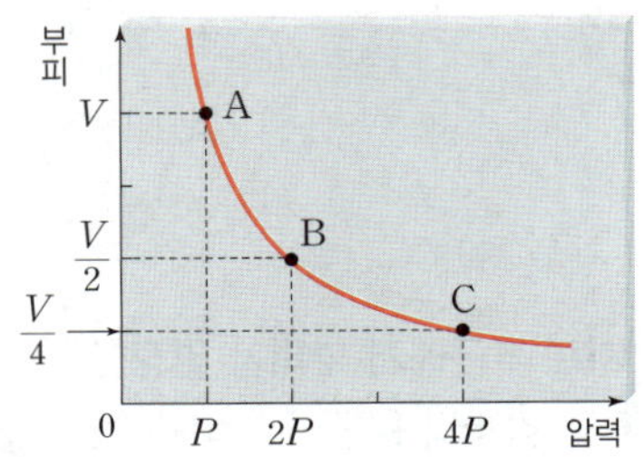

이에 대한 설명으로 옳은 것을 보기에서 모두 고른 것은?

**보기**

ㄱ. 기체 입자의 충돌 횟수는 A가 B보다 많다.
ㄴ. 기체 입자 사이의 거리는 B가 C보다 멀다.
ㄷ. 압력×부피는 A=B=C이다.

① ㄱ     ② ㄴ     ③ ㄱ, ㄷ
④ ㄴ, ㄷ     ⑤ ㄱ, ㄴ, ㄷ

ㄱ. 기체 입자의 충돌 횟수는 A가 B보다 많다. B가 A보다
→ 기체 입자의 충돌 횟수는 기체의 압력이 클수록 많으므로 압력이 큰 B가 A보다 많아~

ㄴ. 기체 입자 사이의 거리는 B가 C보다 멀다.
→ 기체 입자 사이의 거리는 기체의 압력이 클수록 가까워져! 따라서 B가 C보다 멀지~

ㄷ. 압력×부피는 A=B=C이다.
→ 일정한 온도에서 압력×부피의 값은 일정해! 따라서 A, B, C 모두 같아~
답 ④

**ZP point**
기체의 부피↑ ➡ 기체 입자의 충돌 횟수↓, 기체 입자 사이의 거리↑

# 실전 백신

## ❶ 압력

**01** 압력에 대한 설명으로 옳은 것을 보기 에서 모두 고른 것은?

> 보기
> ㄱ. 일정한 면적에 작용하는 힘이다.
> ㄴ. 압력은 작용하는 힘과 힘을 받는 면적에 비례한다.
> ㄷ. 칼날이 날카로울수록 과일이 잘 깎이는 것은 면적을 좁게 했기 때문이다.
> ㄹ. 신발에 설피를 덧대어 신으면 압력이 커져 눈 위를 쉽게 걸을 수 있다.

① ㄱ, ㄴ     ② ㄱ, ㄷ     ③ ㄴ, ㄹ
④ ㄱ, ㄷ, ㄹ     ⑤ ㄴ, ㄷ, ㄹ

**(중요)**

**02** 그림 (가)~(다)는 크기와 질량이 같은 벽돌을 스펀지 위에 올려둔 모습을 나타낸 것이다.

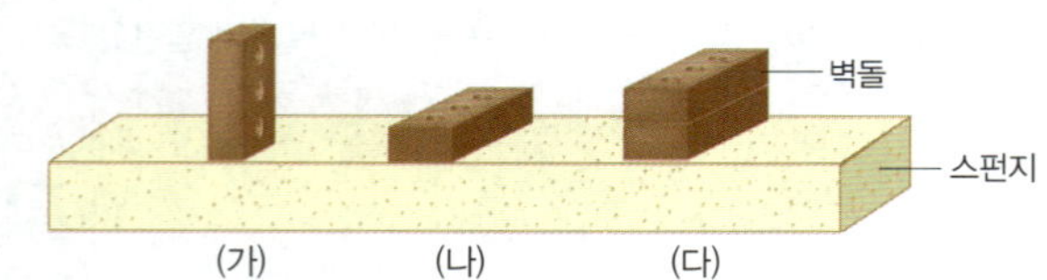


이에 대한 설명으로 옳지 <u>않은</u> 것은?

① (가)와 (나)는 힘이 작용하는 면적이 압력에 미치는 영향을 비교할 수 있다.
② (나)와 (다)는 힘의 크기가 압력에 미치는 영향을 비교할 수 있다.
③ (가)와 (나)에 작용하는 힘의 크기는 같다.
④ 스펀지에 작용하는 압력의 크기는 (나)가 가장 작다.
⑤ (가)와 (다)를 비교하여 힘이 작용하는 면적과 작용하는 힘의 크기가 압력에 미치는 영향을 모두 알 수 있다.

**03** 주어진 면적에 수직으로 힘이 작용할 때 가장 큰 압력이 작용하는 것은?

| | 작용하는 힘(N) | 힘이 작용하는 면적($cm^2$) |
|---|---|---|
| ① | 5 | 10 |
| ② | 10 | 10 |
| ③ | 10 | 20 |
| ④ | 15 | 10 |
| ⑤ | 15 | 20 |

**04** 음료수 용기에 빨대를 꽂을 때 빨대의 뾰족한 부분을 이용한다. 이와 같은 원리로 압력을 이용한 예를 보기 에서 모두 고른 것은?

> 보기
> ㄱ. 갯벌에서 이동할 때 널빤지를 이용한다.
> ㄴ. 눈이 내린 산을 오를 때 아이젠을 착용한다.
> ㄷ. 탄산음료 병의 밑바닥을 꽃잎 모양으로 만든다.

① ㄱ     ② ㄴ     ③ ㄷ
④ ㄱ, ㄷ     ⑤ ㄴ, ㄷ

## ❷ 기체의 압력

**05** 기체의 압력에 대한 설명으로 옳지 <u>않은</u> 것은?

① 기체의 입자 운동 때문에 나타난다.
② 기체의 압력은 한 방향으로 작용한다.
③ 부피가 같을 때 기체 입자의 개수가 많을수록 압력이 커진다.
④ 기체의 압력은 기체 입자의 충돌 횟수가 많을수록 커진다.
⑤ 기체의 압력은 기체 입자가 운동하면서 단위 면적에 작용하는 힘을 말한다.

**06** 그림은 지표 부근에서 부피가 일정한 고무풍선 속 기체 입자의 운동을 나타낸 것이다. 이에 대한 설명으로 옳은 것을 보기 에서 모두 고른 것은? (단, 온도는 일정하다.)

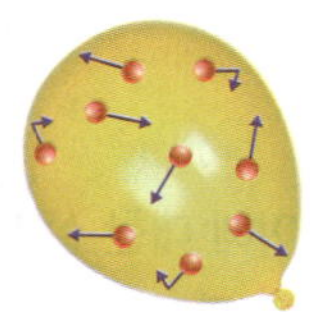

> 보기
> ㄱ. 기체의 압력은 기체 입자끼리 서로 충돌하는 정도이다.
> ㄴ. 고무풍선에 가해지는 외부 압력은 대기압과 같다.
> ㄷ. 기체 입자의 개수가 늘어나면 기체의 압력은 작아진다.

① ㄱ     ② ㄴ     ③ ㄷ
④ ㄱ, ㄷ     ⑤ ㄴ, ㄷ

### ❸ 기체의 압력과 부피 – 보일 법칙

**07** 그림은 실린더에 기체를 넣고 온도를 일정하게 유지하면서 압력을 변화시킬 때 기체의 부피 변화를 나타낸 것이다.

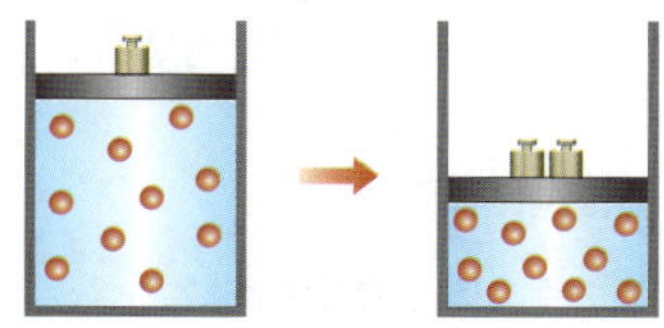

이에 대한 설명으로 옳지 <u>않은</u> 것은?

① 기체 입자의 운동 속도가 빨라진다.
② 기체 입자의 질량은 변하지 않는다.
③ 기체 입자 사이의 거리가 줄어든다.
④ 기체 입자의 충돌 횟수가 증가한다.
⑤ 기체의 압력과 부피는 반비례한다는 것을 알 수 있다.

**08** 그림은 보일 법칙의 실험 장치를, 표는 실험 장치에 추를 하나씩 올려놓았을 때 실린더 속 공기의 부피를 측정하여 나타낸 것이다.

| 추의 개수(개) | 0 | 1 | 2 | 3 |
|---|---|---|---|---|
| 압력(기압) | 1 | 2 | 3 | 4 |
| 부피(mL) | 120 | 60 | 40 | 30 |

이에 대한 설명으로 옳은 것을 **보기** 에서 모두 고른 것은? (단, 추 1 개는 1 기압에 해당한다.)

**보기**
ㄱ. 이 실험은 온도 변화가 없는 환경에서 진행해야 한다.
ㄴ. 추의 개수를 5 개로 늘리면 부피는 24 mL 가 된다.
ㄷ. 올려놓는 추의 개수가 증가할수록 실린더 속 공기 입자의 충돌 횟수는 감소한다.

① ㄱ     ② ㄷ     ③ ㄱ, ㄴ
④ ㄴ, ㄷ     ⑤ ㄱ, ㄴ, ㄷ

**09** 그림은 일정한 온도에서 감압 용기 속에 과자 봉지를 넣고 기체를 빼내는 모습을 나타낸 것이다. 감압 용기 속에서 나타나는 변화로 옳은 것은?

① 과자 봉지가 쭈그러든다.
② 과자 봉지 속 기체의 압력이 커진다.
③ 감압 용기 속 기체 입자의 개수는 일정하다.
④ 감압 용기 속 기체의 압력이 커진다.
⑤ 감압 용기 속 기체 입자의 충돌 횟수가 감소한다.

**10** 그림은 온도가 일정할 때 일정량의 기체의 압력에 따른 기체의 부피 변화를 나타낸 것이다.

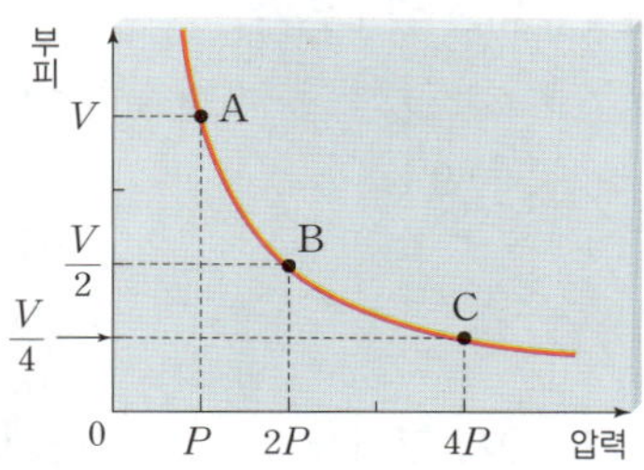


A~C에 대한 설명으로 옳은 것은?

① 압력×부피는 A>B>C이다.
② 기체 입자의 충돌 세기는 A<B<C이다.
③ 기체 입자의 운동 속도가 가장 빠른 것은 A이다.
④ 기체 입자의 충돌 횟수가 가장 적은 것은 C이다.
⑤ 기체 입자 사이의 평균 거리가 가장 먼 것은 A이다.

**11** 그림은 일정한 온도에서 주사기에 압력 센서를 연결한 다음 피스톤을 누르면서 주사기 속 공기의 부피를 측정한 모습을, 표는 측정한 결과를 나타낸 것이다.

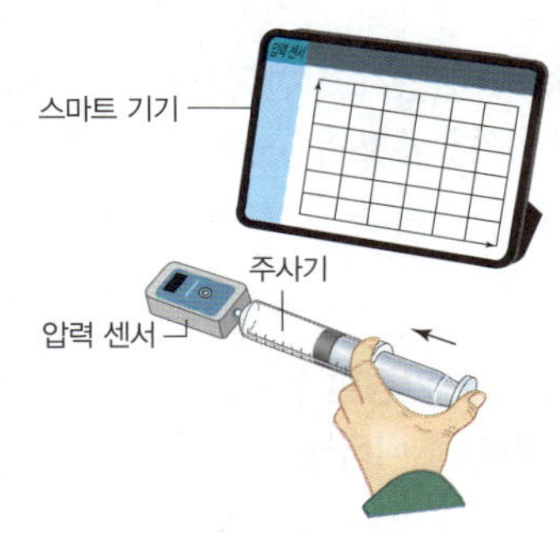


| 압력(기압) | 1 | 2 | (나) |
|---|---|---|---|
| 부피(mL) | (가) | 15 | 10 |

이에 대한 설명으로 옳은 것을 **보기** 에서 모두 고른 것은?

**보기**
ㄱ. (가)+(나)=33이다.
ㄴ. 주사기 속 기체 입자 사이의 거리는 가까워진다.
ㄷ. 주사기 속 기체 입자의 운동 속도는 증가한다.

① ㄱ     ② ㄷ     ③ ㄱ, ㄴ
④ ㄴ, ㄷ     ⑤ ㄱ, ㄴ, ㄷ

**12** 0 ℃, 7 기압에서 부피가 5 L인 용기에 어떤 기체가 들어 있다. 온도 변화 없이 기체의 압력을 5 기압으로 낮추었을 때, 이 기체의 부피는 몇 L인가?

① 1 L      ② 3 L      ③ 5 L
④ 7 L      ⑤ 9 L

**13** 0 ℃, 1 기압에서 부피가 24 mL인 공기가 들어 있는 입구를 막은 주사기의 피스톤을 눌러서 6 mL가 되었다면, 주사기 내부 압력은 몇 기압인가?

① 1 기압      ② 4 기압      ③ 7 기압
④ 10 기압     ⑤ 13 기압

**14** 그림은 일정한 온도에서 입구를 막은 주사기 속에 작게 분 고무풍선을 넣고 주사기의 피스톤을 잡아당긴 모습을 나타낸 것이다.

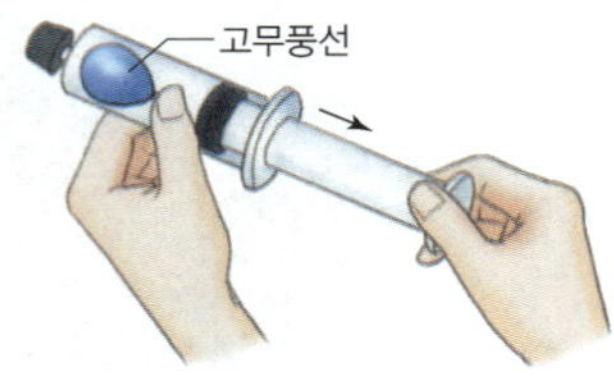


이때 일어나는 변화에 대한 설명으로 옳은 것은?

① 고무풍선의 부피가 작아진다.
② 주사기 속 공기의 압력이 작아진다.
③ 주사기 속 공기 입자의 개수가 줄어든다.
④ 고무풍선 속 공기 입자가 한쪽으로 쏠리게 된다.
⑤ 고무풍선 속 공기 입자의 충돌 횟수가 많아진다.

**15** 그림은 온도가 일정할 때 일정량의 기체의 압력에 따른 기체의 부피 변화를 나타낸 것이다.

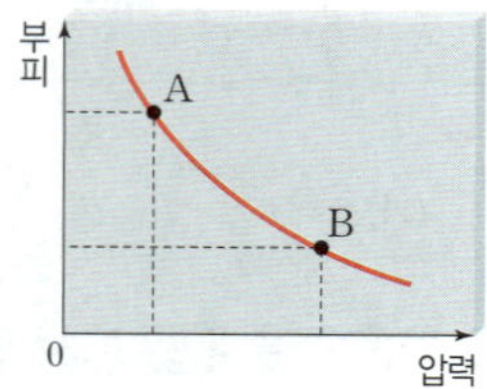


이에 대한 설명으로 옳지 <u>않은</u> 것은?

① 기체 입자의 운동 속도는 A와 B가 같다.
② 기체 입자의 충돌 횟수는 A가 B보다 적다.
③ 기체 입자의 충돌 세기는 A가 B보다 크다.
④ 기체 입자 사이의 거리는 A가 B보다 멀다.
⑤ 기체의 압력과 부피를 곱한 값은 A와 B가 같다.



## 서술형

**16** 그림은 찌그러진 축구공에 공기를 넣었을 때 동그랗게 부푸는 모습을 나타낸 것이다. 축구공이 동그랗게 부푸는 까닭을 서술하시오.

KEY 기체 입자의 개수, 기체 입자의 충돌 횟수

**17** 그림은 온도가 일정할 때 실린더 안에 들어 있는 기체를 입자 모형으로 나타낸 것이다.

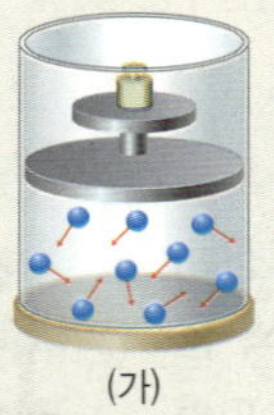 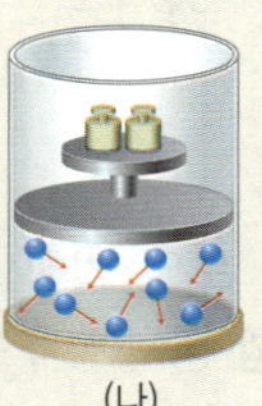


(가)에서 (나)가 되었을 때 변하지 않는 것을 아래에서 고르고, 그렇게 생각한 까닭을 서술하시오.

> 기체의 압력, 입자의 운동 속도, 입자의 충돌 횟수

KEY 온도 일정 ⇨ 입자 운동 속도 일정

**18** 그림은 온도가 일정할 때 일정량의 기체의 압력에 따른 기체의 부피 변화를 나타낸 것이다.

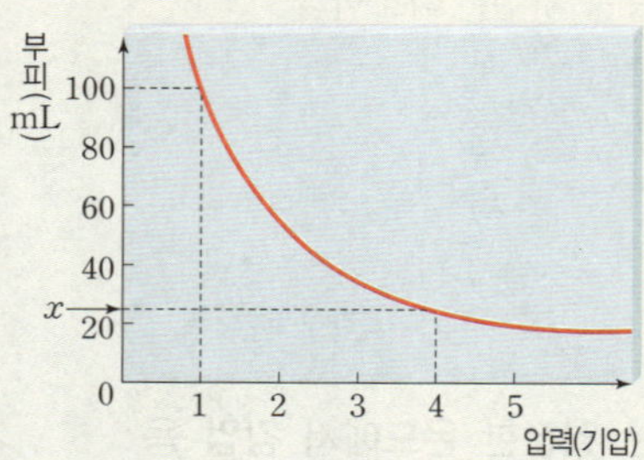


압력이 4 기압일 때 기체의 부피($x$)는 몇 mL인지 구하고, 구하는 과정을 서술하시오.

KEY  보일 법칙, 부피 $\propto \dfrac{1}{압력}$

# 1등급 백신

**중요**

**01** 그림은 잠수부가 물속에서 내뿜은 공기 방울이 수면에 가까워질수록 커지는 모습을 나타낸 것이다.

이와 같은 부피 변화가 나타나는 현상과 <u>다른</u> 것은?

① 높은 산 정상에서 과자 봉지는 팽팽하게 부풀어 오른다.
② 탄산음료를 열 때 병 입구에서 '픽' 소리가 난다.
③ 비행기가 높이 올라갈 때 귀가 먹먹해지거나 아픈 증상이 나타난다.
④ 손에서 놓친 풍선이 높은 곳으로 날아가다가 공중에서 터진다.
⑤ 자전거 타이어에 공기를 넣을 때 타이어가 팽팽해지면서 많은 힘이 든다.

**신유형**

**02** 그림은 입구를 막은 주사기가 (가)에서 (나)로 변하는 동안 주사기 속 기체의 입자 모형을 나타낸 것이다.

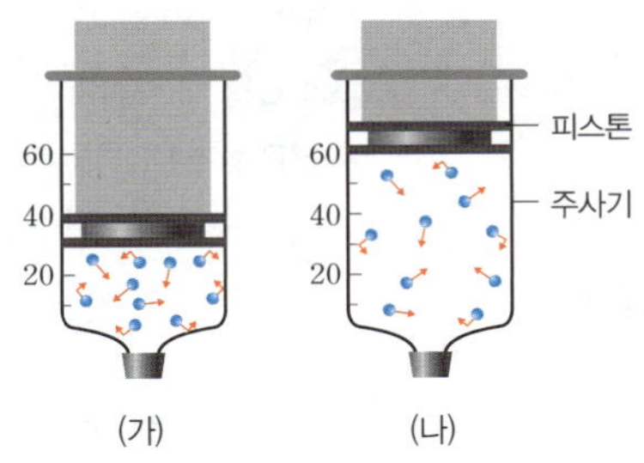


(가) → (나)에서 일어나는 변화에 대한 설명으로 옳은 것을 **보기**에서 모두 고른 것은? (단, 화살표 길이는 기체 입자의 운동 속도를 나타낸다.)

**보기**
ㄱ. 주사기 속 기체 입자의 운동 속도는 감소한다.
ㄴ. 입자가 주사기 벽면에 충돌하는 횟수는 감소한다.
ㄷ. 기체 입자 사이의 거리가 늘어난 것은 기체 입자의 개수가 줄어들었기 때문이다.

① ㄱ      ② ㄴ      ③ ㄱ, ㄷ
④ ㄴ, ㄷ      ⑤ ㄱ, ㄴ, ㄷ

**03** 그림 (가)와 (나)는 같은 양의 기체가 들어 있는 감압 용기를 서로 다른 온도에 두고 압력에 따른 부피 변화를 나타낸 것이다.

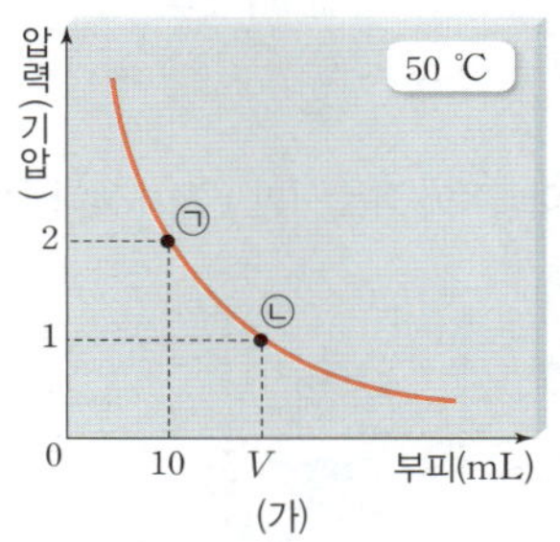


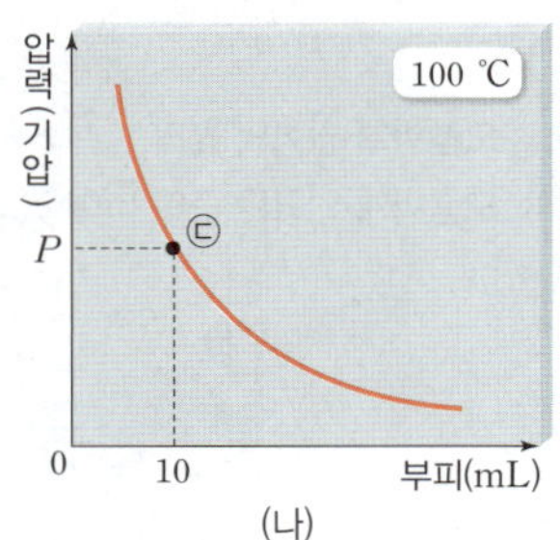


이에 대한 설명으로 옳은 것을 **보기**에서 모두 고른 것은? (단, 기체의 온도가 높을수록 기체의 부피가 커진다.)

**보기**
ㄱ. (가)에서 $V$는 20이다.
ㄴ. (나)에서 $P$는 2이다.
ㄷ. 기체 입자의 운동 속도는 ㉢＞㉡＞㉠이다.

① ㄱ      ② ㄴ      ③ ㄱ, ㄷ
④ ㄴ, ㄷ      ⑤ ㄱ, ㄴ, ㄷ

**04** 기체에 작용하는 압력이 4 기압일 때 실린더 속 기체의 부피가 $x$ L였다. 이 기체의 부피를 $y$ L로 변화시켰을 때 기체의 압력이 12 기압이였다면 $\dfrac{x}{y}$는 얼마인가? (단, 온도는 일정하다.)

① $\dfrac{1}{3}$      ② $\dfrac{1}{2}$      ③ 1
④ 2      ⑤ 3

# 02 기체의 온도와 부피

## ① 기체의 온도와 부피 관계

**1 기체의 온도와 부피**: 압력이 일정할 때 일정한 양의 기체의 온도가 높아지면 기체의 부피가 커지고, 기체의 온도가 낮아지면 기체의 부피가 작아진다.

**오줌싸개 인형의 원리**
오줌싸개 인형은 속이 비어 있고, 아래쪽에 작은 구멍 1 개가 뚫려 있다.

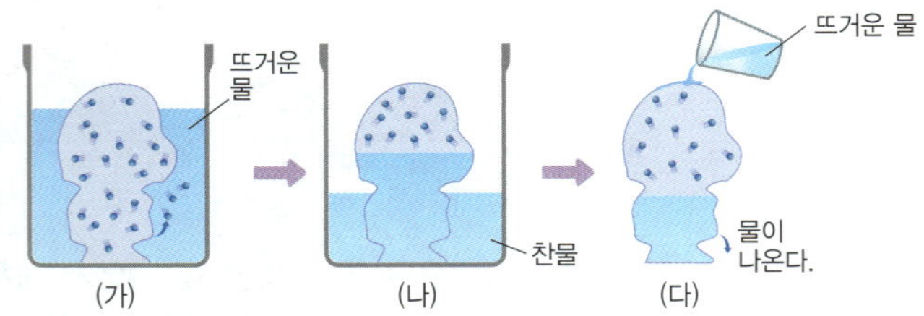


(가) 인형을 뜨거운 물에 넣음: 인형 속에 들어 있던 기체의 온도가 높아져 부피가 커지므로 기체가 밖으로 빠져나온다.
(나) 인형을 찬물에 넣음: 인형 속 기체의 온도가 낮아져 부피가 작아지므로 인형 속으로 물이 들어간다.
(다) 인형을 꺼내 뜨거운 물을 부음: 인형 속 공기의 온도가 높아져 부피가 커지므로 인형의 구멍을 통해 물이 빠져나온다.

## ② 샤를 법칙

**1 ❶샤를 법칙**: 압력이 일정할 때, 온도가 높아지면 일정량의 ❷기체의 부피는 일정한 비율로 커진다.

└ 온도에 따라 기체의 부피가 변하는 정도는 기체의 종류와 관계없이 같아!

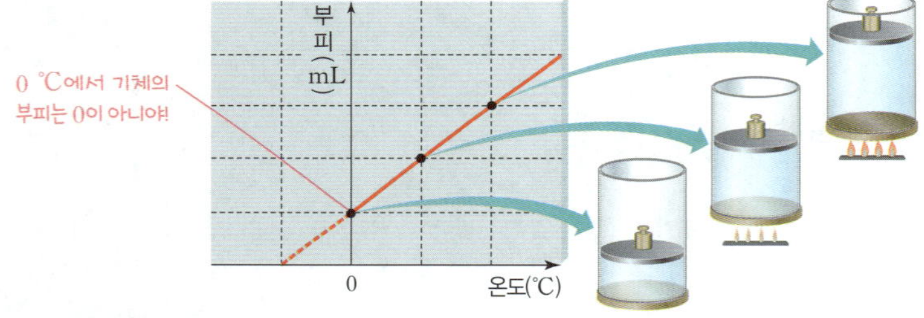


**2 입자 모형으로 나타낸 온도와 부피 관계**

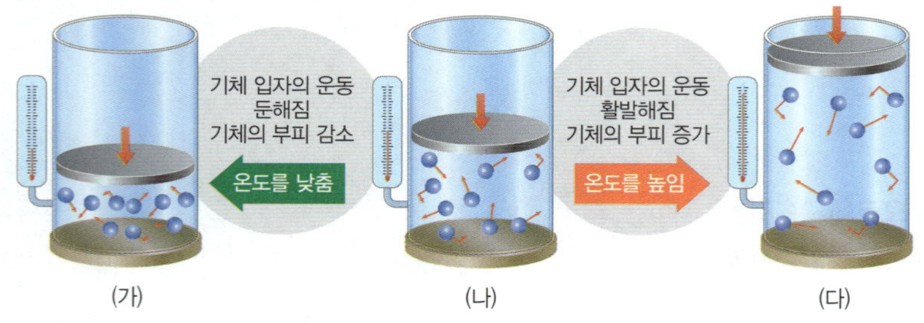


(1) **온도를 낮출 때**: 기체 입자의 운동이 둔해져 기체 입자가 용기 벽면에 약하게 충돌하므로 용기 속 기체의 압력이 작아진다. ➡ 용기 속 기체의 부피 감소

(2) ❸**온도를 높일 때**: 기체 입자의 운동이 활발해져 기체 입자가 용기 벽면에 강하게 충돌하므로 용기 속 기체의 압력이 커진다. ➡ 용기 속 기체의 부피 증가
└ 외부 압력과 기체의 압력이 같아질 때까지 커져!

| (가)=(나)=(다) | (가)<(나)<(다) |
| --- | --- |
| 입자의 개수, 입자의 크기, 입자의 질량 | 입자의 운동 속도, 입자 사이의 거리(부피), 입자의 충돌 횟수, 입자의 충돌 세기 |



---



**❶ 샤를**(Charles, J.A.C., 1746〜1823)
프랑스의 과학자로, 1780 년대에 열기구에 관한 연구를 진행하던 중 풍선에 같은 부피만큼 기체를 채우고 온도를 높이면 기체의 종류와 상관없이 같은 비율로 부피가 커진다는 것을 알아내어 1787 년 샤를 법칙을 발표하였다.

**온도에 따른 풍선의 크기 변화**

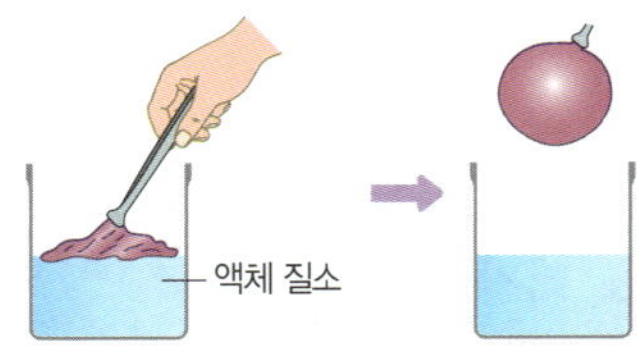


공기를 넣은 고무풍선을 −196 ℃인 액체 질소에 넣으면 풍선 속 기체의 부피가 작아지므로 풍선이 작아지고, 풍선을 액체 질소에서 꺼내면 풍선 속 기체의 부피가 커지므로 다시 커진다.

**❷ 샤를 법칙에서 커지는 기체의 부피**
샤를은 모든 기체의 부피는 온도가 1 ℃씩 높아질 때마다 기체의 부피가 0 ℃일 때 부피의 $\frac{1}{273}$ 배씩 커지는 것을 발견하였다.

**❸ 온도가 높아질 때 내부 압력 변화**

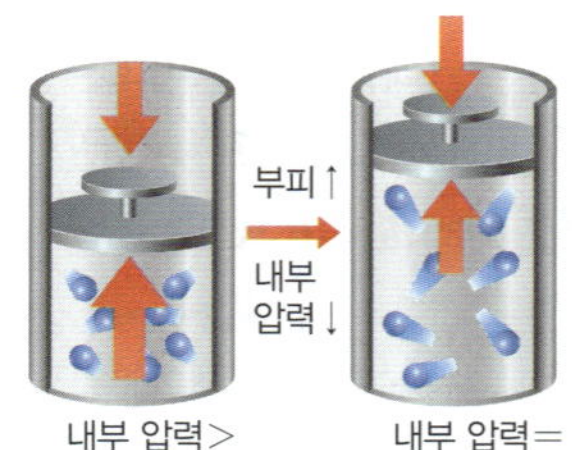


외부 압력이 일정할 때 용기 속 기체의 온도를 높이면 내부 압력이 커진다. 이때 내부 압력이 외부 압력보다 커지면 기체의 부피가 커지면서 실린더를 밀어내며, 내부 압력이 외부 압력과 같아질 때까지 부피가 커진다.

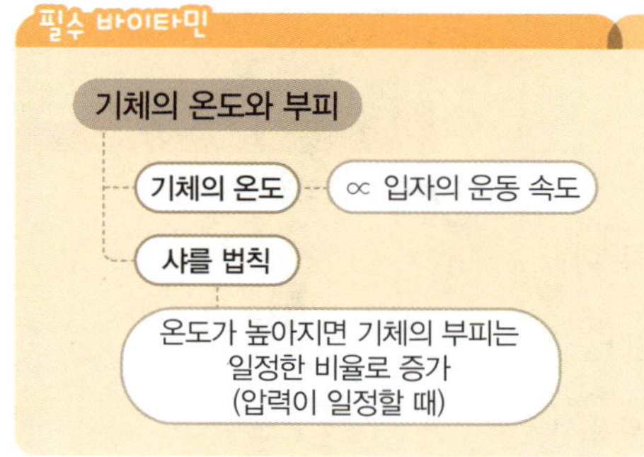


**01** 그림은 액체 질소에 공기가 들어 있는 고무풍선을 넣을 때를 나타낸 것이다. 고무풍선이 어떻게 변할지 기체의 부피 변화와 연관 지어 서술하시오.

**02** 그림은 고무풍선이 담긴 수조에 뜨거운 물을 넣었을 때의 모습을 나타낸 것이다.

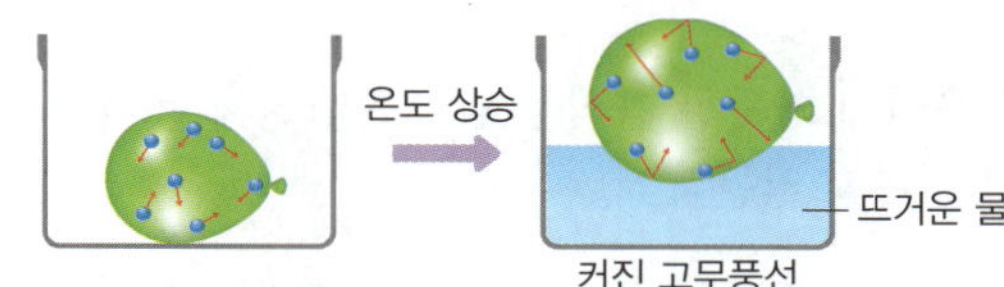


빈칸에 알맞은 말을 고르시오.

> 온도를 높이면 기체 입자의 운동 속도가 ㉠ ( 증가, 감소 )하여 기체 입자의 충돌 횟수와 세기가 ㉡ ( 증가, 감소 )한다. 따라서 기체의 부피는 고무풍선 속과 외부의 ㉢ ( 부피, 압력 )이/가 같아질 때까지 커진다.

**03** 압력이 일정할 때 일정량의 기체의 온도에 따른 기체의 부피 변화를 나타낸 것으로 옳은 것은?

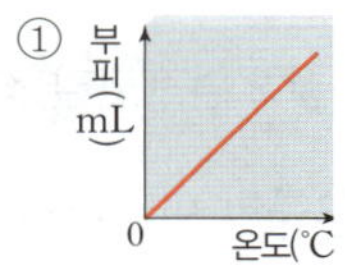
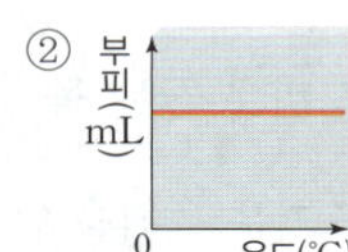
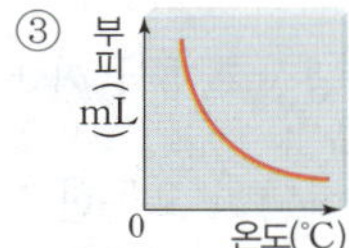
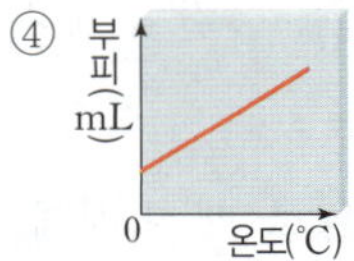
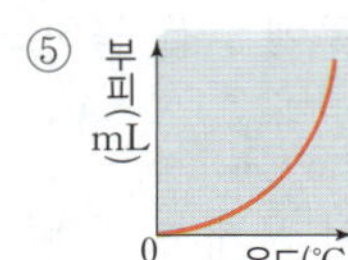


**04** 그림은 (가)의 실린더 속 기체에 열을 가해서 (나)와 같은 상태가 된 모습을 나타낸 것이다.

실린더 속 기체의 변화를 '증가', '일정', '감소'로 구분하시오. (단, 압력은 일정하다.)

(1) 기체 입자의 질량: ______   (2) 기체의 부피: ______

(3) 기체 입자의 개수: ______   (4) 기체 입자의 크기: ______

(5) 기체 입자의 충돌 횟수: ______   (6) 기체 입자의 충돌 세기: ______

(7) 기체 입자의 운동 속도: ______   (8) 기체 입자 사이의 거리: ______

---



**빈칸 채우기 문제**

**01** 일정한 _____에서 일정량의 기체의 부피는 온도가 높아질 때 일정한 비율로 커진다.

**02** 기체의 온도가 높아지면 기체 입자 사이의 거리는 _____한다.

**03** 일정한 압력에서 온도를 높이면 기체 입자의 운동이 _____해진다.

**○✕ 문제**

**04** 일정한 압력에서 온도가 높아져도 기체 입자의 충돌 세기는 일정하다. (　　)

**05** 일정한 압력에서 기체의 온도를 낮추면 기체의 충돌 횟수는 감소한다. (　　)

**06** 공기가 들어 있는 고무풍선을 액체 질소에 넣었다가 꺼내면 고무풍선은 쭈그러들었다가 팽팽해진다. (　　)

**07** 온도가 높아질 때 기체의 부피가 커지는 정도는 기체의 종류마다 다르다. (　　)

# 02 기체의 온도와 부피

## 2 샤를 법칙으로 설명할 수 있는 현상

### (1) 온도가 낮아져 기체의 부피가 작아지는 경우

① 겨울철 따뜻한 실내에 있던 헬륨 풍선을 실외에 들고 나가면 풍선이 쭈그러든다.
　└ 헬륨 풍선을 차가운 실외로 가지고 나가면 풍선 속 기체의 온도가 낮아져 부피가 작아지고 풍선이 쭈그러들어!

② 반 정도 마신 페트병의 뚜껑을 닫아 냉장고에 넣어 두면 페트병이 찌그러진다.
　└ 페트병 속 기체의 온도가 낮아져 부피가 작아지기 때문에 페트병이 찌그러져!

③ 뜨거운 물에 담갔다가 꺼낸 플라스틱 병을 고무풍선에 대고 기다리면 고무풍선에 플라스틱 병이 붙는다.
　└ 플라스틱 병의 온도가 낮아지면서 병 속 기체의 부피가 작아지고, 풍선이 플라스틱 병에 빨려 들어가 붙는 거야!

④ 밀폐 용기에 따뜻한 음식을 담은 뒤, 밀폐 용기의 뚜껑을 닫아 냉장고에 넣어 두면 잘 열리지 않는다.
　└ 밀폐 용기 속 기체의 온도가 갑자기 낮아지면서 기체의 부피가 작아져 뚜껑이 잘 안 열리게 되지~

헬륨 풍선의 부피 변화

플라스틱병 속 기체의 부피 변화

밀폐 용기 속 기체의 부피 변화

### (2) 온도가 높아져 기체의 부피가 커지는 경우

① ❶열기구 속의 공기를 가열하면 열기구가 위로 뜨게 된다.
　└ 공기를 가열하면 공기 주머니 속 기체가 밖으로 나오면서 열기구가 가벼워지기 때문이야~

② 여름철에는 겨울철보다 자동차 타이어에 공기를 적게 넣는다.
　└ 여름철에는 타이어 속 기체의 온도가 높아서 겨울철보다 타이어가 더 팽팽하게 부풀어 오르지!

③ 햇빛이 비추는 곳에 과자 봉지를 두면 과자 봉지가 부풀어 오른다.
　└ 과자 봉지 속에 들어 있는 기체의 온도가 높아지면 부피가 커져서 부풀어 오르는 거야!

④ 냉장고에서 꺼낸 달걀을 바로 끓는 물에 넣어 삶으면 ❷달걀 껍데기가 깨진다.
　└ 달걀 안쪽 공기집에 들어 있는 기체의 부피가 갑자기 커져서 껍데기가 깨지는 거야!

⑤ 바닥이 오목한 그릇에 뜨거운 음식을 담으면 그릇이 미끄러지며 저절로 움직인다.
　└ 오목한 부분 안에 있던 공기의 온도가 갑자기 높아지면서 부피가 커져서 그릇이 움직이게 돼!

⑥ 차가운 빈 유리병의 입구에 물을 묻히고 동전을 올린 후에 유리병을 양손으로 감싸 쥐면 동전이 들썩거린다.
　└ 유리병 내부의 차가웠던 공기가 따뜻해지면서 부피가 커져서 동전을 밀어내는 거야~

⑦ 설거지를 하다가 그릇이 포개져 잘 빠지지 않을 때 아래에 있는 그릇을 따뜻한 물에 넣어 두면 잘 빠진다.
　└ 포개진 그릇 사이에 있는 공기의 온도가 높아지면서 부피가 커져서 위쪽 그릇을 밀어내기 때문이야~

⑧ 한 손으로 ❸피펫의 윗부분을 막고, 다른 한 손으로 피펫의 가운데 부분을 감싸 쥐면 피펫에 남은 액체가 밀려 나온다.
　└ 피펫을 손으로 감싸 쥐면 피펫 속의 공기가 데워져 부피가 커지면서 남은 액체를 밀어내는 거지!

과자 봉지 속 기체의 부피 변화

유리병 속 기체의 부피 변화

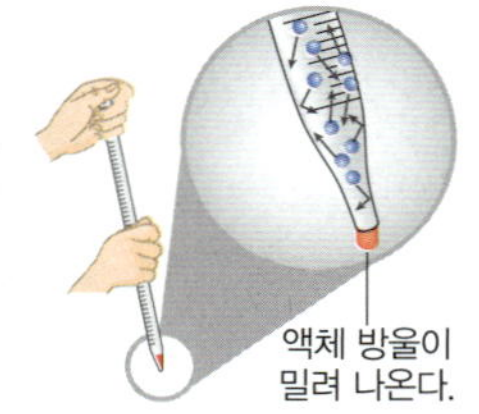

피펫 속 기체의 부피 변화

---

**찌그러진 탁구공이 펴지는 원리**

찌그러진 탁구공을 뜨거운 물에 담그면 찌그러진 부분이 펴진다.
➡ 탁구공 속에 들어 있는 기체의 온도가 높아져 기체의 부피가 커지므로 탁구공이 펴진다.

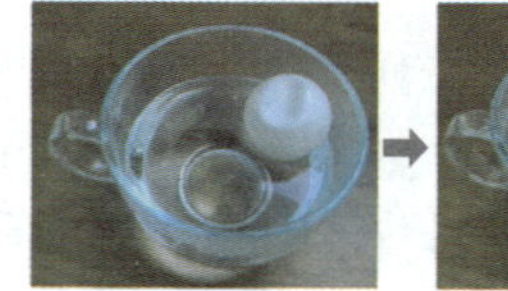

---



**잉크 방울의 이동**

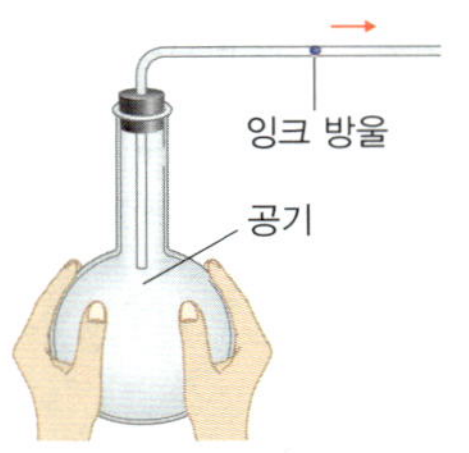


그림과 같이 장치한 둥근바닥 플라스크를 손으로 감싸 쥐면 플라스크 속 기체의 온도가 높아져 부피가 커지므로 잉크 방울이 오른쪽으로 이동한다.

**❶ 열기구의 원리**

열기구의 공기 주머니 속 기체를 가열하면 기체의 부피가 커져 공기 주머니가 부풀어 오른다. 이때 공기 주머니 속 기체 일부가 밖으로 밀려 나오면서 열기구가 가벼워져 위로 떠오른다.

**❷ 껍데기가 깨지지 않게 달걀을 삶으려면 어떻게 해야 할까?**

달걀 안쪽에는 공기집이 있어 차가운 달걀을 끓는 물에 넣어 삶으면 공기집 속 기체의 부피가 커져 껍데기가 깨질 수 있다. 달걀의 둥근 쪽에 압정으로 작은 구멍을 뚫어 구멍을 통해 기체가 빠져나오도록 하거나 달걀을 삶기 전 실온에 둔 다음 물에 넣고 천천히 삶으면 달걀이 깨지지 않는다.



**❸ 피펫**

정확한 부피의 액체를 옮길 때 사용하는 실험 도구

**빈칸 채우기 문제**

**08** 겨울철 자동차 타이어 속 기체의 부피는 ___진다.

**09** 열기구 속 기체를 가열하면 기체의 온도가 ___져 기체의 부피가 ___진다.

**10** 따뜻한 곳에 둔 과자 봉지가 부푸는 것은 기체 입자의 운동이 ___ ___해지기 때문이다.

**○× 문제**

**11** 추운 곳에서 따뜻한 곳으로 이동하면 헬륨 풍선은 찌그러진다. ( )

**12** 겹쳐진 그릇이 잘 분리되지 않을 때 아래에 있는 그릇을 차가운 물에 넣으면 잘 분리된다. ( )

**13** 여름철에 음료를 거의 마신 페트병을 뚜껑을 닫아 냉장고에 넣어두었을 때 페트병이 찌그러지는 것은 기체의 부피가 작아졌기 때문이다. ( )

**05** 그림은 일정한 압력에서 일정한 양의 기체가 든 유리병을 따뜻한 물에 넣었을 때와 실온에 두었을 때의 유리병 속 기체 입자를 모형으로 나타낸 것이다. 유리병에는 색소가 든 피펫이 결합되어 있다.

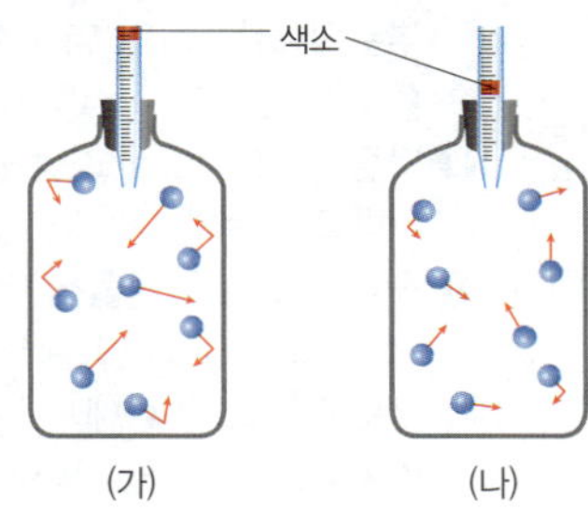


(1) (가)와 (나) 중 유리병 속 기체의 온도가 높은 것을 쓰시오.
(2) (가)에서 (나)로 변할 때 기체 입자의 충돌 세기는 어떻게 변하는지 쓰시오.

**06** 그림은 찌그러진 탁구공을 따뜻한 물에 넣은 모습을 나타낸 것이다. 이에 대한 설명으로 옳은 것을 보기 에서 <u>모두</u> 고르시오.

> **보기**
>
> ㄱ. 탁구공 속 기체의 온도가 높아져 찌그러진 부분이 펴진다.
> ㄴ. 탁구공이 펴지는 까닭은 기체 입자의 개수가 늘어나기 때문이다.
> ㄷ. 열기구가 떠오르는 것과 같은 부피 변화가 나타난다.

**07** 그림은 피펫 속에 남아 있는 액체를 빼내기 위해 피펫의 끝을 손가락으로 막고 다른 손으로 피펫을 감싸 쥐었을 때의 모습을 나타낸 것이다. 빈칸에 알맞은 말을 고르시오.

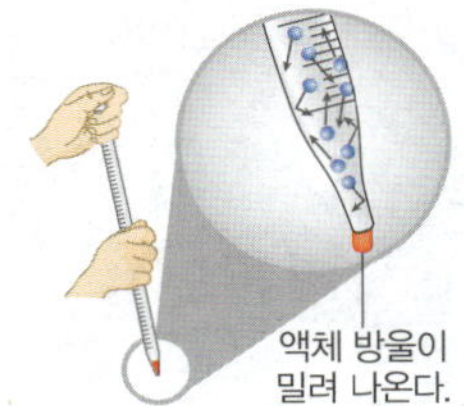


> 감싸 쥔 손의 체온에 의해 피펫 속 공기의 ㉠ ( 온도, 압력 )가/이 ㉡ ( 증가, 감소 )하므로 공기의 부피가 ㉢ ( 커, 작아 )져 남아 있는 액체가 빠져나온다.

**08** 보일 법칙으로 설명할 수 있는 현상에는 '보일', 샤를 법칙으로 설명할 수 있는 현상에는 '샤를'이라고 쓰시오.

(1) 자전거 타이어에 연결된 공기 펌프를 누르면, 자전거 타이어가 팽팽해진다. ( )
(2) 한여름에 도로를 달린 자동차의 타이어가 팽팽해진다. ( )
(3) 한 손으로 피펫의 윗부분을 막고, 다른 한 손으로 피펫을 감싸 쥐면 피펫 안에 있던 액체가 밖으로 빠져나온다. ( )
(4) 풍선이 하늘 높이 올라가다가 터진다. ( )

## 탐구 집중 관리 | 샤를 법칙: 기체의 온도와 부피의 관계

**목표 |** 기체의 양이 일정할 때 기체의 온도와 부피 관계를 알 수 있다.

### 과정

**주의 신**
- 뜨거운 물을 다룰 때 화상을 입지 않도록 내열 장갑을 착용한다.
- 유리 기구를 다룰 때 깨지지 않도록 조심한다.

❶ 스포이트의 뾰족한 부분을 2 cm 정도 잘라 내고 스포이트 둥근 부분의 끝을 자의 영점에 맞춘 다음, 셀로판테이프로 스포이트를 자에 붙인다.
❷ 다른 스포이트로 과정 ❶의 스포이트에 식용 색소를 탄 물을 1 방울 넣는다.
❸ 찬물과 뜨거운 물을 섞어 온도가 다른 물을 4 개 만들고 비커에 각각 200 mL씩 넣는다.
❹ 온도계와 과정 ❷에서 만든 스포이트를 온도가 낮은 물이 담긴 비커부터 차례대로 넣으며 물의 온도와 색소를 탄 물방울의 위치를 측정하여 표에 기록하고, 그래프로 나타난다.

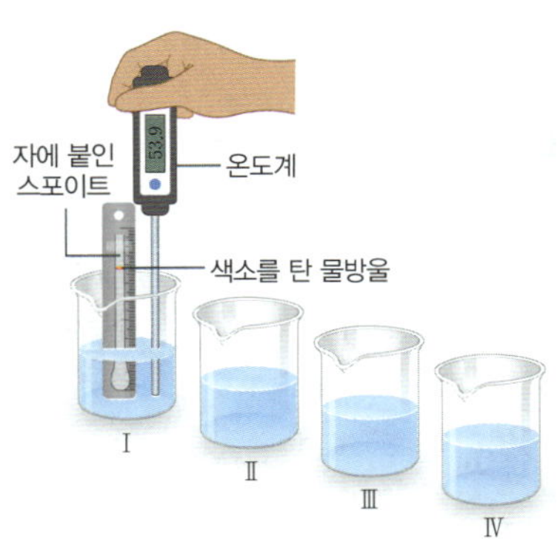


### 결과

- 물의 온도에 따른 스포이트 속 식용 색소를 탄 물방울의 위치 변화

| 비커 | I | II | III | IV |
|---|---|---|---|---|
| 물의 온도(℃) | 53.9 | 58.2 | 61.0 | 65.4 |
| 물방울 위치(cm) | 10.2 | 11.8 | 12.4 | 13.5 |

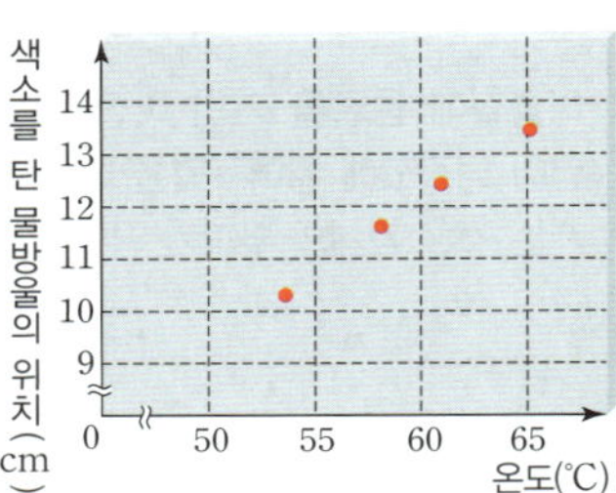


### 정리

- 기체의 온도가 높아지면 기체의 부피는 일정하게 커진다.
- 압력이 일정할 때 일정량의 기체의 온도가 높아지면 기체의 부피가 커지고, 기체의 온도가 낮아지면 기체의 부피가 작아진다.

## 탐구 알약

**01** 위 실험에 대한 설명으로 옳은 것은 ○, 옳지 않은 것은 ×로 표시하시오.

(1) 물의 온도가 높을수록 물에 담근 스포이트 속 공기의 부피가 커진다. (　　)
(2) 온도가 가장 낮은 물에 담근 스포이트 속 물방울의 높이가 가장 높다. (　　)
(3) 스포이트 속 기체 입자의 운동이 가장 활발할 때 물방울의 높이가 가장 높다. (　　)
(4) 물방울의 위치가 비커 I보다 비커 II에서 높은 까닭은 스포이트 속 공기의 부피가 커졌기 때문이다. (　　)
(5) 이 실험을 통해 기체의 압력과 부피의 관계를 알 수 있다. (　　)

**서술형**
**02** 그림은 공기가 들어 있는 구리 통과 실린더를 고무관으로 연결한 다음 구리 통에 온도계를 꽂고 찬물이 담긴 비커에 넣은 후 비커에 뜨거운 물을 넣어 주며 실린더 속 공기의 부피를 측정하는 모습을 나타낸 것이다.

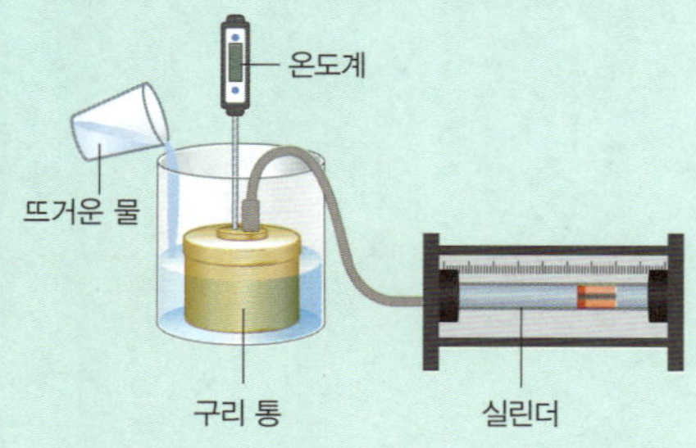


이때 실린더 속 공기의 부피가 어떻게 변화하는지 쓰고, 그 까닭을 기체 입자의 운동성과 연관 지어 서술하시오.

# 보일 법칙과 샤를 법칙의 이해

기체는 압력과 온도에 따라 부피가 변화무쌍하게 달라져~ 우리는 생활 속의 많은 부분에서 기체의 변화를 이용하면서 지내왔단다! 보일 법칙과 샤를 법칙을 그래프로 이해한다면 우리 주변에서 일어나는 과학 현상에 대해 더 쉽게 이해할 수 있을 거야!

## 1 보일 법칙과 샤를 법칙 그래프로 이해하기

### 1. 보일 법칙

온도가 일정할 때 일정한 양의 기체의 압력($P$)과 부피($V$)는 서로 반비례한다. 그래프에서 직사각형 넓이는 압력×부피 값으로, A점에서의 직사각형 넓이는 $S_1 = P_1 \times V_1$, B점에서의 직사각형 넓이는 $S_2 = P_2 \times V_2$이다. 이때 기체의 압력×부피 값은 일정하므로 $P_1 \times V_1 = P_2 \times V_2$이며, 이를 통해 $S_1 = S_2$임을 알 수 있다.

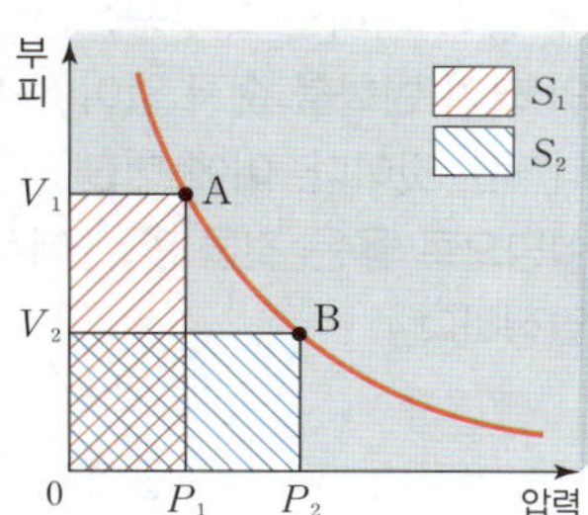

### 2. 샤를 법칙

일정한 압력에서 일정한 양의 기체가 온도가 1 ℃ 높아질 때 기체의 부피가 0 ℃에서 부피($V_0$)의 $\dfrac{1}{273}$ 배씩 커지는 것을 샤를 법칙이라고 한다. 샤를 법칙은 높은 온도와 낮은 압력에서는 기체의 종류와 관계없이 성립한다. 따라서 $t$ ℃일 때 기체의 부피 $V$는 다음 식으로 나타낼 수 있다.

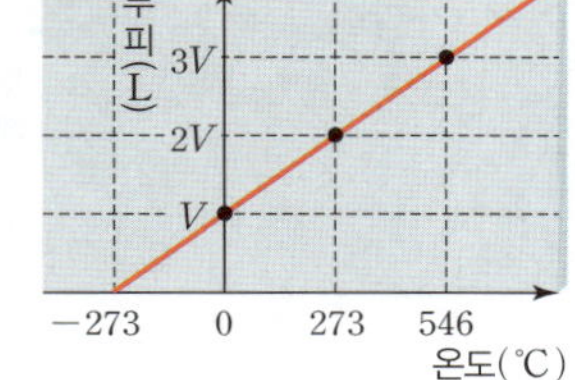

$$V = V_0\left(1 + \frac{t}{273}\right) = \frac{V_0}{273}(273 + t)$$

## 2 입자 모형으로 나타낸 기체의 부피 관계

온도가 일정할 때 기체의 압력이 변해도 기체 입자의 운동 속도나 충돌 세기는 일정하지만, 압력이 일정할 때 기체의 온도가 변하면 기체 입자의 운동 속도와 충돌 세기가 변한다.

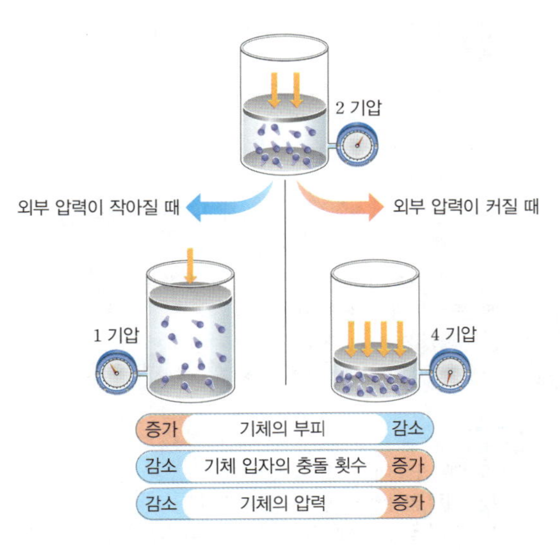



기체의 압력과 부피 관계(온도 일정)

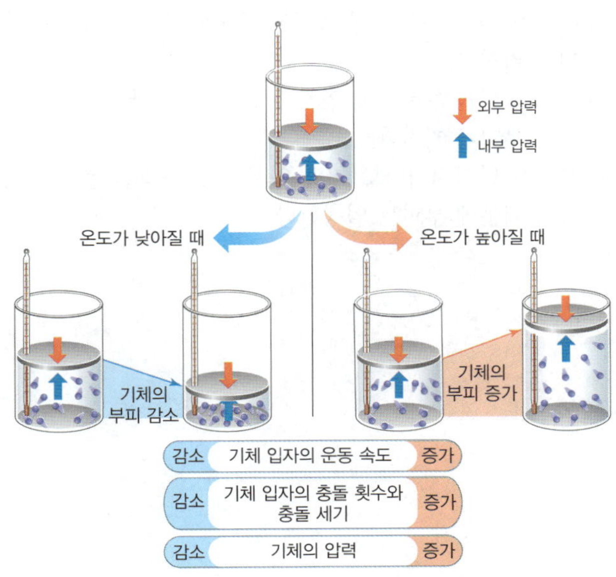



기체의 온도와 부피 관계(압력 일정)

# 유형 클리닉

## 유형 1 기체의 온도와 부피

온도에 따라 기체 입자의 상태와 부피가 어떻게 변하는지에 대해 물어보는 문제가 자주 출제돼!

그림은 고무풍선을 씌운 삼각 플라스크를 각각 10 ℃의 물과 80 ℃의 물에 넣어 나타난 고무풍선의 크기 변화를 순서 없이 나타낸 것이다. 이에 대한 설명으로 옳은 것을 보기 에서 모두 고른 것은? (단, 압력은 일정하다.)

(가)　　　(나)

보기
ㄱ. (가)는 80 ℃의 물이다.
ㄴ. 고무풍선 속 기체의 부피는 (가)가 (나)보다 크다.
ㄷ. 고무풍선 속 기체 입자 사이의 거리는 (가)가 (나)보다 가깝다.

① ㄱ　　　　② ㄷ　　　　③ ㄱ, ㄴ
④ ㄴ, ㄷ　　　⑤ ㄱ, ㄴ, ㄷ

✗ㄱ. (가)는 80 ℃의 물이다.
→ 압력이 일정할 때 온도가 높을수록 기체 입자 사이의 거리가 멀어져 기체의 부피가 커져! 따라서 기체의 온도는 고무풍선이 더 팽팽하게 부푼 (나)는 80 ℃, (가)는 10 ℃가 되겠지~

✗ㄴ. 고무풍선 속 기체의 부피는 (가)가 (나)보다 크다. 작다
→ 온도가 높을수록 기체의 부피도 같이 커지니까 풍선이 팽팽하게 부푼 (나)가 (가)보다 크지!

ⓒㄷ. 고무풍선 속 기체 입자 사이의 거리는 (가)가 (나)보다 가깝다.
→ 기체 입자 사이의 거리는 온도가 낮을수록 가까워져! 그러므로 고무풍선 속 기체 입자 사이의 거리는 온도가 낮은 (가)가 (나)보다 가깝지!

답 ②

**ZP point**
기체의 온도가 높을수록 기체 입자 사이의 거리↑

## 유형 2 기체의 온도에 따른 입자 운동

기체의 온도에 따라 기체 입자의 운동성이 어떻게 달라지는지 꼭 구분해서 기억하고 있어야 해!

압력이 일정할 때 일정량의 기체의 온도에 따른 기체의 부피 변화에 대한 설명으로 옳은 것은?

① 온도가 높을수록 기체 입자의 개수가 늘어나므로 부피가 커진다.
② 온도가 낮을수록 기체 입자의 크기가 작아지므로 부피가 작아진다.
③ 온도가 높을수록 기체 입자의 운동이 활발해지므로 부피가 커진다.
④ 온도가 낮을수록 기체 입자가 용기 벽에 약하게 충돌하므로 부피가 커진다.
⑤ 온도가 달라지더라도 기체 입자의 운동 속도는 변하지 않기 때문에 부피는 일정하다.

✗① 온도가 높을수록 기체 입자의 개수가 늘어나므로 부피가 커진다.
→ 기체의 양이 일정하다고 했으니까 새로 추가되는 기체 입자는 없어! 따라서 온도가 높아져도 입자의 개수는 일정하지~

✗② 온도가 낮을수록 기체 입자 크기가 작아지므로 부피가 작아진다.
→ 온도가 변한다고 입자의 크기가 변하지는 않아! 온도가 낮을수록 입자의 운동이 둔해지고 용기 벽에 약하게 충돌하기 때문에 부피가 작아지는 거야~

③ 온도가 높을수록 기체 입자의 운동이 활발해지므로 부피가 커진다.
→ 온도가 높을수록 입자의 운동이 활발해져서 기체 입자가 용기 벽면에 충돌하는 횟수와 충돌 세기가 커져! 그래서 기체의 부피가 커지지!

✗④ 온도가 낮을수록 기체 입자가 용기 벽에 약하게 충돌하므로 부피가 커진다. 작아진다
→ 온도가 낮으면 기체 입자가 용기 벽면에 충돌하는 횟수가 줄고, 충돌 세기가 약해져서 부피가 작아지게 돼~

✗⑤ 온도가 달라지더라도 기체 입자의 운동 속도는 변하지 않기 때문에 부피는 일정하다.
→ 온도가 높아지거나 낮아짐에 따라 기체 입자의 운동 속도도 빨라지거나 느려져! 그렇기 때문에 기체의 부피가 커지거나 작아지는 거야~

답 ③

**ZP point**
온도가 달라질 때
일정: 기체 입자의 크기, 기체 입자의 개수
변화: 기체 입자의 운동 속도, 기체 입자의 충돌 횟수와 충돌 세기

# 유형 클리닉

## 유형 3   샤를 법칙

> 온도에 따른 기체의 부피 변화 그래프를 보고 온도에 따라 기체의 운동, 기체 입자 사이의 거리, 부피가 어떻게 변하는지 파악할 수 있어야 해!

그림은 압력이 일정할 때 일정량의 기체의 온도에 따른 기체의 부피 변화를 나타낸 것이다.

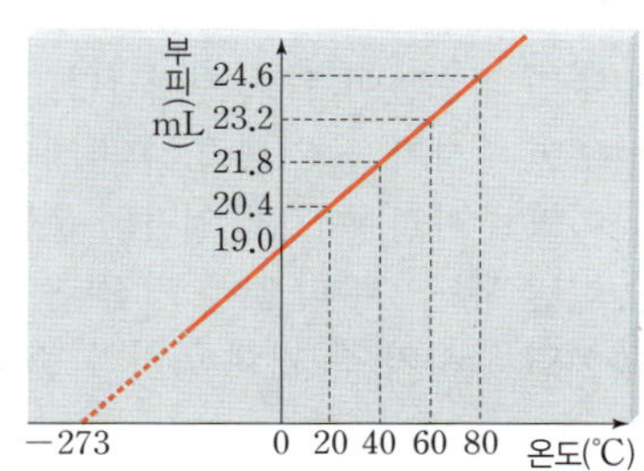

이에 대한 설명으로 옳지 <u>않은</u> 것은?

① 기체의 부피는 일정한 비율로 커지는 것을 알 수 있다.
② 온도가 0 ℃~80 ℃일 때 80 ℃에서 기체 입자의 충돌 세기가 가장 강하다.
③ 100 ℃에서 기체의 부피는 26 mL일 것이다.
④ 온도에 따라 부피가 달라지는 정도는 기체의 종류에 따라 다르다.
⑤ 기체의 부피는 기체의 압력이 외부 압력과 같아질 때까지 변한다.

① 기체의 부피는 일정한 비율로 커지는 것을 알 수 있다.
→ 온도가 20 ℃ 높아질 때 기체의 부피는 1.4 mL씩 커지고 있어~ 따라서 온도가 높아짐에 따라 기체의 부피가 일정한 비율로 커지는 걸 알 수 있지!

② 온도가 0 ℃~80 ℃일 때 80 ℃에서 기체 입자의 충돌 세기가 가장 강하다.
→ 온도가 높을수록 기체 입자의 운동이 활발해지고 기체 입자의 충돌 세기도 커지지! 따라서 80 ℃에서 기체 입자의 충돌 세기가 가장 강해~

③ 100 ℃에서 기체의 부피는 26 mL일 것이다.
→ 온도가 20 ℃ 상승할 때 기체의 부피는 1.4 mL씩 커지고 있어~ 따라서 100 ℃에서 기체의 부피는 24.6 mL + 1.4 mL = 26 mL가 돼!

④ 온도에 따라 부피가 달라지는 정도는 기체의 종류에 ~~따라 다르다.~~ 와 관계없다
→ 온도에 따라 부피가 달라지는 정도는 기체의 종류와 관계없이 같아!

⑤ 기체의 부피는 기체의 압력이 외부 압력과 같아질 때까지 변한다.
→ 기체의 부피는 기체의 압력과 외부 압력이 같아질 때까지 커지거나 작아지지!

답 ④

**ZP point**
압력이 일정할 때 기체의 온도↑ ➡ 기체의 부피↑

## 유형 4   샤를 법칙으로 설명할 수 있는 현상

> 샤를 법칙이 일상생활에서 어떻게 적용되고 있는지 또 보일 법칙의 예와는 어떤 차이가 있는지 정확히 구분할 수 있어야 해!

기체의 온도와 부피 관계로 설명할 수 있는 현상을 [보기]에서 모두 고른 것은?

[보기]
ㄱ. 추운 겨울철 자동차의 타이어가 수축한다.
ㄴ. 공기 침대에 누우면 침대 속 기체의 부피가 작아진다.
ㄷ. 냉장고에서 꺼낸 밀폐 용기의 뚜껑이 잘 열리지 않는다.
ㄹ. 추운 겨울에 헬륨 풍선을 들고 밖으로 나가면 풍선이 쭈그러든다.

① ㄱ, ㄴ      ② ㄱ, ㄷ      ③ ㄴ, ㄹ
④ ㄱ, ㄷ, ㄹ   ⑤ ㄴ, ㄷ, ㄹ

ㄱ. 추운 겨울철 자동차의 타이어가 수축한다.
→ 추운 겨울철에는 타이어 속 공기의 부피가 작아져 타이어가 수축해! 반대로 더운 여름철에는 타이어 속 공기의 부피가 커져 터질 위험이 있어서 공기를 적게 넣어야 해~

ㄴ. 공기 침대에 누우면 침대 속 기체의 부피가 작아진다. ─ 보일 법칙
→ 공기 침대에 누우면 우리 몸이 공기 침대를 누르면서 압력을 가해! 그 때문에 공기 침대 속 기체의 압력이 커지고 부피가 작아지는 건 기체의 압력과 부피 관계로 설명할 수 있어!

ㄷ. 냉장고에서 꺼낸 밀폐 용기의 뚜껑이 잘 열리지 않는다.
→ 냉장고 속에서 차가워진 밀폐 용기 속 공기는 부피가 작아져 뚜껑을 열기 어려워~ 이때 밀폐 용기를 따뜻하게 해 주면 밀폐 용기 속 공기의 부피가 커져서 용기를 밀어내기 때문에 쉽게 열 수 있어!

ㄹ. 추운 겨울에 헬륨 풍선을 들고 밖으로 나가면 풍선이 쭈그러든다.
→ 팽팽했던 헬륨 풍선이 갑자기 차가운 공기와 만나게 되면 풍선 속 기체의 온도가 낮아져 부피가 작아지는데, 이 때문에 풍선이 쭈그러드는 거지~

답 ④

**ZP point**
보일 법칙: 기체의 압력과 부피 관계
샤를 법칙: 기체의 온도와 부피 관계

# 실전 백신

## 1 기체의 온도와 부피

**01** 그림은 30 ℃에서 고무풍선 속 기체의 입자 운동을 나타낸 것이다.

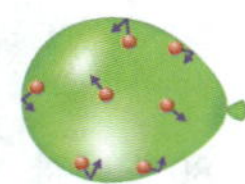

압력을 일정하게 유지한 채 이 풍선을 60 ℃의 물이 담긴 수조에 넣었을 때 풍선의 부피와 입자의 운동으로 가장 적절한 것은? (단, 화살표의 길이가 길수록 입자 운동 속도가 빠르다.)

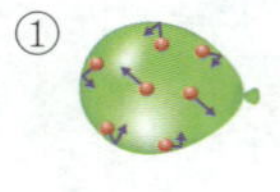 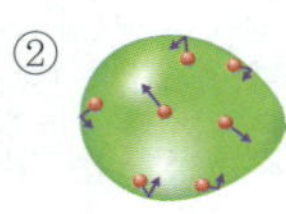 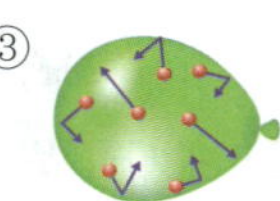

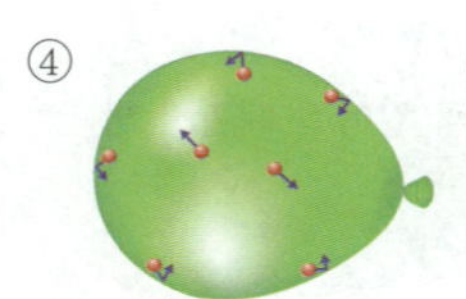 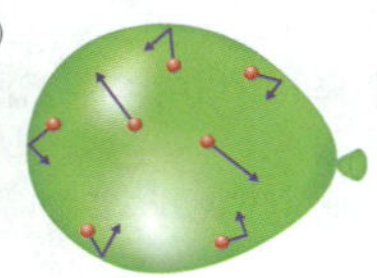

**02** 그림은 삼각 플라스크에 고무풍선을 씌우고 뜨거운 물에 넣었을 때 고무풍선이 커지는 모습을 나타낸 것이다. 이에 대한 설명으로 옳은 학생은?

① 풍식: 기체 입자의 크기가 커지기 때문이야.
② 풍희: 기체 입자의 개수가 늘어나기 때문이야.
③ 풍돌: 대부분의 기체 입자가 고무풍선 쪽으로 이동해.
④ 풍섭: 기체 입자 사이의 거리가 멀어져서 고무풍선이 커져.
⑤ 풍순: 기체 입자가 고무풍선에 모이면서 압력을 가해서 커져.

**중요**
**03** 그림과 같이 따뜻하게 데운 유리컵에 고무풍선을 밀착시키고 어느 정도 시간이 지나면 고무풍선의 밀착된 부분이 컵 속으로 빨려 들어간다. 이 과정에서 일어나는 변화로 옳은 것은?

① 컵 속 기체 입자의 개수가 감소한다.
② 컵 속 기체의 운동 속도가 증가한다.
③ 컵 속 기체의 부피가 작아진다.
④ 컵 속 기체 입자 사이의 거리가 멀어진다.
⑤ 컵 속 기체 입자의 충돌 횟수가 많아진다.

**신유형**
**04** 그림은 일정한 압력에서 입구를 막은 주사기에 들어 있는 공기를 입자 모형으로 나타낸 것이다. 주사기 속 공기에 대한 설명으로 옳은 것은?

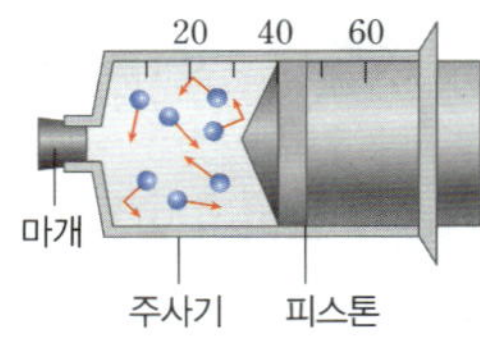


① 온도를 낮추면 피스톤이 뒤로 밀려난다.
② 온도를 낮추면 주사기 속 기체 입자의 개수가 감소한다.
③ 온도를 높이면 주사기 속 기체 입자의 운동이 둔해진다.
④ 온도를 높이면 온도×부피 값은 커진다.
⑤ 온도를 높이면 주사기 속 기체 입자가 충돌하는 세기가 약해진다.

**중요**
**05** 그림은 오줌싸개 인형에서 물이 나오는 과정을 기체 입자 모형으로 나타낸 것이다.

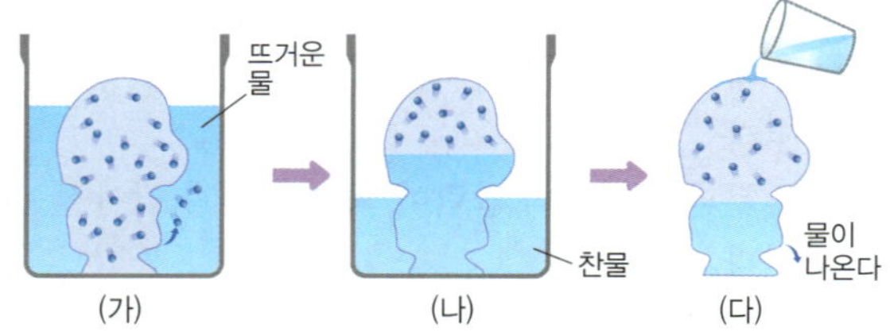


이에 대한 설명으로 옳지 않은 것은?

① (가)에서 인형 속 기체의 부피가 커진다.
② (가)에서 인형 속의 기체가 밖으로 나온다.
③ (나)에서 인형 속 기체 입자의 움직임이 빨라진다.
④ (다)에서 인형의 머리에 부은 물은 뜨거운 물이다.
⑤ 위의 원리를 이용하여 차가운 달걀을 끓는 물에 바로 넣어 삶을 때 껍데기가 깨지는 것을 설명할 수 있다.

**06** 그림은 완전히 건조된 둥근바닥 플라스크에 잉크 방울이 들어 있는 유리관을 연결한 후 뜨거운 물이 담긴 수조에 담근 모습을 나타낸 것이다. 이에 대한 설명으로 옳은 것을 **보기**에서 모두 고른 것은?

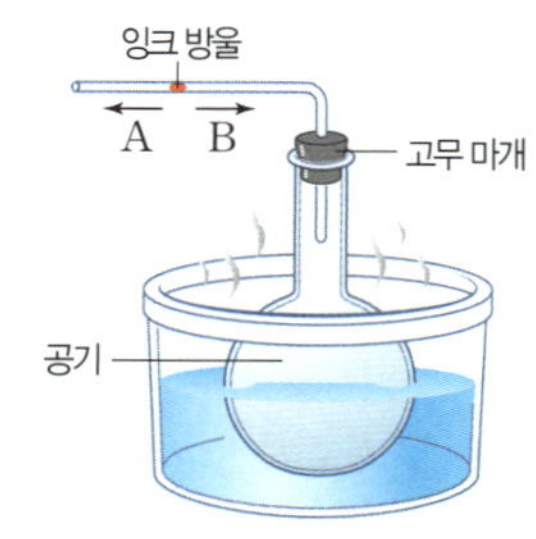


**보기**
ㄱ. 플라스크 속 공기 입자의 운동이 활발해진다.
ㄴ. 플라스크 속 공기 입자가 차지하는 공간이 작아진다.
ㄷ. 시간이 지남에 따라 잉크 방울이 B 쪽으로 움직인다.

① ㄱ  ② ㄴ  ③ ㄱ, ㄷ  ④ ㄴ, ㄷ  ⑤ ㄱ, ㄴ, ㄷ

## ② 샤를 법칙

**07** 온도에 따른 기체의 부피 변화에 대한 설명으로 옳은 것은?

① 기체의 종류에 따라 부피의 변화량이 달라진다.
② 온도가 높아지면 기체 입자의 운동이 둔해진다.
③ 온도가 높아지면 기체 입자가 용기 벽면에 충돌하는 횟수가 감소한다.
④ 기체의 온도 변화에 따른 기체의 압력이 외부 압력과 같아질 때까지 기체의 부피가 변한다.
⑤ 압력에 관계없이 온도가 높아지면 기체의 부피는 커지고, 온도가 낮아지면 기체의 부피는 작아진다.

**08** 0 °C에서 부피가 30 mL인 기체의 온도를 60 °C로 높여 주었을 때 부피가 가장 크게 커지는 것은?

① 모두 같다.　　② 네온　　③ 질소
④ 산소　　⑤ 수소

**(중요)**
**09** 그림은 압력이 일정할 때 일정량의 기체의 온도에 따른 기체의 부피 변화를 나타낸 것이다.

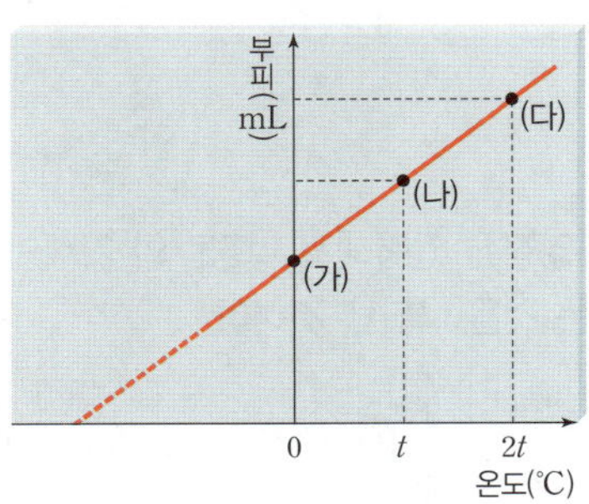


(가)~(다)에 대한 설명으로 옳은 것을 **보기** 에서 모두 고른 것은?

> **보기**
> ㄱ. 기체의 양이 일정할 때 (가)의 부피는 기체의 종류에 관계없이 일정하다.
> ㄴ. (가)에서 (나)로 변할 때 기체 입자의 운동 속도가 빨라진다.
> ㄷ. (가)와 (나)의 부피 차는 (나)와 (다)의 부피 차와 같다.

① ㄱ　　　　② ㄴ　　　　③ ㄱ, ㄷ
④ ㄴ, ㄷ　　　⑤ ㄱ, ㄴ, ㄷ

**10** 표는 일정한 압력에서 온도를 변화시키면서 기체의 부피를 측정한 것이다.

| 온도(°C) | 0 | 15 | 30 | ㉠ | 60 |
|---|---|---|---|---|---|
| 부피(mL) | 9.3 | 9.8 | 10.3 | 10.8 | ㉡ |

㉠, ㉡에 들어갈 값을 옳게 짝 지은 것은?

| | ㉠ | ㉡ | | ㉠ | ㉡ |
|---|---|---|---|---|---|
| ① | 40 | 11.3 | ② | 40 | 12.1 |
| ③ | 45 | 11.3 | ④ | 45 | 11.8 |
| ⑤ | 45 | 12.1 | | | |

**(중요)**
**11** 다음은 장풍이가 수행한 실험을 나타낸 것이다.

> [실험 과정]
> (가) 한쪽 끝이 막힌 긴 유리관에 약간의 공기와 함께 수은 한 방울을 넣는다.
> (나) A와 같이 뜨거운 물에 유리관을 1 분 동안 넣어 둔 후, 수은의 높이($h$)를 측정한다.
> (다) B와 같이 얼음물에 유리관을 1 분 동안 넣어 둔 후, 수은의 높이($h'$)를 측정한다.
>
> 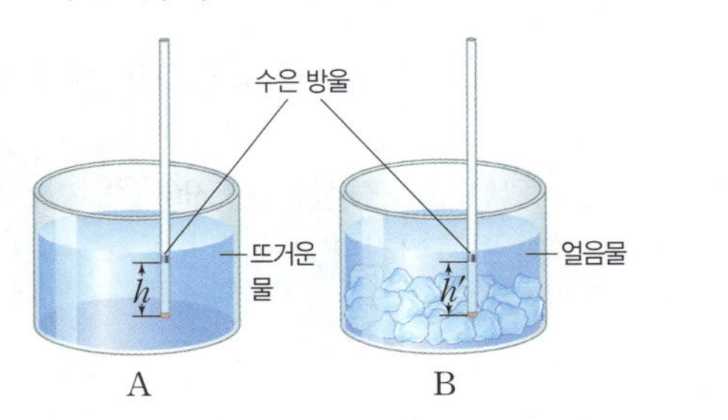
> 

이에 대한 설명으로 옳은 것을 **보기** 에서 모두 고른 것은?

> **보기**
> ㄱ. $h > h'$이다.
> ㄴ. 수은이 기체의 부피에 미치는 영향을 알 수 있다.
> ㄷ. 찌그러진 탁구공을 따뜻한 물에 넣었을 때 찌그러진 부분이 펴지는 현상과 관련이 있다.

① ㄱ　　　　② ㄴ　　　　③ ㄱ, ㄷ
④ ㄴ, ㄷ　　　⑤ ㄱ, ㄴ, ㄷ

**중요**

**12** 그림은 일정한 압력에서 실린더 속에 있는 기체 입자의 운동을 입자 모형으로 나타낸 것이다.

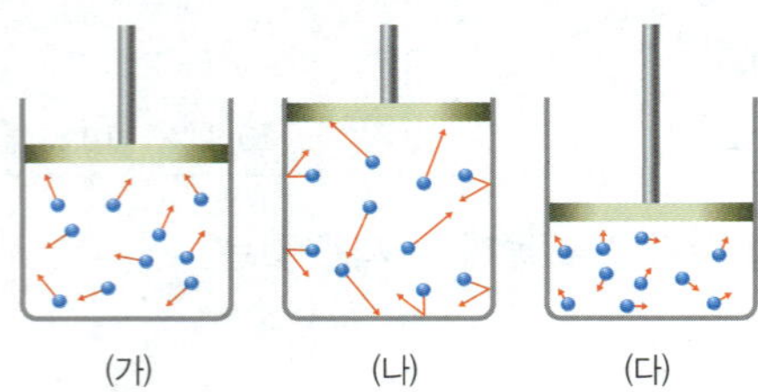



이에 대한 설명으로 옳은 것을 보기 에서 모두 고른 것은? (단, 화살표의 길이가 길수록 입자 운동이 활발하다.)

보기
ㄱ. (가)는 (나)보다 입자의 운동이 활발하다.
ㄴ. (나)는 (다)보다 실린더 내부의 온도가 높다.
ㄷ. (다)를 (가)로 만들기 위해서는 온도를 낮춰야 한다.

① ㄱ  ② ㄴ  ③ ㄱ, ㄷ
④ ㄴ, ㄷ  ⑤ ㄱ, ㄴ, ㄷ

**중요**

**13** 다음과 관련 있는 현상으로 옳지 <u>않은</u> 것은?

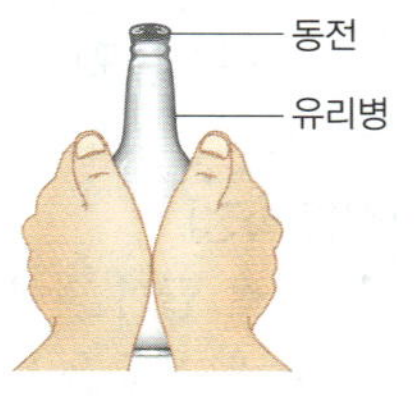



냉장고에 보관하여 차가워진 빈 유리병 입구에 물을 묻힌 다음 동전을 올려놓고 유리병을 손으로 감싸 쥐었더니 '딸깍' 소리를 내며 동전이 들썩였다.

① 열기구 속의 공기를 가열해 주면 열기구가 뜬다.
② 땀에 젖은 옷은 겨울철보다 여름철에 잘 마른다.
③ 자전거 타이어에 넣는 바람은 겨울철보다 여름철에 적게 넣는다.
④ 찌그러진 탁구공을 뜨거운 물에 담그면 찌그러진 부분이 펴진다.
⑤ 공기가 들어 있는 고무풍선을 −196 ℃인 액체 질소에 넣으면 풍선이 쭈그러진다.

**14** 다음 현상 중 원리가 나머지와 <u>다른</u> 것은?

① 열기구 속 공기를 가열하면 열기구가 위로 떠오른다.
② 햇빛이 비추는 곳에 과자 봉지를 두면 봉지가 부풀어 오른다.
③ 깊은 바닷속에 사는 물고기가 수면 위로 올라오면 부레가 부풀어 오른다.
④ 그릇이 포개져 잘 빠지지 않을 때는 그릇의 밑부분을 따뜻한 물에 넣는다.
⑤ 물이 조금 담긴 페트병의 뚜껑을 닫아 냉장고에 넣으면 페트병이 찌그러진다.



---

**서술형**

**중요**

**15** 그림은 뜨거운 물에 유리병을 담갔다가 꺼낸 후 껍데기를 벗긴 삶은 달걀을 병 입구에 놓고 잠시 후 달걀이 병 안으로 들어가는 모습을 나타낸 것이다.

삶은 달걀이 병 안으로 들어가는 까닭을 서술하시오.

KEY 기체의 온도, 기체의 부피

**16** 그림과 같이 삼각 플라스크 입구에 고무풍선을 끼우고 뜨거운 물이 담긴 수조에 담갔다. 이때 고무풍선의 변화를 쓰고, 그렇게 생각한 까닭을 서술하시오.

KEY 샤를 법칙, 온도, 기체의 부피

**중요**

**17** 그림은 일정한 압력에서 일정량의 기체의 부피가 온도에 따라 변하는 것을 나타낸 것이다.

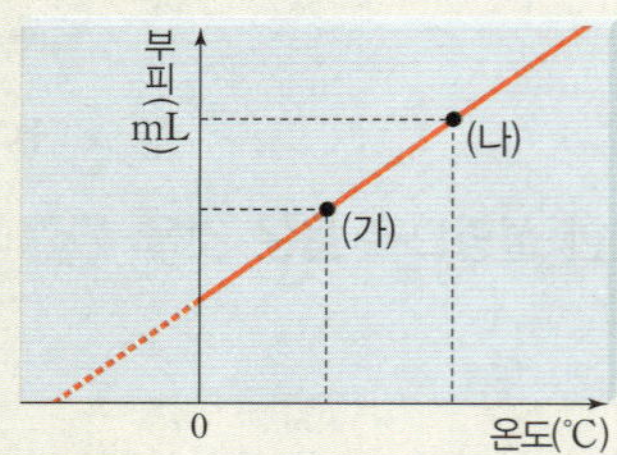



(가)에서 (나)로 변할 때 기체의 부피 변화를 기체 입자와 연관 지어 서술하시오.

KEY 기체 입자의 운동, 충돌 세기, 충돌 횟수

**(신유형)**

**01** 그림은 서로 다른 온도 (가)~(다)에 따른 기체 입자들의 운동 속력 분포를 나타낸 것이다.

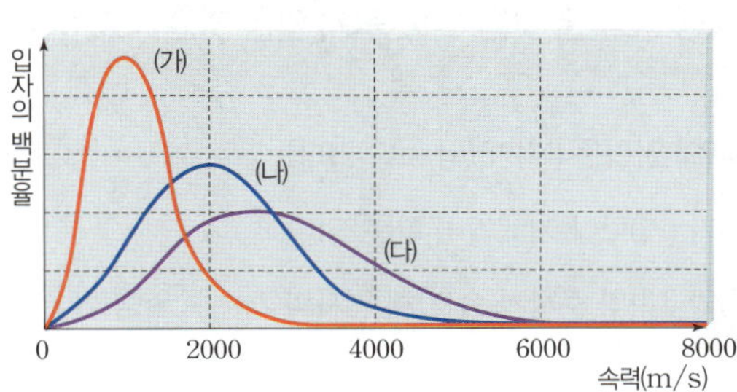


이에 대한 설명으로 옳은 것을 <u>모두</u> 고르면? (단, 기체의 압력은 같다.)

① 온도는 (가) > (나) > (다)이다.
② (가)에서 (다)로 온도를 변화시켰을 때 기체의 부피가 작아진다.
③ (다)에서 (나)로 온도를 변화시켰을 때 기체의 부피가 커진다.
④ (가)보다 (나)에서 기체 입자들이 더 활발하게 움직인다.
⑤ (나)보다 (다)에서 기체 입자 사이의 거리가 멀다.

**02** 표는 압력이 일정할 때 일정량의 기체의 온도에 따른 기체의 부피 변화를 나타낸 것이다.

| 온도(℃) | A | 50 | 70 |
| --- | --- | --- | --- |
| 부피(mL) | $x+6$ | $x+18$ | $x+30$ |

이에 대한 설명으로 옳은 것을 보기 에서 모두 고른 것은?

보기
ㄱ. A는 20이다.
ㄴ. 기체의 부피 변화량은 A에서 50 ℃로 변할 때보다 50 ℃에서 70 ℃로 변할 때가 크다.
ㄷ. 기체의 온도가 1 ℃ 높아질 때 기체의 부피는 0.6 mL씩 커진다.

① ㄱ　　② ㄷ　　③ ㄱ, ㄴ
④ ㄴ, ㄷ　　⑤ ㄱ, ㄴ, ㄷ

[ **03~04** ] 다음은 기체의 온도와 부피 관계 실험이다.

[실험 과정]
(가) 빨대 끝부분에 색소를 섞은 글리세롤을 넣고 빨대의 반대쪽 끝을 밀봉 처리한다.

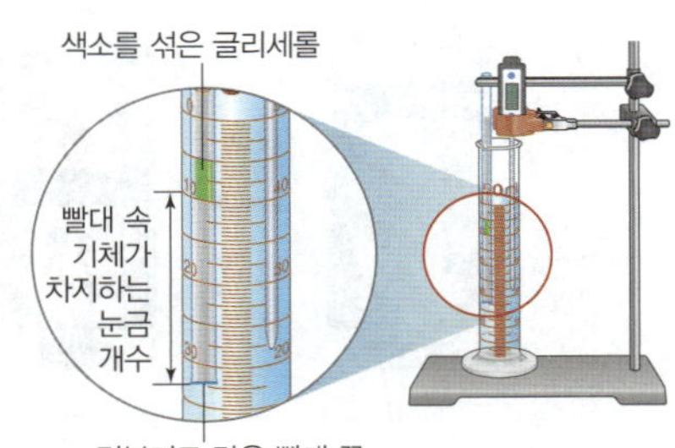


(나) 50 ℃ 물이 담긴 눈금 실린더에 과정 (가)의 빨대와 디지털 온도계를 고정한다.
(다) 눈금 실린더에 글리세롤 방울의 위치를 표시하고, 물의 온도가 5 ℃ 낮아질 때마다 표시한다.

[실험 결과]

| 온도(℃) | 50 | 45 | 40 | 35 | 30 |
| --- | --- | --- | --- | --- | --- |
| 빨대 속 기체의 눈금 개수(개) | 33.5 | 33 | ㉠ | 32 | 31.5 |

**03** 이에 대한 설명으로 옳은 것을 보기 에서 모두 고른 것은?

보기
ㄱ. ㉠은 32.5이다.
ㄴ. 글리세롤 방울이 아래로 내려갈수록 빨대 속 기체 입자의 운동은 둔해진다.
ㄷ. 물의 온도가 낮아지는 동안 빨대 속 기체가 차지하는 눈금 개수는 감소한다.

① ㄱ　② ㄷ　③ ㄱ, ㄴ　④ ㄴ, ㄷ　⑤ ㄱ, ㄴ, ㄷ

**04** 위 실험에서 기체의 부피 변화와 같은 부피 변화가 일어나는 예로 옳은 것을 보기 에서 모두 고른 것은?

보기
ㄱ. 밀폐 용기의 뚜껑을 닫아 냉장고에 넣어 두면 잘 열리지 않는다.
ㄴ. 바닥이 오목한 그릇에 뜨거운 음식을 담으면 그릇이 저절로 움직인다.
ㄷ. 공기가 들어 있는 풍선을 액체 질소에 넣으면 풍선이 쪼그러든다.

① ㄱ　② ㄴ　③ ㄱ, ㄷ　④ ㄴ, ㄷ　⑤ ㄱ, ㄴ, ㄷ

# 빈출 자료 집중진단

## 1 기체의 압력과 부피

그림은 일정한 온도에서 일정한 양의 기체가 들어 있는 입구를 막은 주사기의 피스톤을 눌렀을 때 주사기 속 기체 입자를 모형으로 나타낸 것이다.

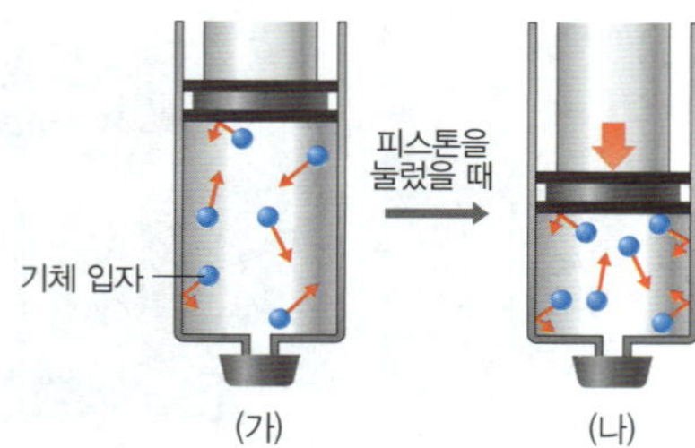


다음 설명 중 옳은 것은 ○표, 옳지 <u>않은</u> 것은 ×표 하시오.

**1** 기체의 압력은 (가)가 (나)보다 크다. ( ○ × )

**2** (나)가 (가)보다 기체의 부피는 작다. ( ○ × )

**3** (가)와 (나)의 주사기 속 기체 입자의 개수는 일정하다. ( ○ × )

**4** 피스톤을 눌렀을 때 주사기 속 기체 입자의 충돌 횟수는 증가한다. ( ○ × )

**5** 피스톤을 눌렀을 때 주사기 속 기체 입자의 운동 속도는 증가한다. ( ○ × )

**6** 피스톤을 눌렀을 때 주사기 속 기체 입자 사이의 거리는 멀어진다. ( ○ × )

## 2 보일 법칙

그림은 감압 용기 속에 공기를 넣은 고무풍선을 넣고 감압 용기 속에 공기를 넣거나 빼는 모습을 나타낸 것이다.

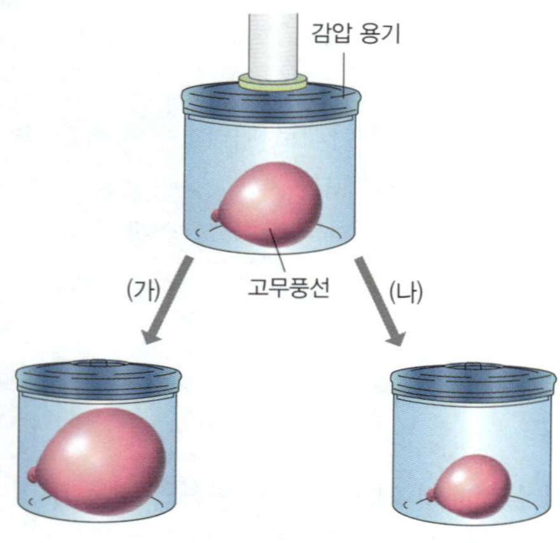


다음 설명 중 옳은 것은 ○표, 옳지 <u>않은</u> 것은 ×표 하시오.

**1** (가)는 감압 용기의 공기를 빼내는 경우이다. ( ○ × )

**2** (나)는 감압 용기 속에 공기를 넣는 경우이다. ( ○ × )

**3** (가)와 (나) 모두 감압 용기 속 기체 입자의 개수는 변하지 않는다. ( ○ × )

**4** 감압 용기의 공기를 빼내는 경우 고무풍선의 크기는 작아진다. ( ○ × )

**5** 감압 용기에 공기를 넣는 경우 고무풍선의 크기는 커진다. ( ○ × )

**6** 감압 용기에 공기를 넣는 경우 고무풍선 속 기체 입자 사이의 거리는 가까워진다. ( ○ × )

**7** 감압 용기의 공기를 빼내는 경우 감압 용기 속 기체 입자의 충돌 횟수는 감소한다. ( ○ × )

**8** 감압 용기에 공기를 넣는 경우 고무풍선 속 기체의 압력이 커진다. ( ○ × )

**9** 감압 용기 속 기체의 압력이 커지면 고무풍선 속 기체 입자의 충돌 횟수는 감소한다. ( ○ × )

**10** 고무풍선 속 기체 입자의 운동 속도는 감압 용기의 공기를 빼내는 경우가 넣는 경우보다 크다. ( ○ × )

## 3 샤를 법칙

그림은 압력이 일정할 때 일정량의 기체의 온도에 따른 기체의 부피 변화를 나타낸 것이다.

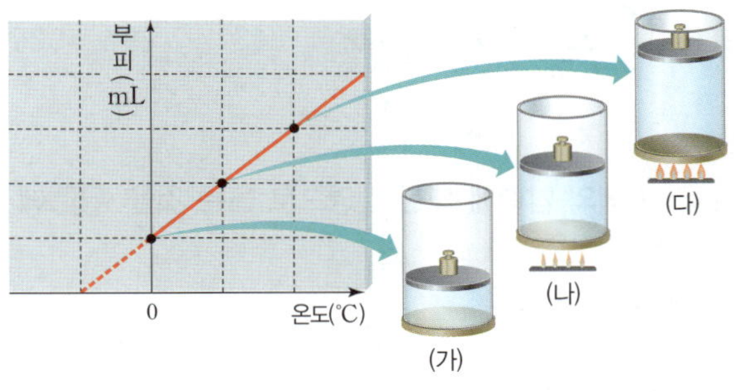


**다음 설명 중 옳은 것은 ○표, 옳지 않은 것은 ×표 하시오.**

**1** 온도가 높아질 때 일정량의 기체의 부피는 일정한 비율로 커진다.　○ ×

**2** 온도가 0 ℃일 때 기체의 부피는 0이다.　○ ×

**3** 온도에 따라 기체의 부피가 변하는 정도는 기체의 종류에 따라 달라진다.　○ ×

**4** (가)~(다) 중 (다)에서 기체 입자의 운동이 가장 활발하다.　○ ×

**5** 온도가 높아질수록 용기 속 기체 입자가 용기 벽면에 충돌하는 세기가 강해진다.　○ ×

**6** 온도가 높아질수록 용기 속 기체 입자의 크기가 커진다.　○ ×

**7** 용기 속 기체의 부피는 외부 압력과 기체의 압력이 같아질 때까지 커진다.　○ ×

## 4 기체의 압력과 온도에 따른 부피 변화의 예

그림 (가)는 차가운 유리병 입구에 올려놓은 동전이 달그락거리며 움직이는 모습을, (나)는 이륙한 비행기 안과자 봉지가 팽팽하게 부푼 모습을 나타낸 것이다.

(가)

(나)

**다음 설명 중 옳은 것은 ○표, 옳지 않은 것은 ×표 하시오.**

**1** (가)와 (나)는 모두 압력 변화에 따라 기체의 부피가 달라진 것이다.　○ ×

**2** (가)의 동전이 움직이는 까닭은 병 속 기체의 온도가 높아졌기 때문이다.　○ ×

**3** (가)는 차가운 달걀을 끓는 물에 넣어 삶을 때 껍데기가 깨지는 것과 같은 원리의 예이다.　○ ×

**4** (나)의 과자 봉지 속 기체의 부피는 커지고, 압력은 작아진다.　○ ×

**5** (나)의 과자 봉지를 지상으로 가져오면 과자 봉지는 쭈그러든다.　○ ×

**6** (나)의 과자 봉지는 내부 압력이 외부 압력보다 커질 때까지 부풀어 오른다.　○ ×

**7** (나)는 공기 펌프를 통해 자전거 타이어에 바람을 넣을수록 더 큰 힘이 필요한 것과 같은 원리의 예이다.　○ ×

# CT 대단원 문제
**Comprehensive Test**

| 메타인지 | 각 중단원별 부족한 부분을 체크해 보고 부족한 단원은 꼭~ 복습하세요. | | | | | | | | | | | |
|---|---|---|---|---|---|---|---|---|---|---|---|---|
| **01 기체의 압력과 부피** | 01 | 02 | 03 | 04 | 05 | 06 | 07 | 08 | 09 | 10 | 11 | 12 |
| | 19 | 24 | 25 | 26 | 27 | 28 | | | | | | |
| **02 기체의 온도와 부피** | 13 | 14 | 15 | 16 | 17 | 18 | 20 | 21 | 22 | 23 | 29 | 30 |
| | 31 | 32 | 33 | 34 | | | | | | | | |

**01** 압력에 대한 설명으로 옳은 것을 보기 에서 모두 고른 것은?

보기
ㄱ. 일정한 면적에 작용하는 힘이다.
ㄴ. 대기압은 기체가 위에서 누르는 힘이다.
ㄷ. 날카로운 칼날이 무딘 칼날보다 잘 잘리는 것은 힘이 작용하는 면적이 좁기 때문이다.

① ㄱ
② ㄴ
③ ㄱ, ㄷ
④ ㄴ, ㄷ
⑤ ㄱ, ㄴ, ㄷ

**02** 그림과 같이 트럭의 타이어 수는 일반 자동차보다 더 많아야 한다. 이 예를 통해 알 수 있는 압력의 특징으로 옳은 것은?

① 작용하는 힘이 클수록 압력이 작아진다.
② 작용하는 힘이 작을수록 압력이 커진다.
③ 힘이 작용하는 면적이 좁을수록 압력이 커진다.
④ 힘이 작용하는 면적이 넓을수록 압력이 작아진다.
⑤ 힘이 작용하는 면적과 작용한 힘의 크기는 압력에 영향을 주지 않는다.

**03** 음료수 용기에 빨대를 꽂을 때 빨대의 뾰족한 부분을 이용한다. 이와 같은 원리를 이용한 예로 옳은 것을 모두 고르면?

① 바늘
② 설피
③ 스키
④ 아이젠
⑤ 눈썰매

**04** 기체의 압력에 대한 설명으로 옳은 것을 보기 에서 모두 고른 것은?

보기
ㄱ. 기체의 부피와 온도가 같을 때, 기체 입자의 개수가 많을수록 기체의 압력이 커진다.
ㄴ. 기체 입자의 개수와 온도가 같을 때, 기체의 부피가 작을수록 기체의 압력이 커진다.
ㄷ. 기체 입자의 개수와 부피가 같을 때, 기체의 온도가 낮을수록 기체의 압력이 커진다.

① ㄱ
② ㄷ
③ ㄱ, ㄴ
④ ㄴ, ㄷ
⑤ ㄱ, ㄴ, ㄷ

**05** 그림은 기체의 부피가 변화한 모습을 나타낸 것이다.

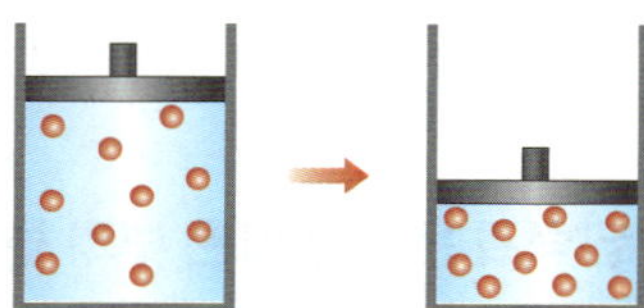

이때 필요한 조건으로 옳은 것은?

① 온도를 높인다.
② 압력을 작게 한다.
③ 압력을 크게 한다.
④ 기체의 양을 줄인다.
⑤ 기체 입자 사이의 거리를 멀게 한다.

**06** 일상생활에서 기체의 압력을 이용한 예로 옳지 않은 것은?

① 벽에 흡착판을 붙이면 떨어지지 않는다.
② 공기를 채운 안전 매트를 이용해 사람을 구조한다.
③ 물건이 파손되지 않도록 포장용 에어 캡으로 물건을 포장한다.
④ 풍선은 손가락으로 누를 때보다 압정으로 누를 때 잘 터진다.
⑤ 공기 펌프를 이용하여 자전거 타이어에 공기를 넣는다.

**07** 그림은 입구를 막은 주사기에 고무풍선을 넣은 것을 나타낸 것이다. 주사기의 피스톤을 당길 때에 대한 설명으로 옳은 것을 보기 에서 모두 고른 것은?

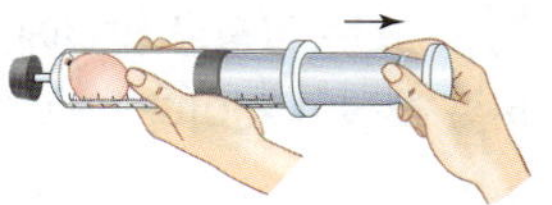

보기

ㄱ. 주사기 속 고무풍선의 크기는 커진다.
ㄴ. 주사기 속 기체의 부피가 커지고 압력은 감소한다.
ㄷ. 주사기 속 기체 입자의 충돌 횟수는 감소한다.

① ㄱ  ② ㄴ  ③ ㄱ, ㄷ
④ ㄴ, ㄷ  ⑤ ㄱ, ㄴ, ㄷ

**08** 그림은 온도가 일정할 때 일정량의 기체의 압력에 따른 기체의 부피 변화를 나타낸 것이다.

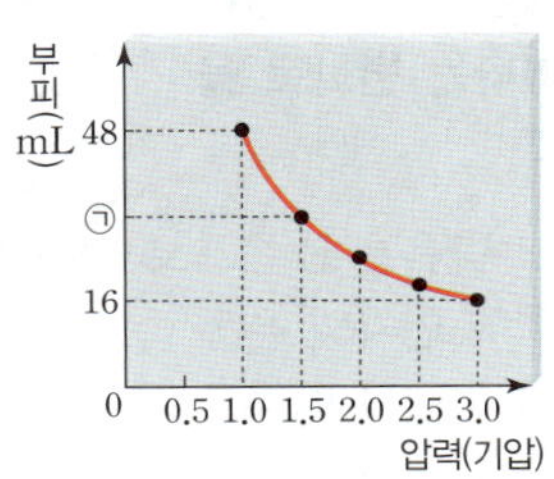

이에 대한 설명으로 옳은 것을 보기 에서 모두 고른 것은?

보기

ㄱ. ㉠은 32이다.
ㄴ. 0.5 기압~3 기압 동안 기체 입자의 운동은 둔해진다.
ㄷ. 기체 입자의 충돌 횟수는 1 기압일 때보다 3 기압일 때가 많다.

① ㄱ  ② ㄴ  ③ ㄱ, ㄷ
④ ㄴ, ㄷ  ⑤ ㄱ, ㄴ, ㄷ

**09** 0 ℃, 1 기압에서 어떤 기체의 부피가 200 mL였다. 온도 변화 없이 이 기체의 압력이 $\frac{1}{4}$ 배가 되었을 때, 이 기체의 부피는 몇 mL인가?

① 400 mL  ② 500 mL  ③ 600 mL
④ 700 mL  ⑤ 800 mL

**10** 0 ℃, 1 기압에서 부피가 120 L인 헬륨 기체가 있다. 온도 변화 없이 헬륨 기체의 부피를 20 L로 만들기 위해서 가해야 하는 압력은 몇 기압인가?

① 3 기압  ② 4 기압  ③ 5 기압
④ 6 기압  ⑤ 7 기압

**11** 일상생활에서 기체의 압력에 따른 부피 변화에 대한 설명으로 옳지 <u>않은</u> 것은?

① 산소 등의 기체를 보관하기 위해서 특수 용기를 사용한다.
② 산 정상에서 뚜껑을 닫은 빈 페트병을 지상으로 가져오면 찌그러진다.
③ 공기 주머니가 있는 운동화 밑창은 달릴 때 발에 오는 충격을 흡수한다.
④ 타이어에 공기를 넣어 팽팽해질수록 공기를 넣기 힘들어진다.
⑤ 비행기를 타고 높은 곳에 가면 고막 안쪽 공기의 부피가 작아져 귀가 먹먹해진다.

**12** 그림 (가)와 (나)는 종이 용기와 스타이로폼 용기를 각각 나타낸 것이다. 스타이로폼 용기에는 공기가 들어 있는 기포가 존재한다.

(가) 종이 용기

(나) 스타이로폼 용기

종이 용기와 스타이로폼 용기를 깊은 바닷속에 넣었을 때 나타나는 변화로 옳은 것을 보기 에서 모두 고른 것은?

보기

ㄱ. (가)와 (나)에 가해지는 압력은 커진다.
ㄴ. (나)의 두께와 크기는 감소한다.
ㄷ. 스타이로폼 용기에 존재하는 공기의 부피가 커진다.

① ㄱ  ② ㄴ  ③ ㄷ
④ ㄱ, ㄴ  ⑤ ㄴ, ㄷ

## CT 대단원 문제

**13** 그림은 30 °C에서 고무풍선 속에 들어 있는 기체 입자의 운동을 모형으로 나타낸 것이다.

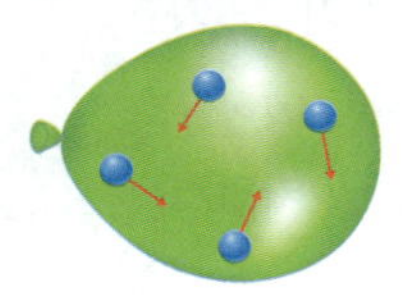

이 풍선을 10 °C의 물이 든 수조에 넣었을 때 기체 입자의 변화로 옳은 것을 보기 에서 모두 고른 것은?

> 보기
> ㄱ. 입자의 개수는 일정하다.
> ㄴ. 입자의 충돌 횟수가 감소한다.
> ㄷ. 입자의 운동 속도가 빨라진다.

① ㄴ      ② ㄷ      ③ ㄱ, ㄴ
④ ㄱ, ㄷ      ⑤ ㄱ, ㄴ, ㄷ

**14** 다음은 일정한 압력에서 기체의 온도를 높이는 경우 기체의 부피가 변하는 과정에 대한 설명이다.

> 기체의 온도가 높아지면 ㉠기체 입자의 운동이 활발해진다. 기체 입자의 운동이 활발해지면 ㉡기체 입자가 용기 벽에 충돌하는 횟수가 증가하고, ㉢기체의 압력이 작아져 ㉣기체의 부피가 커진다.

밑줄 친 과정 중 옳지 않은 것은?

① ㉠      ② ㉡      ③ ㉢
④ ㉣      ⑤ 없다.

**15** 그림은 뜨거운 바람을 불어 넣은 요구르트병을 고무풍선에 밀착한 모습을 나타낸 것이다. 이에 대한 설명으로 옳은 것을 보기 에서 모두 고른 것은?

> 보기
> ㄱ. 요구르트병 속 기체의 부피가 커지기 때문이다.
> ㄴ. 요구르트병 속 기체 입자의 운동은 점차 둔해진다.
> ㄷ. 붙어 있는 요구르트병에 뜨거운 바람을 쐬어 주면 고무풍선에 더욱 강하게 밀착할 것이다.

① ㄱ      ② ㄴ      ③ ㄱ, ㄷ
④ ㄴ, ㄷ      ⑤ ㄱ, ㄴ, ㄷ

**16** 표는 일정한 압력에서 온도를 변화시키면서 기체의 부피를 측정한 것이다.

| 온도(°C) | 13 | 26 | 39 | 52 |
|---|---|---|---|---|
| 부피(mL) | 28 | 30 | 32 | 34 |

이에 대한 설명으로 옳은 것을 보기 에서 모두 고른 것은?

> 보기
> ㄱ. 0 °C일 때 기체의 부피는 26 mL이다.
> ㄴ. 기체의 부피가 40 mL일 때의 온도는 91 °C이다.
> ㄷ. 온도가 높아질수록 기체 입자 사이의 거리가 멀어진다.

① ㄱ      ② ㄴ      ③ ㄱ, ㄷ
④ ㄴ, ㄷ      ⑤ ㄱ, ㄴ, ㄷ

**17** 그림은 완전히 건조된 둥근 바닥 플라스크에 가는 유리관을 끼우고, 유리관 중간에 잉크 방울을 넣은 다음 플라스크를 손으로 감싼 모습을 나타낸 것이다. 플라스크 안에서 일어나는 변화로 옳지 않은 것은?

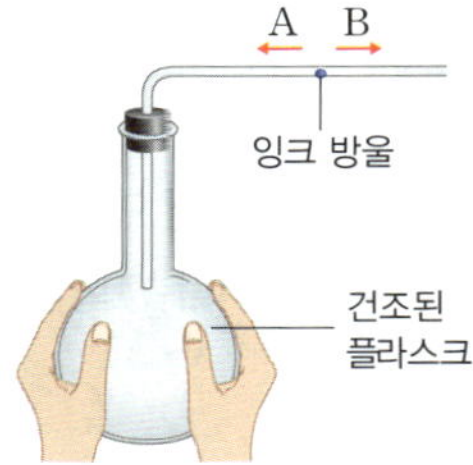


① 유리관 속 잉크 방울은 B 쪽으로 이동한다.
② 플라스크 안 기체 입자의 운동 속도가 빨라진다.
③ 플라스크 안 기체 입자가 충돌하는 횟수가 감소한다.
④ 플라스크 안 기체의 부피가 커져 플라스크 안과 밖의 압력이 같아진다.
⑤ 이 플라스크를 얼음물에 넣으면 잉크 방울은 A 쪽으로 이동할 것이다.

**18** 그림은 압력이 일정할 때 일정량의 공기가 들어 있는 주사기를 서로 다른 온도의 물에 넣은 것을 나타낸 것이다. 어느 정도 시간이 흘렀을 때 주사기 속 피스톤이 밀려난 정도는 (가)가 (나)보다 컸다. 이에 대한 설명으로 옳은 것을 보기 에서 모두 고른 것은?

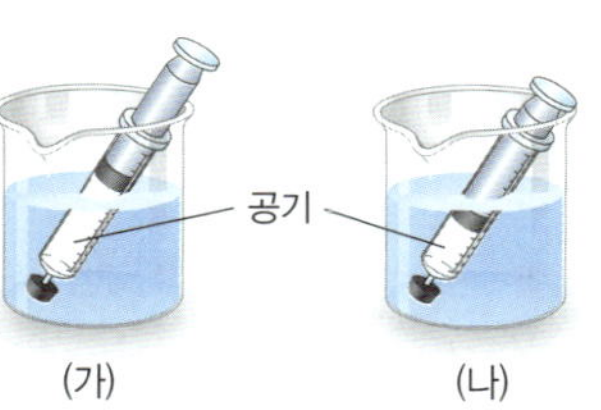


> 보기
> ㄱ. 물의 온도는 (가)가 (나)보다 높다.
> ㄴ. 주사기 속 공기의 부피는 (가)가 (나)보다 크다.
> ㄷ. 주사기 속 기체 입자의 충돌 세기는 (가)가 (나)보다 강하다.

① ㄱ      ② ㄴ      ③ ㄱ, ㄷ
④ ㄴ, ㄷ      ⑤ ㄱ, ㄴ, ㄷ

**19** 그림은 페트리 접시에 담긴 물속에 있는 동전을 물에 손을 넣지 않고 양초와 유리컵을 이용하여 꺼내는 과정을 나타낸 것이다.

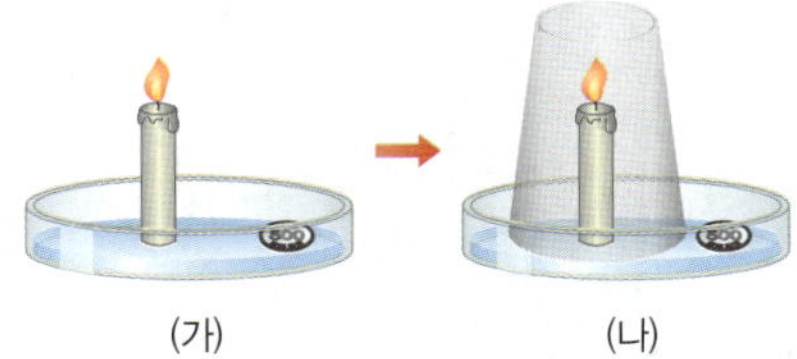


이에 대한 설명으로 옳은 것을 보기 에서 모두 고른 것은?

보기
ㄱ. (나)에서 페트리 접시의 물의 높이는 점차 낮아진다.
ㄴ. 기체의 압력과 부피 관계를 이용한 실험이다.
ㄷ. 컵 안 공기의 압력은 컵 밖에서 물을 누르는 압력보다 작다.

① ㄱ　　　　② ㄴ　　　　③ ㄱ, ㄷ
④ ㄴ, ㄷ　　　⑤ ㄱ, ㄴ, ㄷ

**20** 그림은 겨울에 음식이 든 유리 그릇을 랩으로 싸서 보관한 후 시간이 지나 랩이 그릇 안쪽으로 움푹하게 들어간 모습을 나타낸 것이다.

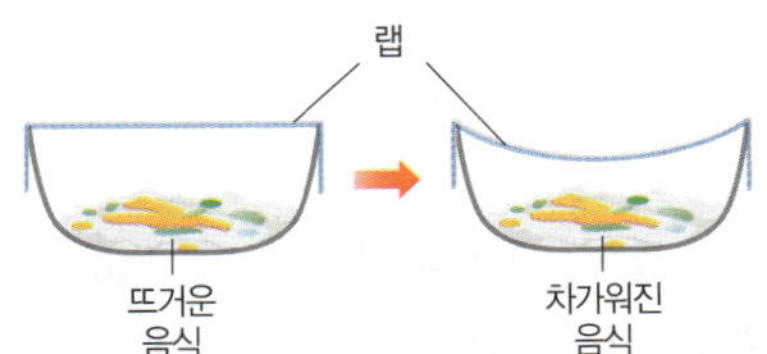


랩이 그릇 안쪽으로 움푹하게 들어간 까닭으로 옳은 것은?

① 그릇 안의 기체 입자를 음식이 흡수했기 때문이다.
② 대기압을 오래 받아 그릇 안 기체의 부피가 작아졌기 때문이다.
③ 그릇 안의 기체 입자가 스스로 운동하여 그릇 밖으로 나갔기 때문이다.
④ 뜨거운 음식에서 나온 열을 받아 기체 입자의 운동이 활발해졌기 때문이다.
⑤ 그릇 안의 온도가 낮아지면서 기체 입자의 운동 속도가 느려졌기 때문이다.

**21** 그림은 물속에서 잠수부가 내뿜는 공기 방울이 수면에 가까워질수록 커지는 현상을 나타낸 것이다. 이와 관련된 현상으로 옳은 것을 모두 고르면? 

① 높은 산에 올라가면 귀가 먹먹해진다.
② 찌그러진 탁구공을 뜨거운 물에 담그면 찌그러진 부분이 펴진다.
③ 풍등에 달린 고체 연료에 불을 붙이면 풍등이 위로 떠오른다.
④ 운동화를 신고 달릴 때 푹신한 느낌이 들도록 공기 주머니가 든 밑창을 사용한다.
⑤ 밀폐 용기의 뚜껑이 잘 열리지 않을 때 밀폐 용기의 아랫부분을 뜨거운 물에 넣어 두면 쉽게 열린다.

**22** 일정량의 기체의 온도와 압력을 변화시켰을 때, 부피가 가장 큰 경우는?

① 0 ℃, 2 기압　　　　② 0 ℃, 5 기압
③ 50 ℃, 2 기압　　　④ 100 ℃, 2 기압
⑤ 100 ℃, 5 기압

**23** 그림 (가)와 (나)는 실린더 속 기체의 부피 변화를 나타낸 것이다. (가)는 온도가 일정한 상태이고, (나)는 압력이 일정한 상태이다.

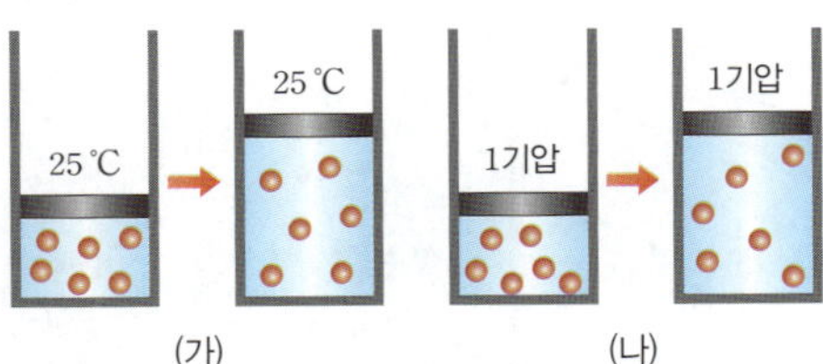


이에 대한 설명으로 옳은 것은?

① (가)와 (나)의 기체 입자의 질량은 모두 증가하였다.
② (가)는 외부 압력이 작아지고, (나)는 온도가 높아졌기 때문이다.
③ (가)는 외부 압력이 커지고, (나)는 온도가 낮아졌기 때문이다.
④ (가)는 외부 압력이 작아지고, (나)는 온도가 낮아졌기 때문이다.
⑤ (가)는 외부 압력이 커지고, (나)는 온도가 높아졌기 때문이다.

## CT 대단원 문제

서술형

**24** 그림 (가)와 (나)는 서로 다른 신발의 모습을 나타낸 것이다.

같은 사람이 신발을 신고 흙길을 걸었을 때 신발 자국의 깊이가 더 깊게 나타나는 신발을 고르고, 그렇게 생각한 까닭을 서술하시오. (단, 신발의 무게는 같다.)

**KEY** 면적↓, 압력↑

**25** 마시멜로 안에는 공기가 들어 있는 기포가 있고, 마시멜로 자체에 탄성이 있어 어느 정도 늘어나더라도 원래의 형태로 되돌아갈 수 있다. 감압 용기에 넣은 마시멜로를 크게 만들기 위한 방법을 쓰고, 그렇게 생각한 까닭을 서술하시오.

**KEY** 기체의 압력, 기체 입자의 개수, 감압 용기 속 공기

**26** 그림은 입구를 막은 주사기 속에 $100 \text{ mL}$의 공기를 넣은 후, 피스톤 위에 $40 \text{ N}$의 추를 올려놓은 모습을 나타낸 것이다.

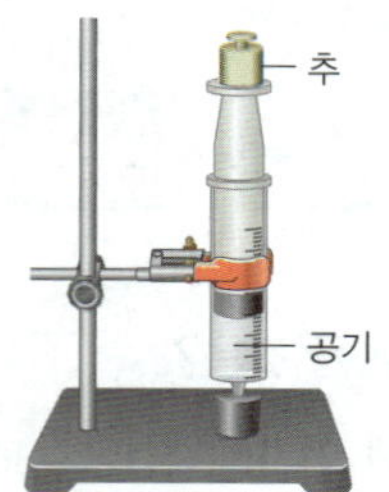



주사기 속 공기가 받는 압력과 공기의 부피를 구하는 과정을 서술하시오. (단, 주사기의 밑넓이는 $4 \text{ cm}^2$이고, 대기압은 $10 \text{ N/cm}^2$이다.)

**KEY** $\dfrac{\text{수직으로 작용하는 힘}}{\text{힘을 받는 면의 넓이}}$, $P_1 \times V_1 = P_2 \times V_2$

**27** 풍순이는 이륙한 비행기 안에서 물을 다 마신 후 페트병의 입구를 잠갔다. 이를 지상에 착륙한 후 살펴보니 그림과 같이 찌그러져 있었다.

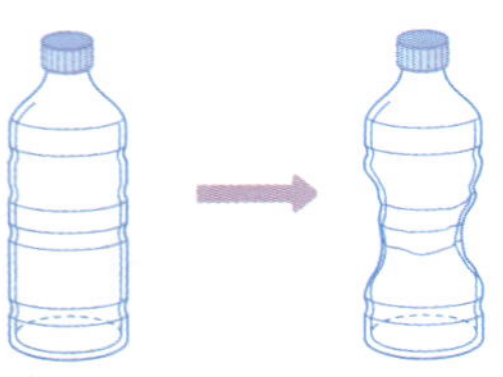

페트병이 찌그러진 까닭을 서술하시오.

**KEY** 대기압, 페트병의 부피↓

**28** 비행기를 탄 풍식이는 비행기가 이륙하자 귀가 먹먹해지는 것을 느꼈다. 풍식이가 먹먹함을 느낀 까닭과 이러한 현상을 설명할 수 있는 법칙의 이름을 서술하시오.

**KEY** 대기압↓, 고막 안 공기 부피↑

**29** 그림은 찌그러진 탁구공을 뜨거운 물에 담가놓았더니 찌그러진 부분이 펴진 모습을 나타낸 것이다.

찌그러진 탁구공이 펴진 까닭과 이러한 현상을 설명할 수 있는 법칙의 이름을 서술하시오.

**KEY** 입자 운동 활발, 부피↑

**30** 그림과 같이 마시다 남은 음료수 컵에 빨대를 꽂은 채로 냉장고에 보관했다가 컵을 다시 실온에 놓아두었더니, 빨대를 통해 음료수의 일부가 흘러나왔다. 그 까닭을 서술하시오. (단, 빨대를 제외한 부분은 밀봉되어 있다.)

KEY 온도, 기체의 부피

**31** 그림은 액체 시료를 옮기는 실험 도구인 피펫을 나타낸 것이다. 피펫으로 시료를 옮긴 후 피펫의 끝 부분에 남아 있는 시료를 제거하기 위한 방법을 쓰고, 그렇게 생각한 까닭을 서술하시오.

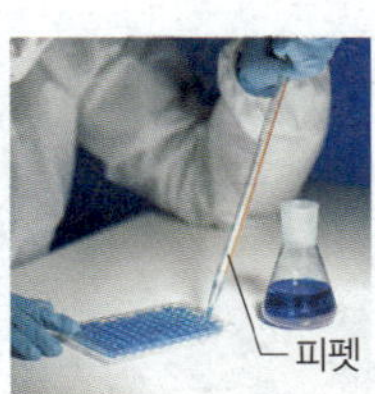


KEY 공기의 온도↑, 피펫 안 공기의 부피↑

**32** 그림은 벽에 붙이는 흡착 고무를 나타낸 것이다.

흡착 고무를 벽에 잘 붙이는 방법을 온도에 따른 부피 변화를 이용하여 서술하시오.

KEY 기체 입자의 운동, 기체 입자 사이의 거리

**33** 다음은 기체의 온도 변화에 따른 기체의 부피 변화에 대한 학생들의 대화이다.

> 풍돌: 고무풍선에 뜨거운 물에 담갔다가 꺼낸 플라스틱 병을 붙이고 기다리니까 고무풍선에 플라스틱 병이 달라붙었어.
> 풍식: 달라붙는 까닭은 플라스틱 병 속 기체의 온도가 높아져서 고무풍선에 밀착하기 때문이야.
> 풍순: 바닥이 오목한 그릇에 뜨거운 음식을 담으면 그릇이 저절로 미끄러지는 것과 같은 부피 변화가 나타나.

대화 중 옳지 않은 설명을 한 학생을 쓰고, 그 까닭을 서술하시오.

KEY 플라스틱 병 안의 기체의 온도, 부피

**34** 그림은 실린더에 공기를 넣은 고무풍선이 들어 있는 모습을 나타낸 것이다.

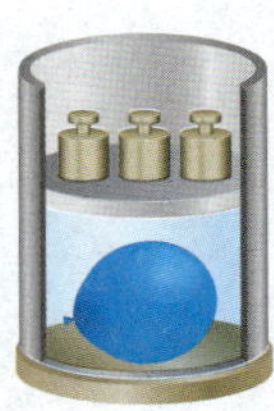

(1) 기체의 압력과 부피 관계를 이용하여 용기 속 고무풍선의 부피를 크게 하는 방법을 서술하시오.

KEY 기체의 압력↓, 부피↑

(2) 기체의 온도와 부피 관계를 이용하여 용기 속 고무풍선의 부피를 크게 하는 방법을 서술하시오.

KEY 기체의 온도↑, 부피↑

# VIII

# 태양계

이 단원을 공부하기 전에 이전 학년에서 배운 개념을 알고 있는지 확인해 보세요.

**초4**

태양계를 구성하는 행성에는 수성, [❶], 지구, 화성, 목성, [❷], 천왕성, 해왕성이 있다.

**초4**

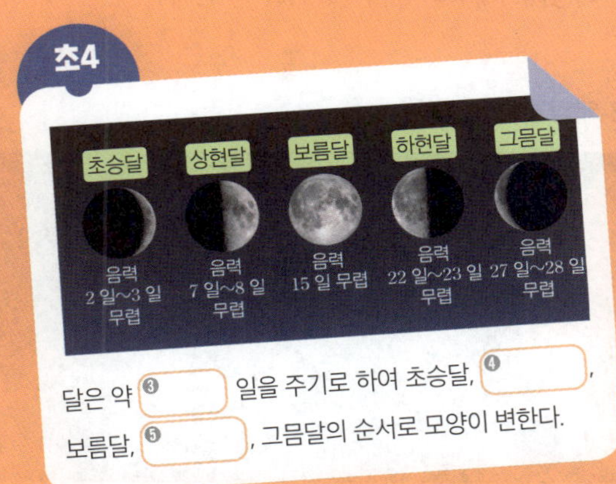


달은 약 [❸] 일을 주기로 하여 초승달, [❹], 보름달, [❺], 그믐달의 순서로 모양이 변한다.

**초6**

지구의 자전축이 기울어진 채 태양 주위를 공전하면서 태양의 [❻] 가 달라지고 [❼] 이 변한다.

**이 단원 연계 개념은…**

답 ❶ 금성 ❷ 토성 ❸ 30 ❹ 상현달 ❺ 하현달 ❻ 남중 고도 ❼ 계절

| 초등 3~6학년 | > | 중학교 1학년 | > | 고등 지구과학 |
|---|---|---|---|---|
| **4학년**<br>· 밤하늘 관찰<br><br>**6학년**<br>· 지구의 운동<br>· 계절의 변화 | | · 태양계의 구성<br>· 지구의 운동<br>· 달의 운동 | | · 태양계 천체와 별과 우주의 진화 |

# 01 태양계의 구성

## ① 태양계 구성 천체

**1 태양계**: 태양과 태양 주위를 공전하는 천체 및 이들이 차지하는 공간

**2 태양계 구성 천체**

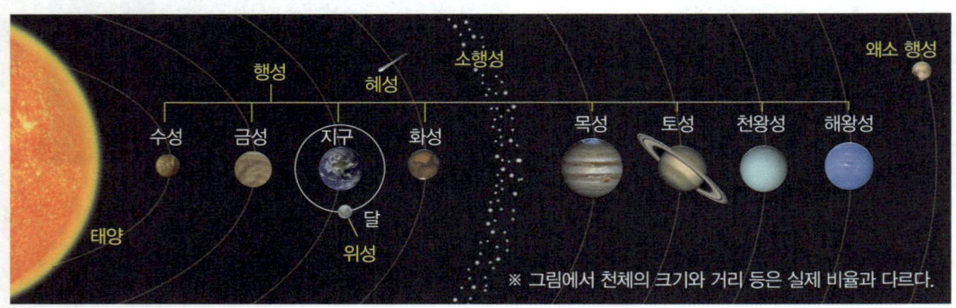


| | |
|---|---|
| 태양 | • 태양계의 중심에 위치하고, 태양계에서 유일하게 스스로 빛을 내는 천체이다.<br>• 주로 수소와 헬륨으로 이루어져 있다. — 태양계 전체 질량의 대부분은 태양이 차지해~ |
| 행성 | • 태양을 중심으로 공전하고, 모양이 둥근 천체이다.<br>• 궤도 주변의 다른 천체들에게 지배적인 지위를 갖는다. — 궤도 주변의 작은 천체들을 깨끗이 치울 수 있지!<br>• 태양계에는 수성, 금성, 지구, 화성, 목성, 토성, 천왕성, 해왕성으로 총 8 개가 있다. |
| 왜소 행성 | • 행성보다 크기와 질량이 작다.<br>• 태양을 중심으로 공전하고, 모양이 둥근 천체이다.<br>• 궤도 주변의 다른 천체들에게 지배적인 역할을 하지 못한다.<br>⑩ ①명왕성, 세레스 등 |
| 소행성 | • 태양을 중심으로 공전하며, 크기가 다양하고 모양이 불규칙한 천체이다.<br>• 주로 화성과 목성 ②궤도 사이에서 띠를 이루어 분포한다. |
| 혜성 | • 대부분 태양을 중심으로 타원 궤도로 공전한다.<br>• 얼음과 먼지로 이루어져 있는 천체이다.<br>• 태양과 가까워질 때 태양의 반대쪽으로 꼬리가 나타난다. |
| 위성 | • 행성을 중심으로 공전하며, 크기와 모양이 다양하다.<br>• 행성마다 위성의 개수는 다양하다. — 달처럼 둥근 위성도 있지만 모양이 불규칙한 위성도 있어~<br>⑩ 달(지구의 위성), 타이탄(토성의 위성) 등 |

**3 태양계 행성의 분류**: 행성의 특징에 따라 지구형 행성과 목성형 행성으로 분류할 수 있다.

| 구분 | 반지름 | 질량 | 위성 수 | 고리 | 표면 상태 | 행성 |
|---|---|---|---|---|---|---|
| 지구형 행성 | 작다. | 작다. | 없거나 적다. | 없다. | 단단한 암석 (고체) | 수성, 금성, 지구, 화성 |
| 목성형 행성 | 크다. | 크다. | 많다. | 있다. | 단단한 표면이 없다. (기체) | 목성, 토성, 천왕성, 해왕성 |

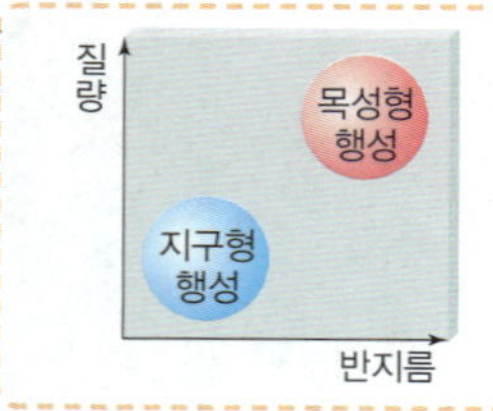


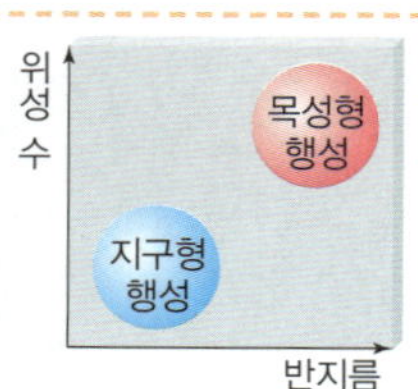


• 지구형 행성: 질량과 반지름이 작고 위성의 수가 적거나 없다.
• 목성형 행성: 질량과 반지름이 크고 위성의 수가 많다.

---



**행성과 왜소 행성의 차이점**

행성은 궤도 주변의 다른 천체를 끌어당길 정도로 중력이 있는 반면, 왜소 행성은 궤도 주변의 다른 천체를 끌어당길 정도의 중력을 갖지 못한다.

**태양계 천체의 공전 중심과 모양**

| 구분 | 공전 중심 | 모양 |
|---|---|---|
| 행성 | 태양 | 둥근 모양 |
| 왜소 행성 | | |
| 소행성 | | 불규칙 |
| 위성 | 행성 | 다양 |

**① 명왕성**

명왕성은 태양계의 아홉 번째 행성이었으나, 궤도 주변의 다른 천체들에게 지배적인 역할을 하지 못해 2006 년 왜소 행성으로 새롭게 분류되었다.

**목성형 행성의 표면 상태**

목성형 행성의 표면은 주로 수소, 헬륨, 메테인 등의 가벼운 기체로 이루어져 있다. 따라서 단단한 표면이 없는 목성형 행성에는 탐사선이 착륙할 수 없다.



**② 궤도**

중력의 영향을 받아 다른 천체의 주위를 돌 때 그리는 곡선의 길

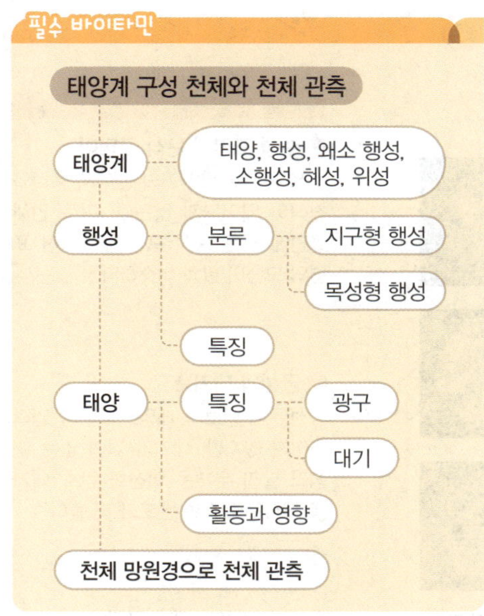


[ 01~02 ] 그림의 A~D는 왜소 행성, 소행성, 위성, 혜성을 순서 없이 나타낸 것이다.

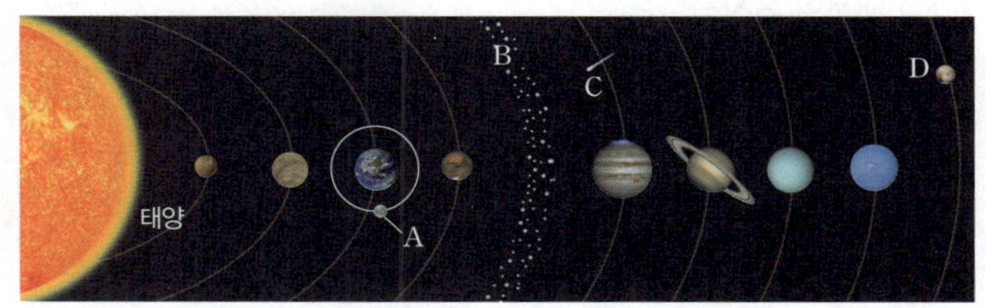


**01** A~D에 해당하는 천체의 명칭을 각각 쓰시오.

A: (　　　　　　)　　　　B: (　　　　　　)
C: (　　　　　　)　　　　D: (　　　　　　)

**02** 다음 설명에 해당하는 것을 A~D에서 골라 기호를 쓰시오.

⑴ 모양이 둥글고 자신의 궤도 안에서 지배적인 역할을 하지 못한다.
　　　　　　　　　　　　　　　　　　　　　　　(　　　)
⑵ 태양과 가까워지면 태양의 반대쪽으로 꼬리가 생긴다.　(　　　)
⑶ 태양을 중심으로 공전하지 않는다.　　　　　　　　　(　　　)
⑷ 주로 화성과 목성 궤도 사이에 분포한다.　　　　　　(　　　)

**03** 그림은 태양계 행성들을 특징에 따라 분류하여 나타낸 것이다. A에 해당하는 행성의 특징으로 옳은 것을 **보기** 에서 **모두** 고르시오.

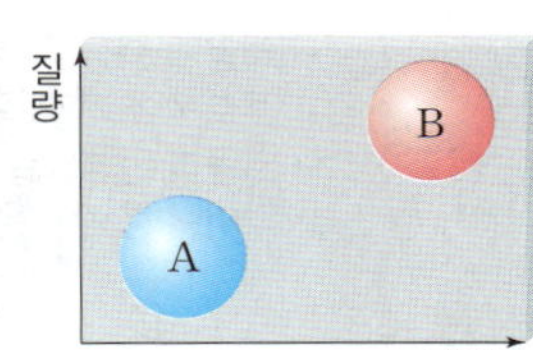


보기
ㄱ. 고리가 없다.
ㄴ. 위성의 수가 많다.
ㄷ. 표면이 고체로 이루어져 있다.
ㄹ. 주로 수소, 헬륨 등으로 이루어져 있다.

**04** 그림 (가)와 (나)는 태양계의 행성 일부를 두 무리로 분류하여 나타낸 것이다.

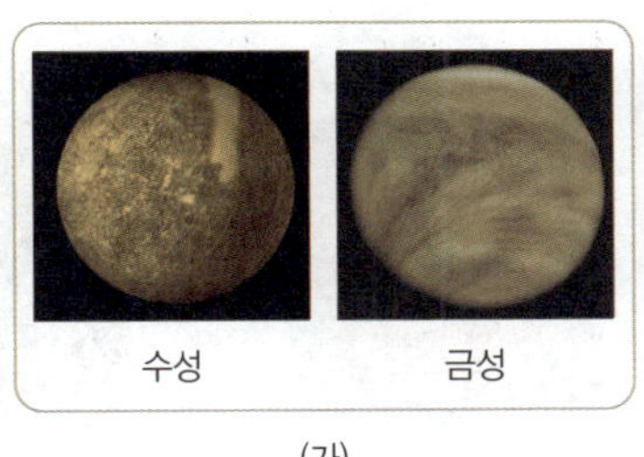

(가)

(나)

(가)와 (나)를 분류하는 기준으로 옳지 <u>않은</u> 것은?

① 표면의 상태　　② 표면의 색깔　　③ 질량의 크고 작음
④ 고리의 존재 여부　⑤ 위성의 많고 적음



**빈칸 채우기 문제**

**01** 행성은 ____을 중심으로 공전하며, 태양계에는 총 __ 개의 행성이 있다.

**02** 소행성은 주로 ____과 ____ 궤도 사이에 분포한다.

**03** 위성은 ____을 중심으로 공전한다.

**04** 혜성은 주로 ____과 먼지로 이루어져 있다.

**05** 지구형 행성은 목성형 행성보다 질량이 __고 반지름이 __ 다.

**○X 문제**

**06** 태양은 스스로 빛을 낸다.　　　　　　(　　　)

**07** 명왕성은 행성으로 분류된다.　　　　　(　　　)

**08** 소행성은 모두 둥근 모양이다.　　　　　(　　　)

**09** 화성은 지구형 행성, 천왕성은 목성형 행성에 속한다.　　　　　　　　　　　　　(　　　)

**10** 목성형 행성은 표면이 기체로 이루어져 있다.　　　　　　　　　　　　　　　　(　　　)

# 01 태양계의 구성

## 4 태양계 행성의 특징

| 수성 | • 태양에서 가장 가까운 행성이며, 태양계 행성 중 가장 작다.<br>• ❶표면에 운석 구덩이가 많다.<br>• 대기가 거의 없다. ➡ 낮과 밤의 온도 차가 매우 크다. | |
|---|---|---|
| 금성 | • 크기와 질량이 지구와 비슷하다.<br>• 이산화 탄소로 이루어진 두꺼운 ❷대기층이 있다. ➡ 표면 온도가 매우 높다.<br>• 태양계 행성 중 지구에서 볼 때 가장 밝게 보인다. | |
| 지구 | • 표면에 액체 상태의 물이 있고, 생명체가 존재한다.<br>• 대기는 주로 질소와 산소로 이루어져 있다.<br>• 1 개의 위성(달)이 있다. | |
| 화성 | • 표면이 붉게 보인다.<br>• 극지방에는 얼음과 드라이아이스로 이루어진 흰색의 극관이 있다.<br>• 과거에 물이 흘렀던 흔적이 있다.<br>• 주로 이산화 탄소로 이루어진 희박한 대기가 있다. | 극관<br>└ 극관은 여름에 작아지고 겨울에 커져! |
| 목성 | • 태양계 행성 중 가장 크다.<br>• 주로 수소와 헬륨으로 이루어져 있으며, 표면에 가로줄 무늬가 나타난다.<br>• 대기의 소용돌이인 대적점이 나타난다.<br>• 이오, 유로파, 가니메데, 칼리스토 외 수많은 위성과 희미한 고리가 있다. | 대적점 |
| 토성 | • 태양계 행성 중 두 번째로 크다.<br>• 주로 수소와 헬륨으로 이루어져 있으며, 표면에 가로줄 무늬가 나타난다.<br>• 얼음과 암석으로 이루어진 뚜렷한 고리가 있다.<br>• 타이탄 등 수많은 위성이 있다. | |
| 천왕성 | • 청록색으로 보이며, 주로 수소, 헬륨, 메테인으로 이루어져 있다.<br>• ❸자전축이 공전 궤도면에 거의 나란하다.<br>• 희미한 고리와 많은 위성이 있다. | |
| 해왕성 | • 태양계 행성 중 가장 바깥쪽에 위치해 있다.<br>• 청록색으로 보이고, 주로 수소, 헬륨, 메테인으로 이루어져 있다.<br>• 대기의 소용돌이인 대흑점이 나타난다.<br>• 희미한 고리와 많은 위성이 있다. | 대흑점 |

## ❷ 태양

### 1 태양의 표면

(1) **광구**: 우리 눈에 밝고 둥글게 보이는 태양의 표면 ➡ 평균 온도 약 6000 ℃

(2) **쌀알 무늬**: 태양 표면에 쌀알을 뿌려놓은 듯한 무늬가 나타나며, 이는 태양 내부에서 일어나는 ❹대류 현상에 의해 생긴다.

(3) **흑점**

① 흑점의 온도는 약 4000 ℃로 주변보다 온도가 낮아 어둡게 보인다.

② 흑점의 수명과 모양, 크기는 다양하게 나타난다.

③ ❺흑점의 이동: 망원경으로 태양 표면을 관측하면 흑점의 위치가 달라지는데, 이 것은 태양이 자전하기 때문에 나타나는 현상이다.

---



**❶ 수성 표면의 운석 구덩이**

수성에는 대기가 거의 없어서 풍화와 침식이 일어나지 않는다. 이로 인해 표면에 많은 운석 구덩이가 있어 표면의 모습이 달과 비슷하다.

**❷ 금성의 대기층**

금성은 수성보다 태양으로부터 멀리 떨어져 있지만, 대기가 거의 없는 수성과 달리 두꺼운 이산화 탄소 대기를 가지므로 표면 온도가 더 높다.

**❸ 천왕성의 자전과 공전**

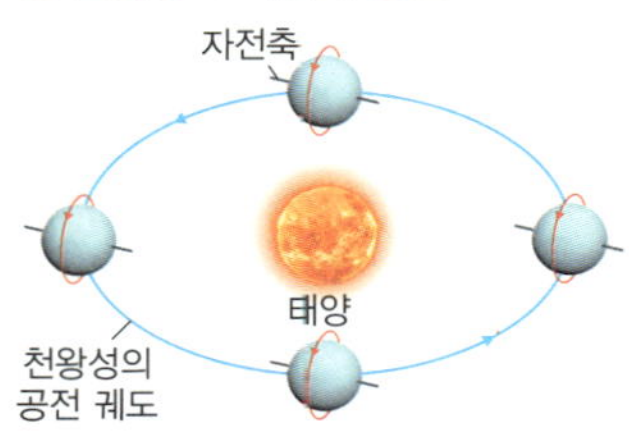


천왕성의 자전축은 공전 궤도면에 거의 나란하므로 천왕성은 누운 채로 자전하며 공전한다.

**❹ 쌀알 무늬의 대류 현상**

태양 내부에서 고온의 물질이 상승하는 부분은 밝게 보이고, 냉각된 물질이 하강하는 부분은 어둡게 나타난다.

**❺ 흑점의 이동**

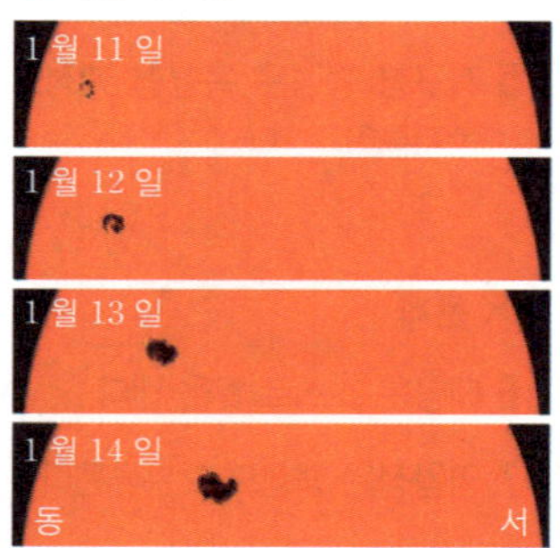


흑점은 태양 표면에 고정되어 있지만 태양이 자전하기 때문에 흑점의 위치가 달라진 것처럼 보인다. 따라서 망원경으로 흑점을 관측하면 흑점의 위치가 시간에 따라 동쪽에서 서쪽으로 이동한다.

---

바로 복습

**빈칸 채우기 문제**

**11** 수성에는 ______가 거의 없어 표면에 운석에 구덩이가 많다.

**12** 금성은 ______ ____로 이루어진 두꺼운 대기가 있어 표면 온도가 매우 높다.

**13** 화성의 극지방에서 나타나는 흰색의 ____은 얼음과 드라이아이스로 이루어져 있다.

**14** 목성에서 관측되는 ______은 대기의 소용돌이이다.

**15** 태양의 표면에는 쌀알을 뿌려 놓은 듯한 ____ ____와 주변보다 온도가 낮아 어둡게 보이는 ____이 있다.

## ○× 문제

**16** 목성은 4 개의 위성이 있다. ( )

**17** 토성은 뚜렷한 고리가 있다. ( )

**18** 천왕성과 해왕성은 청록색으로 보인다. ( )

**19** 지구에서 흑점을 관측하면 시간에 따라 서쪽에서 동쪽으로 이동한다. ( )

**20** 쌀알 무늬의 밝은 부분은 고온의 물질이 상승하는 부분이다. ( )

**05** 그림은 태양계 행성들이 태양을 중심으로 공전하는 모습을 나타낸 것이다.

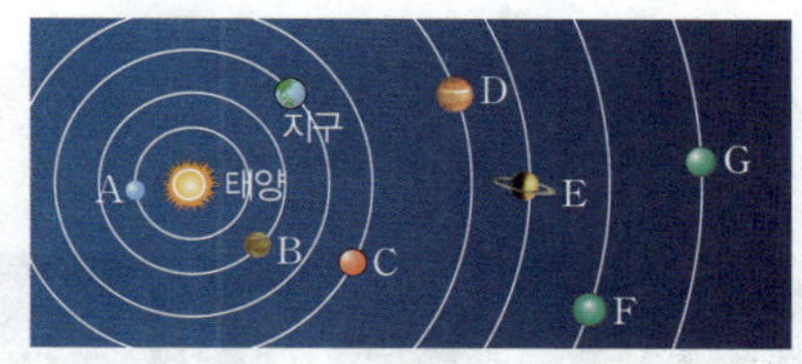


A~G에 대한 설명으로 옳은 것은 ○, 옳지 않은 것은 ×로 표시하시오.

(1) A는 대기가 거의 없어 표면에 운석 구덩이가 많다. ( )

(2) B는 두꺼운 이산화 탄소 대기로 인해 표면 온도가 매우 높다. ( )

(3) C는 표면에 액체 상태의 물이 있다. ( )

(4) D의 표면에는 대기의 소용돌이가 나타난다. ( )

(5) E의 고리는 얼음과 암석 등으로 이루어져 있다. ( )

(6) F는 고리가 없고 여러 개의 위성이 있다. ( )

(7) G는 자전축이 공전 궤도면에 거의 나란하다. ( )

**06** 보기는 태양계의 행성들을 나타낸 것이다.

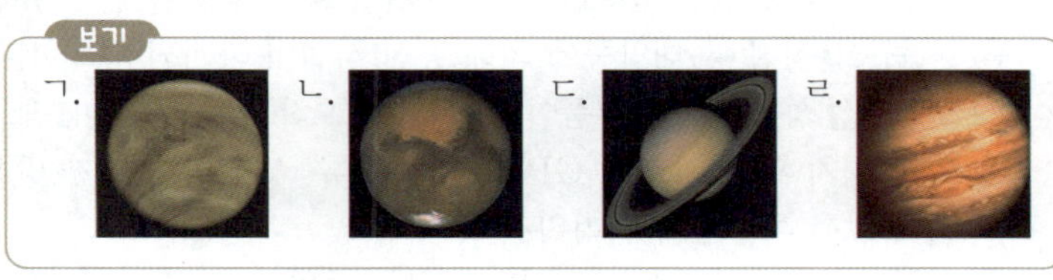


다음 설명에 해당하는 행성의 기호와 이름을 쓰시오.

(1) 크기와 질량이 지구와 비슷하다. ( )

(2) 태양계 행성 중 두 번째로 크며, 주로 수소와 헬륨으로 이루어져 있다. ( )

(3) 표면이 붉게 보이고, 과거에 물이 흘렀던 흔적이 있다. ( )

(4) 표면에 대적점이 나타나고, 희미한 고리가 있다. ( )

**07** 태양계의 행성에 대한 설명으로 알맞은 말을 고르시오.

(1) 수성은 낮과 밤의 온도 차이가 매우 ( 작다, 크다 ).

(2) 금성은 표면의 온도가 매우 ( 낮다, 높다 ).

(3) 태양계에서 가장 큰 행성은 ( 목성, 토성 )이며, 표면에 가로줄 무늬가 나타난다.

**08** 태양의 표면에서 관측되는 쌀알 무늬와 흑점에 대한 설명으로 옳은 것은 ○, 옳지 않은 것은 ×로 표시하시오.

(1) 쌀알 무늬와 흑점은 광구에서 나타난다. ( )

(2) 쌀알 무늬는 태양 내부에서 일어나는 대류 현상으로 생긴다. ( )

(3) 쌀알 무늬는 흑점 주변에서만 보인다. ( )

(4) 흑점은 주변보다 온도가 높아서 어둡게 관측된다. ( )

## 2 태양의 대기

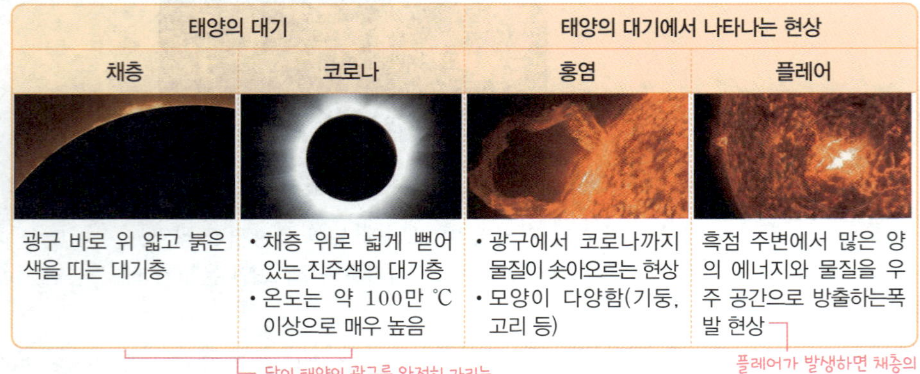

| 태양의 대기 | | 태양의 대기에서 나타나는 현상 | |
|---|---|---|---|
| 채층 | 코로나 | 홍염 | 플레어 |
| 광구 바로 위 얇고 붉은 색을 띠는 대기층 | • 채층 위로 넓게 뻗어 있는 진주색의 대기층<br>• 온도는 약 100만 ℃ 이상으로 매우 높음 | • 광구에서 코로나까지 물질이 솟아오르는 현상<br>• 모양이 다양함(기둥, 고리 등) | 흑점 주변에서 많은 양의 에너지와 물질을 우주 공간으로 방출하는폭발 현상 |




## 3 태양의 활동

(1) **태양의 활동이 활발할 때 태양에서 나타나는 현상**: 태양 표면의 ❶흑점 수가 많아지고, 홍염과 플레어가 자주 발생하며, 코로나의 크기가 커지고 ❷태양풍이 강해진다.

(2) **태양의 활동이 활발할 때 지구에서 나타나는 현상**

① 자기 폭풍 발생 ➡ 지구 자기장이 태양풍에 의해 일시적으로 불규칙하게 변한다.
② ❸오로라 ➡ 고위도 지역의 오로라가 더 넓은 지역에서, 더 자주 발생하게 된다.
③ 무선 통신 장애(델린저 현상) ➡ 전파 신호가 방해를 받아 통신 장애가 발생한다.
④ ❹대규모 정전 ➡ 태양풍에 의해 송전 시설이 파괴되기도 한다.
⑤ 인공위성 성능 저하 ➡ 부품이 손상되거나 오작동이 발생하며, 궤도를 이탈하기도 한다.
⑥ 위성 위치 확인 시스템(GPS) 통신 오류 ➡ 위성 신호가 방해를 받아 정확한 위치 정보를 확인하기 어려워진다.
⑦ 항공기 운항 피해 ➡ 북극 지방의 하늘 주위(북극 항로)에서의 비행이 어려워진다.

## ❸ 천체 망원경을 이용한 천체 관측

### 1 천체 망원경의 구조와 역할

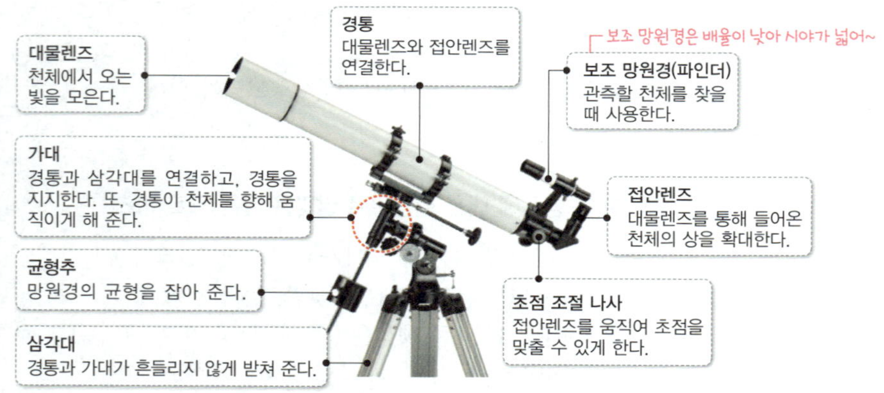


### 2 천체 망원경의 조립 순서
삼각대 설치 → 가대와 균형추 설치 → 경통 설치 → 보조 망원경과 접안렌즈 설치 → 균형 맞추기 → ❺시야 정렬

### 3 천체 망원경의 조작 방법

(1) 주위가 트여 있고 빛이 적은 평평한 곳에 천체 망원경을 설치한다.
(2) 보조 망원경을 통해 관측할 천체를 찾아 천체가 ❻십자선의 중앙에 오도록 조정한다.
(3) 보조 망원경으로 찾은 천체를 접안렌즈로 보면서 초점을 맞춘 후에 관측한다.
(4) 접안렌즈로 천체를 관측할 때는 먼저 저배율로 관측하고, 배율을 높여가며 관측한다.

---



**❶ 태양 흑점 수의 변화**

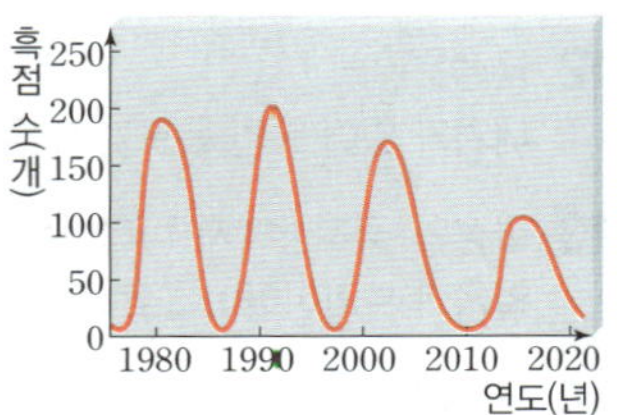


• 흑점 수는 약 11년 주기로 증감한다.
• 흑점 수 증가 ➡ 태양 활동이 활발하다.
• 태양 활동을 예측할 수 있다.

**❹ 태양 활동으로 인한 피해**

1989년에 발생한 자기 폭풍으로 캐나다의 약 6백만 명의 주민들이 정전 피해를 입었다.

**❺ 주 망원경과 보조 망원경의 시야 정렬**

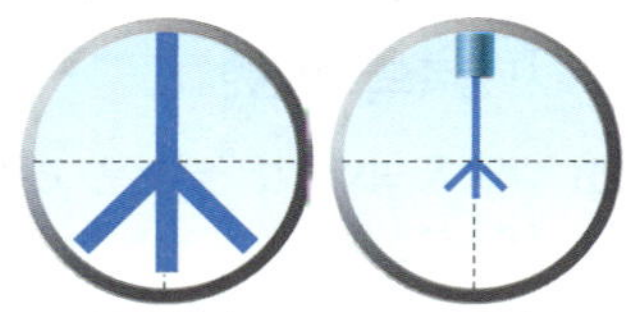


주 망원경을 보면서 주위에서 찾기 쉬운 물체를 십자선 중앙에 놓고, 보조 망원경을 보면서 같은 물체가 십자선 중앙에 오도록 조절하여 보조 망원경과 주 망원경의 방향을 일치시킨다.

**❻ 관측할 천체의 위치 조정**

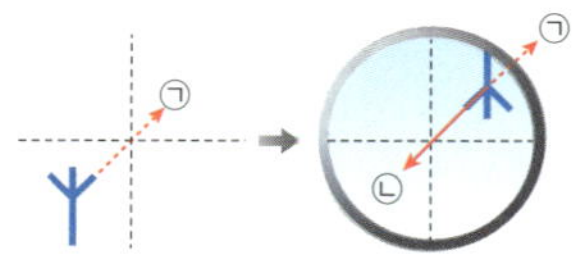


대부분의 천체 망원경에서는 천체의 상하좌우가 바뀌어 보인다. 따라서 천체를 십자선의 중앙에 오도록 조정할 때에는 움직이고자 하는 방향(㉠)의 반대 방향(㉡)으로 망원경을 조정해야 한다.

---



**❷ 태양풍**
태양에서 우주로 방출되는 전기를 띤 입자의 흐름

**❸ 오로라**
태양에서 날아오는 전기를 띤 입자가 상층 대기에서 대기 입자와 충돌하여 빛을 내는 현상

바로 복습

**빈칸 채우기 문제**

**21** 태양의 광구 바로 위의 붉은색의 얇은 대기층은 ＿＿＿이다.

**22** 태양 표면의 ＿＿＿의 수는 약 11 년을 주기로 변화한다.

**23** 태양 활동이 ＿＿＿할 때 오로라가 더 자주 발생한다.

**24** 천체 망원경의 ＿＿＿렌즈는 빛을 모아주는 역할을 하고, ＿＿＿렌즈는 상을 확대하는 역할을 한다.

**25** ＿＿＿＿＿는 망원경의 균형을 잡아주는 역할을 한다.

## ○✕ 문제

**26** 코로나의 온도는 광구의 평균 온도보다 낮다. (　　)

**27** 태양 활동이 약해지면 태양 표면의 흑점 수가 증가한다. (　　)

**28** 태양 활동이 활발해지면 지구 자기장이 일시적으로 불규칙하게 변하는 자기 폭풍이 일어난다. (　　)

**29** 천체 망원경은 빛이 적고 평평한 곳에 설치한다. (　　)

**30** 천체 망원경을 설치할 때는 경통을 설치한 후에 균형추를 설치한다. (　　)

**09** 태양의 대기에 대한 설명과 그에 대한 모습을 옳게 연결하시오.

(1) 광구 바로 바깥쪽의 붉은색을 띠는 대기층 ・

(2) 광구에서 코로나까지 물질이 솟아오르는 현상 ・

(3) 채층 위로 멀리 뻗어 있는 진주색의 대기층 ・

(4) 흑점 주변에서 짧은 시간 동안 나타나는 폭발 현상 ・

・㉠

・㉡

・㉢

・㉣

**10** 태양의 활동이 활발할 때 태양에서 나타나는 현상으로 알맞은 말을 고르시오.

(1) 코로나의 크기가 ( 작아진다, 커진다 ).

(2) 태양 표면의 흑점 수가 ( 감소한다, 증가한다 ).

(3) 태양에서 방출하는 태양풍이 ( 약해진다, 강해진다 ).

**11** 태양의 활동이 활발할 때 지구에서 나타나는 현상으로 옳지 <u>않은</u> 것을 보기에서 <u>모두</u> 고르시오.

보기

ㄱ. 무선 통신이 중단되기도 한다.

ㄴ. 자기 폭풍이 줄어든다.

ㄷ. 오로라가 발생하는 지역이 좁아진다.

ㄹ. 과도한 전류가 흘러 송전 시설이 파괴될 수 있다.

ㅁ. 위성 위치 확인 시스템(GPS) 수신에 장애를 일으키기도 한다.

ㅂ. 인공위성이 궤도를 이탈하거나 부품이 손상될 수 있다.

**12** 그림은 천체 망원경의 구조를 나타낸 것이다. 접안렌즈로 천체를 관측하기 전에 관측하고자 하는 천체를 쉽게 찾는 데 이용하는 것은 어느 것인지 기호와 이름을 쓰시오.

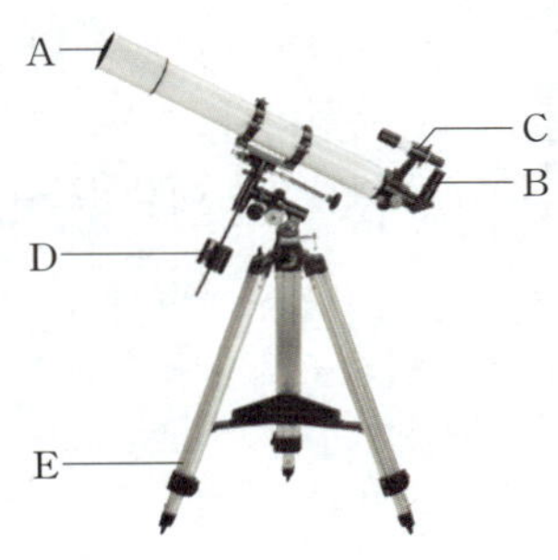

# 탐구 집중 관리 | 태양계 행성 분류하기

**목표** | 태양계 행성들의 특징을 수집하고 분석하여 태양계 행성을 분류할 수 있다.

**과정**

**주의 신**
• 반지름과 질량은 지구의 값을 1로 하여 상대적인 값으로 기록한다.

❶ 누리망(인터넷)에서 태양계 행성의 반지름, 질량, 위성 수를 조사한 후 스프레드시트를 활용하여 표로 정리한다.
❷ 스프레드시트의 그래프 그리기 기능을 활용하여 행성의 반지름, 질량, 위성 수를 막대그래프로 나타낸다.
❸ ❷에서 정리한 자료를 이용하여 태양계 행성을 (가)와 (나) 두 집단으로 분류한 후, 각 집단의 공통적인 특징을 정리한다.

**결과 & 정리**

| 행성 | 수성 | 금성 | 지구 | 화성 | 목성 | 토성 | 천왕성 | 해왕성 |
|---|---|---|---|---|---|---|---|---|
| 반지름(지구=1) | 0.38 | 0.95 | 1 | 0.53 | 11.21 | 9.45 | 4.01 | 3.88 |
| 질량(지구=1) | 0.06 | 0.82 | 1 | 0.11 | 317.83 | 95.16 | 14.54 | 17.15 |
| 위성 수(개) | 0 | 0 | 1 | 2 | 95 | 146 | 27 | 14 |

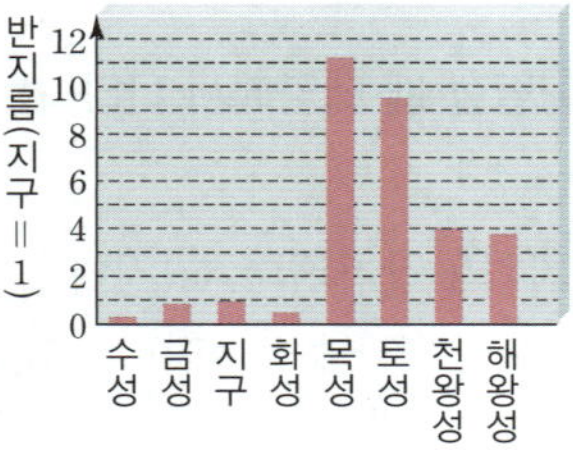
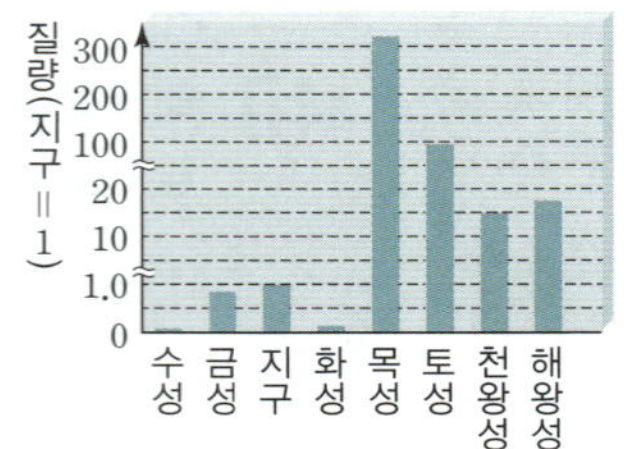
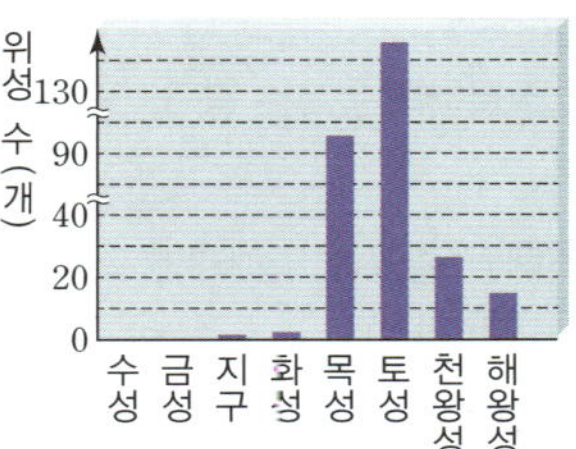

(출처: 미국항공우주국[NASA], 2023)

| (가) 지구형 행성 | (나) 목성형 행성 |
|---|---|
| 수성, 금성, 지구, 화성 | 목성, 토성, 천왕성, 해왕성 |
| • 질량과 반지름이 작다.<br>• 위성이 없거나 그 수가 적으며 고리가 없다.<br>• 표면이 단단한 암석(고체)으로 이루어져 있다. | • 질량과 반지름이 크다.<br>• 위성이 많고 고리가 있다.<br>• 표면이 기체로 이루어져 있다. |

## 탐구 알약

**01** 위 탐구에 대한 설명으로 옳은 것은 ○, 옳지 <u>않은</u> 것은 ×로 표시하시오.

(1) 태양계의 행성은 질량을 이용하여 두 집단으로 분류할 수 있다. ( )
(2) 행성의 표면 상태는 태양계 행성을 분류하는 기준이 될 수 없다. ( )
(3) 지구형 행성 중 위성의 수가 가장 많은 행성은 지구이다. ( )
(4) 목성형 행성 중 반지름과 질량이 가장 큰 행성은 목성이다. ( )
(5) 천왕성은 해왕성보다 반지름이 크고 위성 수가 많다. ( )

**02** 표는 태양계 행성 A~D의 특징을 나타낸 것이다.

| 행성 | A | B | C | D |
|---|---|---|---|---|
| 반지름(지구=1) | 0.38 | 1 | 11.21 | 9.45 |
| 질량(지구=1) | 0.06 | 1 | 317.83 | 95.16 |
| 위성 수(개) | 0 | 1 | 95 | 146 |

이에 대한 설명으로 옳은 것을 **보기** 에서 모두 고른 것은?

**보기**
ㄱ. A와 B는 고리가 없다.
ㄴ. C와 D는 표면이 단단한 암석으로 이루어져 있다.
ㄷ. A와 B는 지구형 행성, C와 D는 목성형 행성이다.

① ㄱ  ② ㄴ  ③ ㄱ, ㄷ
④ ㄴ, ㄷ  ⑤ ㄱ, ㄴ, ㄷ

# 탐구 집중 관리 · 천체 망원경을 이용하여 천체 관측하기

**목표** | 천체 망원경을 이용하여 태양과 달, 행성을 관측할 수 있다.

## 탐구 ❶

### 천체 망원경을 이용하여 태양의 흑점 관측하기

### 과정

**주의 신**

· 태양을 관측할 때 맨눈으로 태양을 직접 보지 않는다.

· 태양 투영판을 설치하지 않은 경우 태양 필터를 이용한다.

❶ 맑은 날 태양이 잘 보이는 곳에 천체 망원경을 설치하고, 태양 투영판을 설치한다.

❷ 경통이 태양을 향하게 하여 경통 뚜껑을 열고, 경통의 방향을 조정하여 태양의 상이 투영판 가운데에 위치하게 한다.

❸ 투영판을 앞뒤로 움직여 태양의 모습이 선명하게 맺히도록 한다.

❹ 투영판에 맺힌 태양의 모습을 관측한다.

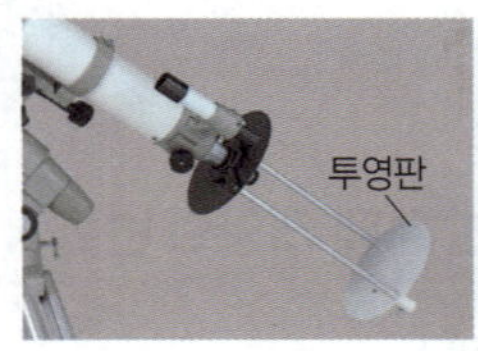

## 탐구 ❷

### 천체 망원경을 이용하여 달과 행성 관측하기

### 과정

**주의 신**

· 초저녁에 달을 관측하려면 음력 2 일~음력 15 일 사이에 관측하는 것이 좋다.

· 보름달은 밝기가 매우 밝으므로 대물렌즈의 일부를 가려 빛의 양을 조절한다.

❶ 인터넷 검색이나 천체 관측 프로그램을 이용하여 오늘 밤 관측할 수 있는 달의 위상과 위치, 행성에는 무엇이 있는지 알아본다.

❷ 경통이 달이나 행성을 향하게 한 후, 관측 대상이 보조 망원경의 시야에 들어왔을 때 경통을 고정한다.

❸ 달이나 행성이 보조 망원경의 십자선 중앙에 위치하도록 조절한다.

❹ 관측하려는 천체가 또렷하게 보이도록 초점을 맞춘 후 관측한다.

## 탐구 ❶, ❷ 결과 & 정리

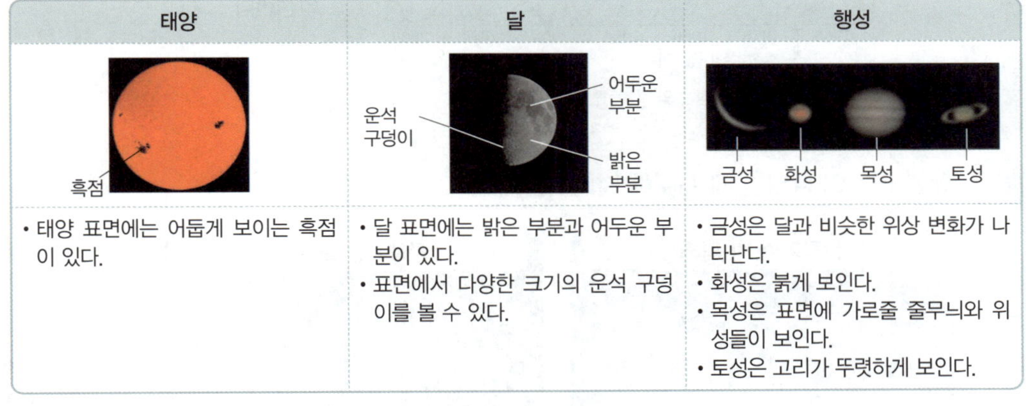


| 태양 | 달 | 행성 |
| --- | --- | --- |
| · 태양 표면에는 어둡게 보이는 흑점이 있다. | · 달 표면에는 밝은 부분과 어두운 부분이 있다.<br>· 표면에서 다양한 크기의 운석 구덩이를 볼 수 있다. | · 금성은 달과 비슷한 위상 변화가 나타난다.<br>· 화성은 붉게 보인다.<br>· 목성은 표면에 가로줄 줄무늬와 위성들이 보인다.<br>· 토성은 고리가 뚜렷하게 보인다. |

## 탐구 알약

**03** 그림은 천체 망원경의 구조를 나타낸 것이다. 빈칸에 알맞은 이름을 쓰시오.

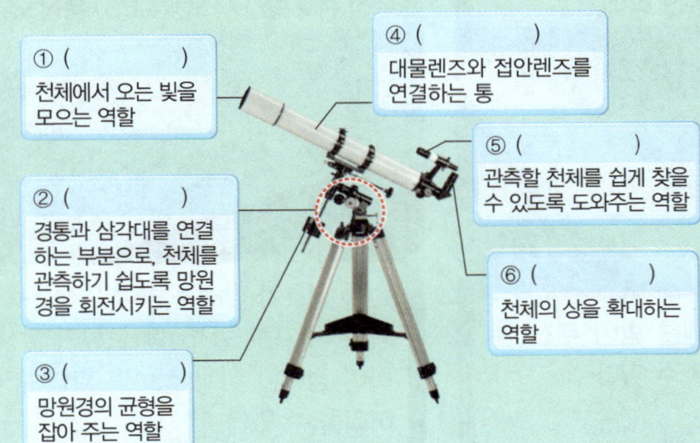


**04** 위 탐구에 대한 설명으로 옳은 것은 ○, 옳지 않은 것은 ×로 표시하시오.

(1) 태양 표면을 관측할 때는 접안렌즈로 직접 보지 않고 태양 필터를 사용한다. (      )

(2) 달 표면에서 움푹 파여 있는 운석 구덩이를 볼 수 있다. (      )

(3) 금성은 여러 개의 위성이 보인다. (      )

(4) 화성의 표면은 붉은색으로 보인다. (      )

(5) 목성은 토성과 달리 고리가 없다. (      )

# 태양의 활동이 지구에 미치는 영향

태양의 활동은 주기적으로 활발해졌다가 약해지기를 반복해! 태양 활동이 활발할 때의 태양의 변화와 태양 활동이 지구에 미치는 영향을 살펴보자!

## 1 태양 활동이 활발할 때 태양의 변화

- **흑점 수가 많아진다.**
  태양의 활동이 활발할수록 흑점의 수가 많아진다. 태양 표면에 나타나는 흑점의 개수는 약 11 년을 주기로 증감하며, 흑점 수가 가장 많은 시기를 흑점 수의 극대기라 하고 가장 적은 시기를 흑점 수의 극소기라고 한다.

흑점 수의 극대기

흑점 수의 극소기

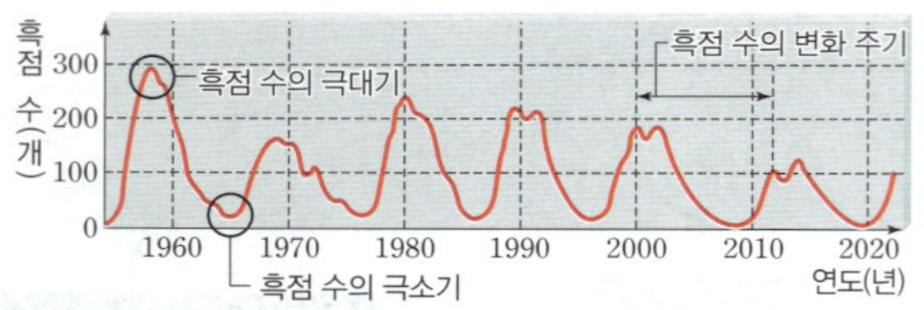


태양 흑점 수의 주기적인 변화

- **태양풍이 강해지고, 코로나의 크기가 커진다.**
  태양 활동이 활발한 시기에는 태양풍이 평소보다 강해지며, 코로나의 크기가 커진다. 태양은 끊임없이 우주 공간으로 물질과 에너지를 방출하는데, 태양에서 방출되는 전기적 성질 띤 입자의 흐름을 태양풍이라고 한다.

코로나의 크기 변화

- **홍염과 플레어가 자주 발생한다.**
  태양 활동이 활발할수록 흑점 주위에 홍염과 플레어가 자주 발생한다.

## 2 태양 활동이 활발할 때 지구에 나타나는 영향

### 항공기 운항 피해

비행기가 북극 지방 하늘을 비행하기 어려워지고, 승무원과 승객이 태양의 방사선에 노출될 수 있다.

### 강해지는 오로라

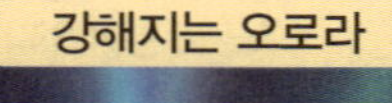

태양풍이 공기 입자와 충돌하여 빛을 내는 오로라 현상이 더 선명하고 넓은 지역에서 관측된다.

### 인공위성 성능 저하

자기 폭풍으로 강한 전류가 발생하면 인공위성의 센서가 고장나거나 인공위성이 궤도를 이탈할 수 있다.

### 전력 시스템 이상

대기 상층에서 태양풍과의 마찰로 강한 전류가 발생하여 지구의 전력 시스템에 이상이 생기며 심할 경우 대규모 화재나 정전이 발생할 수 있다.

### 무선 통신 장애

전파 신호가 방해를 받아 무선 통신 장애가 발생할 수 있다.

### 위성 위치 확인 시스템(GPS) 통신 오류

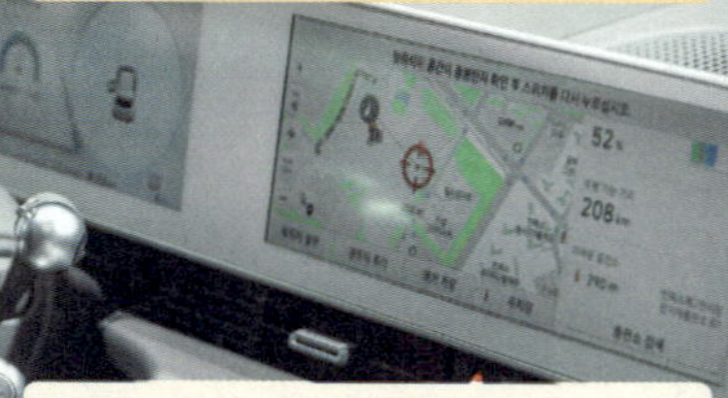

전파 신호가 방해를 받아 위성 위치 확인 시스템(GPS)에 오류가 발생하여 정확한 위치 정보를 확인하기 어려울 수 있다.

# 유형 클리닉

## 유형 1  지구형 행성과 목성형 행성

행성의 물리적 특징을 보고 지구형 행성과 목성형 행성으로 나눌 수 있어야 해~

표는 태양계의 행성들을 물리적 특징에 따라 두 집단으로 분류하여 나타낸 것이다.

| (가) | (나) |
| --- | --- |
| 수성, 금성, 지구, 화성 | 목성, 토성, 천왕성, 해왕성 |

(가)와 (나)의 특징을 비교한 것으로 옳은 것을 <u>모두</u> 고르면?

| | 구분 | (가) | (나) |
| --- | --- | --- | --- |
| ① | 반지름 | 작다. | 크다. |
| ② | 질량 | 크다. | 작다. |
| ③ | 표면 상태 | 고체 | 기체 |
| ④ | 위성 수 | 많다. | 없거나 적다. |
| ⑤ | 고리 유무 | 있다. | 없다. |

| (가) 지구형 행성 | (나) 목성형 행성 |
| --- | --- |
| 수성, 금성, 지구, 화성 | 목성, 토성, 천왕성, 해왕성 |

→ 지구형 행성과 목성형 행성을 비교할 때는 각각의 대표 행성인 지구와 목성을 비교해서 생각하면 조금 더 쉬워! 지구는 목성보다 질량과 크기(반지름)가 훨~~~씬 작지? 그리고 지구의 표면은 단단한 고체로 이루어져 있고, 목성의 표면은 기체로 이루어져 있어! 또 지구는 고리가 없는 반면 목성은 희미한 고리를 가지고 있고, 지구의 위성은 달 하나뿐인데 목성의 위성은 90개가 넘어~

답 ①, ③

**ZP point**

지구형 행성: 반지름 · 질량 · 위성 수↓, 표면 고체, 고리×
목성형 행성: 반지름 · 질량 · 위성 수↑, 표면 기체, 고리○

## 유형 2  태양계 행성의 특징

태양계 행성들의 각 특징을 보고 어떤 행성에 대한 설명인지 연결할 수 있어야 해!

태양계를 구성하는 행성의 특징으로 옳은 것은?

① 수성: 대기가 거의 없기 때문에 표면에 운석 구덩이가 많고 낮과 밤의 온도 차이가 거의 없다.
② 화성: 극지방에는 계절에 따른 크기의 변화가 거의 없는 흰색의 극관이 존재한다.
③ 목성: 태양계에서 가장 큰 행성으로 지구에서 가장 밝게 보인다.
④ 토성: 얼음과 암석 조각으로 이루어진 뚜렷한 고리가 있다.
⑤ 천왕성: 표면이 붉게 보이고, 자전축이 공전 궤도면에 거의 나란하다.

✗ 수성: 대기가 거의 없기 때문에 표면에 운석 구덩이가 많고 낮과 밤의 온도 차이가 ~~거의 없다.~~ 크다
→ 대기가 거의 없는 수성은 표면에 운석 구덩이가 많고 낮과 밤의 온도 차이가 굉장히 크게 나타나!

✗ 화성: 극지방에는 계절에 따른 크기의 변화가 ~~거의 없는~~ 흰색의 극관이 존재한다. 있는
→ 화성의 대표적인 특징은 양극에 얼음과 드라이아이스로 이루어진 흰색의 극관이 존재한다는 거지! 이 극관은 계절에 따라 크기가 달라져!

✗ 목성: 태양계에서 가장 큰 행성으로 지구에서 ~~가장 밝게 보인다.~~
→ 목성이 태양계에서 가장 큰 행성인 것은 맞아! 그렇지만 지구에서 가장 밝게 보이는 행성은 금성이지!

④ 토성: 얼음과 암석 조각으로 이루어진 뚜렷한 고리가 있다.
→ 토성은 얼음과 암석 조각으로 이루어진 뚜렷한 고리가 있어~!

✗ 천왕성: 표면이 ~~붉게~~ 보이고, 자전축이 공전 궤도면에 거의 나란하다. 청록색으로
→ 천왕성은 표면이 청록색으로 보이는 행성이야! 그리고 천왕성의 자전축이 공전 궤도면에 거의 나란하다는 것도 천왕성의 대표적인 특징이지~

답 ④

**ZP point**

• 수성 - 대기×
• 화성 - 극관, 물 흐른 흔적
• 목성 - 대적점, 가로줄 무늬
• 천왕성 - 공전 궤도면에 거의 나란한 자전축
• 해왕성 - 대흑점
• 금성 - 지구에서 가장 밝게 보임
• 토성 - 뚜렷한 고리

# 유형 클리닉

## 유형 3  태양의 표면

+ 태양의 표면에서 관측할 수 있는 현상의 특징을 알고, 태양의 활동에 따라 어떻게 변하는지 알아두자!

그림은 태양 표면의 일부를 나타낸 것이다.

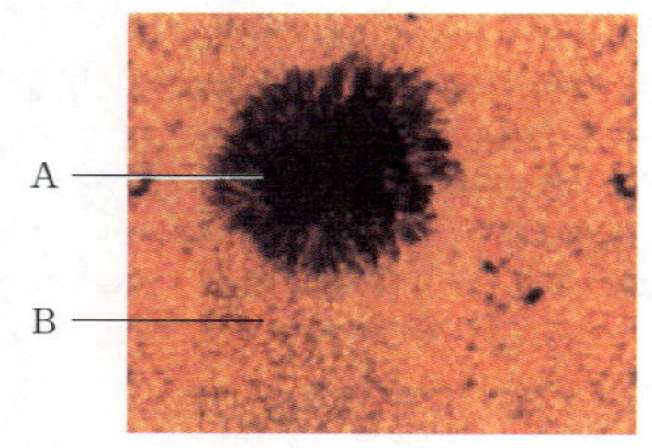

A와 B에 대한 설명으로 옳은 것은?

① A는 주변보다 온도가 높다.
② A는 모양과 크기가 일정하다.
③ A의 수는 태양 활동이 활발해지면 증가한다.
④ B는 태양의 대기에서 나타나는 현상이다.
⑤ A와 B는 모두 달이 태양을 완전히 가릴 때 관측할 수 있다.

✗ ① A는 주변보다 온도가 높다. **낮다**
　→ A는 흑점으로, 태양 표면의 다른 곳에 비해 온도가 낮아서 어둡게 보여~

✗ ② A는 모양과 크기가 일정하다. **다양하다**
　→ 흑점(A)은 모양과 크기가 다양하고, 망원경으로 관측하면 시간에 따라 흑점(A)의 위치도 변하지!

③ A의 수는 태양 활동이 활발해지면 증가한다.
　→ 흑점(A)의 수는 태양 활동이 활발해지면 증가하기 때문에 흑점(A)의 수를 관측하여 태양 활동을 예측할 수 있어!

✗ ④ B는 태양의 대기에서 나타나는 현상이다. **표면에서**
　→ B는 쌀알 무늬로, 태양의 대기가 아니라 태양의 표면인 광구에서 볼 수 있어.

✗ ⑤ A와 B는 모두 달이 태양을 완전히 가릴 때 관측할 수 있다. **없다**
　→ 흑점(A)과 쌀알 무늬(B)는 광구에서 관측되는 현상으로, 달이 태양을 완전히 가리면 광구 전체가 가려져 보이지 않게 돼!

답 ③

**ZP point**
태양 표면(광구) ➡ 흑점, 쌀알 무늬
태양 활동 활발 ➡ 흑점 수 증가

## 유형 4  천체 망원경을 이용한 천체 관측

+ 천체를 관측하는 천체 망원경의 조작 방법을 묻는 문제가 출제될 수 있어~

천체를 관측할 때 이용하는 천체 망원경의 조작 방법에 대한 설명으로 옳은 것을 〔보기〕에서 모두 고른 것은?

**보기**
ㄱ. 보조 망원경으로 관측할 천체를 찾는다.
ㄴ. 천체가 보조 망원경의 십자선 중앙에 오도록 조정한다.
ㄷ. 접안렌즈는 고배율로 먼저 관측한 다음 저배율로 관측한다.

① ㄱ　　　　② ㄷ　　　　③ ㄱ, ㄴ
④ ㄴ, ㄷ　　　⑤ ㄱ, ㄴ, ㄷ

ㄱ. 보조 망원경으로 관측할 천체를 찾는다.
　→ 보조 망원경은 주 망원경보다 시야가 넓기 때문에 보조 망원경으로 관측할 천체를 찾아야 해~

ㄴ. 천체가 보조 망원경의 십자선 중앙에 오도록 조정한다.
　→ 보조 망원경의 렌즈에는 십자선이 그려져 있는데, 관측하려는 천체를 십자선의 중앙에 오도록 조정해야 하지!

✗ ㄷ. 접안렌즈는 고배율로 먼저 관측한 다음 저배율로 관측한다. **저배율로 먼저 / 고배율**
　→ 접안렌즈로 천체를 관측할 때는 저배율로 먼저 관측한 다음, 고배율로 배율을 높여 가면서 관측하는 것이 좋아!

답 ③

**ZP point**
관측할 천체 찾기: 보조 망원경 → 접안렌즈
접안렌즈로 천체 관측: 저배율 → 고배율

# 실전 백신

## 1 태양계 구성 천체

<sup>중요</sup> <sup>신유형</sup>
**01** 다음은 태양계의 천체를 특징에 따라 구분하는 순서도를 나타낸 것이다.

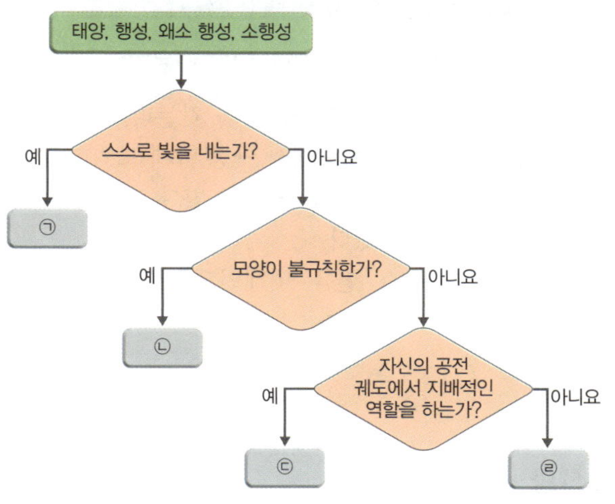


㉠~㉣에 대한 설명으로 옳지 <u>않은</u> 것은?

① ㉠은 태양계의 중심에 있다.
② 달은 ㉡에 속한다.
③ ㉡은 ㉠을 중심으로 공전한다.
④ 태양계에 존재하는 ㉢은 총 8 개이다.
⑤ ㉣은 ㉢보다 크기와 질량이 작다.

**02** 그림 (가)와 (나)는 왜소 행성과 혜성을 순서 없이 나타낸 것이다.

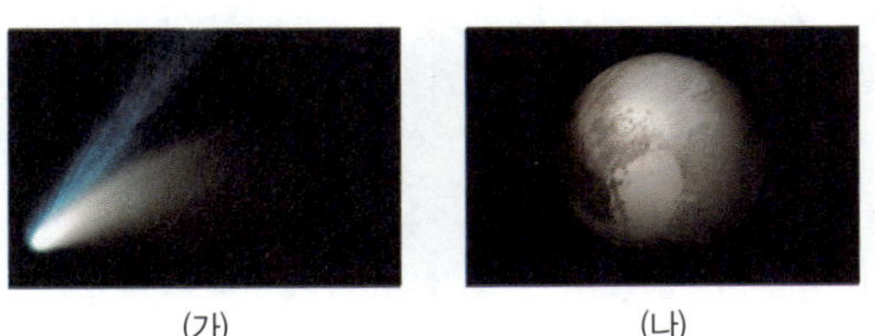

(가)  (나)

이에 대한 설명으로 옳은 것을 보기 에서 모두 고른 것은?

> **보기**
> ㄱ. (가)는 얼음과 먼지로 이루어져 있다.
> ㄴ. (나)는 불규칙한 모양을 가지기도 한다.
> ㄷ. (가)와 (나)는 모두 태양계 구성 천체이다.

① ㄱ  ② ㄴ  ③ ㄱ, ㄷ
④ ㄴ, ㄷ  ⑤ ㄱ, ㄴ, ㄷ

<sup>중요</sup>
**03** 표는 태양계 행성을 (가)와 (나)로 구분하여 나타낸 것이다.

| 구분 | (가) | (나) |
|---|---|---|
| 행성의 종류 | 목성, 토성, 천왕성, 해왕성 | 수성, 금성, 지구, 화성 |

이에 대한 설명으로 옳지 <u>않은</u> 것은?

① (가)는 위성의 수가 많다.
② (가)는 단단한 표면이 없다.
③ (나)는 고리가 없다.
④ (가)는 (나)보다 질량이 크다.
⑤ (나)는 (가)보다 반지름이 크다.

**04** 그림은 태양계 행성을 질량과 위성 수에 따라 A와 B로 구분하여 나타낸 것이다.

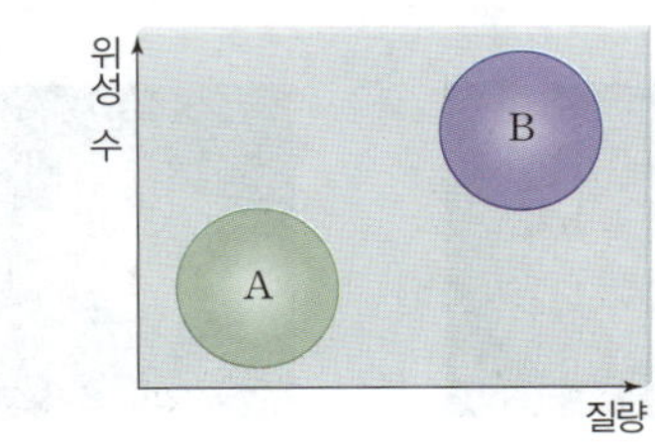


이에 대한 설명으로 옳은 것을 보기 에서 모두 고른 것은?

> **보기**
> ㄱ. A의 표면은 고체로 이루어져 있다.
> ㄴ. B는 고리가 있다.
> ㄷ. 화성은 B에 속한다.

① ㄱ  ② ㄷ  ③ ㄱ, ㄴ
④ ㄴ, ㄷ  ⑤ ㄱ, ㄴ, ㄷ

**05** 다음은 태양계 행성 (가)~(라)의 특징을 설명한 것이다.

> (가) 표면에 운석 구덩이가 많다.
> (나) 자전축이 공전 궤도면과 거의 나란하다.
> (다) 얼음과 암석으로 이루어진 뚜렷한 고리가 있다.
> (라) 극지방에 얼음과 드라이아이스로 이루어진 극관이 있다.

**태양에서 가장 가까운 행성부터 순서대로 옳게 나열한 것은?**

① (가) → (나) → (다) → (라)
② (가) → (라) → (다) → (나)
③ (나) → (가) → (라) → (다)
④ (나) → (다) → (라) → (가)
⑤ (다) → (라) → (가) → (나)

**중요**
**06** 그림 (가)와 (나)는 태양계 행성 중 목성과 토성을 순서 없이 나타낸 것이다.

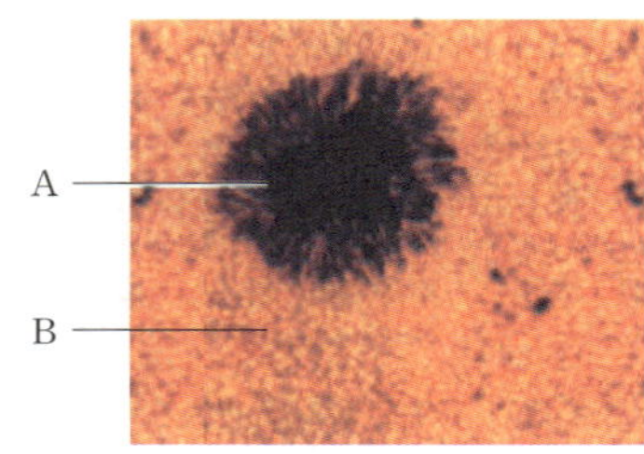

(가)          (나)

**(가)와 (나)의 특징으로 옳은 것은?**

① (가)에는 대기의 소용돌이인 대흑점이 나타난다.
② (가)의 표면에 나타나는 줄무늬는 여러 물질이 퇴적되어 있음을 알려 준다.
③ (나)는 태양계 행성 중 크기가 가장 크다.
④ (나)는 표면이 단단한 암석으로 이루어져 있다.
⑤ (가)와 (나)는 모두 고리와 많은 수의 위성이 있다.

**07** 그림은 태양계를 구성하는 행성의 공전 궤도를 나타낸 것이다.

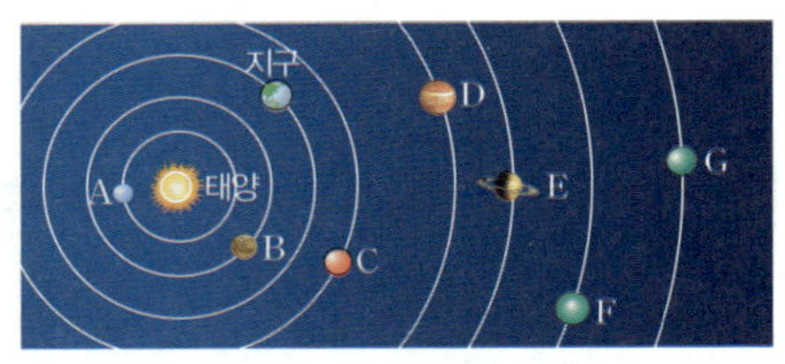


**행성 A~G에 대한 설명으로 옳지 않은 것은?**

① A는 두꺼운 이산화 탄소 대기층을 갖는다.
② B는 태양계 행성 중 지구에서 가장 밝게 보인다.
③ C에는 과거에 물이 흘렀던 흔적이 있다.
④ D와 E에는 고리가 있다.
⑤ F와 G는 주로 수소, 헬륨, 메테인으로 이루어져 있다.

### ② 태양

**중요**
**08** 그림은 태양 표면의 일부를 나타낸 것이다.



**이에 대한 설명으로 옳은 것을 보기에서 모두 고른 것은?**

> **보기**
> ㄱ. A의 온도는 B보다 낮다.
> ㄴ. A의 수는 항상 일정하다.
> ㄷ. B는 태양 내부에서 일어나는 대류 현상에 의해 생긴다.

① ㄱ          ② ㄴ          ③ ㄱ, ㄷ
④ ㄴ, ㄷ          ⑤ ㄱ, ㄴ, ㄷ

**09** 달이 태양의 광구를 완전히 가릴 때, 태양을 관측하면 볼 수 있는 것을 보기에서 모두 고른 것은?

> **보기**
> ㄱ. 채층          ㄴ. 흑점
> ㄷ. 쌀알 무늬          ㄹ. 코로나

① ㄱ, ㄴ          ② ㄱ, ㄹ          ③ ㄴ, ㄷ
④ ㄴ, ㄹ          ⑤ ㄷ, ㄹ

**(중요)**

**10** 그림 (가)~(라)는 태양에서 볼 수 있는 모습을 나타낸 것이다.

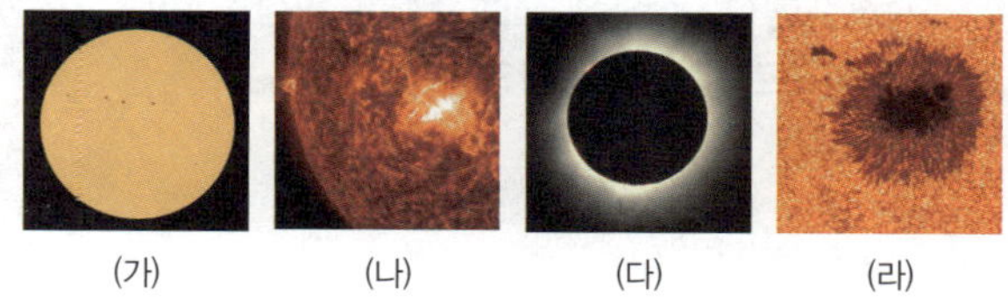



**이에 대한 설명으로 옳지 않은 것은?**

① (가)는 태양의 표면인 광구이다.
② (가)에서는 (라)와 같은 현상이 나타난다.
③ (나)가 발생하면 많은 양의 물질과 에너지가 우주 공간으로 방출된다.
④ (다)는 태양 활동이 활발해지면 크기가 작아진다.
⑤ (라)의 어둡게 보이는 부분은 주변보다 온도가 낮다.

**(중요) (신유형)**

**12** 그림 (가)와 (나)는 서로 다른 시기에 태양의 코로나를 관측한 모습을 나타낸 것이다.

**(가)와 (나)를 관측한 시기에 대한 설명으로 옳은 것은?**

① (가) 시기에는 무선 전파 통신 장애가 평소보다 많이 발생한다.
② (나) 시기는 태양 활동이 평소보다 약하다.
③ (가) 시기는 (나) 시기보다 태양의 흑점 수가 많다.
④ (나) 시기는 (가) 시기보다 오로라가 발생하는 지역이 좁다.
⑤ (나) 시기는 (가) 시기보다 태양의 홍염이 더 자주 관측된다.

**11** 그림은 천체 망원경을 이용하여 태양의 흑점을 4일 동안 관측한 모습을 나타낸 것이다.

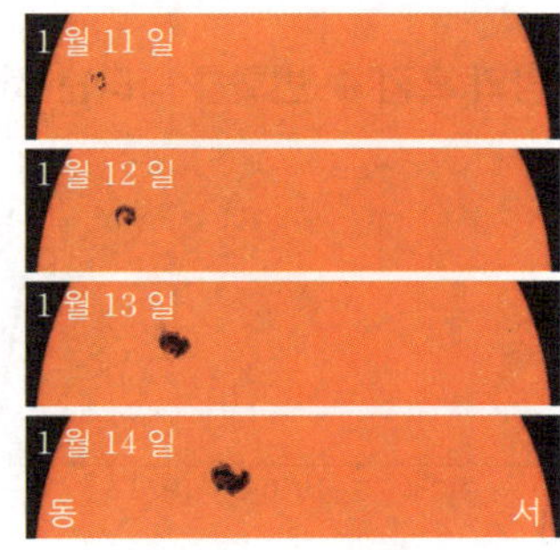



**흑점의 이동 방향과 흑점의 이동 원인을 옳게 짝 지은 것은?**

|  | 이동 방향 | 이동 원인 |
|---|---|---|
| ① | 동 → 서 | 태양의 자전 |
| ② | 동 → 서 | 태양의 공전 |
| ③ | 동 → 서 | 지구의 자전 |
| ④ | 서 → 동 | 지구의 공전 |
| ⑤ | 서 → 동 | 태양의 자전 |

**13** 그림은 태양의 흑점 수 변화를 나타낸 것이다.

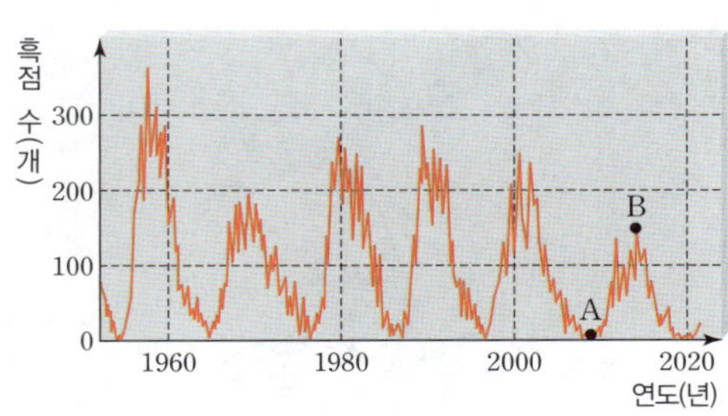



**이에 대한 설명으로 옳지 않은 것은?**

① 흑점의 수는 약 11년을 주기로 변한다.
② A보다 B 시기에 태양의 활동이 활발하다.
③ A보다 B 시기에 코로나의 크기가 커진다.
④ A 시기에는 지구에서 평소보다 오로라가 더 자주 발생한다.
⑤ B 시기 이후 흑점의 개수가 가장 많을 것으로 예상되는 시기는 약 2025년 무렵이다.

**14** 태양의 활동이 활발할 때, 지구에 미치는 영향으로 옳지 **않은** 것은?

① 자기 폭풍이 자주 발생한다.
② 전력 시설이 고장나 정전이 나타난다.
③ 인공위성이 고장나거나 성능이 떨어진다.
④ 비행기를 북극 부근의 하늘에서만 운항해야 한다.
⑤ 위성 위치 확인 시스템(GPS)에 오류가 발생한다.

### ③ 천체 망원경을 이용한 천체 관측

**15** 천체 망원경의 설치 장소로 적절하지 <u>않은</u> 곳은?

① 지형이 평평한 곳
② 사방이 탁 트여 시야가 넓은 곳
③ 안개가 잘 발생하지 않고 맑은 곳
④ 주변에서 들어오는 빛이 많아 밤에도 밝은 곳
⑤ 도시와 거리가 멀어 도시 불빛의 영향을 적게 받는 곳

**16** 그림은 천체 망원경을 나타낸 것이다.

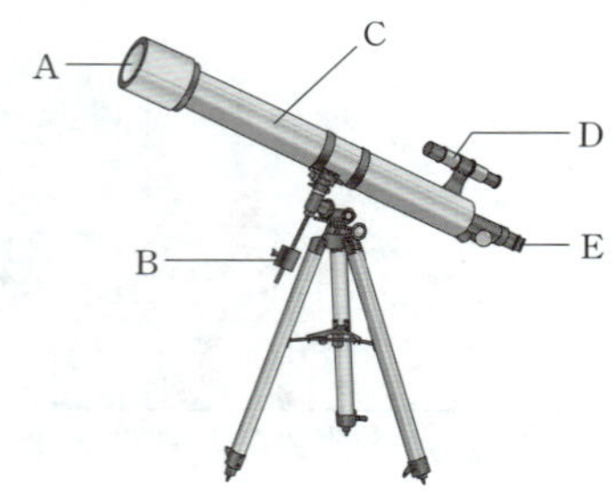


(가) 천체 망원경의 균형을 잡아주는 역할을 하는 것과, (나) 별빛을 모으는 역할을 하는 것의 기호를 옳게 짝 지은 것은?

| | (가) | (나) |
|---|---|---|
| ① | A | B |
| ② | B | A |
| ③ | B | D |
| ④ | C | A |
| ⑤ | C | E |





## 서술형

**17** 다음은 행성, 소행성, 왜소 행성, 위성을 어떤 기준에 따라 두 집단으로 분류하여 나타낸 것이다.

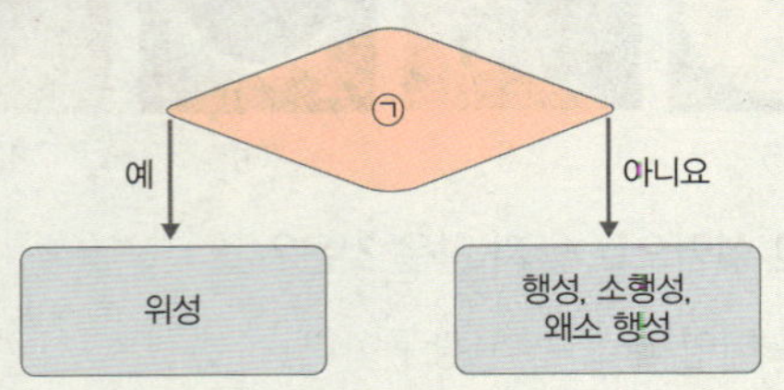


⑴ ㉠에 들어갈 분류 기준을 쓰시오.

⑵ ⑴과 같이 생각한 까닭을 서술하시오.

**KEY** 공전

**18** 그림은 태양계 행성을 특징에 따라 분류하여 나타낸 것이다.

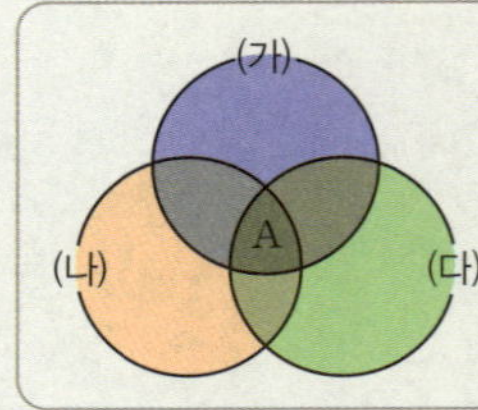


(가) 위성 수가 많다.
(나) 대기의 소용돌이가 나타난다.
(다) 주로 수소, 헬륨, 메테인으로 이루어져 있다.

A에 해당하는 행성이 무엇인지 쓰고, 이 행성의 특징을 두 가지 이상 서술하시오.

**KEY** 표면 색깔, 위치, 고리

**19** 그림은 태양의 흑점 수 변화를 나타낸 것이다.

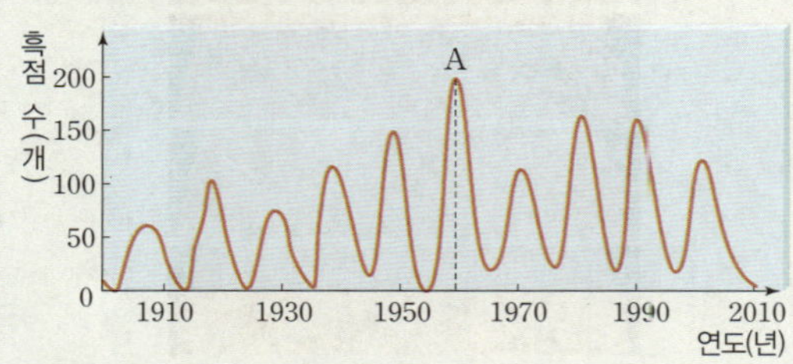


A 시기에 지구에서 나타날 수 있는 현상을 두 가지 이상 서술하시오.

**KEY** 무선 통신, 오로라, 정전

# 1등급 백신

**01** 그림은 태양계를 구성하는 천체 A~E의 모양과 공전 궤도를 모식적으로 나타낸 것이다.

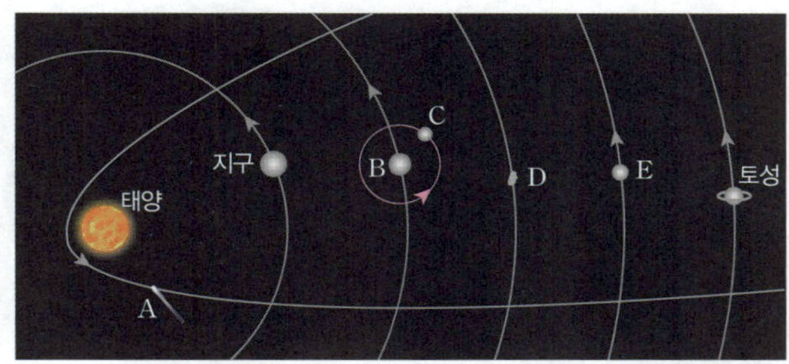


이에 대한 설명으로 옳은 것을 보기 에서 모두 고른 것은? (단, B와 E는 행성이다.)

> **보기**
> ㄱ. A와 D는 모양이 불규칙하다.
> ㄴ. B와 E는 목성형 행성에 속한다.
> ㄷ. C와 D는 같은 천체를 중심으로 공전한다.

① ㄱ      ② ㄴ      ③ ㄱ, ㄷ
④ ㄴ, ㄷ      ⑤ ㄱ, ㄴ, ㄷ

**02** 표는 태양계를 구성하는 행성들의 특징을 나타낸 것이다.

| 행성 | 태양으로 부터의 거리 (지구=1) | 적도 반지름 (km) | 주요 대기 성분 | 위성 수 (개) |
|---|---|---|---|---|
| A | 0.39 | 2439 | 거의 없음 | 0 |
| B | 0.72 | 6052 | 이산화 탄소 | 0 |
| C | 1 | 6378 | 질소, 산소 | 1 |
| D | 5.2 | 71398 | 수소, 헬륨 | 95 |

이에 대한 설명으로 옳지 <u>않은</u> 것은?

① 행성 A의 표면에는 운석 구덩이가 없을 것이다.
② 행성 B는 두꺼운 이산화 탄소 대기로 인해 표면 온도가 매우 높다.
③ 행성 C는 생명체가 존재할 수 있다.
④ 행성 D는 반지름이 크고 위성 수가 많은 것으로 보아 목성형 행성이다.
⑤ 행성 A~D 중 고리가 있는 행성은 D이다.

**03** 그림은 연도에 따른 지구 자기 변화량과 A의 변화량을 나타낸 것이다.

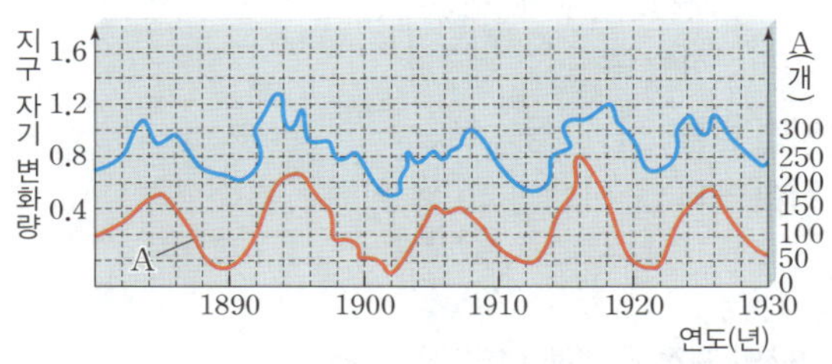


이에 대한 설명으로 옳은 것을 보기 에서 모두 고른 것은?

> **보기**
> ㄱ. A는 태양의 흑점 수이다.
> ㄴ. 지구 자기 변화량은 약 11 년 주기로 증감한다.
> ㄷ. 1900 년에는 무선 통신이 두절되는 현상이 나타났을 것이다.

① ㄱ      ② ㄷ      ③ ㄱ, ㄴ
④ ㄴ, ㄷ      ⑤ ㄱ, ㄴ, ㄷ

**04** 그림 (가)와 (나)는 태양의 대기 및 대기에서 일어나는 현상을 나타낸 것이다.

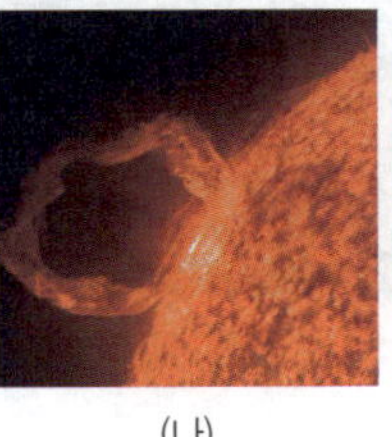

(가)        (나)

이에 대한 설명으로 옳지 <u>않은</u> 것은?

① (가)는 광구보다 온도가 높다.
② (가)는 태양 활동이 활발할수록 커진다.
③ (나)는 흑점 수가 많을 때 더욱 자주 일어난다.
④ (가)와 (나)는 달이 태양의 광구를 완전히 가릴 때 관측할 수 있다.
⑤ (나)가 자주 발생하는 시기에 지구에서는 오로라 관측 범위가 줄어든다.

# 02 지구의 운동

## ① 지구의 자전과 천체의 일주 운동

**1 지구의 자전**: 지구가 자전축을 중심으로 하루에 한 바퀴씩 회전하는 운동

(1) **자전 방향**: 서 → 동

(2) **자전 속도**: 1 시간에 15°씩 회전 — 지구는 하루(24 시간) 동안 한 바퀴(360°) 회전해!

지구의 자전

**2 지구의 자전에 의해 나타나는 현상**

(1) **천체의 일주 운동**: 천체가 북극성을 중심으로 하루에 한 바퀴씩 동쪽에서 서쪽으로 원을 그리며 회전하는 ❸겉보기 운동

① **일주 운동 방향**: 동 → 서 ➡ 지구의 자전 방향과 반대이다.

② **일주 운동 속도**: 1 시간에 15°씩 회전 ➡ 지구의 자전 속도와 같다.

(2) **태양과 달의 일주 운동**: 태양과 달이 매일 동쪽에서 뜨고 서쪽으로 진다. — 태양의 일주 운동으로 낮과 밤이 반복되지!

천체의 일주 운동

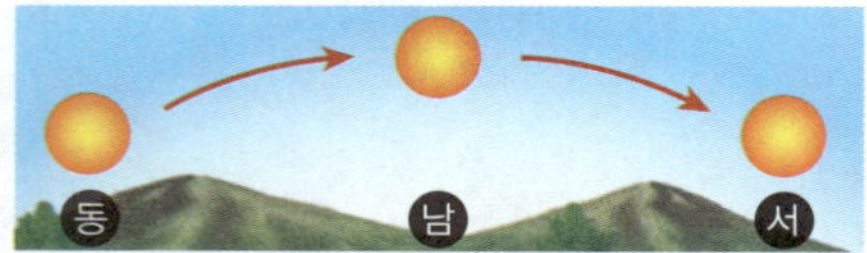

태양의 일주 운동

달의 일주 운동

**3 우리나라(북반구 중위도)에서 관측한 천체의 일주 운동**: 관측 방향에 따라 일주 운동 모습이 다르다.

---

### 정리신

**동서남북 방향 찾기**

관측자가 북극성 쪽을 바라보고 섰을 때 오른쪽이 동쪽, 왼쪽이 서쪽이다. 반대로 남쪽을 바라보고 섰을 때는 오른쪽이 서쪽, 왼쪽이 동쪽이다.

**❶ 북극성의 위치**

북극성은 지구의 자전축 방향에 있는 천구의 북극에 가까이 위치하지만, 약 1° 정도 떨어져 있어 정확히 천구의 북극에 위치하지는 않는다.

**❸ 겉보기 운동**

움직이는 기차에서 창밖을 봤을 때 정지해 있는 물체가 기차의 이동 방향과 반대 방향으로 움직이는 것처럼 보인다. 이처럼 자전하고 있는 지구에서 고정된 천체를 관측하면 지구의 자전 방향과 반대로 움직이는 것처럼 보인다.

**북쪽 하늘에서 1 시간 동안 관측한 별의 일주 운동**

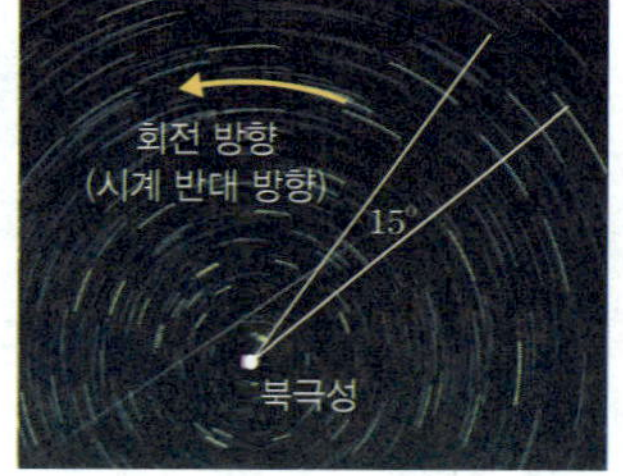


지구는 하루(24 시간) 동안 360° 자전하므로 북쪽 하늘의 별은 1 시간에 15°씩 북극성을 중심으로 시계 반대 방향으로 회전한다.

### 용어신

**❷ 천구**

관측자를 중심으로 거대한 구의 안쪽에 별들이 붙어 있는 것처럼 보이는 가상의 구

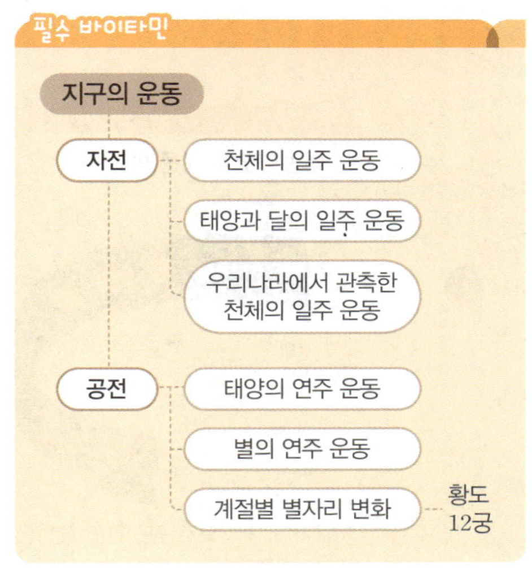



**01** 천체의 일주 운동에 대한 설명으로 알맞은 말을 쓰거나 화살표로 나타내시오.

(1) 천체의 일주 운동 방향은 동 (　　　) 서이다.

(2) 우리나라 북쪽 하늘에서 관측한 천체의 일주 운동의 중심에는 (　　　　)이 있다.

(3) 어떤 별을 2 시간 후에 관측하면 (　　　)° 회전한 위치에서 관측된다.

(4) 우리나라에서 별의 일주 운동 방향을 관측하면 동쪽 하늘에서는 (　　　), 남쪽 하늘에서는 (　·　), 서쪽 하늘에서는 (　　　), 북쪽 하늘에서는 (　　　)으로 나타난다.

**02** 그림은 우리나라의 북쪽 하늘에서 관측한 별 A의 일주 운동을 나타낸 것이다.

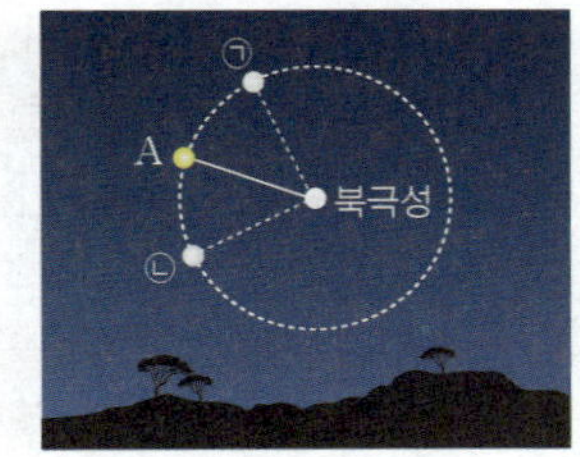



(1) ㉠과 ㉡ 중 3 시간이 지난 후의 별 A의 위치를 쓰시오. (　　　)

(2) 3 시간 동안 별 A가 이동한 각도(°)를 쓰시오. (　　　)

**03** 우리나라에서 관측자가 본 천체의 일주 운동 궤도를 그리시오.

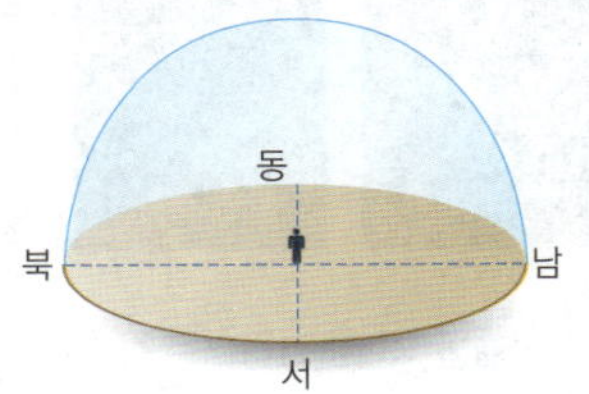





**빈칸 채우기 문제**

**01** 지구는 자전축을 중심으로 ＿＿쪽에서 ＿＿쪽으로 자전한다.

**02** 지구의 자전 속도는 ＿＿＿°/시간이다.

**03** 천체가 하루에 한 바퀴씩 회전하는 겉보기 운동을 천체의 ＿＿＿ ＿＿＿이라고 한다.

**04** 우리나라의 ＿＿＿ 하늘에서 천체는 오른쪽 위로 비스듬히 떠오른다.

**○× 문제**

**05** 지구는 자전축을 중심으로 1 년에 한 바퀴 회전한다. (　　　)

**06** 천체의 일주 운동 방향은 지구의 자전 방향과 반대이다. (　　　)

**07** 지구의 자전에 의해 태양과 달이 동쪽에서 뜨고 서쪽으로 진다. (　　　)

**08** 우리나라의 남쪽 하늘에서 별은 지평선과 거의 나란하게 서쪽에서 동쪽으로 이동한다. (　　　)

**04** 우리나라 여러 방향의 하늘과 그에 해당하는 일주 운동 모습을 선으로 옳게 연결하시오.

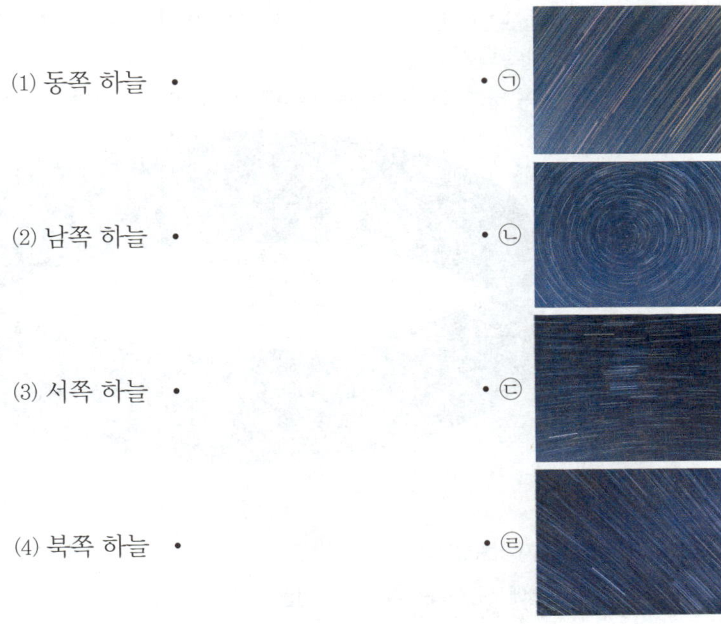

(1) 동쪽 하늘 •　　　　　• ㉠

(2) 남쪽 하늘 •　　　　　• ㉡

(3) 서쪽 하늘 •　　　　　• ㉢

(4) 북쪽 하늘 •　　　　　• ㉣

# 02 지구의 운동

## ② 지구의 공전과 천체의 연주 운동

**1 지구의 공전**: 지구가 태양을 중심으로 1 년에 한 바퀴씩 회전하는 운동

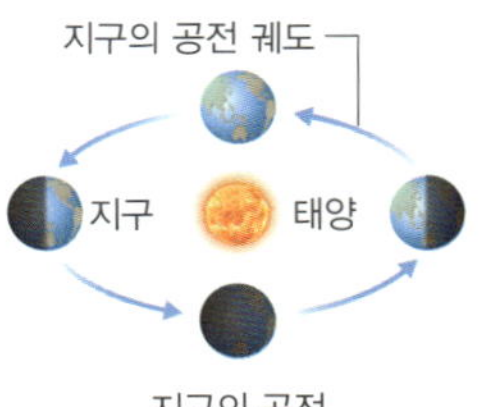

(1) **공전 방향**: 서 → 동
(2) **공전 속도**: 하루에 약 1°씩 이동 — 지구는 1 년 동안에 한 바퀴(360°) 회전해!

**2 지구의 공전에 의해 나타나는 현상**

(1) **태양의 연주 운동**: 태양이 별자리 사이를 서쪽에서 동쪽으로 이동하여 1 년 후 처음 위치로 되돌아오는 겉보기 운동
  ① ❶**연주 운동 방향**: 서 → 동 ➡ 지구의 공전 방향과 같다.
  ② **연주 운동 속도**: 하루에 약 1°씩 이동

(2) **별의 연주 운동**: 별들이 태양을 기준으로 동쪽에서 서쪽으로 이동하여 1 년 후 처음 위치로 되돌아오는 겉보기 운동
  ① **연주 운동 방향**: 동 → 서 ➡ 지구의 공전 방향과 반대이다.
  ② **연주 운동 속도**: 하루에 약 1°씩 이동

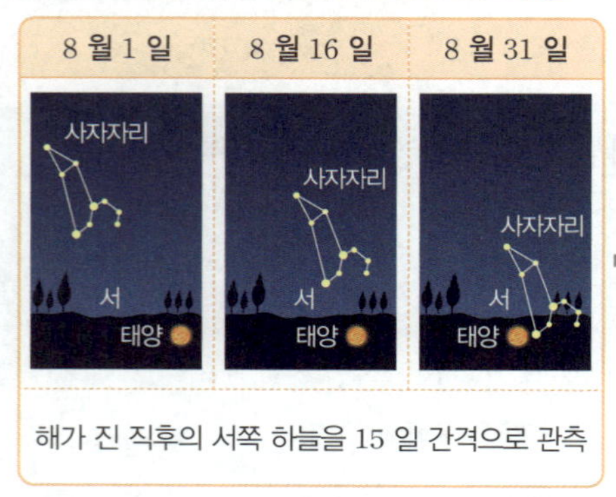

해가 진 직후의 서쪽 하늘을 15 일 간격으로 관측

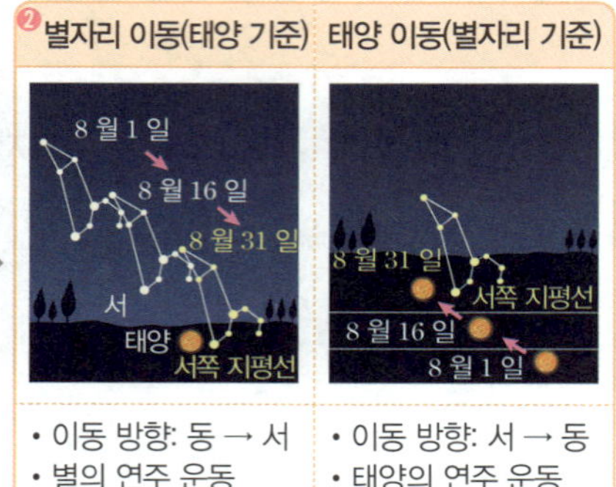

- 이동 방향: 동 → 서
- 별의 연주 운동
- 이동 방향: 서 → 동
- 태양의 연주 운동

(3) **계절별 별자리 변화**: 지구가 태양을 중심으로 공전하면서 지구에서 보이는 태양의 위치가 변하므로 한밤중에 남쪽 하늘에서 볼 수 있는 별자리가 계절에 따라 달라진다.
  ① **황도 12궁**: ❸황도에 있는 12 개의 별자리
  ② **태양이 지나는 별자리**: 황도 12궁에 표시된 달에 해당하는 별자리 ➡ 지구에서 태양을 보았을 때 태양과 같은 방향에 있는 별자리는 태양과 함께 뜨고 지므로 한밤중에는 관측되지 않는다.
  ③ ❹한밤중 남쪽 하늘에서 관측되는 별자리: ❺태양의 반대쪽에 있는 별자리

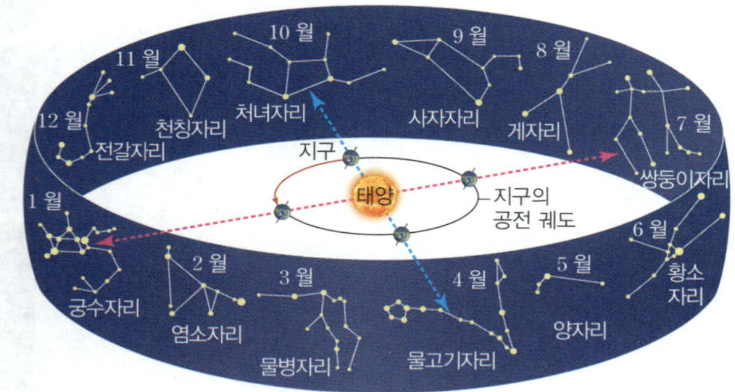

| | 1 월(겨울) | 4 월(봄) | 7 월(여름) | 10 월(가을) |
|---|---|---|---|---|
| 태양이 지나는 별자리 | 궁수자리 | 물고기자리 | 쌍둥이자리 | 처녀자리 |
| 한밤중 남쪽 하늘에서 관측하는 별자리 | 쌍둥이자리 | 처녀자리 | 궁수자리 | 물고기자리 |



---



**❶ 태양의 연주 운동 방향**

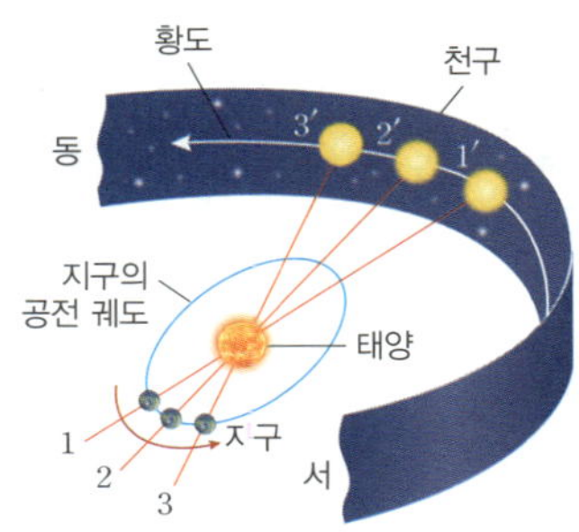

지구가 1 → 3으로 공전하면 태양은 별자리 사이를 1′ → 3′으로 이동하는 것처럼 보인다. 따라서 태양의 연주 운동 방향은 지구의 공전 방향과 같다.

**❷ 태양과 별의 연주 운동**

태양과 별의 연주 운동은 모두 지구의 공전에 의한 겉보기 운동으로, 태양과 별자리 중 무엇을 기준으로 관측하느냐에 따라 이동하는 대상이 상대적으로 다르게 보이게 된다. 태양, 별자리, 지구 중 실제로 이동하는 것은 지구뿐이다.

**❹ 지구에서 보이는 별자리**

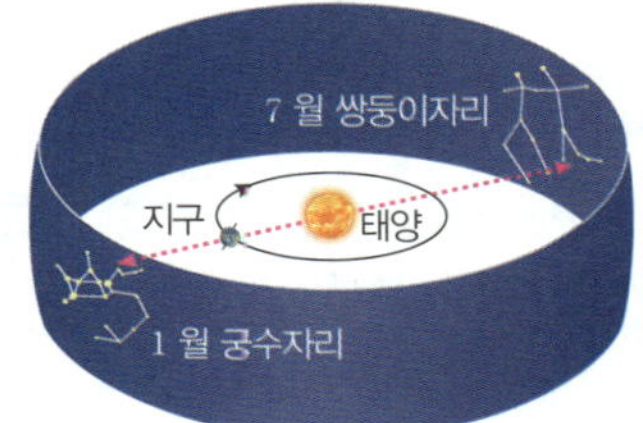

태양과 같은 방향에 있는 별자리는 태양 빛이 밝아 볼 수 없으며, 태양의 반대쪽에 있는 별자리는 한밤중에 남쪽 하늘에서 볼 수 있다. 두 별자리는 서로 반대 방향에 있어서 6 개월 차이가 난다.

**❺ 태양의 반대쪽 별자리를 관측할 수 있는 시간**

태양의 반대쪽에 있는 별자리는 태양이 진 직후 동쪽 하늘에서 보이기 시작하고 자정에 남쪽 하늘에서 남중하여 태양이 뜰 때 서쪽으로 진다.



**❸ 황도**

태양이 천구상에서 별자리 사이를 이동해 가는 길

## 바로 복습

### 빈칸 채우기 문제

**09** 태양과 별의 ____ ____은 지구의 공전에 의해 나타나는 겉보기 운동이다.

**10** 별자리는 하루에 약 1°씩 __ 쪽에서 __ 쪽으로 이동하여 __ 년 후 처음 위치로 되돌아온다.

**11** 한밤중에 남쪽 하늘에서는 ____의 반대쪽에 있는 별자리가 관측된다.

**12** 7 월 한밤중에 남쪽 하늘에서는 __ 월의 별자리가 관측된다.

### ○× 문제

**13** 지구의 공전은 겉보기 운동이다. (   )

**14** 지구의 공전으로 낮과 밤이 반복되는 현상이 나타난다. (   )

**15** 지구의 공전 방향과 별의 연주 운동 방향은 서로 반대이다. (   )

**16** 황도 12궁에서 4 월의 별자리에 해당하는 물고기자리는 4 월의 한밤중에 남쪽 하늘에서 관측할 수 있다. (   )

**05** 다음은 태양의 겉보기 운동에 대한 설명을 나타낸 것이다. 빈칸에 알맞은 말을 쓰시오.

> 지구의 (㉠       )에 의해 태양은 별자리 사이를 하루에 약 1°씩 (㉡       )쪽에서 (㉢       )쪽으로 이동하여 1 년 후에 처음의 위치로 되돌아온다. 이러한 겉보기 운동을 태양의 (㉣       ) 운동이라고 한다.

**[ 06~07 ]** 그림은 지구의 공전과 황도 12궁을 모식적으로 나타낸 것이다.

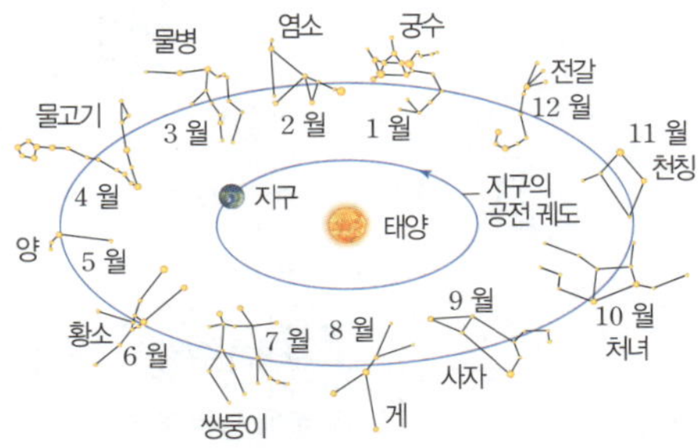


**06** 태양이 전갈자리를 지날 때, 지구에서 한밤중에 남쪽 하늘에서 보이는 별자리를 쓰시오.

(          )

**07** 지구가 그림의 위치에 있을 때 ㉠ 한밤중에 남쪽 하늘에서 관측할 수 있는 별자리와 ㉡ 태양과 함께 뜨고 지는 별자리를 각각 쓰시오.

㉠: (          )          ㉡: (          )

**08** 그림은 해가 진 직후 서쪽 하늘을 15 일 간격으로 관측하여 순서 없이 나타낸 것이다.

(가)

(나)

(다)

⑴ (가)~(다)를 관측한 순서대로 나열하시오.

⑵ 15 일 간격으로 같은 시각에 별을 관측했을 때 별의 위치가 달라지는 까닭은 무엇인지 쓰시오.

# 탐구 집중 관리 | 지구의 공전에 의한 별자리 변화 관찰하기

**목표 |** 지구가 공전함에 따라 계절마다 볼 수 있는 별자리가 달라짐을 설명할 수 있다.

**과정**

**주의 신**
- 전등의 불빛을 오랫동안 쳐다보지 않도록 주의한다.
- 켜져 있는 전등을 맨손으로 만지지 않도록 주의한다.

❶ 중앙에 전등과 회전의자를 놓고, 그 주위로 (가)~(라) 위치에 각각 궁수자리, 물고기자리, 쌍둥이자리, 처녀자리가 그려진 계절별 별자리 판을 시계 반대 방향으로 90° 간격으로 설치한다.

❷ 전등과 별자리 판 사이에 관찰자가 앉는다.

❸ 관찰자가 (가) 위치에서, 전등을 향하여 앉았을 때 보이는 전등 쪽에 있는 별자리와 전등을 등지고 앉았을 때 보이는 전등 반대쪽에 있는 별자리를 각각 기록한다.

❹ 관찰자가 (나), (다), (라)의 위치로 의자를 옮겨 가며 과정 ❸을 반복한다.

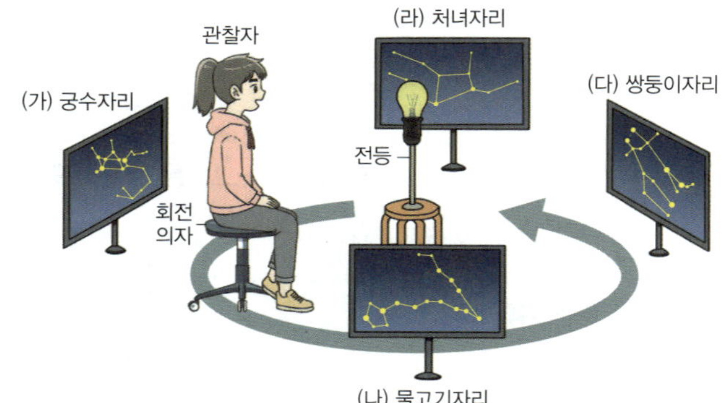


**결과**

| 관찰자 위치 | (가) | (나) | (다) | (라) |
|---|---|---|---|---|
| 전등 쪽에 있는 별자리 보기 어려워~ | 쌍둥이자리 | 처녀자리 | 궁수자리 | 물고기자리 |
| 전등 반대쪽에 있는 별자리 볼 수 있어~ | 궁수자리 | 물고기자리 | 쌍둥이자리 | 처녀자리 |

**정리**

- 전등은 태양을, 관찰자는 지구를 나타낸다. ➡ 지구는 태양을 중심으로 서 → 동으로 공전한다.
- 전등 쪽에 있는 별자리는 태양이 지나는 별자리를 나타내며, 전등의 빛이 밝아 관찰하기 어렵다. ➡ 태양이 지나는 별자리는 태양 빛이 밝아 볼 수 없다.
- 전등 반대쪽에 있는 별자리는 한밤중에 남쪽 하늘에서 관측되는 별자리를 나타낸다. ➡ 지구의 공전으로 인해 지구의 위치가 달라지면서 한밤중에 남쪽 하늘에서 볼 수 있는 별자리가 달라진다.

## 탐구 알약

**01** 위 탐구에 대한 설명으로 옳은 것은 ○, 옳지 <u>않은</u> 것은 ×로 표시하시오.

(1) 관찰자가 전등을 중심으로 도는 것은 지구의 자전을 나타낸다. ( )

(2) 궁수자리가 그려진 별자리 판의 맞은편에는 쌍둥이자리가 그려진 별자리판을 설치한다. ( )

(3) 관찰자는 태양을 나타낸다. ( )

(4) 전등을 향하여 앉았을 때, 전등 쪽에 있는 별자리는 한밤중에 남쪽 하늘에서 관측되는 별자리를 나타낸다. ( )

(5) 이 탐구를 통해 계절에 따라 밤하늘의 별자리가 달라지는 까닭을 알 수 있다. ( )

**서술형**

**02** 그림과 같이 설치하고 태양의 위치에 따른 별자리의 변화를 알아보는 실험을 하였다.

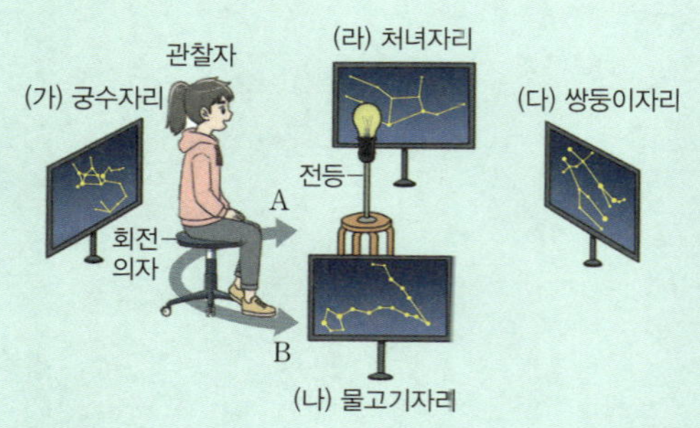


(1) (가)~(라) 중 처녀자리는 보이고, 물고기자리는 전등 빛 때문에 볼 수 없는 위치를 쓰시오.

(2) A와 B 중 관찰자가 어느 방향으로 이동해야 하는지 쓰고, 그렇게 생각한 까닭을 서술하시오.

🔑 **KEY** 공전 방향

# 지구의 운동에 따른 천체의 겉보기 운동

지구의 자전과 공전, 일주 운동과 연주 운동은 운동 방향과 속도도 헷갈리고, 자료 형태도 다양해서 어렵게 느껴질 수 있어~!
지구의 운동에 따른 천체의 겉보기 운동을 어떻게 이해하면 좋을지 장풍이가 싹! 정리해 줄 테니까 포기하지 말고 공부해 보자!

## 1  별의 일주 운동에 따른 회전 각도 구하기

| 하루 동안 관측한 북쪽 하늘의 북두칠성 | 2 시간 동안 관측한 북쪽 하늘의 북두칠성 |
|---|---|

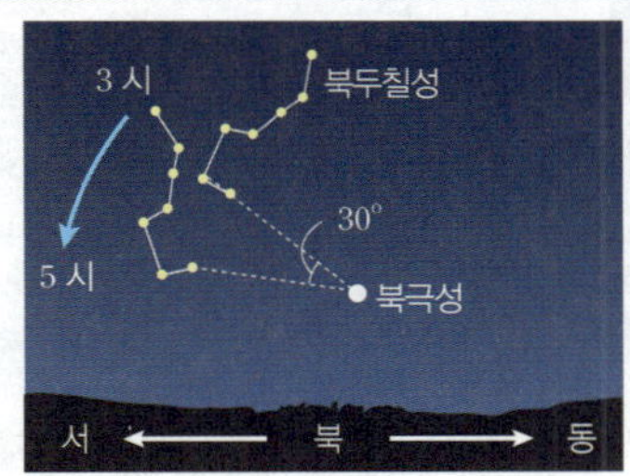





- 북두칠성의 회전 중심: 북극성
- 북두칠성의 운동 방향: 시계 반대 방향
- 하루 동안 북두칠성의 회전 각도: 360°
- 2 시간 동안 북두칠성의 회전 각도:
  15°/시간×2 시간＝30°
- 지구에서 관측한 북쪽 하늘의 천체는 북극성을 중심으로 시계 반대 방향으로 회전한다. ➡ 지구는 서쪽에서 동쪽으로 자전한다.

## 2  별의 관측 순서 나열하기

### 별의 일주 운동에 따라 관측 순서 나열하기

(가)~(다)는 어느 날 북쪽 하늘을 2 시간 간격(20 시, 22 시, 24 시)으로 관측한 모습을 순서 없이 나타낸 것이다.

- 별의 일주 운동: 북쪽 하늘의 북두칠성은 지구 자전에 의해 2 시간마다 30°씩 북극성을 중심으로 시계 반대 방향으로 회전한다. ➡ 북극성을 기준으로 북두칠성이 시계 반대 방향으로 점차 이동하므로, 관측 순서는 (나) → (다) → (가)이다.

### 별의 연주 운동에 따라 관측 순서 나열하기

(가)~(다)는 해가 진 직후 서쪽 하늘을 15 일 간격(8 월 1 일, 16 일, 31 일)으로 관측한 모습을 순서 없이 나타낸 것이다.

- 별의 연주 운동: 별은 지구 공전에 의해 하루에 약 1°씩 동 → 서로 이동한다. ➡ 서쪽 하늘의 사자자리는 태양을 기준으로 동쪽에서 서쪽으로 점차 이동하므로, 관측 순서는 (다) → (가) → (나)이다.

## 3  황도 12궁에서 계절별 별자리 찾기

| | |
|---|---|
| 1. **태양의 위치를 기준으로** 별자리 찾기 | 태양이 궁수자리를 지날 때 한밤중에 남쪽 하늘에서 보이는 별자리는?<br>➡ 한밤중에 남쪽 하늘에서는 태양의 반대쪽에 위치한 쌍둥이자리를 볼 수 있다. |
| 2. **특정 시기에 해당하는** 별자리 찾기 | 1 월의 한밤중에 남쪽 하늘에서 보이는 별자리는?<br>➡ 황도 12궁에서 1 월의 별자리는 궁수자리이므로 태양은 궁수자리를 지나며, 이때 한밤중에 남쪽 하늘에서는 태양의 반대쪽에 위치한 쌍둥이자리를 볼 수 있다. |
| 3. **지구의 위치를 기준으로** 별자리 찾기 | 지구가 그림의 위치에 있을 때 한밤중에 남쪽 하늘에서 보이는 별자리는?<br>➡ 지구가 그림의 위치에 있을 때 태양은 궁수자리를 지나며, 이때 한밤중에 남쪽 하늘에서 태양의 반대쪽에 위치한 쌍둥이자리를 볼 수 있다. |

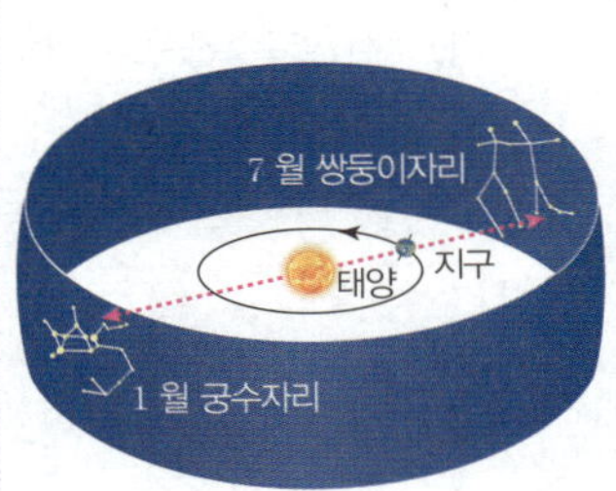

# 유형 클리닉

## 유형 1  별의 일주 운동

북쪽 하늘에서 관측되는 별의 일주 운동의 방향과 속도를 이해하고 있는지 묻는 문제가 자주 출제되고 있어~

그림은 어느 날 우리나라 북쪽의 밤하늘에서 몇 시간 간격으로 관측한 북두칠성의 움직임을 나타낸 것이다. 북두칠성이 B에 위치할 때 관측 시각은 19 시이다.

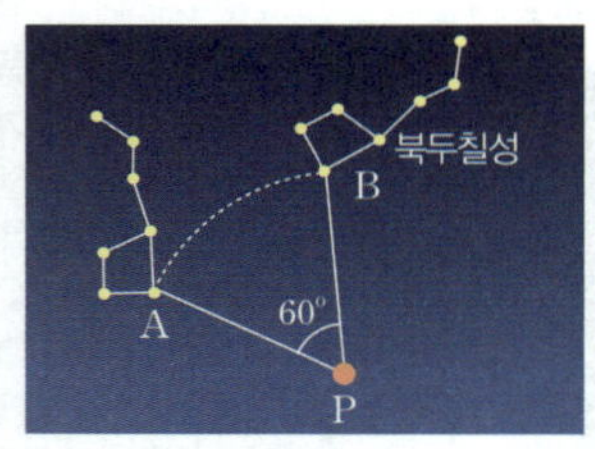

이에 대한 설명으로 옳은 것을 보기 에서 모두 고른 것은?

> **보기**
> ㄱ. 별 P는 북극성이다.
> ㄴ. 북두칠성은 A에서 B로 이동한다.
> ㄷ. 북두칠성이 A에 위치할 때 관측 시각은 23 시일 것이다.

① ㄱ      ② ㄴ      ③ ㄱ, ㄷ
④ ㄴ, ㄷ      ⑤ ㄱ, ㄴ, ㄷ

ㄱ. 별 P는 북극성이다.
→ 지구가 자전하기 때문에 북쪽 하늘에서 별은 북극성을 중심으로 회전해~

ㄴ. 북두칠성은 A에서 B로 이동한다. (B에서 A)
→ 별의 일주 운동을 북쪽 하늘에서 관측했을 때 북극성을 중심으로 시계 반대 방향(B → A)으로 회전해! 별은 실제로 움직이지 않지만, 지구가 자전하기 때문에 북쪽 하늘을 바라보면 시계 반대 방향으로 회전하는 것처럼 보여~

ㄷ. 북두칠성이 A에 위치할 때 관측 시각은 23 시일 것이다.
→ 별의 일주 운동은 하루에 한 바퀴(360°) 회전하므로 한 시간에 15°씩 시계 반대 방향으로 이동해! 북두칠성이 B에서 A로 60° 이동했지? 따라서 북두칠성이 A에 위치할 때 관측 시각은 60°÷15°/시간=4 시간이므로 B로부터 4시간 후인 23 시에 관측했어!

답 ③

**ZP point**
북쪽 하늘에서 관측한 천체의 일주 운동
: 북극성 중심, 시계 반대 방향, 15°/시간

## 유형 2  우리나라에서 관측한 천체의 일주 운동

우리나라(북반구 중위도)에서 관측한 별의 일주 운동이 동, 서, 남, 북 방향에 따라 어떻게 나타나는지를 아는지 묻는 문제가 주로 출제돼!

그림 (가)와 (나)는 우리나라에서 관측한 별의 일주 운동을 나타낸 것이다.

(가)          (나)

이에 대한 설명으로 옳은 것을 보기 에서 모두 고른 것은?

> **보기**
> ㄱ. (가)에서 별은 왼쪽 아래로 비스듬히 이동한다.
> ㄴ. (나)는 남쪽 하늘을 관측한 것이다.
> ㄷ. 지구의 자전에 의한 겉보기 운동이다.

① ㄱ      ② ㄴ      ③ ㄱ, ㄷ
④ ㄴ, ㄷ      ⑤ ㄱ, ㄴ, ㄷ

ㄱ. (가)에서 별은 왼쪽 아래로 비스듬히 이동한다. (오른쪽 위로)
→ (가)는 동쪽 하늘을 관측한 것이고, 동쪽 하늘에서는 별이 오른쪽 위로 비스듬히 이동해~

ㄴ. (나)는 남쪽 하늘을 관측한 것이다.
→ (나)에서 별이 지평선과 거의 나란하게 이동했지? 우리나라에서 남쪽 하늘을 바라보면 (나)와 같이 별이 지평선에 거의 나란하게 동쪽에서 서쪽으로 이동해~

ㄷ. 지구 자전에 의한 겉보기 운동이다.
→ 별의 일주 운동은 자전하고 있는 지구에서 고정된 위치의 별을 관측하면, 별이 지구 자전 방향과 반대 방향으로 움직이는 것처럼 보이는 겉보기 운동이야~ 움직이는 기차에서 창밖을 보면 나무가 기차가 이동하는 반대 방향으로 움직이는 것처럼 보이는 것도 겉보기 운동이라고 할 수 있지~

답 ④

**ZP point**
우리나라(북반구 중위도)에서 관측한 천체의 일주 운동
: 동쪽( ╱ ), 남쪽( ⌒ ), 서쪽( ╲ ), 북쪽( ↺ )

# 유형 클리닉

## 유형 3 별의 연주 운동



그림은 같은 장소에서 같은 시각에 서쪽 하늘의 별자리를 15일 간격으로 관측하여 나타낸 것이다.

이에 대한 설명으로 옳은 것을 보기 에서 모두 고른 것은? (단, 이 별자리는 관측 기간 동안 30° 이동하였다.)

보기
ㄱ. 지구의 공전 때문에 나타나는 현상이다.
ㄴ. 별이 스스로 움직여서 지구 주위를 공전하고 있다.
ㄷ. 별자리는 하루에 약 15°씩 서쪽에서 동쪽으로 이동하였다.

① ㄱ
② ㄷ
③ ㄱ, ㄴ
④ ㄴ, ㄷ
⑤ ㄱ, ㄴ, ㄷ

ㄱ. 지구의 공전 때문에 나타나는 현상이다.
→ 지구가 공전하기 때문에 제자리에 있는 별이 움직이는 것처럼 보이는 거야~

ㄴ. 별이 ~~스스로 움직여서~~ 지구 주위를 공전하고 있다.
→ 별의 연주 운동은 별이 스스로 움직여서 지구 주위를 공전하는 게 아니라, 지구가 공전하기 때문에 별이 이동하는 것처럼 보이는 겉보기 운동이야

ㄷ. 별자리는 하루에 약 ~~15°씩~~ 약 1°씩 ~~서쪽~~ 동쪽 에서 ~~동쪽~~ 서쪽 으로 이동하였다.
→ 지구는 서쪽에서 동쪽으로 1년에 360°를 공전하므로 별자리는 하루에 약 1°씩 동쪽에서 서쪽으로 이동해! 지구의 공전 방향과 반대!

답 ①

**ZP point**
별의 연주 운동의 방향과 속도: 동 → 서, 약 1°/일

## 유형 4 계절별 별자리 변화



그림은 지구의 공전 궤도와 황도 12궁을 나타낸 것이다.

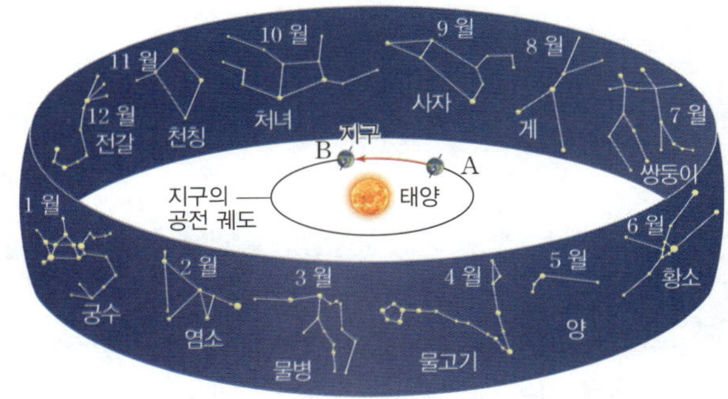


지구가 A에서 B로 공전하는 동안, 태양이 지나는 별자리 변화를 옳게 나타낸 것은?

① 게자리 → 처녀자리
② 게자리 → 쌍둥이자리
③ 물고기자리 → 염소자리
④ 염소자리 → 물고기자리
⑤ 염소자리 → 궁수자리

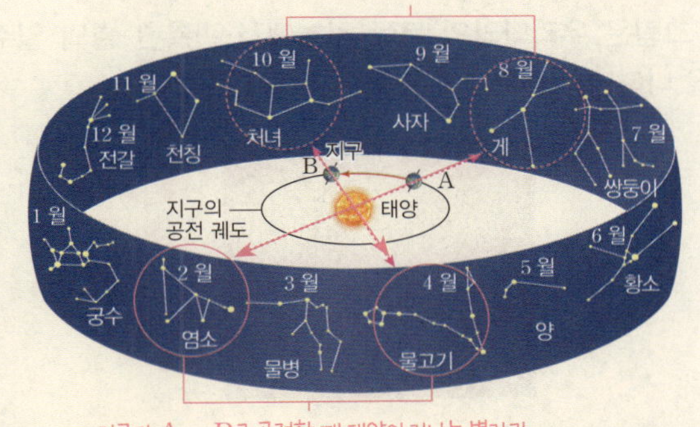


→ 태양이 지나는 별자리는 지구에서 태양의 중심을 향해 가상의 선을 그었을 때 만나는 별자리야~! 지구가 A에 있을 때 태양은 염소자리를 지나고 있지? 그 후 지구가 공전하면서 B로 이동하면 태양이 서 → 동으로 연주 운동하면서 물고기자리를 지나게 돼!

답 ④

**ZP point**
황도 12궁
태양이 지나는 별자리: 지구 → 태양 → 별자리
한밤중 남쪽 하늘에서 관측되는 별자리: 태양 → 지구 → 별자리

# 실전 백신

## ① 지구의 자전과 천체의 일주 운동

**01** 지구의 자전에 대한 설명으로 옳지 <u>않은</u> 것은?

① 지구는 1 시간에 15°씩 회전한다.
② 천체의 일주 운동이 관측되는 원인이다.
③ 지구는 동쪽에서 서쪽 방향으로 자전한다.
④ 지구 자전축을 중심으로 자전한다.
⑤ 지구가 하루에 한 바퀴씩 스스로 회전하는 것을 말한다.

**02** 지구의 자전에 의해 나타나는 현상으로 옳지 <u>않은</u> 것을 <u>모두</u> 고르면?

① 지구에서 낮과 밤이 반복된다.
② 계절마다 보이는 별자리가 달라진다.
③ 달이 매일 동쪽에서 뜨고 서쪽으로 진다.
④ 별이 북극성을 중심으로 하루에 한 바퀴 회전한다.
⑤ 태양이 별자리 사이를 이동하여 1 년 후 처음 위치로 되돌아온다.

**03** 그림은 우리나라의 북쪽 하늘에서 관측한 별의 일주 운동을 나타낸 것이다.

이에 대한 설명으로 옳은 것을 보기 에서 모두 고른 것은?

> **보기**
> ㄱ. 중심에 있는 별은 북극성이다.
> ㄴ. 별의 일주 운동 방향은 A이다.
> ㄷ. 별의 일주 운동은 지구의 공전 때문에 나타나는 현상이다.

① ㄱ　　　　② ㄷ　　　　③ ㄱ, ㄴ
④ ㄴ, ㄷ　　　⑤ ㄱ, ㄴ, ㄷ

**04** 그림은 어느 날 우리나라의 밤하늘에서 관측한 별의 일주 운동을 나타낸 것이다.

이에 대한 설명으로 옳은 것을 보기 에서 모두 고른 것은?

> **보기**
> ㄱ. 북쪽 하늘을 관측한 모습이다.
> ㄴ. 별이 1 시간 동안 회전한 각도는 별 A가 별 B보다 크다.
> ㄷ. 별 A와 별 B는 북극성을 중심으로 시계 반대 방향으로 회전한다.

① ㄱ　　　　② ㄴ　　　　③ ㄱ, ㄷ
④ ㄴ, ㄷ　　　⑤ ㄱ, ㄴ, ㄷ

**05** 우리나라에서 동쪽 하늘을 보았을 때 별의 일주 운동 모습으로 옳은 것은?

① 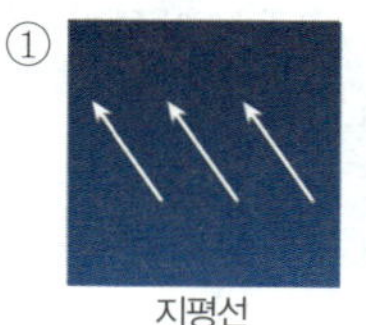
지평선

② 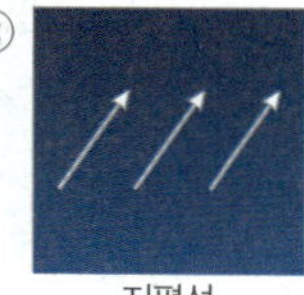
지평선

③ 
지평선

④ 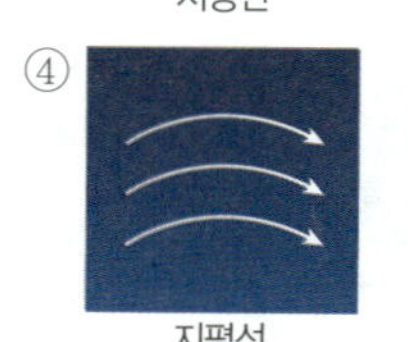
지평선

⑤ 
지평선

**[ 06~07 ]** 그림 (가)~(다)는 우리나라에서 관측한 별의 일주 운동을 나타낸 것이다.

(가)          (나)          (다)

**06** 이에 대한 설명으로 옳은 것을 보기 에서 모두 고른 것은?

보기
ㄱ. (가)에서 별은 하루에 15°씩 북극성을 중심으로 회전한다.
ㄴ. (나)의 별은 오른쪽 아래로 비스듬히 이동한다.
ㄷ. (다)의 별은 지평선과 거의 나란하게 동쪽에서 서쪽으로 이동한다.

① ㄱ          ② ㄴ          ③ ㄱ, ㄷ
④ ㄴ, ㄷ          ⑤ ㄱ, ㄴ, ㄷ

(신유형)
**07** 그림은 북반구 중위도 지역에서 관측 방향에 따른 별의 일주 운동을 나타낸 것이다.

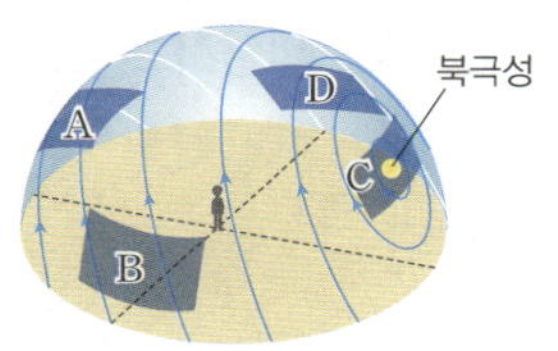


(가)~(다)와 관측한 하늘의 방향 A~D를 옳게 짝 지은 것을 모두 고르면?

① (가) － A          ② (나) － B
③ (나) － D          ④ (다) － A
⑤ (다) － C

❷ **지구의 공전과 천체의 연주 운동**

**08** 지구의 공전과 공전으로 나타나는 현상에 대한 설명으로 옳은 것을 보기 에서 모두 고른 것은?

보기
ㄱ. 지구의 공전 방향은 지구의 자전 방향과 같다.
ㄴ. 지구 공전에 의해 계절마다 보이는 별자리가 달라진다.
ㄷ. 태양은 별자리 사이를 이동하여 한 달 후에 처음 위치로 되돌아온다.

① ㄱ          ② ㄷ          ③ ㄱ, ㄴ
④ ㄴ, ㄷ          ⑤ ㄱ, ㄴ, ㄷ

**09** 지구의 공전 방향, 태양의 연주 운동 방향, 별의 연주 운동 방향을 옳게 짝 지은 것은?

|   | 지구의 공전 | 태양의 연주 운동 | 별의 연주 운동 |
|---|---|---|---|
| ① | 서 → 동 | 서 → 동 | 서 → 동 |
| ② | 서 → 동 | 서 → 동 | 동 → 서 |
| ③ | 서 → 동 | 동 → 서 | 서 → 동 |
| ④ | 동 → 서 | 동 → 서 | 서 → 동 |
| ⑤ | 동 → 서 | 서 → 동 | 동 → 서 |

(중요)
**10** 그림은 같은 장소에서 해가 진 직후 서쪽 하늘에 보이는 별자리를 15 일 간격으로 관측하여 순서대로 나타낸 것이다.

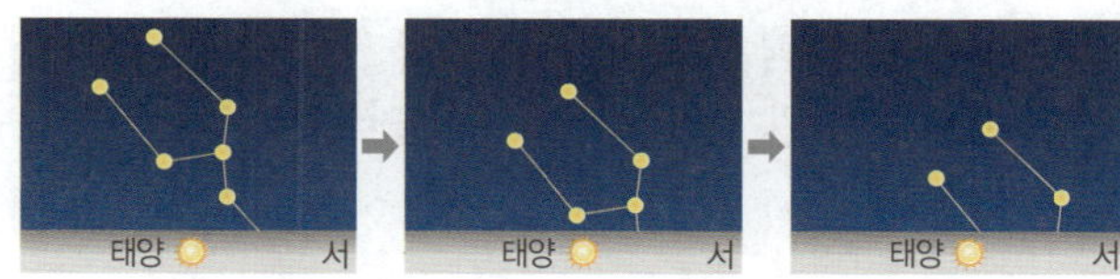


이에 대한 설명으로 옳은 것은?

① 별의 일주 운동을 나타낸 것이다.
② 별자리는 하루에 약 15°씩 이동한다.
③ 지구의 자전에 의해 나타나는 현상이다.
④ 별자리는 동쪽에서 서쪽으로 이동하는 것처럼 보인다.
⑤ 천구상에서 태양은 별자리와 같은 방향으로 움직인다.

**11** 그림은 지구의 공전과 황도 12궁을 나타낸 것이다.

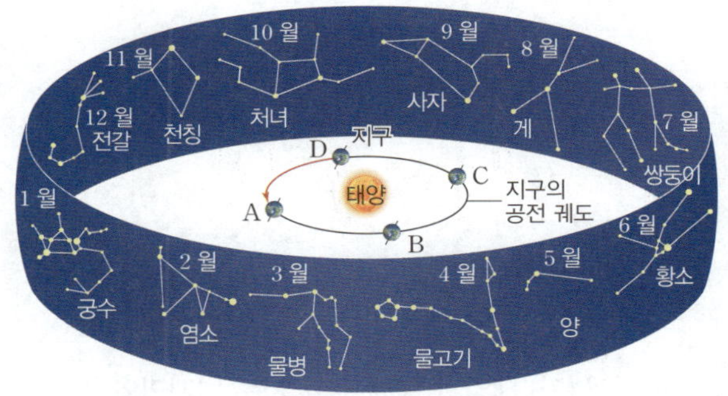


한밤중에 남쪽 하늘에서 (가) 궁수자리가 관측되는 지구의 위치와 (나) 물고기자리가 관측되는 지구의 위치로 옳게 짝 지은 것은?

|   | (가) | (나) |   |   | (가) | (나) |
|---|---|---|---|---|---|---|
| ① | A | B |   | ② | A | D |
| ③ | C | B |   | ④ | C | D |
| ⑤ | D | A |   |   |   |   |

[ **12~13** ] 그림은 지구의 공전 궤도와 황도 12궁을 나타낸 것이다.

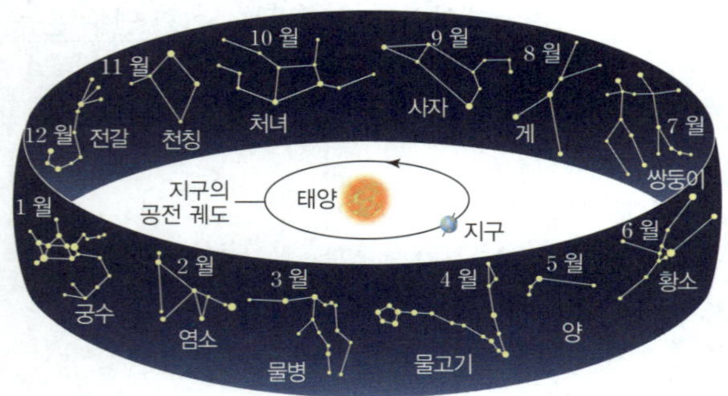



**12** 이에 대한 설명으로 옳은 것을 보기 에서 모두 고른 것은?

보기

ㄱ. 10 월에 처녀자리는 태양과 함께 뜨고 진다.
ㄴ. 지구의 공전에 의해 별자리가 동쪽에서 서쪽으로 이동하는 것처럼 보인다.
ㄷ. 태양은 별자리 사이를 동 → 서로 이동하는 것처럼 보인다.

① ㄱ    ② ㄷ    ③ ㄱ, ㄴ
④ ㄴ, ㄷ    ⑤ ㄱ, ㄴ, ㄷ

**13** 6 월에 (가) 태양과 함께 뜨고 지는 별자리와 (나) 한밤 중에 남쪽 하늘에서 관측되는 별자리를 옳게 짝 지은 것은?

|  | (가) | (나) |
| --- | --- | --- |
| ① | 황소자리 | 전갈자리 |
| ② | 전갈자리 | 황소자리 |
| ③ | 사자자리 | 물병자리 |
| ④ | 쌍둥이자리 | 염소자리 |
| ⑤ | 물병자리 | 사자자리 |

## 서술형

신유형

**14** 그림은 지구의 자전과 천체의 일주 운동을 나타낸 것이다. 천체의 일주 운동 방향은 A와 B 중 어느 방향인지 쓰고, 그렇게 생각한 까닭을 서술하시오.

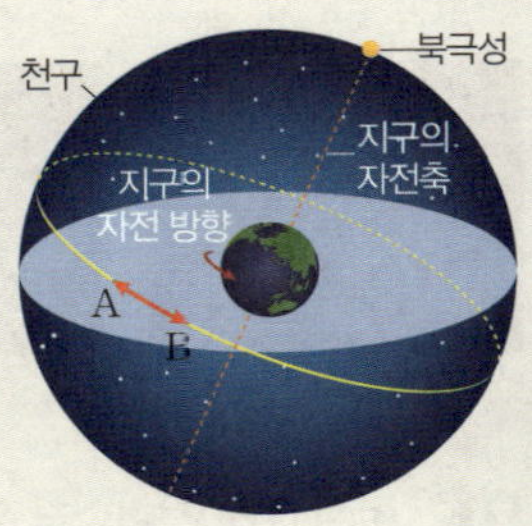



KEY 지구의 자전 방향, 겉보기 운동

**15** 그림 (가)~(다)는 해가 진 직후 서쪽 하늘에서 15 일 간격으로 관측한 별자리의 위치를 순서 없이 나타낸 것이다.

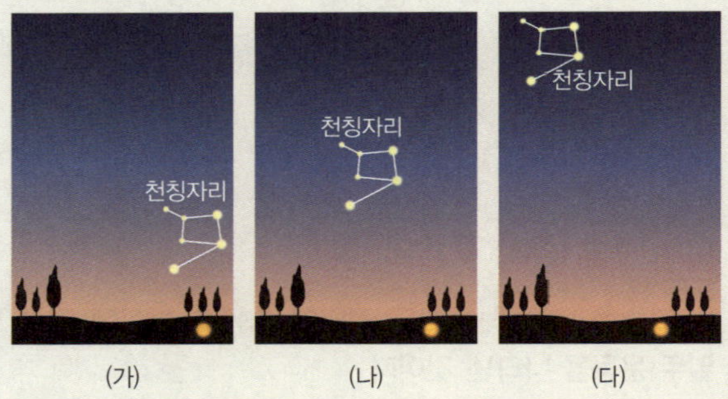



(가)~(다)를 시간 순서대로 나열하고, 그렇게 생각한 까닭을 서술하시오.

KEY 동 → 서, 지구의 공전

**16** 다음은 풍식이가 생일에 작성한 일기를 나타낸 것이다.

> 11 월 4 일 월요일          날씨 맑음
>
> 오늘은 내 생일이다! 11 월의 별자리인 천칭자리를 보고 싶어서 밤 12 시까지 기다렸는데 도무지 천칭자리를 찾을 수 없었다. 천칭자리는 대체 언제 볼 수 있을까? 내일 선생님께 여쭤봐야겠다!

풍식이가 생일날 밤에 천칭자리를 볼 수 없었던 까닭을 서술하시오.

KEY 태양이 지나는 별자리

# 1등급 백신

**01** 그림은 우리나라의 북쪽 하늘에서 관측한 별의 일주 운동을 나타낸 것이다. 이때 A는 8 월 1 일 밤 10 시에 관측되었고, B와 C는 2 시간 간격으로 관측되었다.

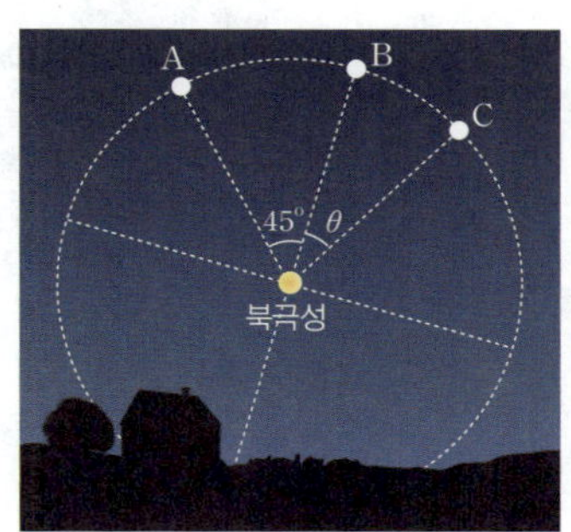


이에 대한 설명으로 옳은 것을 보기 에서 모두 고른 것은? (단, A~C는 동일한 별을 관측 시각을 달리하여 촬영한 것이다.)

> 보기
> ㄱ. 별은 8 월 2 일 새벽 1 시에 B 위치에서 관측될 것이다.
> ㄴ. $\theta$는 30°이다.
> ㄷ. 8 월 2 일 아침 7 시에 별은 지표면 아래에 가려져 관측되지 않는다.

① ㄱ     ② ㄴ     ③ ㄷ
④ ㄱ, ㄴ     ⑤ ㄴ, ㄷ

**02** 그림 (가)~(다)는 어느 날 20 시부터 우리나라 어느 방향의 밤하늘을 일정한 시간 간격으로 관측한 모습을 순서 없이 나타낸 것이다. 관측을 마쳤을 때 북두칠성은 별 P를 중심으로 총 60° 회전하였다.

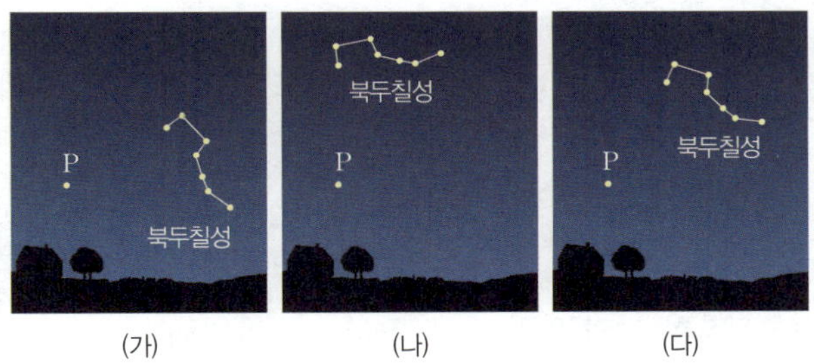


이에 대한 설명으로 옳은 것을 보기 에서 모두 고른 것은? (단, 관측하는 동안 별 P는 거의 움직이지 않았다.)

> 보기
> ㄱ. 북쪽 하늘을 관측한 것이다.
> ㄴ. 관측 순서는 (가) → (다) → (나)이다.
> ㄷ. (다)는 22 시에 관측하였다.

① ㄱ     ② ㄷ     ③ ㄱ, ㄴ
④ ㄴ, ㄷ     ⑤ ㄱ, ㄴ, ㄷ

**03** 그림 (가)는 사자자리의 겉보기 운동을, (나)는 태양의 겉보기 운동을 나타낸 것이다. (가)와 (나)는 모두 해가 진 직후 서쪽 하늘에서 8 월 1 일, 8 월 16 일, 8 월 31 일에 관측하였다.

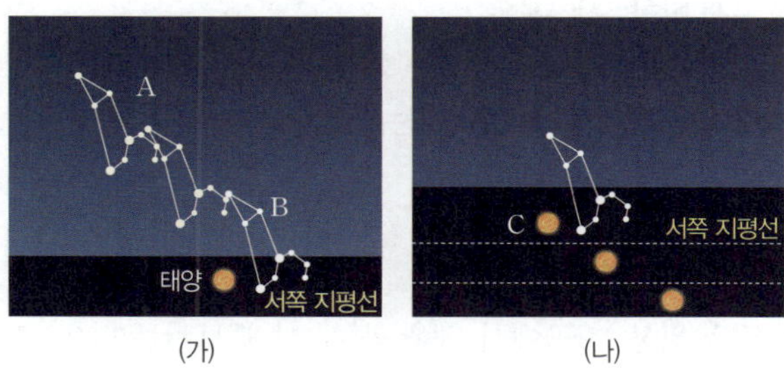


이에 대한 설명으로 옳은 것을 보기 에서 모두 고른 것은?

> 보기
> ㄱ. A와 C는 모두 8 월 1 일에 관측하였다.
> ㄴ. (가)에서 사자자리는 8 월 한 달 동안 A에서 B 방향으로 연주 운동하였다.
> ㄷ. (나)의 태양은 서쪽에서 동쪽으로 이동한다.

① ㄱ     ② ㄷ     ③ ㄱ, ㄴ
④ ㄴ, ㄷ     ⑤ ㄱ, ㄴ, ㄷ

**04** 그림은 우리나라에서 어느 날 관측한 별자리를 나타낸 것이다. 이날 자정에 남쪽 하늘에서 쌍둥이자리가 관측되었다.

이에 대한 설명으로 옳은 것을 보기 에서 모두 고른 것은?

> 보기
> ㄱ. 태양은 현재 쌍둥이자리의 반대 방향에 있다.
> ㄴ. 6 시간 후에는 남쪽 하늘에서 처녀자리가 관측된다.
> ㄷ. 한 달 뒤에는 자정에 남쪽 하늘에서 황소자리가 관측된다.

① ㄱ     ② ㄷ     ③ ㄱ, ㄴ
④ ㄴ, ㄷ     ⑤ ㄱ, ㄴ, ㄷ

# 03 달의 운동

## ① 달의 위상 변화

**1 ❶달의 공전**: 달이 지구를 중심으로 약 한 달에 한 바퀴씩 회전하는 운동

(1) **공전 방향**: 서 → 동
(2) **공전 속도**: 하루에 약 13° 회전
(3) **달의 공전에 의해 일어나는 현상**: 달의 위상 변화, 일식과 월식 등

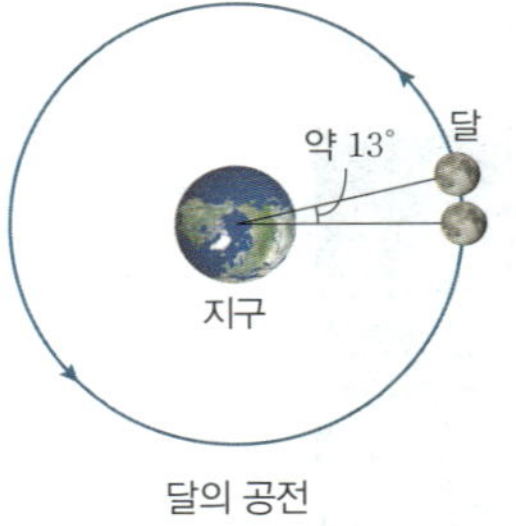

달의 공전

**2 달의 위상 변화**

(1) **달의 위상**: 지구에서 달을 볼 때 밝게 보이는 달의 모양
(2) **❷달의 위상이 변하는 까닭**: 달은 스스로 빛을 내지 못하고 태양 빛을 반사하여 밝게 보인다. ➡ 달이 지구를 중심으로 공전하면서 태양, 지구, 달의 상대적인 위치가 달라지기 때문에 지구에서 볼 때 달의 밝은 부분의 모양이 달라진다.
(3) **달의 위상 변화 순서**: 보이지 않음(삭) → 초승달 → 상현달 → 보름달(망) → 하현달 → 그믐달 → 보이지 않음(삭)

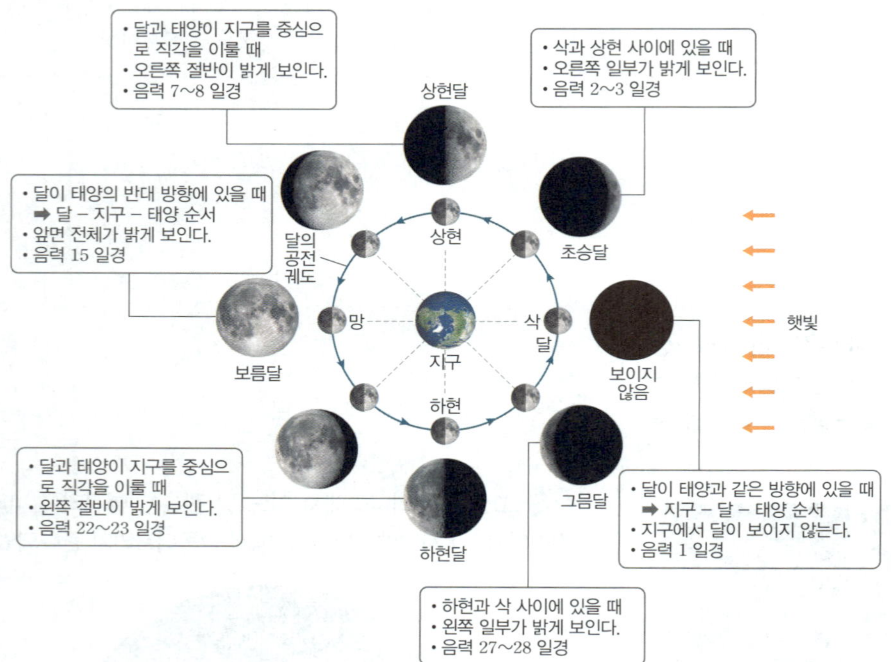


**3 달의 위치와 모양 변화**: 달이 공전함에 따라 지구에서 같은 시각에 관측한 달의 위치가 서쪽에서 동쪽으로 조금씩 이동하며, 달의 모양이 변한다.

(1) **해가 진 직후 관측되는 달의 모양 변화** ─ 약 한 달 후에 달은 같은 위치에서 같은 모양으로 보여~

- **❸음력 1 일경**: 보이지 않음(삭)
- **음력 2 일경**: 서쪽 하늘에서 초승달
- **음력 7~8 일경**: 남쪽 하늘에서 상현달
- **음력 15 일경**: 동쪽 하늘에서 보름달(망)

(2) **보름달이 동쪽 하늘에 있을 때 태양의 위치**: 보름달이 보일 때 달은 태양의 반대 방향에 있기 때문에 보름달이 동쪽 하늘에서 보이면 태양은 이와 반대인 서쪽 하늘에 있다.

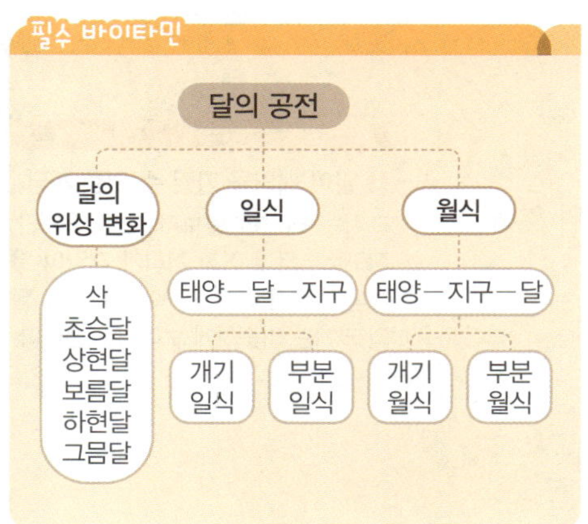



**01** 빈칸에 들어갈 알맞은 말을 고르시오.

(1) 달은 지구를 중심으로 약 ( 한 달 , 1 년 )에 한 바퀴 공전한다.

(2) 달의 공전 방향은 ( 서 → 동 , 동 → 서 )이다.

(3) 달이 태양과 같은 방향에 있을 때를 ( 삭 , 망 )이라고 하고, 달이 태양의 반대 방향에 있을 때를 ( 삭 , 망 )이라고 한다.

**02** 그림은 달의 위상 변화를 나타낸 것이다. ㉠과 ㉡에 알맞은 달의 위상을 쓰고, ㉢과 ㉣에 알맞은 달의 위상을 그리시오.

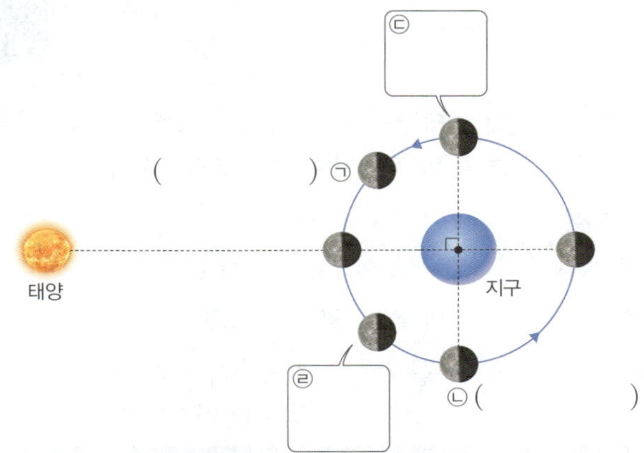



**03** 그림은 어느 기간 동안 달의 위상 변화를 순서대로 나타낸 것이다.

이에 대한 설명으로 옳은 것은 ○, 옳지 않은 것은 ×로 표시하시오.

(1) 달의 위상 변화는 달의 자전에 의한 현상이다. ( )

(2) A는 그믐달이다. ( )

(3) B는 달－지구－태양 순서로 위치할 때 관측되는 위상이다. ( )

**04** 그림은 해가 진 직후 관측한 달의 위치와 모양을 나타낸 것이다.

(1) **보름달이 관측되는 날짜**와 (2) **해가 진 직후 관측되는 방향**을 쓰시오.

(1) ________________________ (2) ________________________



---



**빈칸 채우기 문제**

**01** 달은 지구를 중심으로 하루에 약 ______°씩 공전한다.

**02** 지구에서 달을 볼 때 밝게 보이는 달의 모양을 달의 ______ 이라고 한다.

**03** 달의 위상은 한 달을 주기로 '삭 → ______ → 상현달 → 보름달 → ______ → 그믐달 → 삭' 순서로 변한다.

**04** 지구에서 보았을 때 오른쪽 절반이 밝게 보이는 달의 위상을 ______이라고 한다.

**○× 문제**

**05** 달은 스스로 빛을 내므로 지구에서 관측하면 밝게 보인다. ( )

**06** 달의 위상이 변하는 까닭은 태양, 지구, 달의 상대적인 위치가 달라지기 때문이다. ( )

**07** 달－지구－태양 순서로 위치할 때 지구에서 달이 보이지 않는다. ( )

**08** 음력 2 일경에 초승달은 해가 진 직후 서쪽 하늘에 위치한다. ( )

## ② 일식과 월식

**1 일식:** 지구에서 봤을 때 ❶달이 태양을 가리는 현상 ➡ 달이 공전하면서 태양의 앞을 지나갈 때 일어난다.

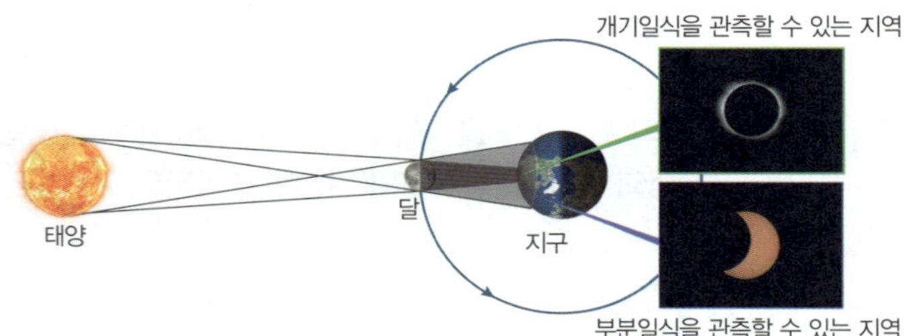


**(1) 천체의 위치 관계:** ❷태양―달―지구 순으로 일직선상에 위치(달의 위치가 삭일 때)

**(2) 종류와 관측 가능 지역:** 지구에서 달의 그림자가 생기는 지역에서만 관측할 수 있다.

| 구분 | 정의 | 관측 가능 지역 |
|---|---|---|
| 개기일식 | 달이 태양의 전체를 가리는 현상 | 달이 태양의 전체를 가리는 지역 |
| 부분일식 | 달이 태양의 일부를 가리는 현상 | 달이 태양의 일부를 가리는 지역 |

**(3) 진행 과정:** 달이 지구를 중심으로 공전하여 태양 앞을 지나감에 따라 태양의 오른쪽(서쪽)부터 가려지고 오른쪽(서쪽)부터 빠져나온다.

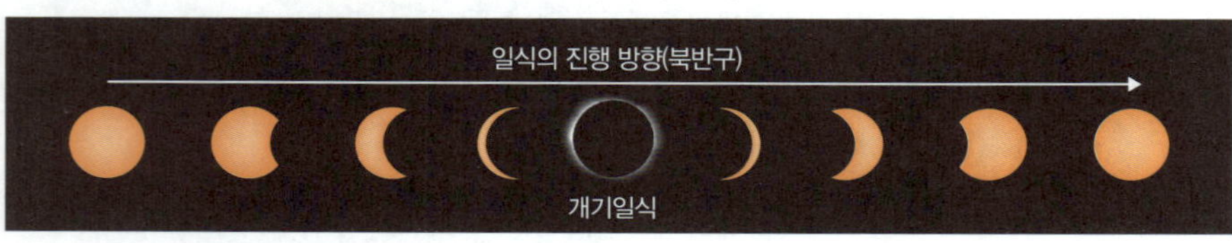


**2 월식:** 지구에서 봤을 때 달이 지구의 그림자에 들어가 가려지는 현상 ➡ 달이 공전하면서 지구의 그림자에 들어갈 때 일어난다.

**(1) 천체의 위치 관계:** ❷태양―지구―달 순으로 일직선상에 위치(달의 위치가 망일 때)

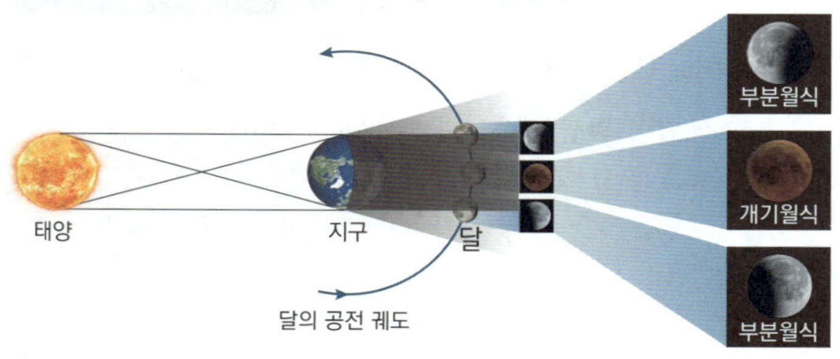


**(2) 종류와 관측 가능 지역:** 지구의 그림자에 달이 들어갈 때 생기는 현상이므로, 지구에서 밤이 되는 모든 지역에서 관측할 수 있다.

| 구분 | 정의 | 관측 가능 지역 |
|---|---|---|
| 개기월식 | 달 전체가 지구의 그림자에 완전히 가려져 ❸붉게 보이는 현상 | 밤이 되는 모든 지역 |
| 부분월식 | 달의 일부가 지구의 그림자에 가려지는 현상 | |

**(3) 진행 과정:** 달이 지구를 중심으로 공전하여 지구의 그림자 속으로 들어가 달의 왼쪽(동쪽)부터 가려지고 왼쪽(동쪽)부터 빠져나온다.

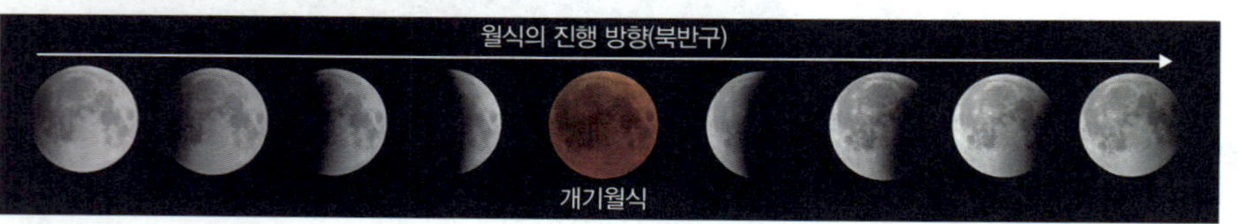




---

**정리신**

**❶ 달이 태양을 가릴 수 있는 까닭**
크기는 태양이 달보다 매우 크지만, 지구로부터 떨어진 거리가 태양이 달보다 매우 멀어서 지구에서 태양과 달의 크기는 비슷하게 보이기 때문이다.

**개기일식과 태양의 대기 관측**
채층이나 코로나와 같은 태양의 대기는 광구가 너무 밝아 평상시에 관측하기 어렵지만, 달이 태양을 완전히 가리는 개기일식이 일어날 때 관측할 수 있다.

**❷ 일식과 월식의 달의 위상**

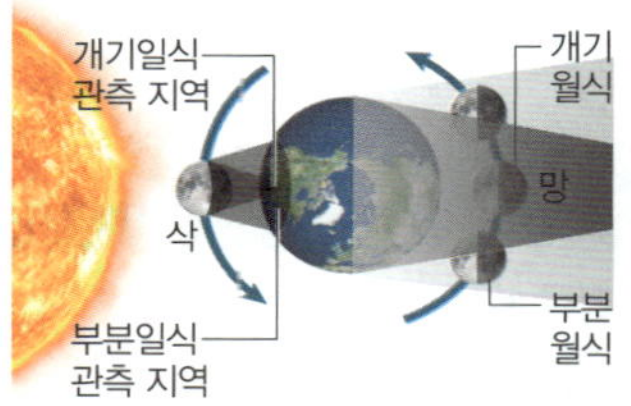


- 일식: 달의 위상은 삭으로, 달은 태양과 지구 사이에 위치한다.
- 월식: 달의 위상은 망으로 달은 태양과 반대 방향에 위치한다.

**❸ 개기월식이 일어날 때 달이 붉게 보이는 까닭**
태양 빛 중에서 파장이 짧은 푸른색 빛은 산란되고, 파장이 긴 붉은색 빛이 지구의 대기에 의해 굴절되어 달 표면에 도달하기 때문이다.

## 바로 복습

### 빈칸 채우기 문제

**09** 일식은 천체가 태양―＿＿―＿＿＿ 순으로 일직선상에 위치할 때 일어난다.

**10** 일식은 지구에서 달의 ＿＿＿＿＿가 생기는 지역에서만 관측할 수 있다.

**11** 월식은 달이 ＿＿의 위치에 있을 때 일어난다.

**12** 달 전체가 지구의 그림자에 완전히 가려져 붉게 보이는 현상을 ＿＿＿＿＿＿이라고 한다.

### ○✕ 문제

**13** 일식과 월식은 모두 달이 지구를 중심으로 공전하면서 나타나는 현상이다. (　　)

**14** 우리나라에서 일식이 진행될 때 태양의 오른쪽부터 가려지기 시작한다. (　　)

**15** 월식은 밤이 되는 모든 지역에서 관측할 수 있다. (　　)

**16** 부분월식이 진행될 때 달은 항상 붉게 보인다. (　　)

**05** 식 현상과 그에 대한 모습을 옳게 연결하시오.

(1) 개기월식 •

(2) 개기일식 •

• ㉠

• ㉡

**06** 빈칸에 들어갈 알맞은 말을 고르시오.

(1) 일식은 달의 위치가 ( 삭 , 망 )일 때 일어난다.
(2) 우리나라에서 월식이 일어날 때 달의 ( 오른쪽 , 왼쪽 )부터 가려진다.
(3) 부분월식이 일어나면 달의 ( 전체 , 일부 )가 지구의 그림자에 가려진다.

**07** 그림은 일식이 일어나는 과정을 나타낸 것이다.

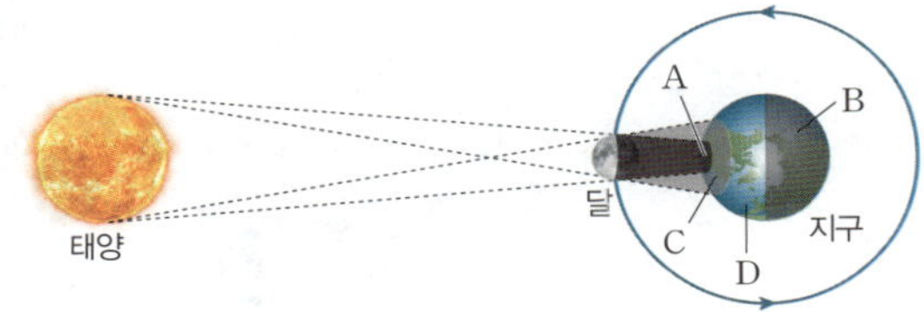


다음에 해당하는 지역으로 옳은 것을 <u>모두</u> 골라 기호를 쓰시오.

(1) 개기일식이 관측되는 지역 (　　　　)
(2) 부분일식이 관측되는 지역 (　　　　)
(3) 일식을 관측할 수 없는 지역 (　　　　)

**08** 그림은 월식이 일어나는 과정을 나타낸 것이다.

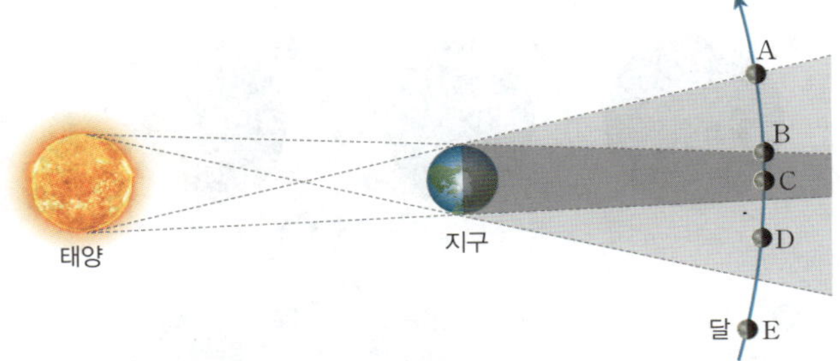


다음에 해당하는 달의 위치로 옳은 것을 골라 기호를 쓰시오.

(1) 개기월식이 일어나는 달의 위치 (　　　)
(2) 부분월식이 일어나는 달의 위치 (　　　)

## 탐구 집중 관리 모형을 이용하여 달의 위상 변화 관찰하기

**목표 |** 모형을 이용하여 달의 위상 변화를 관찰하고, 달의 위상 변화를 설명할 수 있다.

**과정**

⚠ 주의 신
• 압정을 사용할 때 다치지 않도록 면장갑을 끼고 조심히 설치한다.

❶ 원 궤도가 그려져 있는 달의 위상 변화 판 가운데에 스마트 기기를 놓고, 한쪽에 태양의 위치를 정한다.
❷ 노란색 스타이로폼 공의 절반을 검은색으로 색칠한 후, 노란색 부분이 태양을 향하게 하여 원 궤도 위에 압정으로 고정한다.
❸ 스타이로폼 공이 각 위치에 있을 때 스마트 기기에서 촬영된 스타이로폼 공의 색깔을 기록한다. 이때 스마트 기기의 렌즈가 스타이로폼 공을 향하게 하여 촬영한다. — 노란색 부분의 모양이 우리 눈에 보이는 달의 위상이 되는 거지!

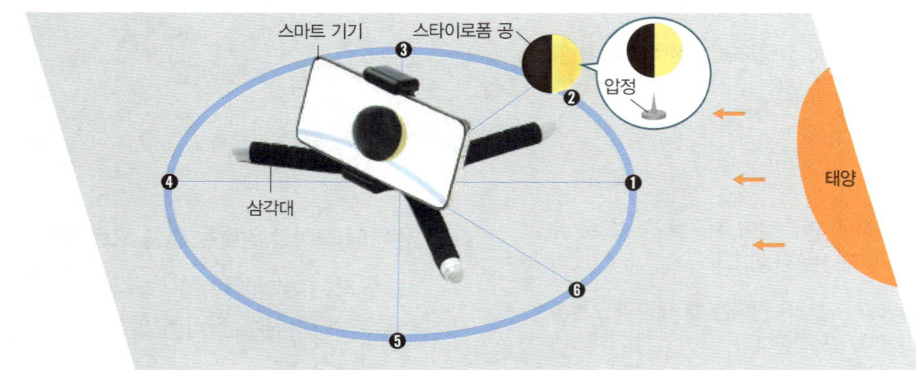


**결과**

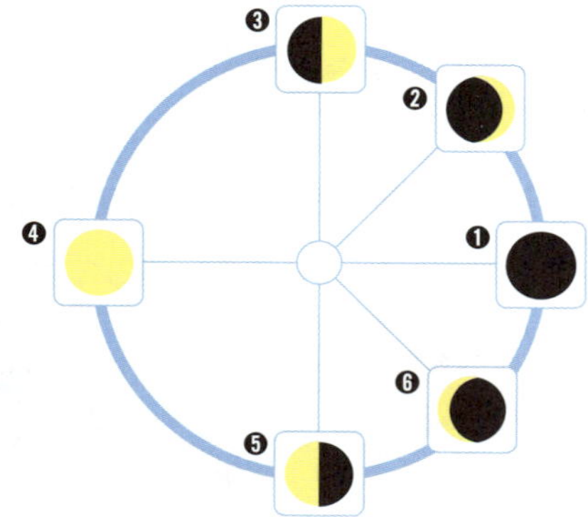


• ❶의 위치에 있을 때는 노란색 부분이 보이지 않는다.
• ❷의 위치에 있을 때는 오른쪽 일부가 노란색 부분으로 보인다.
• ❸의 위치에 있을 때는 오른쪽 절반이 노란색 부분으로 보인다.
• ❹의 위치에 있을 때는 전체가 노란색 부분으로 보인다.
• ❺의 위치에 있을 때는 왼쪽 절반이 노란색 부분으로 보인다.
• ❻의 위치에 있을 때는 왼쪽 일부가 노란색 부분으로 보인다.

**정리**

• 달은 태양 빛을 반사하여 밝게 보이므로 달이 지구를 중심으로 공전하면서 태양, 지구, 달의 상대적인 위치가 달라지기 때문에 달의 위상이 변한다.

**01** 위 탐구에서 각 위치에 있을 때 달의 위상을 쓰시오.

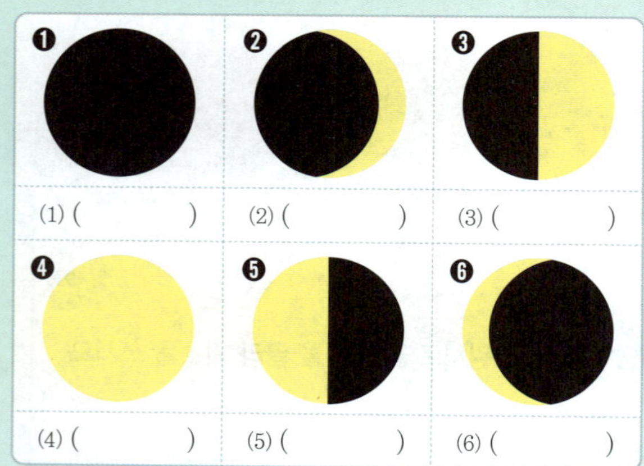


**02** 다음은 위 실험을 통해 알아본 달의 위상 변화에 대한 설명이다. 빈칸에 알맞은 말을 쓰시오.

스타이로폼 공의 위치가 변하면서 스마트 기기에 관측되는 노란색 부분은 (㉠          )이 태양 빛을 반사하여 밝게 빛나는 부분이다. 노란색 부분은 (㉠          )이 지구를 중심으로 (㉡          )하면서 변하는 (㉢          ), 지구, 달의 상대적인 위치에 따라 다르게 관측되며 이는 달의 (㉣          )이 변하는 까닭이다.

# 일식과 월식

## 1 일식보다 월식을 관측할 수 있는 지역이 넓은 까닭

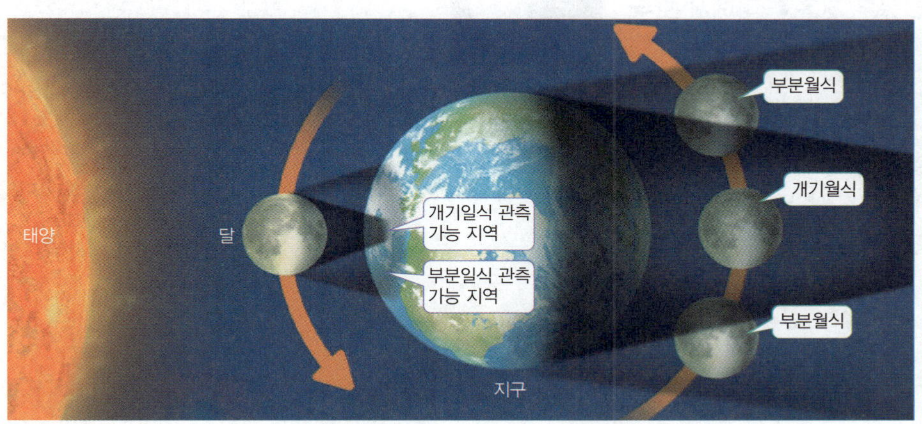



- 일식은 지구에서 달의 그림자가 생기는 지역에서만 관측할 수 있다. ➡ 관측할 수 있는 지역이 좁다.
- 월식은 지구의 그림자에 달이 들어갈 때 생기는 현상이므로, 밤이 되는 모든 지역에서 관측할 수 있다. ➡ 관측할 수 있는 지역이 넓다.

## 2 일식과 월식이 매달 일어나지 않는 까닭

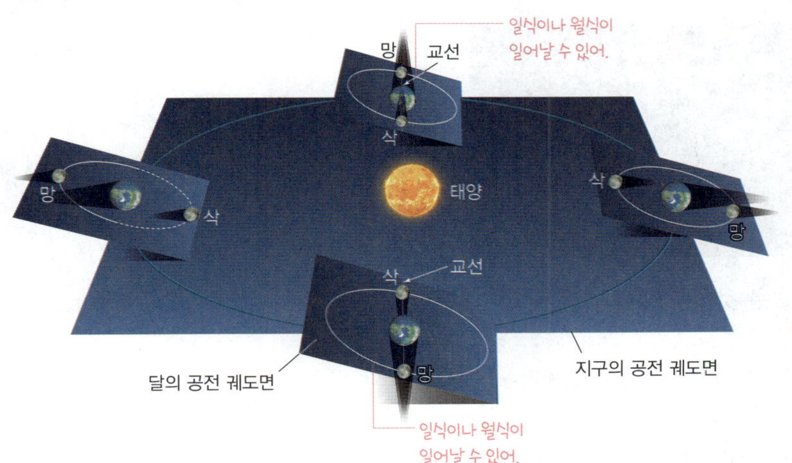



- 일식과 월식은 태양, 지구, 달이 일직선상에 배열되는 삭이나 망일 때 나타난다.
- 달의 공전 궤도면은 지구의 공전 궤도면에 대해 약간 기울어져 있기 때문에 삭과 망이 되어도 태양, 지구, 달이 일직선상에 놓이지 않는 경우가 있다.
- 삭일 때 달의 그림자가 지구에 닿지 않으면 일식이 일어나지 않고, 망일 때 달이 지구의 그림자로 들어가지 않으면 월식이 일어나지 않는다.

# 유형 클리닉

## 유형 1 달의 위상 변화

달의 위상 변화를 묻는 문제는 자주 출제돼! 달의 위상을 보고 태양, 지구, 달의 상대적인 위치를 파악할 수 있어야 해~

그림은 어느 날 풍식이가 남쪽 하늘에서 관측한 달의 모습을 나타낸 것이다. 이에 대한 설명으로 옳은 것을 [보기]에서 모두 고른 것은?

**[보기]**
ㄱ. 이날 달과 태양은 지구를 중심으로 직각을 이룬다.
ㄴ. 약 1 주일 후 달의 위상은 초승달이다.
ㄷ. 다음날 같은 시각에 달은 이날보다 더 동쪽에서 관측될 것이다.

① ㄱ
② ㄴ
③ ㄱ, ㄷ
④ ㄴ, ㄷ
⑤ ㄱ, ㄴ, ㄷ

ㄱ. 이날 달과 태양은 지구를 중심으로 직각을 이룬다.
→ 이날 달은 오른쪽 절반이 밝게 보이는 상현달이야! 상현달은 달과 태양이 지구를 중심으로 직각을 이루기 때문에 오른쪽 절반이 밝게 보이지~!

✗. 약 1 주일 후 달의 위상은 초승달이다. → 보름달
→ 달의 위상은 '삭( ◯ ) → 초승달( 🌙 ) → 상현달( 🌓 ) → 보름달( 🌕 ) → 하현달( 🌗 ) → 그믐달( ) → 삭( ◯ )' 순으로 변해! 달의 위상이 상현달일 때 약 1 주일 후에는 달의 위상이 보름달로 변하게 돼~

ㄷ. 다음날 같은 시각에 달은 이날보다 더 동쪽에서 관측될 것이다.
→ 달은 지구를 중심으로 서쪽에서 동쪽으로 공전하기 때문에 매일 같은 시각에 달을 관측하면 점점 동쪽으로 이동한다는 것을 알 수 있어!

답 ③

**ZP point**
달의 위상 변화 : 삭( ◯ ) → 초승달( 🌙 ) → 상현달( 🌓 ) → 보름달( 🌕 ) → 하현달( 🌗 ) → 그믐달( ) → 삭( ◯ )

## 유형 2 달의 위치와 모양 변화

달이 지구를 중심으로 공전하면서 위치와 모양이 어떻게 변하는지 묻는 문제가 출제될 수 있어~!

그림은 해가 진 직후 15 일 동안 관측한 달의 위치와 모양을 나타낸 것이다.

이에 대한 설명으로 옳은 것을 [보기]에서 모두 고른 것은?

**[보기]**
ㄱ. A일 때 달은 지구와 태양의 사이에 위치한다.
ㄴ. B는 음력 2 일경에 관측하였다.
ㄷ. 이 기간 동안 달은 A에서 B 방향으로 서서히 이동하였다.

① ㄱ
② ㄴ
③ ㄱ, ㄷ
④ ㄴ, ㄷ
⑤ ㄱ, ㄴ, ㄷ

✗. A일 때 달은 지구와 태양의 사이에 위치한다. → 태양의 반대 방향
→ A는 음력 15 일경 동쪽 하늘에서 관측한 보름달이야! 보름달일 때 달-지구-태양 순서로 위치하여 달은 지구를 중심으로 태양의 반대 방향에 있게 돼~ 지구-달-태양 순서로 위치하는 삭과 헷갈리지 않도록 잘 기억해 두자!

ㄴ. B는 음력 2 일경에 관측하였다.
→ B는 초승달로, 음력 2 일경에 서쪽 하늘에서 짧게 관측돼~

✗. 이 기간 동안 달은 A에서 B 방향으로 서서히 이동하였다. → B에서 A
→ 달은 지구를 중심으로 서쪽에서 동쪽으로 공전하기 때문에, 이 기간 동안 해가 진 직후 관측하면 달은 초승달(B)에서 상현달을 거쳐 보름달(A)로 서서히 이동하게 돼~

답 ②

**ZP point**
• 음력 1 일경: 해가 진 직후 보이지 않음
• 음력 2 일경: 해가 진 직후 서쪽 하늘에서 초승달
• 음력 7~8 일경: 해가 진 직후 남쪽 하늘에서 상현달
• 음력 15 일경: 해가 진 직후 동쪽 하늘에서 보름달

# 유형 클리닉



➕ 일식이 일어날 때의 진행 과정과 태양, 지구, 달의 상대적인 관계를 묻는 문제가 자주 출제 돼~

그림 (가)~(다)는 어느 날 우리나라에서 일식이 일어나는 모습을 순서 없이 나타낸 것이다.

(가)　　　　　(나)　　　　　(다)

**이에 대한 설명으로 옳지 <u>않은</u> 것은?**

① (가)는 개기일식의 모습이다.
② 달의 공전에 의한 현상이다.
③ 이날 밤에는 보름달이 관측되었다.
④ 우리나라에서 관측된 순서는 (다) → (가) → (나)이다.
⑤ 이날 우리나라는 달의 그림자가 생기는 지역에 포함되었다.

①(가)는 개기일식의 모습이다.
→ (가)는 달이 태양을 완전히 가리는 개기일식의 모습이야!

②달의 공전에 의한 현상이다.
→ 일식은 달이 지구를 중심으로 공전하면서 지구와 태양의 사이를 지나갈 때 발생하는 현상이지~!

③이날 밤에는 <s>보름달</s>이 관측되었다.
→ 일식이 일어날 때 달은 지구와 태양의 사이인 삭에 위치하게 돼! 따라서 이날 밤에는 달이 관측되지 않아~

④우리나라에서 관측된 순서는 (다) → (가) → (나)이다.
→ 달이 서쪽에서 동쪽으로 공전하면서 태양의 앞을 지나가게 돼! 따라서 태양의 오른쪽이 가려진 (다)가 가장 먼저 관측되고, 달이 태양을 완전히 가린 (가)가 관측된 이후에 태양의 오른쪽부터 빠져나오는 (나)가 가장 나중에 관측되지!

⑤이날 우리나라는 달의 그림자가 생기는 지역에 포함되었다.
→ 일식은 지구에서 달의 그림자가 생기는 지역에서만 관측할 수 있어! 낮이어도 달의 그림자가 생기지 않는 지역에서는 일식을 관측할 수 없다는 것 꼭 기억해 두자~!

답 ③

**ZP point**
일식
• 태양－달－지구 순으로 일직선상에 위치(달의 위상: 삭)
• 달의 그림자가 생기는 지역에서만 관측 가능
• 태양의 오른쪽(서쪽)부터 가려지기 시작(북반구)



➕ 월식이 일어날 때 지구의 그림자와 달의 위치에 따라 어떤 종류의 월식이 일어나는지 알고 있어야 해!

그림은 월식이 일어날 때 태양, 지구, 달의 위치를 나타낸 것이다.

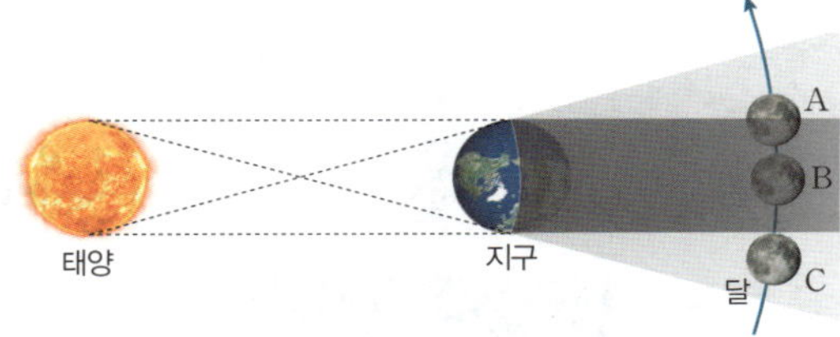


**이에 대한 설명으로 옳은 것은?**

① 달의 위치가 A와 C일 때 부분월식이 관측된다.
② 달이 B 위치일 때 지구에서 달이 관측되지 않는다.
③ 달이 C 위치일 때 달 전체가 붉게 관측된다.
④ 이날 밤이 되는 모든 지역에서 월식을 관측할 수 있다.
⑤ 이날 우리나라에서 월식을 관측하면 달의 오른쪽부터 가려진다.

①달의 위치가 A와 <s>C</s>일 때 부분월식이 관측된다.
→ 부분월식은 달이 A 위치일 때 관측돼. C 위치일 때는 달이 지구의 그림자에 들어가지 않았으므로 월식이 관측되지 않아~

②달이 B 위치일 때 지구에서 달이 <s>관측되지 않는다</s>.
→ 달이 B 위치일 때 지구에서는 개기월식을 관측할 수 있어! 개기월식이 일어나면 달이 보이지 않는 것이 아니라 달 전체가 붉게 관측돼~

③달이 <s>C</s> 위치일 때 달 전체가 붉게 관측된다.　　B 위치
→ C 위치에서는 월식이 관측되지 않아서 붉지 않은 보름달로 관측되고, 달 전체가 붉게 관측되는 현상은 개기월식(B)에 해당돼~

④이날 밤이 되는 모든 지역에서 월식을 관측할 수 있다.
→ 월식은 달이 지구의 그림자에 들어갈 때 나타나는 현상으로, 지구에서 밤이 되는 모든 지역에서 관측할 수 있어!

⑤이날 우리나라에서 월식을 관측하면 달의 <s>오른쪽</s>부터 가려진다.　　왼쪽
→ 달이 서쪽에서 동쪽으로 공전하면서 지구의 그림자 속에 들어가게 돼! 따라서 우리나라에서 월식을 관측하면 달의 왼쪽부터 가려지기 시작해~

답 ④

**ZP point**
월식
• 태양－지구－달 순으로 일직선상에 위치(달의 위치: 망)
• 밤이 되는 모든 지역에서 관측 가능
• 달의 왼쪽(동쪽)부터 가려지기 시작(북반구)

# 실전 백신

## 1 달의 위상 변화

**01** 달의 공전에 대한 설명으로 옳지 <u>않은</u> 것은?

① 달은 하루에 약 1°씩 공전한다.
② 달의 공전에 의해 달의 위상 변화가 나타난다.
③ 달은 지구를 중심으로 서쪽에서 동쪽으로 공전한다.
④ 달이 공전하여 처음 위치로 되돌아오는 데 약 한 달이 걸린다.
⑤ 달이 공전하여 위치가 변하면 태양 빛을 반사하여 밝게 보이는 부분의 모양이 달라진다.

[ 02~03 ] 그림은 달의 공전 궤도와 달의 위치를 나타낸 것이다.

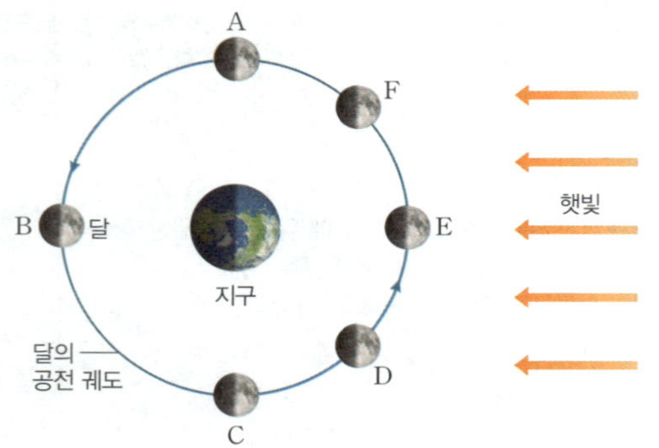


**02** A~F에 대한 설명으로 옳은 것을 <u>보기</u>에서 모두 고른 것은?

**보기**
ㄱ. 달이 A에 위치할 때와 C에 위치할 때 지구에서 관측되는 달의 위상은 같다.
ㄴ. 음력 2 일경에 달은 D에 위치한다.
ㄷ. 달이 E에 위치할 때 지구에서 달이 보이지 않는다.

① ㄱ     ② ㄴ     ③ ㄷ
④ ㄱ, ㄴ     ⑤ ㄴ, ㄷ

**03** B 위치에서의 달의 위상과 음력 날짜를 옳게 짝 지은 것은?

| | 달의 위상 | 음력 날짜 |
|---|---|---|
| ① | 삭 | 음력 1 일경 |
| ② | 삭 | 음력 15 일경 |
| ③ | 상현달 | 음력 7~8 일경 |
| ④ | 보름달 | 음력 1 일경 |
| ⑤ | 보름달 | 음력 15 일경 |

**04** 그림 (가)~(다)는 우리나라에서 음력 1 일부터 28 일 사이에 관측한 달의 모습을 순서 없이 나타낸 것이다.

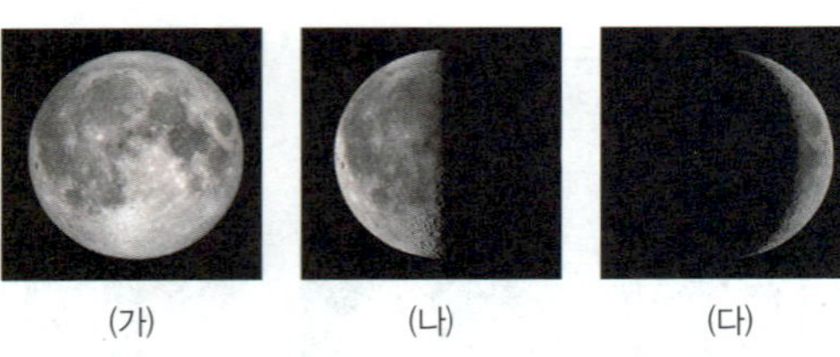

(가)      (나)      (다)

이에 대한 설명으로 옳은 것을 <u>보기</u>에서 모두 고른 것은?

**보기**
ㄱ. 달은 (다) → (가) → (나) 순으로 관측되었다.
ㄴ. (가)와 (다)의 관측 기간 사이에는 상현달이 관측된다.
ㄷ. (나)가 관측될 때 달과 태양은 지구를 중심으로 직각을 이룬다.

① ㄱ     ② ㄴ     ③ ㄱ, ㄷ
④ ㄴ, ㄷ     ⑤ ㄱ, ㄴ, ㄷ

**05** 그림은 어느 날 관측한 달의 위상을 나타낸 것이다.

이에 대한 설명으로 옳은 것은? (단, 이날 월식은 일어나지 않았다.)

① 초승달이다.
② 음력 2~3 일경 관측할 수 있다.
③ 달의 일부가 지구의 그림자에 가려져 나타난다.
④ 약 1~2 일 후에는 달이 관측되지 않는다.
⑤ 약 3 일 후에도 같은 위상의 달이 관측된다.

**[ 06~07 ]** 그림은 해가 진 직후 15 일 동안 관측한 달의 위치와 모양을 나타낸 것이다.

**06** 이에 대한 설명으로 옳지 <u>않은</u> 것은?

① 음력 15 일경에는 달－지구－태양 순으로 일직선을 이룬다.
② 달은 약 15 일을 주기로 모양이 변한다.
③ 달의 모양은 초승달 → 상현달 → 보름달로 변한다.
④ 이 기간 동안 하현달은 관측되지 않았다.
⑤ 매일 같은 시각에 관측한 달은 점점 동쪽으로 이동한다.

**07** 그림과 같이 보름달이 동쪽 하늘에서 관측될 때 태양이 위치하는 하늘의 방향으로 옳은 것은?

① 북동쪽 하늘　　② 북서쪽 하늘　　③ 남쪽 하늘
④ 서쪽 하늘　　⑤ 동쪽 하늘

## ❷ 일식과 월식

**08** 일식과 월식에 대한 설명으로 옳지 <u>않은</u> 것은?

① 일식은 월식보다 관측할 수 있는 지역이 좁다.
② 태양과 달 사이의 거리는 일식이 일어날 때가 월식이 일어날 때보다 가깝다.
③ 태양은 달보다 매우 커서 일식이 일어날 때 달은 태양을 완전히 가릴 수 없다.
④ 일식과 월식은 모두 달이 지구를 중심으로 공전하여 일어나는 현상이다.
⑤ 달과 태양이 지구를 중심으로 직각을 이룰 때는 일식과 월식이 일어나지 않는다.

**09** 그림은 지구를 공전하는 달의 위치를 나타낸 것이다.

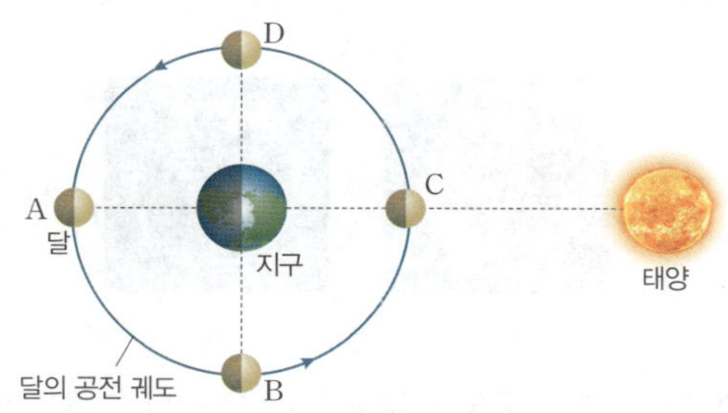


일식과 월식이 일어날 때 달의 위치를 옳게 짝 지은 것은?

|  | 일식 | 월식 |  | 일식 | 월식 |
|---|---|---|---|---|---|
| ① | A | B | ② | A | C |
| ③ | C | A | ④ | C | D |
| ⑤ | D | B |  |  |  |

**10** 그림은 태양, 지구, 달의 위치를 모식적으로 나타낸 것이다.

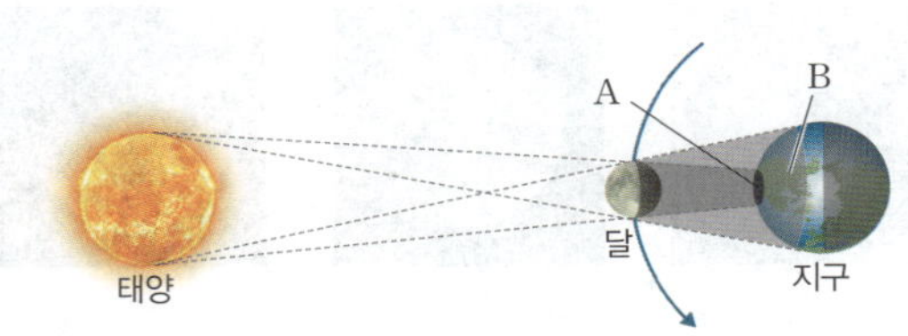


이에 대한 설명으로 옳은 것을 **보기** 에서 모두 고른 것은?

**보기**
ㄱ. A에서 개기일식을 관측할 수 있다.
ㄴ. B에서는 일식을 관측할 수 없다.
ㄷ. 일식은 한 달에 한 번 관측된다.

① ㄱ　　　　② ㄴ　　　　③ ㄱ, ㄷ
④ ㄴ, ㄷ　　　⑤ ㄱ, ㄴ, ㄷ

**11** 그림 (가)와 (나)는 일식과 월식의 모습을 순서 없이 나타낸 것이다.

(가) (나)

이에 대한 설명으로 옳은 것을 보기 에서 모두 고른 것은?

보기
ㄱ. (가)는 달 전체가 지구의 그림자에 완전히 가려졌다.
ㄴ. (나)는 개기일식의 모습이다.
ㄷ. (가)와 (나)가 일어날 때 달의 위상은 같다.

① ㄱ　　　　　② ㄴ　　　　　③ ㄱ, ㄷ
④ ㄴ, ㄷ　　　　⑤ ㄱ, ㄴ, ㄷ

(신유형)
**12** 그림은 우리나라에서 월식이 일어났을 때 어느 시점을 촬영한 모습이다. 이에 대한 설명으로 옳은 것을 보기 에서 모두 고른 것은?

보기
ㄱ. 부분월식을 관측한 것이다.
ㄴ. A는 지구의 그림자에 해당한다.
ㄷ. 이날 월식이 끝난 후 달의 위상은 상현달로 보일 것이다.

① ㄱ　　　　　② ㄷ　　　　　③ ㄱ, ㄴ
④ ㄴ, ㄷ　　　　⑤ ㄱ, ㄴ, ㄷ

**13** 그림 (가)~(다)는 어느 날 우리나라에서 월식이 일어나는 모습을 순서 없이 나타낸 것이다.

(가) (나) (다)

이에 대한 설명으로 옳은 것을 보기 에서 모두 고른 것은?

보기
ㄱ. 이날 태양－달－지구 순으로 일직선을 이루고 있다.
ㄴ. 이날 지구의 그림자 안에 달 전체가 들어간다.
ㄷ. 지구에서 관측된 순서는 (가) → (다) → (나)이다.

① ㄱ　　　　　② ㄷ　　　　　③ ㄱ, ㄴ
④ ㄴ, ㄷ　　　　⑤ ㄱ, ㄴ, ㄷ



서술형

**14** 그림은 약 한 달 동안 달의 위상 변화를 나타낸 것이다.

시간이 지남에 따라 달의 위상이 변하는 까닭을 서술하시오.

KEY 태양 빛을 반사, 공전, 상대적 위치

**15** 그림은 어느 날 밤 우리나라에서 관측한 달의 위상을 나타낸 것이다. 이 날 우리나라에서는 일식과 월식 중 어느 현상이 일어날 수 있을지 쓰고, 그렇게 생각한 까닭을 서술하시오.

KEY 보름달(망), 일직선상

**16** 그림은 개기월식이 일어날 때 달의 모습을 나타낸 것이다. 개기월식이 일어날 때 달이 붉게 보이는 까닭을 서술하시오.

KEY 파장, 지구의 대기, 굴절

## 1등급 백신

**01** 그림 (가)는 태양, 지구, 달의 위치를, (나)는 어느 날 우리나라에서 관측한 달의 위상을 나타낸 것이다.

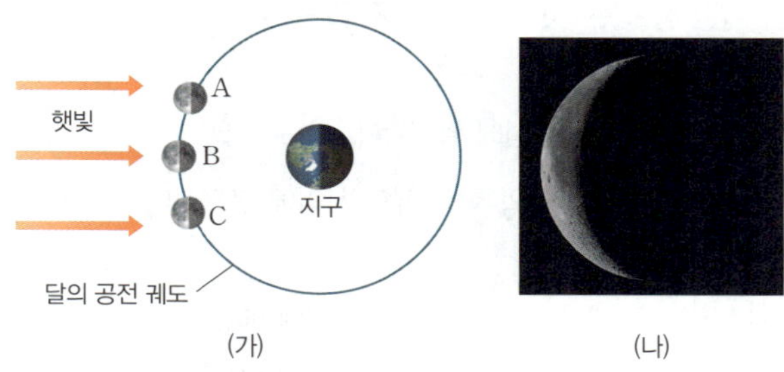

(가)  (나)

이에 대한 설명으로 옳은 것을 보기 에서 모두 고른 것은?

> 보기
> ㄱ. 달은 A → B → C 방향으로 이동한다.
> ㄴ. (나)는 달이 C 위치일 때 관측되는 위상이다.
> ㄷ. (나)가 B 위치로 이동하기까지 최소 26 일이 걸린다.

① ㄱ  ② ㄴ  ③ ㄷ
④ ㄱ, ㄴ  ⑤ ㄴ, ㄷ

**02** 그림 (가)~(다)는 음력 2 일에서 15 일 사이에 같은 장소에서 해가 진 직후 관측한 달의 위상을 순서 없이 나타낸 것이다.

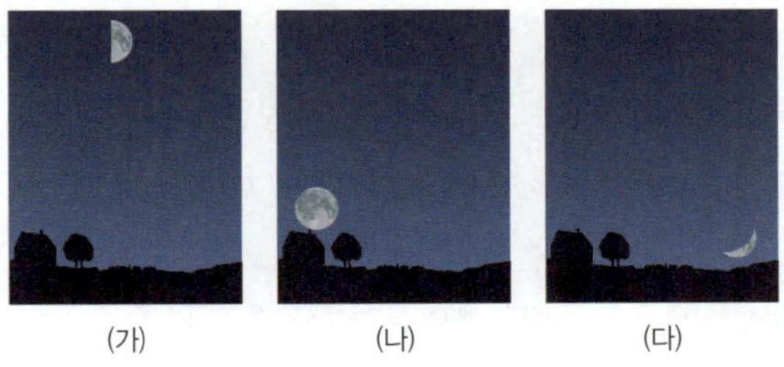

(가)  (나)  (다)

이에 대한 설명으로 옳지 <u>않은</u> 것은?

① (가)는 음력 7~8 일경에 관측된다.
② (나)의 위상을 보이는 날에 월식이 일어날 수 있다.
③ (나)는 (다)보다 태양과의 거리가 가깝다.
④ (다)는 서쪽 하늘에서 관측된다.
⑤ 관측 순서는 (다) → (가) → (나)이다.

**03** 그림은 어느 날 우리나라에서 관측된 일식의 진행 과정을 나타낸 것이다.

이에 대한 설명으로 옳은 것을 보기 에서 모두 고른 것은?

> 보기
> ㄱ. 우리나라에서는 개기일식과 부분일식이 모두 관측되었다.
> ㄴ. 일식은 A 방향으로 진행된다.
> ㄷ. 이날 밤에는 달이 보이지 않았을 것이다.

① ㄱ  ② ㄴ  ③ ㄱ, ㄷ
④ ㄴ, ㄷ  ⑤ ㄱ, ㄴ, ㄷ

**04** 그림은 우리나라에서 월식이 진행될 때의 태양, 지구, 달의 위치를 나타낸 것이다.

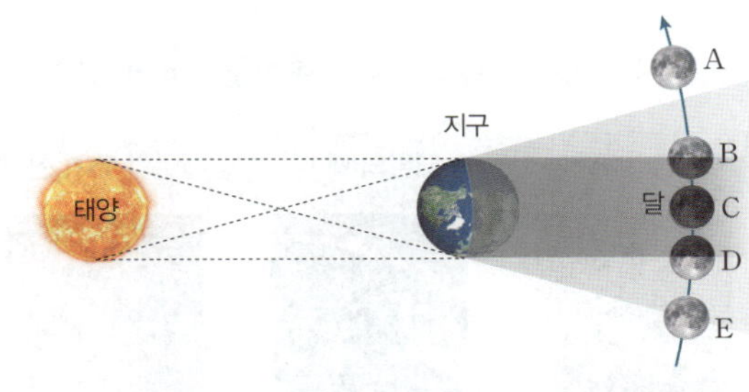


달이 A~E의 위치에 있을 때 관측할 수 있는 달의 모습을 옳게 짝 지은 것은?

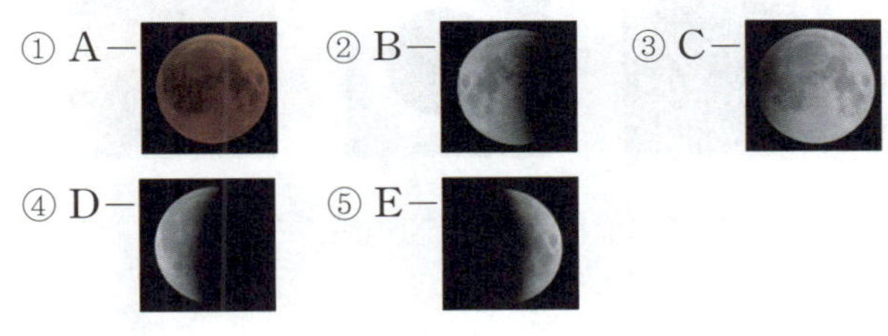

① A—  ② B—  ③ C—
④ D—  ⑤ E—

학교 시험에 자주 나오는 자료 마스터!

# 빈출 자료 집중진단

## 1 태양계 구성 천체

그림은 태양계를 구성하는 천체를 나타낸 것이다.

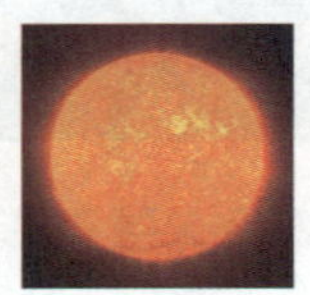

| | | |
|---|---|---|
| 태양 | 행성 | 왜소 행성 |
| 소행성 | 혜성 | 위성 |

다음 설명 중 옳은 것은 ○표, 옳지 않은 것은 ×표 하시오.

**1** 태양은 태양계의 중심에 위치한다.　( ○ / × )

**2** 소행성은 주로 지구와 화성 궤도 사이에 분포한다.　( ○ / × )

**3** 왜소 행성은 행성보다 크기가 작은 천체이다.　( ○ / × )

**4** 혜성은 태양과 가까워질 때 꼬리가 생긴다.　( ○ / × )

**5** 태양계에 행성은 총 8 개가 있다.　( ○ / × )

**6** 위성은 태양을 중심으로 공전한다.　( ○ / × )

## 2 행성의 분류와 특징

그림은 태양계를 구성하는 행성을 나타낸 것이다.

| | | | |
|---|---|---|---|
| 수성 | 금성 | 지구 | 화성 |
| 목성 | 토성 | 천왕성 | 해왕성 |

다음 설명 중 옳은 것은 ○표, 옳지 않은 것은 ×표 하시오.

**1** 수성은 낮과 밤의 온도 차가 매우 크다.　( ○ / × )

**2** 금성은 크기와 질량이 지구와 비슷하다.　( ○ / × )

**3** 화성에는 과거에 물이 흘렀던 흔적이 있다.　( ○ / × )

**4** 목성은 토성과 달리 고리가 없다.　( ○ / × )

**5** 천왕성과 해왕성은 표면에 단단한 부분이 없다.　( ○ / × )

**6** 목성형 행성은 지구형 행성보다 반지름이 작다.　( ○ / × )

## 3 태양

그림은 태양에서 관측되는 여러 현상을 나타낸 것이다.

| 태양의 표면 | 태양의 대기 | 태양의 대기 현상 |
|---|---|---|
| 쌀알 무늬 | 채층 | 홍염 |
| 흑점 | 코로나 | 플레어 |

다음 설명 중 옳은 것은 ○표, 옳지 않은 것은 ×표 하시오.

**1** 흑점은 주변보다 온도가 낮아 어둡게 보인다.　( ○ / × )

**2** 흑점과 쌀알 무늬는 개기일식이 일어날 때 볼 수 있다.　( ○ / × )

**3** 채층은 광구 위로 넓게 뻗어 있는 대기층이다.　( ○ / × )

**4** 코로나의 크기가 커질 때 인공위성이 궤도를 이탈하거나 부품이 손상되기도 한다.　( ○ / × )

**5** 홍염은 광구에서 물질이 솟아오르는 현상이다.　( ○ / × )

**6** 플레어는 흑점 부근에서 일어나는 강력한 폭발로, 흑점 수가 많을 때 활발하다.　( ○ / × )

## **4** 별의 일주 운동

그림은 우리나라에서 관측한 별의 일주 운동을 나타낸 것이다.

(가)

(나)

(다)

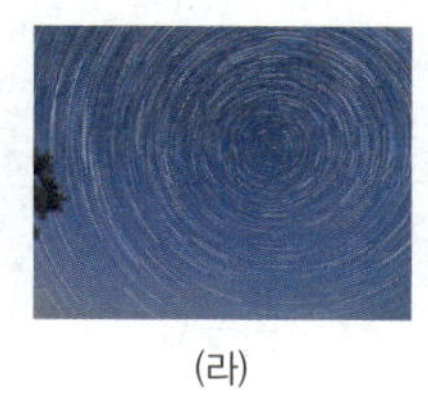
(라)

다음 설명 중 옳은 것은 ○표, 옳지 <u>않은</u> 것은 ×표 하시오.

**1** 지구의 공전에 의한 현상이다. ○ ×

**2** 별은 1 시간에 30°씩 이동한다. ○ ×

**3** (가)의 별은 동쪽에서 서쪽으로 이동한다. ○ ×

**4** (나)의 별은 오른쪽 아래로 비스듬히 이동한다. ○ ×

**5** (다)는 서쪽 하늘의 모습이다. ○ ×

**6** (라)의 별은 북극성을 중심으로 시계 방향으로 회전한다.
○ ×

## **5** 별의 연주 운동

그림은 해가 진 직후의 서쪽 하늘을 15 일 간격으로 관측한 별자리의 위치를 나타낸 것이다.

8 월 1 일

8 월 16 일

8 월 31 일

다음 설명 중 옳은 것은 ○표, 옳지 <u>않은</u> 것은 ×표 하시오.

**1** 별자리는 동쪽에서 서쪽으로 이동하고 있다. ○ ×

**2** 별의 연주 운동 방향은 태양의 연주 운동 방향과 같다.
○ ×

**3** 별자리의 이동 속도는 지구의 공전 속도와 같다. ○ ×

**4** 태양은 별자리를 기준으로 동쪽에서 서쪽으로 이동하는 것처럼 보인다. ○ ×

**5** 8 월 1 일에 관측된 사자자리는 다음 해 8월 1일에 같은 위치에서 관측될 것이다. ○ ×

## **6** 계절별 별자리 변화

그림은 지구의 공전 궤도와 황도 12궁을 나타낸 것이다.

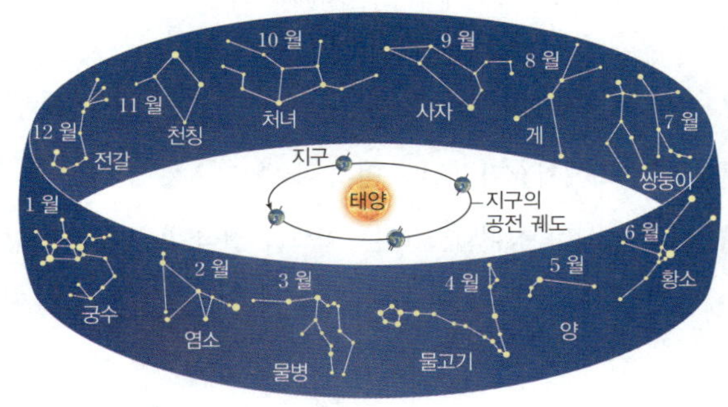


다음 설명 중 옳은 것은 ○표, 옳지 <u>않은</u> 것은 ×표 하시오.

**1** 태양은 별자리 사이를 서쪽에서 동쪽으로 이동하는 겉보기 운동을 한다. ○ ×

**2** 태양이 지나는 별자리는 한밤중에 남쪽 하늘에서 관측할 수 있다. ○ ×

**3** 10 월에 태양은 물고기자리를 지난다. ○ ×

**4** 4 월 한밤중에 남쪽 하늘에서 관측되는 별자리는 처녀자리이다. ○ ×

## 7 달의 위상 변화

그림은 달의 공전 궤도와 위상 변화를 나타낸 것이다.

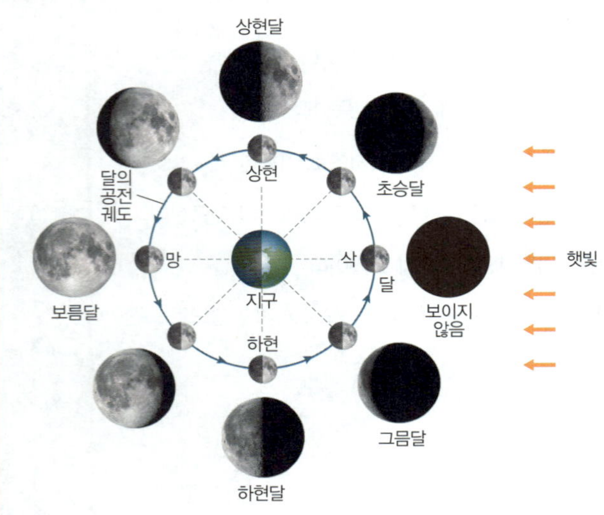


다음 설명 중 옳은 것은 ○표, 옳지 <u>않은</u> 것은 ×표 하시오.

**1** 달은 지구를 중심으로 서쪽에서 동쪽으로 공전한다.
〔○ ×〕

**2** 달은 태양 빛을 반사하여 밝게 보인다. 〔○ ×〕

**3** 초승달은 음력 27~28 일경 관측할 수 있다. 〔○ ×〕

**4** 달이 망의 위치에 있을 때 달—지구—태양 순서로 위치한다. 〔○ ×〕

**5** 달과 태양이 지구를 중심으로 직각을 이룰 때 상현달 또는 하현달을 볼 수 있다. 〔○ ×〕

**6** 하현달은 지구에서 오른쪽 절반이 밝게 보인다. 〔○ ×〕

**7** 지구에서 관측한 초승달과 그믐달의 위상은 같다. 〔○ ×〕

## 8 일식과 월식

### ● 일식

그림은 일식이 일어날 때의 태양, 지구, 달의 위치를 나타낸 것이다.

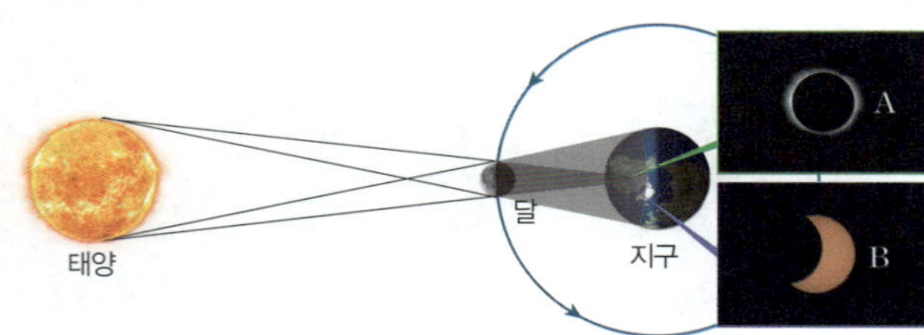


### ● 월식

그림은 월식이 일어날 때의 태양, 지구, 달의 위치를 나타낸 것이다.

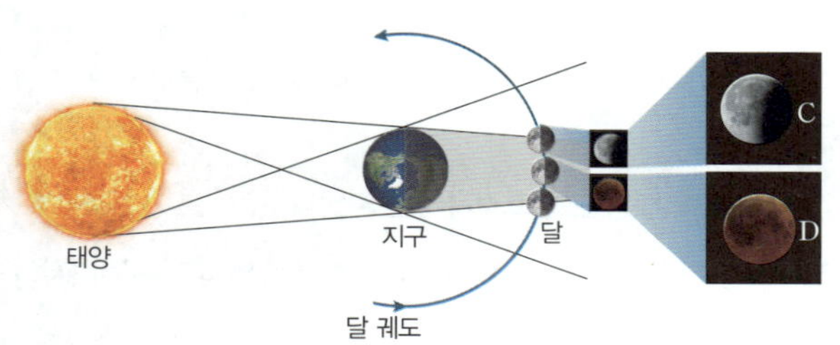


다음 설명 중 옳은 것은 ○표, 옳지 <u>않은</u> 것은 ×표 하시오.

**1** A는 개기일식의 모습이다. 〔○ ×〕

**2** A일 때 태양의 코로나를 관측할 수 있다. 〔○ ×〕

**3** B는 지구가 낮이 되는 모든 지역에서 관측할 수 있다. 〔○ ×〕

**4** 일식은 달의 위치가 삭일 때 일어날 수 있다. 〔○ ×〕

**5** 월식은 태양—달—지구 순으로 일직선상에 위치할 때 일어난다. 〔○ ×〕

**6** C는 달의 일부가 지구의 그림자에 가려진 모습이다.
 〔○ ×〕

**7** D는 부분월식의 모습이다. 〔○ ×〕

**8** 우리나라에서 C가 D보다 먼저 관측된다.
 〔○ ×〕

**9** 달의 위상이 상현달일 때는 일식과 월식이 일어나지 않는다. 〔○ ×〕

# CT 대단원 문제
Comprehensive Test



| 메타인지 | 각 중단원별 부족한 부분을 체크해 보고 부족한 단원은 꼭~ 복습하세요. | | | | | | | | | | | | | | | |
|---|---|---|---|---|---|---|---|---|---|---|---|---|---|---|---|---|
| O1 태양계의 구성 | 01 | 02 | 03 | 04 | 05 | 06 | 07 | 08 | 09 | 10 | 24 | 25 | 26 | 27 | 28 | 29 |
| O2 지구의 운동 | 11 | 12 | 13 | 14 | 15 | 16 | 30 | 31 | 32 | | | | | | | |
| O3 달의 운동 | 17 | 18 | 19 | 20 | 21 | 22 | 23 | 33 | 34 | 35 | | | | | | |

**01** 태양계를 구성하는 천체에 대한 설명으로 옳은 것은?

① 달과 타이탄은 소행성이다.
② 소행성은 태양을 중심으로 공전한다.
③ 혜성은 스스로 빛을 내는 천체이다.
④ 태양계의 모든 행성은 위성이 있다.
⑤ 왜소 행성은 화성과 목성 궤도 사이에서 띠를 이루어 분포한다.

**02** 그림 (가)와 (나)는 태양계를 구성하는 천체 중 행성과 왜소 행성을 순서 없이 나타낸 것이다.

(가)　　　　　　　(나)

이에 대한 설명으로 옳은 것을 **보기** 에서 모두 고른 것은?

> **보기**
> ㄱ. (가)는 자신의 공전 궤도 안에서 지배적인 역할을 한다.
> ㄴ. (나)는 (가)를 중심으로 공전한다.
> ㄷ. (가)와 (나)는 모두 모양이 둥글다.

① ㄱ　　　　　② ㄴ　　　　　③ ㄱ, ㄷ
④ ㄴ, ㄷ　　　　⑤ ㄱ, ㄴ, ㄷ

**03** 그림은 태양계의 행성을 반지름과 질량에 따라 두 집단으로 구분한 것이다. 이에 대한 설명으로 옳은 것을 <u>모두</u> 고르면?

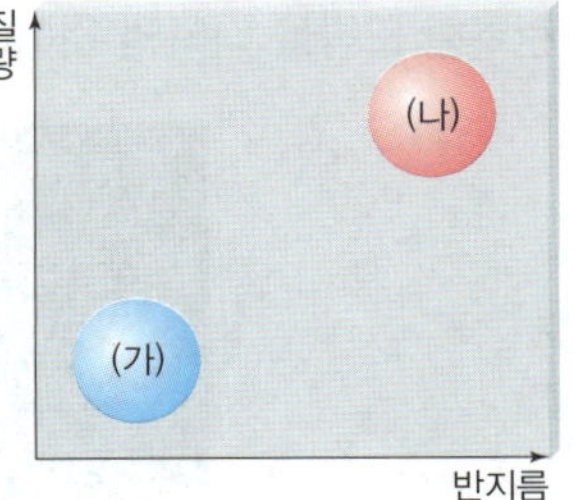


① (가)에 속하는 행성들은 고리가 없다.
② (가)에 속하는 행성들은 위성 수가 많다.
③ 수성과 금성은 (가)에 속한다.
④ (나)에 속하는 행성들은 표면이 단단한 암석으로 이루어져 있다.
⑤ (나)에 속하는 행성들은 주로 이산화 탄소로 이루어져 있다.

**[ 04~05 ]** 그림은 태양계를 구성하는 행성의 공전 궤도를 나타낸 것이다.

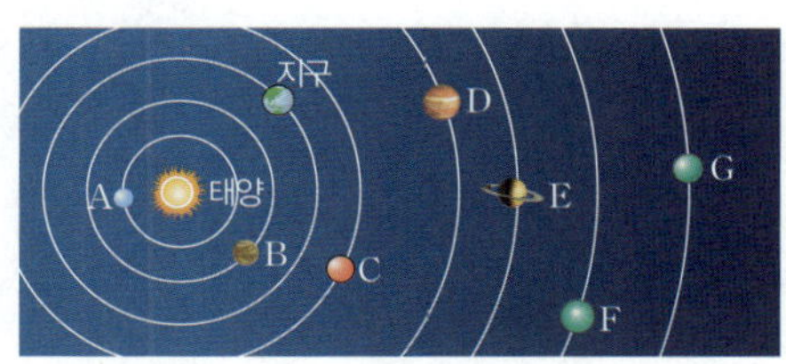


**04** B는 A보다 태양에서 더 멀리 있지만, A보다 B의 표면 온도가 더 높다. 그 까닭으로 가장 적절한 것은?

① 운석 구덩이가 많기 때문이다.
② 물이 존재하지 않기 때문이다.
③ 지구에 더 가까이 있기 때문이다.
④ 낮과 밤의 온도 차가 크기 때문이다.
⑤ 이산화 탄소로 이루어진 두꺼운 대기가 있기 때문이다.

**05** 행성 C~G에 대한 설명으로 옳은 것은?

① C에 있는 극관의 크기는 계절에 상관 없이 그 크기가 일정하다.
② D는 태양계 행성 중 크기가 가장 큰 행성이며, 4 개의 위성이 있다.
③ E는 얼음과 암석으로 이루어진 뚜렷한 고리가 있다.
④ F는 청록색으로 보이며, 고리가 없다.
⑤ G는 자전축이 공전 궤도면과 거의 나란하다.

## CT 대단원 문제

**06** 그림은 태양 표면의 일부를 나타낸 것이다. 이에 대한 설명으로 옳은 것을 **보기** 에서 모두 고른 것은?

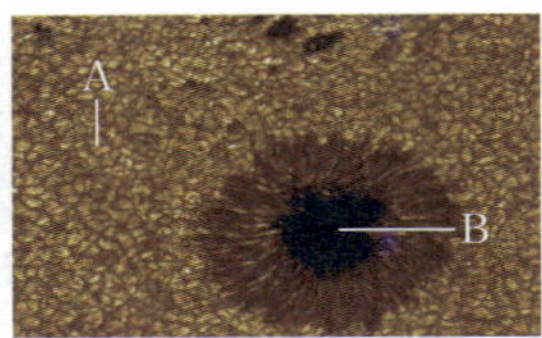

**보기**

ㄱ. A는 쌀알 무늬, B는 흑점이다.
ㄴ. A에서 고온의 물질이 올라오는 곳은 어둡다.
ㄷ. 태양의 활동이 활발할수록 B의 개수가 감소한다.

① ㄱ　　　　② ㄷ　　　　③ ㄱ, ㄴ
④ ㄴ, ㄷ　　　⑤ ㄱ, ㄴ, ㄷ

**07** 그림 (가)~(라)는 태양의 대기 및 대기에서 나타나는 현상을 순서 없이 나타낸 것이다.

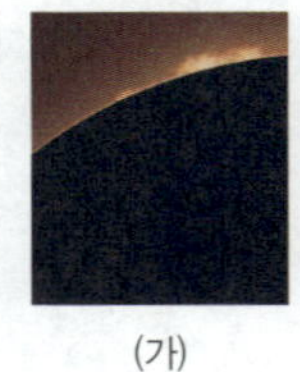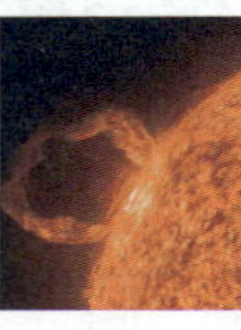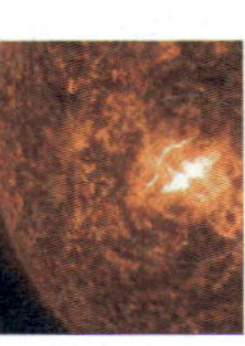

(가)　　　　(나)　　　　(다)　　　　(라)

이에 대한 설명으로 옳은 것은?

① (가)는 광구에서 (다)까지 물질이 솟아오르는 현상이다.
② (나)는 플레어이다.
③ (다)의 밝은 부분은 (가)와 함께 관측할 수 없다.
④ (라)는 흑점의 수가 적을 때 자주 나타난다.
⑤ (가)와 (다)는 태양이 완전히 가려지는 개기일식 때 관측할 수 있다.

**08** 그림은 태양의 흑점 수 변화를 나타낸 것이다. 이에 대한 설명으로 옳은 것을 **보기** 에서 모두 고른 것은?

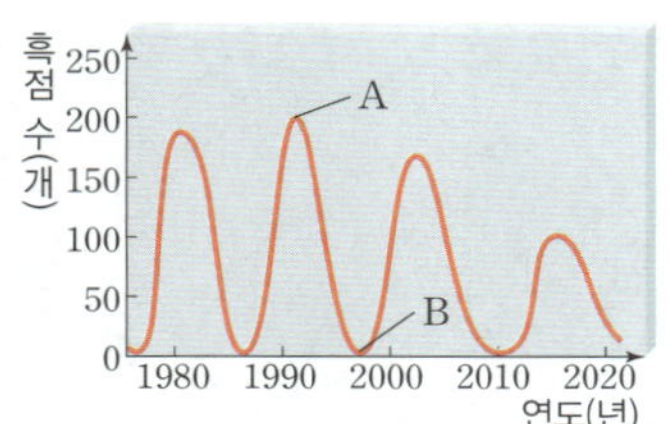

**보기**

ㄱ. A 시기에는 무선 통신 장애가 발생하기도 한다.
ㄴ. 태양풍은 A 시기가 B 시기보다 더 강하다.
ㄷ. 지구에서 오로라가 나타나는 지역은 B 시기가 A 시기보다 더 넓다.

① ㄱ　　　　② ㄷ　　　　③ ㄱ, ㄴ
④ ㄴ, ㄷ　　　⑤ ㄱ, ㄴ, ㄷ

**09** 그림은 천체 망원경의 구조를 나타낸 것이다.

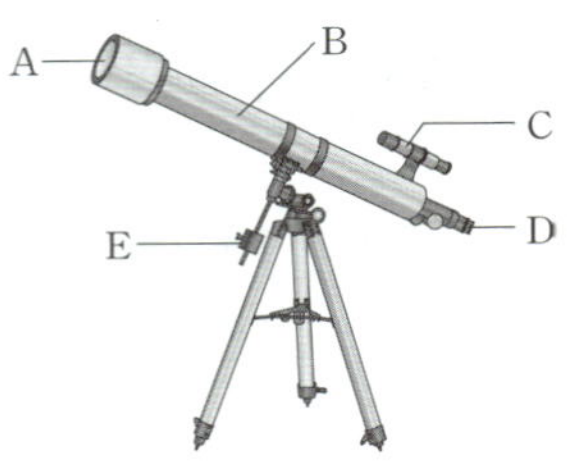

이에 대한 설명으로 옳지 **않은** 것은?

① A: 별빛을 모으는 역할을 한다.
② B: 대물렌즈와 접안렌즈를 둘러싸는 통이다.
③ C: 관측할 천체를 쉽게 찾는 역할을 한다.
④ D: 상을 확대하는 역할을 한다.
⑤ E: 경통을 지지하며 회전시키는 역할을 한다.

**10** 천체 망원경의 사용 방법으로 옳은 것을 **보기** 에서 모두 고른 것은?

**보기**

ㄱ. 천체 망원경은 사방이 트여 있고 빛이 적은 평평한 곳에 설치하는 것이 좋다.
ㄴ. 먼저 접안렌즈로 천체를 찾은 후, 보조 망원경을 이용해 천체를 관측한다.
ㄷ. 주 망원경 시야의 중앙에 있는 천체가 보조 망원경의 십자선 중앙에 오도록 조절한다.
ㄹ. 천체 망원경으로 태양을 관측할 때는 맨눈으로 직접 관측해야 정확한 관측 결과를 얻을 수 있다.

① ㄱ, ㄴ　　　② ㄱ, ㄷ　　　③ ㄴ, ㄷ
④ ㄴ, ㄹ　　　⑤ ㄷ, ㄹ

**11** 그림은 우리나라에서 북극성과 카시오페이아자리를 관측한 모습을 나타낸 것이다.

카시오페이아자리가 이동한 방향과 관측한 시간을 옳게 짝지은 것은?

① A → B, 1 시간　　　② A → B, 2 시간
③ A → B, 4 시간　　　④ B → A, 2 시간
⑤ B → A, 4 시간

**12** 그림 (가)와 (나)는 우리나라에서 같은 날, 같은 시간 동안 서로 다른 방향의 하늘에서 관측한 별의 일주 운동을 나타낸 것이다.

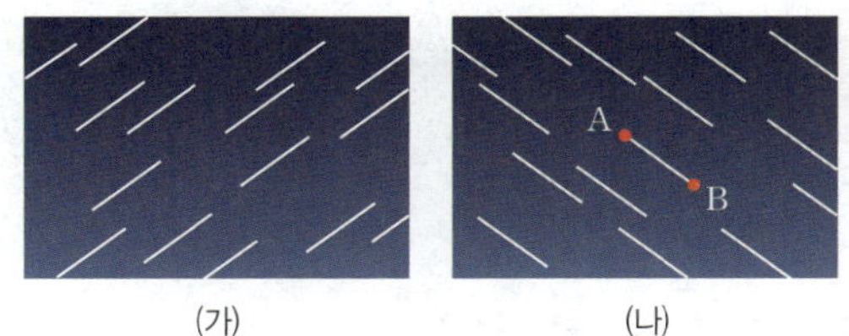


이에 대한 설명으로 옳은 것을 보기 에서 모두 고른 것은?

> 보기
> ㄱ. 지구의 공전에 의해 나타나는 현상이다.
> ㄴ. (가)는 동쪽 하늘을 관측한 모습이다.
> ㄷ. (나)에서 별은 A → B 방향으로 이동하였다.

① ㄱ    ② ㄷ    ③ ㄱ, ㄴ
④ ㄴ, ㄷ    ⑤ ㄱ, ㄴ, ㄷ

**13** 그림은 우리나라에서 같은 시간 동안 관측한 별 A, B의 일주 운동을 나타낸 것이다. 이에 대한 설명으로 옳은 것을 보기 에서 모두 고른 것은?

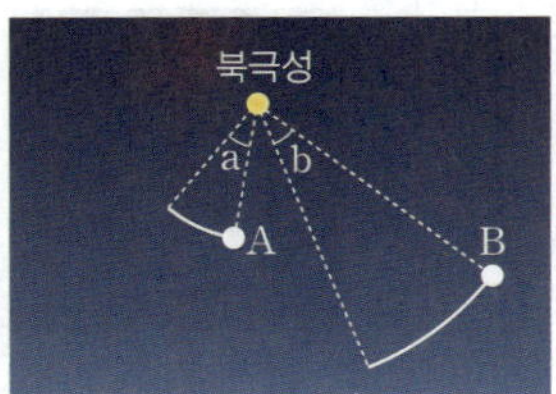


> 보기
> ㄱ. 북쪽 하늘을 관측한 모습이다.
> ㄴ. 별 A와 B는 실제로 북극성을 중심으로 회전하였다.
> ㄷ. a=b이다.

① ㄱ    ② ㄴ    ③ ㄱ, ㄷ
④ ㄴ, ㄷ    ⑤ ㄱ, ㄴ, ㄷ

**14** 그림은 해가 진 직후 서쪽 하늘에서 15 일 간격으로 관측한 천칭자리의 위치를 나타낸 것이다.

이에 대한 설명으로 옳은 것을 보기 에서 모두 고른 것은?

> 보기
> ㄱ. 천칭자리는 하루에 약 1°씩 이동한다.
> ㄴ. 지구의 공전에 의해 나타나는 현상이다.
> ㄷ. 천칭자리는 서쪽에서 동쪽으로 이동했다.

① ㄱ    ② ㄷ    ③ ㄱ, ㄴ
④ ㄴ, ㄷ    ⑤ ㄱ, ㄴ, ㄷ

[ **15~16** ] 그림은 지구의 공전과 별자리의 변화를 나타낸 것이다.

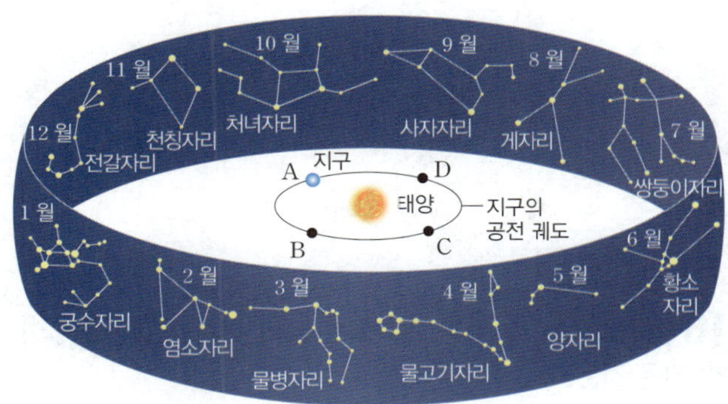


**15** 지구가 A에 위치할 때에 대한 설명으로 옳은 것을 보기 에서 모두 고른 것은?

> 보기
> ㄱ. 지구는 11 월에 해당한다.
> ㄴ. 한밤중에 남쪽 하늘에서 천칭자리가 보인다.
> ㄷ. 3 개월 뒤 지구는 D에 위치한다.

① ㄱ    ② ㄴ    ③ ㄷ
④ ㄱ, ㄴ    ⑤ ㄴ, ㄷ

**16** 어느 날 한밤중에 남쪽 하늘에서 게자리가 관측되었다면, 이때 지구의 위치와 태양이 지나는 별자리를 옳게 짝 지은 것은?

① B, 사자자리   ② B, 염소자리   ③ C, 양자리
④ D, 궁수자리   ⑤ D, 염소자리

**17** 그림 (가)~(마)는 우리나라에서 음력 1 일부터 28 일 사이에 관측한 달의 위상 변화를 순서 없이 나타낸 것이다.

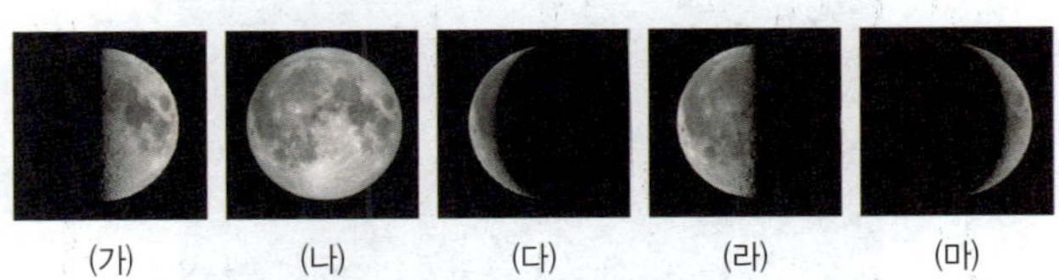


이에 대한 설명으로 옳은 것을 보기 에서 모두 고른 것은?

> 보기
> ㄱ. 이 기간 동안 달의 위상은 (다) → (라) → (나) → (가) → (마) 순으로 변화하였다.
> ㄴ. 달은 지구를 중심으로 서 → 동으로 공전한다.
> ㄷ. (다)일 때 일식이, (마)일 때 월식이 일어날 수 있다.

① ㄱ    ② ㄴ    ③ ㄱ, ㄷ
④ ㄴ, ㄷ    ⑤ ㄱ, ㄴ, ㄷ

#  CT 대단원 문제

[ 18~19 ] 그림은 달이 공전하는 모습을 나타낸 것이다.

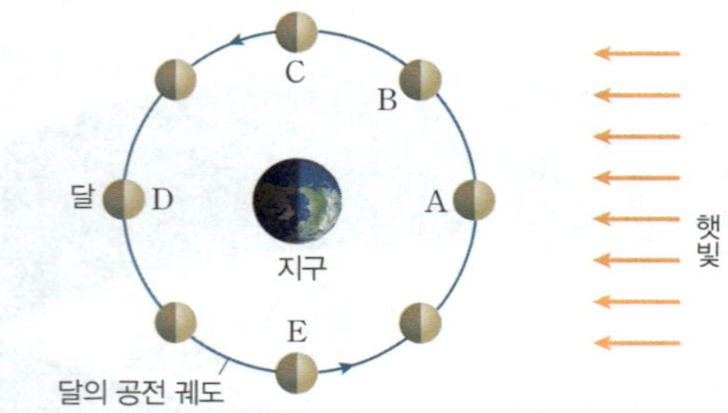

**18** 음력 22~23 일경 관측되는 달의 위치와 위상을 옳게 짝 지은 것은?

① A, 보름달　　② B, 상현달　　③ C, 상현달
④ D, 하현달　　⑤ E, 하현달

**19** 달이 A~E의 위치에 있을 때에 대한 설명으로 옳지 않은 것은?

① A: 삭의 위치이다.
② B: 달의 오른쪽 일부가 밝게 보인다.
③ C: 달이 E에 위치할 때와 같은 위상을 보인다.
④ D: 달이 다시 D 위치로 되돌아오는 데 약 한 달이 걸린다.
⑤ E: 달과 태양이 지구를 중심으로 직각을 이룬다.

**20** 그림은 해가 진 직후 관측한 달의 위치를 A~C로 나타낸 것이다.

이에 대한 설명으로 옳은 것을 보기 에서 모두 고른 것은?

> 보기
> ㄱ. A 위치에서는 보름달이 관측된다.
> ㄴ. B 위치의 달은 음력 7~8 일경 관측한 것이다.
> ㄷ. C 위치의 달은 한 달 후 B의 위치로 이동한다.

① ㄱ　　　　② ㄷ　　　　③ ㄱ, ㄴ
④ ㄴ, ㄷ　　　⑤ ㄱ, ㄴ, ㄷ

**21** 그림은 태양, 달, 지구의 관계를 나타낸 것이다.

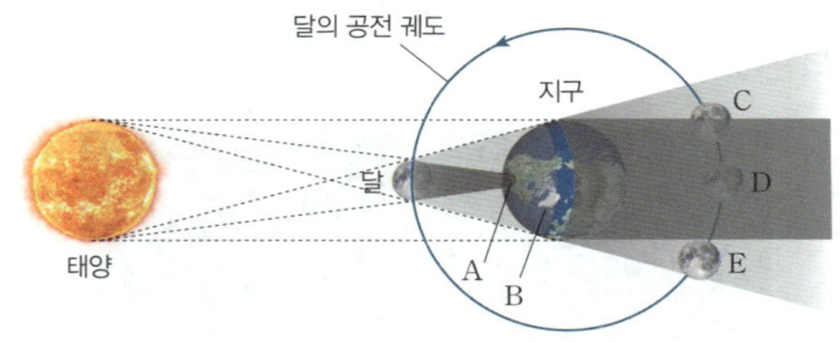

이에 대한 설명으로 옳은 것은?

① A와 B에서 개기일식을 관측할 수 있다.
② 달이 C와 E에 위치할 때 부분월식을 관측할 수 있다.
③ D 위치의 달은 지구의 그림자에 가려져 보이지 않는다.
④ 일식과 월식은 달이 공전함에 따라 매달 일어난다.
⑤ 월식은 밤이 되는 모든 지역에서 관측할 수 있다.

**22** 그림 (가)와 (나)는 일식과 월식을 순서 없이 나타낸 것이다.

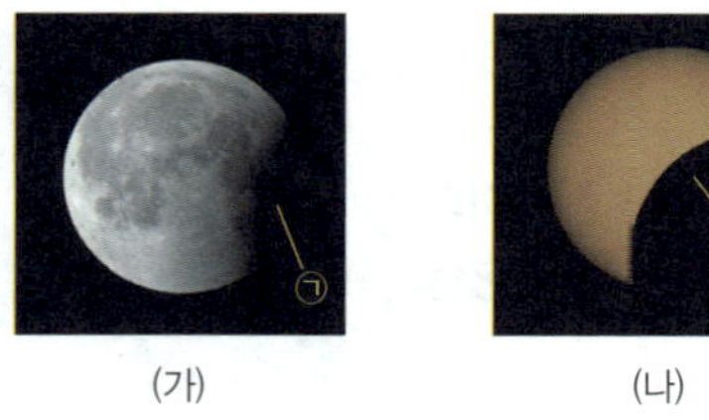


이에 대한 설명으로 옳은 것을 보기 에서 모두 고른 것은?

> ㄱ. ㉠과 ㉡은 모두 지구의 그림자이다.
> ㄴ. 달의 위치가 (가)는 망일 때, (나)는 삭일 때 일어날 수 있다.
> ㄷ. (나)는 지구가 낮이 되는 모든 지역에서 관측할 수 있다.

① ㄱ　　　　② ㄴ　　　　③ ㄱ, ㄷ
④ ㄴ, ㄷ　　　⑤ ㄱ, ㄴ, ㄷ

**23** 그림은 어느 날 우리나라에서 관측한 월식의 진행 과정 중 일부를 나타낸 것이다.

이에 대한 설명으로 옳은 것을 보기 에서 모두 고른 것은?

> 보기
> ㄱ. 음력 15 일경에 관측한 모습이다.
> ㄴ. 월식은 B 방향으로 진행된다.
> ㄷ. 이날 달은 태양과 지구 사이에 위치한다.

① ㄱ　　　　② ㄷ　　　　③ ㄱ, ㄴ
④ ㄴ, ㄷ　　　⑤ ㄱ, ㄴ, ㄷ

## 서술형

**24** 그림은 태양계를 구성하는 천체 중 행성, 왜소 행성, 소행성의 모습을 나타낸 것이다.

  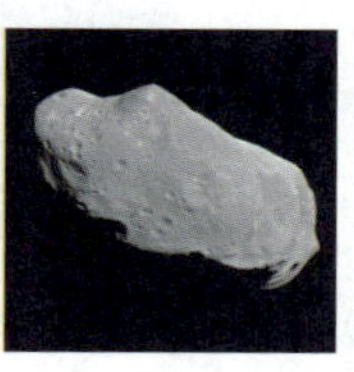

행성      왜소 행성      소행성

이 천체들이 공통적으로 가지는 특징을 한 가지 서술하시오.

 **KEY** 공전

**25** 그림은 수성과 토성의 모습을 나타낸 것이다.

수성      토성

수성과 토성 중 표면에 탐사선이 착륙할 수 있는 행성을 쓰고, 그렇게 생각한 까닭을 서술하시오.

**KEY** 표면 상태, 단단한 암석

**26** 그림은 태양계 행성을 반지름과 물리량 ㉠에 따라 지구형 행성과 목성형 행성으로 구분하여 나타낸 것이다.

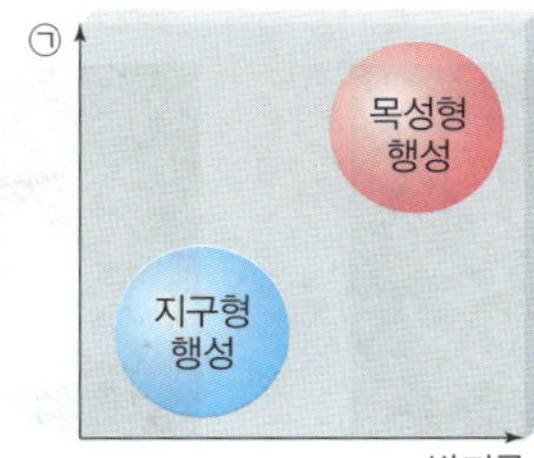


㉠에 들어갈 수 있는 물리량을 두 가지 쓰고, 그렇게 생각한 까닭을 서술하시오.

 **KEY** 질량, 위성 수

**27** 그림은 태양 표면에서 관측되는 무늬를 나타낸 것이다.

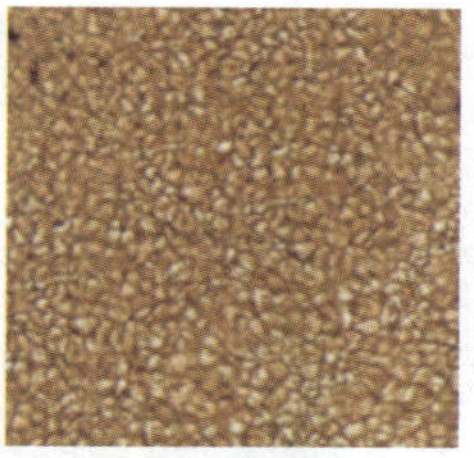

(1) 이 무늬의 이름을 쓰시오.

(2) 이 무늬가 생기는 원인을 서술하시오.

**KEY** 태양 내부, 대류 현상

**28** 그림은 태양 표면의 흑점을 4 일 동안 관측하여 나타낸 것이다.

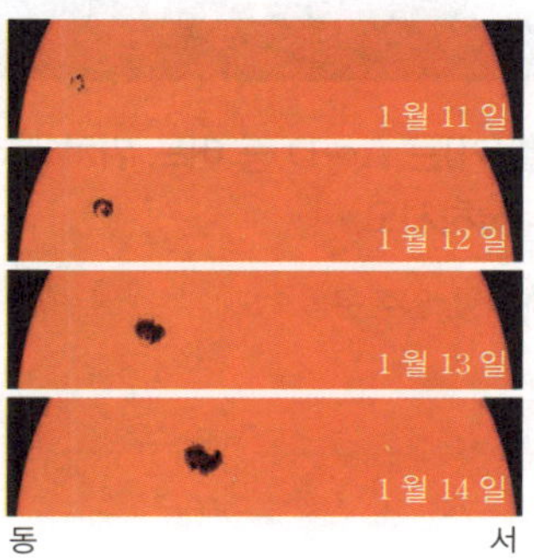


지구에서 관측했을 때 흑점의 이동 방향을 쓰고, 흑점의 이동을 통해 알 수 있는 사실을 서술하시오.

**KEY** 동 → 서, 자전

**29** 태양의 활동이 활발할 때 태양에서 나타나는 현상을 세 가지 이상 서술하시오.

**KEY** 흑점의 수, 홍염, 플레어, 코로나, 태양풍

CT 대단원 문제

**30** 그림은 어느 날 낮에 태양이 남쪽 하늘에서 관측된 모습을 나타낸 것이다.

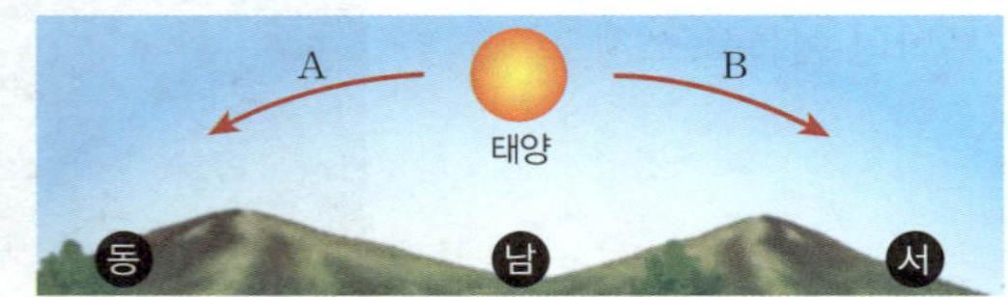


이날 시간이 지나면서 태양은 A와 B 중 어느 방향으로 이동하는지 쓰고, 그렇게 생각한 까닭을 서술하시오.

**KEY** 지구 자전, 일주 운동

**31** 그림은 어느 날 01 시에 우리나라의 북쪽 하늘에서 관측한 별 (가)의 모습을 나타낸 것이다.

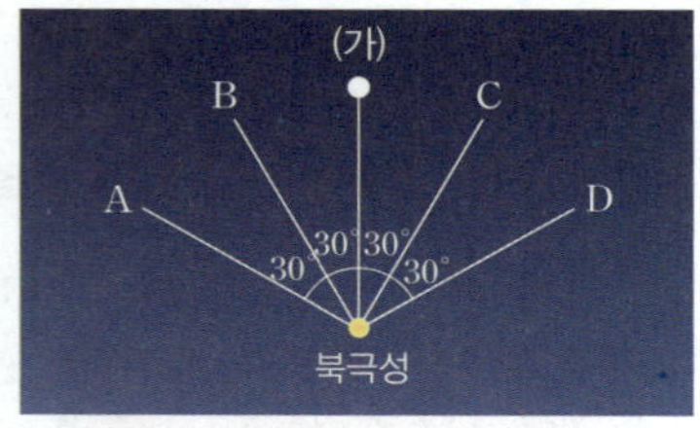


이날 03 시에 별 (가)는 A~D 중 어느 위치에서 관측되는지 쓰고, 그 까닭을 서술하시오.

**KEY** 시계 반대 방향, 일주 운동 속도

**32** 그림은 지구의 공전 궤도와 황도 12궁을 나타낸 것이다.

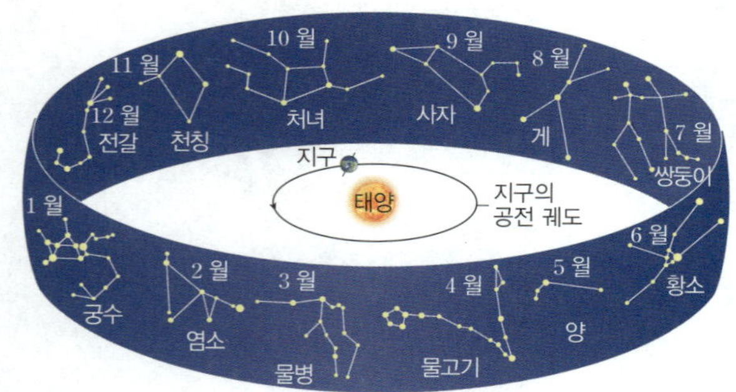


현재 지구가 그림의 위치에 있을 때 한밤중에 남쪽 하늘에서 물고기자리가 관측되려면 몇 개월이 지나야 하는지 쓰고, 그 까닭을 서술하시오.

**KEY** 황도 12궁, 태양이 지나는 별자리

**33** 그림은 음력 15 일경 해가 진 직후에 관측한 보름달을 나타낸 것이다.

이때 태양은 어느 방향의 하늘에 위치하는지 쓰고, 그렇게 생각한 까닭을 서술하시오.

**KEY** 달―지구―태양

**34** 그림은 달의 공전 궤도를 나타낸 것이다.

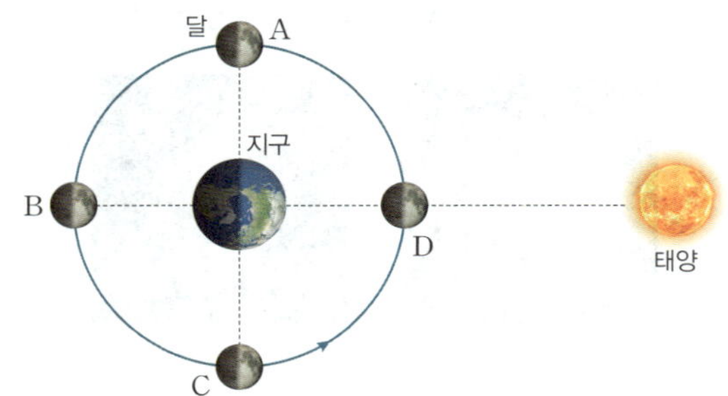


일식이 일어날 때 달은 A~D 중 어디에 위치하는지 쓰고, 그 까닭을 서술하시오.

**KEY** 태양―달―지구

**35** 그림 (가)와 (나)는 우리나라에서 관측한 부분월식의 모습을 나타낸 것이다.

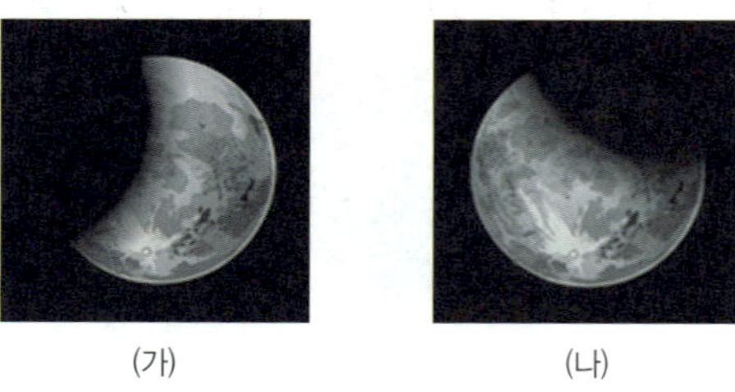


(가)와 (나) 중 더 나중에 관측한 모습을 쓰고, 그 까닭을 서술하시오.

**KEY** 월식의 진행 방향

장풍쌤의 과학 백점 맞는 비법 수록!
100점
백신
중학 과학 1.2
부록
수행 평가 대비
중간 · 기말고사 대비

# 수행평가 대비

# 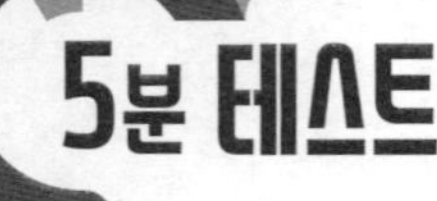 **01 힘의 표현과 평형**

V 힘의 작용

 이름     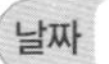 날짜     점수

**01** 물체의 모양이나 운동 상태를 변화시키는 원인을 (　　　　　)(이)라고 한다.

**02** 힘의 효과로 옳은 것을 에서 <u>모두</u> 고르시오.

> **보기**
> ㄱ. 모양의 변화　　　　　　　　　　ㄴ. 물질의 상태 변화
> ㄷ. 운동 상태의 변화　　　　　　　　ㄹ. 모양과 운동 상태의 동시 변화

**03** 그림은 화살표를 이용하여 힘을 나타낸 것이다. (가)~(다)에 해당하는 것을 쓰시오.

(가): (　　　　　), (나): (　　　　　), (다): (　　　　　)

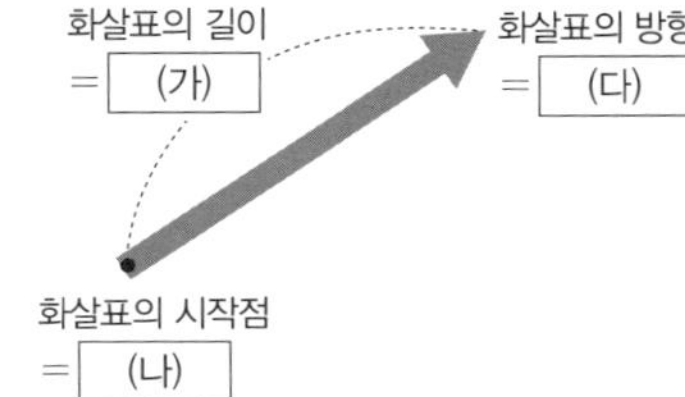


**04** 다음은 물체에 힘이 작용하는 예를 나타낸 것이다. 힘이 작용할 때 모양만 변하는 것은 '모양', 운동 상태만 변하는 것은 '운동', 모양과 운동 상태가 모두 변하는 것은 '모두'라고 쓰시오.

❶ 종이비행기를 날렸다. (　　　　　)
❷ 축구공을 발로 세게 찼다. (　　　　　)
❸ 자동차가 벽과 세게 충돌했다. (　　　　　)
❹ 사과가 나무에서 떨어지고 있다. (　　　　　)
❺ 알루미늄 캔을 손으로 세게 쥐었다. (　　　　　)

**05** 그림과 같이 물체에 2 N과 3 N의 힘이 작용할 때 합력의 방향과 크기를 쓰시오.

**06** 물체에 나란하게 작용하는 두 힘이 크기가 ( 같고, 다르고 ), 방향이 서로 ( 같은, 반대 )이면 두 힘은 평형을 이룬다.

**07** 그림은 물체에 나란하게 작용하는 두 힘을 나타낸 것이다. 물체에 작용하는 합력의 방향과 크기를 옳게 연결하시오.

<u>합력의 방향</u>　　　　　<u>합력의 크기</u>

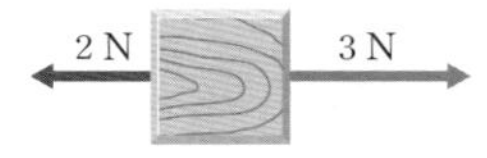


❶　　　　　　　　　　　· 왼쪽 ·　　　　　· 7 N

❷　　　　　　　　　　　· 오른쪽 ·　　　　　· 3 N

❸　　　　　　　　　　　· 평형 상태 ·　　　　　· 0 N

#  5분 테스트  ○2 여러 가지 힘(1)

**V 힘의 작용**

이름     날짜     점수

**01** (      )은/는 지구가 물체를 끌어당기는 힘으로, 지구 (      ) 방향으로 작용한다.

**02** 물체의 고유한 양을 (      )(이)라 하고, 물체에 작용하는 중력의 크기를 (      )(이)라고 한다.

**03** 중력의 크기는 물체의 ( 질량, 부피 )에 비례한다.

**04** 질량의 단위는 ( kg, N )이고, 무게의 단위는 ( kg, N )이다.

**05** 질량은 측정 장소에 따라 ( 변한다, 변하지 않는다 ).

**06** 무게는 측정 장소에 따라 ( 변한다, 변하지 않는다 ).

**07** 힘을 받아 변형된 물체가 원래 상태로 되돌아가려는 힘을 (      )(이)라 하고, 이 힘은 물체의 변형이 일어난 방향과
(      ) 방향으로 작용한다.

**08** 탄성체에 작용한 힘의 크기와 탄성체가 변형된 정도는 ( 비례, 반비례 )한다.

**09** 용수철에 힘을 계속 가해주면 더 이상 원래의 형태로 되돌아가지 않는다. 이것은 용수철에 (      ) 이상의 힘이 작
용했기 때문이다.

**10** 용수철이 늘어난 길이는 용수철에 매단 물체의 무게에 ( 비례, 반비례 )하므로 용수철저울로 물체의 (      )을/를 측
정할 수 있다.

**11** 중력과 탄성력에 대한 설명으로 옳은 것은 ○, 옳지 <u>않은</u> 것은 ×로 표시하시오.

❶ 중력은 지구에만 존재한다.        ( ○, × )
❷ 중력의 크기는 장소와 관계없이 항상 일정하다.        ( ○, × )
❸ 물체가 지구 중심에서 멀어질수록 중력의 크기는 커진다.        ( ○, × )
❹ 질량이 1 kg인 물체에 작용하는 지구 중력의 크기는 9.8 N이다.        ( ○, × )
❺ 물체의 질량은 가정용 저울을, 무게는 윗접시저울을 사용하여 측정한다.        ( ○, × )
❻ 탄성력의 크기는 물체를 변형시킨 힘의 크기보다 크다.        ( ○, × )
❼ 용수철이 늘어난 길이가 2 배가 되면 탄성력의 크기도 2 배가 된다.        ( ○, × )
❽ 장대높이뛰기는 장대의 탄성력을 이용한 육상 경기의 한 종목이다.        ( ○, × )

# 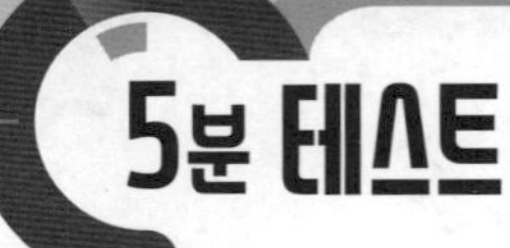 5분 테스트  ○3 여러 가지 힘(2)

### Ⅴ 힘의 작용

이름　　　　　날짜　　　　　점수

**01** (　　　　　　)은 두 물체의 접촉면에서 물체의 운동을 방해하는 힘이다.

**02** 마찰력의 크기는 물체가 ( 가벼울수록, 무거울수록 ) 크다.

**03** 마찰력의 크기는 물체와의 접촉면이 (　　　　　) 크다.

**04** 마찰력의 크기는 접촉면의 (　　　　　)와는 관계가 없다.

**05** 마찰력의 방향은 물체가 운동하는 방향과 (　　　　　) 방향으로 작용한다.

**06** 일상생활에서 마찰력을 이용한 ❶, ❷에 해당하는 경우를 보기에서 모두 고르시오.

> **보기**
> ㄱ. 암벽을 등반할 때　　　　　　　ㄴ. 빙판 위를 걸을 때
> ㄷ. 서랍을 열고 닫을 때　　　　　　ㄹ. 수영장에서 미끄럼틀을 탈 때
> ㅁ. 야구에서 투수가 공을 던질 때　　ㅂ. 스케이트, 스노우보드, 스키를 탈 때

❶ 마찰력이 클수록 편리한 경우: (　　　　　)
❷ 마찰력이 작을수록 편리한 경우: (　　　　　)

**07** (　　　　　　)은 액체나 기체 속에 있는 물체를 위로 밀어 올리는 힘이다.

**08** 부력의 크기는 물체가 밀어낸 액체나 기체의 ( 질량, 무게 )와/과 같으며, 액체 또는 기체 속에 있는 물체의 (　　　　　)
에 비례한다.

**09** 마찰력과 부력에 대한 설명으로 옳은 것은 ○, 옳지 않은 것은 ×로 표시하시오.

❶ 마찰력은 물체의 운동을 방해하는 방향으로 작용한다. 　　　　　　　　　　　( ○, × )
❷ 접촉면의 넓이와 마찰력의 크기는 비례한다. 　　　　　　　　　　　　　　　( ○, × )
❸ 부력의 방향은 중력의 방향과 같다. 　　　　　　　　　　　　　　　　　　　( ○, × )
❹ 배가 물 위에 뜨는 것은 부력으로 설명할 수 있다. 　　　　　　　　　　　　　( ○, × )
❺ 물체에 작용하는 중력의 크기가 부력의 크기보다 크면 물체는 가라앉는다. 　　　( ○, × )
❻ 물에 잠긴 물체의 부피가 클수록 물체에 작용하는 부력의 크기가 크다. 　　　　( ○, × )

#  5분 테스트 　○4 힘의 작용과 운동 상태 변화

V 힘의 작용

| 이름 | 날짜 | 점수 |

**01** 물체에 작용하는 알짜힘이 0인 경우 물체의 운동 상태는 ( 변한다, 변하지 않는다 ).

**02** 그림은 운동하는 물체에 알짜힘이 작용하는 모습을 나타낸 것이다. 빈칸에 알맞은 말을 쓰시오.

| 알짜힘의 방향과<br>운동 방향이 같을 때 | 알짜힘의 방향과<br>운동 방향이 반대일 때 | 알짜힘의 방향과<br>운동 방향이 수직일 때 | 알짜힘의 방향과<br>운동 방향이 비스듬할 때 |
|---|---|---|---|
| 운동 방향<br>알짜힘 | 운동 방향<br>알짜힘 | 운동 방향<br>알짜힘 | 운동 방향<br>알짜힘 |
| 속력이 점점 ❶ (　　　)한다. | 속력이 점점 ❷ (　　　)한다. | ❸ (　　　)만 변한다. | 속력과 운동 방향이 모두<br>❹ (　　　). |

**03** 알짜힘의 방향과 운동 방향이 나란할 때 물체는 ( 속력, 운동 방향 )만 변한다.

**04** 일정한 속력으로 원을 그리며 움직이는 운동을 하는 물체의 운동 방향은 원의 (　　　　) 방향으로 계속 변한다.

**05** 비스듬히 던져 올린 물체에 작용하는 알짜힘은 (　　　　)이며, 연직 ( 위, 아래 ) 방향으로 작용한다.

**06** 물체에 작용하는 알짜힘의 방향에 따라 운동하는 ❶, ❷, ❸에 해당하는 경우를 보기 에서 <u>모두</u> 고르시오.

> **보기**
> ㄱ. 낙하하는 자이로 드롭　　　　　ㄴ. 날아가는 화살
> ㄷ. 발로 세게 차 올린 축구공　　　ㄹ. 사과나무에서 떨어지는 사과
> ㅁ. 사람이 타고 있는 그네　　　　ㅂ. 움직이는 시계추
> ㅅ. 잔디 위에서 굴러가는 골프공　ㅇ. 회전하고 있는 대관람차

❶ 속력만 변하는 운동을 하는 경우: (　　　　)
❷ 운동 방향만 변하는 운동을 하는 경우: (　　　　)
❸ 속력과 운동 방향이 모두 변하는 운동을 하는 경우: (　　　　)

**07** 책상 위에 놓여 있는 책에 아래쪽으로 중력이 작용할 때, 책상이 물체를 떠받치는 힘의 방향은 ( 위쪽, 아래쪽 )이다.

**08** 물에 떠 있는 튜브에서 힘의 평형을 이루고 있는 두 힘은 (　　　　)과 (　　　　)이다.

**09** 용수철에 매달려 있는 추에서 힘의 평형을 이루고 있는 두 힘은 (　　　　)과 (　　　　)이다.

정답과 해설 **42**쪽

# 서술형·논술형 평가　○1 힘의 표현과 평형



**1** 그림은 손가락으로 풍선을 누를 때 작용하는 힘을 화살표로 나타낸 것이다. (가)와 (나) 중 힘을 화살표로 옳게 나타낸 것을 고르고, 그 까닭을 설명해 보자.

(가)　　(나)

**2** 그림은 바닥에 놓여 있는 병에 같은 크기의 힘이 작용하는 모습을 나타낸 것이다. (가) 는 병이 수평 방향으로 이동하였으나 (나)는 병이 넘어졌다. 이처럼 같은 크기의 힘이 작용하여도 힘의 효과가 다르게 나타나는 까닭을 설명해 보자.

(가)　　(나)

**3** '백지장도 맞들면 낫다.'라는 속담은 아무리 쉬운 일이라도 서로 힘을 합치면 훨씬 더 쉬워진다는 뜻이다. 이 속담이 과학적으로 옳은 설명인지 힘의 합력과 관련지어 설명해 보자.

**4** 그림은 나무 막대에 고리 자석 A, B를 끼웠을 때 A가 B 위에 떠 있는 채로 정지해 있는 모습을 나타낸 것이다. (단, A와 B 사이에 작용하는 힘은 거리가 가까울수록 크다.)

(1) A가 공중에 떠서 정지해 있는 까닭을 설명해 보자.

(2) 달에서 위의 실험을 진행했을 때 A, B 사이의 거리가 어떻게 달라지는지 설명해 보자.

# 서술형·논술형 평가    **02 여러 가지 힘(1)**



**1** 표는 태양계의 여러 천체에서 같은 물체의 무게를 측정했을 때 측정된 값을 나타낸 것이다. 표를 바탕으로 이 물체의 질량을 구하고, 천체마다 물체의 무게가 다른 까닭은 무엇인지 설명해 보자. (단, 지구에서 질량이 1 kg인 물체에 작용하는 중력의 크기는 9.8 N이다.)

| 천체 | 달 | 화성 | 지구 | 목성 |
|---|---|---|---|---|
| 무게(N) | 49 | 111 | 294 | 360 |

(1) 물체의 질량: 

(2) 까닭: 

---

[ **2~4** ] 풍식이는 용수철이 늘어난 길이를 이용하여 탄성력의 측정 원리를 알아보기 위해 그림과 같이 실험하여 표와 같은 결과를 얻었다.

**2** 실험 결과를 그래프로 그려 보자.

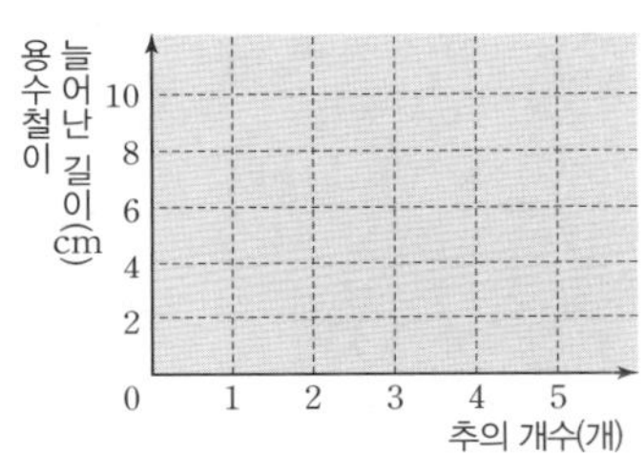

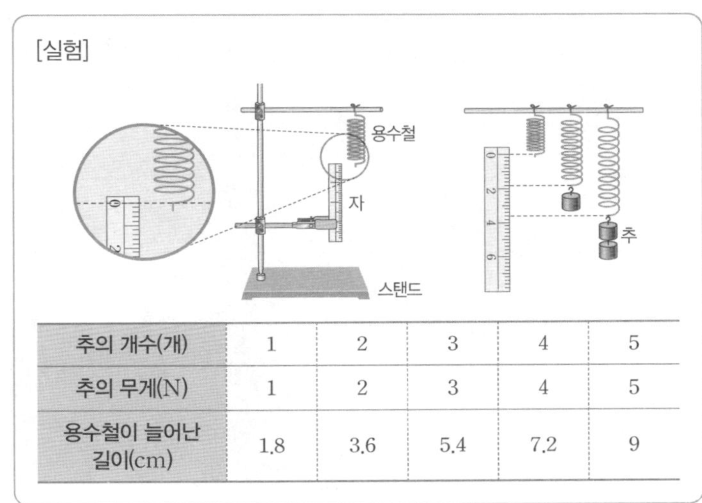


| 추의 개수(개) | 1 | 2 | 3 | 4 | 5 |
|---|---|---|---|---|---|
| 추의 무게(N) | 1 | 2 | 3 | 4 | 5 |
| 용수철이 늘어난 길이(cm) | 1.8 | 3.6 | 5.4 | 7.2 | 9 |

**3** 풍식이가 진행한 실험에서 용수철이 늘어난 길이가 14.4 cm일 때 용수철에 매단 추의 개수를 구하고, 그 까닭을 설명해 보자.

(1) 추의 개수: 

(2) 까닭: 

**4** 이 실험을 달에서 진행했다면 추 5 개를 매달았을 때 용수철이 늘어난 길이는 얼마가 되는지 구하고, 그 까닭을 설명해 보자. (단, 달에서의 중력은 지구에서 중력의 $\frac{1}{6}$ 이다.)

(1) 용수철이 늘어난 길이: 

(2) 까닭: 

# 서술형·논술형 평가   ○3 여러 가지 힘(2)



**1** 그림 (가)~(다)와 같이 크기와 재질이 같은 나무 도막을 빗면 위에 놓고 용수철저울에 연결하여 천천히 끌어당기면서 나무 도막이 움직이는 순간 저울의 눈금을 측정하였다. (단, (가)~(다)에서 빗면의 기울기는 동일하며, (가)와 (나)의 빗면은 나무판, (다)의 빗면은 유리판으로 이루어져 있다.)

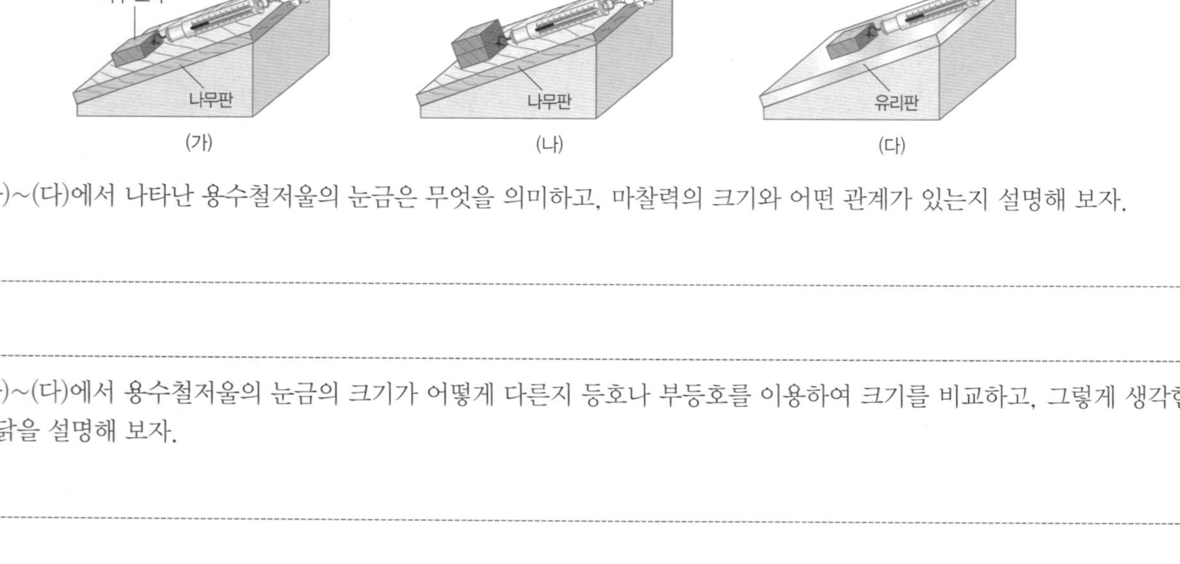


(1) (가)~(다)에서 나타난 용수철저울의 눈금은 무엇을 의미하고, 마찰력의 크기와 어떤 관계가 있는지 설명해 보자.

(2) (가)~(다)에서 용수철저울의 눈금의 크기가 어떻게 다른지 등호나 부등호를 이용하여 크기를 비교하고, 그렇게 생각한 까닭을 설명해 보자.

**2** 그림 (가)는 크기가 같은 나무공과 쇠공을 물에 넣은 모습을 나타낸 것이고, (나)는 같은 질량의 알루미늄 포일을 하나는 배 모양으로 접어서, 다른 하나는 뭉쳐서 물에 넣은 모습을 나타낸 것이다.

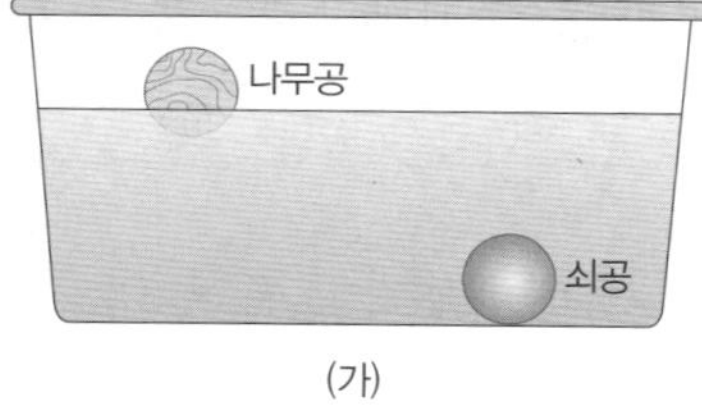


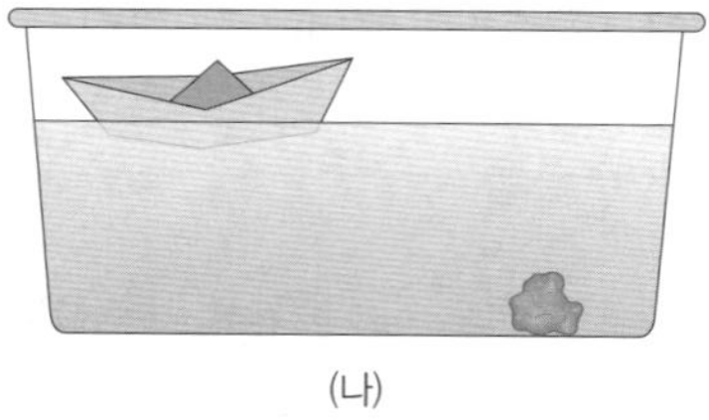


(1) (가)에서 나무공은 물 위에 뜨고, 쇠공은 물에 가라앉는 까닭을 각각 중력과 부력의 크기를 비교하여 설명해 보자.

(2) (나)에서 질량이 같은 알루미늄 포일을 배 모양으로 접었을 때와 뭉쳤을 때 다른 결과가 나타나는 까닭은 무엇인지 설명해 보자.

# 서술형·논술형 평가   **04 힘의 작용과 운동 상태 변화**

V 힘의 작용

**1** 다음은 스키 점프 경기에 대한 설명이다.

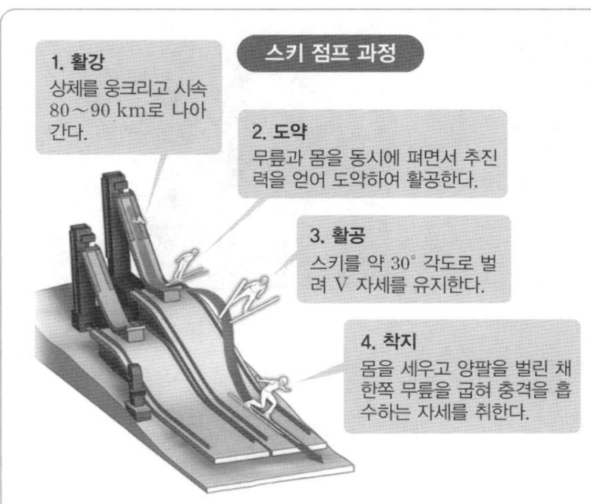


스키 점프는 스키 선수들이 급경사면을 내려오다가 도약대에서 점프하여 허공을 날아가 착지하는 운동 경기이다. 스키 점프는 점프 거리와 점프 스타일에 따른 채점 기준을 적용하여 점수를 매김으로써 승자를 결정한다. 스키 점프에는 활강, 도약, 활공(비행), 착지와 같은 4 가지 기술이 있다. 활강 단계에서는 상체를 웅크려 빠른 속도로 급경사면을 직선으로 내려온다. 이렇게 빠른 속도로 도약대에 도달하면 무릎과 몸을 동시에 펴면서 추진력을 얻어 허공을 날아가고, 상체를 약간 숙이고 스키를 날개 모양으로 펼친 상태로 최대한 멀리 날아가 착지한다.

스키 점프 선수가 활강하는 동안 운동 상태의 변화와 활공하는 동안 운동 상태의 변화를 알짜힘과 관련지어 설명해 보자.

---

**2** 다음은 원반던지기 경기에 대한 설명이다.

고대 병사가 강을 건널 때 무게를 줄이기 위해 방패를 강 너머로 던지는 데에서 유래한 원반던지기는 일정한 크기의 원반을 지름 2.5 m의 원 안에서 회전하여 순간적인 강한 힘으로 던져 정해진 범위 안에서 최대한 멀리 던지는 경기이다. 원반던지기 선수는 원반을 한 손에 쥐고 몸을 회전하여 생기는 힘을 통해 적당한 위치에서 강한 힘으로 원반을 던져 원의 중심으로부터 34.92 °의 부채꼴로 이어진 라인 안쪽에 원반을 던져 넣어야 한다.

원반던지기 선수가 원반을 던져 정해진 범위 안에 던져 넣기 위해서 고려해야 할 사항을 운동 방향과 관련지어 설명해 보자.

---

**3** 그림은 역도 선수가 바벨을 머리 위로 들고 있는 모습을 나타낸 것이다. 역도 선수는 바벨을 들어 올려 일정 시간 동안 멈춘 자세를 유지해야 점수를 인정받을 수 있는데, 이때 역도 선수가 들고 있는 바벨에 작용하는 힘을 설명해 보자.

# 창의적 문제 해결 능력 　O2 ~ O3 여러 가지 힘

**1** 그림은 물체의 탄성력을 이용하는 여러 가지 예이다.

머리끈

빨래집게

활

(1) 각각의 경우에서 탄성력의 사용 원리와 이용에 대해 설명해 보자.

| 예 | 사용 원리 | 탄성력의 이용 |
| --- | --- | --- |
| 머리끈 | | |
| 빨래집게 | | |
| 활 | | |

(2) 탄성력, 마찰력, 중력, 부력 등을 이용한 게임을 고안해 보자. 고안한 게임이 어떤 힘을 이용한 것인지 쓰고, 고안한 게임의 설명서를 써 보자.

**2** 운동 경기에서 작용하는 힘의 크기를 다음과 같이 변하게 했을 때 경기에 미치는 영향과 그에 따라 경기의 규칙이 어떻게 달라져야 할지 설명해 보자.

| 경기 종목 | 작용하는 힘의 변화 | 경기에 미치는 영향 | 달라져야 할 경기 규칙 |
| --- | --- | --- | --- |
| 배드민턴 | 라켓 그물망의 탄성력이 작아진다. | | |
| 컬링 | 바닥의 마찰력이 작아진다. | | |

# 창의적 문제 해결 능력　**04 힘의 작용과 운동 상태 변화**



**1** 다음은 물체의 운동을 기록하는 장치에 대한 설명이다.

[다중 섬광 장치]
- 다중 섬광 장치: 짧은 시간 동안 순간적으로 비춰지는 빛을 섬광이라 하고, 섬광을 일정 시간 간격으로 발생시키는 장치를 다중 섬광 장치라고 한다.
- 다중 섬광 사진: 어두운 곳에서 일정한 시간 간격으로 빛을 비춰 물체의 운동을 찍은 사진 ➡ 물체 사이의 시간 간격이 일정하며, 운동 방향 쪽의 물체가 나중에 찍힌 사진이다.

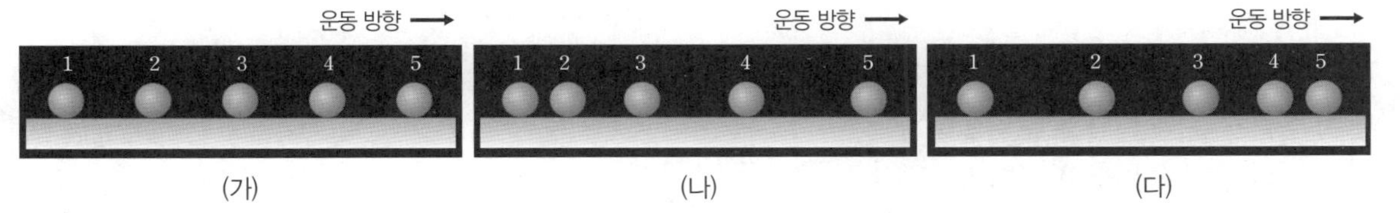


다중 섬광 장치를 이용하여 촬영한 각 운동의 다중 섬광 사진을 (가)~(다)에서 고르고, 그 까닭을 설명해 보자.

(1) 일정한 속력으로 직선 운동을 하는 공에 작용하는 알짜힘이 0인 경우

(2) 일정한 속력으로 직선 운동을 하는 공에 운동 방향과 같은 방향으로 알짜힘을 작용하는 경우

(3) 일정한 속력으로 직선 운동을 하는 공에 운동 방향과 반대 방향으로 알짜힘을 작용하는 경우

**2** 다음은 터널을 둥근 아치형으로 만드는 까닭에 대한 설명이다.

아치는 구부러진 곡선 구조를 말하며, 아치 구조는 위에서 누르는 힘을 곡선을 따라 아래로 분산시켜 하중(누르는 힘)을 줄여준다. 따라서 산의 아랫부분을 뚫어 만드는 터널은 아치형 구조로 만들어 무너지지 않도록 한다.

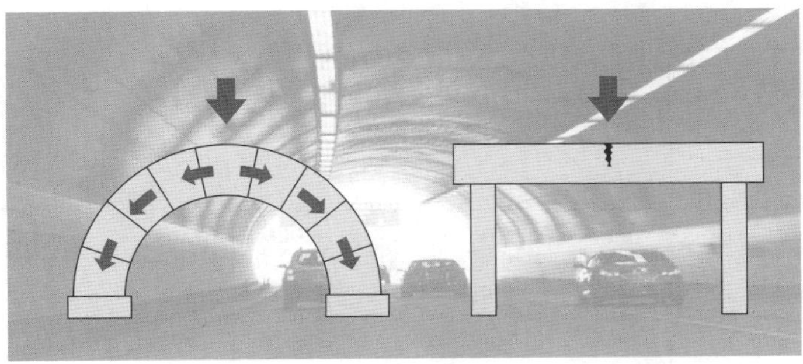

터널을 둥근 아치형으로 만드는 것이 왜 안전한지에 대해 힘의 평형과 관련지어 설명해 보자.

# 마인드맵　　V 힘의 작용

**과학에서의 힘**

물체의 ❶ (　　　　　)이나 ❷ (　　　　　)를
변하게 하는 원인

힘의 단위: ❸ (　　　　　)

**힘의 3요소**

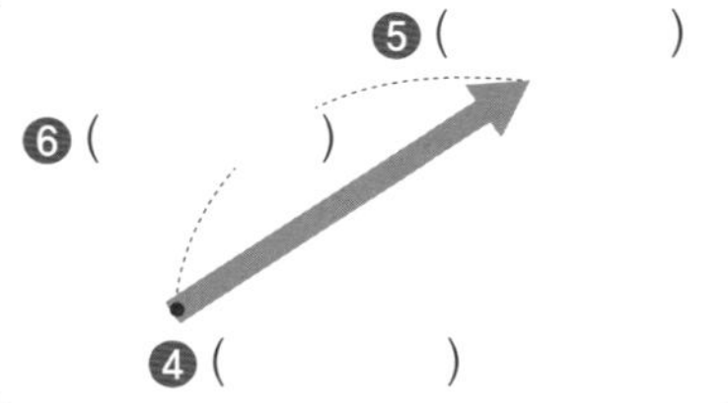

❺ (　　　　　)
❻ (　　　　　)
❹ (　　　　　)

**힘의 표현**

**❼ (　　　　　)**

정의

한 물체에 둘 이상의 힘이 동시에
작용할 때 이 힘들을 합한 것과 같은
효과를 나타내는 하나의 힘

| 구분 | 같은 방향으로 작용하는 두 힘 | 반대 방향으로 작용하는 두 힘 |
|---|---|---|
| 합력의 크기 | 두 힘의 크기를 더한 값 | 큰 힘의 크기에서 작은 힘의 크기를 뺀 값 |
| 합력의 방향 | 두 힘의 방향과 ❽ (　　　　) 방향 | ❾ (　　　) 힘의 방향과 같은 방향 |
| 예시 | 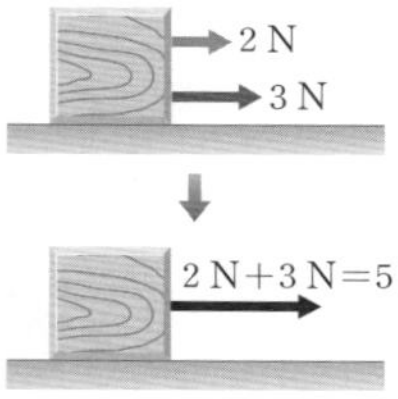 2 N / 3 N → 2 N+3 N=5 N | 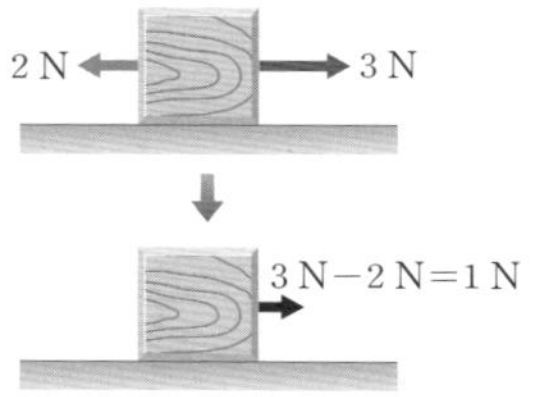 2 N ← → 3 N → 3 N−2 N=1 N |

**힘의 작용**

**힘의 평형**

한 물체에 작용하는 두 힘의 합력이
❿ (　　　　　)인 상태

**운동 상태 변화**

알짜힘이 0인 경우

물체의 운동 상태가
㉓ (　　　　).

알짜힘이 0이 아닌 경우

물체의 운동 상태가
㉔ (　　　　).

| 운동 방향과 나란한 방향으로 힘이 작용할 때 | 운동 방향과 수직 방향으로 힘이 작용할 때 | 운동 방향과 비스듬한 방향으로 힘이 작용할 때 |
|---|---|---|
| 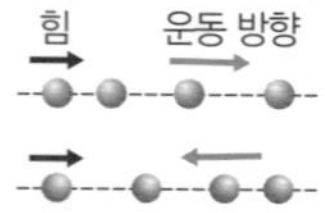 힘 / 운동 방향 | 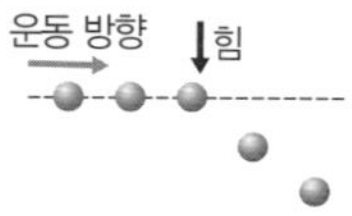 운동 방향 / 힘 | 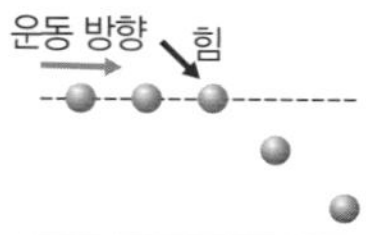 운동 방향 / 힘 |
| 물체의 ㉕ (　　　　) 이/가 변한다. | 물체의 운동 방향이 변한다. | 물체의 속력과 운동 방향이 모두 변한다. |

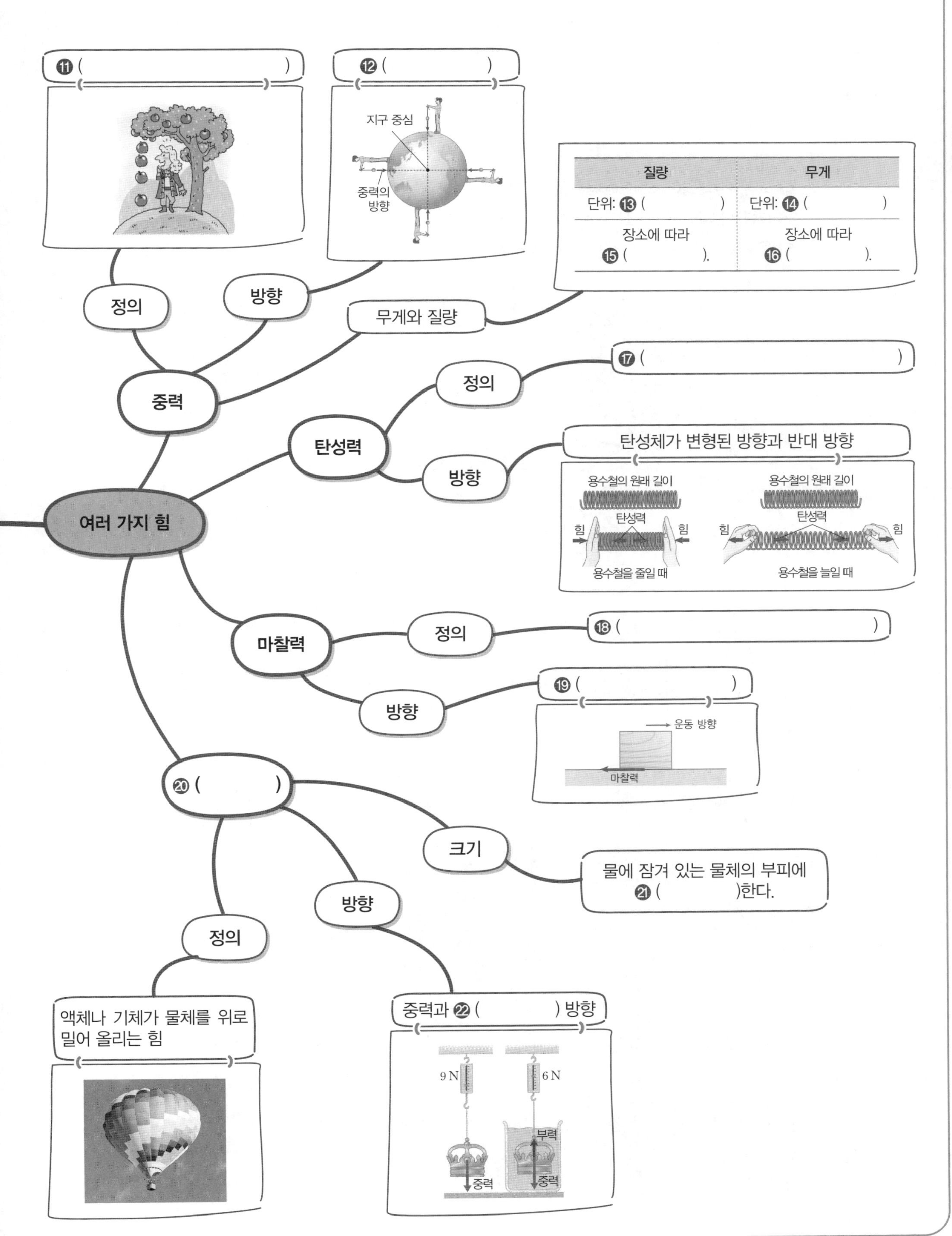

⓫ ( )
⓬ ( )
지구 중심
중력의 방향

질량 | 무게
단위: ⓭ ( )
단위: ⓮ ( )
장소에 따라 ⓯ ( ).
장소에 따라 ⓰ ( ).

정의
방향
무게와 질량
중력
⓱ ( )
정의
탄성력
방향
탄성체가 변형된 방향과 반대 방향
용수철의 원래 길이
용수철의 원래 길이
탄성력
탄성력
힘
힘
힘
힘
용수철을 줄일 때
용수철을 늘일 때
여러 가지 힘
마찰력
정의
⓲ ( )
방향
⓳ ( )
운동 방향
마찰력
⓴ ( )
크기
물에 잠겨 있는 물체의 부피에 ㉑ ( )한다.
정의
방향
액체나 기체가 물체를 위로 밀어 올리는 힘
중력과 ㉒ ( ) 방향
9 N
6 N
부력
중력
중력
수행평가 대비

**보고서 작성**  ○**2 여러 가지 힘(1)**  V 힘의 작용

| | |
|---|---|
| **목표** | 용수철을 이용하여 물체의 무게를 측정할 수 있다. |
| **준비물** | 스탠드, 용수철, 자, 추 |

**과정**

❶ 그림 (가)와 같이 스탠드에 용수철의 끝과 자의 '0'이 같은 위치에 오도록 고정시킨다.

❷ 그림 (나)와 같이 용수철에 무게가 1 N인 추 1 개를 매단 후 용수철이 늘어난 길이를 측정한다.

❸ 용수철에 매다는 추의 개수를 2 개, 3 개, 4 개, …로 증가시키면서 용수철이 늘어난 길이를 측정한다.



**결과**

| 추의 개수(개) | 1 | 2 | 3 | 4 | 5 |
|---|---|---|---|---|---|
| 추의 무게(N) | 1 | 2 | 3 | 4 | 5 |
| 용수철이 늘어난 길이(cm) | 0.8 | 1.6 | 2.4 | 3.2 | 4.0 |

**정리**

**1** 추의 개수에 따른 용수철이 늘어난 길이를 그래프에 표시해 보자.



**2** 용수철이 늘어난 길이와 용수철에 매단 추의 개수, 즉 추의 무게와의 관계에 대해 설명해 보자.

**3** 용수철이 늘어난 길이와 용수철에 작용한 힘의 크기의 관계에 대해 설명해 보자.

# 탐구 보고서 작성

## ○3 여러 가지 힘(2)

| 목표 | 물속에서 물체가 받는 힘의 크기 변화를 알 수 있다. |
|---|---|
| 준비물 | 흡착판, 용수철, 스타이로폼 공, 비커, 물 |

### 과정

❶ 흡착판을 용수철 끝에 고정한 후 한쪽에 스타이로폼 공을 붙인다.

❷ 반대쪽 흡착판을 비커 중앙 바닥에 떨어지지 않도록 고정한다.

❸ 스타이로폼 공이 물에 잠길 때까지 비커에 물을 부어 용수철의 길이 변화를 관찰한다.

### 결과

| 물에 잠기지 않았을 때 용수철의 길이 | 물에 조금 잠겼을 때 용수철의 길이 | 물에 완전히 잠겼을 때 용수철의 길이 |
|---|---|---|

### 정리

**1** 스타이로폼 공이 물에 잠길수록 용수철의 길이는 어떻게 변하는지 설명해 보자.

-----

**2** 스타이로폼 공이 물속에서 받는 힘을 용수철의 길이 변화와 관련지어 설명해 보자.

-----

# 5분 테스트  01 기체의 압력과 부피

Ⅵ 기체의 성질

이름　　　　　날짜　　　　　점수

**01** 압력은 일정한 (　　　　)에 작용하는 힘으로, 같은 크기의 힘이 작용할 때 면적이 (　　　　)수록 압력이 크다.

**02** 온도가 일정할 때 일정량의 기체에 작용하는 압력이 커질수록 기체의 부피는 (　　　)진다.

**03** 지구를 둘러싼 대기에 의해 생기는 압력을 (　　　　)이라고 하며, ( 모든, 아래쪽 ) 방향으로 작용한다.

**04** 입구를 막은 주사기의 피스톤을 누를 때 주사기 속 기체 입자 사이의 거리가 (　　　　)져, 기체의 압력이 (　　　　) 진다.

**05** 온도가 일정할 때 용기 속 기체 입자의 개수가 많을수록 기체 입자가 용기 벽에 충돌하는 ( 횟수, 세기 )가 증가한다.

**06** 탄산음료 병의 뚜껑을 열었다가 닫은 페트병이 쉽게 눌리는 까닭은 ( 기체 입자가 모든 방향으로 운동하기, 충돌하는 기체 입자의 개수가 적어지기 ) 때문이다.

**07** 온도가 일정할 때 일정량의 기체에 3 기압의 압력을 가했을 때 기체의 부피가 15 mL라면, 1 기압일 때 기체의 부피는 (　　　) mL이다.

**08** 비행기가 이륙하거나 높은 곳에 올라가면 귀가 먹먹해지는 까닭은 대기압이 (　　　　)져 고막 안쪽 공기의 부피가 (　　　)지기 때문이다.

**09** 압력에 대한 설명으로 옳은 것은 ○, 옳지 <u>않은</u> 것은 ×로 표시하시오.

❶ 기체의 압력은 모든 방향으로 같은 크기만큼 작용한다. ( ○ , × )
❷ 얼음 위를 걸어갈 때보다 기어갈 때 얼음이 깨질 위험이 적은 것은 압력을 크게 이용한 예이다. ( ○ , × )
❸ 입구를 막은 주사기에 일정량의 기체와 작게 분 고무풍선을 넣은 후 피스톤을 누르면 풍선의 크기는 작아진다.
( ○ , × )
❹ 온도가 일정할 때 기체 입자의 충돌 횟수가 많을수록 기체 입자의 운동 속도가 빨라져 압력이 커진다. ( ○ , × )
❺ 온도가 일정할 때 기체의 압력×부피 값은 일정하다. ( ○ , × )
❻ 잠수부가 내뿜은 공기 방울이 수면에 가까워질수록 커지는 것은 압력이 점점 커지기 때문이다. ( ○ , × )

# 5분 테스트 　02 기체의 온도와 부피

### Ⅵ 기체의 성질

이름 〔　　　　〕　날짜 〔　　　　〕　점수 〔　　　　〕

---

**01** (　　　　　) 법칙: 압력이 일정할 때 일정량의 기체의 (　　　　　　)가 높아지면 기체의 부피가 일정한 비율로 커진다.

**02** 공기가 들어 있는 고무풍선을 액체 질소에 넣으면 고무풍선의 크기가 (　　　　)진다.

**03** 기체 입자의 운동이 (　　　　)해져 입자가 용기 벽면에 (　　　　) 충돌할수록 기체의 부피가 커진다.

**04** 압력이 일정할 때 온도를 ( 낮추면, 높이면 ) 기체 입자 사이의 거리는 가까워지고, 입자의 충돌 횟수는 적어진다.

**05** 압력이 일정할 때 기체의 온도와 부피에 대한 설명으로 옳은 것은 ○, 옳지 <u>않은</u> 것은 ×로 표시하시오.

❶ 온도 변화에 따라 기체의 부피가 변하는 정도는 기체의 종류에 따라 다르다. 　　　　( ○ , × )
❷ 온도가 높아질수록 기체 입자의 운동이 활발해지며, 입자의 크기 또한 커진다. 　( ○ , × )
❸ 기체의 온도를 높일 때 기체의 부피는 외부 압력과 기체의 압력이 같아질 때까지 커진다. 　( ○ , × )
❹ 기체의 온도가 높아질수록 기체의 부피 변화량은 점차 증가한다. 　　　　( ○ , × )

**06** 표는 일정한 압력에서 일정량의 기체의 온도에 따른 부피를 나타낸 것이다. 기체의 온도가 5 ℃일 때 기체의 부피는 (　　　　) mL이다.

| 기체의 온도(℃) | 20 | 15 | 10 |
|---|---|---|---|
| 기체의 부피(mL) | 9.8 | 8.7 | 7.6 |

**07** 기체의 온도에 따른 부피 변화 중 기체의 부피가 커지는 경우는 ↑, 작아지는 경우는 ↓로 표시하시오.

❶ 찌그러진 탁구공을 뜨거운 물에 담그면 찌그러진 부분이 펴진다. 　　　　(　　　　)
❷ 바닥이 오목한 그릇에 뜨거운 음식을 담으면 그릇이 저절로 움직인다. 　　(　　　　)
❸ 여름철에 반 정도 마신 페트병의 뚜껑을 닫아 냉장고에 넣으면 페트병이 찌그러진다. 　(　　　　)
❹ 뜨거운 물에 담가둔 플라스틱병을 꺼내서 고무풍선에 붙인 뒤 기다리면 플라스틱병이 고무풍선에 달라붙는다.
　　　　(　　　　)

**08** 일정한 압력에서 실린더에 들어 있는 기체의 온도를 높였을 때 증가하는 것을 보기 에서 <u>모두</u> 고르시오.

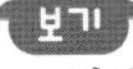

| 보기 | |
|---|---|
| ㄱ. 기체 입자의 운동 속도 | ㄴ. 기체 입자의 충돌 세기 |
| ㄷ. 기체 입자의 질량 | ㄹ. 기체 입자의 개수 |
| ㅁ. 기체 입자의 충돌 횟수 | ㅂ. 기체의 부피 |

# 서술형·논술형 평가 　**01** 기체의 압력과 부피



**1** 압력은 작용하는 힘이나 힘이 작용하는 면적에 따라 그 크기가 달라진다. 일상생활에서 압력을 크게 하거나 작게 하여 이용한 경우의 예를 <u>두 가지 이상</u> 써 보자.

| (1) 면적을 넓혀 압력을 작게 한 예 | (2) 면적을 좁혀 압력을 크게 한 예 |
| --- | --- |
|  |  |

**2** 고무풍선을 불면 둥글게 부풀어 오른다. 고무풍선이 둥글게 부풀어 오르는 까닭을 기체의 압력과 관련지어 설명해 보자.

**3** 평소 지상에 있을 때는 대기압을 특별히 느끼지 못하지만 산 정상에 오르거나 비행기를 탔을 때는 귀가 먹먹해지는 것을 느낄 수 있다. 그러한 까닭을 기체의 압력 변화와 관련지어 설명해 보자.

**4** 그림 (가)는 일정한 온도에서 입구를 막은 주사기의 피스톤을 누르기 전 주사기에 들어 있는 공기를 입자 모형으로 나타낸 것이다.

(1) 그림 (가)를 참고하여 피스톤을 약하게 누를 때(나)와 피스톤을 세게 누를 때(다) 주사기에 들어 있는 공기를 입자 모형으로 나타내 보자. (단, 화살표의 길이가 길수록 입자 운동이 활발하다.)

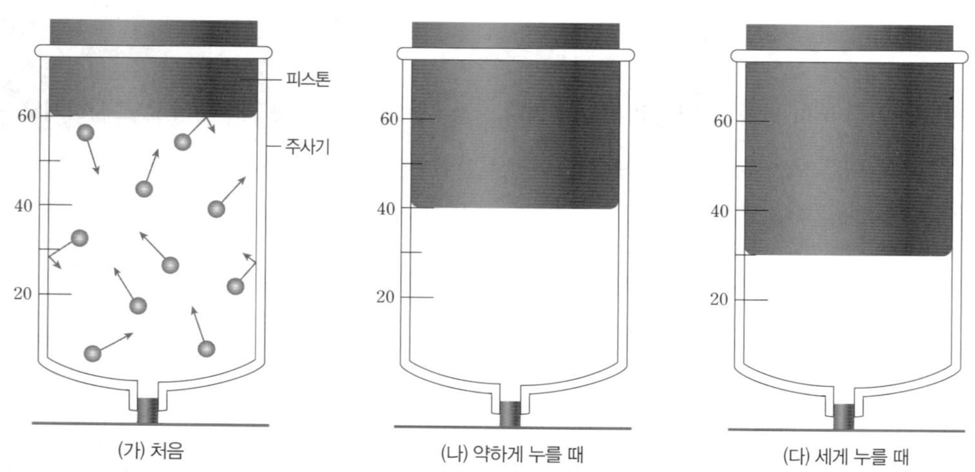


(2) 압력, 부피, 입자 사이의 거리, 충돌과 같은 용어를 사용하여 기체의 압력과 부피 관계를 설명해 보자.

# 서술형·논술형 평가    O2 기체의 온도와 부피



**1** 그림 (가)는 20 ℃에서 주사기에 들어 있는 공기를 입자 모형으로 나타낸 것이다. (단, 외부 압력은 일정하다.)

(1) 그림 (나)에 온도를 80 ℃로 높였을 때 주사기에 들어 있는 공기를 입자 모형으로 나타내 보자.

(2) 온도, 부피, 입자의 운동, 충돌과 같은 용어를 사용하여 기체의 온도와 부피 관계를 설명해 보자.

---

---

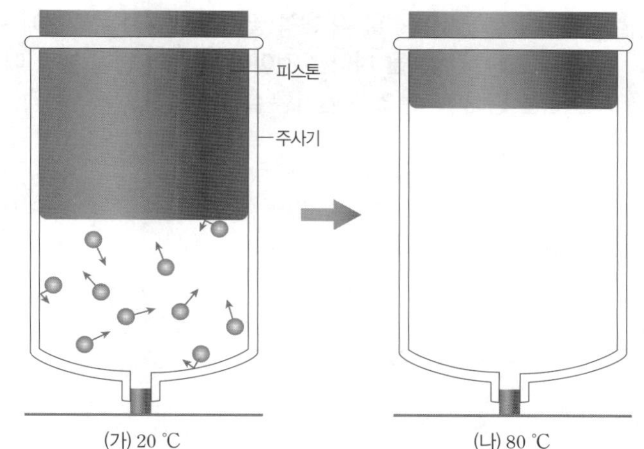


**2** 오줌싸개 인형을 뜨거운 물에 넣은 뒤 꺼내 찬물에 담근 후, 다시 인형을 꺼내 인형 위에 뜨거운 물을 부으면 인형의 구멍으로 물이 빠져나온다. 이 원리를 기체의 온도와 부피 관계와 관련지어 설명해 보자.

---

---

**3** 그림은 일상생활에서 볼 수 있는 여러 가지 현상을 나타낸 것이다.

(가)

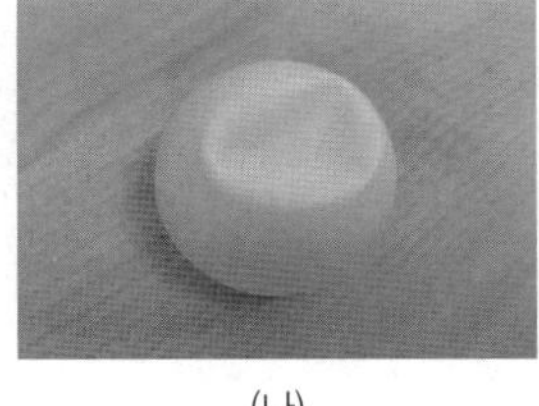

(나)

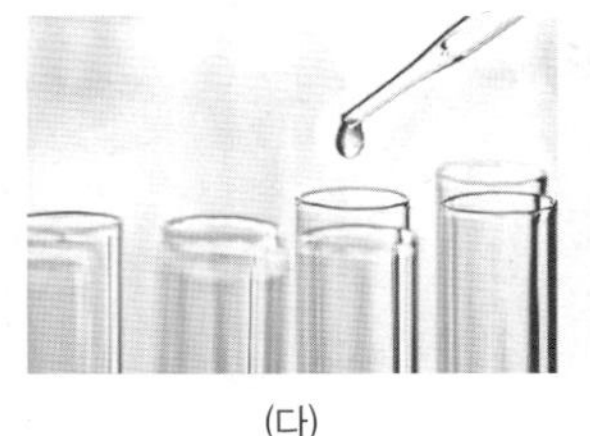

(다)

(라)

다음 물음을 해결할 수 있는 방법과 그 해결 방법에 사용된 원리를 설명해 보자.

| 물음 | 방법 | 원리 |
| --- | --- | --- |
| (1) 밀폐 용기의 뚜껑이 잘 열리지 않을 때는 어떻게 해야 할까? | | |
| (2) 탁구공을 실수로 밟아서 탁구공이 찌그러졌다. 어떻게 하면 다시 펼 수 있을까? | | |
| (3) 피펫에 용액이 남아 있다. 남은 용액을 빼내려면 어떻게 해야 할까? | | |
| (4) 하늘에 떠 있는 열기구를 아래로 내려오게 하려면 어떻게 해야 할까? | | |

# 창의적 문제 해결 능력　　**01** 기체의 압력과 부피



**1** 그림은 온도가 일정할 때 한쪽 끝이 막힌 J자 유리관에 수은을 채운 뒤 유리관 속 기체의 부피를 측정하는 실험을 나타낸 것이다. 수은의 양을 늘릴 때 막힌 쪽에서 나타나는 기체의 변화와 실험을 통해 알 수 있는 원리를 설명해 보자.

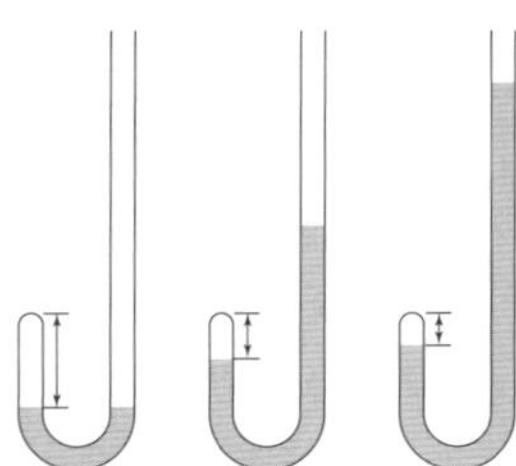

**2** 그림은 종이배를 접어 물을 채운 수조에 띄운 모습을 나타낸 것이다. 유리컵을 이용하여 종이배가 물에 젖지 않고 수조의 바닥으로 이동하려면 어떻게 해야 하는지 설명해 보자.

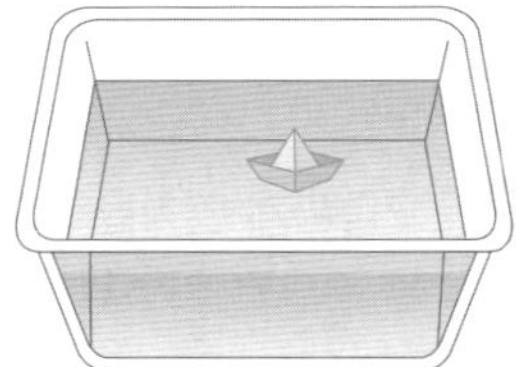

**3** 풍식이가 점심시간에 축구를 하러 가기 위해 밥을 급하게 먹다가 음식이 걸려서 기도가 막히게 되었다. 이때 옆에 있던 풍돌이가 빠르게 복부 위쪽을 압박하는 응급처치를 하여 풍식이는 걸린 음식을 바로 빼낼 수 있었다. 이때 쓰인 응급처치 방법에 적용된 원리를 기체의 압력과 부피의 관계를 이용하여 설명해 보자.

**4** 그림과 같이 스포이트의 끝부분에 남은 액체가 있을 때 보일 법칙과 샤를 법칙을 이용하여 액체를 바깥으로 꺼내는 방법을 설명해 보자.

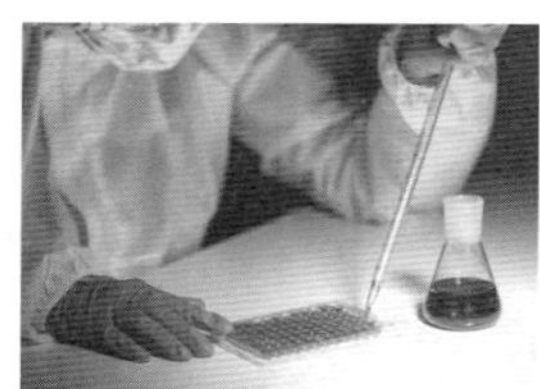

# 창의적 문제 해결 능력　　O2 기체의 온도와 부피



**1** 여름철 휴대용 부탄가스, 헤어스프레이 등 폭발성 기체가 담긴 용기를 사용 후 버릴 때는 반드시 용기에 구멍을 뚫어 남아 있는 기체를 빼내고 버려야 한다. 그 까닭을 기체의 온도에 따른 부피 변화와 관련지어 설명해 보자.

**2** 자동차 타이어에 들어 있는 공기의 양이 지나치게 많으면 타이어가 터지고 공기의 양이 지나치게 적으면 도로에 닿는 면적이 늘어나 운전하기 어려워진다. 따라서 타이어에 적당한 양의 공기가 들어 있어야 한다. 계절마다 타이어에 들어 있는 공기의 양을 조절해야 하는 까닭을 설명해 보자.

**3** 그림은 집기병 안에 불을 붙인 종이를 넣은 다음, 불이 꺼진 직후 집기병 입구에 껍질을 깐 삶은 달걀을 올리고, 집기병을 얼음이 담긴 통에 넣은 모습을 나타낸 것이다. 달걀이 어떻게 변하는지 설명해 보자.

**4** 그림은 오줌싸개 인형을 나타낸 것이다. 물이 더 멀리 빠져나가게 하려면 뜨거운 물과 찬물의 온도를 각각 어떻게 해야 하는지 설명해 보자.

# 마인드맵  Ⅵ 기체의 성질

일정한 면적에 작용하는 힘

$$압력 = \dfrac{작용하는\ ❶(\qquad)}{힘을\ 받는\ ❷(\qquad)}$$

- 면적이 같을 때: 작용하는 힘이 ❸ (　　　) → 압력↑
- 힘의 크기가 같을 때: 작용하는 면적이 ❹ (　　　) → 압력↑

**정의**

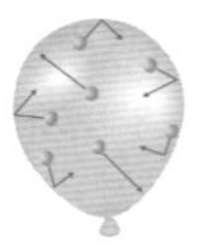

**크기**

**압력**

❺ (　　　　　　　　　　　)

❻ (　　　　　　　　　)

**정의**

**방향과 크기**

**기체의 압력**

**원인**

❼ (　　　　　　　　　　　　　)

## 기체의 성질

**기체의 압력과 부피 관계**

**보일 법칙**

온도가 일정할 때 일정량의 기체의 부피는 압력에 ❽ (　　　)한다.

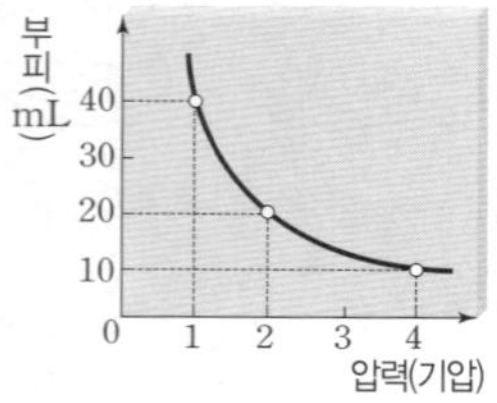

기체의 압력과 부피의 곱: ❾ (　　　)

**보일 법칙과 기체 입자의 운동**

❿ 일정한 온도에서 일정량의 기체에 가하는 압력이 커지면
　→ 기체의 부피 (　　　)
　→ 기체의 충돌 횟수 (　　　)
　→ 기체의 압력 (　　　)

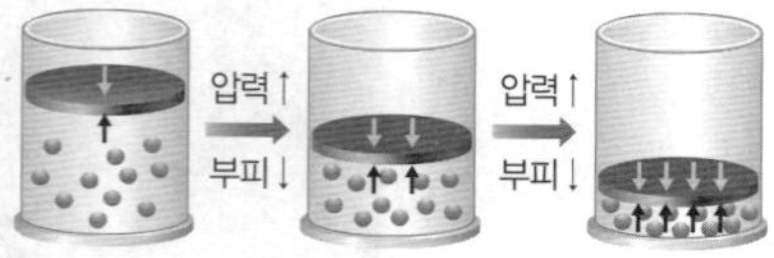

**기체의 온도와 부피 관계**

**샤를 법칙**

일정한 압력에서 일정량의 기체의 온도가 높아지면 부피는 ⓫ (　　　　)로 커진다.

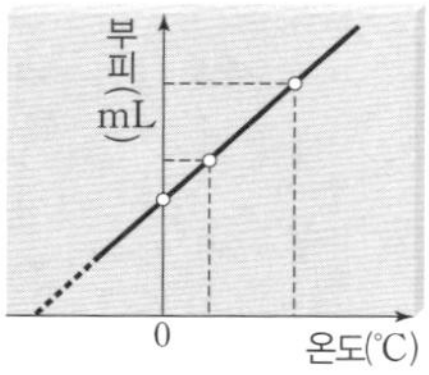

**샤를 법칙과 기체 입자의 운동**

⓬ 일정한 압력에서 일정량의 기체의 온도가 높아지면
　→ 기체의 부피 (　　　)
　→ 기체 입자의 운동 속도 (　　　)
　→ 기체 입자의 충돌 세기 (　　　)
　→ 기체 입자 사이의 거리 (　　　)

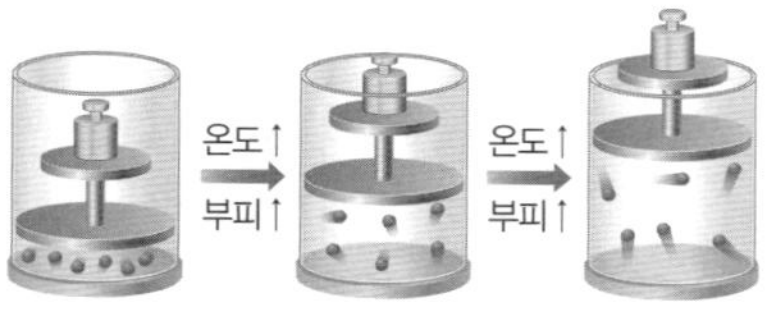

# 보고서 작성   ○1 기체의 압력과 부피



| 목표 | 기체의 압력과 부피 관계를 입자의 운동으로 이해할 수 있다. |
|---|---|
| 준비물 | 감압 용기, 고무풍선 |

**과정**

❶ 공기를 넣은 고무풍선을 감압 용기에 넣고, 펌프를 이용하여 공기를 빼면서 고무풍선의 부피를 관찰한다.

❷ 펌프를 빼고 감압 용기 입구의 마개를 열어 다시 공기를 넣었을 때 고무풍선의 부피 변화를 관찰한다.



**결과**

**1** 공기를 빼내는 동안 고무풍선의 부피는 (                ).

**2** 공기를 다시 넣는 동안 고무풍선의 부피는 (                ).

**정리**

**1** 실험 과정 동안 고무풍선의 압력과 부피는 어떻게 변하였을지 설명해 보자.

-------------------------------------------------------------

-------------------------------------------------------------

**2** 실험 과정 동안 감압 용기 속 기체 입자가 고무풍선 벽면에 충돌하는 횟수는 어떤 차이가 있을지 설명해 보자.

-------------------------------------------------------------

-------------------------------------------------------------

**3** 그림은 과정 ❶~❷의 결과를 순서 없이 나타낸 것이다. 풍선 속 기체 입자의 운동을 그림으로 표현해 보자.

| 공기를 (          ) 때 | 공기를 (          ) 때 |
|---|---|
|  |  |

# 보고서 작성   ○2 기체의 온도와 부피



| 목표 | 일정한 압력에서 일정한 양의 기체의 부피는 온도에 따라 변하는 것을 이해할 수 있다. |
| --- | --- |
| 준비물 | 뜨거운 물, 바이알, 플라스틱 관, 색소 물, 디지털 온도계, 실리콘 관, 안전 장갑, 보안경, 집게 등 |

**과정**

❶ 바이알과 플라스틱 관을 실리콘 관으로 연결하고 바이알을 뜨거운 물에 넣은 뒤, 플라스틱 관의 입구에 색소 물을 떨어뜨린다.

❷ 디지털 온도계에 표시된 온도가 5 ℃씩 낮아질 때마다 바이알 입구에서 색소 물까지의 거리를 측정하여 표에 나타낸다.

**결과**

| 온도(℃) | 65 | 60 | 55 | 50 | 45 |
| --- | --- | --- | --- | --- | --- |
| 바이알 입구에서 색소 물까지의 거리(cm) | 13.2 | 11.6 | 10.0 | 8.4 | 6.8 |

**정리**

**1** 실험 결과를 그래프로 나타내 보자.

**2** 바이알 입구에서 색소 물까지의 거리는 바이알과 플라스틱 관 속 기체의 부피와 어떤 관계가 있는지 설명해 보자.

----

----

**3** 이 실험의 결과로 알 수 있는 기체의 성질을 쓰고, 기체의 온도에 따라 부피가 작아지는 현상을 일상생활 속에서 찾아 한 가지 써 보자.

----

----

# 5분 테스트  01 태양계의 구성

VII 태양계

이름    날짜    점수

**01** 소행성은 주로 (　　　　)과 (　　　　)의 궤도 사이에서 태양을 중심으로 공전한다.

**02** 둥근 모양을 갖고 태양을 중심으로 공전하지만 행성이 아닌 천체를 (　　　　)이라고 한다.

**03** 혜성이 태양에 가까워지면 ( 태양쪽, 태양 반대쪽 )으로 꼬리가 생긴다.

**04** 보기는 태양계의 행성들을 나타낸 것이다. 이를 지구형 행성과 목성형 행성으로 분류하여 기호를 쓰시오.

보기
| | | | |
|---|---|---|---|
| ㄱ. 화성 | ㄴ. 토성 | ㄷ. 목성 | ㄹ. 수성 |
| ㅁ. 지구 | ㅂ. 해왕성 | ㅅ. 금성 | ㅇ. 천왕성 |

❶ 지구형 행성: (　　　　)      ❷ 목성형 행성: (　　　　)

**05** 표는 지구형 행성과 목성형 행성의 특징을 비교한 것이다. 빈칸을 알맞게 채우시오.

| 구분 | 반지름 | 질량 | 위성 수 | 고리 | 표면 상태 |
|---|---|---|---|---|---|
| 지구형 행성 | 작다 | ❶ (　　　) | 없거나 적다 | ❷ (　　　) | 고체 |
| 목성형 행성 | 크다 | ❸ (　　　) | 많다 | ❹ (　　　) | 기체 |

**06** 그림은 태양에서 관측되는 여러 현상들을 나타낸 것이다. 알맞은 것을 <u>모두</u> 골라 기호를 쓰시오.

❶ 태양 표면에서만 관측되는 현상이다. (　　　)
❷ 채층 위로 넓게 나타나는 진주색의 대기층이다. (　　　)
❸ 광구에서 나타나며, 주변보다 온도가 낮아 어둡게 보이는 부분이다. (　　　)
❹ 흑점 주변에서 짧은 시간 동안 일어나는 폭발로, 많은 양의 물질과 에너지를 방출하는 현상이다. (　　　)

**07** 그림은 망원경의 구조를 나타낸 것이다. A~E에 알맞은 명칭을 쓰시오.

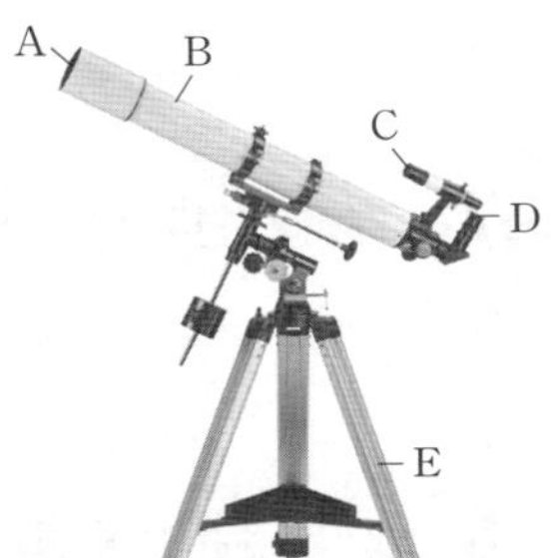


❶ A: (　　　)      ❷ B: (　　　)
❸ C: (　　　)      ❹ D: (　　　)
❺ E: (　　　)

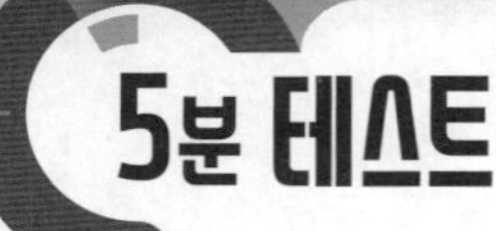

# 5분 테스트  ○2 지구의 운동

VII 태양계

이름　　　　날짜　　　　점수

**01** 지구의 (　　　　　): 지구가 자전축을 중심으로 하루에 한 바퀴씩 (　　　　　)쪽에서 (　　　　　)쪽으로 회전하는 운동

**02** 지구의 자전 속도는 약 (　　　　　)°/시간이다.

**03** 다음은 천체의 일주 운동에 대한 설명이다. 빈칸에 알맞은 말을 쓰시오.
❶ 천체는 (　　　　　)쪽에서 (　　　　　)쪽 방향으로 일주 운동을 한다.
❷ 북쪽 하늘의 별들은 북극성을 중심으로 (　　　　　) 방향으로 회전한다.
❸ 어느 별을 3 시간 후에 관측하면 처음 위치에서 (　　　　　)° 회전한 것을 볼 수 있다.

**04** 그림은 북반구의 어느 지역에서 서로 다른 방향의 하늘을 바라본 별의 일주 운동 모습을 나타낸 것이다. (가)와 (나)가 각각 어느 쪽 하늘에 해당하는지 쓰시오.

(가): (　　　　　)
(나): (　　　　　)

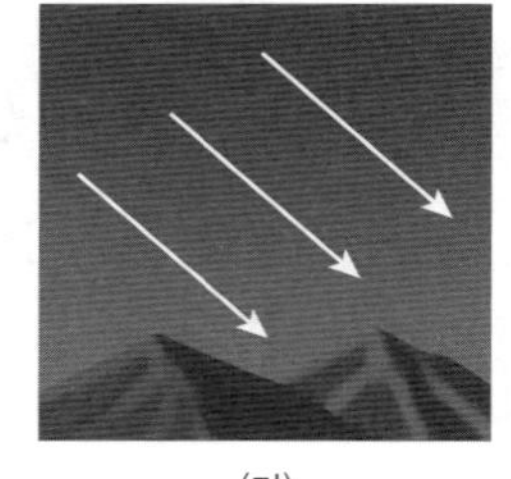

(가)

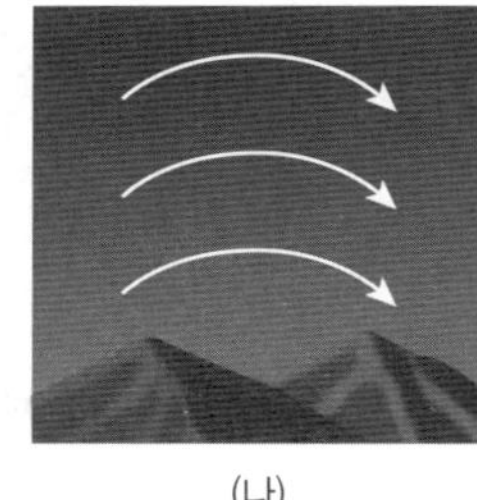

(나)

**05** 지구의 (　　　　　): 지구가 태양을 중심으로 1년에 한 바퀴씩 (　　　　　)쪽에서 (　　　　　)쪽으로 회전하는 운동

**06** 지구에서 관측할 수 있는 여러 가지 현상을 나타낸 **보기** 에서 지구의 자전에 의한 현상과 공전에 의한 현상을 구분하여 기호를 쓰시오.

> **보기**
> ㄱ. 별의 연주 운동　　　　　ㄴ. 달의 일주 운동
> ㄷ. 태양의 일주 운동　　　　　ㄹ. 계절별 별자리의 변화

❶ 지구 자전에 의한 현상: (　　　　　)　　　　❷ 지구 공전에 의한 현상: (　　　　　)

**07** 태양의 연주 운동 방향은 지구 공전 방향과 ( 같다, 반대이다 ).

**08** 별의 연주 운동 방향은 지구 공전 방향과 ( 같다, 반대이다 ).

# 5분 테스트  **03** 달의 운동

VII 태양계

이름　　　　　　날짜　　　　　　점수

**01** 달의 (　　　　　　): 달이 지구를 중심으로 약 한 달에 한 바퀴씩 (　　　　　)쪽에서 (　　　　　)쪽으로 회전하는 운동

**02** 달의 공전 속도는 약 (　　　　　)°/시간이다.

**03** 달의 (　　　　　　): 지구에서 달을 볼 때 밝게 보이는 달의 모양

**04** 달의 위상 변화 순서는 '보이지 않음(삭) → (　　　　) → (　　　　) → (　　　　) → (　　　　) → (　　　　)
→ (　　　　)'이다.

**05** 그림은 지구를 공전하는 달의 위치를 나타낸 것이다. (가)~(라)에서 볼 수
있는 달의 위상을 쓰고, 그림으로 나타내시오.

(가): (　　　　　), (　　　　　)
(나): (　　　　　), (　　　　　)
(다): (　　　　　), (　　　　　)
(라): (　　　　　), (　　　　　)

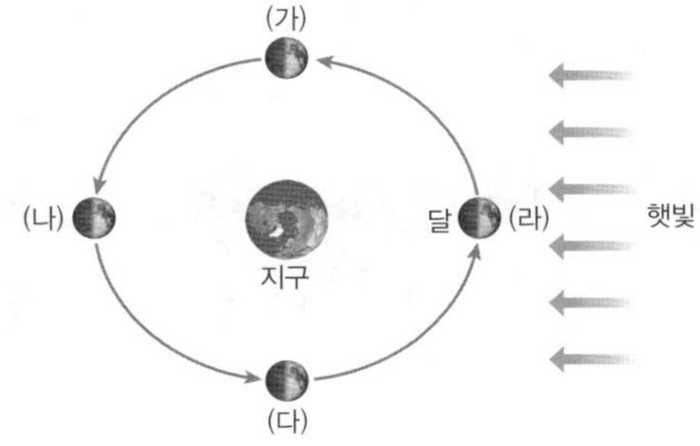


**06** 달이 (　　　　　)하기 때문에 달을 매일 같은 시각에 관측하면 달의 위치가 전날보다 ( 서, 동 )쪽에서 ( 서, 동 )쪽으로
조금씩 이동한다.

**07** 달이 태양을 가리는 현상을 (　　　　　), 달이 지구 그림자에 가려지는 현상을 (　　　　　)이라고 한다.

**08** 일식은 태양 － (　　　　) － (　　　　) 순으로 일직선상에 놓여 있을 때 관측된다.

**09** 개기일식은 달이 태양의 ( 전체, 일부 )를 가리는 현상, 부분일식은 달이 태양의 ( 전체, 일부 )를 가리는 현상이다.

**10** 일식은 태양의 ( 오른쪽, 왼쪽 )부터 가려지기 시작한다.

**11** 월식은 태양 － (　　　　) － (　　　　) 순으로 일직선상에 놓여 있을 때 관측된다.

**12** 개기월식은 달 ( 전체, 일부 )가 지구의 그림자에 완전히 가려져 붉게 보이는 현상, 부분월식은 달의 ( 전체, 일부 )가 지구
의 그림자에 가려지는 현상이다.

**13** 우리나라에서 월식을 관측하면, 달의 ( 오른쪽, 왼쪽 )부터 가려지기 시작한다.

# 서술형·논술형 평가  **01** 태양계의 구성 ~ **02** 지구의 운동



**1** 표는 태양계를 구성하는 행성 중 일부를 나타낸 것이다. 각 행성의 이름을 쓰고, 특징을 설명해 보자.

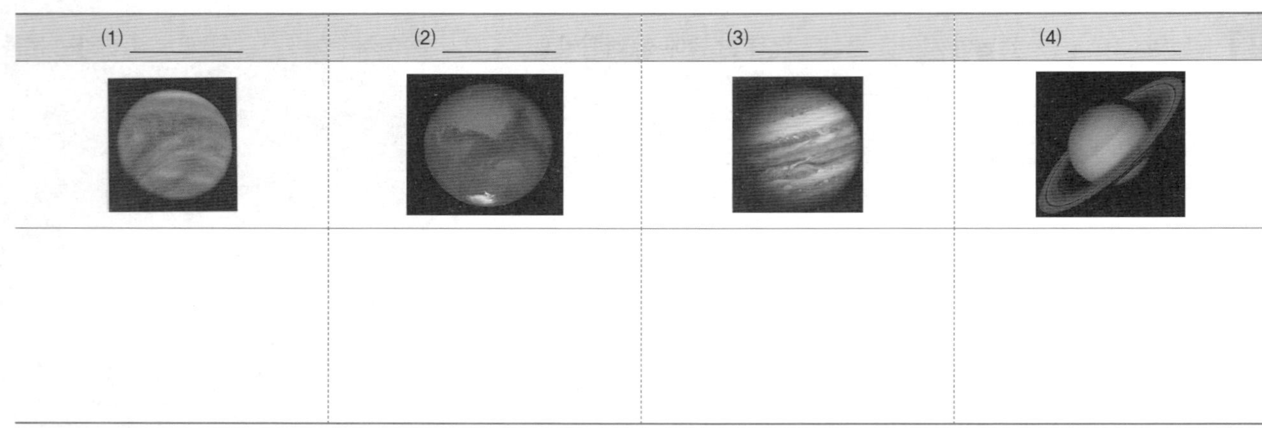

| (1) ________ | (2) ________ | (3) ________ | (4) ________ |
| --- | --- | --- | --- |
|  |  |  |  |

**2** 태양의 활동이 활발할 때 태양과 지구에서 나타나는 현상을 설명해 보자.

| 태양에서 나타나는 현상 | 지구에서 나타나는 현상 |
| --- | --- |
|  |  |

**3** 우리나라의 남쪽 하늘, 동쪽 하늘, 서쪽 하늘, 북쪽 하늘에서 관측한 별의 일주 운동 모습을 화살표로 나타내고, 별이 이동하는 경로를 설명해 보자.

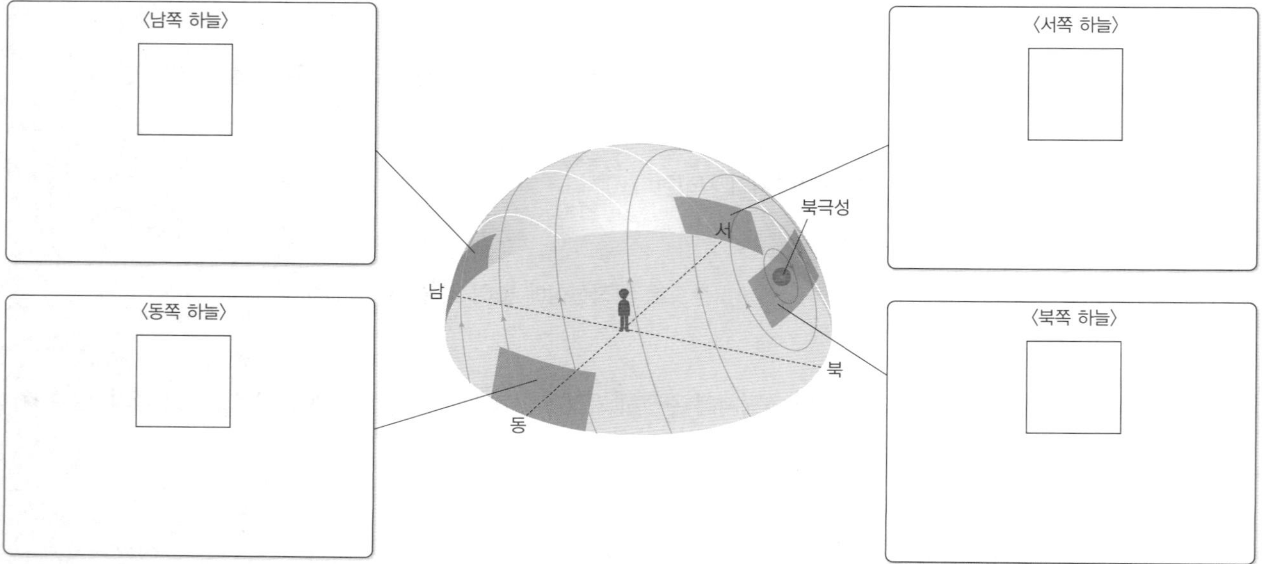

# 서술형·논술형 평가  ○2 지구의 운동 ~ ○3 달의 운동  Ⅶ 태양계

**1** 그림은 풍식이와 풍순이가 황도 12궁에 표시된 별자리를 보며 나누는 대화이다.

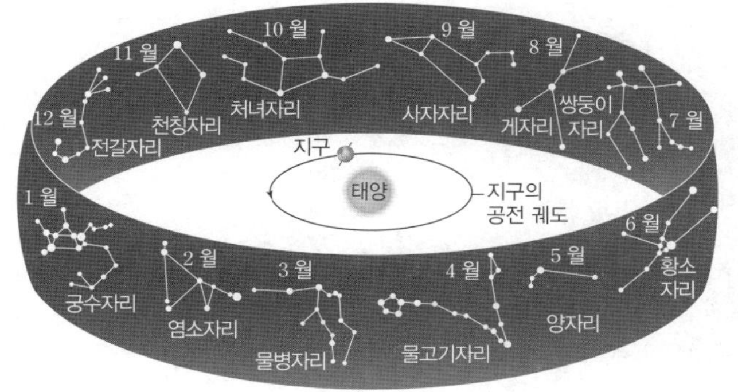

(1) 풍식이와 풍순이의 생일 한밤중에 남쪽 하늘에서 볼 수 있는 별자리를 각각 써 보자.

(2) 풍식이와 풍순이의 생일 한밤중에 남쪽 하늘에서 보이는 별자리가 다른 까닭을 설명해 보자.

**2** 다음은 태양, 달, 지구의 상대적 위치에 따라 관측되는 현상을 알아보기 위한 실험 과정을 나타낸 것이다.

① 어두운 방 안에서 전구를 켜고 스타이로폼 공을 한 손으로 든다.
② 그림과 같이 팔을 약간 구부린 채로 스타이로폼 공이 전구를 마주보도록 한다.
③ 스타이로폼 공을 오른쪽에서 왼쪽으로 천천히 움직이면서 전구가 가려질 때의 모습을 관찰한다.

(1) 과정 ③에서 스타이로폼 공을 움직일 때 보이는 전구의 모습 변화를 설명하고, 전구가 최대로 가려질 때의 모습을 그려 보자.

| 실험 과정 | 전구의 모습 변화 | 전구가 최대로 가려질 때 모습 |
| --- | --- | --- |
| 관찰 결과 |  |  |

(2) 과정 ③에서 전등이 최대로 가려질 때 관찰한 모습과 관련지어 태양, 달, 지구와의 상대적 위치에 따라 관측되는 현상이 무엇인지 쓰고, 이에 대해 설명해 보자.

# 창의적 문제 해결 능력  01 태양계의 구성 ~ 02 지구의 운동



**1** 다음은 태양의 표면에서 관측할 수 있는 흑점에 대한 설명이다.

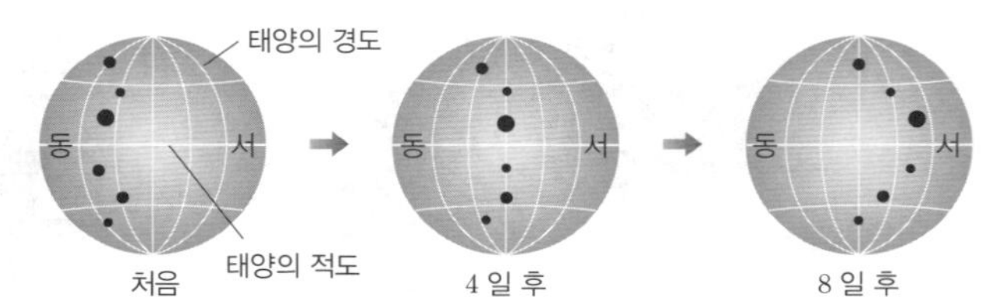


- 흑점은 태양의 표면(광구)에 나타나는 어두운 부분으로, 모양과 크기가 다양하다.
- 흑점은 주변보다 온도가 낮아서 어둡게 보이며, 관측하는 시기에 따라서 위치가 바뀐다.
- 흑점의 위치는 지구에서 관측했을 때 시간이 흐를수록 동쪽에서 서쪽으로 점차 이동한다.

(1) 흑점의 이동을 통해 알 수 있는 사실을 설명해 보자.

(2) 흑점을 통해 알 수 있는 또 다른 사실을 <u>한 가지</u>만 설명해 보자.

**2** 다음은 극궤도 인공위성에 대한 설명을 나타낸 것이다.

　인공위성은 일정한 속력으로 지구를 중심으로 공전하며, 공전 궤도와 공전 주기에 따라 정지궤도 인공위성, 저궤도 인공위성, 극궤도 인공위성 등으로 구분된다. 그중에서 극궤도 인공위성은 지구의 양극(남극과 북극)을 지나는 인공위성으로, 지구를 한 바퀴 공전하는 데 약 100 분이 걸리며, 같은 장소를 하루에 2 번 관측한다. (나)의 관측 영상은 극궤도 인공위성이 북극에서 남극 방향으로 이동하는 동안 한반도를 관측한 영상이고, (다)의 관측 영상은 극궤도 인공위성이 남극에서 북극 방향으로 이동하는 동안 한반도를 관측한 영상이다. 두 관측 영상은 비슷해 보이지만 이동하는 방향에 따라 오른쪽과 왼쪽으로 기울어진 형태를 보인다.

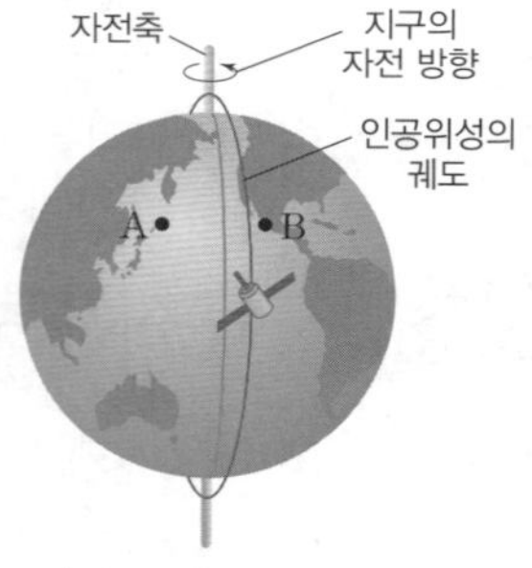

(가) 극궤도 인공위성의 궤도

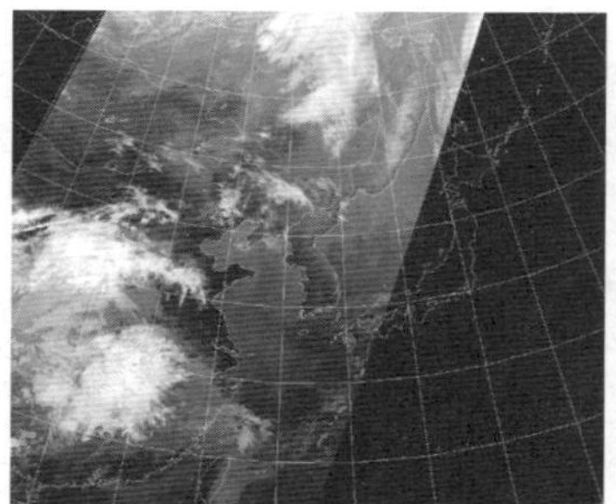
(나) 북극에서 남극 방향으로 이동하는 동안 촬영한 관측 영상

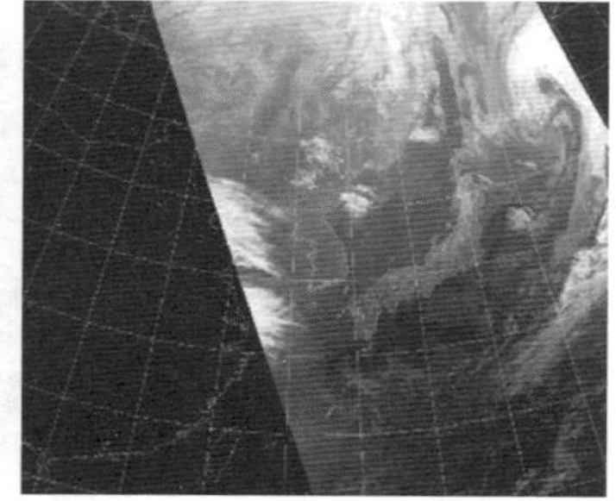
(다) 남극에서 북극 방향으로 이동하는 동안 촬영한 관측 영상

그림 (가)의 A와 B 중 극궤도 인공위성이 지구를 한 바퀴 공전한 후에 지나가는 지점을 쓰고, 그렇게 생각한 까닭을 설명해 보자.

# 창의적 문제 해결 능력  ○3 달의 운동



**1** 풍식이는 어두운 방 안 한쪽에 전등을 놓고, 중앙에 공을 설치한 후 공에 전등을 비추었다. 그 다음 풍식이는 공의 주위를 45° 간격으로 이동하며 A~H 위치에서 각각 공의 모습을 관찰하였다. (단, C와 G의 위치는 전등과 일직선상에 있다.)

(1) A~H의 위치에서 풍식이가 본 공의 모습을 색칠해 보자. (단, 밝게 보이는 부분은 흰색으로, 어둡게 보이는 부분은 검은색으로 색칠한다.)

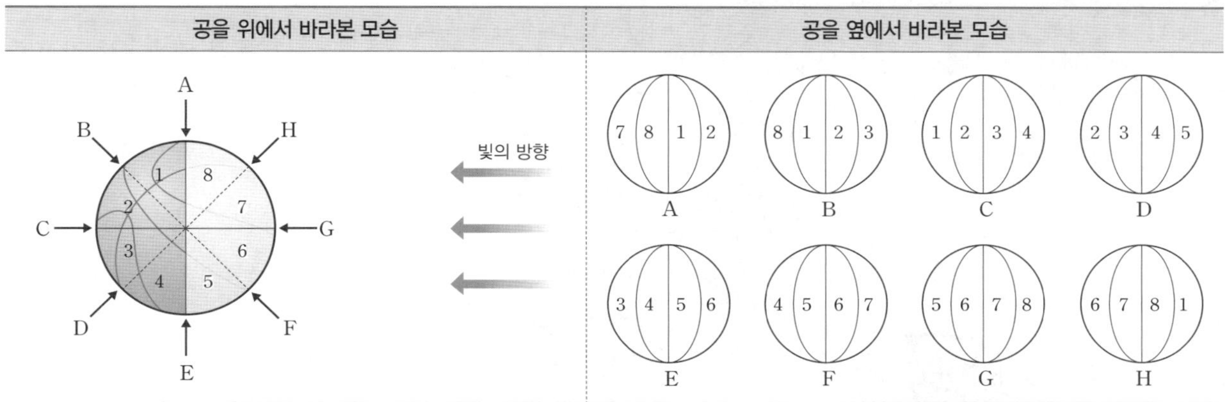


(2) 공을 보는 위치에 따라 공이 밝게 보이는 부분의 방향과 면적이 달라지는 까닭을 설명해 보자.

_________________________________________________________________________________

**2** 그림에서 달 위치가 A~H일 때 지구에서 관측되는 달의 위상을 그려 보자.

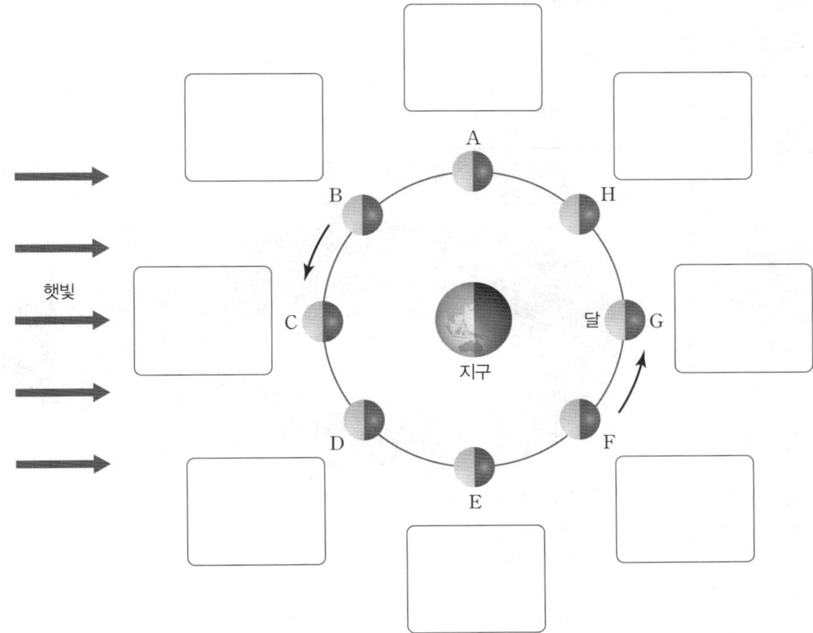

# 마인드맵　　Ⅶ 태양계

**표면** 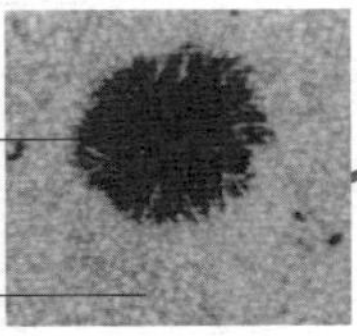
- ❶ (　　　)
- ❷ (　　　)

**대기**

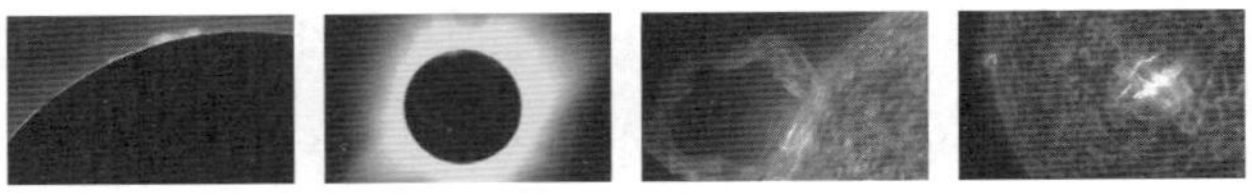

▲ 채층　　▲ 코로나　　▲ 홍염　　▲ 플레어

**태양 활동이 활발할 때 지구에 미치는 영향**
자기 폭풍 발생, 오로라 자주 발생, 무선 전파 통신 장애, 대규모 정전, 인공위성 오작동 등

(태양, 행성) 왜소 행성, 소행성, 혜성, (위성)

**구성 천체**

**태양계**

**분류**

**달**

## 지구형 행성 ─ 목성형 행성

| 구분 | ❸ (　　　) 행성 | 목성형 행성 |
|---|---|---|
| 행성 | 수성, 금성, (지구) 화성 | 목성, 토성, 천왕성, 해왕성 |
| 반지름 | ❹ (　　　) | ❺ (　　　) |
| 질량 | 작다 | 크다 |
| 표면 상태 | 고체 | 기체 |

## 위상 변화

- ❽ (　　　)
- 초승달
- 달
- 햇빛
- 보름달 (망)
- 삭
- ❾ (　　　)
- 하현달

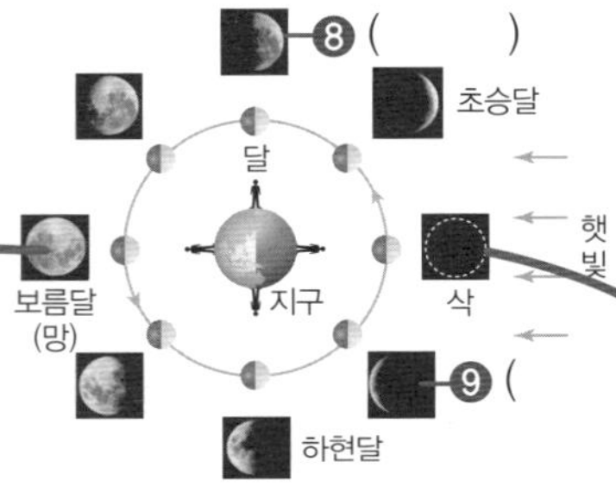

❿ (　　　)
- 개기 월식
- 부분 월식

## 일식
- 개기 일식
- 부분 일식

**지구**

❻ (　　　)에 의한 현상

**공전에 의한 현상**

### 천체의 일주 운동

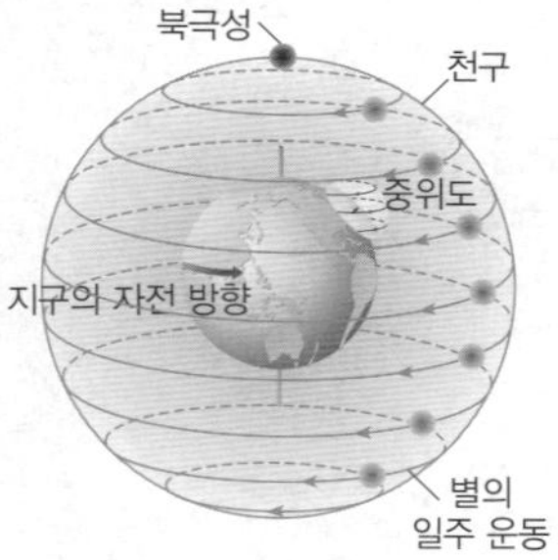

천체가 동 → 서로 하루에 한 바퀴씩 원을 그리며 회전하는 겉보기 운동

### 태양의 연주 운동

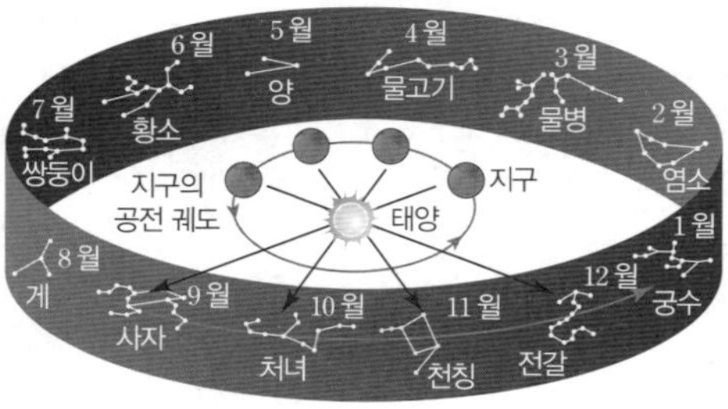

태양이 별자리 사이를 하루에 약 1°씩 서 → 동으로 이동하여 1 년 후에 처음 위치로 되돌아오는 겉보기 운동

### ❼ (　　　)

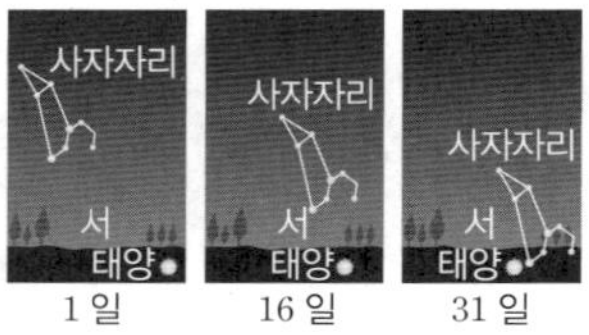

별이 하루에 약 1°씩 동 → 서로 이동하여 1 년 후에 처음 위치로 되돌아오는 겉보기 운동

## 보고서 작성　　　○1 태양계의 구성　　　VII 태양계

| 목표 | 태양계 행성을 특성에 따라 분류할 수 있다. |
| --- | --- |

**과정**

❶ 누리망(인터넷)에서 태양계 행성들의 질량, 반지름, 위성 수, 고리의 유무를 조사해 표로 정리한다.
❷ 여러 가지 기준을 정리하여 행성을 두 집단으로 분류한다.

| 행성 | 질량(지구=1) | 반지름(지구=1) | 위성 수(개) | 고리의 유무 |
| --- | --- | --- | --- | --- |
| 수성 | 0.06 | 0.38 | 0 | 없음 |
| 금성 | 0.82 | 0.95 | 0 | 없음 |
| 지구 | 1.00 | 1.00 | 1 | 없음 |
| 화성 | 0.11 | 0.53 | 2 | 없음 |
| 목성 | 317.83 | 11.21 | 95 | 있음 |
| 토성 | 95.16 | 9.45 | 146 | 있음 |
| 천왕성 | 14.54 | 4.01 | 27 | 있음 |
| 해왕성 | 17.15 | 3.88 | 14 | 있음 |

(출처: 미국항공우주국, 2023)

**결과**

| **1** 분류 기준: (　　　　　　) | |
| --- | --- |
| 구분 | |
| 행성 | |

| **2** 분류 기준: (　　　　　　) | |
| --- | --- |
| 구분 | |
| 행성 | |

| **3** 분류 기준: (　　　　　　) | |
| --- | --- |
| 구분 | |
| 행성 | |

| **4** 분류 기준: (　　　　　　) | |
| --- | --- |
| 구분 | |
| 행성 | |

**정리**

**1** 행성을 특징에 따라 크게 두 집단으로 분류해 보자.

**2** 각 집단에 속한 행성의 특징을 정리해 보자.

| | |
|---|---|
| 목표 | 달의 위상 변화를 설명할 수 있다. |
| 준비물 | 스타이로폼 공 8 개, 각도기, 자, 전등, 카메라 |

**과정**

❶ 책상 위에 원을 그리고, 원 주위에 스타이로폼 공 8 개를 45° 간격으로 놓는다.

❷ 책상의 한쪽 끝에 전등을 설치한 후, 교실을 어둡게 한다.

❸ 전등을 켠 후, 원의 중심에서 카메라를 시계 반대 방향으로 45°씩 회전하면서 각각의 스타이로폼 공을 촬영한다.

❹ 촬영한 공의 모습을 관찰한다.



**결과**

각 위치에서 카메라로 촬영한 공의 모습을 빈칸에 그려 보자.

**정리**

**1** 달의 위상은 약 한 달을 주기로 변하는데, 그 위상의 변화를 순서대로 써 보자.

보이지 않음(삭) → (      ) → (      ) → (      ) → (      ) → (      ) → 보이지 않음(삭)

**2** 달의 모양이 변하는 까닭을 설명해 보자.

# 중간·기말고사 대비

# 중단원 개념 정리

## 01 힘의 표현과 평형

## ❶ 힘의 표현

**(1) 과학에서의 힘:** 물체의 모양이나 운동 상태를 변하게 하는 원인

### ① 힘의 효과

| 모양의 변화 | • 찰흙을 손으로 누르면 모양이 변한다.<br>• 알루미늄 캔을 세게 쥐면 캔이 찌그러진다.<br>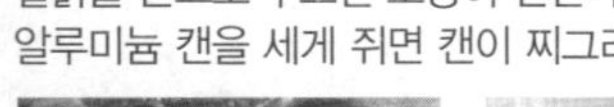 |
| --- | --- |
| 운동 상태의 변화 | • 정지해 있는 창문을 밀면 창문이 움직인다.<br>• 썰매를 밀면 썰매의 빠르기가 변한다.<br> |
| 모양과 운동 상태의 동시 변화 | • 축구공을 발로 세게 차는 순간 공이 찌그러지며 날아간다.<br>• 야구공을 방망이로 치면 공의 모양과 운동 상태가 변한다.<br> |

### ② 힘의 단위: $N$(뉴턴)

**(2) 힘의 표현**

① 힘이 작용하는 지점에서 힘의 방향과 크기를 화살표로 나타낸다.

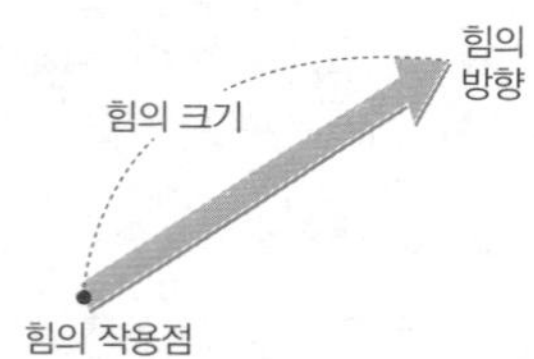


### ② 힘의 3요소: 힘의 작용점, 힘의 방향, 힘의 크기

| 힘의 작용점 | 화살표의 시작점으로 나타내며, 힘이 작용하는 지점이다. |
| --- | --- |
| 힘의 방향 | 화살표가 가리키는 방향으로 힘이 작용하는 방향을 나타낸다. |
| 힘의 크기 | 화살표의 길이로 나타내며, 힘의 크기에 비례하도록 그린다. |

## ❷ 힘의 평형

**(1) 합력(알짜힘):** 한 물체에 둘 이상의 힘이 동시에 작용할 때 이 힘들을 합한 것과 같은 효과를 나타내는 하나의 힘 ➡ 물체에 작용하는 모든 힘의 합력을 구하면 물체가 받는 알짜힘을 구할 수 있다.

### ① 같은 방향으로 작용하는 두 힘의 합력

• 합력의 크기: 두 힘의 크기를 더한 값
• 합력의 방향: 두 힘의 방향

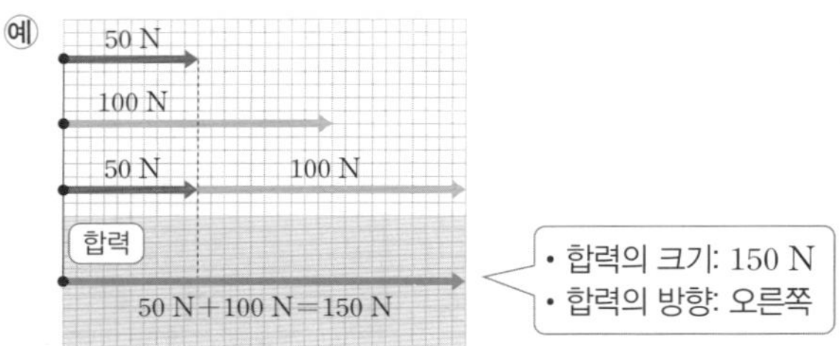


### ② 반대 방향으로 작용하는 두 힘의 합력

• 합력의 크기: 큰 힘에서 작은 힘의 크기를 뺀 값
• 합력의 방향: 큰 힘의 방향

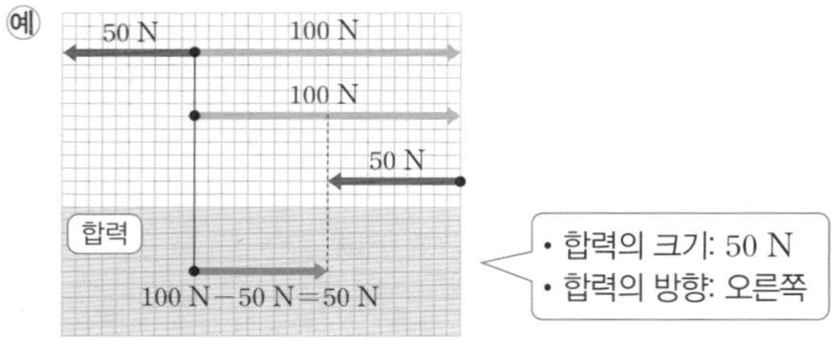


**(2) 힘의 평형:** 한 물체에 두 힘이 동시에 작용할 때 합력이 0이 되어 물체가 아무런 힘을 받지 않는 것처럼 보이는 상태 ➡ 합력이 0일 때, 물체의 운동 상태가 변하지 않는다.

① **두 힘이 평형을 이루는 조건:** 물체에 작용하는 두 힘의 크기가 같고, 방향이 반대이며, 일직선상에서 작용해야 한다.

### ② 두 힘이 평형을 이루는 예

| 줄다리기 | 고리 자석 |
| --- | --- |
|  |  |
| 왼쪽에서 줄을 잡아당기는 힘과 오른쪽에서 줄을 잡아당기는 힘이 평형을 이룬다. | 아래 자석이 위 자석을 위로 밀어내는 힘과 중력이 평형을 이룬다. |

# 학교 시험 문제



**01** 밑줄 친 힘이 과학에서의 힘을 의미하는 것은?

① 아는 것이 <u>힘</u>이다.
② 말에도 <u>힘</u>이 있다.
③ 젖 먹던 <u>힘</u>이 다 든다.
④ 어깨에 <u>힘</u>이 들어간다.
⑤ 공을 있는 <u>힘</u>껏 던졌다.

**02** 물체에 힘이 작용하여 물체의 모양과 운동 상태가 모두 변하는 경우는?

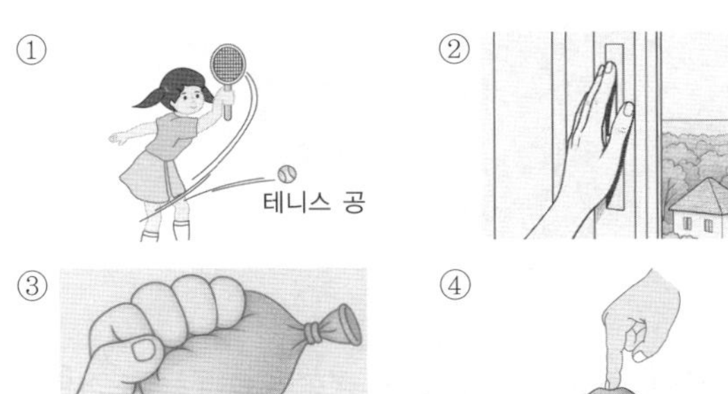


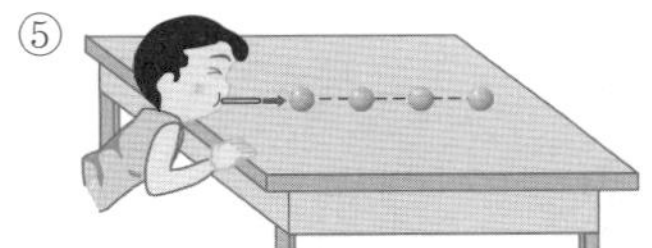


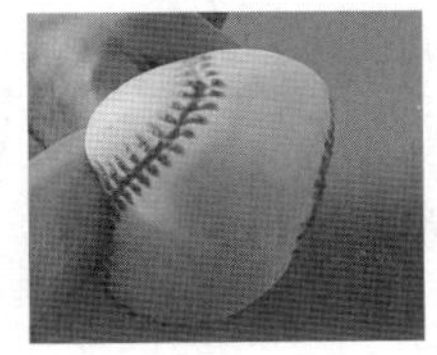


**03** 그림은 야구공을 방망이로 세게 치는 모습을 나타낸 것이다.

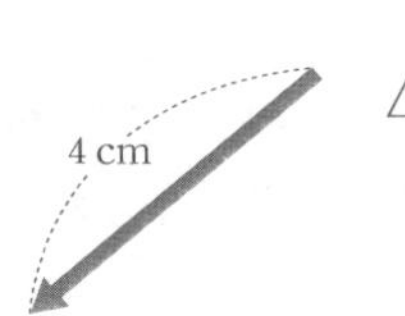

야구공에 힘이 작용했을 때 달라지는 것으로 옳지 <u>않은</u> 것을 모두 고르면?

① 야구공의 모양      ② 야구공의 질량
③ 야구공의 속력      ④ 야구공의 무게
⑤ 야구공의 운동 방향

**04** 다음은 축구공을 발로 세게 차는 순간 공에 작용하는 힘을 화살표로 나타내는 방법에 대한 설명이다.

화살표의 시작점은 힘의 ( ㉠ ), 화살표의 길이는 힘의 ( ㉡ ), 화살표가 가리키는 방향은 힘의 ( ㉢ )을 나타낸다. 힘의 ( ㉠ )이 달라지면 같은 방향과 크기의 힘이 작용해도 힘의 효과가 다르게 나타난다.

㉠~㉢에 해당하는 것을 옳게 짝 지은 것은?

| | ㉠ | ㉡ | ㉢ |
|---|---|---|---|
| ① | 크기 | 방향 | 작용점 |
| ② | 크기 | 작용점 | 방향 |
| ③ | 방향 | 크기 | 작용점 |
| ④ | 작용점 | 방향 | 크기 |
| ⑤ | 작용점 | 크기 | 방향 |

**05** 그림과 같이 책상 위에 연필을 놓고 서로 다른 위치에서 같은 크기의 힘으로 연필을 밀었더니 연필의 움직임이 달라졌다.

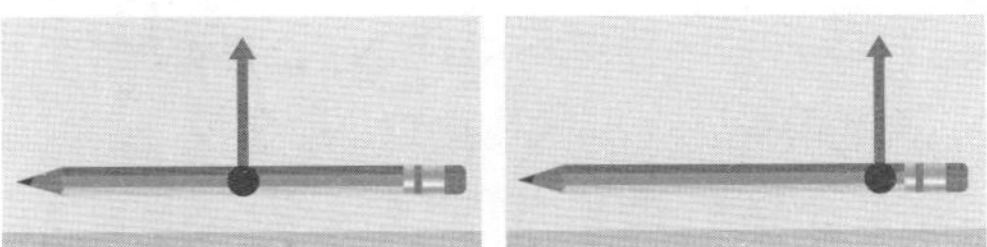

연필의 움직임이 다르게 나타나는 까닭으로 옳은 것은?

① 힘의 종류가 다르기 때문에
② 힘의 방향이 다르기 때문에
③ 힘의 크기가 다르기 때문에
④ 힘의 작용점이 다르기 때문에
⑤ 연필의 변형 정도가 다르기 때문에

**06** 그림은 힘을 화살표로 나타낸 것이다. 이 힘의 방향과 힘의 크기를 옳게 짝 지은 것은? (단, 화살표 1 cm는 1 N의 힘을 나타낸다.)



| | 방향 | 크기 | | 방향 | 크기 |
|---|---|---|---|---|---|
| ① | 북동쪽 | 2 N | ② | 북동쪽 | 4 N |
| ③ | 남서쪽 | 2 N | ④ | 남서쪽 | 4 N |
| ⑤ | 북서쪽 | 4 N | | | |

**학교 시험 문제**

**07** 힘의 크기에 대한 설명으로 옳은 것을 (보기)에서 모두 고른 것은?

> **보기**
> ㄱ. 힘의 단위는 N(뉴턴)을 사용한다.
> ㄴ. 힘을 화살표로 나타낼 때 화살표의 길이가 길수록 힘의 크기가 크다.
> ㄷ. 힘에 의한 물체의 모양 변화가 클수록 작용한 힘의 크기는 작다.

① ㄱ      ② ㄴ      ③ ㄷ
④ ㄱ, ㄴ      ⑤ ㄴ, ㄷ

**08** 그림과 같이 한 물체에 두 힘이 나란하게 작용할 때, 합력의 크기와 방향은?

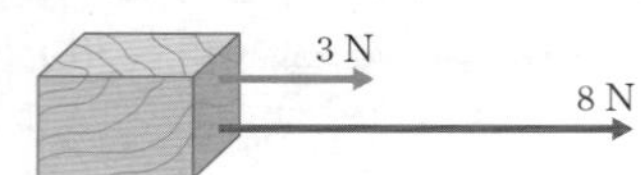

① 3 N, 왼쪽      ② 8 N, 오른쪽
③ 5 N, 오른쪽      ④ 11 N, 왼쪽
⑤ 11 N, 오른쪽

**09** 그림과 같이 한 물체에 두 힘이 나란하게 작용할 때, 합력의 크기와 방향은?

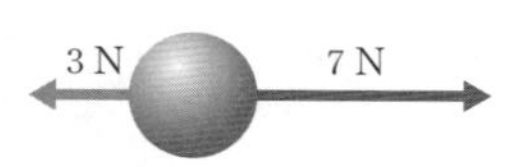

① 3 N, 왼쪽      ② 4 N, 왼쪽
③ 4 N, 오른쪽      ④ 7 N, 오른쪽
⑤ 10 N, 오른쪽

**10** 그림과 같이 물체에 3 N과 4 N의 두 힘이 나란하게 작용하였다.

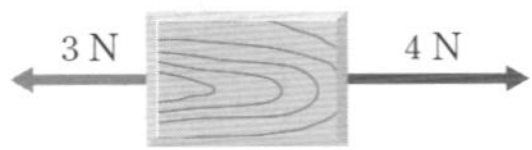

이에 대한 설명으로 옳은 것을 (보기)에서 모두 고른 것은?

> **보기**
> ㄱ. 물체에 작용하는 두 힘의 합력은 7 N이다.
> ㄴ. 물체에 작용하는 두 힘의 합력은 오른쪽 방향이다.
> ㄷ. 물체에 작용하는 힘이 평형을 이루려면 왼쪽으로 1 N의 힘을 작용해야 한다.

① ㄱ      ② ㄷ      ③ ㄱ, ㄴ
④ ㄴ, ㄷ      ⑤ ㄱ, ㄴ, ㄷ

**11** 한 물체에 작용하는 두 힘이 평형을 이루는 조건으로 옳지 <u>않은</u> 것을 <u>모두</u> 고르면?

① 두 힘의 방향이 반대이어야 한다.
② 두 힘의 크기가 같아야 한다.
③ 두 힘의 종류가 같아야 한다.
④ 두 힘의 작용점이 같아야 한다.
⑤ 두 힘의 작용선이 같아야 한다.

**12** 그림과 같이 한 물체에 여러 힘이 동시에 작용하고 있을 때, 힘의 평형을 이루지 <u>않는</u> 것은?

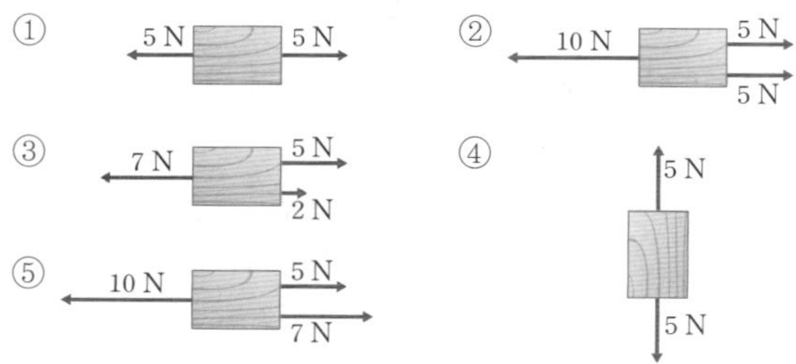

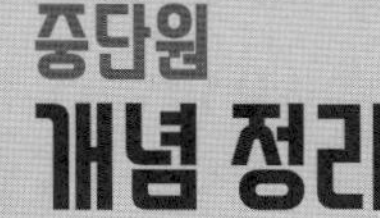

# 중단원 개념 정리

## O2 여러 가지 힘(1)

## ❶ 중력

(1) **중력**: 지구가 물체를 끌어당기는 힘

① **방향**: 지구 중심 방향(＝연직 방향)

② **크기**: 물체의 질량에 비례하며, 측정 장소에 따라 값이 달라진다.

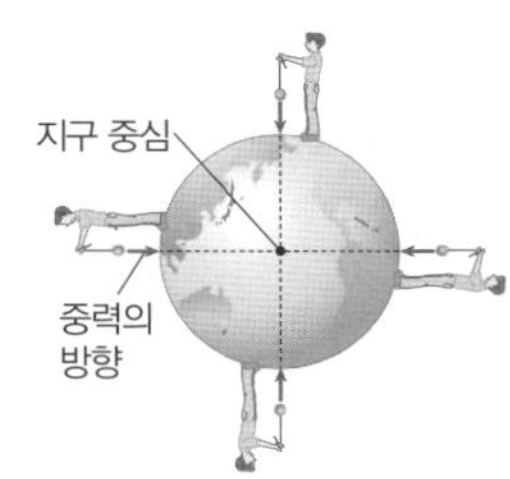

③ **중력에 의한 현상과 이용**

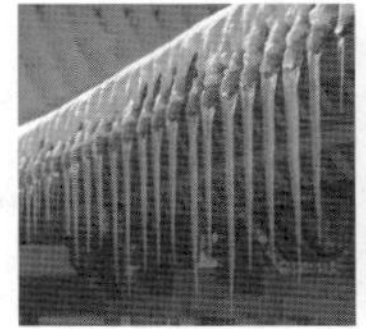  

고드름     비     번지점프

스카이다이빙     수직추

(2) **무게와 질량**

| 구분 | 무게 | 질량 |
|---|---|---|
| 정의 | 물체에 작용하는 중력의 크기 | 물체의 고유한 양 |
| 단위 | N(뉴턴) | g(그램), kg(킬로그램) |
| 측정 기구 | 용수철저울, 가정용 저울 | 양팔저울, 윗접시저울 |
| 특징 | 측정하는 장소에 따라 중력의 크기가 달라지므로 무게가 변한다. | 물질의 고유한 양은 변하지 않으므로 측정하는 장소에 따라 질량이 변하지 않는다. |
| 질량과 무게의 관계 | • 질량이 1 kg인 물체에 작용하는 지구에서 중력의 크기(무게)＝9.8 N<br>• 같은 장소에서 무게는 질량에 비례한다.<br>　⇨ 무게＝9.8×질량 | |

(3) **지구와 달에서의 무게와 질량 비교**

① **무게**: 지구에서의 무게 $\times \dfrac{1}{6}$ ＝달에서의 무게

② **질량**: 지구에서의 질량＝달에서의 질량

## ❷ 탄성력

(1) **탄성력**: 힘을 받아 변형된 물체가 원래 모양으로 되돌아가려는 힘

① **방향**: 탄성체에 작용하는 힘의 방향과 반대 방향

② **크기**: 탄성체에 작용한 힘의 크기와 같음 ➡ 탄성체가 늘어나거나 줄어든 길이에 비례

(2) **탄성력의 이용**

① **생활용품**: 빨래집게, 침대, 머리끈, 용수철저울, 컴퓨터 자판

② **장난감**: 고무 동력기, 새총 등

③ **운동 기구**: 트램펄린, 완력기, 양궁, 장대높이뛰기, 번지점프 등

④ **교통수단**: 자동차 바퀴, 자전거 안장 등

빨래집게     침대     컴퓨터 자판     고무 동력기

  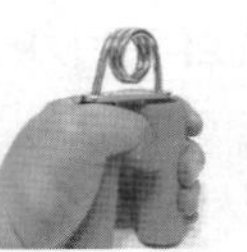 

새총     트램펄린     완력기     양궁

장대높이뛰기     번지점프     자동차 타이어     자전거 안장

(3) **용수철을 이용한 힘의 측정**: 용수철이 늘어난 길이∝ 용수철에 작용한 힘의 크기∝탄성력의 크기

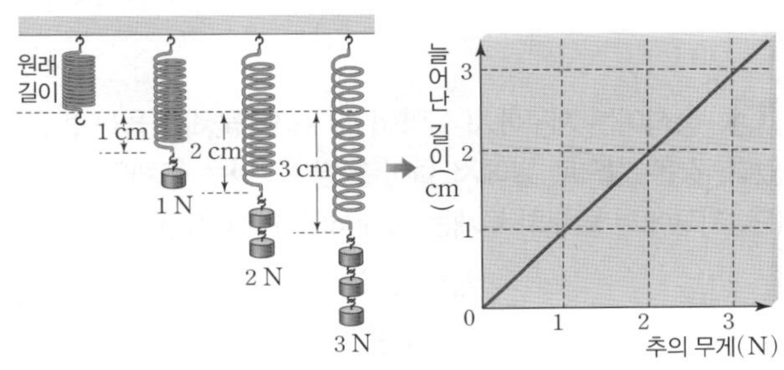

# 학교 시험 문제

**01** 그림은 풍순이와 풍돌이가 사과나무 옆에 서 있는 모습을 나타낸 것이다. 이에 대한 설명으로 옳은 것을 <u>보기</u>에서 모두 고른 것은?

**보기**
- ㄱ. 풍순이와 풍돌이에게 작용하는 중력의 방향은 같다.
- ㄴ. 나무에 매달려 있는 사과에 작용하는 중력의 크기는 사과의 무게와 같다.
- ㄷ. 사과가 나무에서 떨어져 지표면에 도달하면 더 이상 중력을 받지 않는다.

① ㄱ     ② ㄷ     ③ ㄱ, ㄴ
④ ㄴ, ㄷ     ⑤ ㄱ, ㄴ, ㄷ

**02** 그림과 같이 A 행성에서 어떤 물체와 질량이 5 kg인 추를 저울에 올려 놓았을 때 저울이 수평을 이루었다. A 행성에서의 중력의 크기가 지구에서 중력의 2 배일 때, 이에 대한 설명으로 옳은 것을 <u>보기</u>에서 모두 고른 것은?

**보기**
- ㄱ. 실험에서 사용하는 저울은 윗접시저울이다.
- ㄴ. A 행성에서 물체의 질량은 지구에서의 2 배이다.
- ㄷ. 지구에서 같은 물체로 실험을 하였을 때 5 kg인 추를 올려놓으면 저울이 수평을 이룬다.

① ㄴ     ② ㄷ     ③ ㄱ, ㄴ
④ ㄱ, ㄷ     ⑤ ㄴ, ㄷ

**03** 풍식이는 지구에서 질량이 30 kg인 물체를 들어 올릴 수 있다. 같은 힘으로 달에서 들어 올릴 수 있는 물체의 질량은? (단, 지구에서 물체의 무게는 달에서의 6 배이다.)

① 5 kg     ② 30 kg     ③ 49 kg
④ 180 kg     ⑤ 294 kg

**04** 질량과 무게에 대한 설명으로 옳은 것을 <u>보기</u>에서 모두 고른 것은?

**보기**
- ㄱ. 질량은 용수철저울로 측정한다.
- ㄴ. 지구에서는 질량이 클수록 무게가 작다.
- ㄷ. 무게는 장소에 따라 크기가 변하고, 질량은 장소에 관계없이 일정하다.
- ㄹ. 질량은 물체의 고유한 양이고, 무게는 물체에 작용하는 중력의 크기이다.

① ㄱ, ㄷ     ② ㄱ, ㄹ     ③ ㄴ, ㄷ
④ ㄴ, ㄹ     ⑤ ㄷ, ㄹ

**05** 표는 지구에서의 중력을 1.00으로 할 때, 각 행성에서 중력의 상대적인 크기를 나타낸 것이다.

| 행성 | 수성 | 금성 | 화성 | 목성 |
|---|---|---|---|---|
| 중력의 상댓값 | 0.35 | 0.91 | 0.38 | 2.54 |

표의 행성에서 어떤 물체의 질량과 무게를 측정할 때, 질량이 가장 크게 측정되는 행성과 무게가 가장 크게 측정되는 행성을 옳게 짝 지은 것은?

| | 질량이 가장 크게 측정 | 무게가 가장 크게 측정 |
|---|---|---|
| ① | 수성 | 목성 |
| ② | 목성 | 화성 |
| ③ | 목성 | 모두 같다. |
| ④ | 모두 같다. | 화성 |
| ⑤ | 모두 같다. | 목성 |

**06** 중력에 의해 나타나는 현상이 <u>아닌</u> 것은?

① 하늘에서 비가 내린다.
② 번지점프를 하면 아래로 떨어진다.
③ 활을 당겼다 놓으면 화살이 날아간다.
④ 처마 끝에서 고드름이 아래로 자란다.
⑤ 수직추를 이용하여 기둥, 벽 등의 수직을 확인한다.

**07** 탄성력에 대한 설명으로 옳은 것은?

① 탄성력의 크기는 작용한 힘의 크기보다 작다.

② 탄성력은 물체가 변형된 상태를 유지하려는 힘이다.

③ 나무, 종이, 플라스틱 등은 탄성력을 갖는 탄성체이다.

④ 탄성력은 작용하는 힘의 방향과 반대 방향으로 작용한다.

⑤ 용수철을 어떤 크기의 힘으로 변형시켜도 탄성력에 의해 항상 원래 모양으로 되돌아간다.

**08** 그림 (가)와 같이 11 cm 길이의 용수철에 무게가 4 N인 추를 매달았더니 용수철의 길이가 3 cm만큼 늘어났다.

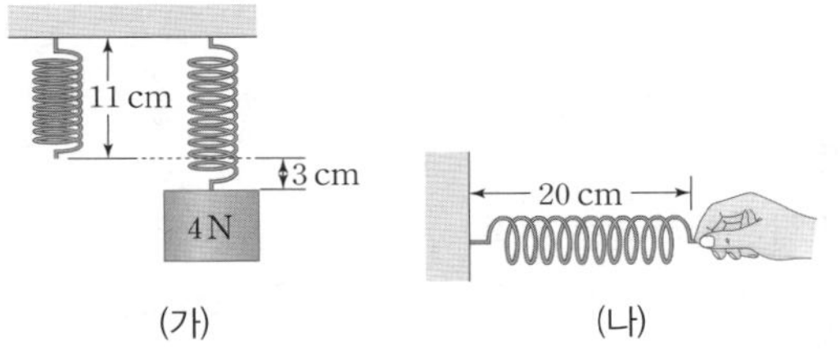


그림 (나)와 같이 (가)와 동일한 용수철을 벽에 고정하고 수평 방향으로 당겨 용수철의 전체 길이가 20 cm였을 때, 용수철을 당긴 힘의 크기는? (단, 용수철의 무게는 무시한다.)

① 4 N　　　② 8 N　　　③ 12 N
④ 16 N　　　⑤ 20 N

**09** 우리 주변에서 탄성력을 이용한 예가 <u>아닌</u> 것은?

① 양궁　　　　　② 컴퓨터 자판
③ 트램펄린　　　④ 구명조끼
⑤ 빨래집게

**10** 용수철에 물체를 매달았더니 그림과 같이 용수철이 아래로 늘어나 정지해 있었다. 이에 대한 설명으로 옳은 것을 보기에서 모두 고른 것은?

ㄱ. 용수철에 작용하는 탄성력은 0이다.

ㄴ. 물체에 작용하는 탄성력의 방향은 위쪽이다.

ㄷ. 물체에 작용하는 중력과 탄성력의 크기는 같다.

① ㄱ　　　　　② ㄴ　　　　　③ ㄱ, ㄷ
④ ㄴ, ㄷ　　　⑤ ㄱ, ㄴ, ㄷ

**11** 그림 (가)와 같이 처음 길이가 14 cm인 용수철에 추를 매달았을 때, 용수철에 매단 추의 개수에 따라 용수철이 늘어난 길이가 (나)와 같았다.

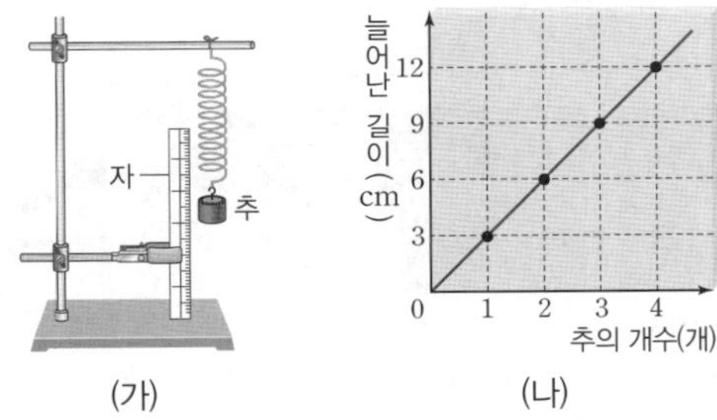


이에 대한 설명으로 옳은 것은? (단, 추 1개의 질량은 2 kg이며, 질량이 1 kg인 물체에 작용하는 중력의 크기는 9.8 N이다.)

① 추의 질량과 용수철이 늘어난 길이는 반비례한다.

② (가)에서 추에 작용하는 탄성력의 방향은 아래쪽이다.

③ 용수철의 전체 길이가 26 cm가 되려면 추 4개를 매달아야 한다.

④ 용수철에 무게가 39.2 N인 물체를 매달면 용수철의 전체 길이는 17 cm가 된다.

⑤ 용수철에 질량이 5 kg인 물체를 매달면 용수철이 늘어난 길이는 14 cm가 된다.

# O3 여러 가지 힘(2)

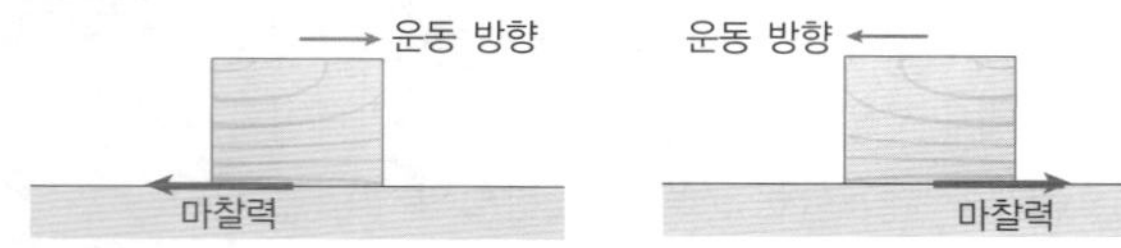

## 1 마찰력

(1) **마찰력**: 두 물체의 접촉면에서 물체의 운동을 방해하는 힘

① **방향**: 물체의 운동을 방해하는 방향



② **크기**: 물체의 무게가 무거울수록, 접촉면이 거칠수록 마찰력의 크기가 크며, 접촉면의 넓이와 마찰력의 크기는 관계가 없다.

(2) **빗면에서의 마찰력**

| 기울기가 완만할 때 | 기울기가 급할 때 |
|---|---|
| 미끄러지지 않는다.<br>미끄러지려는 힘 / 마찰력 | 미끄러진다.<br>미끄러지려는 힘 / 마찰력 |
| 미끄러지려는 힘=마찰력 | 미끄러지려는 힘>마찰력 |
| 물체가 미끄러지지 않는다. | 물체가 미끄러진다. |

(3) **마찰력의 이용**

① **마찰력을 작게 하는 경우**

- 창문이나 서랍을 열고 닫을 때 바퀴를 이용한다.
- 수영장의 미끄럼틀에 물을 뿌린다.
- 얼음 위에서 스케이트를 탄다.
- 자전거 체인에 윤활유를 칠한다.
- 눈 위에서 스키나 스노보드를 탄다.

 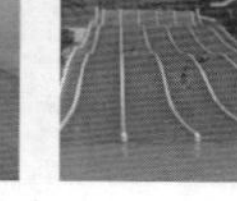   

문 틀에 달린 바퀴 / 물을 이용한 미끄럼틀 / 얼음 위의 스케이트 / 윤활유를 칠한 체인

② **마찰력을 크게 하는 경우**

- 자동차 바퀴에 체인을 감고 눈길을 달린다.
- 투수가 백색 가루를 손에 묻힌 다음 공을 던진다.
- 등산화의 바닥을 울퉁불퉁하게 만든다.
- 계단 끝에 미끄럼 방지 테이프를 붙인다.
- 고무장갑의 손바닥 부분을 울퉁불퉁하게 만든다.

체인 감은 자동차 타이어 / 백색 가루를 묻히는 투수 / 바닥이 울퉁불퉁한 등산화 / 미끄럼 방지 테이프 계단

## 2 부력

(1) **부력**: 액체나 기체가 물체를 위로 밀어 올리는 힘

① **방향**: 물체를 밀어 올리는 방향 ➡ 중력과 반대 방향

② **크기**: 액체나 기체 속에 들어 있는 물체의 부피에 비례하며, 물체가 밀어낸 액체나 기체의 무게와 같다.

(2) **부력의 크기 측정**: 추를 물속에 넣으면 추에 부력이 작용하기 때문에 용수철저울의 눈금이 감소한다.

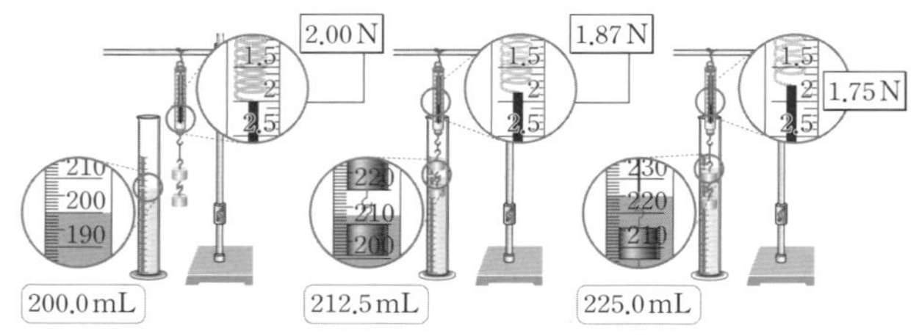



추에 작용하는 부력의 크기 변화

> 부력의 크기
> =물 밖에서 물체의 무게-물속에서 물체의 무게

(3) **부력의 이용**

① **기체 속에서 받는 부력**

- 비행선 내부에는 공기보다 가벼운 헬륨을 채워 공기의 부력으로 하늘에 뜬다.
- 풍등이나 열기구 내부에 불을 피우면 부력을 받아 하늘로 올라간다.

비행선이 떠 있다. / 풍등이 떠오른다. / 열기구가 떠오른다.

② **액체 속에서 받는 부력**

- 구명조끼나 튜브를 이용하면 사람이 물에 쉽게 뜰 수 있다.
- 물건을 가득 실은 화물선은 물의 부력에 의해 물에 뜬다.
- 잠수함 내부에 있는 공기의 양을 조절하면 잠수함이 뜨거나 가라앉는다.
- 바다에 떠 있는 부표를 통해 암초의 위치를 확인한다.
- 테왁이 받는 부력을 이용하여 물속에서 해녀는 테왁을 잡고 잠시 쉬거나 이동할 수 있다.

구명조끼로 물 위에 뜬다. / 무거운 배가 물 위에 뜬다. / 잠수함이 떠오른다. / 부표가 바다 위에 뜬다.

# 학교 시험 문제

정답과 해설 50쪽

## 01 마찰력에 대한 설명으로 옳지 <u>않은</u> 것은?

① 접촉면이 거칠수록 마찰력이 크다.
② 물체의 부피가 클수록 마찰력이 크다.
③ 마찰력의 크기는 접촉면의 넓이와 관계없다.
④ 마찰력은 물체의 운동 방향과 반대 방향으로 작용한다.
⑤ 접촉면에 수직으로 작용하는 힘이 클수록 마찰력이 크다.

## 02 수평면 위에 놓여 있는 물체에 힘을 작용하여 밀었더니, 그림과 같이 물체가 미끄러지다가 정지했다.

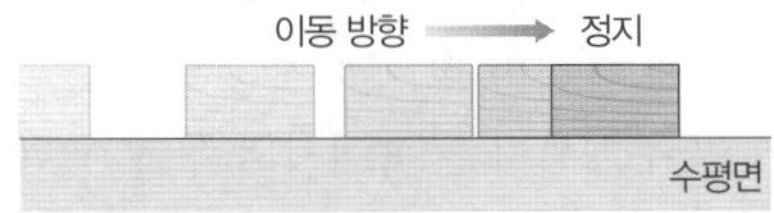


이때 물체를 정지시킨 힘의 종류와 작용하는 힘의 방향을 옳게 짝 지은 것은?

| | 종류 | 방향 | | 종류 | 방향 |
|---|---|---|---|---|---|
| ① | 중력 | ↓ | ② | 중력 | → |
| ③ | 마찰력 | ← | ④ | 마찰력 | → |
| ⑤ | 탄성력 | ↑ | | | |

## 03 그림과 같이 수평면 위에 놓인 무게가 50 N인 나무 도막에 30 N인 힘을 작용해 일정한 속력으로 이동시켰다.

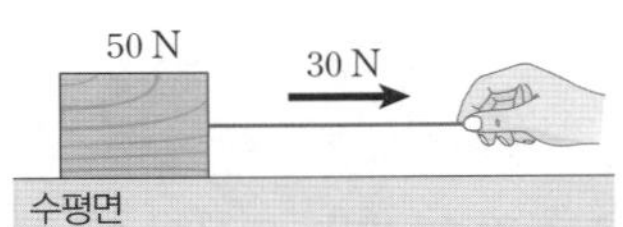


이때 나무 도막에 작용하는 마찰력의 크기는?

① 20 N    ② 30 N    ③ 50 N
④ 70 N    ⑤ 80 N

## 04 그림은 물체에 연결한 용수철을 잡아당기며 마찰력의 크기에 영향을 주는 요인에 대해 알아보기 위한 실험을 나타낸 것이다.

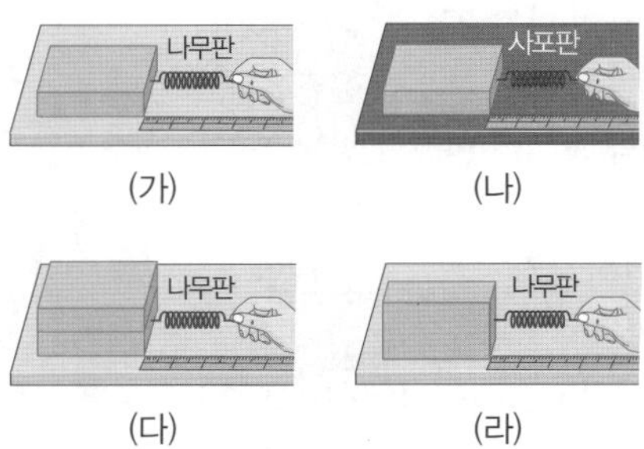


위 실험에 대한 설명으로 옳지 <u>않은</u> 것은? (단, 물체는 모두 동일하다.)

① (가)와 (나)의 결과로부터 접촉면의 거칠기와 마찰력의 관계를 알 수 있다.
② (가)와 (다)의 결과로부터 물체의 무게가 마찰력의 크기에 영향을 준다는 것을 알 수 있다.
③ (가)와 (라)에서 용수철이 늘어난 길이는 같다.
④ (나)와 (라)의 결과로부터 마찰력의 크기는 접촉면의 넓이와 관련이 없다는 것을 알 수 있다.
⑤ 물체가 무거울수록, 접촉면이 거칠수록 마찰력의 크기가 크다.

## 05 그림과 같이 수평면 위에서 질량이 10 kg인 나무 도막을 30 N의 힘으로 오른쪽으로 끌어당겼더니 나무 도막이 움직이지 않았다.

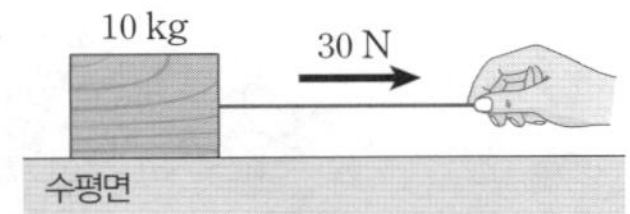


이에 대한 설명으로 옳은 것은? (단, 질량이 1 kg인 물체에 작용하는 중력의 크기는 10 N이다.)

① 나무 도막의 무게는 마찰력의 크기와 같다.
② 나무 도막에 작용하는 마찰력의 크기는 70 N이다.
③ 나무 도막에 작용하는 중력의 크기는 100 N이다.
④ 나무 도막에 작용하는 중력의 방향과 마찰력의 방향은 반대이다.
⑤ 나무 도막을 세워서 같은 방법으로 실험을 할 때 마찰력의 크기는 달라진다.

**학교 시험 문제**

**06** 일상생활을 편리하게 하기 위해 마찰력을 크게 또는 작게 변화시키는 경우를 보기에서 골라 옳게 짝 지은 것은?

> **보기**
> ㄱ. 창틀에 기름칠을 한다.
> ㄴ. 투수가 손에 송진 가루를 바른다.
> ㄷ. 수영장의 미끄럼틀에 물을 뿌린다.
> ㄹ. 자전거의 바퀴 부분에 윤활유를 뿌린다.
> ㅁ. 내리막 도로에 미끄럼 방지 포장을 한다.

|  | 크게 변화시킴 | 작게 변화시킴 |
|---|---|---|
| ① | ㄱ, ㄷ | ㄴ, ㄹ, ㅁ |
| ② | ㄱ, ㄹ | ㄴ, ㄷ, ㅁ |
| ③ | ㄴ, ㄹ | ㄱ, ㄷ, ㅁ |
| ④ | ㄴ, ㅁ | ㄱ, ㄷ, ㄹ |
| ⑤ | ㄷ, ㅁ | ㄱ, ㄴ, ㄹ |

**07** 그림과 같이 용수철저울에 매단 물체를 물이 가득 들어 있는 비커에 넣은 후 물체의 무게를 측정하였다. 물 밖에서 용수철저울의 눈금은 15 N이고, 추를 물속에 넣었을 때 용수철저울의 눈금은 10 N이었다.

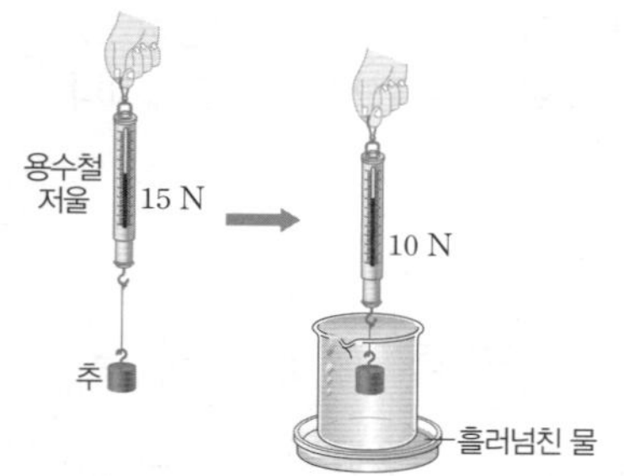


이에 대한 설명으로 옳지 **않은** 것은?

① 물속에서 추가 받는 중력의 크기는 5 N이다.
② 물속에서 추가 받는 부력의 크기는 5 N이다.
③ 물속에 추를 넣었을 때 흘러넘친 물의 무게는 5 N이다.
④ 추에 작용하는 중력의 방향과 부력의 방향은 서로 반대이다.
⑤ 물속에서 측정한 추의 무게는 물 밖에서 측정한 무게에서 부력을 뺀 값과 같다.

**08** 부력에 의해 나타나는 현상이 **아닌** 것은?

① 열기구가 하늘 위로 떠오른다.
② 무거운 배가 물 위에 떠 있다.
③ 구명조끼를 입으면 몸이 물에 뜬다.
④ 달에서는 지구에서보다 우주인이 더 높이 뛰어오른다.
⑤ 물고기가 부레를 조절하여 물속에서 위아래로 움직인다.

**09** 부력에 대한 설명으로 옳지 **않은** 것은?

① 액체 또는 기체 속에 있는 물체가 받는 힘이다.
② 물체의 부피가 커지면 항상 부력이 커진다.
③ 부력은 중력의 반대 방향으로 작용한다.
④ 물 밖에서의 무게보다 물속에서의 무게가 더 가볍다.
⑤ 물체가 물에 잠긴 부피에 해당하는 물의 무게만큼 위쪽으로 부력을 받는다.

**10** 그림과 같이 부피가 같은 두 물체 A, B를 물속에 넣었을 때 A는 물에 완전히 잠겼고, B는 $\frac{1}{4}$만큼만 잠겼다.

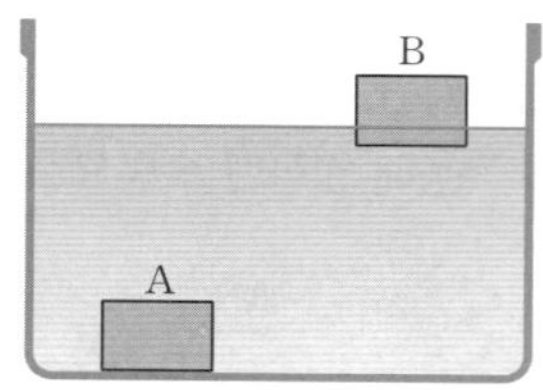


A에 작용하는 부력의 크기가 20 N일 때, B에 작용하는 부력의 크기는?

① 4 N  ② 5 N  ③ 10 N
④ 20 N  ⑤ 80 N

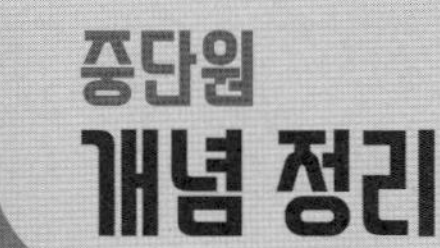

# 중단원 개념 정리

# 04 힘의 작용과 운동 상태 변화

## 1 알짜힘과 물체의 운동

(1) **알짜힘이 0인 경우:** 물체의 운동 상태는 변하지 않는다.
➡ 정지해 있던 물체는 계속 정지해 있고, 움직이는 물체는 일정한 운동 상태를 유지한다.

(2) **알짜힘이 0이 아닌 경우**

| 알짜힘의 방향과<br>운동 방향이 같을 때 | 알짜힘의 방향과<br>운동 방향이 반대일 때 |
|---|---|
| 운동 방향 → / 알짜힘 → | 운동 방향 → / 알짜힘 ← |
| 속력이 점점 증가한다. | 속력이 점점 감소한다. |

| 알짜힘의 방향과<br>운동 방향이 수직일 때 | 알짜힘의 방향과<br>운동 방향이 비스듬할 때 |
|---|---|
| 운동 방향 / 알짜힘 | 운동 방향 / 알짜힘 |
| 운동 방향만 변한다. | 속력과 운동 방향이 모두 변한다. |

## 2 속력과 운동 방향이 변하는 운동

(1) **속력만 변하는 운동:** 물체의 운동 방향과 나란한 방향으로 알짜힘이 작용

| 구분 | 속력이 점점 증가하는 운동 | 속력이 점점 감소하는 운동 |
|---|---|---|
| 운동하는<br>물체의<br>모습 | 운동 방향 → / 알짜힘 | 운동 방향 → / 알짜힘 |
| 알짜힘의<br>방향 | 운동 방향과 같은 방향 | 운동 방향과 반대 방향 |
| 운동 방향 | 변하지 않음 ||
| 예 | • 사과나무에서 떨어지는 사과<br>• 빗면을 내려오는 스키 선수<br>• 낙하하는 자이로 드롭 | • 수직으로 던져 올린 공<br>• 잔디 위에서 굴러가는 골프공<br>• 제동 장치를 작동한 자동차 |

(2) **운동 방향만 변하는 운동:** 물체의 운동 방향에 수직 방향으로 알짜힘이 작용

| 운동 | 일정한 속력으로 원을 그리며 움직이는 운동 |
|---|---|
| 알짜힘의<br>방향 | 원의 중심 방향 |
| 속력 | 변하지 않음 |
| 운동 방향 | 원의 접선 방향<br>⇨ 계속 변함 |
| 알짜힘과<br>운동 | 알짜힘과 운동 방향이 서로 수직 |
| 예 | 대관람차, 회전목마, 인공위성 등 |

## (3) 속력과 운동 방향이 모두 변하는 운동: 물체의 운동 방향과 비스듬한 방향으로 알짜힘이 작용

| 구분 | 비스듬히 던져 올린<br>물체의 운동 | 같은 경로를<br>왕복하는 운동 |
|---|---|---|
| 운동하는<br>물체의<br>모습 | 운동 방향 / 중력 | 운동 방향 |
| 알짜힘의<br>방향 | 중력이 항상 연직<br>아래 방향으로 작용 | 계속 변함 |
| 속력 | 느려졌다가 빨라짐 | 빨라졌다가 느려지는<br>것을 반복 |
| 운동 방향 | 운동 경로의 접선 방향 ⇨ 계속 변함 ||
| 예 | 날아가는 화살, 스케이트보드를 타고 점프할 때, 발로 찬 축구공 등 | 그네, 바이킹, 시계추 |

## 3 일상생활에서의 힘의 작용

(1) **바닥에 놓인 물체에 작용하는 힘:** 바닥이 물체를 떠받치는 힘과 중력이 작용 ➡ 두 힘이 평형을 이루어 물체에 작용하는 알짜힘은 0이다.

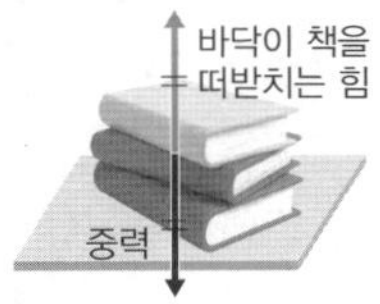


(2) **평형을 이루고 있는 여러 가지 힘**

| 문 멈춤 장치 | 수직추 | 물 위에 떠 있는 인형 |
|---|---|---|
| 문이 닫히려는 힘 / 마찰력 | 실 / 실이 추를 당기는 힘 / 수직추 / 중력 | 부력 / 중력 |
| 문이 닫히려는 힘과 마찰력이 평형을 이룸 | 실이 추를 당기는 힘과 중력이 평형을 이룸 | 부력과 중력이 평형을 이룸 |

(3) **일상생활에서 힘의 특징을 이용한 기구나 장치**

① **미끄럼 방지 양말:** 양말 바닥에 마찰력이 큰 고무를 붙여 미끄러지는 것을 막는다.

② **가정용 저울:** 저울 내부에 있는 용수철의 탄성력을 이용하여 물체에 작용하는 중력의 크기(무게)를 측정한다.

③ **모래시계:** 모래에 작용하는 중력과 좁은 틈 사이의 마찰력을 이용해서 일정한 양의 모래가 떨어지며 시간을 측정한다.

④ **수중 카메라:** 수중 촬영을 할 때 카메라를 부피가 크고 가벼운 물체로 감싸면 부력이 커져서 무거운 카메라를 다루기 쉬워진다.

# 학교 시험 문제

**01** 그림은 탁구공을 빗면에서 굴리는 모습을 나타낸 것이다.

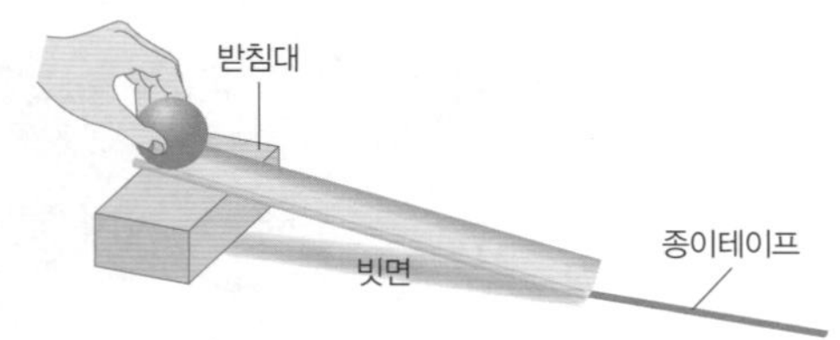


이에 대한 설명으로 옳은 것은?

① 바닥에 닿은 탁구공의 운동 방향으로 바람을 불어주면 공의 운동 방향이 변한다.
② 바닥에 닿은 탁구공의 운동 방향에 반대 방향으로 바람을 불어주면 공의 속력이 느려진다.
③ 바닥에 닿은 탁구공의 운동 방향에 수직으로 바람을 불어주면 공의 속력만 변한다.
④ 바닥에 닿은 탁구공의 운동 방향에 비스듬히 바람을 불어주면 공의 운동 방향만 변한다.
⑤ 바닥에 닿은 탁구공은 불어주는 바람의 방향에 관계없이 속력이 빨라진다.

**02** 그림 (가)는 에스컬레이터를 타고 올라가는 사람의 모습을, (나)는 직진 선로에서 서서히 속도를 줄이며 역으로 들어오는 기차의 모습을 나타낸 것이다.

(가)          (나)

(가)와 (나) 두 운동의 공통점으로 옳은 것은?

① 속력이 변한다.
② 작용하는 알짜힘이 0이다.
③ 운동 방향이 변하지 않는다.
④ 알짜힘이 운동 방향에 나란하게 작용한다.
⑤ 알짜힘이 운동 방향에 비스듬히 작용한다.

**03** 그림은 일정한 속력으로 원을 그리며 운동하는 공의 모습을 나타낸 것이다. (가)~(마)의 위치에서 공에 작용하는 힘의 방향과 공의 운동 방향을 옳게 나타낸 것은? (단, ⟶는 공에 작용하는 힘의 방향을, ⤳는 공의 운동 방향을 나타낸다.)

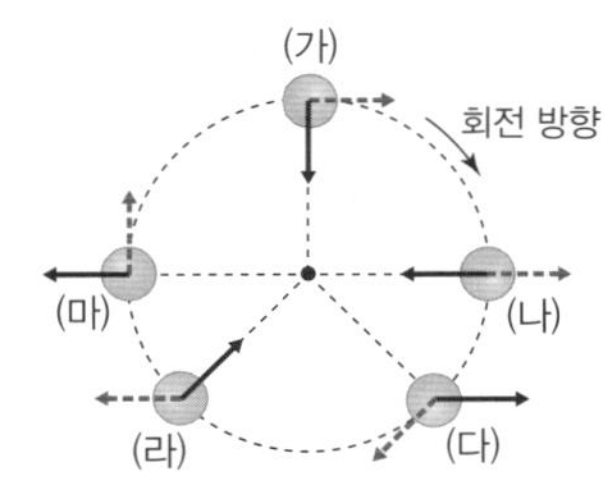


① (가)          ② (나)          ③ (다)
④ (라)          ⑤ (마)

**04** 그림과 같이 실 끝에 물체를 매달아 일정한 속력으로 원운동시켰다.

이 운동에 대한 설명으로 옳은 것을 **보기** 에서 모두 고른 것은?

> **보기**
> ㄱ. 운동 방향이 변하지 않는다.
> ㄴ. 운동 방향에 수직으로 알짜힘이 작용한다.
> ㄷ. 알짜힘에 의한 효과는 대관람차가 회전하는 운동과 같다.

① ㄱ          ② ㄷ          ③ ㄱ, ㄴ
④ ㄴ, ㄷ          ⑤ ㄱ, ㄴ, ㄷ

**05** 그림은 실에 매달린 구슬이 같은 경로를 왕복하는 모습을 나타낸 것이다. 이에 대한 설명으로 옳은 것을 **보기** 에서 모두 고른 것은?

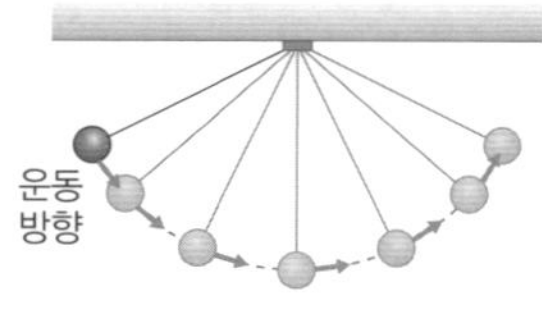


> **보기**
> ㄱ. 구슬의 속력은 변하지 않는다.
> ㄴ. 구슬에 작용하는 알짜힘의 방향은 일정하다.
> ㄷ. 구슬의 운동 방향은 운동 경로의 접선 방향이다.

① ㄱ          ② ㄷ          ③ ㄱ, ㄴ
④ ㄴ, ㄷ          ⑤ ㄱ, ㄴ, ㄷ

**06** 물체의 속력과 운동 방향이 모두 변하는 운동을 하는 경우는?

① 물 위에 떠 있는 배
② 사람이 타고 있는 그네
③ 연직으로 던져 올려진 농구공
④ 지구 주위를 돌고 있는 인공위성
⑤ 빗면을 따라 직선으로 내려오는 스키 선수

**07** 그림은 여러 가지 운동을 정리한 순서도이다.

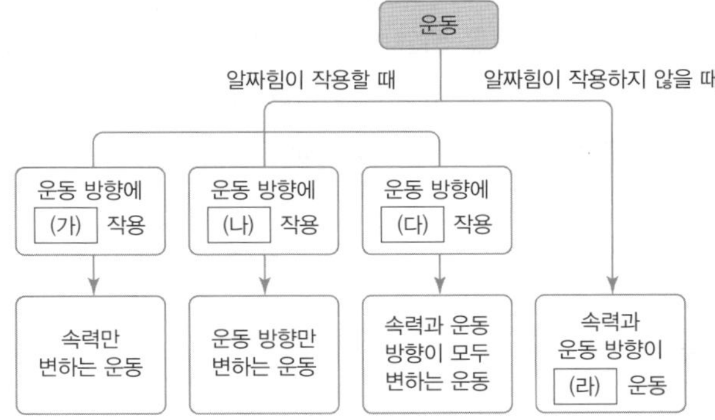


(가)~(라)에 들어갈 말을 옳게 짝 지은 것은?

| | (가) | (나) | (다) | (라) |
|---|---|---|---|---|
| ① | 나란히 | 비스듬히 | 수직으로 | 변하는 |
| ② | 나란히 | 수직으로 | 비스듬히 | 일정한 |
| ③ | 나란히 | 수직으로 | 비스듬히 | 변하는 |
| ④ | 수직으로 | 나란히 | 비스듬히 | 일정한 |
| ⑤ | 수직으로 | 비스듬히 | 나란히 | 변하는 |

**08** 그림은 책상 위에 책이 놓여 있는 모습을 나타낸 것이다. 이에 대한 설명으로 옳은 것을 보기 에서 모두 고른 것은?

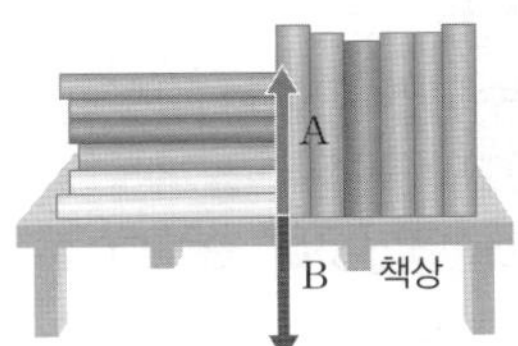


> **보기**
> ㄱ. A는 책상이 책을 떠받치는 힘이다.
> ㄴ. B는 중력이다.
> ㄷ. A와 B의 크기는 같다.

① ㄱ      ② ㄷ      ③ ㄱ, ㄴ
④ ㄴ, ㄷ      ⑤ ㄱ, ㄴ, ㄷ

**09** 그림은 용수철에 나무 도막을 연결한 후 수평면에서 끌어당겼다가 놓은 모습을 나타낸 것이다. 이때 나무 도막은 정지해 있다.

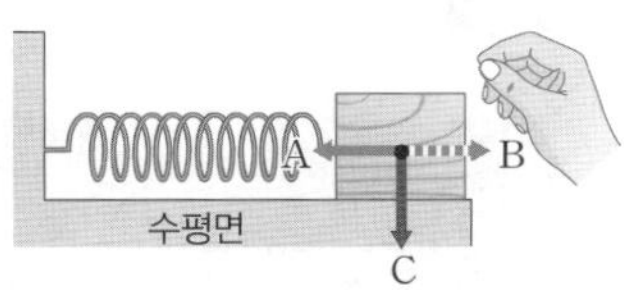


나무 도막에 작용하는 힘 A~C의 종류를 옳게 짝 지은 것은?

| | A | B | C |
|---|---|---|---|
| ① | 마찰력 | 탄성력 | 중력 |
| ② | 마찰력 | 탄성력 | 부력 |
| ③ | 중력 | 마찰력 | 마찰력 |
| ④ | 탄성력 | 마찰력 | 중력 |
| ⑤ | 탄성력 | 마찰력 | 부력 |

**10** 그림은 일상생활에서 여러 가지 힘이 작용하고 있는 도구를 나타낸 것이다.

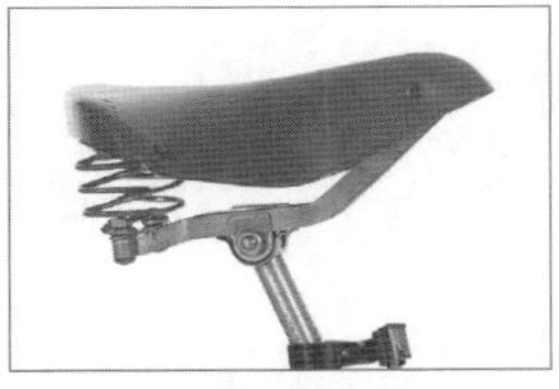
자전거 안장

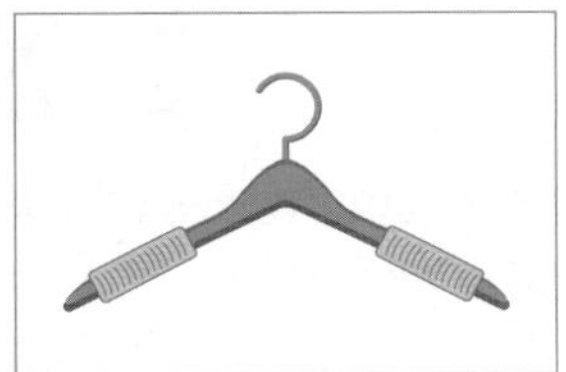
미끄럼 방지 옷걸이

잠수부의 부력 조절기

문 멈춤 장치

이에 대한 설명으로 옳지 <u>않은</u> 것은?

① 자전거 안장의 용수철은 탄성력을 이용하여 충격을 흡수한다.
② 미끄럼 방지 옷걸이는 마찰력을 크게 하여 옷이 미끄러지는 것을 막는다.
③ 잠수부의 부력 조절기로 부력을 중력보다 크게 하면 잠수부는 물 위로 떠오른다.
④ 문 멈춤 장치는 문이 닫히려는 힘보다 마찰력이 작을 때 문을 고정할 수 있다.
⑤ 미끄럼 방지 옷걸이와 문 멈춤 장치에 주로 이용되는 힘의 종류는 같다.

## 01

그림은 물체에 오른쪽 방향으로 작용하는 4 N의 힘을 화살표로 나타낸 것이다.

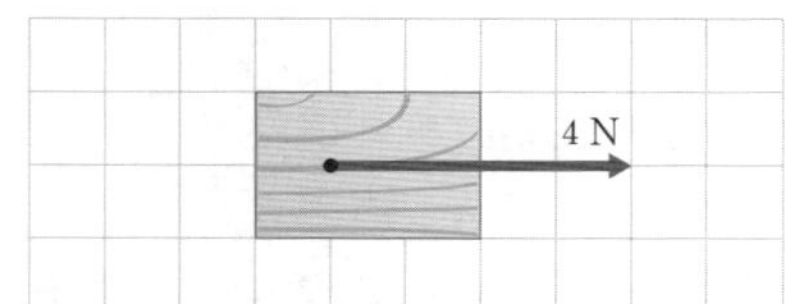

같은 지점에서 물체에 왼쪽 방향으로 작용하는 2 N의 힘을 화살표로 나타내고, 그렇게 나타낸 까닭을 서술하시오.

**KEY** 화살표의 길이, 방향

## 02

그림은 양쪽에서 힘을 주어 밀지만 정지해 있는 물체의 모습을 나타낸 것이다.

물체에 힘이 작용했지만 물체가 움직이지 않고 정지해 있는 까닭을 서술하시오.

**KEY** 힘의 평형, 합력

## 03

그림과 같이 한 물체에 크기가 같은 두 힘이 작용하는 순간의 모습을 나타낸 것이다.

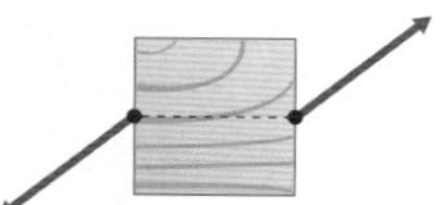

이때 물체에 작용하는 두 힘이 평형을 이루지 않는 까닭을 서술하시오.

**KEY** 일직선상

## 04

그림은 김홍도의 「기와이기」이다. 이 작품에는 사람들이 기와를 올리는 작업을 하는 모습이 담겨 있다.

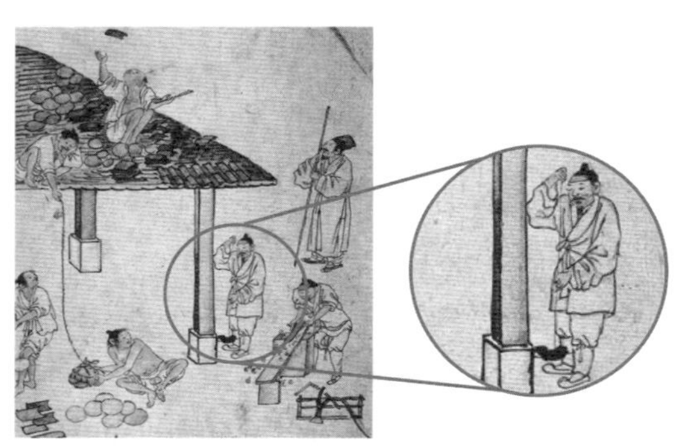

동그라미 부분에 어떤 사람이 추가 매달린 줄을 잡고 기둥의 수직을 맞추는 작업을 하고 있는데, 이처럼 추가 매달린 줄로 기둥의 수직을 맞출 수 있는 까닭을 서술하시오.

**KEY** 중력, 지구 중심 방향, 지면에 수직

## 05

그림은 고무줄을 양쪽으로 잡아당기는 모습을 나타낸 것이다. 이때 고무줄이 왼손과 오른손에 각각 작용하는 탄성력의 방향을 쓰고, 그렇게 생각한 까닭을 서술하시오.

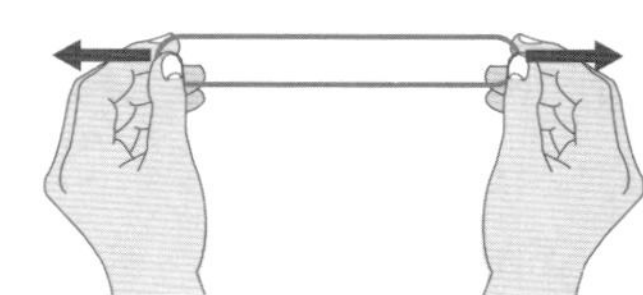

**KEY** 탄성력, 작용하는 힘

## 06

그림과 같이 수평면 위에서 나무 도막을 용수철저울에 연결하여 끌어당

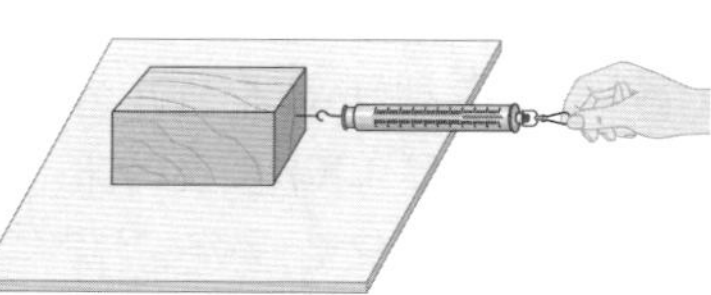

기면서 나무 도막이 움직이는 순간의 마찰력을 측정하는 실험을 했다. 이 실험을 달에서 한다면 마찰력의 크기는 어떻게 달라지는지 쓰고, 그렇게 생각한 까닭을 서술하시오

**KEY** 달에서의 중력 < 지구에서의 중력

**07** 그림과 같이 껍질을 벗기지 않은 귤을 물에 넣으면 물 위에 뜨는데, 껍질을 벗긴 귤은 껍질을 벗기지 않았을 때보다 무게가 더 가벼워지지만 물에 넣었을 때 물속으로 가라앉는다. 그 까닭을 서술하시오.

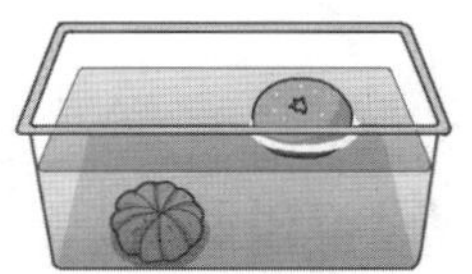

**KEY** 부력의 크기 ∝ 물속에 잠긴 부피

**08** 무게가 50 N인 추를 용수철저울에 수직으로 매달고 물속에서 무게를 측정했을 때 측정된 무게는 30 N이었다. 물속의 추에 작용한 두 힘의 크기와 방향에 대해 서술하시오.

**KEY** 중력과 부력, 중력과 부력의 방향은 서로 반대

**09** 물이 가득 담긴 비커에 물체를 넣었을 때 물체는 물속에 완전히 가라앉았고, 흘러넘친 물의 질량은 200 g이었다. 이 물체가 받는 부력의 크기는 몇 N인지 계산하는 과정과 함께 서술하시오. (단, 질량이 1 kg인 물체에 작용하는 중력의 크기는 9.8 N이다.)

**KEY** 부력의 크기 = 흘러넘친 물의 무게

**10** 그림과 같이 운동하는 물체에 힘이 작용할 때 물체의 운동 상태 변화에 대해 서술하시오.

**KEY** 운동 방향에 수직으로 작용

**11** 그림은 쇼트트랙 계주 경기에서 교대를 할 때. 이전 주자가 다음 주자를 밀어주는 모습을 나타낸 것이다. 쇼트트랙 계주 경기의 규칙에는 접촉만 해도 교대가 가능하지만, 이처럼 이전 주자가 다음 주자를 밀어주는 까닭을 서술하시오.

**KEY** 운동 방향, 알짜힘

**12** 그림은 무빙워크, 대관람차, 그네의 운동을 조건에 따라 분류한 순서도이다.

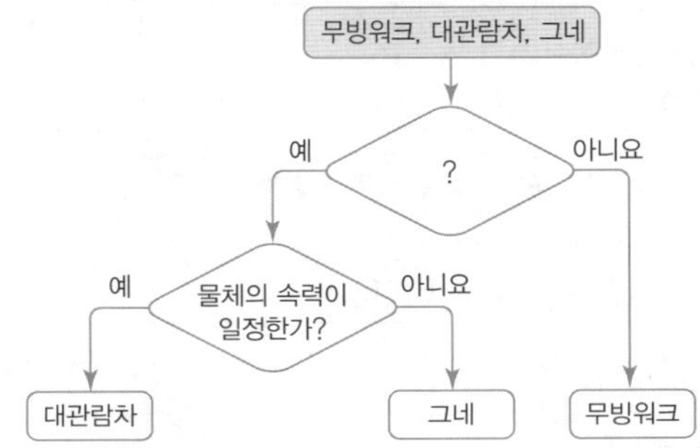


물음표에 들어갈 조건으로 알맞은 것을 <u>두 가지만</u> 서술하시오.

**KEY** 알짜힘, 운동 방향

**13** 그림 (가)는 사과나무에 매달려 있는 사과의 모습을, (나)는 매달려 있던 사과가 떨어지는 모습을 나타낸 것이다.

(가)          (나)

(가)와 (나)에서 사과에 작용하는 힘에 대해 서술하시오.

**KEY** 힘의 평형

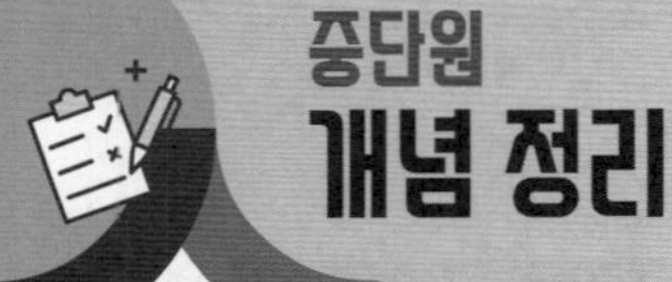

# 중단원 개념 정리

# ○1 기체의 압력과 부피

## ❶ 압력

**(1) 압력:** 일정한 면적에 작용하는 힘

$$압력 = \frac{수직으로\ 작용하는\ 힘}{힘을\ 받는\ 면적}$$
(단위: $N/cm^2$, $N/m^2$, Pa 등)

**(2) 압력의 크기:** 일정한 면적에 작용하는 힘이 클수록, 힘이 일정할 때 작용하는 면적이 좁을수록 압력이 커진다.

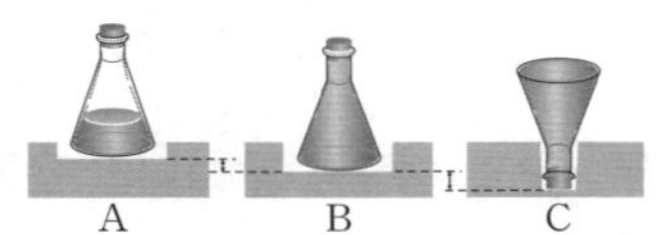


| 힘이 작용하는 면적이 같을 때(A와 B) |
| --- |
| • 작용하는 힘의 크기: A<B |
| • 스펀지가 눌리는 정도: A<B |

| 작용하는 힘의 크기가 같을 때(B와 C) |
| --- |
| • 힘이 작용하는 면적: B>C |
| • 스펀지가 눌리는 정도: B<C |

⇨ 압력의 크기(스펀지가 눌리는 정도): A<B<C

**(3) 압력을 이용하는 예**
- 압력을 크게 이용하는 경우: 힘을 받는 면적을 좁게 한다. ◉ 칼날, 바늘, 못
- 압력을 작게 이용하는 경우: 힘을 받는 면적을 넓게 한다. ◉ 탄산음료 병 밑바닥의 꽃잎 모양, 스키, 스노보드, 설피

## ❷ 기체의 압력

**(1) 기체의 압력:** 일정한 면적에 기체 입자가 충돌하여 가하는 힘
① 모든 방향으로 같은 크기만큼 작용한다.
② 기체 입자의 개수가 많을수록 기체 입자가 용기 벽에 충돌하는 횟수가 늘어나 기체의 압력이 커진다.

**(2) 기체의 압력을 이용한 예**
- 물건 파손을 막기 위해 포장용 에어 캡을 이용한다.
- 압축 공기를 이용하여 신발에 묻은 먼지를 제거한다.
- 혈압계의 공기 주머니에 공기를 채워 혈압을 측정한다.
- 벽에 붙인 흡착판이 잘 떨어지지 않는다.
- 공기를 채운 구조용 안전 매트를 이용해 사람들을 구조한다.
- 자동차 구조용 에어 잭에 공기를 넣어 자동차를 들어 올린다.

## ❸ 보일 법칙

**(1) 압력에 따른 기체의 부피:** 온도가 일정할 때 압력이 커지면 기체의 부피는 작아지고, 압력이 작아지면 기체의 부피는 커진다.

**(2) 보일 법칙:** 온도가 일정할 때 일정량의 기체의 부피는 압력에 반비례한다. ➡ 온도가 일정할 때 기체의 압력과 부피의 곱은 일정하다.

$$압력(P) \times 부피(V) = k(일정) \;\Rightarrow\; V \propto \frac{1}{P}$$

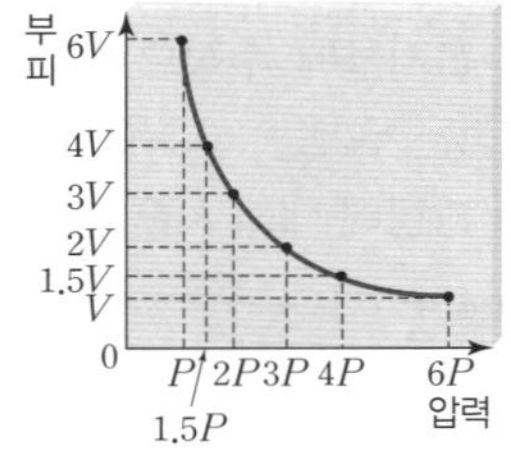


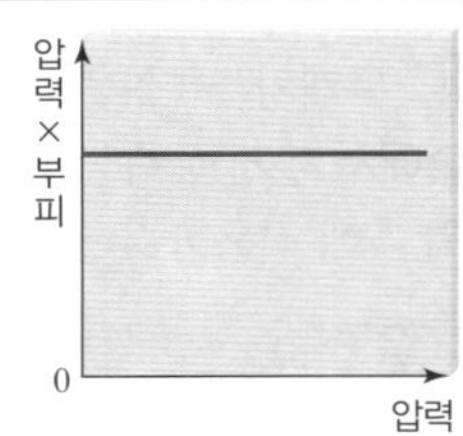


**(3) 보일 법칙과 입자 운동**

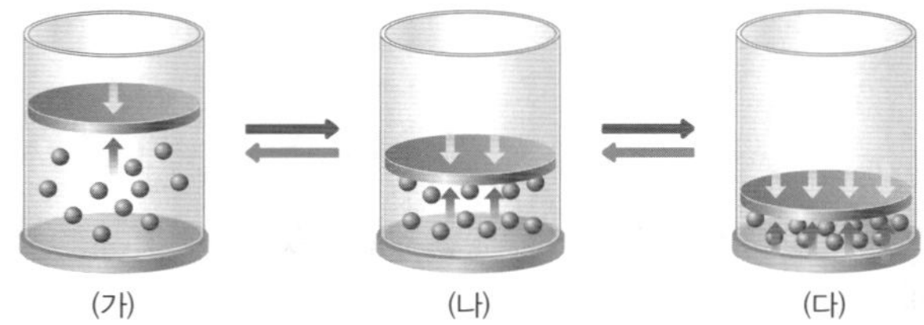


- 기체의 압력: (가)<(나)<(다)
- 기체 입자 사이의 거리(부피): (가)>(나)>(다)
- 기체 입자의 충돌 횟수: (가)<(나)<(다)
- 온도, 기체 입자의 개수, 기체 입자의 운동 속도: (가)=(나)=(다)

**(4) 보일 법칙과 관련된 현상**
- 자전거 타이어에 연결된 공기 펌프를 누르면, 자전거 타이어가 팽팽해진다.
- 잠수부가 물속에서 내뿜은 공기 방울은 수면에 가까워질수록 크기가 커진다.
- 높은 산 정상에 올라가면 과자 봉지가 부풀어 오른다.
- 높은 산 정상에서 마개를 닫은 빈 페트병을 산 아래로 가져오면 찌그러진다.
- 손에서 놓친 풍선이 높은 곳으로 올라가다가 공중에서 터진다.
- 운동화에 공기 주머니가 든 밑창을 사용한다.
- 기체 저장 용기는 많은 양의 기체를 보관할 수 있다.
- 에어바운스에 공기를 넣어 놀이 기구로 사용한다.

# 학교 시험 문제

## 01 압력에 대한 설명으로 옳지 <u>않은</u> 것은?

① 압력의 단위는 Pa, $N/m^2$ 등이 있다.
② 압력을 작게 이용하는 예로 설피, 스노보드 등이 있다.
③ 같은 힘이 작용할 때 힘이 작용하는 면적이 좁을수록 압력이 커진다.
④ 힘이 작용하는 면적이 같을 때 수직으로 작용하는 힘이 클수록 압력이 커진다.
⑤ 칼은 힘을 받는 면적을 넓게 하여 압력을 크게 이용하는 경우이다.

## 02 그림은 압력과 면적의 관계를 이용한 도구인 다트를 나타낸 것이다.

다트와 압력을 이용하는 원리가 <u>다른</u> 것은?

① 못 ② 바늘 ③ 칼날
④ 스키 ⑤ 압정

## 03 그림은 크기와 질량이 같은 벽돌을 스펀지 위에 올려놓은 모습을 나타낸 것이다.

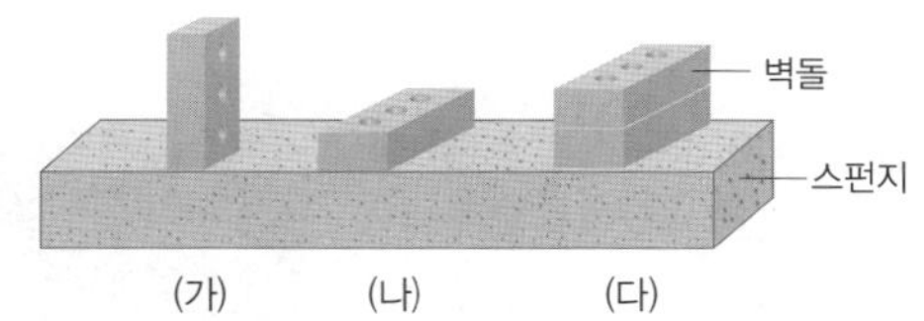


(가)~(다)에 대한 설명으로 옳은 것을 보기 에서 모두 고른 것은?

> 보기
> ㄱ. 스펀지에 작용하는 압력의 크기는 (가)가 (나)보다 크다.
> ㄴ. 스펀지에 작용하는 힘의 크기는 (나)와 (다)가 같다.
> ㄷ. (가) 위에 벽돌 1 개를 같은 모습으로 세워 올려둔다면 (다)와 같은 깊이로 눌릴 것이다.

① ㄱ ② ㄷ ③ ㄱ, ㄴ
④ ㄴ, ㄷ ⑤ ㄱ, ㄴ, ㄷ

## 04 기체의 압력에 대한 설명으로 옳은 것을 보기 에서 모두 고른 것은?

> 보기
> ㄱ. 기체의 압력은 기체 입자가 운동하면서 만들어진다.
> ㄴ. 기체 입자가 용기의 벽면에 충돌하는 횟수가 적을수록 기체의 압력이 커진다.
> ㄷ. 고무풍선의 안쪽 벽은 모든 방향에서 기체 입자의 압력을 받고 있다.

① ㄱ ② ㄴ ③ ㄱ, ㄷ
④ ㄴ, ㄷ ⑤ ㄱ, ㄴ, ㄷ

## 05 다음은 일정한 온도에서 기체의 외부 압력을 감소시켰을 때 나타나는 변화에 대한 설명이다.

> 기체의 외부 압력을 감소시키면 용기 속 기체의 ( ㉠ ) 이/가 외부 압력과 ( ㉡ ) 때까지 기체의 부피가 ( ㉢ )한다.

㉠~㉢에 들어갈 말을 옳게 짝 지은 것은?

| | ㉠ | ㉡ | ㉢ |
|---|---|---|---|
| ① | 압력 | 작아질 | 감소 |
| ② | 압력 | 같아질 | 감소 |
| ③ | 압력 | 같아질 | 증가 |
| ④ | 부피 | 작아질 | 증가 |
| ⑤ | 부피 | 같아질 | 증가 |

## 06 그림은 입구를 막은 주사기의 피스톤을 눌렀을 때의 모습을 나타낸 것이다. 주사기 속 기체에 대한 설명으로 옳은 것은?

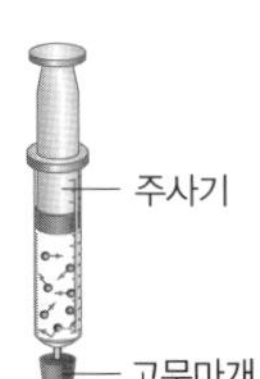


① 주사기 속 기체의 압력이 작아진다.
② 주사기 속 기체 입자의 개수가 늘어난다.
③ 주사기 속 기체 입자의 크기가 줄어든다.
④ 주사기 속 기체 입자의 충돌 횟수가 증가한다.
⑤ 주사기 속 기체 입자 사이의 거리가 멀어진다.

**07** 그림은 풍식이가 기체 입자의 개수와 압력의 관계를 확인하기 위해 페트병에 구슬을 20 개 넣고 일정한 세기로 흔들 때의 모습을 나타낸 것이다. 이 실험에 대한 설명으로 옳은 것을 보기 에서 모두 고른 것은?

보기
ㄱ. 페트병 안에 구슬은 기체 입자를 나타낸 것이다.
ㄴ. 구슬의 개수가 많아지면 손바닥에 느껴지는 압력이 커진다.
ㄷ. 구슬의 개수가 적어지면 구슬이 움직이는 속도가 빨라진다.

① ㄱ     ② ㄷ     ③ ㄱ, ㄴ
④ ㄴ, ㄷ     ⑤ ㄱ, ㄴ, ㄷ

**08** 그림은 일정한 온도에서 일정량의 기체의 압력에 따른 기체의 부피 관계를 나타낸 것이다.

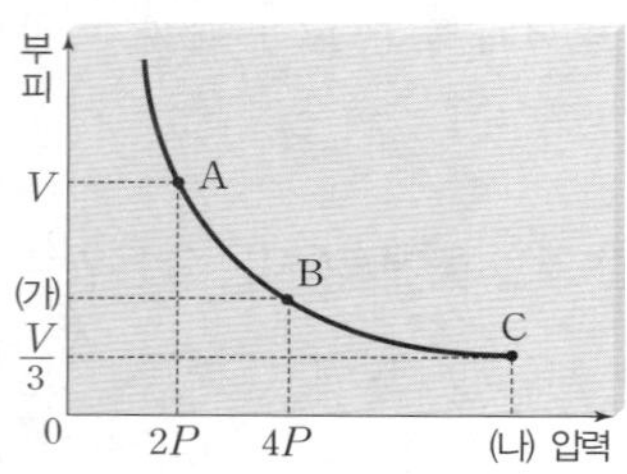

이에 대한 설명으로 옳지 <u>않은</u> 것은?

① (가)는 $\dfrac{V}{2}$이다.

② (나)는 $6P$이다.
③ 기체 입자의 충돌 횟수는 $C>B>A$이다.
④ 기체 입자의 평균 거리는 B가 A보다 멀다.
⑤ 기체 입자의 평균 운동 속도는 A, B, C 모두 같다.

**09** 0 ℃, 1 기압에서 부피가 20 mL인 기체가 있다. 이 기체를 0 ℃, 4 기압이 되게 했을 때 기체의 부피는 몇 mL인가?

① 5 mL     ② 10 mL     ③ 15 mL
④ 22.4 mL     ⑤ 4.6 mL

**10** 그림은 일정한 온도의 감압 용기에 들어 있는 고무풍선을 나타낸 것이다. (가)와 (나)는 각각 감압 용기 속 기체를 넣은 경우와 뺀 경우를 순서 없이 나타낸 것이다.

(가)      (나)

이 실험에 대한 설명으로 옳은 것을 보기 에서 모두 고른 것은?

보기
ㄱ. 감압 용기 속 압력이 커진 경우는 (가)이다.
ㄴ. (가)와 (나) 모두 감압 용기 속 기체 입자의 개수는 같다.
ㄷ. (나)의 고무풍선의 크기가 커진 까닭은 기체 입자의 운동이 활발해졌기 때문이다.

① ㄱ     ② ㄴ     ③ ㄱ, ㄴ
④ ㄴ, ㄷ     ⑤ ㄱ, ㄴ, ㄷ

**11** 그림은 에어바운스를 부풀려 놀이 기구로 사용하는 모습을 나타낸 것이다. 이와 같은 원리를 이용한 현상으로 가장 거리가 <u>먼</u> 것은?

① 산 정상이나 높은 곳에 올라가면 귀가 먹먹해진다.
② 하늘로 날린 풍선이 점점 커지다가 어느 순간 터진다.
③ 탄산음료 병이 터지지 않도록 밑바닥을 꽃잎 모양으로 만든다.
④ 잠수부가 내뿜은 공기 방울이 수면에 가까워질수록 커진다.
⑤ 따뜻한 음식을 담은 밀폐 용기를 냉장고에 두면 잘 열리지 않는다.

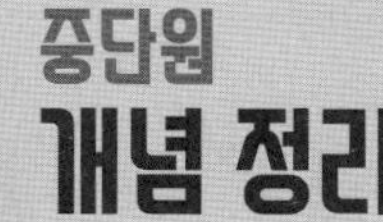

# 중단원 개념 정리

## O2 기체의 온도와 부피

### ❶ 기체의 온도와 부피

**(1) 기체의 온도와 부피 관계**

① 압력이 일정할 때 일정한 양의 기체의 온도가 높아지면 부피가 커진다.

② 압력이 일정할 때 일정한 양의 기체의 온도가 낮아지면 기체의 부피가 작아진다.

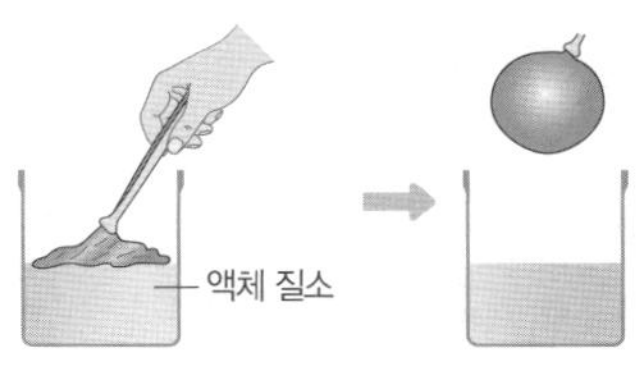

온도에 따른 풍선의 크기 변화

공기에 들어 있는 고무풍선을 액체 질소에 넣었을 때: 고무풍선 속 기체의 부피↓ ➡ 고무풍선의 크기↓

### ❷ 샤를 법칙

**(1) 샤를 법칙:** 압력이 일정할 때, 기체의 온도가 높아지면 일정량의 기체의 부피는 일정한 비율로 커진다.

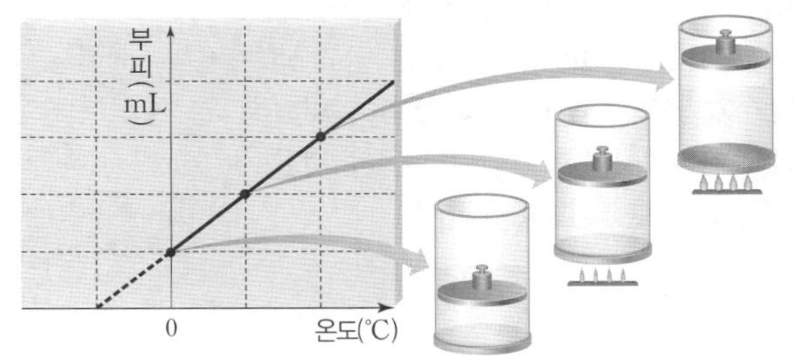

① 온도에 따라 기체의 부피가 변하는 정도는 기체의 종류와 관계없이 같다.

② 0 °C에서 기체의 부피는 0이 아니다.

**(2) 샤를 법칙과 입자 운동**

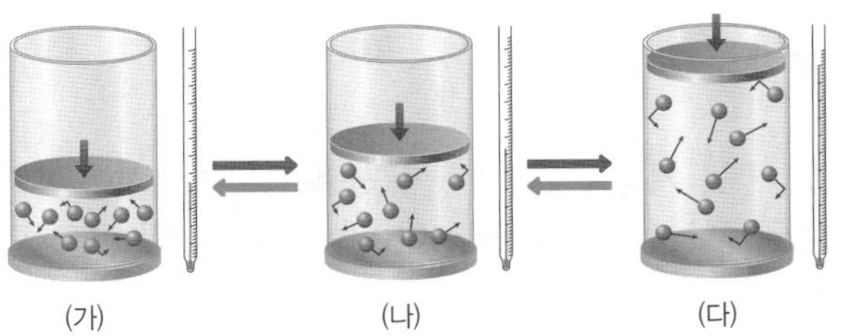

- 기체의 온도: (가)<(나)<(다)
- 기체 입자의 운동 속도: (가)<(나)<(다)
- 기체 입자 사이의 거리(부피): (가)<(나)<(다)
- 기체 입자의 충돌 횟수: (가)<(나)<(다)
- 기체 입자의 충돌 세기: (가)<(나)<(다)
- 압력, 기체 입자의 개수 : (가)=(나)=(다)

**(3) 샤를 법칙과 관련된 현상**

**① 온도가 낮아지는 경우**

- 겨울철 따뜻한 실내에 있던 헬륨 풍선을 실외에 들고 나가면 풍선이 쭈그러든다.
- 액체 질소에 공기를 넣은 고무풍선을 넣으면 풍선의 크기가 작아진다.
- 뜨거운 물에 담갔다가 꺼낸 플라스틱병을 고무풍선에 대고 기다리면 고무풍선에 플라스틱병이 붙는다.
- 밀폐 용기에 따뜻한 음식을 담은 뒤, 밀폐 용기의 뚜껑을 닫아 냉장고에 넣어 두면 잘 열리지 않는다.

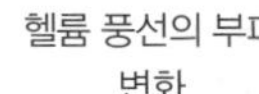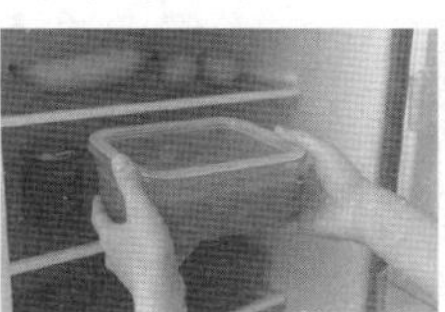

헬륨 풍선의 부피 변화 | 플라스틱병 속 기체의 부피 변화 | 밀폐 용기 속 기체의 부피 변화

**② 온도가 높아지는 경우**

- 열기구 속의 공기를 가열하면 열기구가 위로 뜨게 된다.
- 여름철에는 겨울철보다 자동차 타이어에 공기를 적게 넣는다.
- 햇빛이 비추는 곳에 과자 봉지를 두면 과자 봉지가 부풀어 오른다.
- 찌그러진 탁구공을 뜨거운 물에 담그면 찌그러진 부분이 펴진다.
- 냉장고에서 꺼낸 달걀을 바로 끓는 물에 넣어 삶으면 달걀 껍데기가 깨진다.
- 바닥이 오목한 그릇에 뜨거운 음식을 담아 놓으면 그릇이 미끄러지며 저절로 움직인다.
- 차가운 빈 유리병의 입구에 물을 묻히고 동전을 올린 후에 유리병을 양손으로 감싸 쥐면 동전이 들썩거린다.
- 설거지를 하다가 그릇이 포개져 잘 빠지지 않을 때 아래에 있는 그릇을 따뜻한 물에 넣어 두면 잘 빠진다.
- 한 손으로 피펫의 윗부분을 막고, 다른 한 손으로 피펫의 가운데 부분을 감싸 쥐면 피펫에 남은 액체가 밀려 나온다.

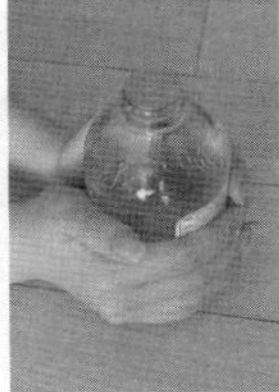

과자 봉지 속 기체의 부피 변화 | 유리병 속 기체의 부피 변화 | 피펫 속 기체의 부피 변화

# 학교 시험 문제

**01** 기체의 온도에 따른 부피 변화에 대한 설명으로 옳은 것을 보기 에서 모두 고른 것은? (단, 압력은 일정하다.)

보기
- ㄱ. 온도에 따른 기체의 부피 변화는 기체의 종류에 따라 다르다.
- ㄴ. 기체의 온도를 높여도 기체 입자의 운동 속도는 일정하다.
- ㄷ. 기체의 온도를 낮추면 기체 입자의 충돌 세기는 약해진다.

① ㄱ  ② ㄷ  ③ ㄱ, ㄴ
④ ㄴ, ㄷ  ⑤ ㄱ, ㄴ, ㄷ

**02** 그림은 따뜻하게 데운 유리컵에 고무풍선을 올려둔 모습을 나타낸 것이다. 이 실험에 대한 설명으로 옳은 것을 보기 에서 모두 고른 것은?

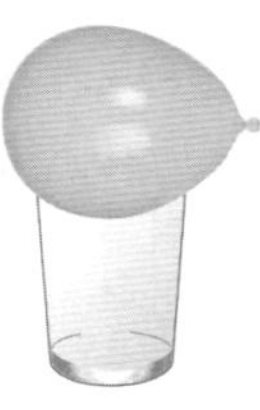

보기
- ㄱ. 고무풍선은 유리컵 쪽으로 빨려 들어간다.
- ㄴ. 유리컵 쪽에 찬 바람을 쐬어주면 고무풍선은 유리컵과 분리될 것이다.
- ㄷ. 유리컵 속 기체 입자의 운동이 활발해져서 나타나는 현상이다.

① ㄱ  ② ㄷ  ③ ㄱ, ㄴ
④ ㄴ, ㄷ  ⑤ ㄱ, ㄴ, ㄷ

**03** 그림과 같이 둥근바닥 플라스크에 잉크 방울이 들어 있는 유리관을 연결하였다. 플라스크를 두 손으로 감싸 쥐었을 때 나타나는 잉크 방울의 변화로 옳은 것은?

① 아무런 변화가 없다.
② 왼쪽으로 이동한다.
③ 오른쪽으로 이동한다.
④ 잉크 방울이 커진다.
⑤ 잉크 방울이 작아진다.

**04** 그림은 일정한 압력에서 실린더에 담긴 일정량의 기체를 입자 모형으로 나타낸 것이다.

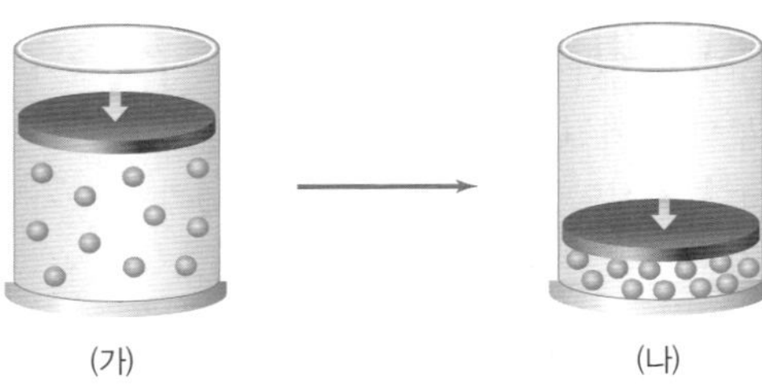


(가)에서 (나)로 변화시켜 주었을 때에 대한 설명으로 옳은 것은?

① 기체의 온도가 높아졌다.
② 기체 입자의 운동 속도는 빨라졌다.
③ 기체 입자 사이의 거리가 멀어졌다.
④ 기체 입자의 충돌 횟수가 줄어들었다.
⑤ 기체 입자의 개수가 감소하여 부피가 작아졌다.

**05** 그림과 같이 여름철에 물이 조금 들어 있는 페트병의 뚜껑을 닫고 냉장고에 넣어 두었더니 페트병이 찌그러졌다. 이에 대한 설명으로 옳은 것을 보기 에서 모두 고른 것은?

보기
- ㄱ. 페트병 속 기체의 부피가 작아졌다.
- ㄴ. 페트병 속 기체 입자의 운동 속도가 빨라졌다.
- ㄷ. 페트병 속 기체 입자의 크기가 작아졌다.

① ㄱ  ② ㄴ  ③ ㄱ, ㄷ
④ ㄴ, ㄷ  ⑤ ㄱ, ㄴ, ㄷ

**06** 추운 겨울날 실내에 있던 헬륨 풍선을 가지고 밖으로 나가면 풍선이 쭈그러든다. 이 현상과 관련 있는 그래프로 옳은 것은?

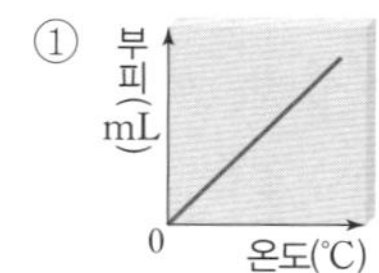


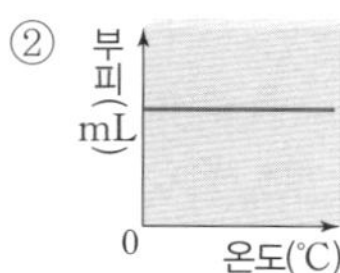


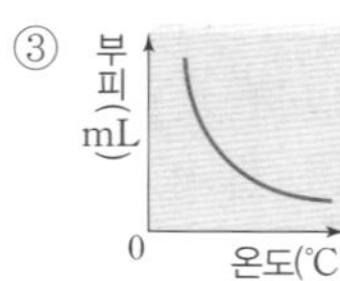


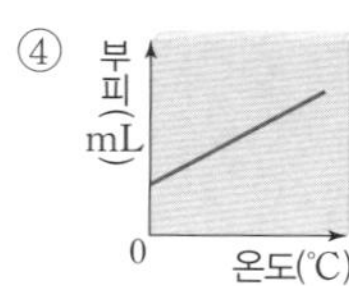


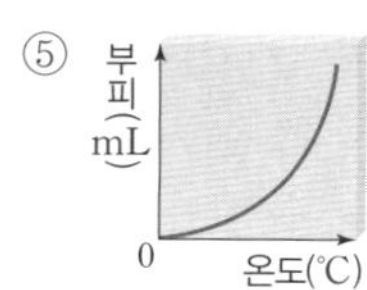

**07** 그림은 압력이 일정할 때, 밀폐 용기 속 기체의 온도에 따른 기체의 부피 변화를 나타낸 것이다.

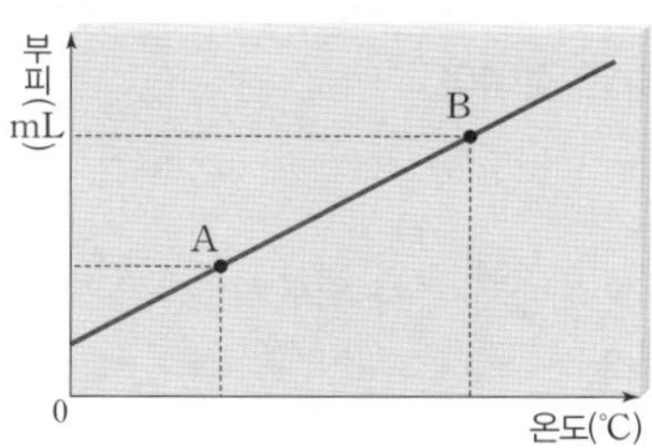

이에 대한 설명으로 옳은 것을 보기 에서 모두 고른 것은?

> **보기**
> ㄱ. 기체 입자의 개수는 A가 B보다 적다.
> ㄴ. 기체 입자 사이의 거리는 A가 B보다 멀다.
> ㄷ. 기체 입자 1 개가 용기 벽면에 충돌할 때 가하는 힘의 세기는 A가 B보다 약하다.

① ㄱ    ② ㄷ    ③ ㄱ, ㄴ    ④ ㄱ, ㄷ    ⑤ ㄴ, ㄷ

**08** 그림은 오줌싸개 인형에서 물이 나오는 과정을 기체 입자 모형으로 나타낸 것이다.

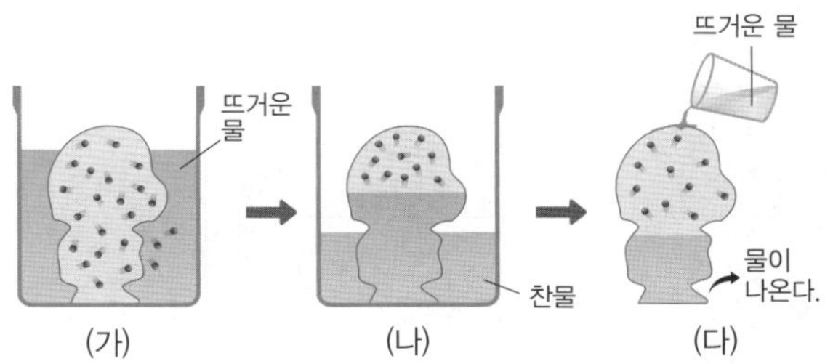


이에 대한 설명으로 옳은 것을 보기 에서 모두 고른 것은?

> **보기**
> ㄱ. 인형 속 기체 입자 사이의 거리가 멀어지는 것은 (가) 와 (다)이다.
> ㄴ. 인형 속 기체 입자의 운동이 둔해지는 것은 (나)이다.
> ㄷ. 추운 겨울날 밖에 둔 자전거의 바퀴가 찌그러지는 것 과 같은 원리가 이용된다.

① ㄱ    ② ㄴ    ③ ㄱ, ㄷ
④ ㄴ, ㄷ    ⑤ ㄱ, ㄴ, ㄷ

**09** 표는 일정한 압력에서 온도에 따른 주사기 속 기체의 부피 변화를 나타낸 것이다.

| 온도(℃) | 20 | 25 | 30 |
|---|---|---|---|
| 부피(mL) | 7.4 | 9.6 | A |

온도가 30 ℃일 때 기체의 부피(A)는?

① 11.2    ② 11.4    ③ 11.6    ④ 11.8    ⑤ 12.0

**10** 그림은 0 ℃의 공기 65 mL가 들어 있는 주사기의 입구를 막고 물이 담긴 비커에 넣은 모습을, 표는 물의 온도를 변화시키면서 주사기 속 기체의 부피를 측정한 모습을 나타낸 것이다.

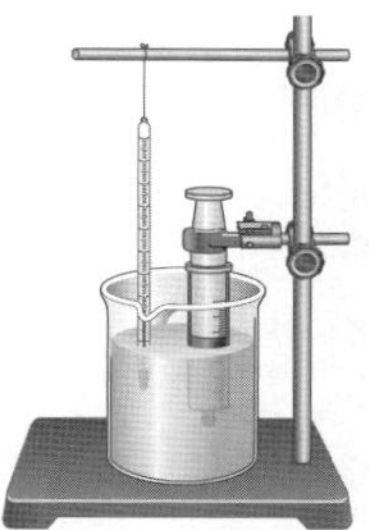

| 물의 온도 (℃) | 21 | 42 | 63 |
|---|---|---|---|
| 주사기 속 기체의 부피 (mL) | 70 | 75 | 80 |

이에 대한 설명으로 옳은 것을 보기 에서 모두 고른 것은?

> **보기**
> ㄱ. 물의 온도가 높아질수록 주사기 속 기체의 부피가 일 정한 비율로 커진다.
> ㄴ. 물의 온도가 21 ℃일 때보다 63 ℃일 때 기체 입자의 운동이 활발하다.
> ㄷ. 물의 온도가 105 ℃일 때, 주사기 속 기체의 부피는 90 mL이다.

① ㄱ    ② ㄴ    ③ ㄱ, ㄷ
④ ㄴ, ㄷ    ⑤ ㄱ, ㄴ, ㄷ

**11** 샤를 법칙으로 설명할 수 있는 현상으로 옳지 <u>않은</u> 것은?

① 열기구 속의 공기를 가열하면 열기구가 위로 뜬다.
② 손에서 놓친 풍선이 하늘로 올라가다가 터져버린다.
③ 여름철에는 겨울철보다 자동차 타이어에 공기를 적게 넣는다.
④ 찌그러진 탁구공을 뜨거운 물에 넣으면 찌그러진 부분 이 펴진다.
⑤ 피펫에 남아 있는 액체를 빼내기 위해서 피펫의 위쪽을 한 손으로 막고 다른 손으로 감싸 쥔다.

**01** 그림은 연필의 양 끝부분을 같은 힘으로 누른 모습을 나타낸 것이다. 손가락이 더 아픈 쪽이 연필의 어느 부분인지 쓰고, 그 까닭을 서술하시오.

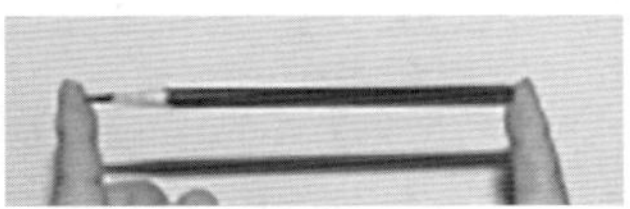

**KEY** 압력, 면적

---

**02** 그림은 삼각 플라스크에 고무풍선을 씌운 후 각각 따뜻한 물과 찬물에 넣은 모습을 순서 없이 나타낸 것이다.

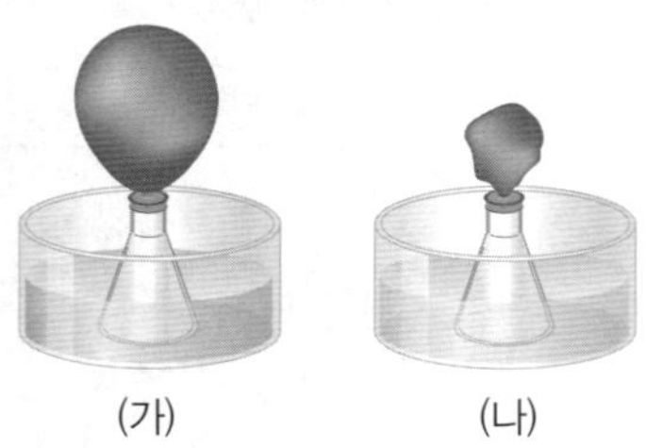

(가)          (나)

(가)와 (나) 중 따뜻한 물에 넣은 풍선은 무엇인지 쓰고, 그 까닭을 서술하시오.

**KEY** 기체의 온도, 부피, 기체 입자의 운동

---

**03** 그림은 온도가 일정할 때 일정량의 기체의 압력에 따른 기체의 부피 변화를 나타낸 것이다.

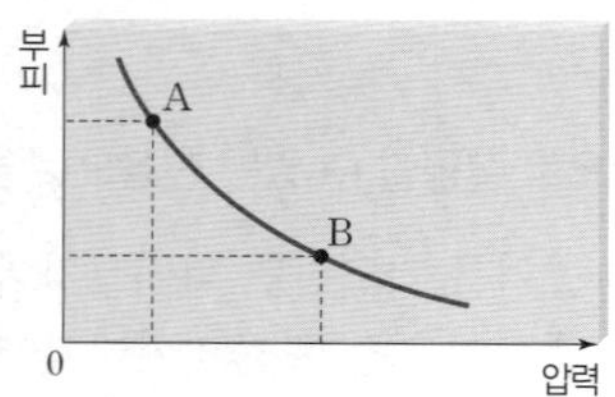


A에서 B로 변할 때 기체의 부피와 압력은 어떻게 변하는지 기체 입자의 운동과 관련지어 서술하시오.

**KEY** 입자 사이의 거리, 기체 입자의 충돌 횟수

---

**04** 다음은 압력에 따른 기체의 부피 변화를 알아보기 위한 실험을 나타낸 것이다.

[실험 과정]
(가) 일정한 온도에서 주사기의 피스톤을 당겨 최대 눈금에 맞춘다.
(나) 주사기에 기체 압력 센서를 연결한다.
(다) 피스톤을 조금씩 누르면서 각각의 부피 값에 따른 기체의 압력을 기록한다.
(라) 주사기에 기체의 출입이 발생하지 않도록 유의한다.

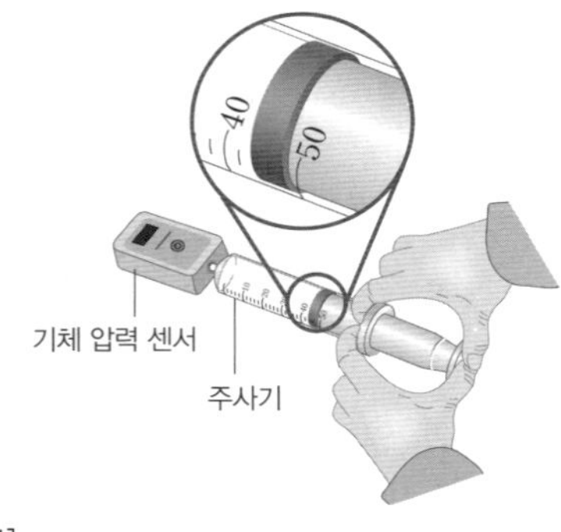


[실험 결과]
부피와 압력을 표에 나타낸다.

| 부피(mL) | 49 | 42 | 36.7 | 32.7 |
|---|---|---|---|---|
| 압력(기압) | 1.2 | 1.4 | 1.6 | 1.8 |

(1) 위 실험을 진행할 때, 주사기의 피스톤 부분을 손으로 잡지 않도록 주의해야 한다. 그 까닭을 서술하시오.

**KEY** 기체의 온도, 기체의 부피

---

(2) 기체 입자의 개수와 온도가 일정할 때 실험 과정 동안 기체의 압력과 부피는 어떤 관계를 가지는지 서술하시오.

**KEY** 기체의 압력, 기체 입자의 충돌 횟수

---

**05** 종이 팩에 든 음료를 모두 마신 뒤 빨대로 공기를 더 빨아들이면 종이 팩이 찌그러진다. 그 까닭을 서술하시오.

**KEY** 기체 입자의 개수, 기체 입자의 충돌 횟수

**06** 그림은 놀이공원에 있는 범퍼카의 모습을 나타낸 것이다.

범퍼카끼리 부딪쳤을 때, 강한 충격에도 범퍼카가 부서지지 않는 까닭을 서술하시오.

**07** 그림은 일정한 온도에서 입구를 막은 주사기 속에 작게 분 고무풍선을 넣고 주사기의 피스톤을 눌렀더니 고무풍선의 크기가 작아진 모습을 나타낸 것이다.

이와 같은 현상이 일어나는 까닭을 기체의 압력과 부피의 변화를 이용하여 서술하시오.



**08** 그림은 풍식이가 놓친 풍선이 하늘로 날아가는 모습을 나타낸 것이다. 하늘로 올라간 풍선이 어떻게 될지 쓰고, 그렇게 생각한 까닭을 서술하시오.



**09** 그림은 일정한 압력에서 어떤 조건을 변화시켰을 때 실린더 안에 들어 있는 기체의 변화를 입자 모형으로 나타낸 것이다. 어떤 조건을 변화시켰는지 쓰고, 그렇게 생각한 까닭을 서술하시오.

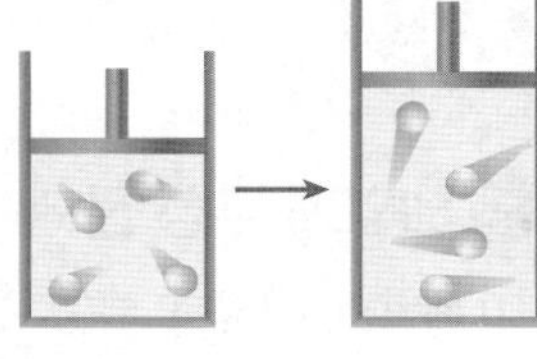



**10** 그림은 찌그러진 탁구공을 뜨거운 물에 넣은 모습을 나타낸 것이다. 충분한 시간이 흐른 후 탁구공이 어떻게 변하는지 쓰고, 그렇게 생각한 까닭을 서술하시오.

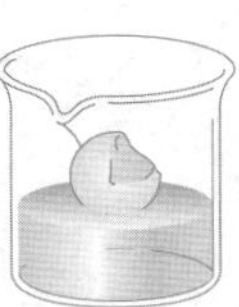



**11** 다음은 손에 물을 묻히지 않고 동전을 꺼내는 실험을 나타낸 것이다.

[실험 과정]
(가) 페트리 접시에 물을 담고, 양초와 동전을 올려놓는다.
(나) 양초에 불을 켜고 잠시 방치한다.
(다) 유리컵으로 양초를 덮으면 양초의 불이 꺼진다.
(라) 페트리 접시의 물의 움직임을 관찰한다.

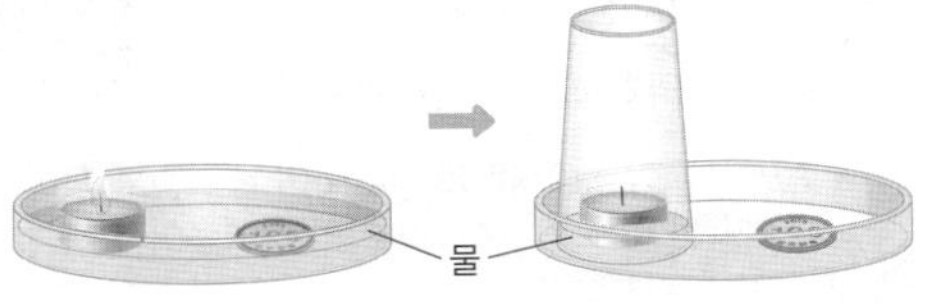


[실험 결과]
물이 컵 속으로 모두 빨려 들어간다.

이와 같은 결과가 일어나는 까닭을 서술하시오.

# 중단원 개념 정리

# ○1 태양계의 구성

## ❶ 태양계 구성 천체

**(1) 태양계:** 태양과 태양 주위를 공전하는 천체 및 이들이 차지하는 공간

**(2) 태양계 구성 천체**

| 태양 | • 태양계의 중심에 위치<br>• 태양계에서 유일하게 스스로 빛을 내는 천체 |
|---|---|
| 행성 | • 태양을 중심으로 공전하며 모양이 둥근 천체<br>• 궤도 주변 다른 천체들에게 지배적인 지위를 가짐 |
| 왜소 행성 | • 태양을 중심으로 공전하며 모양이 둥근 천체<br>• 행성보다 크기와 질량이 작음<br>• 궤도 주변 다른 천체들에게 지배적인 역할을 하지 못함 |
| 소행성 | • 태양을 중심으로 공전, 크기가 다양하고 모양이 불규칙함<br>• 주로 화성과 목성의 공전 궤도 사이에서 띠를 이루어 분포 |
| 혜성 | • 대부분 태양을 중심으로 타원 궤도로 공전<br>• 얼음과 먼지로 구성<br>• 태양과 가까워질 때 태양 반대쪽으로 꼬리 생김 |
| 위성 | • 행성을 중심으로 공전, 크기와 모양이 다양함<br>• 행성마다 위성의 개수 다양함 |

**(3) 태양계 행성의 분류:** 행성의 특징에 따라 분류

① **지구형 행성:** 수성, 금성, 지구, 화성

② **목성형 행성:** 목성, 토성, 천왕성, 해왕성

| 구분 | 반지름 | 질량 | 위성 수 | 고리 | 표면 상태 |
|---|---|---|---|---|---|
| 지구형 행성 | 작음 | 작음 | 없거나 적음 | 없음 | 고체 |
| 목성형 행성 | 큼 | 큼 | 많음 | 있음 | 기체 |

**(4) 태양계 행성의 특징**

| 수성 | • 태양에서 가장 가까운 행성<br>• 대기가 거의 없고, 낮과 밤의 온도 차가 매우 큼 |
|---|---|
| 금성 | • 크기와 질량이 지구와 비슷함<br>• 두꺼운 이산화 탄소 대기층 → 표면 온도가 매우 높음 |
| 지구 | 액체 상태의 물과 생명체가 존재함 |
| 화성 | • 표면이 붉게 보이며, 과거에 물이 흘렀던 흔적이 있음<br>• 극지방에 얼음과 드라이아이스로 이루어진 극관 존재 |
| 목성 | • 태양계에서 가장 큰 행성<br>• 표면에 가로줄 무늬와 대적점이 나타남 |
| 토성 | • 태양계에서 두 번째로 큰 행성<br>• 얼음과 암석 조각으로 이루어진 뚜렷한 고리 |
| 천왕성 | • 청록색으로 보이며, 주로 수소, 헬륨, 메테인으로 구성<br>• 자전축이 공전 궤도면에 거의 나란함 |
| 해왕성 | • 청록색으로 보이며, 주로 수소, 헬륨, 메테인으로 구성<br>• 대흑점이 나타남 |

## ❷ 태양

**(1) 태양의 표면**

① **광구:** 태양의 표면(평균 온도 약 6000 ℃)

② **쌀알 무늬:** 태양 표면에 쌀알을 뿌려놓은 듯한 무늬 ⇨ 태양 내부에서 일어나는 대류 현상에 의해 생긴다.

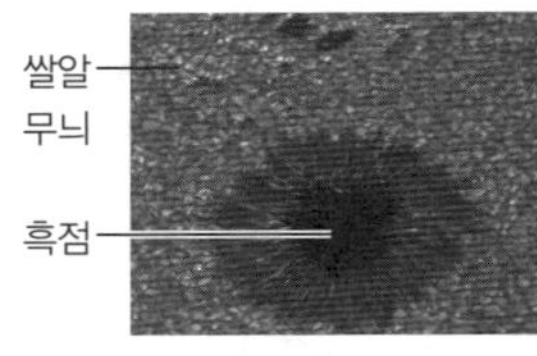



태양의 표면

③ **흑점:** 주변보다 온도가 낮아 어둡게 보이는 부분(흑점 온도 약 4000 ℃)

**(2) 태양의 대기**

| 태양의 대기 | | 태양의 대기에서 나타나는 현상 | |
|---|---|---|---|
| 채층 | 코로나 | 홍염 | 플레어 |

**(3) 태양의 활동**

① **태양의 활동이 활발할 때 태양에서 나타나는 현상:** 흑점 수 증가, 홍염이나 플레어 발생 빈도 증가, 코로나 크기 커짐, 태양풍 강해짐

② **태양의 활동이 활발할 때 지구에서 나타나는 현상:** 자기 폭풍 발생, 오로라 자주 발생, 무선 전파 통신 장애, 대규모 정전, 인공위성의 궤도 이탈 및 오작동, GPS 수신 장애, 북극 항로에서의 비행 어려워짐

## ❸ 천체 망원경을 이용한 천체 관측

**(1) 천체 망원경의 구조**

**(2) 관측 순서:** 삼각대 설치 → 가대와 균형추 설치 → 경통 설치 → 보조 망원경과 접안렌즈 설치 → 균형 맞추기 → 시야 정렬

**(3) 조작 방법:** 빛이 적고 평평한 곳에 망원경 설치 → 보조 망원경의 십자선 중앙에 천체가 오도록 조정 → 접안렌즈 초점 조절 후 관측

# 학교 시험 문제

정답과 해설 56쪽

**01** 다음은 태양계를 구성하는 어떤 천체의 특징을 나타낸 것이다.

- 태양을 중심으로 공전한다.
- 크기가 다양하고 모양이 불규칙하다.
- 주로 화성과 목성의 공전 궤도 사이에 띠를 이루어 분포한다.

이 특징을 갖는 태양계 천체로 옳은 것은?

① 행성 ② 혜성 ③ 위성
④ 소행성 ⑤ 왜소 행성

**02** 그림 (가)와 (나)는 태양계를 구성하는 천체 중 행성과 위성을 순서 없이 나타낸 것이다.

(가) (나)

이에 대한 설명으로 옳은 것을 보기 에서 모두 고른 것은?

보기
ㄱ. (가)는 자신의 공전 궤도 안에서 지배적인 역할을 한다.
ㄴ. (나)는 스스로 빛을 낸다.
ㄷ. (가)와 (나)는 모두 태양을 중심으로 공전한다.

① ㄱ ② ㄷ ③ ㄱ, ㄴ
④ ㄴ, ㄷ ⑤ ㄱ, ㄴ, ㄷ

**03** 그림은 태양계 행성들을 질량과 반지름에 따라 A와 B 두 집단으로 분류하여 나타낸 것이다. B에 속하는 행성들의 공통적인 특징으로 옳은 것을 보기 에서 모두 고른 것은?

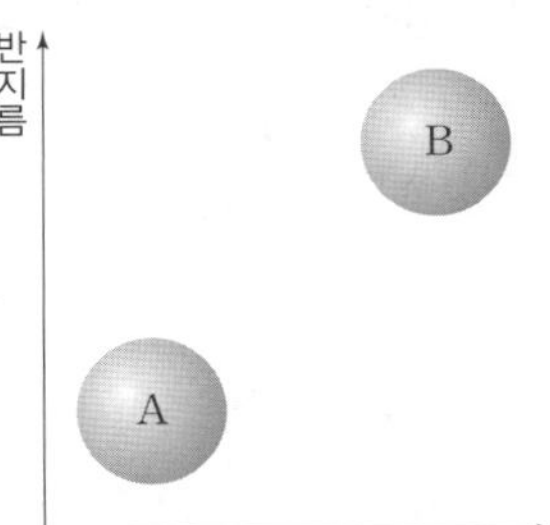


보기
ㄱ. 고리가 없다.
ㄴ. 위성이 없거나 그 수가 적다.
ㄷ. 표면에 단단한 부분이 없고 기체로 이루어져 있다.

① ㄱ ② ㄷ ③ ㄱ, ㄴ
④ ㄴ, ㄷ ⑤ ㄱ, ㄴ, ㄷ

**04** 지구형 행성에 속하는 행성이 <u>아닌</u> 것은?

① 지구 ② 화성 ③ 수성
④ 금성 ⑤ 토성

**05** 다음은 태양계 행성들의 특징을 나타낸 것이다.

(가) 두꺼운 이산화 탄소 대기로 인해 표면 온도가 매우 높다.
(나) 대기의 소용돌이인 대흑점이 나타난다.
(다) 자전축이 공전 궤도면과 거의 나란하다.
(라) 극지방에는 얼음과 드라이아이스로 이루어진 흰색의 극관이 있다.

(가)~(라)에 해당하는 행성의 이름을 옳게 짝 지은 것은?

| | (가) | (나) | (다) | (라) |
|---|---|---|---|---|
| ① | 수성 | 목성 | 해왕성 | 지구 |
| ② | 수성 | 화성 | 천왕성 | 목성 |
| ③ | 금성 | 천왕성 | 해왕성 | 화성 |
| ④ | 금성 | 해왕성 | 천왕성 | 화성 |
| ⑤ | 금성 | 해왕성 | 토성 | 지구 |

**06** 그림 (가)와 (나)는 태양계 행성 중 수성과 화성의 모습을 순서없이 나타낸 것이다.

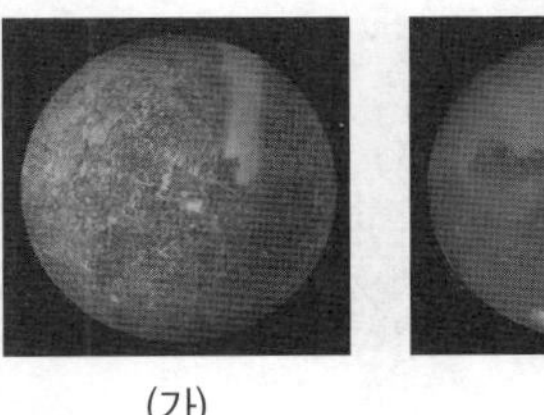
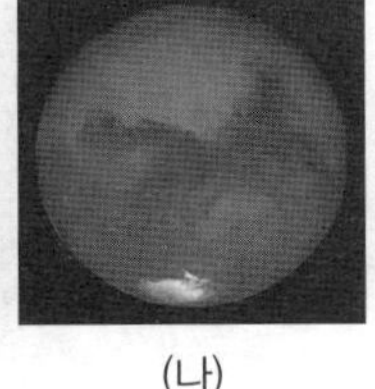

(가) (나)

(가)와 (나)에 대한 설명으로 옳은 것을 보기 에서 모두 고른 것은?

보기
ㄱ. (가)는 태양에 가장 가까운 행성이다.
ㄴ. (나)는 과거에 물이 흘렀던 흔적이 존재한다.
ㄷ. (가)와 (나)는 모두 위성이 있다.

① ㄱ ② ㄷ ③ ㄱ, ㄴ
④ ㄴ, ㄷ ⑤ ㄱ, ㄴ, ㄷ

**07** 그림은 태양의 표면에서 볼 수 있는 현상을 나타낸 것이다. A와 B에 대한 설명으로 옳지 <u>않은</u> 것을 <u>모두</u> 고르면?

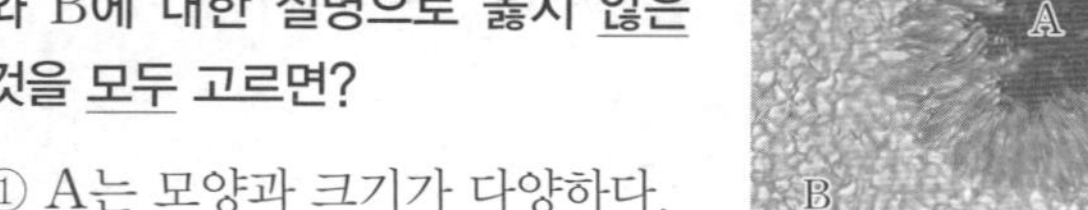

① A는 모양과 크기가 다양하다.
② A의 수는 약 11년을 주기로 증감한다.
③ A와 B는 개기일식 때 관측할 수 있다.
④ B는 태양 내부에서 일어나는 대류 현상에 의해 생긴다.
⑤ B에서 고온의 물질이 상승하는 곳은 어둡다.

**08** 그림은 며칠 동안 태양의 흑점을 관측하여 나타낸 것이다. 이에 대한 설명으로 옳은 것을 보기 에서 모두 고른 것은?

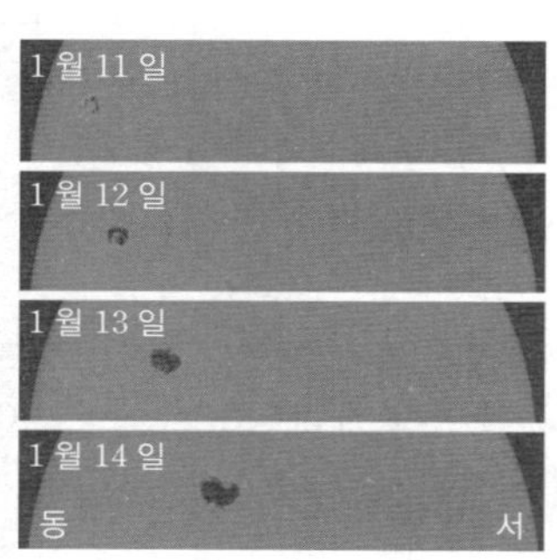


보기
ㄱ. 흑점의 위치는 시간에 따라 변한다.
ㄴ. 망원경으로 관측하면 흑점은 서쪽에서 동쪽으로 이동한다.
ㄷ. 흑점의 이동을 통해 태양이 자전하고 있음을 알 수 있다.

① ㄱ      ② ㄴ      ③ ㄱ, ㄷ
④ ㄴ, ㄷ      ⑤ ㄱ, ㄴ, ㄷ

**09** 그림 (가)~(다)는 태양에서 관측되는 현상들을 나타낸 것이다.

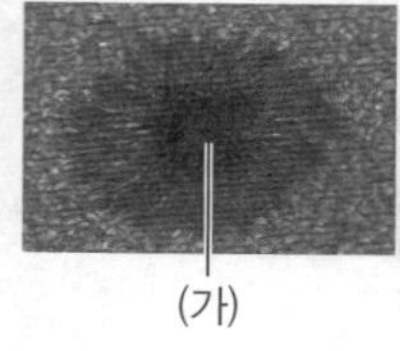 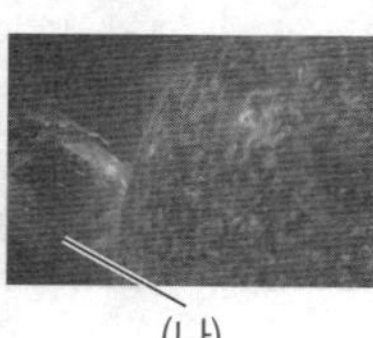 

(가)~(다)에 대한 설명으로 옳은 것을 보기 에서 모두 고른 것은?

보기
ㄱ. (가)의 크기와 모양은 다양하다.
ㄴ. (나)는 태양 표면에서 물질이 솟아오르는 현상이다.
ㄷ. 광구에서 볼 수 있는 현상은 (나)와 (다)이다.

① ㄱ      ② ㄷ      ③ ㄱ, ㄴ
④ ㄴ, ㄷ      ⑤ ㄱ, ㄴ, ㄷ

**10** 그림은 태양의 표면과 대기에서 관측되는 현상들을 정리하여 나타낸 것이다.

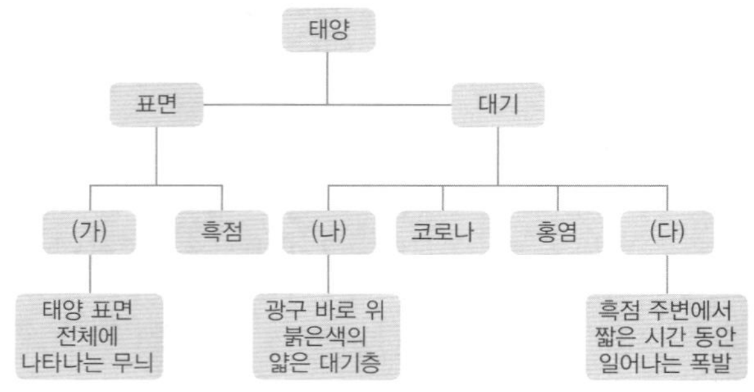


(가)~(다)에 대한 설명으로 옳은 것은?

① (가)는 광구에 쌀알을 뿌려 놓은 것처럼 보인다.
② (나)는 주변보다 온도가 약 2000 ℃ 낮아 어둡게 보인다.
③ 태양 활동이 활발해지면 (다)의 발생 빈도가 감소한다.
④ (가)와 (나)는 개기일식 때 관측할 수 있다.
⑤ (나)와 (다)는 대류 현상에 의해 광구에 나타나는 현상이다.

**11** 태양의 활동이 활발할 때 지구에서 나타나는 현상으로 옳은 것을 <u>모두</u> 고르면?

① 코로나의 크기가 커진다.
② 표면의 흑점 수가 증가한다.
③ 자기 폭풍에 의해 송전 시설이 파괴되기도 한다.
④ 오로라가 더 넓은 지역에서 자주 일어나게 된다.
⑤ 태양풍에 의해 무선 전파 통신이 원활해진다.

**12** 그림은 천체 망원경의 구조를 나타낸 것이다. 각 부분의 명칭과 기능을 옳게 짝 지은 것은?

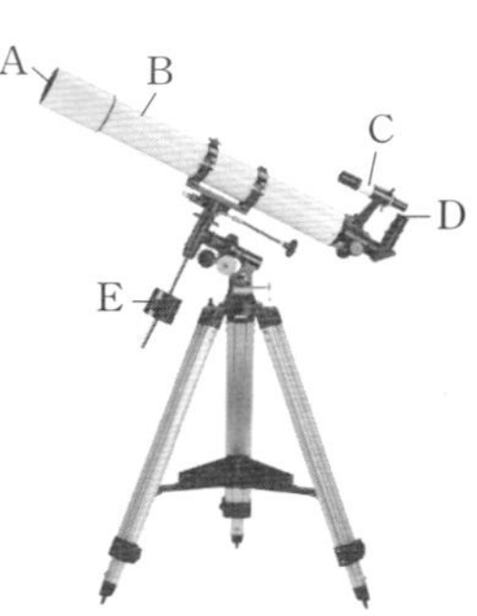


| | 구분 | 명칭 | 기능 |
|---|---|---|---|
| ① | A | 경통 | 빛을 모은다. |
| ② | B | 대물렌즈 | 상을 확대한다. |
| ③ | C | 보조 망원경 | 관측 대상을 쉽게 찾을 수 있도록 도와준다. |
| ④ | D | 가대 | 경통을 지지하며 회전시킨다. |
| ⑤ | E | 균형추 | 경통과 삼각대를 연결한다. |

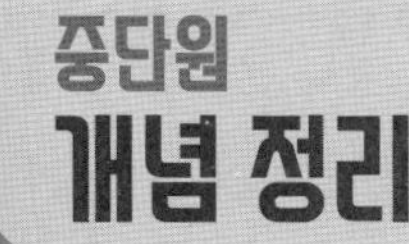


# ○2 지구의 운동

## ❶ 지구의 자전과 천체의 일주 운동

**(1) 지구의 자전**: 지구가 자전축을 중심으로 하루에 한 바퀴씩 회전하는 운동

① **자전 방향**: 서 → 동

② **자전 속도**: 약 15°/시간

③ **지구 자전에 의해 나타나는 현상**: 낮과 밤의 반복, 천체의 일주 운동 등

**(2) 천체의 일주 운동**: 천체가 북극성을 중심으로 하루에 한 바퀴씩 원을 그리며 회전하는 겉보기 운동

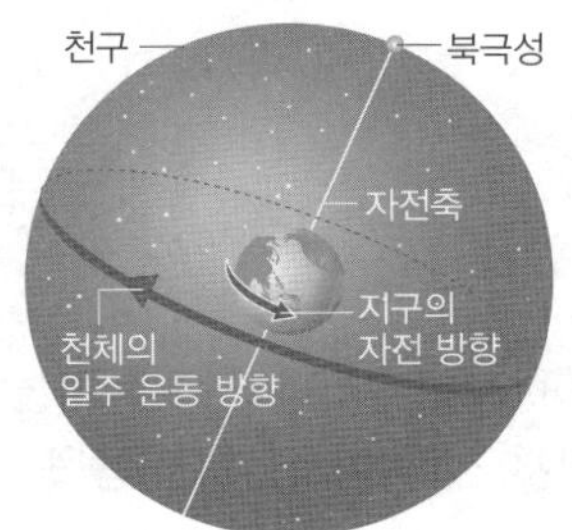


① **방향**: 동 → 서

② **속도**: 약 15°/시간

③ **태양과 달의 일주 운동**: 태양과 달이 매일 동쪽에서 뜨고 서쪽으로 진다.

**(3) 우리나라(북반구 중위도)에서 관측한 천체의 일주 운동**

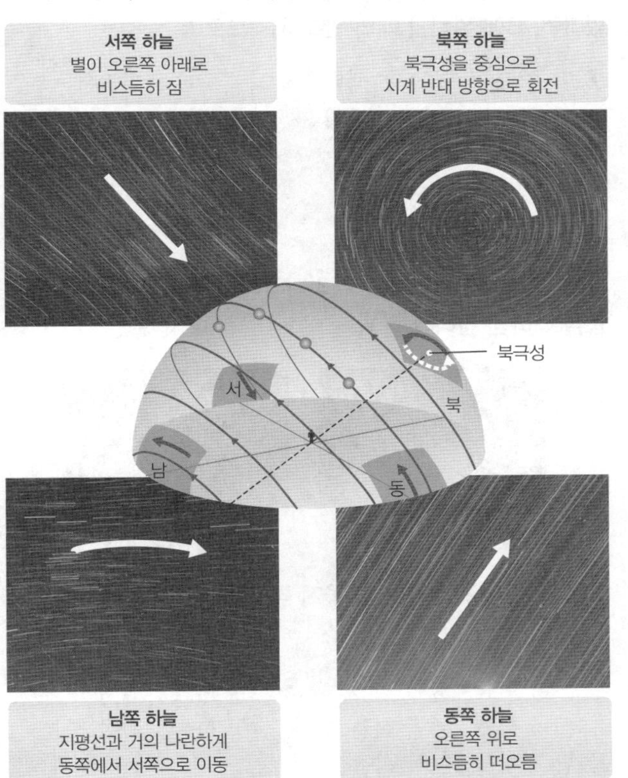


## ❷ 지구의 공전과 천체의 연주 운동

**(1) 지구의 공전**: 지구가 태양을 중심으로 1년에 한 바퀴씩 회전하는 운동

① **공전 방향**: 서 → 동

② **공전 속도**: 약 1°/일

③ **지구 공전에 의해 나타나는 현상**: 태양의 연주 운동, 별의 연주 운동, 계절별 별자리 변화 등

**(2) 태양의 연주 운동**: 태양이 별자리 사이를 이동하여 1년 후 처음 위치로 되돌아오는 겉보기 운동

① **방향**: 서 → 동

② **속도**: 약 1°/일

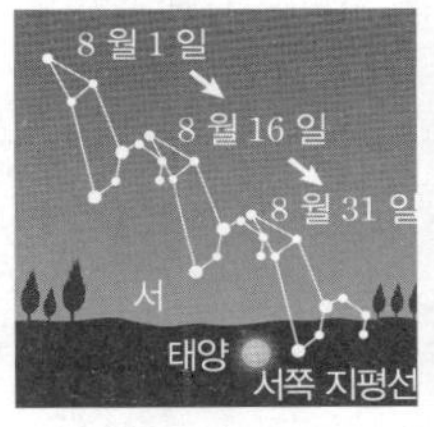


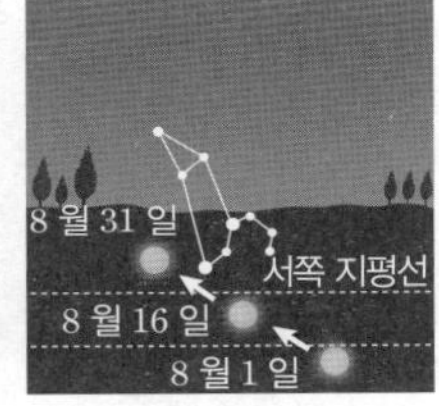


**(3) 별의 연주 운동**: 별들이 이동하여 1년 후 처음 위치로 되돌아오는 겉보기 운동

① **방향**: 동 → 서

② **속도**: 약 1°/일

**(4) 계절별 별자리 변화**: 지구의 공전으로 지구에서 보이는 태양의 위치가 변하여 계절마다 보이는 별자리가 달라진다.

① **황도 12궁**: 황도에 있는 12개의 별자리

② **태양이 지나는 별자리**: 황도 12궁에 표시된 달에 해당하는 별자리 ⇨ 한밤중에 관측되지 않는다.

③ **한밤중에 남쪽 하늘에서 관측되는 별자리**: 태양의 반대쪽에 있는 별자리

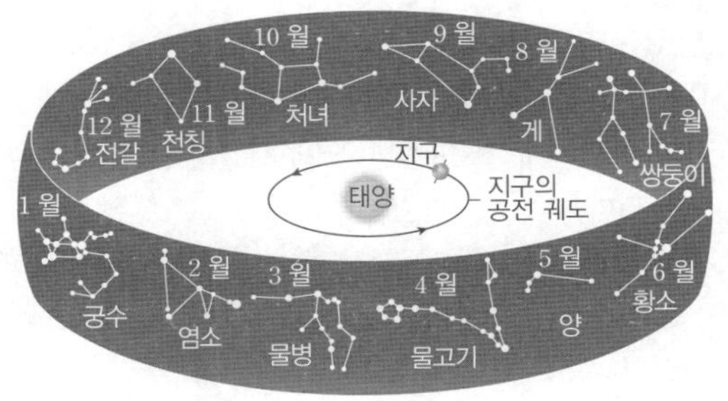

# 학교 시험 문제

**01** 다음은 지구에서 관측되는 현상을 설명한 것이다.

> 태양은 하루 동안 지구의 ( ㉠ )에 의해 ( ㉡ ) 방향으로 이동하는데, 이러한 겉보기 운동을 태양의 ( ㉢ )이라고 한다. 이에 따라 태양이 매일 뜨고 지면서 낮과 밤이 반복된다.

빈칸에 들어갈 말을 옳게 짝 지은 것은?

| | ㉠ | ㉡ | ㉢ |
|---|---|---|---|
| ① | 자전 | 동 → 서 | 일주 운동 |
| ② | 자전 | 동 → 서 | 연주 운동 |
| ③ | 자전 | 서 → 동 | 일주 운동 |
| ④ | 공전 | 동 → 서 | 연주 운동 |
| ⑤ | 공전 | 서 → 동 | 일주 운동 |

**02** 천체의 운동 방향이 서 → 동으로 나타나는 현상을 보기에서 모두 고른 것은?

> **보기**
> ㄱ. 지구의 자전  ㄴ. 지구의 공전
> ㄷ. 별의 일주 운동  ㄹ. 태양의 연주 운동
> ㅁ. 태양의 일주 운동

① ㄱ, ㄴ  ② ㄷ, ㅁ  ③ ㄱ, ㄴ, ㄹ
④ ㄷ, ㄹ, ㅁ  ⑤ ㄱ, ㄴ, ㄷ, ㅁ

**03** 그림 (가)는 북반구 중위도 지역의 별의 일주 운동을, (나)는 우리나라에서 관측한 별의 일주 운동을 나타낸 것이다.

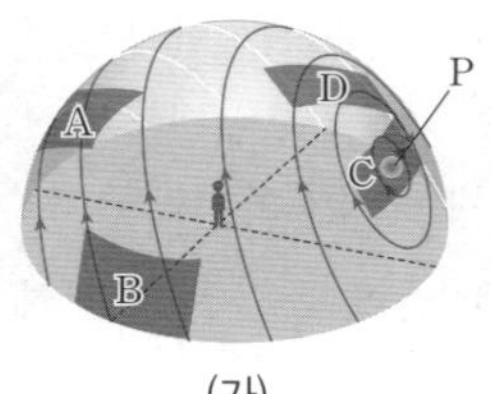

(가)  (나)

이에 대한 설명으로 옳은 것을 보기에서 모두 고른 것은?

> **보기**
> ㄱ. 별 P는 북극성이다.
> ㄴ. (나)는 A의 하늘을 관측한 모습이다.
> ㄷ. B의 하늘에서 관측된 별은 24 시간 후 D의 하늘에서 관측된다.

① ㄱ  ② ㄴ  ③ ㄱ, ㄷ
④ ㄴ, ㄷ  ⑤ ㄱ, ㄴ, ㄷ

**04** 그림은 우리나라에서 한 시간 동안 관측한 별의 일주 운동을 나타낸 것이다. 이에 대한 설명으로 옳은 것을 보기에서 모두 고른 것은?

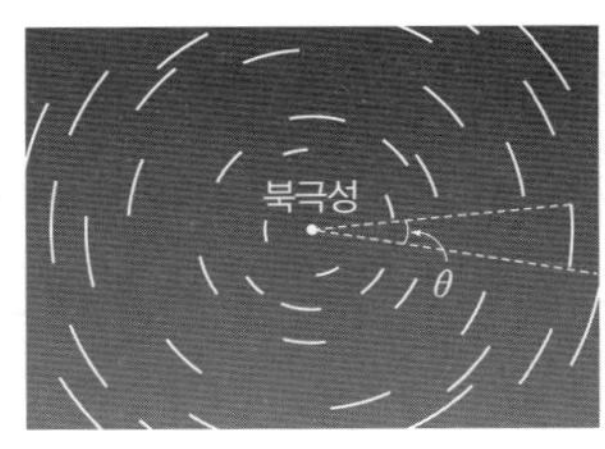


> **보기**
> ㄱ. 별의 회전 방향은 시계 방향이다.
> ㄴ. 우리나라의 북쪽 하늘을 관측한 것이다.
> ㄷ. 호의 중심각($\theta$)은 15°이다.

① ㄱ  ② ㄴ  ③ ㄱ, ㄷ
④ ㄴ, ㄷ  ⑤ ㄱ, ㄴ, ㄷ

**05** 그림은 어느 날 우리나라 북쪽 하늘에서 몇 시간 간격으로 관측한 카시오페이아자리의 이동을 나타낸 것이다.

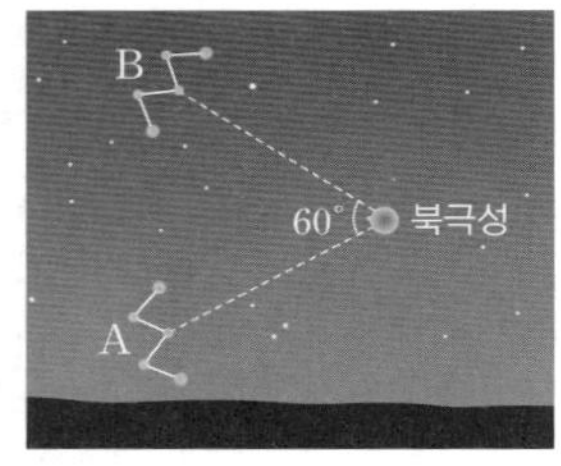


카시오페이아자리가 A에 위치할 때의 관측 시각이 새벽 4시였다면, B에 위치할 때의 관측 시각으로 옳은 것은?

① 밤 12시  ② 새벽 1시  ③ 새벽 2시
④ 아침 6시  ⑤ 아침 8시

**06** 그림 (가)와 (나)는 우리나라에서 관측한 별의 일주 운동을 나타낸 것이다.

(가)  (나)

(가)와 (나)의 관측 방향을 옳게 짝 지은 것은?

| | (가) | (나) | | (가) | (나) |
|---|---|---|---|---|---|
| ① | 북쪽 하늘 | 동쪽 하늘 | ② | 북쪽 하늘 | 서쪽 하늘 |
| ③ | 서쪽 하늘 | 남쪽 하늘 | ④ | 남쪽 하늘 | 동쪽 하늘 |
| ⑤ | 남쪽 하늘 | 서쪽 하늘 | | | |

**07** 지구의 공전과 공전에 의해 나타나는 현상에 대한 설명으로 옳지 <u>않은</u> 것은?

① 지구는 서쪽에서 동쪽으로 공전한다.
② 지구는 태양을 중심으로 하루에 약 15°씩 이동한다.
③ 지구의 공전 방향과 태양의 연주 운동 방향은 같다.
④ 별의 연주 운동 속도는 지구의 공전 속도와 같다.
⑤ 지구의 공전에 의해 계절마다 보이는 별자리가 달라진다.

**08** 그림 (가)~(다)는 해가 진 직후 서쪽 하늘의 별자리를 15일 간격으로 관측한 모습을 순서 없이 나타낸 것이다.

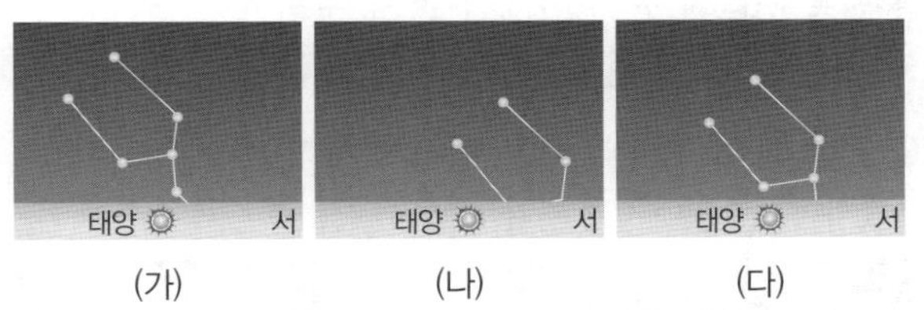


(가)~(다)를 관측한 순서대로 옳게 나열한 것은?

① (가) → (나) → (다)
② (가) → (다) → (나)
③ (나) → (가) → (다)
④ (나) → (다) → (가)
⑤ (다) → (가) → (나)

**09** 그림은 해가 진 직후 서쪽 하늘에서 15 일 간격으로 관측한 천체의 겉보기 운동을 나타낸 것이다. 이에 대한 설명으로 옳은 것을 <u>보기</u> 에서 모두 고른 것은?

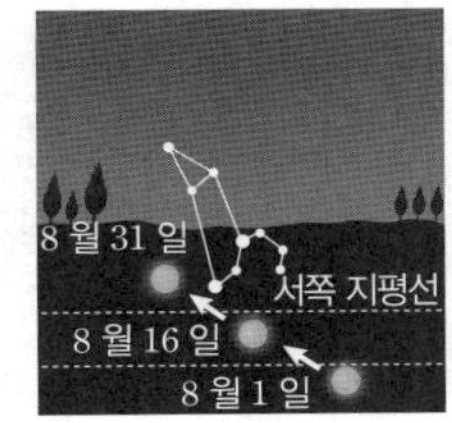


> **보기**
> ㄱ. 태양은 하루에 약 1°씩 이동한다.
> ㄴ. 별자리를 기준으로 태양의 연주 운동을 관측한 것이다.
> ㄷ. 태양을 기준으로 별의 연주 운동을 관측한다면 태양과 반대 방향으로 이동할 것이다.

① ㄱ
② ㄴ
③ ㄱ, ㄷ
④ ㄴ, ㄷ
⑤ ㄱ, ㄴ, ㄷ

**10** 그림은 지구의 공전 궤도와 황도 12궁을 나타낸 것이다.

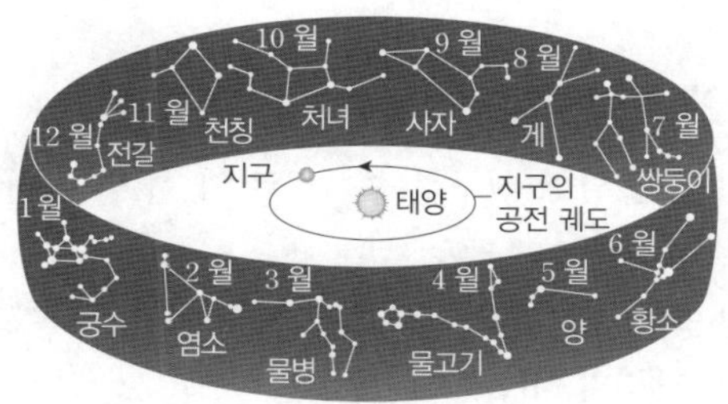


지구가 그림의 위치에 있을 때에 대한 설명으로 옳은 것을 <u>보기</u> 에서 모두 고른 것은?

> **보기**
> ㄱ. 태양은 양자리를 지난다.
> ㄴ. 지구는 1 년 후 그림의 위치로 되돌아온다.
> ㄷ. 6 개월 후 한밤중에 남쪽 하늘에서 천칭자리가 관측된다.

① ㄱ
② ㄷ
③ ㄱ, ㄴ
④ ㄴ, ㄷ
⑤ ㄱ, ㄴ, ㄷ

**11** 표는 황도 12궁을 나타낸 것이다.

| 1 월 | 2 월 | 3 월 | 4 월 | 5 월 | 6 월 |
|------|------|------|------|------|------|
| 궁수자리 | 염소자리 | 물병자리 | 물고기자리 | 양자리 | 황소자리 |

| 7 월 | 8 월 | 9 월 | 10 월 | 11 월 | 12 월 |
|------|------|------|------|------|------|
| 쌍둥이자리 | 게자리 | 사자자리 | 처녀자리 | 천칭자리 | 전갈자리 |

(가) 2 월에 한밤중에 남쪽 하늘에서 관측되는 별자리와 (나) 3 개월 후 태양이 지나는 별자리를 옳게 짝 지은 것은?

| | _(가)_ | _(나)_ | | _(가)_ | _(나)_ |
|---|---|---|---|---|---|
| ① | 염소자리 | 양자리 | ② | 염소자리 | 천칭자리 |
| ③ | 게자리 | 천칭자리 | ④ | 게자리 | 양자리 |
| ⑤ | 게자리 | 염소자리 | | | |

**12** 그림은 어느 날 우리나라에서 관측할 수 있는 황도 부근의 별자리를 나타낸 것이다. 이날 한밤중에 남쪽 하늘에서 쌍둥이자리가 관측되었다.

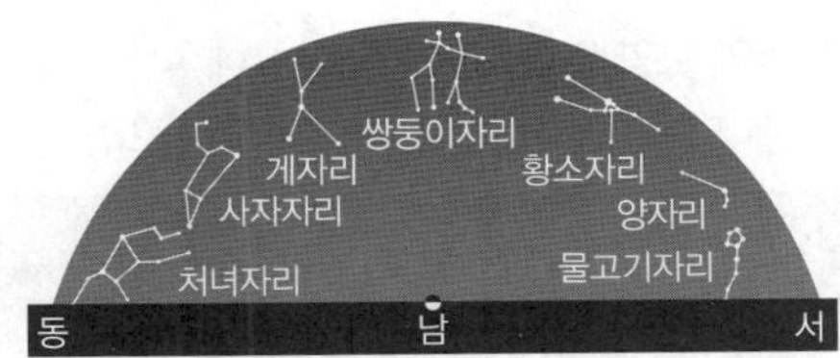


3 개월 후 같은 시각에 남쪽 하늘에서 관측되는 별자리로 옳은 것은?

① 처녀자리
② 사자자리
③ 게자리
④ 황소자리
⑤ 물고기자리

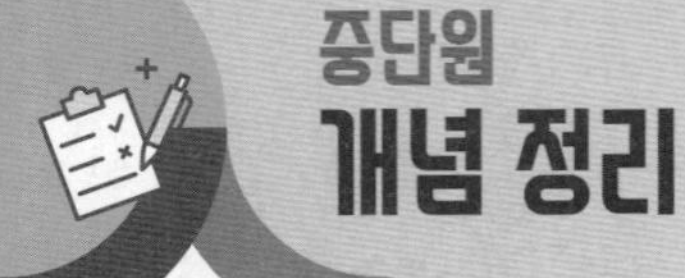

# 중단원 개념 정리

## ⊙3 달의 운동

### ① 달의 위상 변화

(1) **달의 공전**: 달이 지구를 중심으로 약 한 달에 한 바퀴씩 회전하는 운동

① **공전 방향**: 서 → 동

② **공전 속도**: 약 13°/일

③ **달의 공전에 의해 나타나는 현상**: 달의 위상 변화, 일식과 월식 등

(2) **달의 위상 변화**

① **달의 위상**: 지구에서 달을 볼 때 밝게 보이는 달의 모양

② **달의 위상이 변하는 까닭**: 달은 태양 빛을 반사하여 밝게 보이므로 달이 공전하면서 태양, 지구, 달의 상대적인 위치가 달라지기 때문에 지구에서 볼 때 달의 밝은 부분의 모양이 변한다.

③ **달의 위상 변화 순서**: 삭 → 초승달 → 상현달 → 보름달(망) → 하현달 → 그믐달 → 삭

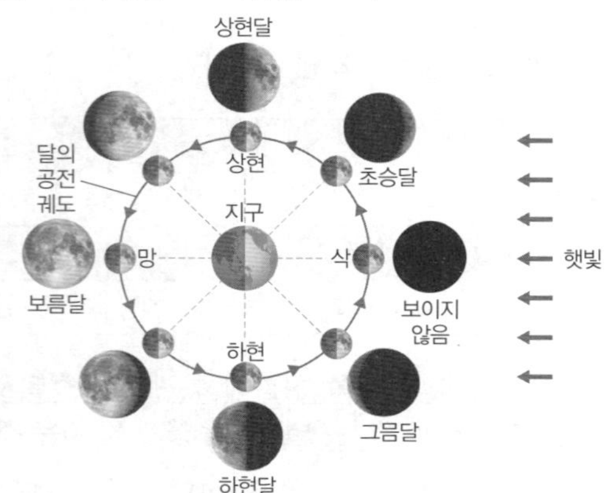

| 위상 | 음력 날짜 | 위치 |
|---|---|---|
| 보이지 않음(삭) | 1 일경 | 지구−달−태양 순서 |
| 초승달 | 2~3 일경 | 삭과 상현 사이 |
| 상현달 | 7~8 일경 | 지구를 중심으로 달과 태양이 직각 |
| 보름달(망) | 15 일경 | 달−지구−태양 순서 |
| 하현달 | 22~23 일경 | 지구를 중심으로 달과 태양이 직각 |
| 그믐달 | 27~28 일경 | 하현과 삭 사이 |

(3) **달의 위치와 모양 변화**: 달이 공전함에 따라 지구에서 같은 시각에 달을 관측하면 달의 위치와 모양이 변한다.

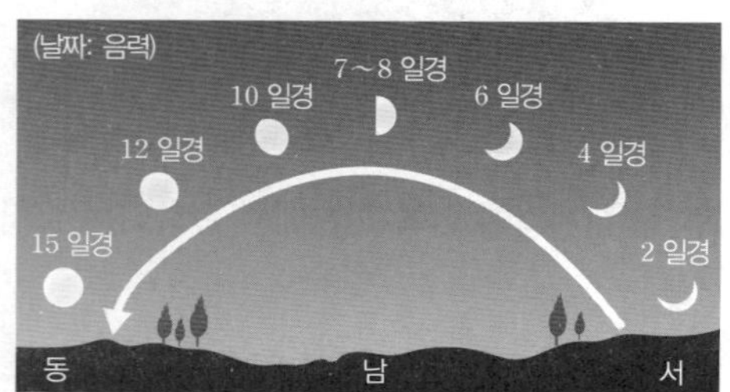

해가 진 직후 관측되는 달의 모양 변화

### ② 일식과 월식

(1) **일식**: 달이 태양을 가리는 현상

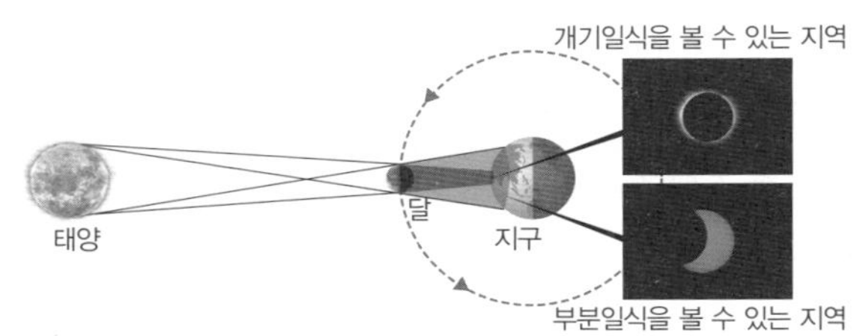

① **천체의 위치 관계**: 태양−달−지구 순으로 일직선을 이룰 때 ⇨ 달의 위치: 삭

② **종류**
- 개기일식: 달이 태양의 전체를 가리는 현상
- 부분일식: 달이 태양의 일부를 가리는 현상

③ **관측 가능 지역**: 지구에서 달의 그림자가 생기는 지역에서만 관측된다.

④ **진행 과정**: 태양의 오른쪽(서쪽)부터 가려지고, 오른쪽(서쪽)부터 빠져나온다.

(2) **월식**: 달이 지구의 그림자에 들어가 가려지는 현상

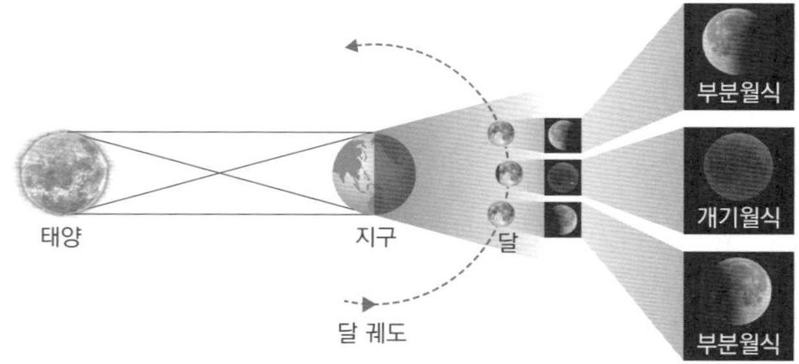

① **천체의 위치 관계**: 태양−지구−달 순으로 일직선을 이룰 때 ⇨ 달의 위치: 망

② **종류**
- 개기월식: 달 전체가 지구의 그림자에 완전히 가려져 붉게 보이는 현상
- 부분월식: 달의 일부가 지구의 그림자에 가려지는 현상

③ **관측 가능 지역**: 밤이 되는 모든 지역에서 관측된다.

④ **진행 과정**: 달의 왼쪽(동쪽)부터 가려지고, 왼쪽(동쪽)부터 빠져나온다.

# 학교 시험 문제

**01** 다음은 달의 위상에 대한 설명이다.

> (가): 달이 태양의 반대 방향에 위치하여 달의 앞면 전체가 밝게 보인다.
> (나): 달이 태양과 같은 방향에 위치하여 달이 보이지 않는다.
> (다): 달과 태양이 지구를 중심으로 직각을 이루어 달의 왼쪽 절반이 밝게 보인다.

(가)~(다)에 해당하는 달의 위상을 옳게 짝 지은 것은?

| | (가) | (나) | (다) |
|---|---|---|---|
| ① | 삭 | 보름달 | 상현달 |
| ② | 삭 | 상현달 | 보름달 |
| ③ | 보름달 | 삭 | 상현달 |
| ④ | 보름달 | 삭 | 하현달 |
| ⑤ | 보름달 | 하현달 | 삭 |

**[ 02~03 ]** 그림은 달의 공전 궤도와 달의 위치를 나타낸 것이다.

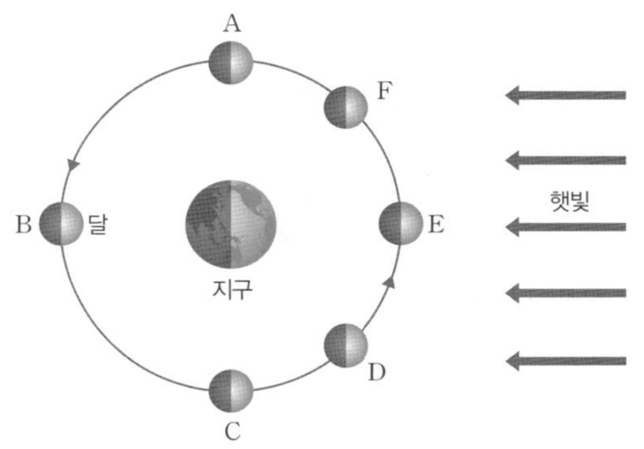


**02** 달의 위치와 위상을 옳게 짝 지은 것은?

① A, ② B, ③ C,

④ D, ⑤ E,

**03** 달의 위상이 초승달일 때 달의 위치와 음력 날짜를 옳게 짝 지은 것은?

① A, 음력 7~8 일경  ② D, 음력 2~3 일경
③ D, 음력 27~28 일경  ④ F, 음력 2~3 일경
⑤ F, 음력 27~28 일경

**04** 그림은 해가 진 직후 15 일 동안 관측한 달의 위치와 모양 변화를 나타낸 것이다.

이에 대한 설명으로 옳은 것을 보기 에서 모두 고른 것은?

> **보기**
> ㄱ. 달은 서쪽에서 동쪽으로 공전한다.
> ㄴ. 이 기간 동안 그믐달은 관측되지 않았다.
> ㄷ. 음력 15 일경에는 달이 태양의 반대 방향에 있다.

① ㄱ          ② ㄷ          ③ ㄱ, ㄴ
④ ㄴ, ㄷ        ⑤ ㄱ, ㄴ, ㄷ

**05** 그림 (가)~(다)는 우리나라에서 일정한 시간 간격으로 관측한 달의 모습을 순서 없이 나타낸 것이다.

(가)          (나)          (다)

이에 대한 설명으로 옳은 것을 보기 에서 모두 고른 것은?

> **보기**
> ㄱ. 15일 간격으로 관측한 모습이다.
> ㄴ. 삭 이후 달은 (가) → (나) → (다) 순으로 관측되었다.
> ㄷ. (가)와 (다)는 모두 달과 태양이 지구를 중심으로 직각을 이룰 때의 위상이다.

① ㄱ      ② ㄴ      ③ ㄷ      ④ ㄱ, ㄴ    ⑤ ㄴ, ㄷ

**06** 그림은 어느 날 우리나라에서 관측한 달의 위상을 나타낸 것이다. 이에 대한 설명으로 옳은 것을 보기 에서 모두 고른 것은?

> **보기**
> ㄱ. 그믐달의 모습이다.
> ㄴ. 약 2일 후 지구에서 달이 보이지 않는다.
> ㄷ. 약 한 달 후 같은 위치에서 같은 모양의 달이 관측된다.

① ㄱ          ② ㄷ          ③ ㄱ, ㄴ
④ ㄴ, ㄷ        ⑤ ㄱ, ㄴ, ㄷ

# 학교 시험 문제

**07** 그림은 지구를 공전하는 달의 위치를 나타낸 것이다.

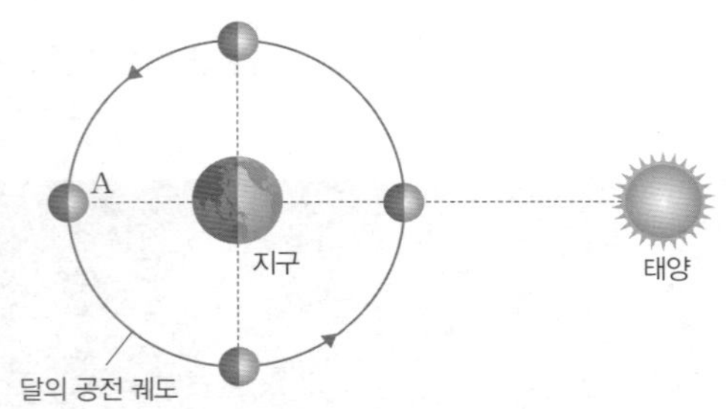


(가) 달이 A에 위치할 때와 (나) 이때 일어날 수 있는 현상을 옳게 짝 지은 것은?

|  | (가) | (나) |  | (가) | (나) |
|---|---|---|---|---|---|
| ① | 삭 | 일식 | ② | 삭 | 월식 |
| ③ | 망 | 일식 | ④ | 망 | 월식 |
| ⑤ | 상현 | 일식 |  |  |  |

**08** 그림은 일식과 월식이 일어날 때 태양, 지구, 달의 위치를 모식적으로 나타낸 것이다.

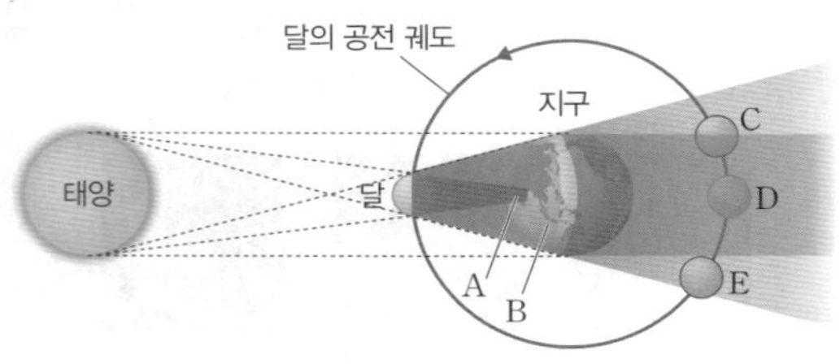


이에 대한 설명으로 옳지 <u>않은</u> 것은?

① A 지역에서 개기일식이 관측된다.
② B 지역에서는 일식이 관측되지 않는다.
③ 달이 C에 위치할 때 지구의 그림자에 달의 일부가 가려진다.
④ 달이 D에 위치할 때 달이 붉게 보인다.
⑤ 달이 E에 위치할 때 월식이 관측되지 않는다.

**09** 그림은 어느날 태양이 가려지는 모습을 나타낸 것이다. 이에 대한 설명으로 옳은 것을 보기 에서 모두 고른 것은?

> **보기**
> ㄱ. 태양―지구―달 순으로 일직선상에 놓여 있다.
> ㄴ. 달이 공전하기 때문에 나타나는 현상이다.
> ㄷ. 이날 태양의 대기를 관측할 수 있다.

① ㄱ　　　　② ㄷ　　　　③ ㄱ, ㄴ
④ ㄴ, ㄷ　　　⑤ ㄱ, ㄴ, ㄷ

**10** 그림 (가)는 어느 날 월식이 일어날 때 달의 위치를, (나)는 달이 A와 B 중 한 곳에 위치할 때 관측된 월식의 모습을 나타낸 것이다.

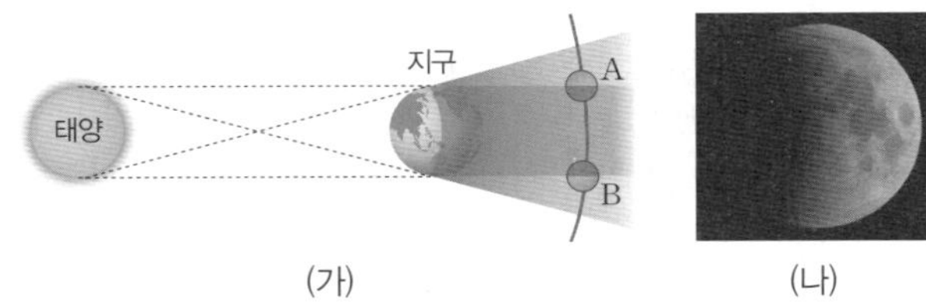


이에 대한 설명으로 옳은 것을 보기 에서 모두 고른 것은?

> **보기**
> ㄱ. (가)에서 달은 B → A 방향으로 이동한다.
> ㄴ. (나)는 달이 A 위치에 있을 때 관측한 월식의 모습이다.
> ㄷ. 이날 밤이 되는 모든 지역에서 (나)를 관측할 수 있다.

① ㄱ　　　　② ㄴ　　　　③ ㄱ, ㄷ
④ ㄴ, ㄷ　　　⑤ ㄱ, ㄴ, ㄷ

**11** 그림 (가)는 일식을, (나)는 월식을 나타낸 것이다.

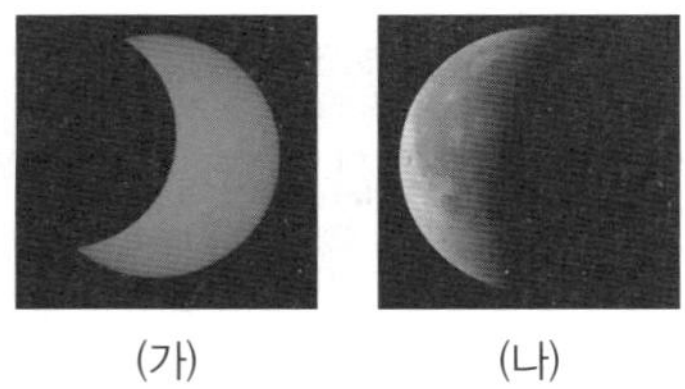


이에 대한 설명으로 옳은 것을 보기 에서 모두 고른 것은?

> **보기**
> ㄱ. (가)는 부분일식의 모습이다.
> ㄴ. (나)는 달이 지구의 그림자에 완전히 가려진 모습이다.
> ㄷ. (가)와 (나)가 일어난 날 달은 같은 위상을 보인다.

① ㄱ　　　　② ㄴ　　　　③ ㄱ, ㄷ
④ ㄴ, ㄷ　　　⑤ ㄱ, ㄴ, ㄷ

**12** 그림 (가)~(다)는 우리나라에서 월식이 일어나는 모습을 순서 없이 나타낸 것이다.

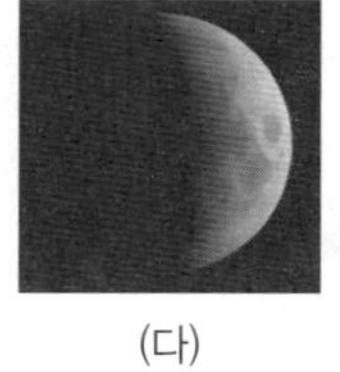


월식이 일어나는 과정을 순서대로 옳게 나열한 것은?

① (가) → (나) → (다)　　② (가) → (다) → (나)
③ (나) → (가) → (다)　　④ (나) → (다) → (가)
⑤ (다) → (나) → (가)

# 서술형 문제　Ⅶ 태양계

**01** 그림 (가)와 (나)는 태양계의 구성 천체 중 위성과 소행성을 순서 없이 나타낸 것이다.

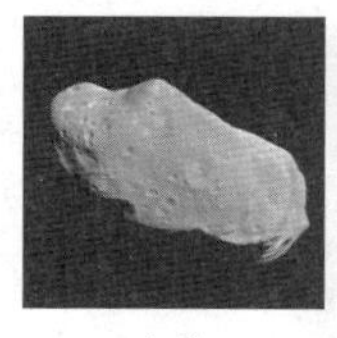 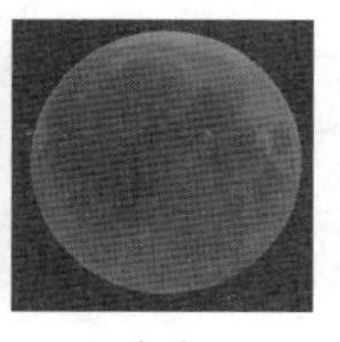

(가)　　　　　　(나)

(가)와 (나)가 무엇인지 각각 쓰고, 차이점을 <u>한 가지</u> 서술하시오.

 KEY 공전

**02** 그림은 태양계 행성을 나타낸 것이다.

 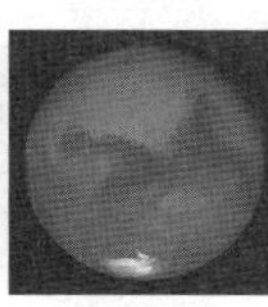 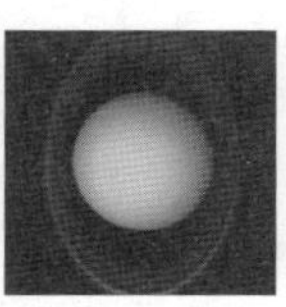 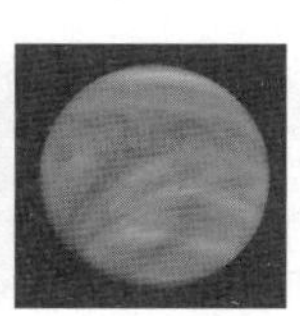

(가)　　　(나)　　　(다)　　　(라)

(1) (가)~(라)를 두 집단으로 나누고, 집단의 물리적인 특징을 비교하여 서술하시오.

KEY 반지름, 질량, 고리

(2) (1)의 두 집단에 행성의 표면을 탐사하기 위한 우주 탐사선을 보내려고 한다. 표면을 탐사하기에 적합한 집단을 고르고, 그렇게 생각한 까닭을 서술하시오.

KEY 기체 상태, 고체 상태

**03** 그림은 태양계 행성 중 화성의 모습이다. 화성의 특징을 <u>두 가지 이상</u> 서술하시오.

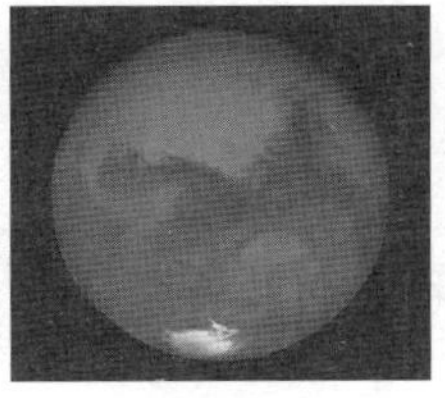

KEY 표면의 색, 물의 흔적, 극관

**04** 그림은 태양 표면의 일부를 나타낸 것이다. A의 명칭을 쓰고, A의 수가 평소보다 많은 시기에 지구에 나타나는 현상을 <u>두 가지 이상</u> 서술하시오.

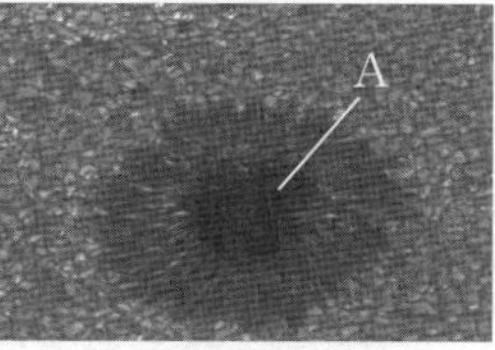

KEY 태양 활동

**05** 풍식이는 망원경으로 천체를 관측하려고 한다. 망원경의 조작 방법에 따라 보조 망원경으로 천체를 찾은 다음, 접안렌즈로 관측하였다. 그렇게 관측한 까닭에 대해 서술하시오.

KEY 저배율, 고배율

**06** 그림은 우리나라의 북쪽 하늘을 몇 시간 동안 촬영한 사진을 나타낸 것이다. 이와 같이 별들이 움직이는 현상을 무엇이라고 하는지 쓰고, 이러한 현상이 나타나는 까닭을 서술하시오.

KEY 일주 운동, 자전

서술형 문제

**07** 그림은 15 일 간격으로 해가 진 직후 서쪽 하늘에서 관측한 별자리를 나타낸 것이다.

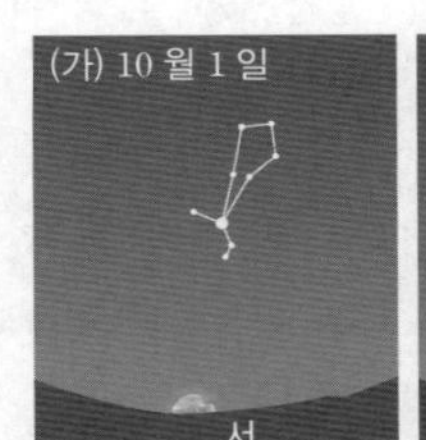

이와 같은 현상을 무엇이라고 하는지 쓰고, 이러한 현상이 나타나는 까닭을 서술하시오.

**KEY** 연주 운동, 공전

**08** 그림은 황도 12궁을 나타낸 것이다.

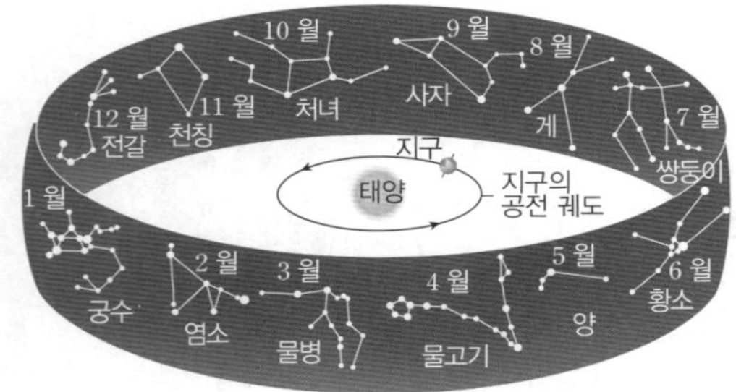


풍식이의 생일은 1 월 10 일이다. 생일 한밤중에 남쪽 하늘에서 볼 수 있는 별자리는 무엇인지 쓰고, 1 년 동안 관측되는 별자리가 변하는 까닭을 서술하시오.

**KEY** 공전

**09** 그림은 어느 기간 동안 같은 시각에 달을 관측했을 때의 달의 위상을 나타낸 것이다.

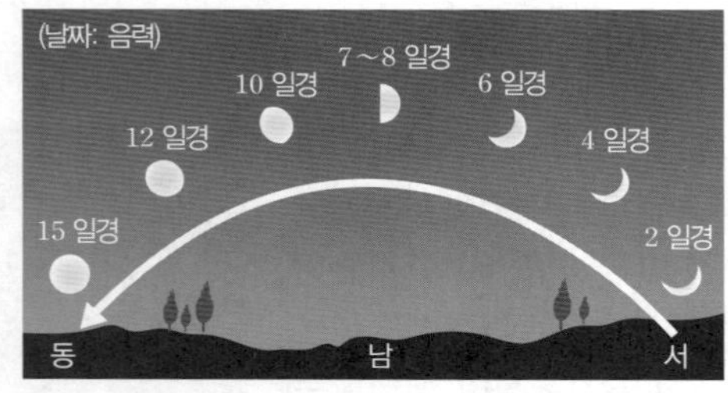


달을 관측한 시간은 언제인지 쓰고, 그 까닭을 서술하시오.

**KEY** 위상, 태양, 망

**10** 그림은 달의 공전 궤도를 나타낸 것이다.

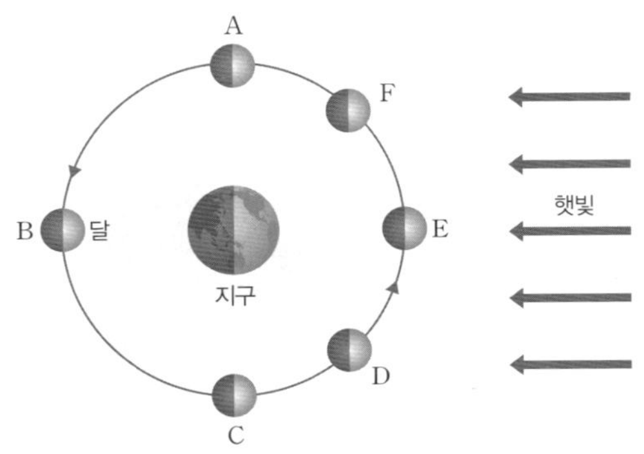


A~F 중 일식과 월식이 일어날 때의 위치를 차례대로 쓰고, 일식과 월식이 일어날 때 태양과 달 사이의 거리를 비교하여 서술하시오.

**KEY** 삭, 망

**11** 그림은 어느 날 우리나라에서 관측한 월식의 모습이다. 달이 지구의 그림자에 들어가는 모습인지, 지구의 그림자에서 빠져나오고 있는 모습인지 그 까닭과 함께 서술하시오.

**KEY** 달의 공전 방향

**12** 개기일식이 일어날 때보다 개기월식이 일어날 때 관측 가능 지역이 더 넓은 까닭을 서술하시오.

**KEY** 달의 그림자

100점
장풍쌤의 과학 백점 맞는 비법 수록!
백신
중학 과학 1.2
정답과 해설
메가스터디 BOOKS

장풍쌤의 과학 백점 맞는 비법 수록!
백신
중학 과학 1.2
정답과 해설

# V 힘의 작용

## 01 힘의 표현과 평형

### 바로 복습
011쪽

**01** 힘  **02** N  **03** 작용점, 방향, 크기  **04** 합력
**05** 같, 반대  **06** ×  **07** ×  **08** ○  **09** ○
**10** ×

### 개념 알약
011쪽

**01** (1) ㉠ (2) ㉢ (3) ㉡  **02** (1) 6 N (2) 동쪽  **03** (가)
**04** (가) 7 N, (나) 1 N  **05** ㉠ 같고, ㉡ 반대이어야, ㉢ 움직이지 않는다.

**01**

찰흙을 누르면 모양이 변하고, 축구공을 세게 차면 모양과 운동 상태가 모두 변한다. 굴러가던 공이 멈추는 것은 운동 상태의 변화이다.

**02**

(1) 화살표의 길이가 3 cm이므로 이 화살표가 나타내는 힘이 크기는 2 N×3=6 N이다.
(2) 화살표가 가리키는 방향이 동쪽이므로 힘의 방향은 동쪽이다.

**03**

힘을 화살표로 나타낼 때 힘의 크기는 화살표의 길이로 표현한다. 따라서 화살표의 길이가 길수록 물체에 작용하는 힘의 크기가 더 크다.

**04**

(가)에서는 물체에 같은 방향으로 두 힘이 작용하므로 합력의 크기는 두 힘의 합인 3 N+4 N=7 N이다.
(나)에서는 물체에 반대 방향으로 두 힘이 작용하므로 합력의 크기는 큰 힘에서 작은 힘을 뺀 값인 4 N−3 N=1 N이다.

**05**

한 물체에 작용하는 두 힘이 평형을 이루려면 두 힘의 크기가 같고 방향이 반대이며, 일직선상에서 작용해야 한다. 물체에 작용하는 두 힘이 평형을 이루면 물체는 움직이지 않는다.

### 실전 백신
014~016쪽

**01** ①  **02** ④  **03** ⑤  **04** ④  **05** ④
**06** ③  **07** ③  **08** ④  **09** ②  **10** ④
**11** ④  **12** ③  **13** ①, ⑤  **14** ②  **15** ③
**16** ③  **17~19** 해설 참조

**01**

과학에서의 힘은 물체의 모양이나 운동 상태를 변하게 하는 원인이다. ①은 책상에 힘을 주어 책상의 운동 상태가 변한 경우이다.

**02**

과학에서의 힘이 물체에 작용하면 물체의 모양이나 운동 상태(속력, 운동 방향)가 변한다.

**03**

① 힘이 작용하여 깡통의 모양이 변한다.
② 농구공을 바닥에 세게 튕기면 공의 모양과 운동 상태가 변한다.
③ 유리창이 깨지면서 모양이 변한다.
④ 정지해 있던 사과가 떨어지므로 사과의 운동 상태가 변한다.
**바로 알기 〉** ⑤ 우주선이 일정한 속력과 방향으로 이동하면 모양이나 운동 상태가 변하지 않는다. 따라서 우주선에는 힘의 효과가 나타나지 않는다.

**04**

운동 상태의 변화는 속력이 변하거나 운동 방향이 변하는 것이다.
ㄴ. 자동차가 벽에 세게 부딪치며 멈추면 모양과 운동 상태가 동시에 변한다.
ㄹ. 축구공을 발로 세게 차면 모양과 운동 상태가 동시에 변한다.
**바로 알기 〉** ㄱ. 대리석이 깨지므로 모양이 변한다.
ㄷ. 정지해 있던 창문이 움직이므로 운동 상태가 변한다.
ㅁ. 알루미늄 캔이 찌그러지므로 모양이 변한다.

**05**

④ 힘을 화살표로 나타낼 때 화살표의 시작점은 작용점으로 힘이 작용하는 지점이다.
**바로 알기 〉** ① 힘의 단위는 N(뉴턴)이다.
② 물체에 힘을 작용해도 물체의 질량은 달라지지 않는다.
③ 얼음이 녹아 물이 되는 것은 상태 변화이므로 과학에서의 힘이 작용한 예가 아니다.
⑤ 힘의 크기는 화살표의 길이로 나타내며, 화살표가 두껍다고 더 큰 힘이 작용하는 것이 아니다.

**06**

힘을 화살표로 나타낼 때 화살표의 길이(가)는 힘의 크기, 화살표의 방향(나)은 힘의 방향, 화살표의 시작점(다)은 힘의 작용점을 나타낸다.

**07**

물체에 작용하는 힘의 크기와 방향이 같아도 작용점이 다르면 물체의 움직임이 다를 수 있다.
ㄷ. 화살표의 시작점이 (가)는 연필의 중간, (나)는 연필의 끝부분이므로 연필에 작용한 힘의 작용점이 다르다.
**바로 알기 〉** ㄱ, ㄴ. 연필에 작용하는 두 힘을 나타낸 화살표의 길이와 방향이 같으므로 (가)와 (나)에서 작용한 힘의 크기와 방향은 같다.

**08**

화살표의 방향은 힘의 방향을, 화살표의 길이는 힘의 크기를, 화살표의 시작점은 힘의 작용점을 나타낸다. 힘의 크기만 달라지는 것이므로 작용점과 방향은 그대로이고 화살표의 길이가 1 cm×1.5=1.5 cm인 화살표를 찾아야 한다.

**09**

화살표가 가리키는 방향은 힘의 방향을, 화살표의 길이는 힘의

크기를 나타낸다. 화살표가 동쪽을 가리키고 있으므로 힘의 방향은 동쪽이다. 화살표의 길이 $1\,cm$는 $5\,N$의 힘을 나타내므로 $2\,cm$는 $10\,N$의 힘을 나타낸다.

## 10

④ 두 힘이 반대 방향으로 작용할 때 합력의 크기는 두 힘의 차이므로 크기가 같은 두 힘이 반대 방향으로 작용할 때, 힘의 합력은 0이고 두 힘은 평형을 이룬다.

**바로 알기 >** ① 두 힘의 방향이 같을 때 합력의 방향은 두 힘의 방향과 같다.
② 두 힘의 방향이 같을 때 합력의 크기는 두 힘의 크기를 더한 값과 같다.
③ 두 힘의 방향이 반대일 때 합력의 방향은 큰 힘의 방향과 같다.
⑤ 물체에 3 개 이상의 나란한 힘이 동시에 작용할 때, 같은 방향으로 작용하는 힘들의 합력을 구한 다음 전체 합력을 구하는 방법으로 모든 힘의 합력을 구할 수 있다.

## 11

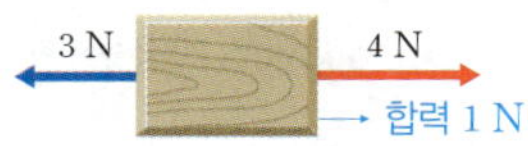

> **자료 해석 | 힘의 합력**
> 두 힘의 크기를 비교하면 오른쪽 방향으로 작용하는 힘이 왼쪽 방향으로 작용하는 힘보다 크다.
>
> 
> 
>
> • 합력의 크기: 두 힘의 차이므로 $4\,N-3\,N=1\,N$
> • 합력의 방향: 큰 힘의 방향이므로 오른쪽

물체에 작용하는 두 힘이 서로 반대 방향이므로 두 힘의 합력의 방향은 큰 힘의 방향인 오른쪽이다. 두 힘의 합력의 크기는 $4\,N-3\,N=1\,N$이다.

## 12

물체를 양쪽에서 잡아당겼지만 물체가 움직이지 않고 정지해 있으므로 물체를 양쪽에서 잡아당기는 두 힘은 평형을 이룬다.
ㄱ. 두 힘이 평형을 이루므로 두 힘의 크기는 같다.
ㄷ. 두 힘이 평형을 이루려면 두 힘의 크기가 같고, 방향이 반대이며, 일직선상에서 작용해야 한다.
**바로 알기 >** ㄴ. 물체를 양쪽에서 잡아당기므로 두 힘은 반대 방향으로 작용한다.

## 13

두 힘이 나란하게 작용하므로 두 힘의 합력의 크기는 두 힘의 합 또는 두 힘의 차이다. 따라서 두 힘의 합력의 크기가 될 수 있는 것은 $1\,N$과 $7\,N$이다.

## 14

(가)는 다른 크기의 두 힘이 반대 방향으로 작용한 경우를, (나)는 같은 크기의 두 힘이 반대 방향으로 작용하는 경우를, (다)는 같은 크기의 두 힘이 같은 방향으로 작용하는 경우를 나타낸 것이다. 한 물체에 같은 크기의 두 힘이 반대 방향으로 작용할 때 물체에 작용하는 힘의 합력은 0이다.

## 15

③ 두 힘이 같은 방향으로 작용하므로 합력의 크기는 두 힘의 크기를 더한 값인 $5\,N+7\,N=12\,N$이다.

**바로 알기 >** ① 크기가 같은 두 힘이 반대 방향으로 작용하므로 합력의 크기는 $5\,N-5\,N=0$이다.
② 두 힘이 반대 방향으로 작용하므로 합력의 크기는 큰 힘의 크기에서 작은 힘의 크기를 뺀 값인 $7\,N-5\,N=2\,N$이고, 합력의 방향은 큰 힘의 방향인 오른쪽이다.
④ 한 물체에 나란하게 세 힘이 작용하므로 같은 방향으로 작용하는 두 힘의 합력을 구한 다음 전체 합력을 구한다. 오른쪽으로 작용하는 두 힘의 합력은 $5\,N+5\,N=10\,N$이고, 왼쪽으로 작용하는 힘이 $7\,N$이므로 전체 합력의 크기는 $10\,N-7\,N=3\,N$이고, 합력의 방향은 오른쪽이다.
⑤ 오른쪽으로 작용하는 두 힘의 합력은 $5\,N+7\,N=12\,N$이고, 왼쪽으로 작용하는 힘이 $5\,N$이므로 전체 합력의 크기는 $12\,N-5\,N=7\,N$이고, 합력의 방향은 오른쪽이다.

## 16

**바로 알기 >** ③ 공을 발로 찼을 때 공의 운동 상태가 변했으므로 힘의 평형을 이루고 있는 예가 아니다.

**서술형**

### 17 모범 답안 >

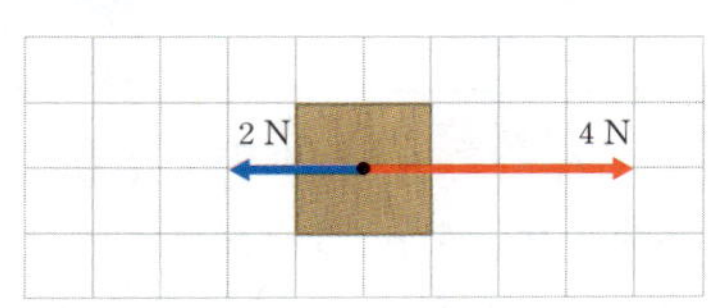


화살표의 길이는 힘의 크기를, 화살표의 방향은 힘의 방향을 나타낸다. 따라서 같은 지점에서 길이가 $\dfrac{1}{2}$이고, 왼쪽 방향을 가리키는 화살표로 나타내야 한다.

| 채점 기준 | 배점 |
| --- | --- |
| 물체에 왼쪽으로 작용하는 $2\,N$의 힘을 화살표로 옳게 나타내고, 화살표를 나타낸 까닭을 화살표의 길이와 방향과 관련지어 옳게 서술한 경우 | 100 % |
| 화살표만 옳게 나타내고 까닭을 서술하지 않은 경우 | 30 % |

## 18

**모범 답안 >** (가) > (나), (가)에서는 물체에 두 힘이 같은 방향으로 작용하므로 합력의 크기는 $50\,N+100\,N=150\,N$이고, (나)에서는 물체에 두 힘이 반대 방향으로 작용하므로 합력의 크기는 $100\,N-50\,N=50\,N$이다.

| 채점 기준 | 배점 |
| --- | --- |
| 물체에 작용하는 합력의 크기를 옳게 비교하고, 그렇게 생각한 까닭을 방향과 관련지어 옳게 서술한 경우 | 100 % |
| 물체에 작용하는 합력의 크기만 옳게 비교한 경우 | 30 % |

## 19

**모범 답안 >** 줄을 당기는 두 힘의 합력이 0이 되어 힘의 평형을 이루기 때문에 줄이 움직이지 않는 것이다.

| 채점 기준 | 배점 |
| --- | --- |
| 줄이 움직이지 않는 까닭을 힘의 평형과 관련지어 옳게 서술한 경우 | 100 % |

017쪽

## 1등급 백신

| | | | | |
|---|---|---|---|---|
| 01 ① | 02 ② | 03 ③ | 04 ④ | 05 ⑤ |

### 01

ㄱ, ㄴ. (가)와 (나)에서 화살표의 길이가 같으므로 힘의 크기가 같고, 화살표가 가리키는 방향도 오른쪽으로 동일하므로 두 힘의 방향도 오른쪽으로 같다.

**바로 알기 >** ㄷ, ㄹ. (가)에서는 화살표가 책의 중간 부분에, (나)에서는 책의 아랫부분에 위치하므로 작용점의 위치가 다르다. 따라서 작용점이 다르므로 책의 움직임이 달라져 힘의 효과도 다르게 나타난다.

### 02

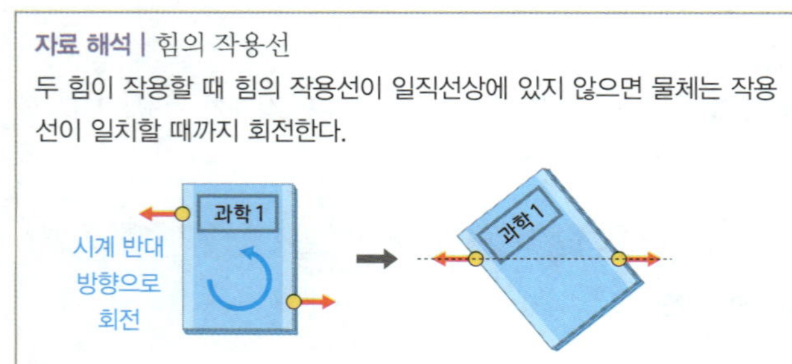


ㄴ. (가)에서는 크기가 같은 두 힘이 반대 방향으로 일직선상에서 작용하므로 합력은 0이고, 두 힘은 평형을 이룬다. 두 힘이 평형을 이루므로 물체는 아무런 힘을 받지 않는 것처럼 보이며 계속 정지해 있다.

**바로 알기 >** ㄱ. (가)에서는 두 힘이 같은 작용선상에 있지만, (나)에서는 두 힘이 서로 다른 작용선상에 위치한다.

ㄷ. (나)에서는 두 힘의 크기가 같고 방향이 반대이지만 두 힘이 일직선상에서 작용하지 않으므로 평형을 이루지 않는다. 두 힘의 작용선이 일치할 때까지 물체가 회전하게 되므로 물체는 시계 반대 방향으로 회전한다.

### 03

화살표의 길이는 힘의 크기에 비례하고 모눈 눈금 1 칸이 10 N이므로, 힘의 크기가 30 N인 것은 눈금이 3 칸 길이의 화살표인 (가), (마)이다.

### 04

물체에 세 힘이 작용하므로 같은 방향으로 작용하는 힘들의 합력을 구한 다음 전체 합력을 구해야 한다. 오른쪽에 작용하는 힘의 합력은 2 N+5 N=7 N이고, 왼쪽으로 작용하는 힘이 4 N이므로 세 힘의 합력은 3 N이고, 방향은 오른쪽이다. 물체에 작용하는 힘들이 평형을 이루려면 물체에 힘의 크기가 같고, 방향이 반대인 힘이 작용해야 한다. 따라서 물체가 힘의 평형을 이루려면 반대 방향인 왼쪽으로 3 N의 힘이 작용해야 한다.

### 05

ㄴ, ㄷ. 물체가 줄에 매달린 채 가만히 정지해 있으므로 두 힘 $F_1$과 $F_2$는 평형을 이루며, 물체에 작용하는 합력의 크기는 0이다.

**바로 알기 >** ㄱ. 힘의 크기는 $F_1$과 $F_2$가 같다.



## 02 여러 가지 힘(1)

### 바로 복습

019, 021쪽

| | | | | |
|---|---|---|---|---|
| 01 지구 | 02 중심 | 03 질량 | 04 5 | 05 6 |
| 06 ○ | 07 × | 08 ○ | 09 ○ | 10 × |
| 11 탄성 | 12 탄성력 | 13 반대 | 14 비례 | 15 ○ |
| 16 × | 17 × | 18 ○ | | |

### 개념 알약

019, 021쪽

| | | | |
|---|---|---|---|
| 01 해설 참조 | 02 ③ | 03 98 N | 04 ㉠ 질량, ㉡ 무게 |
| 05 ⑤ | 06 탄성력 | 07 ② | 08 오른쪽 | 09 ④ |
| 10 5 N | | | |

### 01

**모범 답안 >**

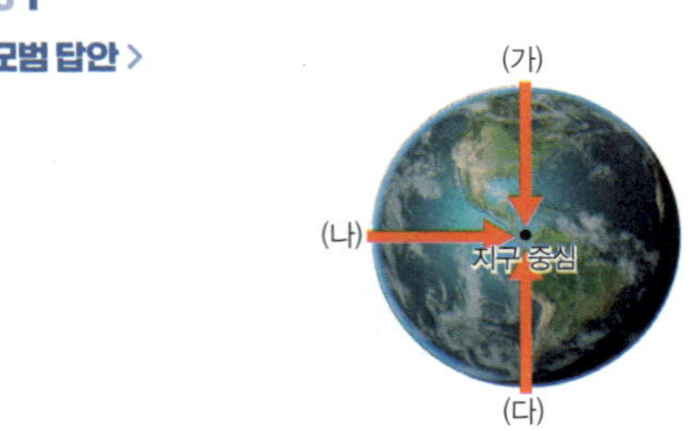


**해설 >** 중력은 지구 중심 방향으로 작용한다.

### 02

빙판에서 스케이트를 타는 것은 마찰력을 작게 하여 이용한 예이다.

### 03

지구에서의 무게는 달에서 무게의 6 배이므로, 지구에서의 무게가 588 N인 사람이 달에 가면 무게는 $588 \text{ N} \times \dfrac{1}{6} = 98 \text{ N}$이 된다.

### 04

질량(㉠)은 물체의 고유한 양이며, 무게(㉡)는 물체에 작용하는 중력의 크기이다.

### 05

같은 장소에서 무게는 질량에 비례하며, 달에서의 무게는 지구에서 무게의 $\dfrac{1}{6}$이므로 지구에 있는 A와 달에 있는 B의 무게는 같다.

### 06

용수철에 힘을 작용했을 때 용수철에는 원래 모양으로 되돌아가려는 힘인 탄성력이 작용하게 된다. 이때 용수철에 작용하는 힘의 크기는 탄성력의 크기와 같고, 용수철이 늘어난 길이는 탄성력의 크기에 비례한다.

### 07

탄성력은 힘을 받아 변형된 물체가 원래 모양으로 되돌아가려는 힘이다. 트램펄린, 컴퓨터 자판은 탄성력을 이용한 물체이다.

**바로 알기 >** ㄴ. 부력을 이용한 물체이다.

ㄹ. 마찰력을 이용한 물체이다.

**08**

용수철에 작용하는 탄성력의 방향은 용수철에 작용하는 힘의 방향과 반대 방향이다. 따라서 용수철을 왼쪽으로 잡아당겨 늘였을 때 용수철에 작용하는 탄성력의 방향은 오른쪽이다.

**09**

용수철에 작용하는 탄성력의 크기는 용수철에 작용한 힘의 크기와 같고, 방향은 반대이다.

**10**

용수철이 늘어난 길이는 추의 무게에 비례한다. $10\ \text{N} : 10\ \text{cm} = x : 5\ \text{cm}$에서 $x = 5\ \text{N}$이므로 추의 무게는 5 N이다.

**01**

(1) 힘 센서로 측정한 힘은 용수철이 원래 모양으로 되돌아가려는 힘이므로 탄성력이다.
(2) 탄성력은 작용하는 힘의 방향과 반대 방향으로 작용한다.
(3) 용수철이 늘어난 길이는 탄성력의 크기에 비례하며, 탄성력의 크기는 작용하는 힘의 크기와 같다.

**02**

**바로 알기 >** (4) 용수철이 늘어난 길이가 3 배가 될 때 용수철의 탄성력의 크기도 3 배가 된다.

**03**

용수철의 길이가 5 cm 늘어났으므로 용수철에 작용한 힘의 크기는 0.8 N이다.

**04**

추의 무게가 20 N일 때 용수철이 늘어난 길이가 8 cm이므로 무게가 40 N인 추를 매달면 용수철이 늘어난 길이는 $8\ \text{cm} \times 2 = 16\ \text{cm}$이다.



**01**

①, ② 중력은 지구가 물체를 끌어당기는 힘으로, 지구 중심 방향으로 작용한다.

④ 중력의 크기는 물체의 질량에 비례하며, 장소에 따라 달라진다.
⑤ 지표면에 위치한 질량이 있는 모든 물체에는 중력이 작용한다.
**바로 알기 >** ③ 무중력 상태는 중력이 없는 상태가 아니라 중력과 크기는 같고 방향이 반대인 다른 힘이 작용하여 중력을 느끼지 못하는 상태를 말한다.

**02**

지구 근처에 있는 물체에 작용하는 중력은 지구 중심 방향으로 작용하고, 가만히 놓은 물체는 중력 방향으로 떨어진다.

**03**

지구에서 측정한 풍식이의 몸무게(중력의 크기)가 735 N이므로, 지구에서 측정한 풍식이의 질량은 $\dfrac{735}{9.8} = 75\ (\text{kg})$이다. 질량은 물체의 고유한 양으로 측정하는 장소가 달라져도 그 값이 변하지 않는다. 따라서 달에서 측정한 풍식이의 질량도 75 kg이다. 또한 달에서의 중력은 지구에서 중력의 $\dfrac{1}{6}$이므로 달에서 측정한 풍식이의 무게는 $735\ \text{N} \times \dfrac{1}{6} = 122.5\ \text{N}$이다.

**04**

④ 높은 곳으로 올라갈수록 중력이 작아지므로 같은 질량의 금이라도 한라산 정상에서보다 바닷가 마을에서 무게가 크게 측정된다. 따라서 금을 사고팔 때 무게를 측정하는 가정용 저울을 사용해야 이득을 볼 수 있다.

**05**

④ 지구에서 무게가 9.8 N인 물체의 질량은 1 kg이다. 질량은 장소에 관계없이 항상 일정하므로 지구에서 질량이 1 kg인 물체는 달에서도 질량이 1 kg이다.
**바로 알기 >** ① 질량은 장소에 관계없이 항상 일정하지만 무게는 장소에 따라 변한다.
② 지구에서 질량이 6 kg인 물체의 무게는 $6 \times 9.8 = 58.8\ (\text{N})$이고, 달에서의 중력은 지구에서 중력의 $\dfrac{1}{6}$이므로 달에서 물체의 무게는 $58.8\ \text{N} \times \dfrac{1}{6} = 9.8\ \text{N}$이다.
③ 질량은 물체의 고유한 양이므로 지구에서 질량이 6 kg인 물체는 달에서도 질량이 6 kg이다.
⑤ 질량이 1 kg인 물체에 작용하는 지구 중력의 크기(무게)는 9.8 N이다.

**06**

② 지구에서 질량이 1 kg인 물체의 무게는 10 N이므로, 질량이 4 kg인 물체의 무게는 40 N이다. 목성에서의 중력은 지구에서 중력의 2.5 배이므로, 목성에서 이 물체의 무게는 $40\ \text{N} \times 2.5 = 100\ \text{N}$이다.
**바로 알기 >** ① 수성에서 물체의 무게는 $40\ \text{N} \times 0.4 = 16\ \text{N}$이다.
③, ④ 수성, 지구, 목성에서 물체의 질량은 모두 4 kg으로 같다.
⑤ 행성이 물체를 당기는 힘인 중력은 행성마다 크기가 다르며, 같은 장소에서 물체의 질량에 따라 물체에 작용하는 중력의 크기가 달라진다.

## 07

자료 해석 | 중력의 작용

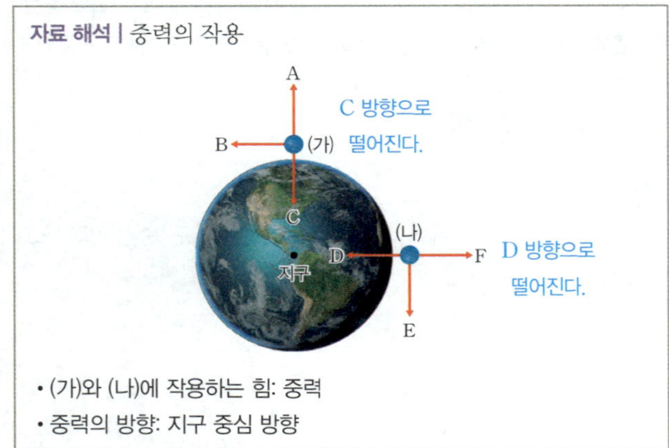


• (가)와 (나)에 작용하는 힘: 중력
• 중력의 방향: 지구 중심 방향

**바로 알기** ㄴ. 중력의 방향이 지구 중심 방향이므로 (나)는 지구 중심 방향인 D 방향으로 떨어진다.

## 08

장대와 활시위에는 공통으로 탄성력이 작용한다.
**바로 알기** ② 지구가 물체를 끌어당기는 힘은 중력이다.

## 09

**바로 알기** ⑤ 탄성력은 탄성체를 변형시킨 힘과 반대 방향으로 작용한다.

## 10

5 N의 추를 매달았을 때 용수철이 2 cm 늘어났으므로 용수철을 5 cm 늘이기 위해서는 $5 \text{ N} : 2 \text{ cm} = x : 5 \text{ cm}$, $x = 12.5 \text{ N}$의 추를 매달아야 한다.

## 11

추의 무게가 9 N일 때 용수철이 늘어난 길이는 6 cm이므로 무게가 18 N인 추를 매달면 용수철이 늘어난 길이는 $6 \text{ cm} \times 2 = 12 \text{ cm}$이다.

## 12

② 용수철을 왼쪽으로 잡아당기면 용수철에 오른쪽으로 탄성력이 작용하므로 용수철이 손을 잡아당기게 된다.
③ 용수철에 작용하는 탄성력의 크기는 용수철을 잡아당긴 힘의 크기인 10 N과 같다.
④ 용수철을 잡아당긴 후에 용수철을 놓으면 용수철에 작용하는 탄성력으로 인해 용수철은 원래 모양으로 되돌아간다.
⑤ 10 N의 힘으로 용수철을 잡아당겼을 때 용수철이 늘어난 길이는 5 cm이다. 따라서 $10 \text{ N} : 5 \text{ cm} = 12 \text{ N} : x$에서 $x = 6 \text{ cm}$이므로 용수철의 전체 길이는 16 cm이다.
**바로 알기** ① 용수철에는 왼쪽 방향으로 힘이 작용하므로 반대 방향인 오른쪽 방향으로 탄성력이 작용한다.

## 13

추 1 개를 매달았을 때 2.5 cm 늘어나는 용수철이 12.5 cm 늘어났으므로 용수철에 매단 추의 개수는 5 개이며, 추 5 개에 작용하는 중력의 크기는 $(9.8 \times 0.4) \text{N} \times 5 = 19.6 \text{ N}$이다.



---



## 14

**모범 답안** 중력은 지구 중심 방향으로 작용하므로 A, B, C 지점에서 농구공에 작용하는 중력의 방향은 모두 연직 아래 방향이다.

| 채점 기준 | 배점 |
| --- | --- |
| A, B, C 지점에서 중력의 방향이 지구 중심 방향이라는 것을 옳게 서술한 경우 | 100 % |

## 15

**모범 답안** 고무풍선 위에 놓여 있는 인형에 탄성력이 작용하기 때문에 고무풍선을 누른 아래쪽 방향과 반대로 인형이 위로 솟아올라 원래 위치로 되돌아간다.

| 채점 기준 | 배점 |
| --- | --- |
| 인형에 탄성력이 작용하여 위로 솟아올라 원래 위치로 되돌아간다고 옳게 서술한 경우 | 100 % |
| 인형에 탄성력이 작용하기 때문이라고만 서술한 경우 | 50 % |

## 16

**모범 답안** 12 cm, 용수철이 늘어난 길이는 물체의 무게에 비례한다. 달에서는 물체의 무게가 지구에서의 $\frac{1}{6}$이므로 같은 실험을 달에서 했을 때 용수철이 늘어난 길이는 $12 \text{ cm} \times \frac{1}{6} = 2 \text{ cm}$가 된다.

| 채점 기준 | 배점 |
| --- | --- |
| 용수철이 늘어난 길이가 용수철에 매달린 물체의 무게에 비례하며, 달에서 물체의 무게가 지구에서 물체의 무게의 $\frac{1}{6}$이라는 것을 이용해 용수철이 늘어난 길이를 옳게 구한 경우 | 100 % |
| 용수철이 늘어난 길이만 옳게 쓴 경우 | 50 % |

## 01

무게는 물체에 작용하는 중력의 크기이다. 물체에 작용하는 중력의 크기는 물체의 질량에 비례하며 장소가 달라지지 않는 한 물체의 무게는 변하지 않는다. (가)~(다)에서 체중계에 측정되는 무게는 풍식이의 질량에 의해 나타나므로 자세에 관계없이 체중계에 측정되는 무게는 같다.

02

**자료 해석 | 탄성력의 크기**

① 낙하하는 쇠구슬이 용수철에 닿기 직전으로 변형된 용수철의 길이는 0이다.

② 쇠구슬이 낙하하면서 용수철을 약 3.8 cm만큼 변형시켰다.

③ 쇠구슬이 낙하하면서 용수철을 약 7.5 cm만큼 변형시켰다. 이때 용수철에 작용하는 중력과 탄성력은 평형을 이룬다. ➡ 용수철이 최대로 변형된 순간이다.

④ 쇠구슬이 탄성력을 받아 위로 튀어오르고 있으며, 이때 변형된 용수철의 길이는 약 3.8 cm이다.

⑤ 쇠구슬이 용수철에서 탄성력을 받아 튀어오른 순간으로 변형된 용수철의 길이는 0이다.

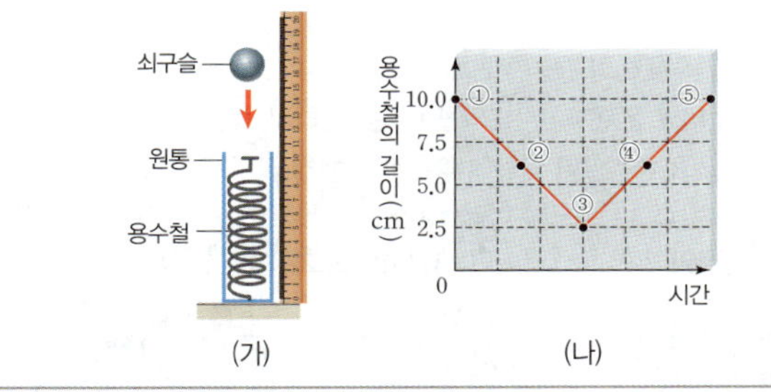


탄성력의 크기는 탄성체가 변형된 정도에 비례한다. 용수철이 가장 많이 변형된 순간은 용수철의 길이가 가장 짧아질 때이므로 용수철에 의해 쇠구슬이 가장 큰 힘을 받은 때는 용수철이 최대로 압축되었을 때이다.

**03**

① 추가 중력을 받아 용수철을 아래쪽으로 잡아당기므로 탄성력은 위쪽 방향으로 작용한다.

③ 추가 정지해 있으므로 용수철에 작용하는 탄성력과 중력의 크기가 같다.

④ 지구에서 질량이 1 kg인 추의 무게는 10 N이므로 화성에서 질량이 1 kg인 추의 무게는 10 N×0.4=4 N이다. 추가 정지해 있을 때 추에 작용하는 탄성력의 크기는 추의 무게와 같으므로 추에 작용하는 탄성력의 크기는 4 N이다.

⑤ 달은 화성보다 중력이 작기 때문에 화성에서 추의 무게보다 달에서의 추의 무게가 더 작다. 용수철이 늘어나는 길이는 추의 무게에 비례하므로 동일한 실험을 달에서 했을 때 용수철이 늘어나는 길이는 줄어든다.

**바로 알기 >** ② 지구와 화성에서 중력의 크기 비는 1 : 0.4이므로 화성에서 질량이 1 kg인 추에 작용하는 중력의 크기는 1 : 0.4=10 N : $x$에서 $x$=4 N이다. 용수철에 매달린 추에 의해 용수철에 중력이 작용하므로 용수철에 작용하는 중력의 크기는 4 N이다.

**04**

ㄷ. 중력의 방향은 화살의 운동 방향과는 반대이다. 화살에는 중력이 작용하므로, 중력이 지구에서보다 6 배 작은 달에서는 화살이 지구에서보다 6 배 높게 올라간다.

**바로 알기 >** ㄱ. (가)에서 화살에 작용하는 중력의 방향은 지구 중심 방향, (나)에서 화살에 작용하는 중력의 방향은 달의 중심 방향이다. 따라서 (가)와 (나)에서 화살에 작용하는 중력의 방향은 연직 아래 방향으로 같다.

ㄴ. 잡아당긴 활시위의 길이가 같으므로 두 화살에 작용한 힘의 크기는 같다. 따라서 화살에 작용하는 탄성력의 크기도 같다.

# 03 여러 가지 힘(2)

**바로 복습**

031, 033쪽

| | | | | |
|---|---|---|---|---|
| **01** 마찰력 | **02** 반대 | **03** 크 | **04** 거칠 | **05** 작을 |
| **06** ○ | **07** × | **08** × | **09** ○ | **10** × |
| **11** 부력, 기체 | | **12** 반대 | **13** 무게 | **14** 부피 |
| **15** 부력 | **16** × | **17** ○ | **18** × | **19** ○ |
| **20** × | | | | |

**개념 알약**

031, 033쪽

| | | | | |
|---|---|---|---|---|
| **01** 오른쪽 | **02** ㄱ, ㄷ | **03** (1) ㄷ, ㄹ, ㅁ, ㅂ (2) ㄱ, ㄴ | | |
| **04** ④ | **05** ① | **06** ① | **07** ④ | **08** 4 N |
| **09** 오른쪽 | **10** ㄱ, ㄴ, ㄷ, ㅁ | | | |

**01**

마찰력은 물체의 운동을 방해하는 힘이므로, 나무 도막에 작용하는 마찰력의 방향은 나무 도막의 운동 방향과 반대 방향이다.

**02**

마찰력의 크기는 물체의 무게와 접촉면의 거칠기에 따라 달라지며, 물체의 크기나 접촉면의 넓이와는 관계가 없다.

**03**

(1) 마찰력을 작게 하여 이용하는 경우로는 수영장 미끄럼틀의 물, 얼음 위에서 타는 스케이트, 창문 틀에 달린 바퀴, 자전거 체인에 뿌리는 윤활유 등이 있다.

(2) 마찰력을 크게 하여 이용하는 경우로는 등산화의 바닥, 자동차 타이어의 체인 등이 있다.

**04**

**바로 알기 >** ④ 마찰력의 크기는 접촉면의 넓이와 관계가 없다.

**05**

마찰력의 크기는 물체가 무거울수록, 접촉면이 거칠수록 크다. 따라서 (가)~(다) 중 나무 도막에 작용하는 마찰력의 크기는 가장 무거운 (가)가 가장 크고, 접촉면이 매끄러운 (다)가 가장 작다.

**06**

부력의 방향은 중력과 반대 방향이므로, 물속에서 풍순이에게 작용하는 부력의 방향은 A 방향이다.

**07**

부력은 물체가 물에 잠긴 부피에 해당하는 만큼 위쪽 방향으로 작용한다. 따라서 물에 잠긴 부피가 가장 작은 D에 작용하는 부력이 가장 작다.

**08**

부력의 크기는 물 밖에서 물체의 무게에서 물속에서 물체의 무게를 뺀 값과 같다. 따라서 물체에 작용하는 부력의 크기는 10 N−6 N=4 N이다.

**09**

물에 잠긴 추는 부력을 받으므로 공기 중에 있을 때보다 가벼워진다. 따라서 나무 막대는 오른쪽으로 기울어지게 된다.

## 10

구명조끼, 배, 헬륨 풍선, 열기구는 부력을 이용한 예이다.
**바로 알기** ㄹ. 번지점프는 중력과 탄성력을 이용한 예이다.
ㅁ. 트램펄린은 탄성력을 이용한 예이다.

---

**탐구 알약**　　　　　　　　　　　　　　034쪽

**01** (1) 위쪽 (2) 클 (3) 감소 (4) 1.8, 3.6 **02** (1) × (2) ○ (3) ○
**03** 해설 참조

---

### 01

(1) 부력은 중력과 반대 방향으로 작용하므로, 물에 잠긴 추에 작용하는 부력의 방향은 위쪽 방향이다.
(2) 부력의 크기는 액체 또는 기체 속에 있는 물체의 부피에 비례한다.
(3) 물에 추를 넣으면 추에 부력이 작용하여 추에 작용하는 부력의 크기만큼 용수철저울의 눈금이 감소한다.
(4) 부력의 크기는 물 밖에서 물체의 무게에서 물속에서 물체의 무게를 뺀 값이므로 과정 ❷에서 1.8 N, 과정 ❸에서 3.6 N이다.

### 02

**바로 알기** (1) 부력의 크기는 추가 밀어낸 물의 무게와 같다.

### 03 　서술형

**모범 답안** 물에 잠긴 추가 위쪽으로 부력을 받기 때문이다.
**해설** 부력은 물속에 있는 물체가 위쪽으로 받는 힘으로, 추를 용수철저울에 매달아 물속에 넣으면 부력에 의해 물 밖에 있을 때보다 용수철저울의 눈금이 줄어든다.

| 채점 기준 | 배점 |
|---|---|
| 물에 잠긴 추가 받는 부력의 방향을 옳게 서술한 경우 | 100 % |

---

**실전 백신**　　　　　　　　　　　　038~040쪽

**01** ②　　**02** ①, ④　　**03** ①　　**04** ④　　**05** ①, ⑤
**06** ②　　**07** ②　　**08** ③　　**09** ⑤　　**10** ③
**11** ②　　**12** ④　　**13** ②　　**14** ③
**15~17** 해설 참조

---

### 01

마찰력의 크기는 물체에 작용한 힘의 크기와 같으므로 마찰력의 크기는 5 N이고, 마찰력의 방향은 물체의 운동 방향과 반대이므로 물체를 끌어당길 때 바닥과 물체 사이에서 왼쪽(←) 방향으로 작용한다.

### 02

**바로 알기** ① 상자를 미는 힘과 마찰력의 크기가 같을 때 상자는 움직이지 않는다.

④ 접촉면의 넓이는 마찰력의 크기와 관계가 없다.

### 03

ㄱ. 썰매를 탈 때는 마찰력의 크기가 작아야 썰매가 더 잘 미끄러진다.
ㄷ. 서랍을 열고 닫을 때는 서랍과 접촉면의 마찰력의 크기가 작아야 더 잘 열리고 닫힌다.
**바로 알기** ㄴ. 빙판길을 걸을 때는 마찰력의 크기가 커야 미끄러지지 않는다.
ㄹ. 투수가 공을 던질 때 공과 손 사이의 마찰력의 크기가 커야 공을 원하는 방향으로 던질 수 있다.

**[ 04~05 ]**

**자료 해석** | 마찰력의 크기 비교
(가)와 (나) 비교: 같은 나무 도막을 (가)는 눕혀서, (나)는 세워서 끌어당기고 있으므로 접촉면의 넓이에 따른 마찰력의 크기를 알 수 있다.
(가)와 (다) 비교: 나무 도막 아래에 (가)는 나무판이, (다)는 사포판이 있으므로 접촉면의 거칠기에 따른 마찰력의 크기를 알 수 있다.

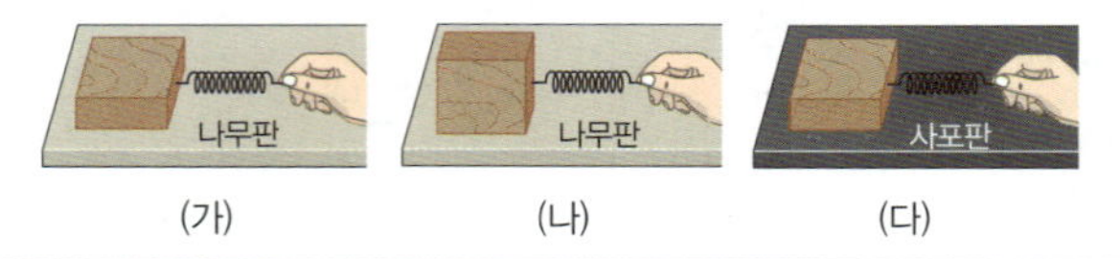


### 04

마찰력의 크기는 물체가 무거울수록, 접촉면이 거칠수록 크고 접촉면의 넓이와는 관계가 없다. 따라서 (가)와 (나)는 마찰력의 크기가 같고, 접촉면의 거칠기가 가장 거친 (다)에서 마찰력의 크기가 가장 크다. 용수철에 작용하는 힘의 크기가 클수록 용수철이 늘어난 길이가 길어지므로 마찰력의 크기가 클수록 용수철이 많이 늘어난다. 따라서 용수철이 늘어난 길이는 (다)>(가)=(나)이다.

### 05

(가)와 (나)를 비교하면 마찰력의 크기는 접촉면의 넓이와 관계가 없다는 것을 알 수 있으며, (가)와 (다)를 비교하면 접촉면이 거칠수록 마찰력의 크기가 크다는 것을 알 수 있다. (가)~(다)에서 모두 동일한 나무 도막을 사용했으므로 물체의 무게에 따른 마찰력의 크기는 알 수 없다.

### 06

② 눈이 오는 겨울철에 자동차 타이어에 체인을 감는 것은 마찰력을 크게 하기 위한 것이다. 등산화 바닥을 울퉁불퉁하게 하면 마찰력이 커진다.
**바로 알기** ① 중력과 탄성력을 이용하는 예이다.
③, ④ 탄성력을 이용하는 예이다.
⑤ 부력을 이용하는 예이다.

### 07

① 등산화, 운동화, 스키 중 바닥의 재질이 가장 거친 것은 등산화이므로 등산화의 마찰력이 가장 크다.
③ 풍식이가 받는 중력의 크기는 풍식이의 몸무게와 같다. 따라서 빗면의 기울기가 커져도 풍식이가 받는 중력의 크기는 변하지 않는다.
④ 마찰력의 크기가 클수록 미끄러지기 시작하는 빗면의 기울기가 커진다. 따라서 빗면과 지표면이 이루는 각의 크기가 가장 큰

것은 등산화를 신었을 때(가)이다.
⑤ 빗면의 기울기가 커질 때 가장 먼저 미끄러지기 시작하는 것은 바닥 재질이 매끄러운 스키이므로, 스키를 신었을 때(다)가 가장 먼저 미끄러지기 시작한다.
**바로 알기** ② 미끄러지려는 힘과 마찰력의 크기가 같을 때 빗면 위에서 정지한 상태로 있을 수 있으므로 정지해 있을 때에도 마찰력은 작용한다.

## 08

힘이 작용할 때 마찰력은 작용한 힘의 방향과 반대 방향으로 작용하여 물체의 운동을 방해한다.

## 09

⑤ 부력의 크기는 물에 잠긴 물체의 부피에 비례한다.
**바로 알기** ① 부력의 방향은 중력과 반대 방향이다.
② 부력의 크기는 물체가 밀어낸 물의 무게와 같다.
③ 물체가 무거워도 액체 속에 잠긴 부분의 부피가 작으면 부력의 크기는 작다.
④ 같은 물체라도 액체 속에 잠긴 부피가 다르면 물체가 받는 부력의 크기도 달라진다.

## 10

① 추가 받는 부력의 방향은 중력과 반대 방향이므로 위쪽 방향이다.
②, ④ 물에 잠긴 추의 부피가 클수록 추가 받는 부력의 크기가 크므로 용수철저울의 눈금이 감소한다.
⑤ 물 밖에서 추의 무게와 물속에서 추의 무게의 차는 부력의 크기와 같다. 부력의 크기는 흘러넘친 물의 무게와 같다.
**바로 알기** ③ 추에 작용하는 부력의 크기는 물에 잠긴 추의 부피에 비례한다.

## 11

① 물에 잠긴 물체에는 중력의 반대 방향인 위쪽 방향으로 부력이 작용한다.
③ (가)와 (나)에서 물체의 질량이 같으므로 물체에 작용하는 중력의 크기는 같다.
④ (가)의 물체의 부피가 더 크므로 (가)에서 물체가 받는 부력의 크기가 (나)에서보다 크다. 따라서 물체를 밀어 넣을 때 드는 힘의 크기도 (가)에서가 (나)에서보다 크다.
⑤ 물체가 정지해 있었으므로 물체를 밀어 넣는 데 드는 힘과 물체에 작용하는 중력의 크기 합은 물체를 위로 밀어 올리는 힘의 크기와 같다.
**바로 알기** ② (가)와 (나)에서 물체가 물에 완전히 잠긴 채 정지해 있으므로 물체가 받는 부력의 크기는 물체의 부피에 비례한다. 따라서 (나)에서보다 (가)에서 물체에 작용하는 부력의 크기가 더 크다.

## 12

**바로 알기** ㄱ. 높은 곳에서 번지점프를 했을 때 아래로 떨어지는 것은 중력에 의한 현상이다.

## 13

(가) 부력의 크기는 흘러넘친 물의 무게와 같으므로 $(0.2 \times 9.8)\text{N} = 1.96\,\text{N}$이다.

(나) 물체를 물에 넣었을 때 용수철저울의 눈금은 물체의 무게에서 부력을 뺀 값과 같으므로 $(1 \times 9.8)\text{N} - 1.96\,\text{N} = 7.84\,\text{N}$이다.

## 14

부력의 크기는 물에 잠긴 물체의 부피가 클수록 크다. A와 B에 작용하는 중력의 크기는 같고, A보다 B의 부피가 더 크므로 두 물체가 완전히 잠겼을 때 B에 작용하는 부력의 크기가 더 크다. 부력을 크게 받는 물체가 상대적으로 더 가벼워지므로 상대적으로 무거운 A 쪽으로 저울이 기울어지게 된다.

### 서술형

## 15

**모범 답안** 얼음 표면을 살짝 녹여 생긴 물은 얼음판과 돌 사이의 마찰력의 크기를 줄이기 때문에 돌이 더 멀리 나아갈 수 있도록 해 준다.

| 채점 기준 | 배점 |
| --- | --- |
| 얼음판을 솔로 문질러 얼음 표면을 녹이는 까닭을 마찰력의 크기와 관련지어 옳게 서술한 경우 | 100 % |

## 16

**모범 답안** A와 B가 받는 부력의 크기는 같다. 부력의 크기는 물체의 질량과 관계없이 물체가 물에 잠긴 부분의 부피에 비례하기 때문이다.

| 채점 기준 | 배점 |
| --- | --- |
| A, B가 받는 부력의 크기를 옳게 비교하고, 물체에 작용하는 부력의 크기가 물에 잠긴 물체의 부피에 비례하며, 질량과 무관하다는 것을 옳게 서술한 경우 | 100 % |
| A, B가 받는 부력의 크기만 옳게 비교한 경우 | 30 % |

## 17

**모범 답안** 튜브를 낀 아이가 물 위에 뜰 수 있도록 하는 힘은 부력이고, 부력은 중력의 방향과 반대 방향인 위쪽으로 작용한다.

| 채점 기준 | 배점 |
| --- | --- |
| 튜브를 낀 아이가 물 위에 뜰 수 있도록 하는 힘의 종류와 방향을 옳게 서술한 경우 | 100 % |
| 둘 중 하나만 옳게 서술한 경우 | 50 % |

### 1등급 백신

041쪽

**01** ②    **02** ②    **03** ④    **04** ⑤    **05** ④

## 01

마찰력은 접촉면의 넓이와 관계없으며 물체의 무게에 따라 달라진다. (나), (다), (라)는 무게가 같고, (가)는 (나), (다), (라)보다 무게가 2 배 더 크다. 따라서 (가)~(라)에 작용하는 마찰력의 크기는 (가) > (나) = (다) = (라)이다.

## 02

② 물체가 정지해 있을 때, 물체에 작용한 힘의 크기와 마찰력의 크기는 같다. 물체에 왼쪽으로 100 N, 오른쪽으로 50 N의 힘을 작용했을 때는 물체를 왼쪽으로 50 N의 힘으로 끌어당기는 것과 같은 효과가 나타나므로, 이때 물체에 작용하는 마찰력의 크기는 50 N이며 마찰력의 방향은 오른쪽이다.

**바로알기** ① 물체의 질량이 150 kg이므로 물체에 작용하는 중력의 크기는 $150 \times 10 = 1500$(N)이다.
③ 마찰력과 중력의 방향은 서로 수직이다.
④ 물체가 정지해 있어도 물체에 힘을 작용하였다면 마찰력이 작용한다.
⑤ 물체를 오른쪽으로 끌어당기는 힘이 100 N이 되면, 물체를 양쪽으로 같은 크기의 힘으로 끌어당기게 되는 것이므로 물체에 힘을 작용하지 않은 것과 같게 된다. 따라서 물체에 작용하는 마찰력의 크기는 0이 된다.

## 03

물체가 받는 부력의 크기는 물에 잠긴 물체의 부피가 클수록 크다. 물체가 모두 물에 완전히 잠겼으므로 물체의 질량이나 모양과 관계없이 부피가 가장 큰 물체가 받는 부력의 크기가 가장 크다.

## 04

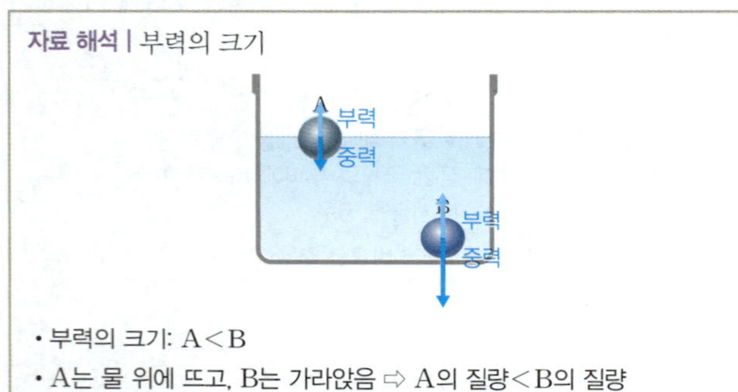



ㄴ. A는 정지해 있는 상태이므로 A가 받는 부력의 크기와 중력의 크기는 같다.
ㄷ. A보다 B가 물에 잠긴 부피가 더 크므로 B에 작용하는 부력의 크기가 A에 작용하는 부력의 크기보다 크다.

**바로알기** ㄱ. B에 작용하는 부력의 크기가 A보다 큰데 A는 물 위에 뜨고 B는 바닥으로 가라앉았으므로 A의 질량보다 B의 질량이 더 크다.

## 05

ㄱ. 물체를 물에 넣은 후 증가한 무게가 2 N이므로 물체에 작용하는 부력의 크기는 2 N이다.
ㄷ. 물체가 절반만큼 잠겼을 때 물체가 받는 부력의 크기가 2 N이므로 물체가 완전히 잠길 때 물체가 받는 부력의 크기는 $2\,N \times 2 = 4\,N$이다. 따라서 용수철저울의 측정값은 $30\,N - 4\,N = 26\,N$이다.

**바로알기** ㄴ. 공기 중에서 물체의 무게=물속에서 물체의 무게+부력의 크기=$28\,N + 2\,N = 30\,N$이다.



## 04 힘의 작용과 운동 상태 변화

**바로 복습**    043, 045쪽

**01** 0    **02** 운동 상태   **03** 속력    **04** 운동 방향   **05** ×
**06** ○    **07** ○    **08** ○    **09** 비스듬한   **10** 중력
**11** 0, 평형   **12** ○    **13** ×    **14** ×

**개념 알약**    043, 045쪽

**01** (1) ㄴ (2) ㄷ (3) ㄱ    **02** (1) 수직인 (2) 증가 (3) 반대
**03** (1) A (2) B   **04** (1) ㄴ, ㄷ (2) ㄱ, ㄹ   **05** (1) ○ (2) × (3) ○
**06** (1) ⓒ (2) ⓒ (3) ㉠    **07** ㄱ, ㄴ, ㅂ
**08** (1) 책상이 화분을 떠받치는 힘 (2) 실이 추를 당기는 힘 (3) 부력
**09** (1) 큰 (2) 중력 (3) 탄성력

## 01

알짜힘의 방향과 운동 방향이 같을 때는 속력만 변하고, 알짜힘의 방향과 운동 방향이 수직일 때는 운동 방향만 변하며, 알짜힘의 방향과 운동 방향이 비스듬할 때는 속력과 운동 방향이 모두 변한다.

## 02

(1) 물체에 작용하는 알짜힘의 방향과 운동 방향이 수직인 경우 물체의 속력은 변하지 않고 운동 방향만 변한다.
(2) 물체에 작용하는 알짜힘의 방향과 운동 방향이 같을 경우, 물체의 속력은 점점 증가한다.
(3) 연직으로 던져 올린 공이 위로 올라가는 동안에는 운동 방향과 반대 방향으로 알짜힘이 작용하여 속력이 점점 감소한다.

## 03

(1) 속력이 일정한 원운동을 하는 물체의 운동 방향은 원의 접선 방향(A)이다.
(2) 속력이 일정한 원운동을 하는 물체에 작용하는 알짜힘의 방향은 원의 중심 방향(B)이다.

## 04

(1) 낙하하는 자이로 드롭과 짚라인은 운동 방향과 같은 방향으로 알짜힘이 작용하여 속력만 변하는 운동을 하는 경우이다.
(2) 인공위성과 회전목마는 운동 방향과 수직 방향으로 알짜힘이 작용하여 운동 방향만 변하는 운동을 하는 경우이다.

## 05

**바로알기** (2) 물체에 작용하는 알짜힘의 방향은 중력에 의해 항상 연직 아래 방향으로 작용한다.

## 06

알짜힘의 방향과 운동 방향이 같을 때는 속력만 변하는 운동, 알짜힘의 방향와 운동 방향이 수직일 때는 운동 방향만 변하는 운동, 알짜힘의 방향과 운동 방향이 비스듬할 때는 속력과 운동 방향이 모두 변하는 운동을 한다.

## 07

**바로알기** ㄷ. 회전목마는 운동 방향만 변하는 운동을 한다.
ㄹ, ㅁ. 자이로 드롭과 미끄럼틀을 타고 내려오는 공은 속력만 변하는 운동을 한다.

# 08

정지해 있는 물체에는 서로 반대 방향으로 같은 크기의 힘이 작용한다.
(1) 책상 위에 놓여 있는 화분에는 책상이 화분을 떠받치는 힘과 중력이 힘의 평형을 이룬다.
(2) 실에 매달려 있는 수직추에는 실이 추를 당기는 힘과 중력이 힘의 평형을 이룬다.
(3) 물 위에 떠 있는 구명보트에는 부력과 중력이 힘의 평형을 이룬다.

# 09

(1) 양말 바닥에 마찰력이 큰 고무를 붙여 미끄러지는 것을 막는다.
(2) 모래시계는 모래에 작용하는 중력과 좁은 틈 사이의 마찰력을 이용해서 일정한 양의 모래가 떨어지며 시간을 측정한다.
(3) 컴퓨터 자판 아래에 있는 용수철의 탄성력에 의해 눌렸던 키보드 자판이 원래대로 돌아온다.

---

**탐구 알약**   046쪽

**01** (1) 반대 (2) 접선 (3) 중력 (4) 0   **02** 해설 참조

---

# 01

(1) 정거장에 들어오는 열차는 속력이 점점 감소하므로 열차에 작용하는 힘은 운동 방향과 반대 방향이다.
(2) 회전 그네의 운동 방향은 원의 접선 방향이다.
(3) 스키 점프대에서 뛰어오른 스키 점프 선수에게 중력이 작용하여 포물선 궤도를 그리며 낙하한다.
(4) 물 위에 떠 있는 배에 작용하는 알짜힘은 0이다.

# 02

**모범 답안 >**

---

**실전 백신**   048~050쪽

| | | | | |
|---|---|---|---|---|
| 01 ② | 02 ③ | 03 ② | 04 ① | 05 ③ |
| 06 ⑤ | 07 ② | 08 ① | 09 ② | 10 ② |
| 11 ④ | 12 ③ | 13 ② | 14 ⑤ | 15 ④ |

**16~18** 해설 참조

---

# 01

**바로 알기 >** ② 연직으로 던져 올려진 공에 작용하는 알짜힘은 0이 아니므로 속력이 점점 감소한다.

# 02

마찰이 없는 수평한 레일 위에서는 쇠구슬에 작용하는 알짜힘이 0이므로, 수평면에서 쇠구슬은 속력과 운동 방향이 변하지 않고 일정한 운동을 한다.

# 03

ㄴ. 탁구공의 운동 상태가 변했으므로 탁구공에 작용하는 알짜힘은 0이 아니다.
**바로 알기 >** ㄱ, ㄷ. 탁구공의 운동 방향과 속력이 모두 변했으므로 탁구공에 작용하는 힘의 방향은 운동 방향에 비스듬하다.

# 04

**바로 알기 >** ㄷ, ㄹ. 사과나무에서 떨어지는 사과와 미끄럼틀을 타고 내려오는 사람은 운동 방향과 같은 방향으로 알짜힘이 작용하여 속력이 점점 증가하는 운동을 한다.

# 05

**바로 알기 >** ① (가)의 공에는 중력이 운동 방향과 같은 방향으로 작용하여 속력이 점점 빨라진다.
② (나)의 공에는 중력이 운동 방향과 반대 방향으로 작용하여 속력이 점점 느려진다.
④ (가)와 (나)의 공은 운동 방향과 나란하게 힘(중력)이 작용하므로 운동 방향이 변하지 않는다.
⑤ (가)와 (나)의 공에 작용하는 알짜힘은 중력이므로 알짜힘의 방향은 연직 아래 방향으로 같다.

# 06

줄에 매달려 일정한 속력으로 원운동을 하는 공에는 원의 중심 방향(E)으로 알짜힘이 작용하고, 줄을 놓았을 때는 원의 접선 방향(D)으로 공이 날아간다.

# 07

인공위성에는 운동 방향과 수직인 방향으로 중력이 작용하여 속력은 일정하지만 운동 방향이 변하는 운동을 한다.

# 08

비스듬히 던져 올린 공에 작용하는 알짜힘은 중력으로 항상 연직 아래 방향을 향한다.

# 09

**자료 해석 |** 비스듬히 던져 올린 물체의 운동
비스듬히 던져 올린 공에 작용하는 힘은 중력뿐이며, 중력은 항상 연직 아래 방향으로 작용한다.
➡ 공이 운동하는 동안 공의 운동 방향과 공에 작용하는 중력의 방향은 나란하지 않다.

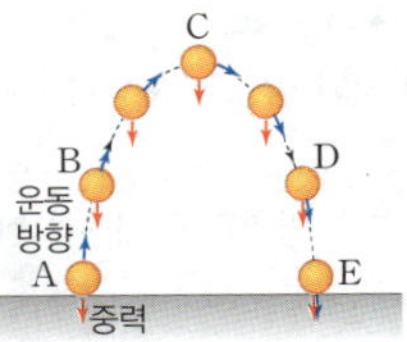



① A~B 구간에서는 중력에 의해 속력이 느려진다.
③ D~E 구간에서는 중력에 의해 속력이 빨라진다.
④, ⑤ 비스듬히 던져 올린 공의 운동 방향은 각 위치에서 접선의 방향이므로, 운동하는 동안 운동 방향이 계속 변한다.
**바로 알기 >** ② 비스듬히 던져 올린 공에는 항상 연직 아래 방향으로 중력이 작용한다.

## 10

**바로 알기 >** ㄱ. 그네의 속력은 빨라졌다 느려졌다를 반복한다.
ㄷ. 그네에 작용하는 알짜힘의 방향은 운동 방향에 비스듬하다.

## 11

바이킹은 속력과 운동 방향이 모두 변하는 운동(B), 자이로 드롭은 속력만 변하는 운동(C), 회전목마는 운동 방향만 변하는 운동(A)을 한다.

## 12

**바로 알기 >** ③ 경사로를 내려오는 자전거는 운동 방향으로 알짜힘이 작용하여 속력만 변하는 운동을 한다.

## 13

ㄱ, ㄷ. 엘리베이터(풍순이)에 작용하는 알짜힘이 0일 때는 정지해 있거나 일정한 속력과 운동 방향으로 운동한다.
**바로 알기 >** ㄴ, ㄹ. 엘리베이터의 속력이 변할 때는 풍순이가 받는 알짜힘이 0이 아니다.

## 14

식탁 위에 놓인 그릇에는 식탁이 그릇을 떠받치는 힘(가)과 중력(나)이 반대 방향으로 같은 크기만큼 작용한다.

## 15

물 위에 떠 있는 사과는 중력과 부력(㉠)이 평형을 이루고, 용수철저울에 매달려 있는 사과는 중력과 탄성력(㉡)이 평형을 이룬다.

### 서술형

## 16

**모범 답안 >** 공이 운동하는 방향과 같은 방향으로 알짜힘을 가하면 운동 방향은 변하지 않고 속력만 더 빨라지므로, 공이 굴러가는 방향(풍순이 방향)으로 공을 차야 한다.

| 채점 기준 | 배점 |
| --- | --- |
| 풍식이가 공을 차야 하는 방향과 그렇게 생각한 까닭을 옳게 서술한 경우 | 100 % |
| 풍식이가 공을 차야 하는 방향만 옳게 서술한 경우 | 30 % |

## 17

**모범 답안 >** 시계추의 운동 방향과 비스듬한 방향으로 알짜힘이 작용하므로 시계추는 속력과 운동 방향이 모두 변하는 운동을 한다.

| 채점 기준 | 배점 |
| --- | --- |
| 시계추에 작용하는 알짜힘의 방향과 운동 상태에 대해 옳게 서술한 경우 | 100 % |
| 시계추에 작용하는 알짜힘의 방향만 옳게 서술한 경우 | 50 % |

## 18

**모범 답안 >** 문 멈춤 장치와 바닥 사이에 마찰력이 큰 스티커를 붙이면 마찰력과 문이 닫히려는 힘이 평형을 이루어 문 멈춤 장치가 제대로 작동할 수 있다.

| 채점 기준 | 배점 |
| --- | --- |
| 문 멈춤 장치가 제대로 작동하기 위한 방법을 그렇게 생각한 까닭과 함께 옳게 서술한 경우 | 100 % |



---

### 1등급 백신     051쪽

| 01 ④ | 02 ③ | 03 ③ | 04 ④ | 05 ⑤ |
| --- | --- | --- | --- | --- |

## 01

ㄱ. (가)에서 스카이다이버에게는 부력보다 중력이 크게 작용하여 알짜힘이 0이 아니므로 낙하하는 속력이 점점 빨라진다.
ㄴ. (나)에서 스카이다이버에게는 부력과 중력이 같은 크기로 작용하여 알짜힘이 0이므로 일정한 속력과 운동 방향으로 내려온다.
**바로 알기 >** ㄷ. (가)에서는 속력이 변하므로 알짜힘이 작용하지만, (나)에서는 작용하는 알짜힘이 0이다.

## 02

일정한 속력으로 원 궤도를 따라 운동하는 물체는 알짜힘이 작용하지 않을 때 운동 방향인 원의 접선 방향으로 나아간다.

## 03

**바로 알기 >** ㄱ. 수직 방향으로 중력이 작용하므로 속력은 점점 빨라진다.
ㄴ. 수평 방향으로는 힘이 작용하지 않으므로 작용하는 알짜힘은 0이다.

## 04

**바로 알기 >** ④ C 구간은 속력이 느려지는 구간이므로 물체의 운동 방향이 변했다면 알짜힘은 물체의 운동 방향과 비스듬한 방향으로 작용했다.

## 05

ㄱ. 가정용 저울은 용수철의 탄성력을 이용한 장치이다.
ㄴ. 바늘이 회전하여 정지할 때(㉠) 물체의 무게(중력)와 탄성력이 평형을 이루어 물체에 작용하는 알짜힘은 0이다.
ㄷ. 물체를 치우면 용수철의 탄성력에 의해 가정용 저울의 바늘은 다시 0으로 돌아간다.

---

### 빈출 자료 집중진단     052~055쪽

| ❶ | 1 ○ | 2 ○ | 3 × | 4 × | 5 × | 6 ○ | |
| --- | --- | --- | --- | --- | --- | --- | --- |
| ❷ | 1 ○ | 2 ○ | 3 × | 4 × | 5 ○ | 6 ○ | 7 × |
| | 8 ○ | | | | | | |
| ❸ | 1 ○ | 2 × | 3 × | 4 ○ | 5 ○ | 6 ○ | |
| ❹ | 1 ○ | 2 ○ | 3 × | 4 ○ | | | |
| ❺ | 1 × | 2 × | 3 ○ | | | | |
| ❻ | 1 ○ | 2 ○ | 3 ○ | 4 ○ | 5 ○ | 6 × | 7 × |
| ❼ | 1 ○ | 2 ○ | 3 × | 4 × | 5 × | 6 ○ | 7 × |
| | 8 × | | | | | | |
| ❽ | 1 ○ | 2 × | 3 × | 4 × | 5 ○ | 6 ○ | 7 ○ |
| | 8 ○ | | | | | | |
| ❾ | 1 × | 2 ○ | 3 × | 4 ○ | 5 ○ | | |

**1** **3** (나)에서 물체에 2 N의 힘이 왼쪽으로, 3 N의 힘이 오른쪽으로 작용하므로 두 힘의 방향은 반대이다.

**4** (나)에서 물체에 작용한 합력의 크기는 3 N−2 N=1 N이다.

**5** (나)에서 물체에 오른쪽으로 작용한 힘의 크기가 왼쪽으로 작용한 힘의 크기보다 크므로 물체에 작용한 합력의 방향은 오른쪽이다.

**2** **3** 중력의 크기는 물체의 질량에 비례하므로, 물체의 질량이 클수록 중력의 크기는 크다.

**4** 물체를 놓았을 때 물체가 떨어지는 방향은 중력의 방향인 E이다.

**7** 달에서 우주인의 질량은 지구에서와 같은 60 kg이다.

**3** **2** 탄성력의 방향은 탄성체에 가해지는 힘의 방향과 반대이다.

**3** 탄성력의 크기는 탄성체가 늘어난 길이에 비례한다.

**4** **3** 나무 도막에 작용하는 마찰력의 크기는 나무 도막에 작용하는 힘의 크기와 같은 15 N이다.

**5** **1** 손을 놓는 순간 나무 도막에 작용하는 마찰력의 방향은 B이다.

**2** 손을 놓는 순간 나무 도막에 작용하는 탄성력의 방향은 A이다.

**6** **6** 물속에서 추에 작용하는 부력의 크기는 10 N−3 N=7 N이다.

**7** 흘러넘친 물의 무게는 추에 작용하는 부력의 크기와 같은 7 N이다.

**7** **3** (나)에서 공에는 운동 방향에 수직으로 알짜힘이 작용하므로 속력이 변하지 않는다.

**4** (나)에서 공에는 운동 방향에 수직으로 알짜힘이 작용하므로 운동 방향이 변한다.

**5** (다)에서 공에는 운동 방향에 비스듬하게 알짜힘이 작용하므로 공의 속력이 변한다.

**7** (라)에서 공에는 운동 방향에 나란하게 알짜힘이 작용하므로 공의 속력은 점점 빨라진다.

**8** (라)에서 공에는 운동 방향에 나란하게 알짜힘이 작용하므로 운동 방향은 변하지 않는다.

**8** **2** 자이로 드롭이 내려올 때 운동 방향은 변하지 않는다.

**3** 바이킹에는 운동 방향에 비스듬하게 알짜힘이 작용한다.

**4** 바이킹에는 운동 방향에 비스듬하게 알짜힘이 작용하여 속력과 운동 방향이 모두 변한다.

**9** **1** 문 멈춤 장치에 의해 문이 움직이지 않을 때 평형을 이루는 힘은 문이 닫히려는 힘과 마찰력이다.

**3** 모래시계에서 아래로 떨어지는 모래에 작용하는 알짜힘은 0이 아니므로 속력이 변한다.

**CT 대단원 문제** 056~061쪽

| | | | | |
|---|---|---|---|---|
| 01 ④ | 02 ④ | 03 ④ | 04 ③ | 05 ⑤ |
| 06 ④ | 07 ⑤ | 08 ② | 09 ③ | 10 ⑤ |
| 11 ④ | 12 ③ | 13 ② | 14 ① | 15 ① |
| 16 ⑤ | 17 ①, ② | 18 ② | 19 ① | 20 ③ |
| 21 ② | 22 ② | 23 ⑤ | 24 ② | 25 ④ |

**26~36** 해설 참조

## 01

과학에서의 힘은 물체의 모양이나 운동 상태를 변화시킨다. 물질의 성질이나 상태가 변하는 것은 힘의 작용으로 인해 나타나는 현상이 아니다.

① 사과가 힘을 받아 운동 상태가 변하였다.
② 골프공이 멈추며 운동 상태가 변하였다.
③ 풍선이 찌그러지며 모양이 변하였다.
⑤ 축구공의 모양과 운동 상태가 모두 변하였다.

**바로 알기 >** ④ 아이스크림이 녹은 것은 물질이 상태 변화이다.

## 02

화살표의 길이는 힘의 크기를, 화살표의 방향은 힘의 방향을 나타낸다. 화살표의 길이 1 cm가 힘의 크기 5 N을 나타내므로 2.5 cm는 5 N×2.5=12.5 N을 나타낸다. 화살표는 남동쪽을 가리키고 있으므로 힘의 방향은 남동쪽이다.

## 03

힘의 단위는 N(뉴턴)이며 힘은 화살표로 나타낼 수 있다. 힘은 물체의 모양이나 운동 상태를 변화시키거나, 모양과 운동 상태를 모두 변화시킨다.

① 힘의 단위는 영국의 물리학자 뉴턴의 이름에서 유래된 N(뉴턴)을 사용한다.
② 축구공을 발로 세게 차는 경우 공이 찌그러지므로 공의 모양이 달라진다.
③ 화살표의 시작점은 힘이 작용하는 지점인 힘의 작용점을 나타낸다.
⑤ 화살표의 길이는 힘의 크기에 비례하므로 공에 작용하는 힘의 크기가 클수록 화살표의 길이가 길다.

**바로 알기 >** ④ 바닥에 놓여 정지해 있는 축구공에 힘이 작용하면 속력이 변한다.

## 04

두 힘이 같은 방향으로 작용할 때, 물체에 작용하는 힘의 합력의 크기는 두 힘의 합과 같고 방향은 두 힘의 방향과 같다. 따라서 (가)에서 물체에 작용한 합력의 크기는 6 N+3 N=9 N이며 방향은 오른쪽이다. 두 힘이 서로 반대 방향으로 작용할 때, 물체에 작용하는 힘의 합력의 크기는 두 힘의 차와 같고 방향은 큰 힘의 방향과 같다. (나)에서 물체에 작용한 합력의 크기는 $3\,N-3\,N=0$이므로 힘의 평형을 이룬다. (다)에서 물체에 작용한 합력의 크기는 $6\,N-3\,N=3\,N$이고 방향은 왼쪽이다.

## 05
물체에 두 힘이 양쪽에서 작용했지만 물체가 정지해 있는 것은 두 힘이 평형을 이루기 때문이다. 힘이 평형을 이룰 때 두 힘의 크기는 같고, 방향은 반대이며, 일직선상에서 작용한다.
ㄴ. 두 힘이 평형을 이루므로 A가 상자를 미는 힘과 B가 상자를 미는 힘의 방향은 서로 반대이다.
ㄷ. 두 힘이 평형을 이루므로 A가 상자를 미는 힘과 B가 상자를 미는 힘은 일직선상에서 작용한다.
**바로알기** ㄱ. A가 상자를 미는 힘과 B가 상자를 미는 힘의 크기는 같다.

## 06
④ 사과가 나무에서 떨어지는 것은 사과에 중력이 작용하기 때문이다. 중력의 방향은 지구 중심 방향이다.
**바로알기** ① 양팔저울은 물체의 질량을 측정하는 도구이다.
② 중력의 크기는 지구에서 멀어질수록 작아진다.
③ 중력은 장소에 따라 크기가 달라진다.
⑤ 공중에 떠 있는 물체라도 질량이 있는 경우 중력이 작용한다.

## 07
지구에서의 중력은 달에서의 6 배이므로 달에서 운석의 무게가 $98\,N$일 때 지구에서 운석의 무게는 $98\,N\times6=588\,N$이다. 지구에서 질량이 $1\,kg$인 물체에 작용하는 중력의 크기는 $9.8\,N$이므로 운석의 질량은 $588\div9.8=60(kg)$이다.

## 08
**바로알기** ① 무게의 단위는 N(뉴턴)이다.
③ 질량은 물체의 고유한 양으로 장소에 따라 변하지 않는다.
④ 중력의 크기는 지구 중심에서 멀어질수록 작아지므로 물체의 무게는 산꼭대기보다 산 아래에서 더 무겁다.
⑤ 윗접시저울은 질량을 측정하는 기구로, 두 물체의 질량이 같아야 윗접시저울이 수평을 이룬다.

## 09
추의 무게가 $1\,N$씩 증가할 때마다 용수철이 늘어난 길이는 $1.8\,cm$씩 증가하므로 용수철이 늘어난 길이가 추의 개수에 비례한다는 것을 알 수 있다.

## 10
**바로알기** ⑤ 탄성체에 탄성 한계 이상의 힘을 작용하면 용수철은 원래의 상태로 되돌아가지 못한다.

## 11
**바로알기** ④ 풍등에 불을 피워 하늘 높이 날려 보내는 것은 부력을 이용한 것이다.

## 12
용수철이 늘어난 길이는 용수철에 작용한 힘의 크기에 비례한다.

용수철에 추를 매달았을 때 용수철에 작용한 힘의 크기는 추의 무게와 같다. 추의 무게는 질량에 비례하므로 $60\,g:3\,cm=100\,g:x$에서 $x=5\,cm$이다. 따라서 용수철의 전체 길이는 $10\,cm+5\,cm=15\,cm$이다.

## 13
중력의 방향은 지구 중심 방향이므로 물체에 작용하는 중력의 방향은 C이다. 마찰력은 물체의 운동을 방해하는 방향으로 작용한다. 따라서 물체가 빗면을 따라 위로 밀려 올라갔으므로 마찰력의 방향은 빗면을 따라 아래쪽으로 내려오는 방향인 B이다.

## 14
물체가 움직이지 않을 때 마찰력의 크기는 물체에 작용한 힘의 크기와 같은 $20\,N$이다.

## 15
(1) 접촉면의 거칠기와 접촉면의 넓이가 같고 무게가 다른 것은 (가)와 (다)이므로 물체의 무게와 마찰력의 관계를 비교하기 위해서는 (가)와 (다)의 실험 결과를 비교해야 한다.
(2) 나무 도막의 무게, 접촉면의 거칠기가 같고 접촉면의 넓이가 다른 것은 (가)와 (나)이므로 접촉면의 넓이와 마찰력의 관계를 비교하기 위해서는 (가)와 (나)의 실험 결과를 비교해야 한다.
(3) 접촉면의 넓이와 나무 도막의 무게가 같고, 접촉면의 거칠기가 다른 것은 (가)와 (라)이므로 접촉면의 거칠기와 마찰력의 관계를 알아보기 위해서는 (가)와 (라)의 실험 결과를 비교해야 한다.

## 16
⑤ 물체가 물에 잠기면 물에 잠긴 물체의 부피만큼의 물이 비커 밖으로 넘쳐 흐르므로 물체가 받는 부력의 크기는 흘러넘친 물의 무게와 같다.
**바로알기** ① 부력의 방향과 중력의 방향은 서로 반대이다.
② 물 밖에서 물체의 무게는 물체가 물속에 있을 때 용수철저울에 측정된 무게와 물체가 받는 부력의 크기의 합과 같다. 따라서 물 밖에서 물체의 무게는 $3\,N+2\,N=5\,N$이다.
③ 물체에 작용하는 부력의 크기는 물체를 물속에 넣었을 때 흘러넘친 물의 무게와 같으므로 물체의 작용하는 부력의 크기는 $2\,N$이다.
④ 물에 잠긴 물체의 부피가 클수록 물체에 작용하는 부력의 크기가 크다.

## 17
① 물에 잠긴 부피가 클수록 부력의 크기가 크다. A, B, C 중 부피가 가장 큰 것은 A이므로 A가 받는 부력의 크기가 가장 크다.
② C는 바닥에 가라앉아 있는 상태이므로 C에 작용하는 중력의 크기는 부력의 크기보다 크다.
**바로알기** ③ A~C에 작용하는 중력의 방향은 지구 중심 방향이므로 모두 같다.
④ A~C에 작용하는 부력의 방향은 중력의 방향과 반대이므로 모두 같다.
⑤ B의 질량이 A의 질량보다 작으므로 B에 작용하는 중력의 크기는 A에 작용하는 중력의 크기보다 작다.

## 18



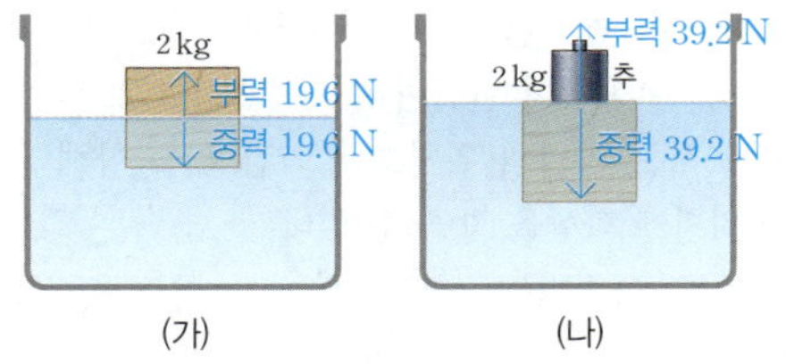


ㄷ. 추와 나무 도막이 물에 떠 있는 채로 정지해 있으므로 부력의 크기는 추와 나무 도막에 작용하는 중력의 크기와 같다. 따라서 나무 도막에 작용하는 부력의 크기는 나무 도막과 추의 무게의 합인 $4 \times 9.8 = 39.2(N)$이다.

**바로 알기** ㄱ. 물에 잠긴 부피가 (가)에서보다 (나)에서 더 크므로 나무 도막에 작용하는 부력의 크기는 (가)에서보다 (나)에서 더 크다.

ㄴ. 나무 도막의 질량이 2 kg이므로 (가)에서 나무 도막에 작용하는 중력의 크기는 $2 \times 9.8 = 19.6(N)$이다.

## 19

빗면을 따라 내려가는 탁구공의 진행 방향으로 바람을 불어주면 운동 방향으로 알짜힘이 작용하므로 속력만 빨라진다.

## 20

물체의 운동 방향과 나란한 방향으로 알짜힘이 작용하면 물체의 운동 방향은 변하지 않고, 속력만 변하게 된다.

**바로 알기** ㄱ. 공의 운동 방향과 비스듬한 방향으로 알짜힘이 작용하므로 공의 속력과 운동 방향이 모두 변한다.

ㄹ. 공의 운동 방향과 수직인 방향으로 알짜힘이 작용하므로 공의 운동 방향만 변한다.

## 21

ㄷ. 줄이 끊어졌을 때 공이 날아가는 방향은 공의 운동 방향인 D이다.

**바로 알기** ㄱ. 공에 작용하는 알짜힘의 방향은 원 궤도의 중심 방향인 C이다.

ㄴ. 공의 운동 방향은 원 궤도의 접선 방향인 D이다.

## 22

ㄷ. 포물선 경로를 따라 운동하는 농구공의 운동 방향은 계속 변하므로, B와 C에서 농구공의 운동 방향은 서로 다르다.

**바로 알기** ㄱ. A~B 구간에서 농구공의 속력은 점점 느려진다.

ㄴ. B에서 농구공에는 중력이 작용하므로 농구공에 작용하는 알짜힘은 0이 아니다.

## 23

⑤ 공중에서 골대로 들어가는 축구공은 운동 방향에 비스듬한 방향으로 알짜힘이 작용하여 속력과 운동 방향이 모두 변하는 운동을 한다.

**바로 알기** ①, ②, ③ 연직 위로 던져 올린 야구공, 잔디 위에서 굴러가는 골프공, 미끄럼틀을 타고 내려오는 사람은 모두 속력만 변하는 운동을 한다.

④ 지구 주위를 돌고 있는 인공위성은 운동 방향만 변하는 운동을 한다.

## 24

ㄴ. B에 들어갈 놀이 기구는 물체의 속력이 일정하지 않은 그네이므로, A에 들어갈 놀이 기구는 대관람차이다.

**바로 알기** ㄱ. 무빙워크에 작용하는 알짜힘이 0이므로, (가)에 들어갈 조건은 '물체의 운동 방향이 변하는가?'가 될 수 있다.

ㄷ. 그네(B)에 작용하는 알짜힘의 방향은 물체의 운동 방향에 비스듬하다.

## 25

물 위에 떠 있는 장난감 배에는 중력이 아래쪽, 부력이 위쪽으로 작용하여 힘의 평형을 이루고, 용수철을 오른쪽으로 잡아당기고 있으므로 탄성력이 왼쪽으로 작용한다.

### 서술형

## 26

**모범 답안** 북동쪽으로 8 N, 화살표의 방향이 북동쪽을 가리키고 있으므로 힘의 방향은 북동쪽이고, 화살표 1 cm가 2 N의 힘을 의미하므로 길이가 4 cm일 때 힘의 크기는 8 N이다.

| 채점 기준 | 배점 |
| --- | --- |
| 힘의 방향과 크기를 까닭과 함께 옳게 서술한 경우 | 100 % |
| 힘의 방향과 크기만 옳게 쓴 경우 | 50 % |

## 27

**모범 답안** 3 N, 물체에 작용하는 두 힘의 크기가 같고 방향이 반대이므로 알짜힘의 크기가 0이다. 물체에 작용하는 두 힘이 평형을 이루므로 물체의 운동 상태가 변하지 않고 정지해 있다.

| 채점 기준 | 배점 |
| --- | --- |
| 왼쪽으로 작용하는 힘의 크기를 구하고, 물체가 계속 정지해 있는 까닭을 옳게 서술한 경우 | 100 % |
| 왼쪽으로 작용하는 힘의 크기만 구한 경우 | 30 % |

## 28

**모범 답안** (가) 30 N, (나) 10 N, (가)에서 추에 작용하는 중력의 크기는 탄성력의 크기와 같고, (나)에서 탄성력의 크기는 용수철에 작용하는 추의 무게와 같다. 달에서 추 1 개의 무게는 $30 \ N \times \frac{1}{6} = 5 \ N$이며 추 2 개가 매달려 있으므로 (나)에서는 $5 \ N \times 2 = 10 \ N$의 탄성력이 작용한다.

| 채점 기준 | 배점 |
| --- | --- |
| (가)에서 중력의 크기와 (나)에서 탄성력의 크기를 풀이 과정과 함께 옳게 서술한 경우 | 100 % |
| (가)와 (나) 중 하나만 옳게 서술한 경우 | 50 % |

## 29

(1) **모범 답안** ▷ 16 cm, 추 1개를 매달았을 때 늘어난 용수철의 길이가 1 cm이므로, 추 4개를 매달았을 때 용수철이 늘어나는 길이는 4×1 cm =4 cm이다. 처음 용수철의 길이는 12 cm이므로 용수철의 전체 길이는 12 cm+4 cm=16 cm가 된다.

| 채점 기준 | 배점 |
| --- | --- |
| 용수철이 늘어난 길이와 그 과정을 옳게 서술한 경우 | 100 % |
| 용수철이 늘어난 길이만 옳게 쓴 경우 | 50 % |

(2) **모범 답안** ▷ 4.9 N, 추 5개를 매달면 용수철은 5 cm가 늘어난다. 탄성력의 크기는 작용한 힘의 크기와 같고, 질량이 0.1 kg인 추 5개에 작용하는 중력의 크기는 9.8×0.1×5=4.9(N)이므로 탄성력의 크기는 4.9 N이다.

| 채점 기준 | 배점 |
| --- | --- |
| 탄성력의 크기와 구하는 과정을 옳게 서술한 경우 | 100 % |
| 탄성력의 크기만 옳게 쓴 경우 | 50 % |

## 30

**모범 답안** ▷ (나)>(가)>(다), 마찰력의 크기가 클수록 빗면에서 나무 도막이 미끄러지기 시작하는 순간의 각도가 크다. 마찰력의 크기는 사포판에서가 가장 크고, 유리판에서가 가장 작으므로 빗면의 각도는 (나)>(가)>(다)이다.

| 채점 기준 | 배점 |
| --- | --- |
| 나무 도막이 미끄러지기 시작하는 순간에 빗면의 각도를 옳게 비교하고, 그렇게 생각한 까닭을 마찰력의 크기와 관련지어 옳게 서술한 경우 | 100 % |
| 나무 도막이 미끄러지기 시작하는 순간에 빗면의 각도만 옳게 비교한 경우 | 50 % |

## 31

**모범 답안** ▷ 빈 화물선보다 화물을 가득 실은 화물선이 더 무겁지만 물에 잠긴 부피가 더 크기 때문에 부력의 크기도 더 크다. 따라서 화물을 가득 실어 무게가 무거워지더라도 물에 뜰 수 있다.

| 채점 기준 | 배점 |
| --- | --- |
| 화물선이 가라앉지 않는 까닭을 부력의 크기와 관련지어 옳게 서술한 경우 | 100 % |

## 32

(1) **모범 답안** ▷ 고무공이 물에 잠기면 중력과 반대 방향으로 부력을 받게 되므로 용수철의 길이는 처음보다 증가하게 된다.

| 채점 기준 | 배점 |
| --- | --- |
| 고무공에 작용하는 부력의 방향을 옳게 서술하고, 물에 잠기면 부력이 작용한다고 서술한 경우 | 100 % |
| 고무공에 작용한 부력의 방향만 옳게 서술한 경우 | 50 % |

(2) **모범 답안** ▷ 고무공이 잠긴 부피가 줄어들면 고무공이 받는 부력의 크기도 줄어든다. 고무공이 절반만 잠겼으므로 완전히 잠겼을 때 받는 부력의 절반만큼 부력을 받는다. 따라서 용수철의 길이는 4 cm가 된다.

| 채점 기준 | 배점 |
| --- | --- |
| 고무공이 물에 잠긴 부피가 줄어들어 부력의 크기가 감소했다는 것을 서술하고, 용수철의 길이를 옳게 구한 경우 | 100 % |
| 둘 중 하나만 서술한 경우 | 50 % |

## 33

**모범 답안** ▷ 활에서 발사된 화살은 중력에 의해 알짜힘이 아래로 작용하므로 운동 방향이 변하여 포물선 모양으로 날아간다. 따라서 맞추고자 하는 과녁의 위치보다 약간 위를 향해 화살을 쏘아야 정확한 위치에 화살을 맞출 수 있다.

| 채점 기준 | 배점 |
| --- | --- |
| 알짜힘과 운동 방향의 관계를 이용하여 옳게 서술한 경우 | 100 % |

## 34

**모범 답안** ▷ 줄에 매달려 원운동을 하는 물체의 운동 방향은 원 궤도의 접선 방향이므로, A 위치에서 공을 놓아야 (가) 영역으로 공이 날아갈 수 있다.

| 채점 기준 | 배점 |
| --- | --- |
| 공을 놓을 위치와 그렇게 생각한 까닭을 옳게 서술한 경우 | 100 % |
| 공을 놓을 위치만 옳게 쓴 경우 | 30 % |

## 35

**모범 답안** ▷ (가)와 (나) 모두 운동 방향은 변하지만 속력은 (나)만 변한다. 이는 (가)에 작용하는 알짜힘은 공의 운동 방향에 수직으로 작용하지만, (나)에 작용하는 알짜힘은 공의 운동 방향에 비스듬하게 작용하기 때문이다.

| 채점 기준 | 배점 |
| --- | --- |
| 두 운동의 공통점과 차이점을 쓰고, 그 까닭을 옳게 서술한 경우 | 100 % |
| 두 운동의 공통점과 차이점만 옳게 쓴 경우 | 50 % |

## 36

**모범 답안** ▷ 물건이 떨어진다. 자석 후크가 물건을 잡아당기는 힘과 물건의 중력이 힘의 평형을 이루어야 물건이 매달려 있을 수 있으므로, 정해진 무게보다 큰 무게의 물건을 자석 후크에 매달면 중력이 커져 힘의 평형이 이루어지지 않기 때문이다.

| 채점 기준 | 배점 |
| --- | --- |
| 물건이 떨어진다고 쓰고, 그 까닭을 옳게 서술한 경우 | 100 % |
| 물건이 떨어진다고만 쓴 경우 | 50 % |

# VI 기체의 성질

## 01 기체의 압력과 부피

바로 복습　065, 067, 069쪽

**바로 복습**　065, 067, 069쪽

**01** 힘　**02** 좁을　**03** 늘어난　**04** 커　**05** ○
**06** ○　**07** ×　**08** ×　**09** 작아　**10** 감소
**11** 커, 작아　**12** ○　**13** ×　**14** ×　**15** ○
**16** 반비례　**17** 2　**18** 대기압, 부피　**19** ○
**20** ×　**21** ×　**22** ○

**개념 알약**　065, 067, 069쪽

**01** (1) ○ (2) ○ (3) ×　**02** (1) (가)>(나) (2) (나)<(다)
**03** ③　**04** ㄴ, ㄷ　**05** 해설 참조　**06** ㄱ, ㄹ, ㅂ
**07** ㉠ 작아 ㉡ 감소 ㉢ 작아　**08** (가)　**09** 해설 참조
**10** 해설 참조　**11** ③　**12** (1) ○ (2) × (3) ×
**13** (1) 일정 (2) 감소 (3) 증가 (4) 일정 (5) 일정 (6) 증가 (7) 감소 (8) 일정
**14** ③

### 01

**바로 알기** (3) 용기 안에 들어 있는 기체 입자의 개수가 많을수록 충돌할 때 가해지는 힘이 커져 압력이 크다.

### 02

(1) (가)가 (나)보다 힘이 작용하는 면적이 좁아 압력이 더 크다.
(2) (다)가 (나)보다 작용하는 힘의 크기가 커서 압력이 더 크다.

### 03

**바로 알기** ③ 스키의 밑면은 힘이 작용하는 면적을 넓게 하여 압력을 작게 이용하는 경우이다.

### 04

ㄴ. 기체의 압력은 일정한 면적에 기체 입자가 충돌하여 가하는 힘이다.
ㄷ. 같은 부피일 때 기체 입자의 개수가 많을수록 기체 입자의 충돌 횟수가 많아져 기체의 압력이 커진다.
**바로 알기** ㄱ. 기체의 압력은 모든 방향에 같은 크기로 작용한다.

### 05

**모범 답안** 병의 뚜껑을 열면 페트병 안의 기체 입자가 빠져나와 기체 입자의 개수가 적어져 페트병 속 기체의 압력이 작아지기 때문이다.

### 06

농구공의 바람이 빠지면 농구공 안의 기체 입자가 빠져나가 농구공의 부피(ㅂ)가 작아지고 입자의 개수(ㄹ)도 감소한다. 기체 입자의 개수가 감소하면 입자의 충돌 횟수(ㄱ) 또한 감소한다.
**바로 알기** 온도가 일정하므로 입자의 운동 속도(ㄷ)는 변하지 않으며, 새로 유입되는 기체는 없으므로 입자의 크기(ㄱ), 질량(ㅁ)은 변하지 않는다.

### 07

온도가 일정할 때 외부 압력이 작아지면(㉠), 기체의 부피가 커

지고, 기체 입자의 충돌 횟수가 감소하여(㉡) 기체의 압력이 작아진다(㉢).

### 08

감압 용기 속의 압력이 커지면 고무풍선 속 기체의 부피가 작아지므로 풍선의 크기는 작아진다.

### 09

**모범 답안** (가)에서 (나)로 변할 때 고무풍선의 크기가 커졌으므로 감압 용기 속 기체를 빼낸 상태이다. 따라서 감압 용기 속 기체의 압력과 고무풍선 속 기체의 압력은 모두 작아진다.

### 10

**모범 답안** 피스톤을 누르면 주사기 속 기체의 부피가 작아져 기체 입자의 충돌 횟수가 늘어난다. 따라서 주사기 속 기체의 압력이 커져 고무풍선의 부피가 작아진다.

### 11

일정한 온도에서 압력이 커지면 기체의 부피는 같은 비율로 작아진다.

### 12

**바로 알기** (2) (가)~(다) 중 압력은 (다)에서 가장 크다.
(3) 기체의 압력과 부피의 곱은 (가)~(다) 모두 같다.

### 13

실린더 내 기체의 압력이 커졌으므로 (2) 기체의 부피, (7) 기체 입자 사이의 거리는 감소하고, (3) 기체의 압력, (6) 기체 입자의 충돌 횟수는 증가한다. 이때 출입한 기체가 없고 온도는 일정하므로 (1) 기체 입자의 질량, (4) 기체 입자의 개수, (5) 기체 입자의 크기, (8) 기체 입자의 운동 속도는 일정하다.

### 14

**바로 알기** ③ 높은 곳에 올라가서 밥을 지을 때 밥이 설익는 것은 압력에 따라 물이 끓는 온도가 달라지기 때문이다.

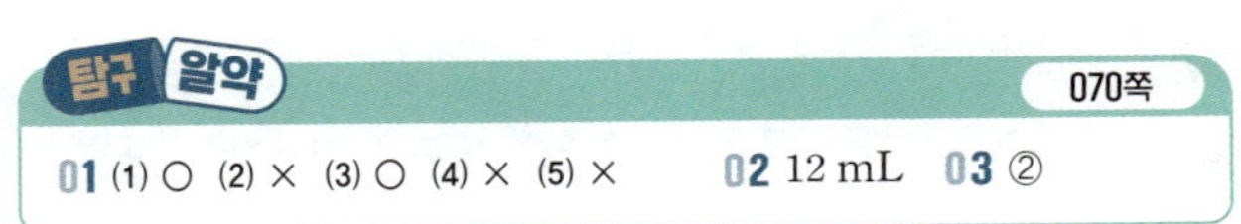

**탐구 알약**　070쪽

**01** (1) ○ (2) × (3) ○ (4) × (5) ×　**02** 12 mL　**03** ②

### 01

**바로 알기** (2) 온도는 일정하므로 기체 입자의 운동 속도는 변하지 않는다.
(4) 기체 입자의 충돌 횟수는 3.0 기압에서 가장 많다.
(5) 주사기에 출입하는 기체가 없으므로 기체 입자의 개수는 변하지 않는다.

### 02

온도가 일정하므로 압력×부피는 모두 60으로 일정하다. 따라서 5.0 기압일 때 기체의 부피는 $60 \div 5.0 = 12$ mL이다.

### 03

**바로 알기** ② 여름철과 겨울철 자동차 타이어 속 공기의 부피 변화는 온도에 따라 달라지는 현상이다.

## 01

ㄱ. 압력은 일정한 면적에 작용하는 힘이다.

ㄷ. 칼날이 날카로울수록 힘이 작용하는 면적이 좁아 압력이 커져 과일이 잘 깎인다.

**바로 알기** ㄴ. 압력은 작용하는 힘의 크기에 비례하고 힘이 작용하는 면적에 반비례한다.

ㄹ. 신발에 설피를 덧대어 신으면 힘이 작용하는 면적이 넓어져 압력이 작아지므로 눈 위를 쉽게 걸을 수 있다.

## 02

① (가)와 (나)는 같은 질량의 벽돌이 작용하는 면적이 다르므로 힘이 작용하는 면적이 압력에 미치는 영향을 비교할 수 있다.

② (나)와 (다)는 힘이 작용하는 면적은 같지만 작용하는 힘의 크기는 (나)가 (다)보다 작다. 따라서 작용하는 힘의 크기가 압력에 미치는 영향을 비교할 수 있다.

③ (가)와 (나)는 질량이 같은 벽돌로 작용하는 힘의 크기는 같다.

④ 압력은 작용하는 힘이 클수록, 힘이 작용하는 면적이 좁을수록 크다. (가)와 (나)의 압력의 크기는 (가)가 (나)보다 크고, (나)와 (다)의 압력의 크기는 (다)가 (나)보다 크므로, 스펀지에 작용하는 압력의 크기는 (나)가 가장 작다.

**바로 알기** ⑤ (가)와 (다)는 힘이 작용하는 면적과 작용하는 힘의 크기가 모두 달라 힘이 작용하는 면적이나 작용하는 힘의 크기가 압력에 미치는 영향을 알 수 없다.

## 03

④ 면적이 같을 때는 작용하는 힘이 클수록, 힘의 크기가 같을 때는 힘이 작용하는 면적이 좁을수록 압력이 크다. 따라서 작용하는 힘이 크고, 면적이 좁은 ④가 가장 큰 압력이 작용한다.

## 04

음료수 용기에 빨대를 꽂을 때 뾰족한 부분을 이용하는 것은 면적을 좁혀 압력을 크게 하는 예이다.

ㄴ. 아이젠은 신발 바닥에 뾰족한 금속이 달려 있어 눈에 닿는 면적을 좁히고 압력을 크게 하여 눈 속에서도 미끄러지지 않고 산을 오를 수 있게 한다.

**바로 알기** ㄱ. 갯벌에서 표면적이 넓은 널빤지를 이용하면 압력이 작아져 쉽게 이동할 수 있다.

ㄷ. 탄산음료에 들어 있던 이산화 탄소가 빠져나오면서 병 속 기체의 압력이 커지는데, 이때 밑바닥 부분을 꽃잎 모양으로 만들면 표면적이 넓어져 압력이 분산된다.

## 05

①, ⑤ 기체 입자가 운동하면서 충돌할 때 단위 면적에 작용하는 힘을 압력이라고 한다.

③, ④ 부피가 같을 때 기체 입자의 개수가 많을수록 충돌 횟수가 많아져 압력이 커진다.

**바로 알기** ② 기체의 압력은 모든 방향으로 같은 크기만큼 작용한다.

## 06

ㄴ. 고무풍선은 지표 부근에서 부피가 일정하므로 가해지는 외부 압력은 대기압과 같다.

**바로 알기** ㄱ. 기체의 압력은 일정한 면적에 기체 입자가 충돌하여 가해지는 힘이다.

ㄷ. 부피가 일정한 고무풍선 속 기체 입자의 개수가 늘어나면 기체 입자의 충돌 횟수가 증가하여 기체의 압력은 커진다.

## 07

② 기체의 종류가 변하지 않았으므로 기체 입자의 질량은 일정하다.

③, ④ 압력이 커지면 부피가 작아지기 때문에 같은 개수의 기체 입자가 존재할 때 기체 입자 사이의 거리가 줄어들며, 기체 입자의 충돌 횟수가 증가한다.

⑤ 기체의 압력과 부피는 반비례한다는 보일 법칙을 확인할 수 있다.

**바로 알기** ① 온도가 일정하므로 기체 입자의 운동 속도는 변하지 않는다.

## 08

ㄱ. 보일 법칙은 온도가 일정할 때 기체의 부피와 압력의 관계를 나타내는 법칙이므로, 이 실험은 온도 변화가 없는 환경에서 진행해야 한다.

**바로 알기** ㄴ. 추의 개수를 5개로 늘리면 실린더 속 공기가 받는 압력은 6기압이므로, 부피는 20 mL가 된다.

ㄷ. 올려놓는 추의 개수가 증가할수록 실린더 속 공기가 받는 압력이 커져 부피가 작아지므로 공기 입자의 충돌 횟수는 증가한다.

## 09

**자료 해석** | 감압 용기에서 공기를 빼낼 때 나타나는 변화

감압 용기 속 기체 입자의 개수 감소 → 기체 입자의 충돌 횟수 감소 → 감압 용기 속 기체의 압력 감소 → 과자 봉지의 부피 증가 → 과자 봉지 속 압력 감소

**바로 알기** ① 과자 봉지의 부피가 커져 부풀어 오른다.

② 과자 봉지 속 기체의 압력은 작아진다.

③ 공기를 빼낼 때 기체 입자가 줄어들어 감압 용기 속 기체 입자의 개수는 감소한다.

④ 기체 입자의 개수가 감소하여 기체 입자의 충돌 횟수가 감소하기 때문에 기체의 압력이 작아진다.

## 10

⑤ 기체 입자 사이의 평균 거리는 기체의 부피가 커질수록 멀어진다. 따라서 입자 사이의 거리가 가장 먼 것은 부피가 가장 큰 A이다.

**바로 알기** ① 세 지점의 온도가 모두 같으므로 압력×부피는 같다.

② 세 지점의 온도가 모두 같으므로 기체 입자의 충돌 세기는 같다.

③ 세 지점의 온도가 모두 같으므로 기체 입자의 운동 속도는 같다.

④ 압력이 작을수록 기체 입자의 충돌 횟수가 적으므로 충돌 횟수가 가장 적은 것은 A이다.

## 11

ㄱ. 일정한 온도에서 기체의 압력과 부피의 곱은 일정하다. 따라서 (가)=30, (나)=3으로, (가)+(나)=33이다.

ㄴ. 피스톤을 눌러 주사기 속 공기의 압력이 커지면 기체 입자 사이의 거리는 가까워진다.

**바로 알기** ▶ ㄷ. 일정한 온도에서 주사기 속 기체 입자의 운동 속도는 일정하다.

## 12

$P_1 \times V_1 = P_2 \times V_2$이므로, 7 기압 × 5 L = 5 기압 × $x$에 의해 $x$는 7 L이다.

## 13

$P_1 \times V_1 = P_2 \times V_2$이므로, 1 기압 × 24 mL = $x$ × 6 mL에 의해 $x$는 4 기압이다.

## 14

② 피스톤을 잡아당기면 주사기 속 공기의 부피가 커지므로 주사기 속 공기의 압력은 작아진다.

**바로 알기** ▶ ① 피스톤을 잡아당기면 주사기 속 기체의 압력이 작아져 고무풍선에 작용하는 기체의 압력 또한 작아진다. 따라서 고무풍선의 부피가 커진다.

③ 입구를 막은 주사기는 외부의 공기가 출입하지 않으므로 공기 입자의 개수는 변화가 없다.

④ 공기 입자는 자유롭게 움직이며 모든 방향으로 퍼져 나가므로 고무풍선 안에 골고루 퍼져 있다.

⑤ 고무풍선의 부피가 커지므로 고무풍선 속 입자 사이의 거리가 멀어져 공기 입자의 충돌 횟수는 감소한다.

## 15

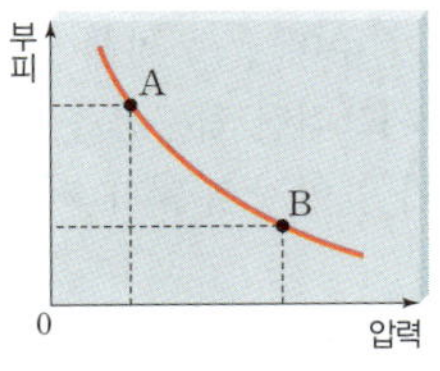

**자료 해석 | 기체의 압력과 부피 관계 그래프**



- 입자 운동 속도, 입자 충돌 세기: A=B
- 입자 충돌 횟수: B>A
- 입자 사이의 거리: A>B
- 기체의 압력×부피: A=B

① 일정한 온도에서 기체 입자의 운동 속도는 변하지 않는다.

② B는 A보다 압력이 크고 부피가 작으므로 기체 입자의 충돌 횟수가 더 많다.

④ A는 B보다 부피가 크고 압력이 작으므로 입자 사이의 거리가 더 멀다.

⑤ 일정한 온도에서 기체의 압력과 부피의 곱은 일정하다.

**바로 알기** ▶ ③ 온도가 일정할 때 입자의 운동성은 변하지 않으므로 기체 입자의 충돌 세기는 일정하다.



## 16

**모범 답안** ▶ 축구공에 공기를 넣으면 기체 입자의 개수가 늘어나고 기체 입자의 충돌 횟수가 많아져 축구공 속 기체의 압력이 커진다. 이 압력은 모든 방향으로 같은 크기만큼 작용하므로 축구공이 사방으로 동그랗게 부풀어 오른다.

| 채점 기준 | 배점 |
| --- | --- |
| 키워드를 모두 사용하여 옳게 서술한 경우 | 100 % |
| 압력이 커진 결과라고만 서술한 경우 | 30 % |

## 17

**모범 답안** ▶ 기체 입자의 운동 속도, 온도가 일정하므로 입자의 운동에 영향이 없어 기체 입자의 운동 속도는 변하지 않는다.

| 채점 기준 | 배점 |
| --- | --- |
| (가)에서 (나)가 되었을 때 변하지 않는 것을 고르고, 그렇게 생각한 까닭을 옳게 서술한 경우 | 100 % |
| (가)에서 (나)가 되었을 때 변하지 않는 것만 옳게 고른 경우 | 40 % |

## 18

**모범 답안** ▶ 25 mL, 보일 법칙에 따라 온도가 일정할 때 기체의 부피는 압력에 반비례하므로, 기체의 압력과 부피의 곱은 항상 같다. 따라서 4 기압 × $x$ = 1 기압 × 100 mL이므로, 4 기압일 때 기체의 부피($x$)는 25 mL이다.

| 채점 기준 | 배점 |
| --- | --- |
| 기체의 부피를 구하고, 그 과정을 옳게 서술한 경우 | 100 % |
| 기체의 부피만 구한 경우 | 30 % |

### 1등급 백신

077쪽

| | | | |
| --- | --- | --- | --- |
| 01 ⑤ | 02 ② | 03 ① | 04 ⑤ |

## 01

물속에서 잠수부가 내뿜은 공기 방울이 수면으로 올라오면서 수압(물의 압력)이 작아져 부피가 커지는 현상이다.

①, ③ 높은 곳의 과자 봉지가 팽팽하게 부풀어 오르는 것과 비행기를 탔을 때 귀가 먹먹해지는 것은 대기압이 작아져 나타나는 현상이다.

② 탄산음료를 열면 탄산음료 병에 압축되어 있던 이산화 탄소가 밖으로 빠져나오며 압력이 급격히 작아지고 기체 입자 사이의 거리가 멀어지며 '퍽' 소리가 난다.

④ 손에서 놓친 풍선은 높이 올라갈수록 대기압이 작아지므로 풍선이 부풀어 오르다가 터지게 된다.

**바로 알기** ▶ ⑤ 타이어에 공기를 넣어 팽팽해지면 타이어 속 기체 입자가 많아져 입자의 충돌 횟수가 늘어나 기체의 압력이 커지기 때문에 힘이 많이 든다.

## 02

ㄴ. (가) → (나)로 변할 때 주사기 속 기체의 압력이 작아지고 기체 입자 사이의 거리가 늘어나 기체 입자가 주사기 벽면에 충돌

하는 횟수는 감소한다.

**바로 알기 >** ㄱ. (가)에서 (나)로 변하는 동안 화살표 길이는 변하지 않았으므로 기체 입자의 운동 속도는 일정하다.

ㄷ. (가) → (나) 동안 기체 입자가 출입하지 않으므로 기체 입자 사이의 거리가 늘어난 것은 주사기 속 기체의 압력이 작아져 부피가 커졌기 때문이다.

## 03

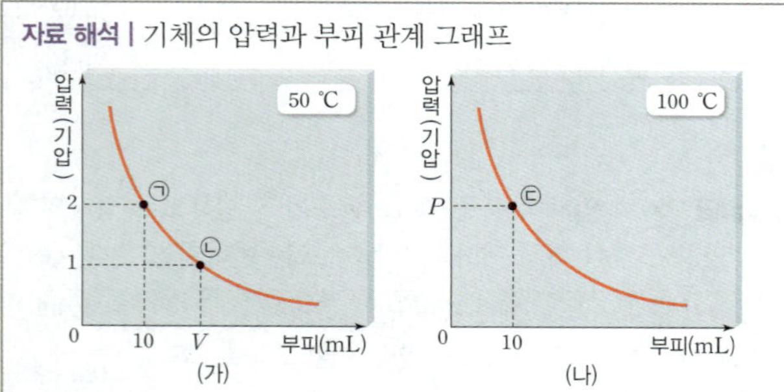

**자료 해석 | 기체의 압력과 부피 관계 그래프**



- $P_1V_1 = P_2V_2$로 (가)에서 $V$는 2 기압×10 mL=1 기압×$V$에서 $V=20$ mL
- 온도가 높을수록 기체 입자의 운동 속도는 빠르다. ➡ 기체 입자의 운동 속도는 (나)>(가)이다.

ㄱ. 보일 법칙에 따라 온도가 일정할 때 기체의 부피는 압력에 반비례하므로, 기체의 압력과 부피의 곱은 항상 같다. 따라서 (가)에서 2 기압×10 mL=1 기압×$V$에 의해 $V$는 20 mL이다.

**바로 알기 >** ㄴ. (가)와 (나)는 서로 기체의 양이 같으며, 온도는 (가)가 (나)보다 낮다. 기체의 온도가 높을수록 기체의 부피가 커지므로, (가)와 (나)의 부피가 10 mL로 같을 때 온도가 높은 (나)에서 $P$는 2 기압보다 커야 한다.

ㄷ. 기체 입자의 운동 속도는 온도가 높을수록 빨라진다. 따라서 ㉢>㉠=㉡이다.

## 04

온도가 일정하므로 보일 법칙에 따라 기체의 압력과 부피의 곱은 일정하다. 기체에 작용하는 압력이 4 기압에서 12 기압으로 3 배 증가하였으므로 부피는 $\frac{1}{3}$ 배 작아져야 한다. $\frac{1}{3}x=y$로 $\frac{x}{y}=3$이다.

## 02 기체의 온도와 부피

### 바로 복습
079, 081쪽

**01** 압력 **02** 증가 **03** 활발 **04** × **05** ○
**06** ○ **07** × **08** 작아 **09** 높아, 커 **10** 활발
**11** × **12** × **13** ○

### 개념 알약
079, 081쪽

**01** 해설 참조 **02** ㉠ 증가 ㉡ 증가 ㉢ 압력 **03** ④
**04** (1) 일정 (2) 증가 (3) 일정 (4) 일정 (5) 증가 (6) 증가 (7) 증가 (8) 증가 **05** (1) (가) (2) 감소한다. **06** ㄱ, ㄷ
**07** ㉠ 온도 ㉡ 증가 ㉢ 커 **08** (1) 보일 (2) 샤를 (3) 샤를 (4) 보일

## 01

**모범 답안 >** 고무풍선 속 기체의 부피가 작아져 고무풍선이 쭈그러든다.

**해설 >** 액체 질소는 온도가 매우 낮으므로 액체 질소에 고무풍선을 넣으면 고무풍선 속 기체의 부피가 작아져 고무풍선이 쭈그러든다.

## 02

온도를 높이면 기체 입자의 운동 속도가 증가(㉠)하여 기체 입자의 충돌 횟수와 세기가 증가(㉡)한다. 따라서 기체의 부피는 고무풍선 속과 외부의 압력(㉢)이 같아질 때까지 커진다.

## 03

일정한 압력에서 온도가 높아지면 기체의 부피는 일정한 비율로 커진다. 0 ℃에서 기체의 부피는 0이 아니다.

## 04

실린더 속 기체를 가열하였을 때 기체 입자의 운동이 활발해져 (5) 기체 입자의 충돌 횟수, (6) 기체 입자의 충돌 세기, (7) 기체 입자의 운동 속도, (8) 기체 입자 사이의 거리가 증가하므로 (2) 기체의 부피가 증가한다. 또한 외부에서 출입한 기체가 없으므로 (1) 기체 입자의 질량, (3) 기체 입자의 개수, (4) 기체 입자의 크기는 일정하다.

## 05

(1) 일정한 압력에서 기체의 온도가 높을수록 기체 입자의 운동 속도가 빠르고 기체의 부피가 커진다. 입자 운동의 속도를 의미하는 화살표 길이와 피펫 속 색소 위치를 비교할 때 유리병 속 기체의 온도는 (가)가 (나)보다 높다.
(2) 온도가 낮아지면 기체 입자의 운동이 둔해져 기체 입자의 충돌 세기는 감소한다.

## 06

ㄱ, ㄷ. 열기구는 공기 주머니 속 기체를 가열하면 기체의 부피가 커지는데, 이때 공기 주머니 속 기체 일부가 밖으로 밀려나며 위로 떠오르게 된다. 찌그러진 탁구공을 따뜻한 물에 넣으면 탁구공 속 기체의 온도가 높아져 부피가 커지므로, 탁구공의 찌그러진 부분이 펴진다.

**바로 알기 >** ㄴ. 찌그러진 탁구공이 펴지는 까닭은 탁구공 속 기체의 온도가 높아져 기체의 부피가 커지기 때문이다.

## 07

감싸 쥔 손의 체온에 의해 피펫 속 공기의 온도(㉠)가 증가(㉡)하므로 공기의 부피가 커(㉢)져 남아 있는 액체가 빠져나온다.

## 08

압력에 따라 기체의 부피가 변하는 현상은 보일 법칙으로, 온도에 따라 기체의 부피가 변하는 현상은 샤를 법칙으로 설명할 수 있다.
(1) 자전거 타이어에 연결된 공기 펌프를 누르면 압력이 가해져 공기 펌프 안의 부피가 작아지며 공기가 자전거 타이어로 들어간다. (보일)

(2) 온도가 높은 여름엔 자동차 타이어 속 입자의 운동이 활발해져 타이어가 팽팽해진다.(샤를)

(3) 손에 있던 체온으로 인해 피펫 안 공기가 따뜻해지고, 부피가 커져 액체를 밀어낸다.(샤를)

(4) 하늘 높이 올라갈수록 대기압이 작아져 풍선의 부피가 커지다가 터진다.(보일)

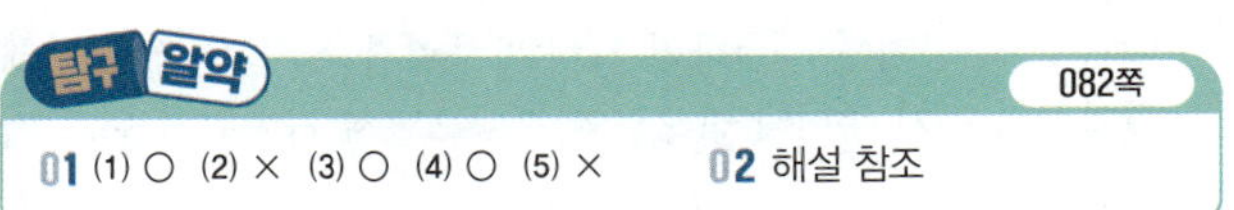

**082쪽**

**01** (1) ○ (2) × (3) ○ (4) ○ (5) ×　　**02** 해설 참조

## 01

**바로 알기 >** (2) 온도가 가장 낮은 물에 담근 스포이트 속 기체의 부피가 가장 작으므로 물방울의 높이가 가장 낮다.

(5) 이 실험을 통해 기체의 온도와 부피의 관계를 알 수 있다.

## 02 서술형

**모범 답안 >** 커진다. 구리 통 속 기체의 온도가 높아지면 기체 입자의 운동이 활발해져 기체 입자가 구리 통의 벽면에 강하게 충돌하기 때문이다.

| 채점 기준 | 배점 |
| --- | --- |
| 부피 변화와 그 까닭을 모두 옳게 서술한 경우 | 100 % |
| 부피 변화만 옳게 서술한 경우 | 30 % |

## 실전 백신

**086~088쪽**

| | | | | |
| --- | --- | --- | --- | --- |
| **01** ⑤ | **02** ④ | **03** ③ | **04** ④ | **05** ③ |
| **06** ① | **07** ④ | **08** ① | **09** ⑤ | **10** ③ |
| **11** ③ | **12** ② | **13** ② | **14** ③ | |
| **15~17** 해설 참조 | | | | |

## 01

압력을 일정하게 유지한 채 온도를 높이면 입자 운동의 속도가 빨라지고 기체 입자의 충돌 횟수와 충돌 세기가 증가하므로 풍선 속의 압력이 커진다. 풍선 속의 압력과 풍선 밖의 압력을 같게 만들기 위해 풍선의 부피가 큰 ⑤가 가장 적절하다.

## 02

④ 고무풍선 속 기체의 온도가 높아질수록 기체 입자의 운동이 활발해져 입자 사이의 거리가 멀어지고 고무풍선이 커진다.

**바로 알기 >** ① 온도가 변해도 기체 입자의 크기는 변하지 않는다.

② 외부와의 기체 출입이 없으므로 기체 입자의 개수는 일정하다.

③, ⑤ 기체 입자는 삼각 플라스크와 고무풍선에 고르게 분포한다.

## 03

③ 시간이 지남에 따라 컵 속의 온도가 낮아지게 되고, 컵 속 기체의 부피가 작아진다.

**바로 알기 >** ① 컵은 고무풍선으로 밀폐되어 있으므로 기체 입자의 개수는 일정하다.

②, ④, ⑤ 시간이 지남에 따라 컵 속의 온도가 낮아지므로 컵 속 기체 입자의 운동 속도가 느려진다. 그 결과 컵 속 기체 입자의 충돌 횟수가 줄어들고 기체의 압력이 작아져 기체의 부피는 작아지며, 입자 사이의 거리는 가까워진다.

## 04

**자료 해석 | 기체의 온도와 부피**

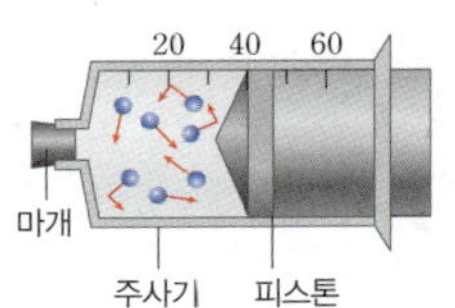


• 온도↓ ➡ 기체 입자의 운동, 기체 입자의 충돌 세기, 기체의 부피↓
• 온도↑ ➡ 기체 입자의 운동, 기체 입자의 충돌 세기, 기체의 부피↑
• 기체 입자의 개수는 일정

④ 온도가 높아질수록 부피도 커지므로 온도×부피 값은 점점 커진다.

**바로 알기 >** ① 온도를 낮추면 주사기 속 기체의 부피가 작아져 피스톤이 뒤로 밀려나지 않는다.

② 외부와의 기체 출입이 없으므로 기체 입자의 개수는 일정하다.

③ 온도를 높이면 주사기 속 기체 입자의 운동이 활발해진다.

⑤ 온도를 높이면 기체 입자의 운동이 활발해지므로 기체 입자가 주사기의 벽면에 충돌하는 세기가 강해진다.

## 05

①, ② (가)에서 뜨거운 물에 담그면 인형 속 기체의 온도가 높아져 기체의 부피가 커지므로 인형 속 기체가 밖으로 빠져나온다.

④ (다)에서 인형의 머리에 뜨거운 물을 부어야 인형 속 기체의 부피가 다시 커져 인형 속 물을 밖으로 밀어낸다.

⑤ 오줌싸개 인형과 차가운 달걀을 뜨거운 물에 바로 넣어 삶을 때 달걀이 터지는 현상은 샤를 법칙으로 설명할 수 있다.

**바로 알기 >** ③ (나)에서 찬물에 의해 인형 속 기체의 온도가 낮아지므로 기체 입자의 움직임은 느려진다.

## 06

ㄱ. 뜨거운 물에 담근 플라스크 속 기체 입자는 온도가 높아져 입자의 운동이 활발해진다.

**바로 알기 >** ㄴ. 뜨거운 물에 플라스크를 담그면 플라스크 속 공기 입자의 운동이 활발해지므로, 플라스크 속 공기 입자가 차지하는 공간이 커진다.

ㄷ. 플라스크 속 공기 입자가 차지하는 공간이 커지므로, 잉크 방울은 A 쪽으로 움직인다.

## 07

④ 온도가 변할 때 기체의 부피는 기체의 압력과 외부 압력이 같아질 때까지 변한다.

**바로 알기 >** ① 온도 변화에 따른 기체의 부피 변화량은 기체의 종류와 상관없이 같다.

②, ③ 온도가 높아지면 기체 입자의 운동이 활발해져 기체 입자가 용기 벽면에 충돌하는 횟수가 증가한다.

⑤ 일정한 압력에서 온도가 높아지거나 낮아질 때 기체의 부피가 커지거나 작아진다.

## 08

압력이 일정할 때 일정량의 기체 부피는 기체의 종류와 관계없이 온도가 높아지면 일정한 비율로 커진다.

## 09

ㄱ. 기체의 양과 압력이 일정할 때 온도가 같은 기체의 부피는 기체의 종류에 관계없이 일정하다.

ㄴ. (가)에서 (나)로 변할 때 기체의 온도가 높아지므로 기체 입자의 운동 속도는 빨라진다.

ㄷ. 샤를 법칙에 따르면 압력이 일정할 때 기체의 온도가 높아질수록 부피는 일정한 비율로 커진다. (다)의 온도는 (나)의 2 배이므로 (가)와 (나)의 부피 차는 (나)와 (다)의 부피 차와 같다.

## 10

온도가 15 ℃씩 높아질 때마다 부피는 0.5 mL씩 커진다. 따라서 ㉠은 45, ㉡은 11.3이다.

## 11

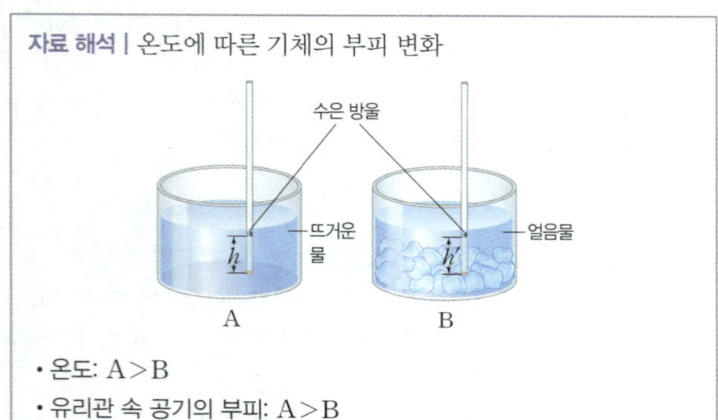


ㄱ. A와 같이 뜨거운 물에 유리관을 넣었을 때 유리관 속 공기의 온도가 높아져 부피가 커지므로, A의 유리관 속 공기가 수은을 밀어내는 거리가 B보다 멀다. 따라서 $h>h'$이다.

ㄷ. 찌그러진 탁구공을 따뜻한 물에 넣어 찌그러진 부분이 펴지는 현상과 이 실험은 기체의 온도에 따른 부피 변화인 샤를 법칙과 관련이 있다.

**바로 알기** ㄴ. 이 실험은 온도가 기체의 부피에 미치는 영향을 알기 위한 것이다.

## 12

ㄴ. 온도는 입자의 운동 속도에 영향을 준다. (나)의 화살표 길이가 (다)보다 길기 때문에 온도가 더 높다는 것을 알 수 있다.

**바로 알기** ㄱ. 화살표의 길이로 기체 입자의 운동 속도를 파악할 수 있다. (나)의 화살표 길이가 (가)의 화살표 길이보다 길기 때문에 (나)의 입자 운동이 더 활발하다.

ㄷ. 압력이 일정할 때 기체의 온도가 높을수록 기체의 부피가 커져 실린더의 피스톤을 밀어낸다. 따라서 (다)를 (가)로 만들기 위해서는 온도를 높여야 한다.

## 13

차가운 빈 유리병의 입구에 물을 묻히고 동전을 올린 후에 유리병을 양손으로 감싸 쥘 때 동전이 들썩거리는 현상은 차가웠던 유리병 내부의 공기가 따뜻해지면서 공기의 부피가 커져 동전을 밀어내기 때문에 나타난다. 이는 샤를 법칙과 관련이 있다.

**바로 알기** ② 땀에 젖은 옷이 마르는 것은 증발 현상으로, 샤를 법칙과 관련이 없다.

## 14

① 열기구 속 공기를 가열하면 기체의 부피가 커지고, 커진 기체가 열기구의 공기 주머니 밖으로 빠져나오면서 가벼워져 위로 떠오른다.

② 햇빛이 비추는 곳에 과자 봉지를 두면 봉지 속 기체의 온도가 높아져 부피가 커지므로 봉지가 부풀어 오른다.

④ 그릇이 포개져 잘 빠지지 않을 때 아래 그릇을 따뜻하게 만들어 그릇 사이 기체의 부피가 커지면 쉽게 분리할 수 있다.

⑤ 물이 조금 담긴 페트병의 뚜껑을 닫아 냉장고에 넣으면 페트병 속 기체의 온도가 낮아져 부피가 작아지므로 페트병이 찌그러진다.

**바로 알기** ③ 깊은 바닷속에 사는 물고기는 수면 위로 올라올수록 수압이 낮아져 부레가 부풀어 오르며, 이는 기체의 압력에 따른 부피 변화 현상이다.

### 서술형

## 15

**모범 답안** 뜨거운 물에 담갔다가 꺼낸 유리병 속 기체의 온도가 점점 낮아지는데, 유리병 속 기체의 온도가 낮아지는 동안 기체의 부피는 작아지므로 삶은 달걀이 병 속으로 들어간다.

| 채점 기준 | 배점 |
| --- | --- |
| 기체의 온도와 부피의 관계를 이용하여 옳게 서술한 경우 | 100 % |
| 기체의 부피의 변화만 옳게 서술한 경우 | 30 % |

## 16

**모범 답안** 고무풍선이 부풀어 오른다. 샤를 법칙에 따라 압력이 일정할 때 온도가 높아지면 기체의 부피가 일정한 비율로 커지므로, 삼각 플라스크를 뜨거운 물이 담긴 수조에 담그면 삼각 플라스크 속 기체의 부피가 커져 고무풍선이 부풀어 오른다.

| 채점 기준 | 배점 |
| --- | --- |
| 고무풍선의 변화와 그렇게 생각한 까닭을 옳게 서술한 경우 | 100 % |
| 고무풍선의 변화만 옳게 서술한 경우 | 30 % |

## 17

**모범 답안** 기체의 온도가 높아지면 기체 입자의 운동이 활발해진다. 따라서 기체 입자의 충돌 횟수와 충돌 세기가 증가하여 기체 입자 사이의 거리가 멀어지고, 기체의 부피가 커진다.

| 채점 기준 | 배점 |
| --- | --- |
| 기체의 부피 변화를 제시어를 사용하여 옳게 서술한 경우 | 100 % |
| 부피의 변화만 옳게 서술한 경우 | 30 % |

## 01

④ (가)보다 (나)에서 기체 입자의 운동 속도가 빠르다.
⑤ (나)보다 (다)에서 기체의 부피가 크므로 기체 입자 사이의 거리가 멀다.
**바로 알기 >** ① 온도에 따라 기체 입자가 분포한 비율을 살펴보면 (다)＞(나)＞(가) 순으로 속력이 빠른 기체 입자들이 많다는 것을 알 수 있다. 따라서 온도는 (다)＞(나)＞(가)이다.
② (가)보다 (다)가 높은 온도이므로 기체의 온도와 부피는 비례한다는 샤를 법칙에 따라 기체의 부피가 커진다.
③ (다)보다 (나)가 낮은 온도이므로 기체의 부피가 작아진다.

## 02

**자료 해석 | 기체의 온도와 부피**

| 온도(℃) | A 30 | →20→ 50 | →20→ 70 |
|---|---|---|---|
| 부피(mL) | $x+6$ | →12→ $x+18$ | →12→ $x+30$ |

일정한 압력에서 일정량의 기체의 온도가 높아질 때 부피는 일정한 비율로 커진다.

ㄷ. 기체의 온도가 20 ℃ 높아지는 동안 기체의 부피는 12 mL 커졌으므로, 기체의 온도가 1 ℃ 높아질 때 기체의 부피는 0.6 mL씩 커진다.
**바로 알기 >** ㄱ. 기체의 온도가 50 ℃에서 70 ℃로 20 ℃ 높아지는 동안 부피 변화량은 12 mL이다. A에서 50 ℃로 기체의 온도가 높아지는 동안 부피 변화량 또한 12 mL이므로 A는 30 ℃이다.
ㄴ. 일정한 압력에서 일정량의 기체의 온도가 높아질 때 부피는 일정한 비율로 커진다. 따라서 기체의 부피 변화량은 A에서 50 ℃로 변할 때와 50 ℃에서 70 ℃로 변할 때가 같다.

## 03

ㄱ. 50 ℃에서 45 ℃로 온도가 낮아졌을 때 눈금 개수는 0.5 개 줄어들었으므로 45 ℃에서 40 ℃로 온도가 낮아졌을 때도 0.5 개 줄어들어 ㉠은 32.5이다.
ㄴ. 글리세롤 방울이 아래로 내려오는 것은 실험 과정 동안 온도가 낮아지므로 나타나는 현상이며, 온도가 낮아질수록 빨대 속 기체 입자의 운동은 둔해진다.
ㄷ. 물의 온도가 5 ℃씩 낮아지는 동안 빨대 속 기체가 차지하는 눈금 개수는 0.5 개씩 일정하게 감소한다.

## 04

실험을 통해 일정한 압력에서 일정한 양의 기체의 온도를 낮추면 기체의 부피가 일정한 비율로 작아지는 것을 알 수 있다.
ㄱ. 밀폐 용기의 뚜껑을 닫아 냉장고에 두면 용기 내부의 기체의 온도가 낮아져 부피가 작아지므로 뚜껑이 잘 열리지 않는다.
ㄷ. 풍선을 액체 질소에 넣으면 풍선 내부의 기체의 온도가 갑자기 낮아져 기체의 부피가 작아지므로 풍선이 쭈그러든다.
**바로 알기 >** ㄴ. 바닥이 오목한 그릇에 뜨거운 음식을 담으면 오목한 부분의 기체의 온도가 높아져 기체의 부피가 커지므로 그릇이 저절로 움직인다.

---



❶ 1 주사기의 피스톤을 누르면 주사기 속 기체의 부피가 작아져 기체의 압력이 커진다.
5 온도가 일정하므로 주사기 속 기체 입자의 운동 속도는 일정하다.
6 피스톤을 누르면 주사기 속 기체의 부피가 작아지므로 기체 입자 사이의 거리는 가까워진다.

❷ 3 (가)에서는 감압 용기 속 기체 입자의 개수가 줄어들고, (나)에서는 감압 용기 속 기체 입자의 개수가 늘어난다.
4 감압 용기의 공기를 빼내는 경우 용기 속 기체 입자의 개수가 줄어 기체의 압력이 작아져 고무풍선의 크기가 커진다.
5 감압 용기에 공기를 넣을 경우 용기 속 기체 입자의 개수가 늘어 기체의 압력이 커져 고무풍선의 크기가 작아진다.
9 감압 용기 속 기체의 압력이 커지면 고무풍선 속 기체의 부피가 작아져 기체 입자의 충돌 횟수는 증가한다.
10 입자의 운동 속도는 기체의 압력과 관계가 없다.

❸ 2 온도가 0 ℃일 때 기체의 부피가 0인 것은 아니다.
3 온도에 따라 기체의 부피가 변하는 정도는 기체의 종류와 관계없이 같다.
6 온도가 변해도 용기 속 기체 입자의 크기는 변하지 않는다.

❹ 1 (가)는 기체의 온도에 따른 부피 변화의 예이고, (나)는 기체의 압력에 따른 부피 변화의 예이다.
6 과자 봉지는 내부 압력과 외부 압력이 같아질 때까지 부풀어 오른다.

---



## 01

ㄱ. 압력은 일정한 면적에 작용하는 힘이다.
ㄷ. 날카로운 칼날은 무딘 칼날보다 힘이 작용하는 면적이 좁아 무딘 칼날보다 압력이 커서 물체가 잘 잘린다.

**바로알기** ㄴ. 기체 입자는 모든 방향으로 같은 크기만큼 작용하므로 대기압은 모든 방향으로 작용한다.

## 02

트럭이 자동차보다 무게가 많이 나가고 적재량이 많으므로 작용하는 힘이 커 타이어에 가해지는 압력이 크다. 이때 트럭의 타이어 수를 일반 자동차보다 많게 하여 가해지는 압력을 분산시킬 수 있다.

## 03

①, ④ 음료수 용기에 빨대를 꽂을 때 뾰족한 부분을 이용하는 것은 힘이 작용하는 면적을 좁혀 압력을 크게 한 것으로 바늘과 아이젠이 이와 같은 원리에 해당한다.
**바로알기** ②, ③, ⑤ 설피, 스키, 눈썰매는 힘이 작용하는 면적을 넓혀 압력을 작게 만들어 이용하는 예에 해당한다.

## 04

ㄱ, ㄴ. 기체의 압력은 기체 입자의 충돌 횟수가 많을수록 커진다. 기체의 충돌 횟수는 기체 입자의 개수가 많을수록, 기체의 부피가 작을수록, 기체의 온도가 높을수록 많아진다.
**바로알기** ㄷ. 기체 입자의 개수와 부피가 같을 때, 기체의 온도가 낮을수록 기체 입자 사이의 거리가 가까워져 압력이 작아진다.

## 05

기체 입자의 개수가 일정하므로 기체의 부피를 작게 하기 위해서는 외부 압력을 크게 하거나 기체의 온도를 낮추는 방법이 있다. 외부 압력을 크게 하면 기체 입자 사이의 거리가 가까워지면서 기체의 부피가 작아진다(단, 온도 일정). 기체의 온도를 낮추면 기체 입자의 운동이 둔해지면서 기체의 운동 속도와 충돌 횟수가 감소해 기체의 압력이 작아지고, 부피가 작아진다(단, 외부 압력 일정).

## 06

① 공기 중 기체 입자가 흡착판에 충돌하여 벽 쪽으로 미는 힘을 가하므로 잘 떨어지지 않는다.
② 공기를 채운 안전 매트 위에 사람이 떨어질 때 안전 매트 속 기체의 부피가 작아지며 충격을 흡수하므로 안전하게 구할 수 있다.
③ 물건의 파손을 막기 위해 포장용 에어 캡으로 포장하면 충격이 가해져도 물건이 손상되지 않는다.
⑤ 공기 펌프를 이용하여 타이어에 바람을 넣을 때 타이어 속 기체의 압력이 커져 타이어가 팽팽하게 유지된다.
**바로알기** ④ 풍선은 손가락보다 압정으로 누를 때 잘 터지는데, 이는 압정의 뾰족한 부분의 면적이 좁아 압력을 크게 하기 때문이다.

## 07

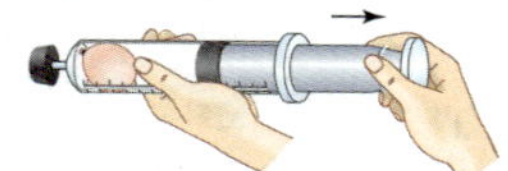

**자료 해석 | 압력과 기체의 부피**

- 주사기 속 기체 부피↑ ➡ 압력↓
- 고무풍선 속 기체의 압력↓ ➡ 고무풍선 속 기체의 부피↑

ㄱ, ㄴ. 피스톤을 당기면 주사기 속 기체의 부피가 커지고 압력은 작아진다. 따라서 고무풍선에 가해지는 압력이 작아져 고무풍선의 크기가 커진다.
ㄷ. 주사기의 피스톤을 당기면 주사기 속 기체의 압력이 작아져 기체 입자의 충돌 횟수는 감소한다.

## 08

ㄱ. 일정한 온도에서 일정량의 기체의 압력×부피 값은 일정하다. 1 기압일 때 부피는 48 mL로 압력×부피 값은 48이므로 1.5 기압일 때 부피(㉠)는 32 mL이다.
ㄷ. 압력이 커질수록 기체 입자의 충돌 횟수는 많아진다. 따라서 기체 입자의 충돌 횟수는 3 기압일 때 가장 많다.
**바로알기** ㄴ. 온도가 일정하므로 압력에 관계없이 기체 입자의 운동은 일정하다.

## 09

$P_1 \times V_1 = P_2 \times V_2$이므로 1 기압×200 mL $= \dfrac{1}{4}$ 기압×$x$이다.

따라서 $x = 800$ mL이다.

## 10

$P_1 \times V_1 = P_2 \times V_2$이므로 1 기압×120 L $= x \times 20$ L이다.
따라서 $x = 6$ 기압이다.

## 11

① 산소 등의 기체를 보관할 때 높은 압력으로 압축하여 많은 양의 기체를 특수 용기에 보관할 수 있다.
② 산 정상에서 지상으로 오면 대기압이 높아지므로 페트병 안 기체의 부피가 작아져 찌그러진다.
③ 공기 주머니가 있는 신발을 신고 걸으면 공기 주머니 속 기체에 압력이 가해져 부피가 작아지면서 발에 오는 충격을 흡수한다.
④ 타이어에 공기를 넣을수록 기체 입자의 개수가 많아져 압력이 커지므로 공기를 넣기 힘들어진다.
**바로알기** ⑤ 비행기를 타고 높은 곳에 가면 대기압이 점차 작아져 고막 안쪽 공기의 부피가 커지므로 귀가 먹먹해진다.

## 12

ㄱ. 깊은 바닷속에 넣으면 수압(물의 압력)이 커져 (가)와 (나)에 가해지는 압력이 커진다.
ㄴ. 수압이 커져 스타이로폼 용기 (나) 속 기체의 부피가 작아지므로 용기의 두께가 얇아지고 크기도 작아진다.
**바로알기** ㄷ. 깊은 바다일수록 수압(물의 압력)이 커지므로 스타이로폼에 가해지는 압력 또한 커진다. 따라서 스타이로폼 용기에 존재하는 공기의 부피는 작아진다.

## 13

ㄱ. 고무풍선은 밀폐되어 있어 기체 입자의 유입이 없기 때문에 기체 입자의 개수는 일정하다.
ㄴ. 온도가 낮아짐에 따라 입자의 운동 속도가 감소하여 기체 입자의 충돌 횟수가 감소한다.
**바로알기** ㄷ. 온도가 낮아지면 기체 입자의 운동이 둔해져 입자의 운동 속도는 느려진다.

## 14

 ③ 기체의 온도가 높아지면 기체 입자의 운동이 활발해지고 기체의 압력이 커져 외부 압력과 같아질 때까지 기체의 부피가 커진다.

## 15

ㄴ. 요구르트병 속 기체의 온도는 점차 낮아지므로 입자의 운동은 둔해진다.

 ㄱ. 요구르트병 속 기체의 온도가 낮아지면 부피가 작아져 고무풍선을 병 속으로 빨아들여 요구르트병이 고무풍선에 밀착한다. 이는 요구르트병 속 기체의 부피가 작아지기 때문이다.

ㄷ. 붙어 있는 요구르트병에 다시 뜨거운 바람을 쐬어 주면 병 속 기체의 온도가 높아져 부피가 커지므로, 고무풍선을 밀어내어 떨어지게 될 것이다.

## 16

ㄱ. 온도가 13 ℃ 높아질 때마다 기체의 부피는 2 mL씩 커지므로, 0 ℃일 때 기체의 부피는 26 mL이다.

ㄴ. 기체의 부피가 34 mL에서 40 mL까지 6 mL 커질 때의 온도는 52 ℃에서 39 ℃ 높아진 91 ℃이다.

ㄷ. 온도가 높아질수록 기체 입자의 운동이 활발해져 부피가 커지므로, 기체 입자 사이의 거리가 멀어진다.

## 17

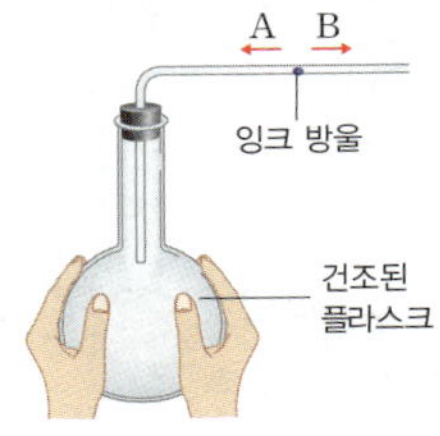

**자료 해석** | 기체의 온도에 따른 부피 변화



• 건조된 플라스크를 손으로 감싸 쥔 경우: 플라스크 속 기체의 온도↑ ⇨ 기체 입자의 운동 속도, 충돌 횟수↑ ➡ 기체의 부피↑ ➡ 잉크 방울 B로 이동
• 건조된 플라스크를 얼음물에 넣는 경우: 플라스크 속 기체의 온도↓ ➡ 기체 입자의 운동 속도, 충돌 횟수↓ ➡ 기체의 부피↓ ➡ 잉크 방울 A로 이동

① 플라스크 안의 온도가 높아져 기체의 부피가 커지기 때문에 잉크 방울을 B 쪽으로 밀어낸다.

② 온도가 높아지면 플라스크 안 기체 입자의 운동 속도가 빨라진다.

④ 플라스크 안과 밖 기체의 압력이 같아지기 위해 플라스크 안 기체의 부피가 커지는 것이다.

⑤ 플라스크를 얼음물에 넣으면 온도가 낮아져 기체의 부피가 작아지므로, 잉크 방울이 A 쪽으로 이동한다.

 ③ 플라스크를 손으로 감싸면 온도가 높아져 기체 입자의 운동 속도가 빨라지기 때문에 플라스크 안 기체 입자가 충돌하는 횟수가 증가한다.

## 18

ㄱ, ㄴ. 온도가 높을수록 기체의 부피는 커진다. 주사기 속 피스

---

톤이 밀려난 정도는 (가)가 (나)보다 크므로, 기체의 부피는 (가)가 (나)보다 큰 것을 알 수 있다. 따라서 물의 온도는 (가)가 (나)보다 높다.

ㄷ. 주사기 속 기체 입자의 충돌 세기는 온도가 높은 (가)가 (나)보다 강하다.

## 19

ㄱ, ㄷ. 유리컵으로 불을 붙인 양초를 덮으면 잠시 뒤 양초의 불이 꺼지며 공기의 압력은 작아진다. 이때 유리컵 밖에서 물을 누르는 압력(대기압)은 유리컵 안의 압력보다 상대적으로 커 유리컵 안으로 물이 밀려 들어가 (나)에서 페트리 접시의 물의 높이는 점차 낮아진다.

ㄴ. 양초를 덮은 유리컵 속 공기의 압력과 대기압의 차이를 이용해 동전을 꺼내는 과정으로, 기체의 압력과 부피 관계를 이용한 실험이다.

## 20

뜨거운 음식이 식어 그릇 안의 온도가 낮아지면 기체 입자의 운동 속도가 느려지고, 기체 입자가 랩에 충돌하는 횟수와 세기가 감소한다. 따라서 기체의 압력이 작아지며, 외부 압력과 같아지기 위해 그릇 안 기체의 부피가 작아져 랩이 그릇 안쪽으로 움푹하게 들어간다.

## 21

공기 방울은 물속에서 수면에 가까워질수록 주위의 압력이 작아지기 때문에 부피가 점점 커진다. 이 현상은 압력은 부피와 반비례한다는 보일 법칙과 관련이 있다.

① 높은 산에 올라가면 공기가 희박하여 대기압이 작기 때문에 고막 안의 공기의 부피가 커져 귀가 먹먹해지는 현상이 나타난다. 이 현상은 압력과 부피가 반비례한다는 보일 법칙과 관련이 있다.

④ 공기 주머니가 든 밑창을 사용하면 압력에 따라 밑창의 부피가 변하면서 발에 가해지는 충격을 줄여줄 수 있다. 이 현상은 압력에 따라 부피가 변한다는 보일 법칙과 관련이 있다.

 ②, ③, ⑤ 온도가 높아지면 기체의 부피가 커진다는 샤를 법칙과 관련이 있다.

## 22

기체의 양이 일정할 때 기체의 온도가 높을수록, 압력이 작을수록 부피가 크다. 따라서 온도가 100 ℃로 가장 높고, 압력이 2 기압으로 가장 작은 ④의 경우에 부피가 가장 크다.

## 23

② (가)는 온도가 일정한 조건에서 기체의 부피가 커졌으므로 외부 압력이 작아져 나타나는 변화이고, (나)는 압력이 일정한 조건에서 기체의 부피가 커졌으므로 온도가 높아져서 나타나는 변화이다.

---



## 24

 (나), (나)는 접촉 면적이 좁고 뒷굽의 모양이 뾰족해서

같은 무게인 (가)에 비해 압력이 더 크다. 따라서 신발 자국의 깊이는 (나)를 신었을 때 더 깊게 나타난다.

| 채점 기준 | 배점 |
| --- | --- |
| 신발의 종류를 고르고, 그 까닭을 면적과 압력을 연관 지어 옳게 서술한 경우 | 100 % |
| 신발의 종류만 옳게 고른 경우 | 20 % |

## 25

**모범 답안** 〉 감압 용기 속의 공기를 빼내면 용기 속 기체 입자의 개수가 줄고 기체 입자가 용기 벽면에 충돌하는 횟수가 줄어 감압 용기 속의 압력이 작아진다. 이때 마시멜로 안의 기포에 작용하는 압력도 작아져 마시멜로가 부풀어 오른다.

| 채점 기준 | 배점 |
| --- | --- |
| 감압 용기의 공기를 빼낸다는 것과 그 까닭을 옳게 서술한 경우 | 100 % |
| 감압 용기의 공기를 빼낸다고만 서술한 경우 | 30 % |

## 26

**자료 해석** | 기체의 압력과 부피 관계

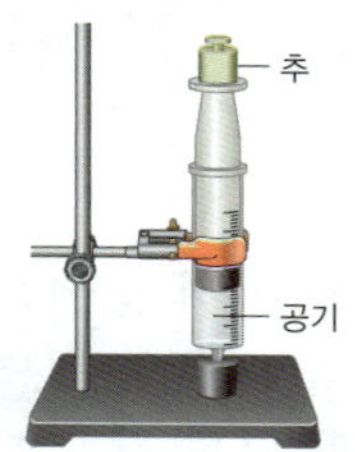


- 주사기 속 공기가 받는 압력: 대기압+추가 누르는 압력
- 대기압$=10 \ N/cm^2$
- 추가 누르는 압력$=\dfrac{40 \ N}{4 \ cm^2}$

**모범 답안** 〉 주사기 속 공기가 받는 압력은 대기압+추의 압력$=10 \ N/cm^2+\dfrac{40 \ N}{4 \ cm^2}=20 \ N/cm^2$이고, 추를 올려놓은 후 공기의 부피는 $10 \ N/cm^2 \times 100 \ mL=20 \ N/cm^2 \times x$에서 $x=50 \ mL$이다.

| 채점 기준 | 배점 |
| --- | --- |
| 압력과 부피를 구하는 과정을 옳게 서술한 경우 | 100 % |
| 압력과 부피를 구하는 과정 중 한 가지만 옳게 서술한 경우 | 50 % |

## 27

**모범 답안** 〉 고도가 높은 곳은 지상보다 대기압이 작아 페트병 속 기체의 압력이 작다. 이후 지상에 착륙하면 대기압이 커지기 때문에 페트병에 가해지는 압력이 커져 페트병이 찌그러진다.

| 채점 기준 | 배점 |
| --- | --- |
| 페트병이 찌그러진 까닭을 옳게 서술한 경우 | 100 % |

## 28

**모범 답안** 〉 풍식이가 귀의 먹먹함을 느낀 것은 비행기의 고도가 높아지면서 대기압이 작아져 고막 안쪽 공기의 부피가 커졌기 때문이다. 풍식이가 느낀 귀의 먹먹함은 보일 법칙으로 설명할 수 있다.

| 채점 기준 | 배점 |
| --- | --- |
| 까닭과 법칙을 모두 옳게 서술한 경우 | 100 % |
| 까닭은 썼지만, 법칙은 서술하지 않은 경우 | 80 % |
| 법칙은 썼지만, 까닭은 서술하지 않은 경우 | 20 % |

## 29

**모범 답안** 〉 찌그러진 탁구공을 뜨거운 물에 담그면 탁구공 속 공기 입자 운동이 활발해지면서 부피가 커지기 때문에 탁구공의 찌그러진 부분이 펴진다. 찌그러진 탁구공을 뜨거운 물로 펴는 것은 샤를 법칙으로 설명할 수 있다.

| 채점 기준 | 배점 |
| --- | --- |
| 까닭과 법칙을 모두 옳게 서술한 경우 | 100 % |
| 까닭은 썼지만, 법칙은 서술하지 않은 경우 | 80 % |
| 법칙은 썼지만, 까닭은 서술하지 않은 경우 | 20 % |

## 30

**모범 답안** 〉 냉장고 속에서 차가워진 컵을 실온에 놓아두면 컵 속의 온도가 높아지고, 컵 속 기체의 부피가 커지면서 음료수를 밀어내기 때문이다.

| 채점 기준 | 배점 |
| --- | --- |
| 빨대를 통해 음료수가 흘러나오는 까닭을 온도와 기체의 부피를 연관 지어 옳게 서술한 경우 | 100 % |

## 31

**모범 답안** 〉 한 손으로 피펫의 윗부분을 막고, 다른 한 손으로 피펫의 중간 부분을 감싸 쥔다. 이렇게 하면 피펫 안쪽 공기의 온도가 높아지면서 부피가 커지기 때문에 피펫 끝에 남아 있는 액체 시료를 밀어내 빼낼 수 있다.

| 채점 기준 | 배점 |
| --- | --- |
| 방법과 까닭을 모두 옳게 서술한 경우 | 100 % |
| 방법과 까닭 중 한 가지만 옳게 서술한 경우 | 50 % |

## 32

**모범 답안** 〉 흡착 고무를 뜨거운 물에 담갔다가 꺼내 물기를 닦은 후 벽에 붙인다. 흡착 고무를 뜨거운 물에 담갔다가 빼면 흡착 고무 주변 기체의 온도가 높아져서 입자 운동이 활발해지고, 입자 사이의 거리가 멀어져 부피가 커진다. 이때 벽에 부착하면 흡착 고무와 벽 사이 기체의 온도가 낮아지며 입자 운동이 둔해지고 입자 사이의 거리가 가까워져 벽에 잘 달라붙는다.

| 채점 기준 | 배점 |
| --- | --- |
| 온도에 따른 부피 변화를 이용하여 옳게 서술한 경우 | 100 % |
| 다른 까닭을 들어 서술한 경우 | 30 % |

## 33

**모범 답안** 〉 풍식, 풍순 / 고무풍선에 플라스틱 병이 달라붙는 까닭은 플라스틱 병 안 기체의 온도가 낮아지면서 부피가 작아져 고무풍선이 플라스틱 병으로 빨려 들어가 밀착하기 때문이다. 바닥이 오목한 그릇에 뜨거운 음식을 담으면 그릇이 저절로 미끄러지는 것은 오목한 부분에 기체의 온도가 높아져 기체의 부피가 커지기 때문에 나타나는 현상이다.

<table>
<tr><th>채점 기준</th><th>배점</th></tr>
<tr><td>옳지 않은 설명을 한 학생을 고르고, 그 까닭을 옳게 서술한 경우</td><td>100 %</td></tr>
<tr><td>옳지 않은 설명을 한 학생만을 고른 경우</td><td>20 %</td></tr>
</table>

## 34

**모범 답안** > (1) 추를 제거하면 용기에 들어 있는 기체의 압력이 작아지므로 고무풍선의 부피가 커진다.
(2) 용기에 들어 있는 기체의 온도를 높이면 용기 속 기체와 고무풍선의 부피가 모두 커진다.

<table>
<tr><th>채점 기준</th><th>배점</th></tr>
<tr><td>(1)과 (2)를 모두 옳게 서술한 경우</td><td>100 %</td></tr>
<tr><td>(1)과 (2) 중 한 가지만 옳게 서술한 경우</td><td>50 %</td></tr>
</table>

# VII 태양계

## 01 태양계의 구성

**바로 복습**　101, 103, 105쪽

**01** 태양, 8　**02** 화성, 목성　**03** 행성　**04** 얼음
**05** 작, 작　**06** ○　**07** ×　**08** ×　**09** ○
**10** ○　**11** 대기　**12** 이산화 탄소　**13** 극관
**14** 대적점　**15** 쌀알 무늬, 흑점　**16** ×　**17** ○
**18** ○　**19** ×　**20** ○　**21** 채층　**22** 흑점
**23** 활발　**24** 대물, 접안　**25** 균형추　**26** ×
**27** ×　**28** ○　**29** ○　**30** ×

**개념 알약**　101, 103, 105쪽

**01** A: 위성, B: 소행성, C: 혜성, D:왜소 행성
**02** (1) D (2) C (3) A (4) B　**03** ㄱ, ㄷ　**04** ②
**05** (1) ○ (2) ○ (3) × (4) ○ (5) ○ (6) × (7) ×
**06** (1) ㄱ, 금성 (2) ㄷ, 토성 (3) ㄴ, 화성 (4) ㄹ, 목성
**07** (1) 크다 (2) 높다 (3) 목성　**08** (1) ○ (2) ○ (3) × (4) ×
**09** (1) ㉡ (2) ㉣ (3) ㉢ (4) ㉠
**10** (1) 커진다 (2) 증가한다 (3) 강해진다
**11** ㄴ, ㄷ　**12** C, 보조 망원경

## 01

A는 위성, B는 소행성, C는 혜성, D는 왜소 행성이다.

## 02

(1) 왜소 행성(D)은 태양을 중심으로 공전하며 모양이 둥글지만 궤도 주변의 다른 천체들에 대해 지배적인 역할을 하지 못한다.
(2) 혜성(C)은 주로 얼음과 먼지로 이루어져 있으며, 태양과 가까워지면 태양의 반대쪽으로 꼬리가 생긴다.
(3) 위성(A)은 행성을 중심으로 공전하는 천체이다.
(4) 소행성(B)은 화성과 목성 궤도 사이에서 띠를 이루어 분포한다.

## 03

A는 반지름과 질량이 작은 지구형 행성, B는 반지름과 질량이 큰 목성형 행성이다.
ㄱ, ㄷ. 지구형 행성은 고리가 없고 표면이 단단한 암석으로 이루어져 있다.
**바로 알기** > ㄴ, ㄹ. 위성의 수가 많고, 주로 수소, 헬륨 등으로 이루어져 있는 것은 목성형 행성의 특징이다.

## 04

(가)는 지구형 행성, (나)는 목성형 행성에 속한다.
지구형 행성과 목성형 행성은 질량, 반지름, 위성 수, 고리의 유무, 표면 상태 등으로 구분할 수 있다.

## 05

A는 수성, B는 금성, C는 화성, D는 목성, E는 토성, F는 천왕성, G는 해왕성이다.
**바로 알기** > (3) 화성(C)은 과거에 물이 흘렀던 흔적이 있다. 표면에 액체 상태의 물이 있는 행성은 지구이다.

(6) 천왕성(F)은 희미한 고리와 여러 개의 위성이 있다.
(7) 자전축이 공전 궤도면에 거의 나란한 행성은 천왕성(F)이다.

## 06

ㄱ은 금성, ㄴ은 화성, ㄷ은 토성, ㄹ은 목성이다.
(1) 금성(ㄱ)은 크기와 질량이 지구와 비슷하다.
(2) 토성(ㄷ)은 태양계 행성 중 두 번째로 크며, 주로 수소와 헬륨으로 이루어져 있다.
(3) 화성(ㄴ)은 표면이 붉게 보이며, 과거에 물이 흘렀던 흔적이 있다.
(4) 목성(ㄹ)은 표면에 대기의 소용돌이인 대적점이 나타나고, 희미한 고리가 있다.

## 07

(1) 수성은 대기가 거의 없어 낮과 밤의 온도 차가 매우 크다.
(2) 금성은 이산화 탄소 대기로 인해 표면 온도가 매우 높다.
(3) 태양계에서 가장 큰 행성은 목성이다. 주로 수소와 헬륨으로 이루어져 있으며, 표면에 가로줄 무늬가 나타난다.

## 08

**바로알기 >** (3) 쌀알 무늬는 태양의 표면인 광구에서 나타난다.
(4) 흑점은 태양의 표면에 나타나는 어두운 부분으로, 주변보다 온도가 약 2000 ℃ 낮아 어둡게 보인다.

## 09

㉠은 플레어, ㉡은 채층, ㉢은 코로나, ㉣은 홍염이다.
(1) 채층(㉡)은 광구 바로 위의 붉은색의 대기층이다.
(2) 홍염(㉣)은 광구에서 코로나까지 물질이 솟아오르는 현상으로 모양이 다양하다.
(3) 코로나(㉢)는 채층 위로 멀리 뻗어 있는 진주색의 대기층으로, 온도가 약 100만 ℃ 이상이다.
(4) 플레어(㉠)는 흑점 주변에서 짧은 시간 동안 많은 양의 에너지와 물질이 우주 공간으로 방출되는 폭발 현상이다.

## 10

태양의 활동이 활발할 때는 코로나의 크기가 커지고 태양 표면의 흑점 수가 증가한다. 또한 홍염과 플레어가 자주 발생하고, 태양풍이 강해진다.

## 11

태양의 활동이 활발할 때 무선 통신 장애가 나타나며 태양풍에 의해 송전 시설이 파괴되어 대규모 정전이 발생할 수 있다. 또한 위성 위치 확인 시스템(GPS) 수신에 장애가 생길 수 있고, 인공위성이 궤도를 이탈하거나 부품이 손상될 수 있다.
**바로알기 >** ㄴ, ㄷ. 태양의 활동이 활발할 때 지구에서는 자기 폭풍이 자주 발생하고, 오로라가 더 넓은 지역에서 자주 발생한다.

## 12

A는 대물렌즈, B는 접안렌즈, C는 보조 망원경, D는 균형추, E는 삼각대이다. 관측할 천체를 쉽게 찾을 수 있도록 도와주는 역할을 하는 것은 보조 망원경(C)이다.



---



**01** (1) ○ (2) × (3) × (4) ○ (5) ○    **02** ③
**03** ① 대물렌즈 ② 가대 ③ 균형추 ④ 경통 ⑤ 보조 망원경 ⑥ 접안렌즈
**04** (1) ○ (2) ○ (3) × (4) ○ (5) ×

## 01

**바로알기 >** (2) 지구형 행성은 표면이 단단한 암석(고체)으로 이루어져 있고 목성형 행성은 표면이 기체로 이루어져 있으므로, 행성의 표면 상태는 태양계 행성을 분류하는 기준이 될 수 있다.
(3) 지구형 행성 중 위성의 수가 가장 많은 행성은 화성으로, 화성은 2 개의 위성(포보스와 데이모스)이 있다. 수성과 금성은 위성이 없고, 지구는 1 개의 위성(달)이 있다.

## 02

A는 수성, B는 지구, C는 목성, D는 토성이다.
**바로알기 >** ㄷ. A와 B는 지구형 행성, C와 D는 목성형 행성이다. 목성형 행성은 단단한 표면이 없고 기체로 이루어져 있다.

## 03

① 대물렌즈는 천체에서 오는 빛을 모으는 역할을 한다.
② 가대는 경통과 삼각대를 연결하여 망원경이 회전할 수 있도록 한다.
③ 균형추는 망원경의 균형을 잡아주는 역할을 한다.
④ 경통은 대물렌즈와 접안렌즈를 연결하는 통을 말한다.
⑤ 보조 망원경은 관측할 천체를 쉽게 찾을 수 있도록 도와준다.
⑥ 접안렌즈는 대물렌즈를 통해 들어온 천체의 상을 확대하는 역할을 한다.

## 04

(1) 태양 표면을 관측할 때는 접안렌즈로 직접 보지 않고 태양 필터나 태양 투영판을 사용한다.
(2) 달 표면에서 다양한 크기의 운석 구덩이를 볼 수 있다.
(4) 화성의 표면은 붉은색으로 보인다.
**바로알기 >** (3) 금성은 위성이 없다.
(5) 목성과 토성은 모두 고리가 있는 행성이다.



| | | | | |
|---|---|---|---|---|
| **01** ② | **02** ③ | **03** ⑤ | **04** ③ | **05** ② |
| **06** ⑤ | **07** ① | **08** ③ | **09** ② | **10** ④ |
| **11** ① | **12** ⑤ | **13** ④ | **14** ④ | **15** ④ |
| **16** ② | **17~19** 해설 참조 | | | |

## 01

㉠은 태양, ㉡은 소행성, ㉢은 왜소 행성, ㉣은 행성이다.
① 태양(㉠)은 태양계의 중심에 위치한다.
③ 소행성(㉡)은 태양(㉠)을 중심으로 공전한다.
④ 태양계에 존재하는 행성(㉢)은 수성, 금성, 지구, 화성, 목성, 토성, 천왕성, 해왕성으로 총 8 개이다.
⑤ 왜소 행성(㉣)은 행성(㉢)보다 크기와 질량이 작다.
**바로 알기 >** ② 달은 지구의 위성이다.

## 02

(가)는 혜성, (나)는 왜소 행성이다.
ㄱ. 혜성(가)은 얼음과 먼지로 이루어져 있다.
ㄷ. 혜성(가)과 왜소 행성(나)은 모두 태양계 구성 천체이다.
**바로 알기 >** ㄴ. 왜소 행성(나)은 태양을 중심으로 공전하며 모양이 둥글지만 행성보다 크기와 질량이 작은 천체이다.

## 03

(가)는 목성형 행성, (나)는 지구형 행성이다.
① 목성형 행성(가)이 지구형 행성(나)보다 위성의 수가 많다.
② 목성형 행성(가)의 표면은 기체로 이루어져 있어서 단단한 표면이 없다.
③ 지구형 행성(나)은 고리가 없고, 목성형 행성(가)은 고리가 있다.
④ 목성형 행성(가)은 지구형 행성(나)에 비해 질량이 크다.
**바로 알기 >** ⑤ 지구형 행성(나)은 목성형 행성(가)에 비해 반지름이 작다.

## 04

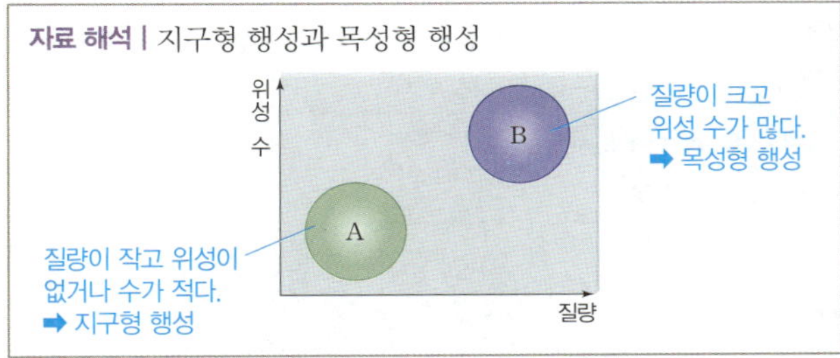


A는 지구형 행성, B는 목성형 행성이다.
ㄱ. 지구형 행성(A)의 표면은 단단한 고체로 이루어져 있다.
ㄴ. 목성형 행성(B)의 목성, 천왕성, 해왕성은 희미한 고리를, 토성은 뚜렷한 고리가 있다.
**바로 알기 >** ㄷ. 화성은 지구형 행성(A)에 속한다.

## 05

(가)는 수성, (나)는 천왕성, (다)는 토성, (라)는 화성이다. 따라서 태양에 가까운 행성부터 나열하면 수성(가) → 금성 → 지구 → 화성(라) → 목성 → 토성(다) → 천왕성(나) → 해왕성 순이다.

## 06

(가)는 목성, (나)는 토성이다.
⑤ 목성형 행성인 목성(가)과 토성(나)은 모두 고리가 있으며, 위성의 수가 많다.

**바로 알기 >** ① 목성(가)의 표면에는 대기의 소용돌이인 대적점이 나타난다.
② 목성(가)의 표면은 기체 상태이므로 퇴적층이 나타나지 않는다.
③ 토성(나)은 태양계 행성 중 크기가 두 번째로 크다. 태양계 행성 중 크기가 가장 큰 행성은 목성(가)이다.
④ 토성(나)은 주로 수소와 헬륨 등의 기체로 이루어져 표면에 단단한 부분이 없다.

## 07

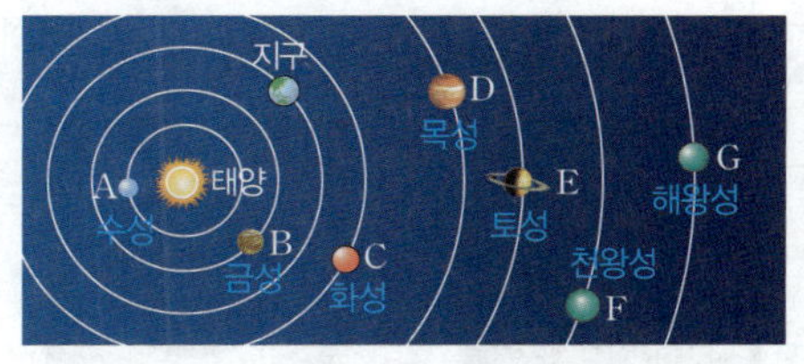


태양으로부터 수성, 금성, 지구, 화성, 목성, 토성, 천왕성, 해왕성의 순으로 태양을 중심으로 공전하고 있다.

② 금성(B)은 태양계 행성 중 지구에서 가장 밝게 보인다.
③ 화성(C)에는 과거에 물이 흘렀던 흔적이 남아 있다.
④ 목성(D)은 희미한 고리가 있으며, 토성(E)은 뚜렷한 고리가 있다.
⑤ 천왕성(F)은 청록색을 띠며, 해왕성(G)에는 대기의 소용돌이인 대흑점이 나타난다.
**바로 알기 >** ① 수성(A)은 대기가 거의 없다. 두꺼운 이산화 탄소 대기층을 갖는 행성은 금성(B)이다.

## 08

A는 흑점, B는 쌀알 무늬이다.
ㄱ. 흑점(A)은 쌀알 무늬(B)가 있는 주변보다 온도가 약 2000 ℃ 낮아 어둡게 보인다.
ㄷ. 쌀알 무늬(B)는 태양 내부에서 일어나는 대류 현상에 의해 생긴다.
**바로 알기 >** ㄴ. 흑점(A)은 광구에 나타나는 어두운 부분으로, 흑점의 수명과 모양, 크기가 다양하며, 흑점 수는 약 11 년을 주기로 증감한다.

## 09

채층과 코로나는 태양의 대기에 해당하며, 흑점과 쌀알 무늬는 태양의 표면인 광구에서 볼 수 있다.
태양의 대기는 태양의 광구가 너무 밝아서 평상시에는 잘 보이지 않으며, 달이 태양의 광구를 완전히 가릴 때 볼 수 있다.
**바로 알기 >** ㄴ, ㄷ. 흑점과 쌀알 무늬는 태양의 표면에서 나타나므로 달이 태양의 광구를 완전히 가리면 관측할 수 없다.

## 10

(가)는 광구, (나)는 플레어, (다)는 코로나, (라)는 흑점과 쌀알 무늬이다.
①, ② 광구(가)에서는 흑점과 쌀알 무늬(라)가 관측된다.

③ 플레어(나)는 흑점 부근에서 짧은 시간 동안 에너지가 폭발하는 현상으로, 많은 양의 물질과 에너지가 우주 공간으로 방출된다.
⑤ 흑점은 주변보다 온도가 낮아 어둡게 보인다.
**바로 알기>** ④ (다)는 채층 위로 넓게 뻗어 있는 대기층인 코로나로, 태양 활동이 활발해지면 코로나의 크기가 커진다.

## 11

태양이 자전하기 때문에 지구에서 보면 흑점은 동쪽에서 서쪽으로 이동하는 것처럼 보인다.

## 12

태양 활동이 활발한 시기에는 흑점 수가 많아지고 코로나의 크기가 커진다.

⑤ 태양 활동이 활발할수록 홍염의 발생 빈도가 증가한다.
**바로 알기>** ① 무선 전파 통신 장애가 평소보다 많이 발생하는 시기는 태양 활동이 활발한 (나) 시기이다.
② 코로나의 크기가 큰 (나) 시기는 태양 활동이 평소보다 활발하다.
③, ④ 태양 활동이 활발할수록 태양의 흑점 수가 많아지고, 지구에서 오로라가 발생하는 지역이 넓어진다.

## 13

①, ② A는 흑점 수가 가장 적은 시기인 극소기, B는 흑점 수가 가장 많은 시기인 극대기이다. 흑점의 수는 약 11 년을 주기로 증감하며, 태양 활동이 활발할수록 많아진다.
③ 태양의 활동이 활발할 때는 코로나가 커지고 홍염과 플레어가 자주 나타난다.
⑤ 흑점의 수는 약 11 년을 주기로 많아졌다 적어진다. 2014 년 무렵에 흑점의 수가 가장 많은 극대기였으므로 B 시기 이후에 흑점이 가장 많을 것으로 예상되는 시기는 11 년 후인 2025 년 무렵이다.
**바로 알기>** ④ 지구에서 오로라가 더 넓은 지역에서, 더 자주 일어나는 시기는 태양의 활동이 활발한 B 시기이다.

## 14

① 태양의 활동이 활발해지면 태양풍에 의해 지구 자기장이 일시적으로 불규칙하게 변하는 자기 폭풍이 자주 발생할 수 있다.
② 태양의 활동이 활발해져 태양풍이 강해지면 지상의 전력 장비에 손상을 일으켜 정전 사고가 나타날 수 있다.
③ 태양풍으로 인해 인공위성의 다양한 센서가 고장나거나 성능이 떨어지고, 인공위성이 궤도를 벗어나기도 한다.
⑤ 태양의 활동이 활발해지면 전파 신호를 방해받아 통신 장애가 나타나므로 위성 위치 확인 시스템(GPS)에 오류가 나타날 수 있다.

**바로 알기>** ④ 태양의 활동이 활발해지면 통신 장애가 발생하고 북극 지방의 방사선량이 증가하므로 비행기가 북극 지방 하늘을 비행하기 어려워진다.

## 15

천체 망원경의 설치 장소로는 지형이 평평하고, 시야가 넓으며, 안개가 자주 발생하지 않는 곳, 도시와의 거리가 멀어 도시 불빛의 영향을 적게 받는 곳이 적당하다.
**바로 알기>** ④ 밤에 주변에서 들어오는 빛이 많으면 천체를 관측하는 데 어려움이 생긴다.

## 16

A는 대물렌즈, B는 균형추, C는 경통, D는 보조 망원경, E는 접안렌즈이다. 천체 망원경의 균형을 잡아주는 역할을 하는 것은 균형추(B)이고, 별빛을 모으는 역할을 하는 것은 대물렌즈(A)이다.

### 서술형

## 17

(1) **모범 답안>** 행성을 중심으로 공전하는가?
(2) **모범 답안>** 행성, 소행성, 왜소 행성은 모두 태양을 중심으로 공전하는 천체인 반면, 위성은 행성을 중심으로 공전하는 천체이다.

| 채점 기준 | 배점 |
| --- | --- |
| (1)과 (2)를 모두 옳게 서술한 경우 | 100 % |
| (1)만 옳게 쓴 경우 | 30 % |

## 18

**모범 답안>** 해왕성, 표면이 청록색으로 보인다. 태양계 행성 중 가장 바깥쪽에 위치한다. 희미한 고리가 있다. 등

| 채점 기준 | 배점 |
| --- | --- |
| A를 옳게 쓰고, 해왕성의 특징을 두 가지 이상 옳게 서술한 경우 | 100 % |
| A만 옳게 쓴 경우 | 30 % |

## 19

**모범 답안>** 무선 통신 장애가 발생한다. 오로라 현상이 더 넓은 지역에서 더 자주 일어난다. 대규모 정전이 나타난다. 등

| 채점 기준 | 배점 |
| --- | --- |
| 흑점 수의 극대기에 지구에서 나타날 수 있는 현상을 두 가지 이상 옳게 서술한 경우 | 100 % |
| 흑점 수의 극대기에 지구에서 나타날 수 있는 현상을 한 가지만 옳게 서술한 경우 | 50 % |

115쪽

**01** ① **02** ① **03** ③ **04** ⑤

## 01

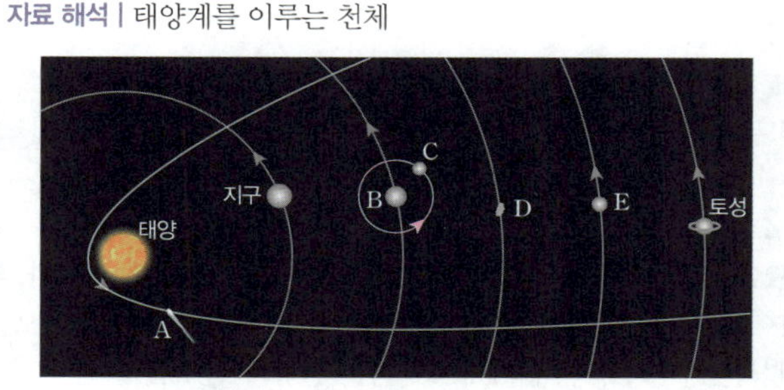

자료 해석 | 태양계를 이루는 천체

- A: 태양에 가까워지면 태양 반대편으로 꼬리가 생긴다. ➡ 혜성
- B와 E: 행성이므로 모양이 둥글다. B와 E는 지구와 토성 사이에 위치한다. ➡ B는 화성, E는 목성이다.
- C: 행성인 B를 중심으로 공전하고 있다. ➡ 위성
- D: 화성(B)과 목성(E) 궤도 사이에서 태양을 중심으로 공전한다. ➡ 소행성

A는 혜성, B는 화성, C는 화성의 위성, D는 소행성, E는 목성이다.

ㄱ. 혜성(A)과 소행성(D)은 모양이 불규칙한 천체이다.

**바로 알기 >** ㄴ. 화성(B)은 지구형 행성, 목성(E)은 목성형 행성으로 분류할 수 있다.

ㄷ. 위성(C)은 행성을 중심으로 공전하고 소행성(D)은 태양을 중심으로 공전한다.

## 02

각 행성들의 물리적 특징을 통해 A는 수성, B는 금성, C는 지구, D는 목성임을 알 수 있다.

**바로 알기 >** ① 수성(A)은 태양에서 가장 가까운 행성으로, 대기가 거의 없기 때문에 풍화 작용이 일어나지 않는다. 따라서 표면에 많은 운석 구덩이가 존재한다.

## 03

A는 태양의 흑점 수를 나타낸 그래프이다.

ㄱ. 태양의 활동이 활발해지면 지구에 영향을 미치는 자기장의 세기가 강해지고, 태양의 표면에는 흑점 수(A)가 증가한다.

ㄴ. 흑점 수(A)는 약 11 년을 주기로 증감하는데, 흑점 수(A)가 증가할 때 태양에서 플레어 현상이 자주 나타난다. 이때 태양에서 방출하는 태양풍이 강해져 지구 자기 변화량에도 영향을 미친다.

**바로 알기 >** ㄷ. 1900 년은 지구 자기 변화량이 적고, 흑점의 수(A)가 감소한 시기이다. 무선 통신 장애는 흑점의 수(A)가 많은 시기에 나타나는 현상이다.

## 04

(가)는 온도가 100만 ℃ 이상으로 매우 높은 태양 대기층인 코로나이고, (나)는 광구에서 채층을 통과하여 수천 km 높이까지 솟아오르는 고온의 가스 물질인 홍염이다. 코로나(가)와 홍염(나)은 달이 태양의 광구를 완전히 가릴 때 관측할 수 있으며, 태양 활동이 활발해지면 코로나의 크기가 커지고, 홍염이 자주 발생한다.

**바로 알기 >** ⑤ 홍염(나)이 자주 발생하는 시기는 태양의 활동이 활발해지는 시기로, 지구에서는 오로라 관측 범위가 늘어난다.

## O2 지구의 운동



117, 119쪽

**01** 서, 동 **02** 15 **03** 일주 운동 **04** 동쪽
**05** × **06** ○ **07** ○ **08** × **09** 연주 운동
**10** 동, 서, 1 **11** 태양 **12** 1 **13** × **14** ×
**15** ○ **16** ×



117, 119쪽

**01** (1) → (2) 북극성 (3) 30 (4) ↗, ⌒, ↘, ⟲
**02** (1) ㉡ (2) 45° **03** 해설 참조
**04** (1) ㉠ (2) ㉢ (3) ㉣ (4) ㉡
**05** ㉠ 공전 ㉡ 서 ㉢ 동 ㉣ 연주 **06** 황소자리
**07** ㉠ 물고기자리 ㉡ 처녀자리
**08** (1) (나) → (다) → (가) (2) 지구의 공전 때문이다.

## 01

(1) 천체의 일주 운동 방향은 동 → 서이다.

(2) 우리나라 북쪽 하늘에서 관측한 일주 운동은 북극성을 중심으로 시계 반대 방향으로 원을 그리며 이동한다.

(3) 일주 운동의 속도는 15°/시간이므로 별은 2 시간 후에 30° 회전한 위치에서 관측된다.

(4) 북반구인 우리나라에서 별을 관측하면 동쪽 하늘에서는 ↗ 방향, 남쪽 하늘에서는 ⌒ 방향, 서쪽 하늘에서는 ↘ 방향, 북쪽 하늘에서는 ⟲으로 나타난다.

## 02

(1) 우리나라의 북쪽 하늘에서 별은 북극성을 중심으로 시계 반대 방향으로 회전한다.

(2) 별은 한 시간에 15°씩 북극성을 중심으로 회전하므로 3 시간 동안 별 A는 45° 이동하였다.

## 03

**모범 답안 >**

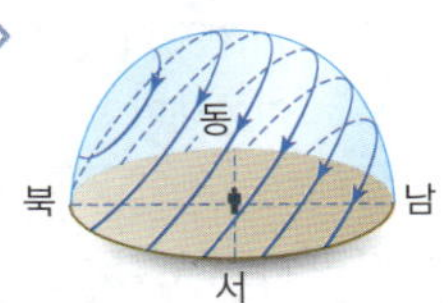


**해설 >** 우리나라에서 남쪽 하늘을 보면 별은 동쪽에서 비스듬히 떠서 남쪽 하늘을 지나 서쪽으로 비스듬히 진다.

## 04

(1) 동쪽 하늘에서는 오른쪽 위로 비스듬히 떠오른다.(㉠)
(2) 남쪽 하늘에서는 지평선과 거의 나란하게 동쪽에서 서쪽으로 이동한다.(㉢)
(3) 서쪽 하늘에서는 오른쪽 아래로 비스듬히 진다.(㉣)
(4) 북쪽 하늘에서는 북극성을 중심으로 시계 반대 방향으로 회전한다.(㉡)

## 05

지구의 공전(㉠)에 의해 태양이 별자리 사이를 하루에 약 1°씩 서(㉡)쪽에서 동(㉢)쪽으로 이동하여 1 년 후 처음의 위치로 되돌아오는 겉보기 운동은 태양의 연주(㉣) 운동이다.

## 06

태양이 전갈자리를 지날 때, 한밤중에 남쪽 하늘에서는 태양의 반대쪽에 위치한 별자리인 황소자리가 보인다.

## 07

태양과 지구의 위치로 보아 한밤중에 남쪽 하늘에서 관측할 수 있는 별자리는 지구를 기준으로 태양의 반대쪽에 위치한 별자리인 물고기자리(㉠)이다. 태양과 함께 뜨고 지는 별자리는 지구에서 태양을 바라 보았을 때 태양이 지나는 별자리인 처녀자리(㉡)이다.

## 08

(1) 별자리는 매일 같은 시각에 관측하면 하루에 약 1°씩 동쪽에서 서쪽으로 이동하는 것처럼 보이므로 관측한 순서는 (나) → (다) → (가)이다.
(2) 지구가 공전하기 때문에 별의 연주 운동이 나타난다.

---

### 탐구 알약

120쪽

01 (1) × (2) ○ (3) × (4) × (5) ○
02 해설 참조

## 01

**바로 알기 >** (1) 관찰자가 전등을 중심으로 도는 것은 지구의 공전을 나타낸다.
(3) 전등은 태양을, 관찰자는 지구를 나타낸다.
(4) 전등을 향하여 앉았을 때, 전등 쪽에 있는 별자리는 태양이 지나는 별자리를 나타내며, 빛이 밝아 관측하기 어렵다.

## 02 서술형

(1) **답 >** (라)
(2) **모범 답안 >** B, 관찰자가 이동하는 것은 지구의 공전을 나타내므로, 지구의 공전 방향인 서 → 동으로 이동해야 한다.

| 채점 기준 | 배점 |
| --- | --- |
| 관찰자의 이동 방향을 쓰고, 그 까닭을 지구의 공전 방향을 언급하여 옳게 서술한 경우 | 100 % |
| 관찰자의 이동 방향만 옳게 쓴 경우 | 30 % |

---

### 실전 백신

124~126쪽

| 01 ③ | 02 ②, ⑤ | 03 ③ | 04 ③ | 05 ② |
| --- | --- | --- | --- | --- |
| 06 ④ | 07 ③, ④ | 08 ③ | 09 ② | 10 ④ |
| 11 ① | 12 ③ | 13 ① | 14~16 해설 참조 | |

## 01

**바로 알기 >** ③ 지구는 자전축을 중심으로 하루에 한 바퀴씩 서에서 동쪽 방향으로 자전한다.

## 02

**바로 알기 >** ②, ⑤ 계절마다 보이는 별자리가 달라지는 현상과 태양이 별자리 사이를 이동하여 1 년 후 처음 위치로 되돌아오는 현상은 지구의 공전에 의해 나타나는 현상이다.

## 03

ㄱ. 북극성은 지구의 자전축 방향에 있어 거의 움직이지 않는 것처럼 보이므로 북쪽 하늘의 별들은 북극성을 중심으로 원을 그리면서 회전한다.
ㄴ. 지구의 자전 방향은 서 → 동이므로 천체의 일주 운동 방향은 동 → 서이다. 따라서 관측한 별의 일주 운동 방향은 A이다.
**바로 알기 >** ㄷ. 별의 일주 운동은 지구가 자전하기 때문에 나타나는 현상이다.

## 04

ㄱ. 별의 일주 운동이 북극성을 중심으로 원을 그리며 회전하므로 북쪽 하늘을 관측한 모습이다.
ㄷ. 지구가 서쪽에서 동쪽으로 자전하기 때문에 북쪽 하늘에서 별의 일주 운동은 북극성을 중심으로 시계 반대 방향으로 나타난다.
**바로 알기 >** ㄴ. 별이 1 시간 동안 회전한 각도는 별 A와 별 B 모두 15°로 동일하다.

## 05

② 우리나라의 동쪽 하늘에서 별의 일주 운동을 관측하면, 오른쪽 위를 향해 비스듬히 떠오른다.

## 06

(가)는 북쪽 하늘, (나)는 서쪽 하늘, (다)는 남쪽 하늘을 관측한 것이다.
ㄴ. 서쪽 하늘(나)의 별은 오른쪽 아래로 비스듬히 이동한다.
ㄷ. 남쪽 하늘(다)의 별은 지평선과 거의 나란하게 동쪽에서 서쪽으로 이동한다.
**바로 알기 >** ㄱ. 북쪽 하늘(가)에서 별은 1 시간에 15°씩 북극성을 중심으로 이동하여 하루 동안 한 바퀴 회전한다.

## 07

A는 남쪽 하늘(다), B는 동쪽 하늘, C는 북쪽 하늘(가), D는 서쪽 하늘(나)에 해당한다.

## 08

ㄱ. 지구의 공전 방향과 자전 방향은 모두 서쪽에서 동쪽으로 동일하다.

ㄴ. 지구가 태양을 중심으로 공전하면서 지구에서 보이는 태양의
위치가 변하므로 계절마다 보이는 별자리가 달라진다.
**바로알기** ㄷ. 태양의 연주 운동은 지구 공전에 의해 태양이 별자
리 사이를 하루에 약 1°씩 이동하여 1 년 후 처음 위치로 되돌아
오는 겉보기 운동이다.

## 09

지구의 공전 방향과 태양의 연주 운동 방향은 서 → 동이고, 별
의 연주 운동 방향은 동 → 서이다.

## 10

④ 지구의 공전 방향이 서 → 동이므로 별자리는 동 → 서로 이동
하는 것처럼 보인다.
**바로알기** ① 별의 연주 운동을 나타낸 것이다.
② 별자리는 하루에 약 1°씩 이동한다.
③ 지구의 공전에 의해 나타나는 현상이다.
⑤ 지구의 공전 방향이 서 → 동이므로 별의 연주 운동 방향은 동
→ 서, 태양의 연주 운동 방향은 서 → 동이다.

## 11

자료 해석 | 지구의 공전과 별자리의 변화



한밤중에 남쪽 하늘에서 관측되는 별자리: 태양의 반대쪽에 있는 별자리
➡ 지구의 위치가 A일 때 궁수자리, B일 때 물고기자리, C일 때 쌍둥
이자리, D일 때 처녀자리가 한밤중에 남쪽 하늘에서 보인다.

한밤중에 남쪽 하늘에서 궁수자리가 관측될 때 태양은 그 반대
방향인 쌍둥이자리를 지나므로 지구는 A에 위치하며, 한밤중에
남쪽 하늘에서 물고기자리가 관측될 때 태양은 그 반대 방향인
처녀자리를 지나므로 지구는 B에 위치한다.

## 12

ㄱ. 10 월에 지구에서 태양을 보았을 때 태양의 배경이 되는 별
자리인 처녀자리가 태양과 함께 뜨고 진다.
ㄴ. 지구의 공전 방향은 서 → 동이므로, 지구에서 매일 같은 시
각에 별자리를 관측하면 동 → 서로 이동하는 것처럼 보인다.
**바로알기** ㄷ. 태양의 연주 운동 방향은 서 → 동이므로, 태양은
별자리 사이를 서 → 동으로 이동하는 것처럼 보인다.

## 13

6 월에 태양과 함께 뜨고 지는 별자리는 황소자리이고, 이때 지
구를 기준으로 태양과 반대 방향에 있는 별자리인 전갈자리는 한
밤중에 남쪽 하늘에서 관측된다.



## 14

**모범답안** A, 천체의 일주 운동은 지구가 서쪽에서 동쪽으로 자
전함에 따라 나타나는 겉보기 운동으로, 지구의 자전 방향의 반
대 방향으로 나타난다.

| 채점 기준 | 배점 |
|---|---|
| 천체의 일주 운동 방향을 옳게 쓰고, 그 까닭을 지구의 자전 방향, 겉보기 운동을 모두 언급하여 옳게 서술한 경우 | 100 % |
| 천체의 일주 운동 방향만 옳게 쓴 경우 | 30 % |

## 15

**모범답안** (다) → (나) → (가), 별자리는 지구의 공전에 의해 동
쪽에서 서쪽으로 이동하는 것처럼 보이기 때문이다.

| 채점 기준 | 배점 |
|---|---|
| (다) → (나) → (가)를 순서대로 쓰고, 별자리는 지구의 공전에 의해 동쪽에서 서쪽으로 이동하는 것처럼 보이기 때문이라고 옳게 서술한 경우 | 100 % |
| (다) → (나) → (가)와 까닭 중 한 가지만 옳게 쓴 경우 | 50 % |

## 16

**모범답안** 11 월에 천칭자리는 태양이 지나는 별자리에 해당하
며, 지구에서 태양을 보았을 때 태양이 지나는 별자리는 태양과
함께 뜨고 지므로 한밤중에는 관측되지 않기 때문이다.

| 채점 기준 | 배점 |
|---|---|
| 태양이 지나는 별자리는 한밤중에 관측되지 않기 때문임을 옳게 서술한 경우 | 100 % |

01 ⑤　　02 ⑤　　03 ④　　04 ③

## 01

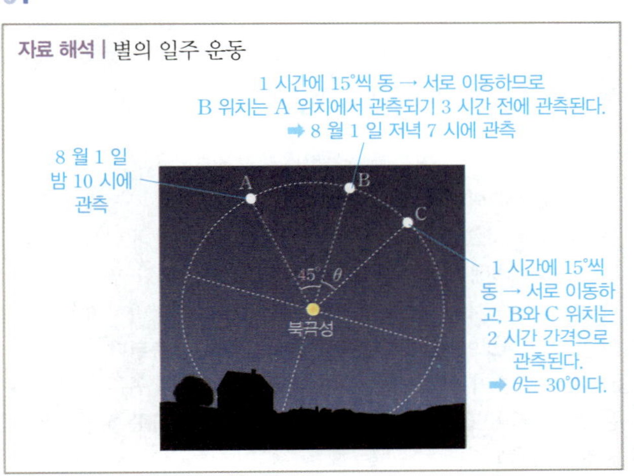

자료 해석 | 별의 일주 운동

ㄴ. B와 C는 2 시간 간격으로 관측되었으므로, 일주 운동의 속도를 통해 구한 $\theta$는 15°/시간×2 시간=30°이다.

ㄷ. 별은 A 위치에서 8 월 1 일 밤 10 시에 관측되었고, 그로부터 9 시간 후인 8 월 2 일 아침 7 시에 별은 A 위치에서 시계 반대 방향으로 135° 회전하였다. 따라서 8 월 2 일 아침 7 시의 별은 지표면 아래에 가려져 관측되지 않는다.

**바로알기>** ㄱ. 별은 B → A 방향으로 45° 이동하였다. 따라서 별이 B 위치에서 관측되는 시각은 A가 관측되기 3 시간 전이므로 8 월 1 일 저녁 7 시에 관측된 것이다.

## 02

ㄱ. 별 P를 중심으로 북두칠성이 시계 반대 방향으로 회전한다. 따라서 우리나라의 북쪽 하늘을 관찰한 것이며, 별 P는 북극성이다.

ㄴ. 우리나라 북쪽 하늘의 북두칠성은 북극성(P)을 중심으로 시계 반대 방향으로 회전하므로 관측 순서는 (가) → (다) → (나)이다.

ㄷ. 북두칠성은 북극성(P)을 중심으로 총 60° 회전하였으므로 4 시간 동안 관측하였다. 이날 일정한 시간 간격으로 관측하였으므로 20 시(가) → 22 시(다) → 24 시(나)에 관측하였다.

## 03

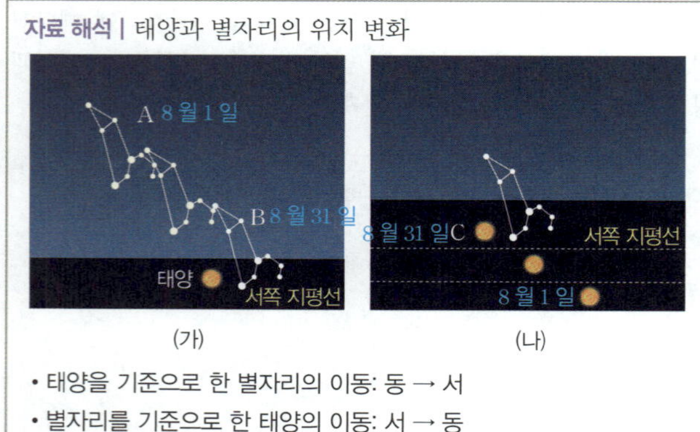

**자료 해석 | 태양과 별자리의 위치 변화**



- 태양을 기준으로 한 별자리의 이동: 동 → 서
- 별자리를 기준으로 한 태양의 이동: 서 → 동

(가)는 태양을 기준으로 한 사자자리의 연주 운동, (나)는 별자리를 기준으로 한 태양의 연주 운동이다.

ㄴ. 사자자리는 동 → 서로 연주 운동하므로 8 월 한 달 동안 A에서 B 방향으로 연주 운동하였다.

ㄷ. 태양은 별자리를 기준으로 매일 조금씩 서쪽에서 동쪽으로 이동한다.

**바로알기>** ㄱ. (가)에서 사자자리는 동 → 서로 연주 운동하므로 8 월 1 일에 A를 관측하였고, (나)에서 태양은 서 → 동으로 연주 운동하므로 8 월 31 일에 C를 관측하였다.

## 04

ㄱ. 황도에서 태양의 반대 방향에 있는 별자리가 자정에 남쪽 하늘에서 관측되므로, 태양은 현재 쌍둥이자리의 반대 방향에 있다.

ㄴ. 6 시간 후에는 지구가 서 → 동으로 90° 자전한 후이므로, 별자리는 동 → 서로 90° 이동한 것처럼 보인다. 따라서 6 시간 후인 새벽 6 시경에 남쪽 하늘에서 처녀자리가 관측된다.

**바로알기>** ㄷ. 지구의 공전에 의해 나타나는 별의 연주 운동 방향은 동 → 서이다. 따라서 한 달 뒤에는 자정에 남쪽 하늘에서 게자리가 관측된다.

---

## 03 달의 운동

**바로 복습**　　　　　　　　　　　　129, 131쪽

| | | | |
|---|---|---|---|
| 01 13 | 02 위상 | 03 초승달, 하현달 | 04 상현달 |
| 05 × | 06 ○ | 07 × | 08 ○ | 09 달, 지구 |
| 10 그림자 | 11 망 | 12 개기월식 | 13 ○ | 14 ○ |
| 15 ○ | 16 × | | |

**개념 알약**　　　　　　　　　　　　129, 131쪽

01 (1) 한 달 (2) 서→동 (3) 삭, 망
02 ㉠ 그믐달 ㉡ 상현달 ㉢ ) ㉣ ( 　03 (1) × (2) × (3) ○
04 (1) 음력 15 일경 (2) 동쪽　　　　05 (1) ㉡ (2) ㉠
06 (1) 삭 (2) 왼쪽 (3) 일부　07 (1) A (2) C (3) B, D
08 (1) C (2) B

## 01

(1) 달은 지구를 중심으로 약 한 달에 한 바퀴 공전한다.

(2) 달의 공전 방향은 서 → 동이다.

(3) 달이 태양과 같은 방향에 있을 때를 삭, 달이 태양의 반대 방향에 있을 때를 망이라고 한다.

## 02

달과 태양이 지구를 중심으로 직각을 이루어 오른쪽 절반이 밝게 보일 때의 위상을 상현달(㉡), 왼쪽 절반이 밝게 보일 때의 위상을 하현달(㉢)이라고 한다. 한편, 삭과 상현 사이에 위치하여 오른쪽 일부가 밝게 보이는 때의 위상을 초승달(㉣), 하현과 삭 사이에 위치하여 왼쪽 일부가 밝게 보이는 때의 위상을 그믐달(㉠)이라고 한다.

## 03

(3) 보름달(B)일 때 달−지구−태양 순으로 위치한다.

**바로알기>** (1) 달의 위상 변화는 달이 지구를 중심으로 공전하여 태양, 지구, 달의 상대적인 위치가 달라지기 때문에 나타난다.

(2) A는 오른쪽 일부가 밝게 보이는 초승달이다.

## 04

보름달은 음력 15 일경 해가 진 직후 동쪽 하늘에서 보인다.

## 05

(1) 개기월식(㉡)이 일어날 때 달 전체가 지구 그림자에 가려져 붉게 보인다.

(2) 개기일식(㉠)은 달이 태양 전체를 가리는 현상이다.

## 06

(1) 일식은 달의 위치가 삭일 때 일어난다.

(2) 월식이 일어날 때에는 달이 공전하여 지구의 그림자 속으로 들어감에 따라 태양의 왼쪽(동쪽)부터 가려지고 왼쪽(동쪽)부터 빠져나온다.

(3) 부분월식은 달의 일부가 지구의 그림자에 가려지는 현상이다.

## 07

(1) 개기일식은 달이 태양의 전체를 가리는 지역(A)에서 관측할 수 있다.

(2) 부분일식은 달이 태양의 일부를 가리는 지역(C)에서 관측할 수 있다.

(3) 밤인 지역(B)과 달의 그림자가 생기지 않는 지역(D)에서는 일식을 관측할 수 없다.

## 08

월식은 태양—지구—달 순으로 일직선상에 위치할 때 일어난다.

(1) 개기월식은 달 전체가 지구의 그림자에 완전히 가려져 붉게 보일 때(C) 관측된다.

(2) 부분월식은 달의 일부가 지구의 그림자에 가려졌을 때(B) 관측된다.



## 01

(1) ❶은 노란색 부분이 보이지 않는다.(삭)

(2) ❷는 오른쪽 일부가 노란색 부분으로 보이므로 초승달이다.

(3) ❸은 오른쪽 절반이 노란색 부분으로 보이므로 상현달이다.

(4) ❹는 전체가 노란색 부분으로 보이므로 보름달(망)이다.

(5) ❺은 왼쪽 절반이 노란색 부분으로 보이므로 하현달이다.

(6) ❻은 왼쪽 일부가 노란색 부분으로 보이므로 그믐달이다.

## 02

스타이로폼 공의 위치가 변하면서 스마트 기기에 관측되는 노란색 부분은 달(㉠)이 태양 빛을 반사하여 밝게 빛나는 부분을 나타낸다. 노란색 부분은 달(㉠)이 지구를 중심으로 공전(㉡)하면서 변하는 태양(㉢), 지구, 달의 상대적인 위치에 따라 다르게 관측되며 이는 달의 위상(㉣)이 변하는 까닭이다.



## 01

② 달의 공전에 의해 나타나는 현상에는 달의 위상 변화, 일식과 월식 등이 있다.

③, ④ 달은 지구를 중심으로 서쪽에서 동쪽으로 약 한 달에 한 바퀴 공전한다.

⑤ 달은 스스로 빛을 내지 못하고 태양 빛을 반사하여 밝게 보인다. 이때 달이 공전하여 태양, 지구, 달의 상대적인 위치가 변하면 밝게 보이는 부분의 모양이 달라진다.

**바로 알기** > ① 달은 하루에 약 13°씩 지구를 중심으로 공전한다.

## 02

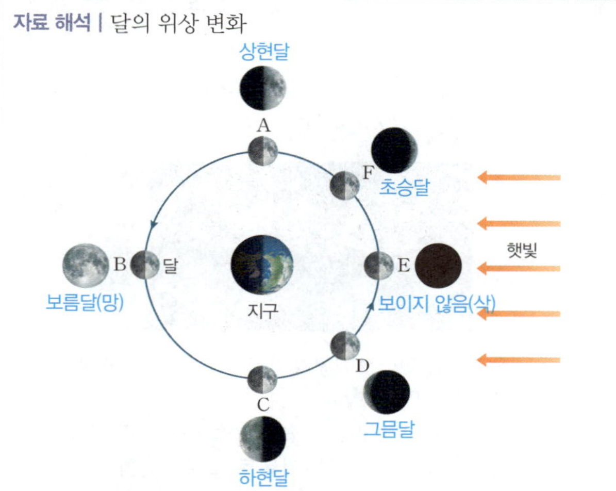



- 달이 지구를 중심으로 공전함에 따라 태양, 지구, 달의 상대적인 위치가 변하면 지구에서 봤을 때 햇빛을 받는 부분이 달라져 위상이 변한다.

- 달은 음력 날짜 순으로 '보이지 않음(삭) → 초승달 → 상현달 → 보름달(망) → 하현달 → 그믐달 → 보이지 않음(삭)' 순으로 위상이 변한다.

A는 상현달, B는 보름달(망), C는 하현달, D는 그믐달, E는 보이지 않음(삭), F는 초승달이다.

ㄷ. 달이 E에 위치할 때 지구에서 달이 보이지 않는다.

**바로 알기** > ㄱ. 달이 A에 위치할 때 오른쪽 절반이 밝게 보이는 상현달이 관측되며, 달이 C에 위치할 때 왼쪽 절반이 밝게 보이는 하현달이 관측된다.

ㄴ. 음력 2 일경에 달은 초승달의 위상을 보이며 F에 위치한다.

## 03

달이 태양의 반대 방향에 위치하는 B에서의 달의 위상은 보름달(망)이며, 음력 15 일경에 관측할 수 있다.

## 04

(가)는 보름달, (나)는 하현달, (다)는 초승달이다.

ㄱ. 보름달(가)은 음력 15 일경, 하현달(나)은 음력 22~23 일경, 초승달(다)은 음력 2~3 일경에 관측할 수 있다. 따라서 달은 (다) → (가) → (나) 순으로 관측되었다.

ㄴ. 이 기간 동안 달의 위상은 삭 → 초승달(다) → 상현달 → 보름달(가) → 하현달(나) → 그믐달 → 삭 순서로 변화한다. 따라서 보름달(가)과 초승달(다)의 관측 기간 사이에 상현달이 관측된다.

ㄷ. 하현달(나)은 달과 태양이 지구를 중심으로 직각을 이룰 때의 위상이다.

## 05

④ 그믐달은 음력 27~28 일경 관측되며, 약 1~2 일 후인 음력 1 일경에는 삭의 위치에 해당하여 달이 보이지 않는다.

**바로 알기** > ① 그림은 왼쪽 일부가 밝게 보이는 그믐달이다.

② 그믐달은 음력 27~28 일경에 관측된다.

③ 그믐달은 하현과 삭 사이에 위치하여 달의 왼쪽 일부만 밝게 보인다. 달의 일부가 지구의 그림자에 가려지는 현상은 부분월식이며, 달이 망의 위치에 있을 때이다.

⑤ 그믐달이 보이는 음력 27~28 일경에서 약 3 일 후인 음력 2~3 일경에는 오른쪽 일부가 밝게 보이는 초승달이 관측된다.

**[ 06~07 ]**

- 보름달은 달이 태양 반대 방향에 있어 달—지구—태양 순으로 놓여 달의 앞면 전체가 보이는 달이다.
- 달의 위상은 초승달 → 상현달 → 보름달 순으로 변하며, 매일 같은 시각에 관측하면 달의 위치도 서쪽에서 동쪽으로 이동한다.

## 06

① 음력 15 일경에는 달—지구—태양 순으로 일직선을 이루어 달의 앞면 전체가 보이는 보름달이 보인다.
③, ④ 15 일 동안 초승달 → 상현달 → 보름달로 변하였으며 하현달은 관측되지 않았다.
⑤ 달이 서 → 동으로 공전하면서 매일 같은 시각에 관측한 달은 점점 서쪽에서 동쪽으로 이동한다.
**바로알기>** ② 달은 공전에 의해 약 한 달을 주기로 모양이 변한다.

## 07

달의 위상이 보름달일 때 태양은 달의 반대 방향에 위치한다. 따라서 보름달이 동쪽 하늘에 있을 때 태양은 반대 방향인 서쪽 하늘에 위치한다.

## 08

① 일식은 지구에서 달의 그림자가 생기는 지역에서만 관측되고, 월식은 밤이 되는 모든 지역에서 관측되므로 일식은 월식보다 관측할 수 있는 지역이 좁다.
② 일식은 태양—달—지구 순으로 위치하고 월식은 태양—지구—달 순으로 위치하므로, 태양과 달 사이의 거리는 일식이 일어날 때가 월식이 일어날 때보다 더 가깝다.
④ 일식과 월식 모두 달이 지구를 중심으로 공전하여 일어나는 현상이다.
⑤ 달과 태양이 지구를 중심으로 직각을 이룰 때는 일식과 월식이 일어나지 않으며, 일식은 태양—달—지구 순으로 일직선상에 위치할 때, 월식은 태양—지구—달 순으로 일직선상에 위치할 때 일어날 수 있다.
**바로알기>** ③ 태양이 달보다 매우 크지만, 지구로부터 떨어진 거리가 태양이 달보다 매우 멀기 때문에 지구에서 태양과 달의 크기는 비슷하게 보인다. 따라서 달이 태양을 완전히 가리는 개기일식이 일어날 수 있다.

## 09

일식은 태양—달—지구 순으로 일직선상에 위치할 때(C), 월식은 태양—지구—달 순으로 일직선상에 위치할 때(A) 일어날 수 있다.

## 10

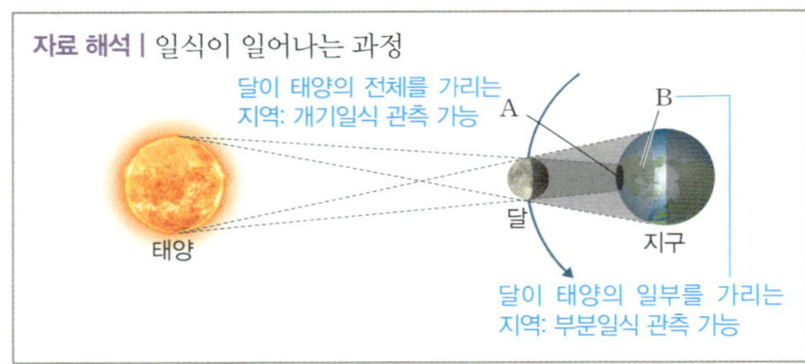


ㄱ. 달이 태양 전체를 가리는 A 지역에서 개기일식을 관측할 수 있다.
**바로알기>** ㄴ. B 지역은 달이 태양의 일부를 가리는 지역이므로 부분일식을 관측할 수 있다.
ㄷ. 달이 삭에 위치하더라도 태양, 지구, 달이 항상 정확하게 일직선상에 놓이는 것은 아니므로 일식이 매달 일어나지는 않는다.

## 11

(가)는 부분월식, (나)는 개기일식이다.
ㄴ. (나)는 달이 태양 전체를 가리는 개기일식의 모습이다.
**바로알기>** ㄱ. 부분월식(가)은 달의 일부가 지구의 그림자에 가려지는 현상이다.
ㄷ. 개기일식(나)은 달이 삭의 위치에 있어 달이 보이지 않을 때, 부분월식(가)은 달이 망의 위치에 있어 보름달로 보일 때 일어날 수 있다.

## 12

ㄱ. 달의 일부가 지구의 그림자에 가려졌으므로 부분월식의 모습이다.
ㄴ. 달이 지구의 그림자에 가려질 때 월식이 일어나므로 A는 지구의 그림자이다.
**바로알기>** ㄷ. 월식은 달이 망의 위치에 있을 때 일어나므로 월식이 끝난 후 달의 위상은 보름달로 보인다.

## 13

ㄴ. 이날 개기월식(다)이 관측되었으므로 지구의 그림자 안에 달 전체가 들어간다.
ㄷ. 우리나라에서 월식을 관측했을 때 달의 왼쪽(동쪽)부터 가려지기 시작하고 왼쪽(동쪽)부터 빠져나오므로 지구에서 관측된 순서는 (가) → (다) → (나)이다.
**바로알기>** ㄱ. 월식은 태양—지구—달 순으로 일직선상에 위치할 때 일어난다.

## 서술형

## 14

**모범답안>** 달은 태양 빛을 반사하여 밝게 보이므로 달이 공전하면서 태양, 지구, 달의 상대적인 위치가 달라지기 때문에 지구에서 보이는 달의 모양이 변한다.

| 채점 기준 | 배점 |
| --- | --- |
| 달이 태양 빛을 반사하여 보이는 것과 달의 공전, 태양, 지구, 달의 상대적인 위치를 모두 언급하여 옳게 서술한 경우 | 100 % |
| 태양, 지구, 달의 상대적인 위치만 언급하여 서술한 경우 | 40 % |

## 15

**모범 답안** > 월식, 보름달은 달이 태양의 반대 방향인 망에 위치할 때 보이는 위상이며, 달이 지구의 그림자에 가려지는 월식은 달─지구─태양이 일직선상에 위치할 때 나타나는 현상이기 때문이다.

| 채점 기준 | 배점 |
| --- | --- |
| 월식을 쓰고, 달의 위상이 보름달일 때 달─지구─태양 순으로 일직선상으로 배열되어 월식이 일어날 수 있음을 옳게 서술한 경우 | 100 % |
| 월식만 옳게 쓴 경우 | 30 % |

## 16

**모범 답안** > 태양 빛 중에서 파장이 긴 붉은색 빛이 지구의 대기에 의해 굴절되어 달 표면에 도달하기 때문이다.

| 채점 기준 | 배점 |
| --- | --- |
| 파장, 지구의 대기, 굴절을 모두 언급하여 옳게 서술한 경우 | 100 % |
| 지구의 대기, 굴절만 언급하여 서술한 경우 | 50 % |

## 1등급 백신    139쪽

**01** ①　　**02** ③　　**03** ④　　**04** ②

## 01

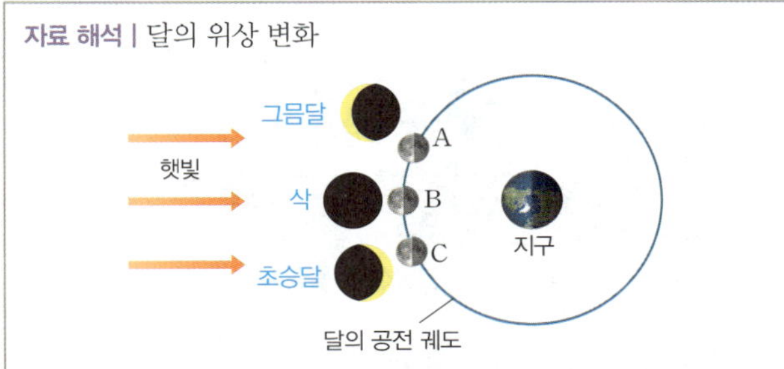



• 달은 지구를 중심으로 서 → 동으로 공전한다. ➡ A → B → C
• 달이 태양과 같은 방향에 있을 때(B)는 태양 빛 때문에 달이 보이지 않는다.

ㄱ. 달은 지구를 중심으로 서쪽에서 동쪽으로 공전하므로 A → B → C 방향으로 이동한다.

**바로 알기** > ㄴ. 그믐달(나)은 A 위치일 때 관측되는 위상이다.
ㄷ. 그믐달(A)은 음력 27~28 일경, 삭(B)은 음력 1 일경의 위상이다. 이때 달은 A → B로 이동하므로 그믐달(나)은 약 1~2일 후 삭(B)의 위치로 이동하게 된다.

## 02

(가)는 남쪽 하늘의 상현달, (나)는 동쪽 하늘의 보름달, (다)는 서쪽 하늘의 초승달이다.
① (가)는 상현달로 음력 7~8 일경 관측된다.
② 보름달(나)의 위상을 보이는 날에 태양─지구─달 순으로 일직선상에 위치하므로 월식이 일어날 수 있다.
④ (다)는 초승달로 해가 진 직후 서쪽 하늘에서 관측된다.
⑤ 관측 순서는 초승달(다) → 상현달(가) → 보름달(나)이다.

**바로 알기** > ③ 보름달(나)은 태양의 반대 방향에 위치하므로 보름달(나)은 초승달(다)보다 태양과의 거리가 더 멀다.

## 03

ㄴ. 일식은 태양의 오른쪽(서쪽)부터 가려지기 시작하므로 A 방향으로 진행된다.
ㄷ. 일식은 달이 태양과 같은 방향에 위치하는 삭일 때 일어날 수 있으므로 이날 밤에는 달이 보이지 않았을 것이다.

**바로 알기** > ㄱ. 우리나라에서는 태양의 일부가 가려지는 부분일식만 관측되었다.

## 04

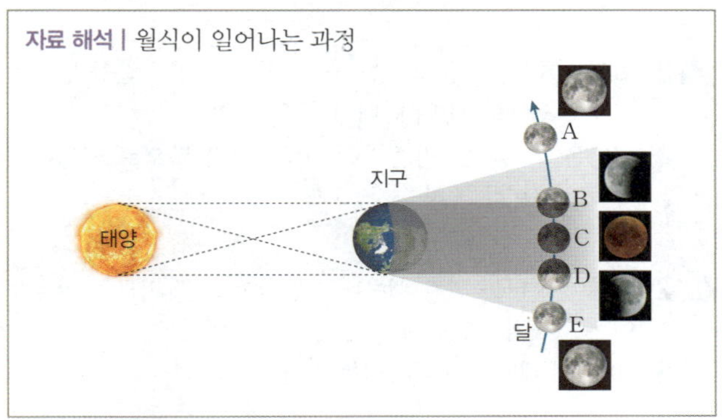



달이 지구를 중심으로 서쪽에서 동쪽으로 공전하여 지구의 그림자 속을 지나가므로, D에서 달의 왼쪽(동쪽)부터 가려진 후 C에서 달 전체가 붉게 보이다가 B에서 왼쪽(동쪽)부터 빠져나온다. A와 E일 때는 월식이 관측되지 않는다.

## 빈출 자료 집중진단    140~142쪽

| | 1 | 2 | 3 | 4 | 5 | 6 | 7 |
| --- | --- | --- | --- | --- | --- | --- | --- |
| ❶ | 1 ○ | 2 × | 3 ○ | 4 ○ | 5 ○ | 6 × | |
| ❷ | 1 ○ | 2 ○ | 3 ○ | 4 × | 5 ○ | 6 × | |
| ❸ | 1 ○ | 2 × | 3 × | 4 ○ | 5 ○ | 6 ○ | |
| ❹ | 1 × | 2 ○ | 3 ○ | 4 ○ | 5 × | 6 × | |
| ❺ | 1 ○ | 2 × | 3 ○ | 4 × | 5 ○ | | |
| ❻ | 1 ○ | 2 × | 3 × | 4 ○ | | | |
| ❼ | 1 ○ | 2 ○ | 3 × | 4 ○ | 5 ○ | 6 × | 7 × |
| ❽ | 1 ○ | 2 ○ | 3 × | 4 ○ | 5 × | 6 ○ | 7 × |
| | 8 × | 9 ○ | | | | | |

❶ 2 소행성은 주로 화성과 목성 궤도 사이에 분포한다.
　6 태양계를 구성하는 천체 중 위성은 행성을 중심으로 공전한다.

❷ 4 목성은 희미한 고리가 있다.
　6 목성형 행성은 지구형 행성보다 반지름이 크다.

**3** 2 태양의 광구에서 나타나는 현상인 흑점과 쌀알 무늬는 개기일식이 일어나 광구가 가려지면 볼 수 없다.

3 온도가 약 100만 ℃ 이상이고, 넓게 뻗어 있는 대기층은 코로나이다. 채층은 광구 바로 위 붉은색의 얇은 대기층이다.

**4** 1 지구의 자전에 의한 현상이다.

2 별은 1 시간에 15°씩 이동한다.

5 (다)는 별들이 오른쪽 위로 비스듬히 올라가는 동쪽 하늘의 모습이다.

6 북쪽 하늘(라)에서 별들은 북극성을 중심으로 시계 반대 방향으로 회전한다.

**5** 2 별의 연주 운동 방향은 동 → 서, 태양의 연주 운동 방향은 서 → 동으로 방향이 반대이다.

4 태양은 별자리를 기준으로 서쪽에서 동쪽으로 이동하는 것처럼 보인다.

**6** 2 태양이 지나는 별자리는 태양과 함께 뜨고 지므로 한밤중에는 관측되지 않는다.

3 10 월에 태양은 처녀자리를 지난다.

**7** 3 초승달은 음력 2~3 일경 관측할 수 있다.

6 하현달은 지구에서 왼쪽 절반이 밝게 보인다.

7 초승달은 달의 오른쪽 일부가, 그믐달은 달의 왼쪽 일부가 밝게 보이는 달이다.

**8** 3 부분일식(B)은 달이 태양의 일부를 가리는 지역에서만 관측할 수 있다.

5 월식은 태양−지구−달 순으로 일직선상에 위치할 때 일어날 수 있다.

7 D는 달 전체가 지구의 그림자에 가려져 붉게 보이는 개기월식의 모습이다.

8 우리나라에서 월식이 진행될 때 달의 왼쪽(동쪽)부터 가려지므로 C는 D보다 나중에 관측되었다.

## CT 대단원 문제
143~148쪽

| | | | | |
|---|---|---|---|---|
| **01** ② | **02** ③ | **03** ①, ③ | **04** ⑤ | **05** ③ |
| **06** ① | **07** ⑤ | **08** ③ | **09** ⑤ | **10** ② |
| **11** ⑤ | **12** ④ | **13** ③ | **14** ③ | **15** ② |
| **16** ⑤ | **17** ② | **18** ② | **19** ③ | **20** ③ |
| **21** ⑤ | **22** ② | **23** ① | **24~35** 해설 참조 | |



## 01

② 소행성은 태양을 중심으로 공전하며, 주로 화성과 목성의 공전 궤도 사이에서 띠를 이루어 분포한다.

**바로 알기 >** ① 달은 지구의 위성이며, 타이탄은 토성의 위성이다.

③ 태양계에서 스스로 빛을 내는 유일한 천체는 태양이다. 혜성은 주로 얼음과 먼지로 이루어져 있고, 태양과 가까워지면 긴 꼬리가 생기는 천체이다.

④ 태양계 행성 중 수성과 금성은 위성이 없다.

⑤ 왜소 행성은 태양을 중심으로 공전하며 모양이 둥글지만 행성보다 크기와 질량이 작은 천체이다. 화성과 목성 궤도 사이에서 띠를 이루어 분포하는 천체는 소행성이다.

## 02

(가)는 행성(목성), (나)는 왜소 행성(명왕성)이다.

ㄱ. 행성(가)은 자신의 공전 궤도 주변에서 지배적인 역할을 한다.

ㄷ. 행성(가)과 왜소 행성(나)은 모두 모양이 둥근 천체이다.

**바로 알기 >** ㄴ. 행성(가)과 왜소 행성(나) 모두 태양을 중심으로 공전한다.

## 03

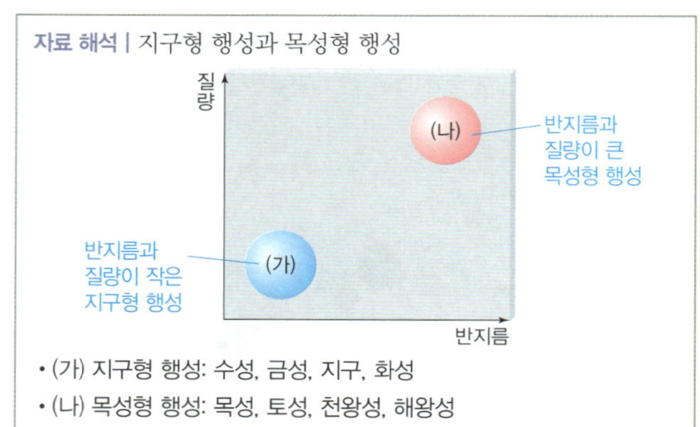


① 지구형 행성(가)은 고리가 없다.

③ 지구형 행성(가)에는 수성, 금성, 지구, 화성이 속한다.

**바로 알기 >** ② 지구형 행성(가)은 위성이 없거나 그 수가 적다.

④ 목성형 행성(나)에는 단단한 표면이 없고 기체로 이루어져 있다.

⑤ 목성형 행성(나)은 주로 수소, 헬륨, 메테인 등으로 이루어져 있다.

## [ 04~05 ]

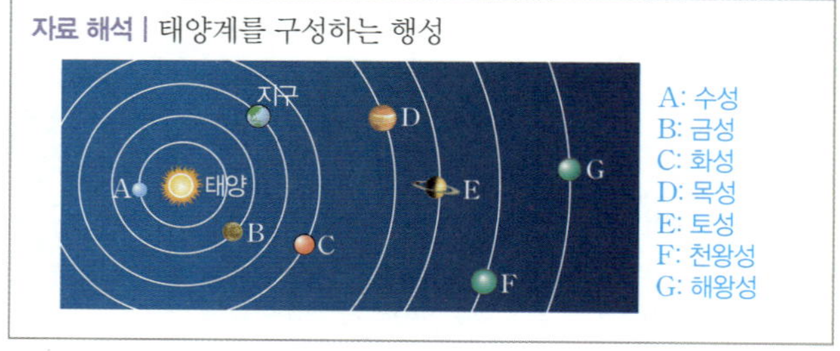


## 04

금성(B)은 이산화 탄소로 이루어진 두꺼운 대기가 있기 때문에 대기가 거의 없는 수성(A)보다 표면 온도가 높다.

## 05

③ 토성(E)은 태양계의 행성 중에서 크기가 두 번째로 큰 행성이며, 얼음과 암석으로 이루어진 뚜렷한 고리가 있다.

**바로알기 >** ① 화성(C)의 극관은 얼음과 드라이아이스로 이루어져 있으며, 여름에는 크기가 작아지고, 겨울에는 크기가 커진다. ② 목성(D)은 태양계에서 가장 큰 행성으로, 많은 위성이 있다. ④ 천왕성(F)은 청록색을 띠며, 희미한 고리가 있다. ⑤ 해왕성(G)은 태양계의 가장 바깥쪽에 위치해 있는 행성이다. 자전축이 공전 궤도면과 거의 나란한 행성은 천왕성(F)이다.

## 06

ㄱ. A는 쌀알 무늬, B는 흑점이다.

**바로알기 >** ㄴ. 쌀알 무늬(A)는 태양 내부에서 일어나는 대류 현상으로 생기며, 고온의 물질이 올라오는 곳은 밝고 냉각된 물질이 내려가는 곳은 어둡다.

ㄷ. 태양의 활동이 활발할수록 흑점(B)의 수가 증가한다.

## 07

(가)는 채층, (나)는 홍염, (다)는 코로나, (라)는 플레어이다.

⑤ 태양의 대기인 채층(가)과 코로나(다)는 달이 태양의 광구를 완전히 가리는 개기일식 때 관측할 수 있다.

**바로알기 >** ①, ② 채층(가)은 광구 바로 위 얇고 붉은색을 띠는 대기층이다. 광구에서 코로나(다)까지 불꽃이나 고리 모양으로 물질이 솟아오르는 현상은 홍염(나)이다.

③ (다)의 밝은 부분은 태양의 대기인 코로나로, 개기일식 때 채층(가)과 함께 관측된다.

④ 플레어(라)는 태양의 활동이 활발하여 흑점의 수가 많을 때 자주 나타난다.

## 08

A는 태양 활동이 활발한 시기, B는 태양 활동이 약한 시기이다.

ㄱ. 흑점 수가 많은 A 시기에는 태양 활동이 활발하여 무선 전파 통신 장애가 발생하기도 한다.

ㄴ. 태양 활동이 활발한 A 시기는 태양 활동이 약한 B 시기보다 태양풍이 더 강하다.

**바로알기 >** ㄷ. 태양 활동이 활발한 A 시기에 지구에서는 오로라가 더 넓은 지역에서 나타난다.

## 09

A는 대물렌즈, B는 경통, C는 보조 망원경, D는 접안렌즈, E는 균형추이다.

① 대물렌즈(A)는 빛을 모으는 역할을 한다.

② 경통(B)은 대물렌즈(A)와 접안렌즈(D)를 연결하는 통이다.

③ 보조 망원경(C)은 배율이 낮아 시야가 넓으며, 관측할 천체를 찾을 때 사용한다.

④ 접안렌즈(D)는 상을 확대하는 역할을 한다.

**바로알기 >** ⑤ 균형추(E)는 천체 망원경의 균형을 맞추는 역할을 한다. 경통을 지지하며 회전시키는 역할을 하는 것은 가대이다.

## 10

ㄱ. 천체 망원경은 사방이 트여 있고 빛의 영향을 적게 받는 평평한 곳에 설치하는 것이 좋다.

ㄷ. 주 망원경 시야의 중앙에 있는 천체가 보조 망원경의 십자선 중앙에 오도록 하여 주 망원경과 보조 망원경의 시야를 정렬한다.

**바로알기 >** ㄴ. 먼저 보조 망원경으로 천체를 찾은 후, 접안렌즈로 보면서 초점을 맞춰 천체를 관측한다.

ㄹ. 천체 망원경으로 태양을 관측할 때 맨눈으로 직접 관측하지 않도록 하며, 태양 필터나 태양 투영판을 통해 간접적으로 관측해야 한다.

## 11

북쪽 하늘에서는 별이 북극성을 중심으로 시계 반대 방향으로 원을 그리며 회전하므로 카시오페이아자리는 B → A 방향으로 이동하였다. 또한 별은 1 시간에 15°씩 회전하므로, 60°를 회전하였다면 카시오페이아자리를 4 시간 동안 관측한 것이다.

## 12

(가)는 동쪽 하늘, (나)는 서쪽 하늘이다.

ㄴ. (가)는 별이 오른쪽 위로 비스듬히 떠오르는 동쪽 하늘을 관측한 모습이다.

ㄷ. (나) 서쪽 하늘에서 별은 오른쪽 아래로 비스듬히 지므로 A → B 방향으로 이동하였다.

**바로알기 >** ㄱ. 별의 일주 운동은 지구의 자전에 의해 나타나는 현상이다.

## 13

ㄱ. 북쪽 하늘을 관측한 모습이다.

ㄷ. 같은 시간 동안 별 A와 B를 관측하였으므로 A의 회전각(a)과 B의 회전각(b)은 같다.

**바로알기 >** ㄴ. 별의 일주 운동은 별이 실제로 움직이는 것이 아니라, 지구의 자전에 의해 별들이 지구의 자전 방향과 반대 방향으로 움직이는 것처럼 보이는 겉보기 운동이다.

## 14

ㄱ. 별은 하루에 약 1°씩 이동하는 것처럼 보인다.

ㄴ. 별의 연주 운동은 지구의 공전에 의해 나타나는 현상이다.

**바로알기 >** ㄷ. 지구가 서 → 동으로 공전함에 따라, 천칭자리는 동 → 서로 이동하는 것처럼 보인다.

**[ 15~16 ]**

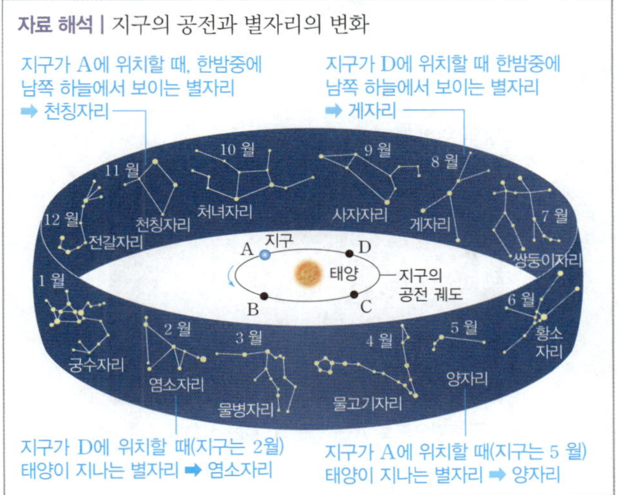

## 15

ㄴ. 지구가 A에 위치할 때 한밤중에 남쪽 하늘에서 천칭자리가 보인다.

**바로알기** ㄱ. 지구가 A에 위치할 때 태양은 양자리를 지나므로 5월에 해당한다.

ㄷ. 지구는 1년에 한 바퀴씩 서 → 동으로 공전하므로 3개월 뒤 시계 반대 방향으로 90° 이동한 B에 위치한다.

## 16

한밤중에 남쪽 하늘에서 게자리가 보일 때 지구는 D에 위치하며, 태양은 염소자리를 지난다.

## 17

ㄴ. 달은 지구를 중심으로 서 → 동으로 공전한다.

**바로알기** ㄱ. 이 기간 동안 달의 위상은 초승달(마) → 상현달(가) → 보름달(나) → 하현달(라) → 그믐달(다) 순으로 변한다.

ㄷ. 달이 삭의 위치에 있을 때 일식이, 달이 망(나)의 위치에 있을 때 월식이 일어날 수 있다.

## 18

A는 보이지 않음(삭), B는 초승달, C는 상현달, D는 보름달(망), E는 하현달이다. 음력 22~23일경 관측되는 달의 위상은 하현달(E)이다.

## 19

① 달이 A 위치에 있을 때를 삭이라고 한다.

② B 위치에서의 위상은 초승달로, 달의 오른쪽 일부가 밝게 보인다.

④ 달은 지구를 중심으로 한 달에 한 바퀴 공전하므로 달이 처음 위치로 되돌아오는 데 약 한 달이 걸린다.

⑤ E 위치에서의 위상은 하현달로, 달과 태양이 지구를 중심으로 직각을 이룬다.

**바로알기** ③ 상현달(C)은 달의 오른쪽 절반이 밝게 보이므로, 왼쪽 절반이 밝게 보이는 하현달(E)과 위상이 다르다.

## 20

**자료 해석 | 달의 위상과 관측**



해가 진 직후 관측했으므로 A는 보름달, B는 상현달, C는 초승달의 위치이다.

ㄱ. A 위치에서는 음력 15일경에 보름달이 관측된다.

ㄴ. B 위치에서는 음력 7~8일경에 상현달이 관측된다.

**바로알기** ㄷ. C 위치에서 관측되는 초승달은 약 한 달 후 같은 위치에서 같은 모양으로 관측된다.

## 21

⑤ 월식은 지구에서 밤이 되는 모든 지역에서 관측할 수 있다.

**바로알기** ① 달이 태양의 전체를 가리는 지역(A)에서 개기일식이 관측되고, 달이 태양의 일부를 가리는 지역(B)에서는 부분일식이 관측된다.

② 달의 일부가 지구의 그림자에 가려진 C에서만 부분월식이 관측된다. 달이 E에 위치할 때는 월식이 관측되지 않는다.

③ 달이 D에 위치할 때 개기월식이 관측되며, 이때 지구의 그림자에 완전히 가려진 달은 붉은색 빛이 지구의 대기에 의해 굴절되어 붉게 보인다.

④ 달이 삭이나 망의 위치에 있을 때 태양, 지구, 달이 항상 정확하게 일직선상에 놓이는 것은 아니기 때문에 일식과 월식은 매달 일어나지는 않는다.

## 22

(가)는 월식, (나)는 일식이다.

ㄴ. (가)는 달의 위치가 망일 때, (나)는 달의 위치가 삭일 때 일어날 수 있다.

**바로알기** ㄱ. (가)는 지구의 그림자(㉠)에 달이 가려지는 현상이고, (나)는 달(㉡)이 태양을 가리는 현상이다.

ㄷ. (나)는 지구에서 달의 그림자가 생기는 지역에서만 관측할 수 있다.

## 23

ㄱ. 월식은 달의 위치가 망일 때 일어날 수 있으므로 음력 15일경에 관측된다.

**바로알기** ㄴ. 월식이 일어날 때 달의 왼쪽(동쪽)부터 가려지므로 월식은 A 방향으로 진행된다.

ㄷ. 월식은 달이 망의 위치에 있어 태양-지구-달이 일직선을 이룰 때 일어난다.

**서술형**

## 24

**모범 답안** 행성, 왜소 행성, 소행성은 모두 태양을 중심으로 공전한다.

| 채점 기준 | 배점 |
| --- | --- |
| 세 천체가 모두 태양을 중심으로 공전함을 옳게 서술한 경우 | 100 % |

## 25

**모범 답안** 수성, 수성은 표면이 단단한 암석으로 이루어져 있는 반면, 토성은 표면이 기체로 이루어져 있기 때문이다.

| 채점 기준 | 배점 |
| --- | --- |
| 수성을 쓰고, 수성의 표면이 단단한 암석인 고체로 되어 있어 있음을 옳게 서술한 경우 | 100 % |
| 착륙선이 착륙할 수 있는 행성만 옳게 쓴 경우 | 50 % |

## 26

**모범답안 >** 질량, 위성 수 / 목성형 행성은 지구형 행성에 비해 반지름과 질량이 크고, 위성 수가 많다.

| 채점 기준 | 배점 |
| --- | --- |
| 물리량 두 가지를 옳게 쓰고, 지구형 행성과 비교하여 목성형 행성의 특징을 물리량과 관련지어 옳게 서술한 경우 | 100 % |
| 물리량 두 가지를 옳게 쓴 경우 | 40 % |

## 27

(1) **답 >** 쌀알 무늬

(2) **모범답안 >** 태양 내부에서 일어나는 대류 현상으로 생긴다.

| 채점 기준 | 배점 |
| --- | --- |
| (1)과 (2)를 모두 옳게 서술한 경우 | 100 % |
| (1)만 옳게 쓴 경우 | 30 % |

## 28

**모범답안 >** 동 → 서, 태양이 자전한다.

| 채점 기준 | 배점 |
| --- | --- |
| 흑점의 이동 방향을 옳게 쓰고, 태양이 자전한다는 것을 옳게 서술한 경우 | 100 % |
| 흑점의 이동 방향만 옳게 쓴 경우 | 50 % |

## 29

**모범답안 >** 태양 표면의 흑점 수가 증가한다. 홍염이나 플레어가 자주 발생한다. 코로나의 크기가 커진다. 태양이 방출하는 태양풍이 강해진다.

| 채점 기준 | 배점 |
| --- | --- |
| 태양의 활동이 활발할 때 태양에서 나타나는 현상을 세 가지 이상 옳게 서술한 경우 | 100 % |
| 태양의 활동이 활발할 때 태양에서 나타나는 현상을 두 가지만 옳게 서술한 경우 | 60 % |
| 태양의 활동이 활발할 때 태양에서 나타나는 현상을 한 가지만 옳게 서술한 경우 | 30 % |

## 30

**모범답안 >** B, 태양은 지구의 자전에 의해 동쪽에서 서쪽으로 일주 운동하므로, 남쪽 하늘의 태양은 시간이 지남에 따라 서쪽으로 이동한다.

| 채점 기준 | 배점 |
| --- | --- |
| 태양의 이동 방향을 옳게 쓰고, 태양이 지구의 자전에 의해 동 → 서로 일주 운동함을 옳게 서술한 경우 | 100 % |
| 태양의 이동 방향만 옳게 쓴 경우 | 30 % |

## 31

**모범답안 >** B, 우리나라의 북쪽 하늘에서 별은 북극성을 중심으로 시계 반대 방향으로 이동하며, 이때 일주 운동 속도는 15°/시간이므로 별 (가)는 2 시간 후 시계 반대 방향으로 30° 이동한 B 위치에서 관측된다.

| 채점 기준 | 배점 |
| --- | --- |
| 2 시간 후 별 (가)의 위치를 옳게 쓰고, 북쪽 하늘에서의 일주 운동 방향과 속도를 언급하여 옳게 서술한 경우 | 100 % |
| 2 시간 후 별 (가)의 위치만 옳게 쓴 경우 | 30 % |

## 32

**모범답안 >** 6 개월, 지구가 그림의 위치에 있을 때 태양이 지나는 별자리는 물고기자리이므로 이때 지구는 4 월에 해당하며, 한밤중에 남쪽 하늘에서 물고기자리가 관측되려면 이로부터 6 개월 후가 되어야 한다.

| 채점 기준 | 배점 |
| --- | --- |
| 6 개월을 쓰고, 6 개월이 지나야 4 월의 물고기자리를 한밤중에 남쪽 하늘에서 볼 수 있음을 옳게 서술한 경우 | 100 % |
| 6 개월만 옳게 쓴 경우 | 30 % |

## 33

**모범답안 >** 서쪽 하늘, 보름달은 달—지구—태양 순으로 위치할 때의 위상이므로, 보름달이 동쪽 하늘에 위치할 때 태양은 반대 방향인 서쪽 하늘에 위치한다.

| 채점 기준 | 배점 |
| --- | --- |
| 서쪽 하늘을 쓰고 달의 위상이 보름달일 때 태양이 반대 방향에 위치하므로 태양이 서쪽 하늘에 위치함을 옳게 서술한 경우 | 100 % |
| 서쪽 하늘만 옳게 쓴 경우 | 30 % |

## 34

**모범답안 >** D, 일식은 달이 삭의 위치에 있어 태양—달—지구 순으로 일직선상에 위치할 때 일어나기 때문이다.

| 채점 기준 | 배점 |
| --- | --- |
| D를 쓰고, 일식은 태양—달—지구 순으로 일직선상에 위치할 때 일어남을 옳게 서술한 경우 | 100 % |
| D만 옳게 쓴 경우 | 30 % |

## 35

**모범답안 >** (나), 월식은 달이 지구를 중심으로 공전하면서 지구의 그림자 속으로 들어감에 따라 왼쪽(동쪽)부터 가려지고 왼쪽(동쪽)부터 빠져나오기 때문이다.

| 채점 기준 | 배점 |
| --- | --- |
| (나)를 쓰고, 월식이 일어남에 따라 지구의 그림자에서 왼쪽부터 빠져나오는 (나)가 더 나중에 관측됨을 옳게 서술한 경우 | 100 % |
| (나)만 옳게 쓴 경우 | 30 % |

# V 힘의 작용

## 5분 테스트

### 01 힘의 표현과 평형 · 부록 02쪽

01 힘 　02 ㄱ, ㄷ, ㄹ 　03 (가) 힘의 크기 (나) 힘의 작용점
(다) 힘의 방향 　04 ❶ 운동 ❷ 모두 ❸ 모두 ❹ 운동 ❺ 모양
05 오른쪽, 1 N 　06 같고, 반대
07 ❶ 오른쪽, 7 N ❷ 평형 상태, 0 N ❸ 왼쪽, 3 N

### 02 여러 가지 힘(1) · 부록 03쪽

01 중력, 중심 　02 질량, 무게 　03 질량 　04 kg, N
05 변하지 않는다 　06 변한다 　07 탄성력, 반대
08 비례 　09 탄성 한계 　10 비례, 무게
11 ❶ × ❷ × ❸ × ❹ ○ ❺ × ❻ × ❼ ○ ❽ ○

### 03 여러 가지 힘(2) · 부록 04쪽

01 마찰력 02 무거울수록 　03 거칠수록 　04 넓이
05 반대 06 ❶ ㄱ, ㄴ, ㅁ ❷ ㄷ, ㄹ, ㅂ 　07 부력
08 무게, 부피 　09 ❶ ○ ❷ × ❸ × ❹ ○ ❺ ○ ❻ ○

### 04 힘의 작용과 운동 상태 변화 · 부록 05쪽

01 변하지 않는다 　02 ❶ 증가 ❷ 감소 ❸ 운동 방향 ❹ 변한다
03 속력 　04 접선 　05 중력, 아래
06 ❶ ㄱ, ㄹ, ㅅ ❷ ○ ❸ ㄴ, ㄷ, ㅁ, ㅂ 　07 위쪽
08 중력, 부력 　09 중력, 탄성력



### 01 힘의 표현과 평형 · 부록 06쪽

**1**
**모범 답안 >** (나), 힘이 시작하는 지점이 힘의 작용점이고 힘을 화살표로 나타낼 때는 작용점을 화살표의 시작점으로 나타낸다. 손가락으로 풍선을 누를 때 손가락 끝과 풍선이 맞닿는 지점이 힘의 작용점이므로 화살표의 시작점을 (나)와 같이 나타내야 한다.

**2**
**모범 답안 >** (가)는 병의 가운데 부분, (나)는 병의 윗부분을 밀기 때문에 병에 작용하는 힘의 작용점이 다르다. 물체에 작용하는 힘의 크기와 방향이 같아도 작용점이 달라지면 물체의 움직임도 다르게 나타난다.

**3**
**모범 답안 >** 한 물체에 같은 방향으로 여러 힘이 동시에 작용할 때



---

각 힘의 크기를 더한 값은 물체에 작용하는 합력의 크기와 같다. 각각의 작은 크기의 힘을 합쳐 무거운 물체를 들어 올릴 수 있으므로 '백지장도 맞들면 낫다.'는 과학적으로 옳다.

**4**
**모범 답안 >** (1) A에는 B가 A를 밀어내는 힘과 지구가 A를 당기는 힘인 중력이 작용하고 있다. A에 작용하는 두 힘이 평형을 이루므로 A가 공중에 떠서 정지해 있을 수 있다.

(2) 달에서의 중력은 지구에서 중력의 $\frac{1}{6}$이므로 달에서는 달이 A를 당기는 힘인 중력이 지구에서의 $\frac{1}{6}$로 작아진다. A에 작용하는 두 힘이 평형을 이루려면 B가 A를 밀어내는 힘의 크기도 작아져야 한다. 따라서 A와 B 사이의 거리가 멀어져야 A에 작용하는 두 힘이 평형을 이룰 수 있다.

### 02 여러 가지 힘(1) · 부록 07쪽

**1**
**모범 답안 >** (1) 30 kg
(2) 무게는 물체에 작용하는 중력의 크기이다. 따라서 천체마다 중력의 크기가 다르므로 물체의 무게가 달라진다.
**해설 >** 지구에서 물체의 무게는 294 N이므로 물체의 질량은 $294 \div 9.8 = 30(\text{kg})$이다.

**2**
**모범 답안 >**

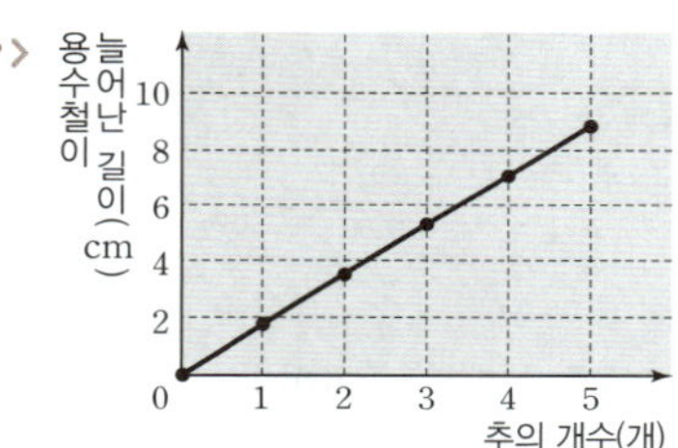


**3**
**모범 답안 >** (1) 8 개
(2) 추의 개수와 용수철이 늘어난 길이는 비례한다. 추가 1 개 매달려 있을 때 용수철이 늘어난 길이는 1.8 cm이므로 용수철이 14.4 cm 늘어나려면 1 개 : 1.8 cm = $x$ : 14.4 cm에서 $x$ = 8 개의 추가 매달려 있어야 한다.

**4**
**모범 답안 >** (1) 1.5 cm
(2) 달에서의 중력은 지구에서 중력의 $\frac{1}{6}$이므로 달에서 물체의 무게는 지구에서의 $\frac{1}{6}$이다. 지구에서 추 5 개를 매달았을 때 용수철이 늘어난 길이는 9 cm이므로 달에서 추 5 개를 매달았을 때 용수철이 늘어난 길이는 9 cm $\times \frac{1}{6}$ = 1.5 cm이다.
**해설 >** 용수철이 늘어난 길이는 작용하는 힘의 크기에 비례하므로 용수철에 매단 추의 무게가 가벼워지면 용수철이 늘어난 길이는 감소하게 된다.

## 03 여러 가지 힘(2)

부록 08쪽

### 1

**모범 답안 >** (1) 용수철저울의 눈금은 마찰력의 크기를 의미한다. 용수철저울의 눈금의 크기가 클수록 마찰력의 크기도 크다.
(2) (나)>(가)>(다), 마찰력의 크기는 물체의 무게가 무거울수록, 접촉면이 거칠수록 크다. 따라서 나무 도막이 더 무거운 (나)가 (가)보다 마찰력의 크기가 크고, 나무판 위에서 나무 도막을 끌어당길 때보다 접촉면이 매끄러운 유리판 위에서 나무 도막을 끌어당길 때 마찰력의 크기가 더 작으므로 용수철저울로 측정한 눈금의 크기는 (나)>(가)>(다)이다.

### 2

**모범 답안 >** (1) 나무공에 작용하는 부력의 크기가 나무공에 작용하는 중력의 크기보다 크므로 나무공은 물 위에 뜨고, 쇠공에 작용하는 부력의 크기가 쇠공에 작용하는 중력의 크기보다 작으므로 쇠공은 물에 가라앉는다.
(2) 알루미늄 포일로 만든 배는 물에 조금만 잠겨도 물에 잠긴 부피가 커서 부력이 중력보다 크기 때문에 물 위에 뜨고, 알루미늄 포일을 작게 뭉쳐서 물에 넣으면 물에 잠긴 부피가 작아서 부력이 중력보다 작기 때문에 물에 가라앉는다.

## 04 힘의 작용과 운동 상태 변화

부록 09쪽

### 1

**모범 답안 >** 스키 점프 선수가 활강하는 동안 알짜힘은 운동 방향과 같은 방향으로 작용하므로 속력이 점점 빨라지며, 스키 점프 선수가 활공하는 동안 알짜힘은 운동 방향에 비스듬히 작용하므로 속력과 운동 방향이 모두 변한다.

### 2

**모범 답안 >** 원운동을 하는 물체의 운동 방향은 원의 접선 방향이며, 원운동을 하는 물체에 수직으로 가해지는 힘(원반던지기 선수가 작용하는 힘)이 사라졌을 때 운동 방향으로 날아가므로, 원반던지기 선수는 정해진 범위 안에 원반이 들어갈 수 있는 위치를 고려하여 알맞은 위치에서 원반을 놓아야 한다.

### 3

**모범 답안 >** 역도 선수가 들고 있는 바벨에는 역도 선수가 바벨을 떠받치는 힘과 바벨에 작용하는 중력이 서로 반대 방향으로 같은 크기만큼 작용하여 힘의 평형을 이루고 있다.

## 창의적 문제 해결 능력

## 02 ~ 03 여러 가지 힘

부록 10쪽

### 1

(1) **모범 답안 >**

| 예 | 사용 원리 | 탄성력의 이용 |
|---|---|---|
| 머리끈 | 고리 모양의 머리끈을 늘여 머리카락을 모아서 끼우면 머리카락들을 고정할 수 있다. | 머리끈이 원래 길이로 줄어 들려는 탄성력이 머리카락을 하나로 모은 상태를 유지시킨다. |

| 빨래집게 | 빨래집게를 눌러서 집게를 벌린 후 빨랫줄에 걸려 있는 빨래를 끼우면 빨래가 빨랫줄에 고정된다. | 빨래집게가 원래 상태로 돌아가려는 탄성력이 빨래집게와 빨래를 고정된 상태로 유지시킨다. |
| 활 | 활시위를 잡아당겼다가 놓으면 화살이 멀리 날아간다. | 활과 활시위가 원래 상태로 되돌아가려는 탄성력이 화살을 멀리 날아가게 한다. |

(2) **예시 답안 >** 탄성력 이용, 각자 종이 개구리를 만든다. 출발선에 종이 개구리를 세워 놓고 누구의 개구리가 멀리 뛰는지 시합한다.

### 2

**모범 답안 >**

| 경기 종목 | 작용하는 힘의 변화 | 경기에 미치는 영향 | 달라져야 할 경기 규칙 |
|---|---|---|---|
| 배드민턴 | 라켓 그물망의 탄성력이 작아진다. | • 셔틀콕이 멀리 날아가기 힘들다.<br>• 셔틀콕이 상대편으로 빠르게 날아가기 힘들다. | • 경기장이 좁아져야 한다.<br>• 점수를 내기 어려우므로 승리 점수를 줄여야 한다. |
| 컬링 | 바닥의 마찰력이 작아진다. | 돌이 멈추지 않는다. | 더 무거운 돌을 사용해야 한다. |

## 04 힘의 작용과 운동 상태 변화

부록 11쪽

### 1

**모범 답안 >** (1) (가), 공에 작용하는 알짜힘이 0인 경우 운동 상태가 변하지 않으므로 기록되는 물체 사이의 간격이 일정하다.
(2) (나), 공에 운동 방향과 같은 방향으로 알짜힘을 작용하는 경우 속력이 빨라지므로 기록되는 물체 사이의 간격이 넓어진다.
(3) (다), 공에 운동 방향과 반대 방향으로 알짜힘을 작용하는 경우 속력이 느려지므로 기록되는 물체 사이의 간격이 좁아진다.

### 2

**모범 답안 >** 터널을 떠받치는 힘과 위에서 누르는 힘이 평형을 이루지 않으면 터널이 무너질 수 있다. 따라서 터널을 둥근 아치형으로 만들어 위에서 누르는 힘을 분산시키면 두 힘이 평형을 이루어 안전하게 유지된다.

## 마인드맵

## V 힘의 작용

부록 12~13쪽

❶ 모양 ❷ 운동 상태 ❸ N(뉴턴) ❹ 힘의 작용점 ❺ 힘의 방향 ❻ 힘의 크기 ❼ 합력 ❽ 같은 ❾ 큰 ❿ 0 ⓫ 지구가 물체를 끌어당기는 힘 ⓬ 지구 중심 방향 ⓭ g, kg ⓮ N ⓯ 변하지 않는다 ⓰ 변한다 ⓱ 탄성체가 원래 상태로 되돌아가려는 힘 ⓲ 두 물체의 접촉면에서 물체의 운동을 방해하는 힘 ⓳ 물체의 운동을 방해하는 방향 ⓴ 부력 ㉑ 비례 ㉒ 반대 ㉓ 변하지 않는다 ㉔ 변한다 ㉕ 속력

## 탐구 보고서 작성

### 02 여러 가지 힘(1)
부록 14쪽

**정리 모범 답안 ▷** (1)

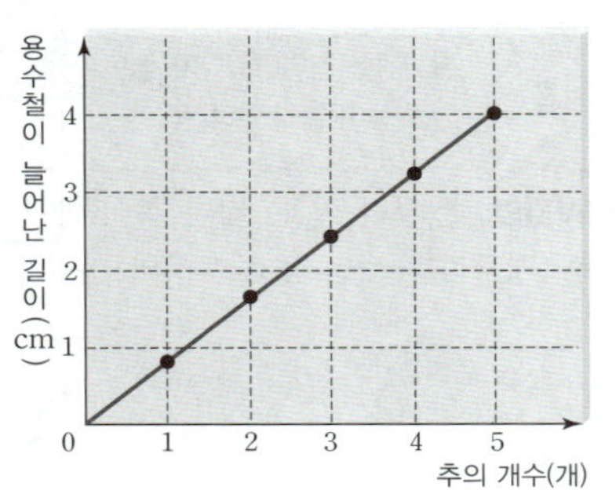

(2) 용수철이 늘어난 길이는 용수철에 매단 추의 개수, 즉 추의 무게에 비례한다.

(3) 추에 작용하는 중력에 의해 추의 무게만큼 용수철에 힘이 작용하므로, 용수철이 늘어난 길이와 용수철에 작용한 힘의 크기는 비례한다.

### 03 여러 가지 힘(2)
부록 15쪽

**정리 모범 답안 ▷** (1) 스타이로폼 공이 물에 잠길수록 용수철의 길이가 늘어난다.

(2) 스타이로폼 공이 물에 잠길수록 스타이로폼 공에 작용하는 부력의 크기가 커지므로 점점 떠오르게 된다. 따라서 용수철의 길이가 늘어날수록 부력의 크기가 커진다.

# Ⅵ 기체의 성질

## 5분 테스트

### 01 기체의 압력과 부피
부록 16쪽

**01** 면적, 좁을 **02** 작아 **03** 대기압, 모든
**04** 가까워, 커 **05** 횟수
**06** 충돌하는 기체 입자의 개수가 적어지기 **07** 45 **08** 작아, 커
**09** ❶ ○ ❷ × ❸ ○ ❹ × ❺ ○ ❻ ×

### 02 기체의 온도와 부피
부록 17쪽

**01** 샤를, 온도 **02** 작아 **03** 활발, 세게 **04** 낮추면
**05** ❶ × ❷ × ❸ ○ ❹ × **06** 6.5
**07** ❶ ↑ ❷ ↑ ❸ ↓ ❹ ↓ **08** ㄱ, ㄴ, ㅁ, ㅂ

## 서술형·논술형 평가

### 01 기체의 압력과 부피
부록 18쪽

**1**
**모범 답안 ▷** (1) • 탄산음료 병의 밑바닥을 꽃잎 모양으로 만든다.
• 얼음 위를 걸을 때 걸어가지 않고 기어서 이동한다.

• 스키, 설피를 착용하여 발이 눈에 빠지지 않게 한다.
• 모래사장을 걸을 때 굽이 뾰족한 구두보다 운동화를 신는다.
(2) • 바늘과 칼의 날을 날카롭게 제작한다.
• 음료에 빨대를 꽂을 때 빨대의 뾰족한 부분을 이용한다.
• 풍선은 손가락으로 누르는 것보다 압정을 이용할 때 잘 터진다.
• 눈 내린 산을 등반할 때 아이젠을 착용하여 미끄러짐을 방지한다.

**2**
**모범 답안 ▷** 고무풍선을 불면 기체 입자가 많아지고 기체 입자가 고무풍선의 안쪽 면에 충돌하는 횟수가 늘어 기체의 압력이 커진다. 이때 기체의 압력은 모든 방향으로 같은 크기만큼 작용하므로 둥글게 부풀어 오른다.

**3**
**모범 답안 ▷** 지상에서는 바깥에서 몸을 누르는 대기압과 몸 내부에서 바깥으로 누르는 압력이 평형을 이루기 때문에 평소에 대기압을 잘 느낄 수 없다. 하지만 산 정상이나 비행기를 타는 등 높은 곳에서는 공기가 적어 대기압이 약해지기 때문에 귓속 고막 안 공기의 부피가 커져 귀가 먹먹해진다.

**4**
(1)

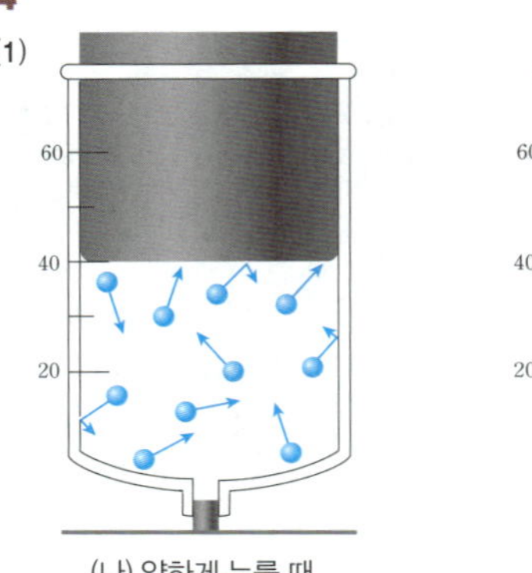


(2) **모범 답안 ▷** 일정한 온도에서 기체에 가하는 압력이 커지면 입자 사이의 거리가 가까워져서 기체의 부피가 작아진다. 이때 온도가 일정하므로 기체 입자가 운동하는 빠르기는 변하지 않지만, 움직일 수 있는 공간이 좁아지므로 기체 입자가 주사기의 벽면에 충돌하는 횟수가 증가하여 기체의 압력이 커진다. 즉, 온도가 일정할 때 일정량의 기체의 부피는 압력에 반비례한다.

### 02 기체의 온도와 부피
부록 19쪽

**1**
(1)

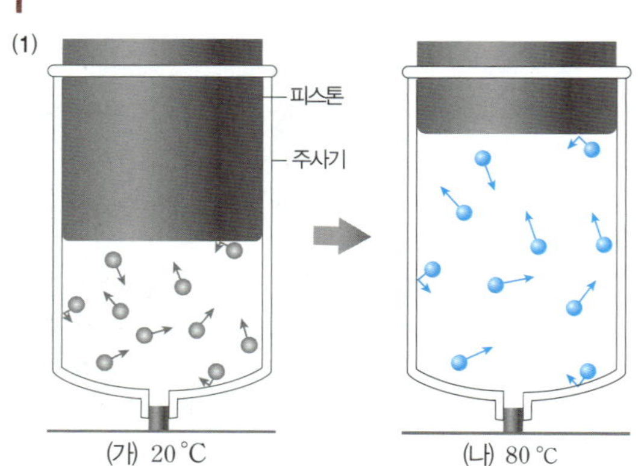

(2) **모범 답안** > 일정한 압력에서 기체의 온도가 높아지면 기체 입자의 운동이 활발해져서 기체 입자의 충돌 횟수가 증가하므로 주사기 내부 압력이 커진다. 이때, 주사기 내부 압력이 외부 압력과 같아질 때까지 주사기 속 기체의 부피가 커진다.

## 2

**모범 답안** > 인형을 뜨거운 물에 담그면 인형 속 기체의 부피가 커져 기체가 구멍으로 빠져나온다. 이 인형을 찬물에 담그면 인형 속 기체의 부피가 작아져 인형으로 물이 들어가며, 찬물에서 꺼내 뜨거운 물을 부으면 인형 속 기체의 부피가 다시 커져 구멍으로 물이 빠져나오게 된다.

## 3

**모범 답안** >

| 물음 | 방법 | 원리 |
|---|---|---|
| (1) | 밀폐 용기의 아랫부분을 뜨거운 물에 넣어둔다. | 밀폐 용기 내부의 온도가 높아지면서 공기의 부피가 커져 뚜껑을 밀어낸다. |
| (2) | 탁구공을 뜨거운 물에 넣는다. | 탁구공 속 기체의 온도가 높아지면서 기체의 부피가 커져 탁구공의 찌그러진 부분이 펴진다. |
| (3) | 한 손으로 피펫의 윗부분을 막고 다른 한 손으로 피펫을 감싸 쥔다. | 손의 체온으로 피펫 속 기체의 온도가 높아져서 부피가 커지게 되어 피펫 속에 남은 용액을 밀어낸다. |
| (4) | 열기구 속 공기를 가열하는 세기나 횟수를 줄인다. | 공기 주머니 속 기체의 온도를 낮추면 부피가 작아져 공기 주머니 안쪽으로 기체가 들어와 바깥 공기보다 무거워지므로 아래로 내려온다. |





## 1

**모범 답안** > 수은의 양이 늘어나면 막힌 쪽 공기에 가해지는 압력이 커지며, 막힌 쪽 공기의 부피는 작아진다. 이 실험 결과를 통해 기체의 압력이 커질수록 기체의 부피는 감소하는 것을 알 수 있다.

## 2

**모범 답안** > 유리컵을 뒤집어 종이배 위로 씌운 뒤 유리컵을 천천히 수조 바닥으로 누른다. 유리컵 속의 기체 입자가 물을 밀어내는 압력이 작용하여 유리컵 안쪽으로 물이 들어오지 않아 종이배가 젖지 않는다.

## 3

**모범 답안** > 복부 위쪽을 강하게 압박하면 폐를 둘러싼 공간의 부피가 작아지므로, 폐에 가해지는 압력이 커지면서 이 압력에 의해 기도를 막고 있는 음식물을 밀어내게 된다.

## 4

**모범 답안** > 보일 법칙을 이용할 때는 스포이트의 고무 손잡이 부분을 누르면 스포이트 내 기체의 부피가 작아지고 기체의 압력이 커져 액체를 밀어낼 수 있다. 샤를 법칙을 이용할 때는 스포이트에서 공기가 채워진 부분을 손으로 감싸 쥐면 스포이트 속 기체의 온도가 높아져 부피가 커지므로 액체를 밀어낼 수 있다.



## 1

**모범 답안** > 휴대용 부탄가스나 헤어스프레이 용기에는 많은 양의 기체가 큰 압력에 의해 압축되어 보관되어 있다. 만약 용기 속 기체의 온도가 지나치게 높아지는 경우 기체의 부피가 매우 커져 폭발의 가능성이 높아지기 때문에 용기에 구멍을 뚫어 버려야 한다.

## 2

**모범 답안** > 여름철에는 기온이 높아 타이어 속 공기의 부피가 커져 타이어가 지나치게 부풀어 올라 터질 수 있으므로 공기를 평소보다 적게 넣어야 하며, 반대로 겨울철에는 기온이 낮아 타이어 속 공기의 부피가 작아지므로 평소보다 공기를 많이 넣어 타이어가 팽팽함을 유지할 수 있도록 해야 한다.

## 3

**모범 답안** > 뜨거워진 집기병 입구를 껍질을 깐 삶은 달걀로 막고 얼음이 든 수조에 넣으면 집기병 속 온도가 낮아지므로 기체의 부피가 작아져 삶은 달걀이 집기병 속으로 들어간다.

## 4

**모범 답안** > 뜨거운 물과 찬물의 온도 차이를 더 크게 한다. 인형을 넣은 물의 온도가 높을수록 인형 속 기체의 부피가 커져 기체가 인형 밖으로 많이 빠져나가고, 물의 온도가 더 낮을수록 인형 속 기체의 부피가 작아져 더 많은 물이 인형 속으로 들어간다. 인형 속 물이 많아질수록 인형 밖으로 물이 빠져나갈 때 압력이 커져 물이 더 멀리까지 빠져나갈 수 있다.



### VI 기체의 성질      부록 22쪽

❶ 힘 ❷ 면적 ❸ ↑ ❹ ↓ ❺ 일정한 면적에 기체가 충돌하여 가하는 힘 ❻ 모든 방향으로 같은 크기만큼 작용 ❼ 기체 입자가 끊임없이 운동하기 때문 ❽ 반비례 ❾ 일정 ❿ 감소, 증가, 증가 ⓫ 일정한 비율 ⓬ 증가, 증가, 증가, 증가





**결과**

## 1

커진다

## 2

작아진다

## 정리 모범 답안

**1**

과정 ❶ 동안 공기가 빠져나가면서 감압 용기 속 기체의 압력이 작아진다. 따라서 고무풍선에 가해지는 압력이 작아져 고무풍선의 부피가 커진다. 반대로 공기를 넣는 과정 ❷ 동안 감압 용기 속 기체의 압력이 커진다. 따라서 고무풍선에 가해진 압력이 커져 고무풍선의 부피가 작아진다.

**2**

과정 ❶은 감압 용기 속 기체 입자의 개수가 줄어들어 기체 입자가 고무풍선 벽면에 충돌하는 횟수가 적다. 반면 과정 ❷는 감압 용기 속 기체 입자의 개수가 많아져 기체 입자가 고무풍선 벽에 충돌하는 횟수가 많다.

**3**

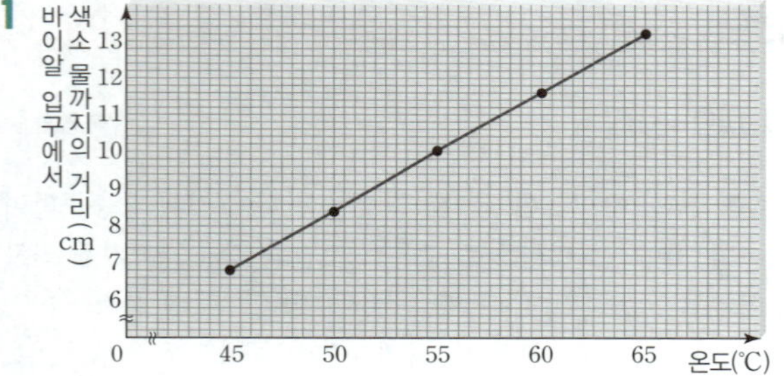


## 02 기체의 온도와 부피 　부록 24쪽

### 정리 모범 답안

**1**

바이알 입구에서 색소 물까지의 거리(cm)를 온도(℃)에 대해 나타낸 그래프

**2**

바이알 입구에서 색소 물까지의 거리가 멀수록 바이알과 플라스틱 관 속 공기의 부피가 크고, 바이알 입구에서 색소 물까지의 거리가 가까울수록 바이알과 플라스틱 관 속 공기의 부피가 작다.

**3**

압력이 일정할 때 일정량의 기체의 온도가 낮아지면 기체의 부피는 작아진다. / 겨울철 밖에 세워 둔 자전거의 타이어가 찌그러진다. 여름철에 반 정도 마신 페트병을 냉장고에 넣어두면 페트병이 찌그러진다. 등

# Ⅶ 태양계

## 5분 테스트

### 01 태양계의 구성 　부록 25쪽

**01** 화성, 목성　**02** 왜소 행성　**03** 태양 반대쪽
**04** ❶ ㄱ, ㄹ, ㅁ, ㅅ ❷ ㄴ, ㄷ, ㅂ, ㅇ　**05** ❶ 작다 ❷ 없다
❸ 크다 ❹ 있다　**06** ❶ ㄹ, ㅂ ❷ ㄴ ❸ ㅂ ❹ ㄷ
**07** ❶ 대물렌즈 ❷ 경통 ❸ 보조 망원경 ❹ 접안렌즈 ❺ 삼각대

### 02 지구의 운동 　부록 26쪽

**01** 자전, 서, 동　**02** 15　**03** ❶ 동, 서 ❷ 시계 반대 ❸ 45
**04** (가) 서쪽 하늘 (나) 남쪽 하늘　**05** 공전, 서, 동
**06** ❶ ㄴ, ㄷ ❷ ㄱ, ㄹ **07** 같다　**08** 반대이다

### 03 달의 운동 　부록 27쪽

**01** 공전, 서, 동　**02** 13　**03** 위상
**04** 초승달, 상현달, 보름달(망), 하현달, 그믐달, 보이지 않음(삭)
**05** (가) 상현달, 🌓 (나) 보름달(망), ⚪ (다) 하현달, 🌗 (라) 보이지 않음(삭), ⚪
**06** 공전, 서, 동　**07** 일식, 월식　**08** 달, 지구
**09** 전체, 일부　**10** 오른쪽　**11** 지구, 달
**12** 전체, 일부　**13** 왼쪽

## 서술형·논술형 평가

### 01 태양계의 구성 ~ 02 지구의 운동 　부록 28쪽

**1**

| (1) 금성 | (2) 화성 |
| --- | --- |
| **모범 답안** | **모범 답안** |
| • 반지름과 질량이 지구와 거의 비슷하다. | • 표면이 붉게 보인다. |
| • 이산화 탄소로 이루어진 두꺼운 대기가 있어 표면 온도가 매우 높다. | • 극지방에는 얼음과 드라이아이스로 이루어진 흰색의 극관이 있다. |
| • 태양계 행성 중 지구에서 볼 때 가장 밝게 보인다. | • 극관의 크기는 여름에는 작아지고 겨울에는 커진다. |
| | • 과거에 물이 흘렀던 흔적이 있다. |

| (3) 목성 | (4) 토성 |
| --- | --- |
| **모범 답안** | **모범 답안** |
| • 태양계 행성 중 크기가 가장 크다. | • 태양계 행성 중 두 번째로 크다. |
| • 표면에 가로줄 무늬가 나타난다. | • 주로 수소와 헬륨으로 이루어져 있다. |
| • 표면에 대기의 소용돌이인 대적점이 있다. | • 얼음과 암석 조각으로 이루어진 뚜렷한 고리가 있다. |
| • 이오, 유로파, 가니메데, 칼리스토 외 수많은 위성과 희미한 고리가 있다. | • 타이탄 등 많은 위성이 있다. |

## 2

| 태양에서 나타나는 현상 |
|---|

**모범 답안 〉**
- 태양 표면의 흑점 수가 증가한다.
- 코로나의 크기가 커진다.
- 홍염이나 플레어 현상이 더 자주 나타난다.
- 태양풍이 강해진다.

| 지구에서 나타나는 현상 |
|---|

**모범 답안 〉**
- 지구 자기장이 불규칙하게 변하는 현상인 자기 폭풍이 발생한다.
- 오로라가 더 넓은 지역에서, 더 자주 일어나게 된다.
- 무선 전파 통신이 방해를 받는 현상이 나타난다.
- 송전 시설의 고장으로 대규모 정전이 발생하기도 한다.
- 인공위성이 고장나거나 궤도를 이탈할 수 있다.

## 3 모범 답안 〉

〈남쪽 하늘〉

별들이 지평선과 거의 나란하게 동쪽에서 서쪽으로 이동하는 것처럼 보인다.

〈동쪽 하늘〉

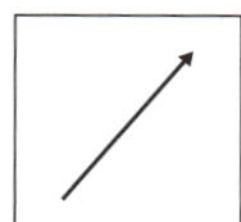

별들이 오른쪽 위로 비스듬하게 뜬다.

〈서쪽 하늘〉

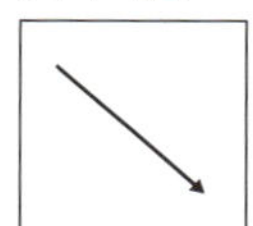

별들이 오른쪽 아래로 비스듬하게 진다.

〈북쪽 하늘〉

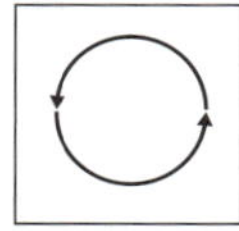

별들이 북극성을 중심으로 시계 반대 방향으로 회전한다.



## 1

**모범 답안 〉** (1) 풍식: 게자리, 풍순: 전갈자리
(2) 지구가 태양을 중심으로 공전하면서 지구에서 보이는 태양의 위치가 변하기 때문이다.

## 2

**모범 답안 〉**

| (1) | 전구의 모습 변화 | 전구가 최대로 가려질 때의 모습 |
|---|---|---|
| | 스타이로폼 공이 전등 앞을 오른쪽에서 왼쪽으로 지나감에 따라 스타이로폼 공에 의해 전등의 오른쪽부터 가려지고, 오른쪽부터 빠져나온다. |  |

(2) 개기일식, 태양-달-지구 순으로 일직선상에 위치할 때 달이 태양 전체를 가리는 현상이다.

---





## 1

**모범 답안 〉** (1) 흑점의 이동을 통해 태양이 자전함을 알 수 있다.
(2) 흑점 수의 변화를 통해 태양 활동의 활발한 정도를 알 수 있다.

## 2

**모범 답안 〉** A, 극궤도 인공위성이 지구를 한 바퀴 공전하는 동안 지구는 서쪽에서 동쪽으로 자전하므로, 극궤도 인공위성이 지구를 한 바퀴 공전한 후에는 서쪽으로 치우친 A 지점을 지난다.



## 1

**모범 답안 〉**

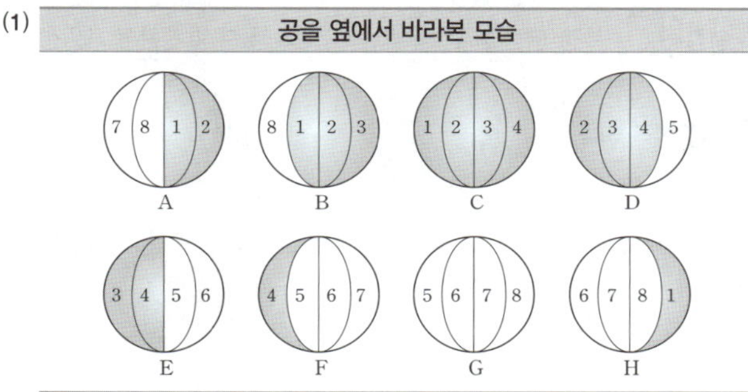


(2) 공을 보는 위치에 따라 전등, 풍식, 공의 상대적인 위치가 변하여 공에 전등 빛이 반사되는 면적이 달라지기 때문이다.

## 2

**모범 답안 〉**

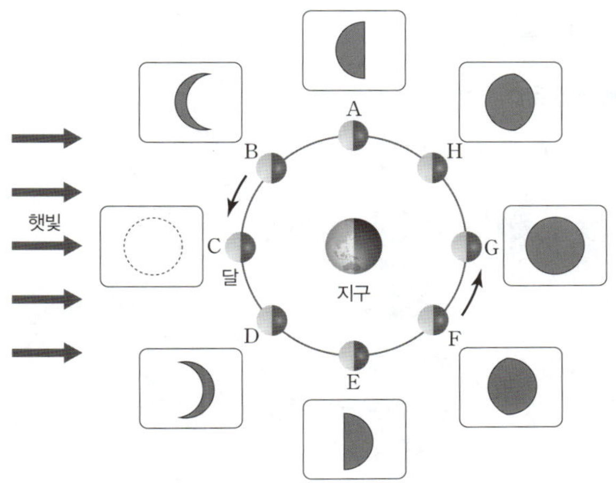

## 마인드맵

### Ⅶ 태양계
부록 32쪽

❶ 흑점  ❷ 쌀알 무늬  ❸ 지구형  ❹ 작다  ❺ 크다  ❻ 자전
❼ 별의 연주 운동  ❽ 상현달  ❾ 그믐달  ❿ 월식

## 탐구 보고서 작성

### 01 태양계의 구성
부록 33쪽

**결과 모범 답안 >**

| 1 분류 기준: 질량 | | |
| --- | --- | --- |
| 구분 | 작은 행성 | 큰 행성 |
| 행성 | 수성, 금성, 지구, 화성 | 목성, 토성, 천왕성, 해왕성 |

| 2 분류 기준: 반지름 | | |
| --- | --- | --- |
| 구분 | 작은 행성 | 큰 행성 |
| 행성 | 수성, 금성, 지구, 화성 | 목성, 토성, 천왕성, 해왕성 |

| 3 분류 기준: 위성 수 | | |
| --- | --- | --- |
| 구분 | 없거나 적은 행성 | 많은 행성 |
| 행성 | 수성, 금성, 지구, 화성 | 목성, 토성, 천왕성, 해왕성 |

| 4 분류 기준: 고리의 유무 | | |
| --- | --- | --- |
| 구분 | 없는 행성 | 있는 행성 |
| 행성 | 수성, 금성, 지구, 화성 | 목성, 토성, 천왕성, 해왕성 |

**정리 모범 답안 >**

**1**

지구형 행성(수성, 금성, 지구, 화성)과 목성형 행성(목성, 토성, 천왕성, 해왕성)으로 분류할 수 있다.

**2**

수성, 금성, 지구, 화성은 질량과 반지름이 작은 행성으로, 지구형 행성이라고 한다. 지구형 행성은 위성이 없거나 그 수가 적고 고리가 없다. 목성, 토성, 천왕성, 해왕성은 질량과 반지름이 큰 행성으로, 목성형 행성이라고 한다. 목성형 행성은 위성 수가 많고 고리가 있다.

### 03 달의 운동
부록 34쪽

**결과 모범 답안 >**

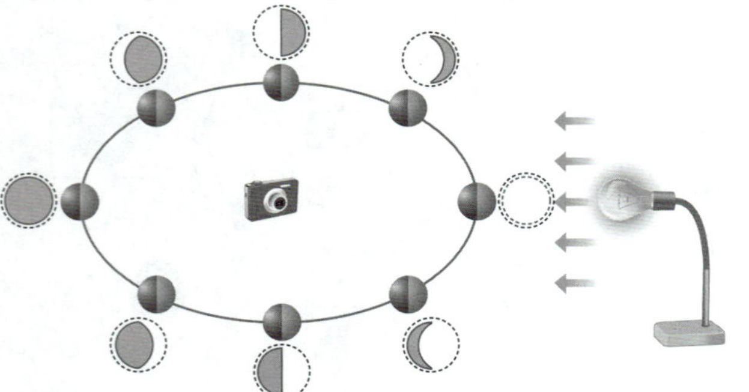

**정리 모범 답안 >**

**1**

초승달, 상현달, 보름달(망), 하현달, 그믐달

**2**

달은 태양 빛을 반사하여 밝게 보이므로 달이 지구를 중심으로 공전하면서 태양, 지구, 달의 상대적인 위치가 달라지기 때문에 지구에서 볼 때 달의 모양이 변한다.

# Ⅴ 힘의 작용

## 01 힘의 표현과 평형

**학교 시험 문제**                      부록 37~38쪽

| 01 ⑤ | 02 ① | 03 ②, ④ | 04 ⑤ | 05 ④ | 06 ④ |
| 07 ④ | 08 ⑤ | 09 ③ | 10 ④ | 11 ③, ④ | 12 ⑤ |

**01**

과학에서의 힘은 물체의 모양이나 운동 상태를 변화시킨다.

**02**

① 테니스공을 라켓으로 치면 공의 모양과 운동 상태가 모두 변한다.

**바로 알기 >** ② 창문을 밀 때 창문이 움직이는 것은 물체의 운동 상태가 변한 것이다.
③ 풍선을 누를 때 풍선이 납작해지는 것은 물체의 모양이 변한 것이다.
④ 공을 누를 때 공이 찌그러지는 것은 물체의 모양이 변한 것이다.
⑤ 공을 입으로 불 때 공이 앞으로 나아가는 것은 물체의 운동 상태가 변한 것이다.

**03**

야구공을 방망이로 세게 치면 공의 모양과 운동 상태가 변한다. 운동 상태는 물체의 속력과 운동 방향이다.

**바로 알기 >** 질량은 물체의 고유한 양이고, 무게는 물체에 작용하는 중력의 크기이므로 힘이 작용해도 변하지 않는다.

**04**

화살표의 시작점은 힘의 작용점, 화살표의 길이는 힘의 크기, 화살표가 가리키는 방향은 힘의 방향을 나타낸다.

**05**

물체에 작용하는 힘의 크기와 방향이 같아도 작용점이 다르면 물체의 움직임이 다를 수 있다.

**06**

화살표가 가리키는 방향은 힘의 방향, 화살표의 길이는 힘의 크기를 나타낸다. 화살표가 남서쪽을 가리키고 있으므로 힘의 방향은 남서쪽이다. 화살표 1 cm는 1 N의 힘을 나타내므로 4 cm는 4 N의 힘을 나타낸다.

**07**

**바로 알기 >** ㄷ. 힘에 의한 물체의 모양 변화가 클수록 작용한 힘의 크기는 크다.

**08**

두 힘이 같은 방향으로 작용하므로 합력의 크기는 두 힘의 합인 3 N+8 N=11 N이고, 합력의 방향은 두 힘의 방향과 같은 오른쪽이다.

**09**

두 힘이 반대 방향으로 작용하므로 합력의 크기는 큰 힘에서 작은 힘을 뺀 값인 7 N−3 N=4 N이고, 합력의 방향은 큰 힘의 방향인 오른쪽이다.

**10**

ㄴ. 물체에 작용하는 두 힘이 서로 반대 방향이므로 합력의 방향은 큰 힘의 방향인 오른쪽이다.
ㄷ. 두 힘의 합력이 오른쪽으로 1 N이므로 물체에 작용하는 힘이 평형을 이루려면 1 N의 힘을 왼쪽 방향으로 작용해야 한다.

**바로 알기 >** ㄱ. 물체에 작용하는 두 힘이 서로 반대 방향이므로 합력의 크기는 큰 힘에서 작은 힘을 뺀 값인 1 N이다.

**11**

두 힘이 평형을 이루는 조건은 두 힘의 크기가 같고, 서로 반대 방향으로, 일직선상에서 작용해야 한다.

**바로 알기 >** ③, ④ 힘의 종류와 힘의 작용점은 힘의 평형을 이루는 조건과 관계가 없다.

**12**

**바로 알기 >** ⑤ 오른쪽으로 작용하는 두 힘의 합력의 크기는 5 N+7 N=12 N이고, 왼쪽으로 작용하는 힘의 크기는 10 N이므로 세 힘의 합력은 오른쪽으로 12 N−10 N=2 N이다. 즉, 세 힘의 합력의 크기가 0이 아니므로 힘의 평형을 이루고 있지 않다.

## 02 여러 가지 힘(1)

**학교 시험 문제**                      부록 40~41쪽

| 01 ③ | 02 ④ | 03 ④ | 04 ⑤ | 05 ⑤ | 06 ③ |
| 07 ④ | 08 ③ | 09 ④ | 10 ④ | 11 ③ | |

**01**

ㄱ. 풍순이와 풍돌이에게 작용하는 중력의 방향은 지구 중심 방향이다.
ㄴ. 무게는 물체에 작용하는 중력의 크기이므로, 사과에 작용하는 중력의 크기는 사과의 무게와 같다.

**바로 알기 >** ㄷ. 사과가 지표면에 도달한 후에도 사과에는 지구 중심 방향으로 중력이 작용한다.

**02**

ㄱ. 실험에서 사용한 저울은 질량을 측정하는 윗접시저울이다.
ㄷ. 질량은 장소에 따라 변하지 않는다. 물체의 질량이 5 kg이므로 지구에서 같은 물체로 실험을 했을 때 5 kg인 추를 올려놓으면 저울이 수평을 이룬다.

**바로 알기 >** ㄴ. A 행성에서 물체와 5 kg인 추가 수평을 이루었으므로 물체의 질량은 5 kg이다.

**03**

물체를 들어 올리는 데 필요한 힘은 물체의 무게와 같다. 달에서 물체의 무게는 지구에서 무게의 $\frac{1}{6}$이므로 지구에서 들어 올릴 수 있는 질량의 6 배인 물체를 같은 힘으로 들어 올릴 수 있다.

## 04

**바로알기** ㄱ. 용수철저울은 무게를 측정하는 도구이다. 질량은 양팔저울과 윗접시저울을 사용하여 측정한다.
ㄴ. 지구에서 물체의 무게는 질량에 비례한다.

## 05

질량은 물체의 고유한 양으로 장소에 관계없이 그 값이 일정하다. 무게는 물체에 작용하는 중력의 크기로 질량에 비례하며, 장소에 따라 그 값이 달라진다. 따라서 질량은 모두 같은 값으로 측정되고, 무게는 중력의 상댓값이 가장 큰 목성에서 가장 크게 측정된다.

## 06

**바로알기** ③ 활을 당겼다 놓으면 화살이 날아가는 것은 탄성력에 의해 나타나는 현상이다.

## 07

④ 탄성력의 방향은 탄성체가 변형된 방향과 반대 방향이다.
**바로알기** ① 탄성력의 크기는 탄성체에 작용한 힘의 크기와 같다.
② 탄성력은 변형된 물체가 원래 모양으로 되돌아가려는 힘이다.
③ 나무, 종이는 탄성체가 아니다.
⑤ 용수철에 어느 정도 이상의 힘을 가하면 원래의 상태로 되돌아가지 못한다.

## 08

용수철에 4 N의 힘을 작용했을 때 3 cm 늘어났으므로, 9 cm가 늘어나기 위해서는 12 N의 힘이 필요하다.

## 09

**바로알기** 양궁, 컴퓨터 자판, 트램펄린, 빨래집게는 탄성력을 이용한 예이고, 구명조끼는 부력을 이용한 예이다.

## 10

ㄴ. 탄성력의 방향은 용수철이 변형된 방향과 반대 방향이다. 용수철이 아래쪽으로 늘어났으므로 탄성력의 방향은 위쪽이다.
ㄷ. 물체에 작용하는 중력과 탄성력의 크기가 같으므로 물체가 정지 상태로 유지된다.
**바로알기** ㄱ. 용수철에 물체가 매달려 있으므로 물체의 무게만큼의 탄성력이 용수철에 작용한다.

## 11

③ 추 4 개를 매달았을 때 용수철이 늘어난 길이가 12 cm이므로 용수철의 전체 길이는 14 cm+12 cm=26 cm이다.
**바로알기** ① 용수철에 매달린 추의 개수가 늘어날수록 용수철이 늘어난 길이는 길어진다.
② (가)에서 추에 의해 용수철이 아래로 늘어났으므로 추에 작용하는 탄성력의 방향은 위쪽이다.
④ 추 1 개의 무게는 $2 \times 9.8 = 19.6$(N)이므로 무게가 39.2 N인 물체는 추 2 개의 무게와 같다. 추 2 개를 매달았을 때 용수철이 늘어난 길이는 6 cm이므로 용수철의 전체 길이는 14 cm+6 cm=20 cm가 된다.
⑤ 질량이 5 kg인 물체의 무게는 $5 \times 9.8 = 49$(N)이다. 용수철

에 매달린 물체의 무게가 19.6 N씩 늘어날 때마다 용수철의 길이는 3 cm씩 증가하므로 49 N의 물체를 매달았을 때 용수철이 늘어난 길이는 19.6 N : 3 cm=49 N : $x$에서 $x=7.5$ cm가 된다.

## 03 여러 가지 힘(2)

**학교 시험 문제**　　　　　　　　　　　부록 43~44쪽

| 01 ② | 02 ③ | 03 ② | 04 ④ | 05 ③ | 06 ④ |
|------|------|------|------|------|------|
| 07 ① | 08 ④ | 09 ② | 10 ② |      |      |

## 01

**바로알기** ② 물체의 부피나 접촉면의 넓이와 관계없이 마찰력은 물체가 무거울수록, 접촉면이 거칠수록 크다.

## 02

운동하던 물체가 정지하는 까닭은 물체가 이동하는 방향과 반대 방향으로 마찰력이 작용했기 때문이다.

## 03

나무 도막이 일정한 속력으로 움직일 때 나무 도막에 작용하는 알짜힘은 0이다. 따라서 나무 도막에 작용하는 마찰력의 크기는 나무 도막에 작용한 힘의 크기와 같다.

## 04

① 같은 물체를 (가)는 나무판 위에서, (나)는 사포판 위에서 끌어당기므로 (가)와 (나)를 비교하면 접촉면의 거칠기와 마찰력의 관계를 알 수 있다.
② (가)는 물체 1 개를, (다)는 물체 2 개를 나무판 위에서 끌어당기므로 물체의 무게가 마찰력의 크기에 영향을 준다는 것을 알 수 있다.
③ 같은 물체를 (가)는 눕혀서, (라)는 세워서 끌어당겼다. 마찰력의 크기는 접촉면의 넓이와 관계가 없으므로 용수철이 늘어난 길이는 같다.
⑤ 마찰력은 물체가 무거울수록, 접촉면이 거칠수록 크게 작용한다.
**바로알기** ④ (가)와 (라)의 결과로부터 마찰력의 크기는 접촉면의 넓이와 관계가 없다는 것을 알 수 있다. (나)와 (라)는 접촉면의 거칠기와 넓이가 모두 다르므로 비교할 수 없다.

## 05

③ 나무 도막의 질량이 10 kg이므로 나무 도막에 작용하는 중력의 크기는 $10 \times 10 = 100$(N)이다.
**바로알기** ① 나무 도막의 무게는 100 N이고, 나무 도막에 작용하는 마찰력의 크기는 30 N이다.
② 나무 도막이 정지해 있으므로 나무 도막에 작용하는 마찰력의 크기는 나무 도막을 끌어당긴 힘인 30 N과 같다.
④ 나무 도막에 작용하는 중력의 방향과 마찰력의 방향은 서로 수직이다.
⑤ 나무 도막을 세우면 바닥과 나무 도막 사이의 접촉면의 넓이가 좁아지지만, 접촉면의 넓이는 마찰력의 크기에 영향을 주지 않으므로 나무 도막을 세워서 실험을 해도 마찰력의 크기는 달라지지 않는다.

## 06

ㄱ. 창틀에 기름칠을 하면 창문과 창틀 사이의 마찰력이 작아지므로 작은 힘으로 창문을 움직일 수 있다.

ㄴ. 투수는 공을 던지기 전에 송진 가루를 묻혀서 마찰력을 크게 한다.

ㄷ. 수영장의 미끄럼틀에 물을 뿌리면 마찰력이 작아져서 더 잘 미끄러진다.

ㄹ. 자전거의 체인 부분에 윤활유를 뿌리면 마찰력이 작아져서 더 작은 힘으로도 자전거를 앞으로 나아가게 할 수 있다.

ㅁ. 내리막 도로에 미끄럼 방지 포장을 하면 마찰력이 커지므로 사고를 방지할 수 있다.

## 07

②, ③ 추가 받는 부력의 크기는 물속에 추를 넣었을 때 흘러넘친 물의 무게와 같다.

④, ⑤ 물속에 들어 있는 추는 부력을 받으며 부력의 방향은 중력과 반대이다. 따라서 추가 물속에 들어 있을 때 추가 받는 부력의 크기만큼 용수철저울에 측정된 추의 무게는 감소하게 된다.

**바로 알기 >** ① 추가 물에 들어가도 추가 받는 중력의 크기는 변하지 않으므로 물속에서 추가 받는 중력의 크기는 15 N이다.

## 08

**바로 알기 >** ④ 지구에서보다 달에서 우주인이 더 높이 뛰어오르는 것은 달에서의 중력이 지구에서의 중력보다 작기 때문이다.

## 09

**바로 알기 >** ② 물체의 부피가 커지더라도 물에 잠긴 부피가 작으면 부력의 크기는 커지지 않는다.

## 10

부력의 크기는 물체가 물에 잠긴 부피에 비례한다. 물체가 완전히 잠겼을 때 물체에 작용하는 부력의 크기가 20 N이므로 물체가 $\frac{1}{4}$만큼 잠겼을 때 물체가 받는 부력의 크기는 $20\text{ N} \times \frac{1}{4} = 5\text{ N}$이다.

## 04 힘의 작용과 운동 상태 변화

**학교 시험 문제**

부록 46~47쪽

| 01 ② | 02 ③ | 03 ① | 04 ④ | 05 ② | 06 ② |
| 07 ② | 08 ⑤ | 09 ④ | 10 ④ | | |

## 01

② 바닥에 닿은 탁구공의 운동 방향과 반대 방향으로 바람을 불어주면 공의 속력이 느려진다.

**바로 알기 >** ① 바닥에 닿은 탁구공의 운동 방향으로 바람을 불어주면 공의 운동 방향은 변하지 않고 속력만 변한다.

③ 바닥에 닿은 탁구공에는 마찰력이 작용하므로 운동 방향에 수직으로 바람을 불어주면 공의 속력과 운동 방향이 모두 변한다.

④ 바닥에 닿은 탁구공의 운동 방향에 비스듬히 바람을 불어주면 공의 속력과 운동 방향이 모두 변한다.

⑤ 바닥에 닿은 탁구공은 마찰력이 작용하며, 불어주는 바람의 방향에 따라 속력이 느려지거나 빨라진다.

## 02

(가)는 작용하는 알짜힘이 0으로 속력과 운동 방향이 변하지 않고, (나)는 알짜힘이 운동 방향에 반대로 작용하여 속력만 변한다.

## 03

일정한 속력으로 원을 그리며 운동하는 공에는 원의 중심 방향으로 힘이 작용하고, 원의 접선 방향으로 운동한다.

## 04

ㄴ. 일정한 속력으로 원운동을 하는 물체에는 운동 방향에 수직으로 알짜힘이 작용한다.

ㄷ. 대관람차는 일정한 속력으로 원운동을 하므로 알짜힘에 의한 효과가 같다.

**바로 알기 >** ㄱ. 일정한 속력으로 원운동을 하는 물체에는 운동 방향에 수직으로 알짜힘이 작용하여 운동 방향이 변한다.

## 05

**바로 알기 >** ㄱ. 실에 매달린 구슬은 운동 방향에 비스듬히 알짜힘이 작용하여 속력과 운동 방향이 모두 변한다.

ㄴ. 구슬에 작용하는 알짜힘의 방향은 운동 방향에 비스듬히 작용하여 속력과 운동 방향이 계속 변한다.

## 06

② 사람이 타고 있는 그네는 운동 방향과 비스듬하게 알짜힘이 작용하여 속력과 운동 방향이 모두 변하는 운동을 한다.

**바로 알기 >** ① 물 위에 떠 있는 배는 알짜힘이 0이므로 힘의 평형을 이루어 정지해 있다.

③ 연직으로 던져 올려진 농구공은 물체의 운동 방향과 반대 방향으로 알짜힘이 작용하여 속력만 느려진다.

④ 지구 주위를 돌고 있는 인공위성은 물체의 운동 방향에 수직으로 알짜힘이 작용하여 운동 방향만 변한다.

⑤ 빗면을 따라 직선으로 내려오는 스키 선수는 물체의 운동 방향과 같은 방향으로 알짜힘이 작용하여 속력만 빨라진다.

## 07

알짜힘이 운동 방향에 나란히 작용할 때는 속력만 변하고, 수직으로 작용할 때는 운동 방향만 변하며, 비스듬히 작용할 때는 속력과 운동 방향이 모두 변한다. 알짜힘이 작용하지 않으면 속력과 운동 방향이 변하지 않는다.

## 08

ㄱ, ㄴ. A는 위쪽으로 책상이 책을 떠받치는 힘, B는 연직 아래 방향으로 책을 당기는 중력이다.

ㄷ. 책상이 책을 떠받치는 힘(A)과 중력(B)의 크기는 같으므로 책은 운동 상태가 변하지 않고 정지해 있다.

## 09

정지해 있는 나무 도막에는 용수철에 의해 탄성력이 A 방향으로 작용하고, 마찰력이 B 방향으로 작용한다. 수평면에 놓여 있는 나무 도막에는 C 방향으로 중력이 작용한다.

## 10

**바로알기 >** ④ 문 멈춤 장치는 문이 닫히려는 힘과 마찰력이 같을 때 두 힘이 평형을 이루어 문을 고정할 수 있다.

## 서술형 문제

부록 48~49쪽

# V 힘의 작용

## 01 모범 답안 >

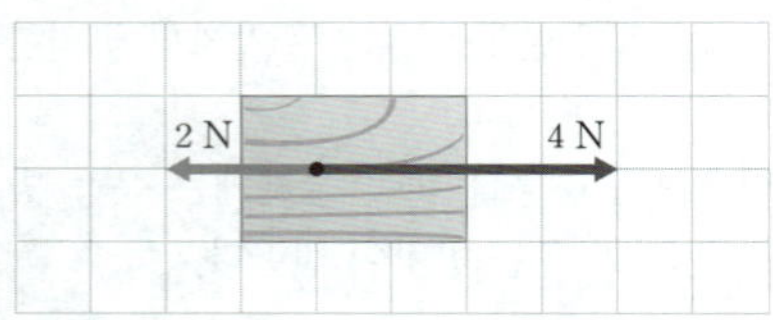


화살표의 길이는 힘의 크기에 비례하고, 화살표의 방향은 힘이 작용하는 방향을 나타낸다. 따라서 같은 지점에서 길이가 그림의 화살표의 $\frac{1}{2}$이고, 왼쪽 방향을 가리키는 화살표로 나타내야 한다.

| 채점 기준 | 배점 |
| --- | --- |
| 화살표를 옳게 나타내고, 그 까닭을 화살표의 길이와 방향과 관련지어 옳게 서술한 경우 | 100 % |
| 화살표만 옳게 나타낸 경우 | 30 % |

## 02

**모범 답안 >** 물체에 작용하는 두 힘의 크기가 같고 방향이 반대이므로 합력은 0이고, 두 힘은 평형을 이룬다. 물체에 작용하는 합력이 0일 때 물체는 운동 상태가 변하지 않는다.

| 채점 기준 | 배점 |
| --- | --- |
| 물체가 정지해 있는 까닭을 두 힘의 평형 및 합력과 관련지어 옳게 서술한 경우 | 100 % |
| 두 힘이 평형을 이룬다고만 서술한 경우 | 50 % |

## 03

**모범 답안 >** 물체에 작용하는 두 힘이 일직선상에 있지 않으므로 물체에 작용하는 두 힘이 평형을 이루지 않는다.

| 채점 기준 | 배점 |
| --- | --- |
| 두 힘이 평형을 이루지 않는 까닭을 두 힘이 일직선상에 있지 않다는 것과 관련지어 옳게 서술한 경우 | 100 % |

## 04

**모범 답안 >** 질량이 있는 추에는 중력이 작용한다. 이때 중력의 방향은 지구 중심 방향이므로 줄에 추를 매달아 놓으면 줄이 지면에 수직인 방향으로 늘어뜨려져 기둥의 수직을 맞출 수 있기 때문이다.

| 채점 기준 | 배점 |
| --- | --- |
| 중력의 방향이 지구 중심 방향이라는 것을 언급하여 옳게 서술한 경우 | 100 % |

## 05

**모범 답안 >** 왼손: 오른쪽 방향, 오른손: 왼쪽 방향, 탄성력은 변형된 물체가 원래 모양으로 되돌아가려는 방향으로 작용하므로, 고무줄이 작용하는 탄성력의 방향은 손이 작용하는 힘의 방향과 반대 방향이다.

| 채점 기준 | 배점 |
| --- | --- |
| 왼손과 오른손에 각각 작용하는 탄성력의 방향과 그렇게 생각한 까닭을 옳게 서술한 경우 | 100 % |
| 왼손과 오른손에 각각 작용하는 탄성력의 방향만 옳게 서술한 경우 | 50 % |

## 06

**모범 답안 >** 마찰력의 크기는 작아진다. 마찰력의 크기는 물체의 무게가 무거울수록 크며, 달에서는 지구에서보다 중력이 작아 나무 도막의 무게가 작아지기 때문이다.

| 채점 기준 | 배점 |
| --- | --- |
| 마찰력의 크기가 어떻게 달라지는지 쓰고, 그렇게 생각한 까닭을 옳게 서술한 경우 | 100 % |
| 마찰력의 크기가 어떻게 달라지는지만 서술한 경우 | 50 % |

## 07

**모범 답안 >** 귤의 껍질을 벗기면 귤의 부피가 작아지므로 물에 넣으면 물에 잠긴 부피가 작아져 부력의 크기가 작아지기 때문이다.

| 채점 기준 | 배점 |
| --- | --- |
| 부피와 부력의 관계를 언급하여 옳게 서술한 경우 | 100 % |
| 부피에 대한 언급 없이 부력의 크기가 작아지기 때문이라고만 서술한 경우 | 50 % |

## 08

**모범 답안 >** 물속의 추에 작용한 힘은 중력과 부력이다. 부력의 크기는 물 밖에서의 무게와 물속에서의 무게의 차와 같으므로 부력의 크기는 20 N이고, 중력의 크기는 추의 무게인 50 N이다. 부력은 위 방향으로 작용하고, 중력은 아래 방향으로 작용한다.

| 채점 기준 | 배점 |
| --- | --- |
| 추에 작용하는 힘이 중력과 부력이라는 것과 중력과 부력의 크기, 방향을 옳게 서술한 경우 | 100 % |
| 중력과 부력의 크기만 옳게 서술한 경우 | 50 % |

## 09

**모범 답안 >** 물체가 받는 부력의 크기는 물체를 물속에 넣었을 때 흘러넘친 물의 무게와 같다. 따라서 물체가 받는 부력의 크기는 $0.2 \times 9.8 = 1.96\,(\mathrm{N})$이다.

| 채점 기준 | 배점 |
| --- | --- |
| 풀이 과정과 답을 옳게 서술한 경우 | 100 % |
| 풀이 과정은 맞지만 계산이 틀린 경우 | 40 % |

## 10

**모범 답안 >** 물체의 운동 방향에 수직으로 알짜힘이 작용하면 물체의 속력은 변하지 않고 운동 방향만 변하는 운동을 한다.

| 채점 기준 | 배점 |
| --- | --- |
| 물체의 운동 상태 변화에 대해 옳게 서술한 경우 | 100 % |

## 11

**모범 답안 >** 다음 주자의 운동 방향과 같은 방향으로 알짜힘이 작용하면 다음 주자의 속력이 더 빨라지기 때문이다.

| 채점 기준 | 배점 |
| --- | --- |
| 이전 주자가 다음 주자를 밀어주는 까닭을 알짜힘과 관련지어 옳게 서술한 경우 | 100 % |

## 12

**모범 답안 >** 물체에 알짜힘이 작용하는가?, 물체의 운동 방향이 변하는가?

| 채점 기준 | 배점 |
| --- | --- |
| 조건을 두 가지 모두 옳게 서술한 경우 | 100 % |
| 조건을 한 가지만 옳게 서술한 경우 | 50 % |

## 13

**모범 답안 >** (가)에서는 사과나무가 사과를 잡아당기는 힘과 중력이 평형을 이루어 사과가 매달려 있지만, (나)에서는 사과나무가 사과를 잡아당기는 힘이 사라지고 중력만 작용하여 사과가 아래로 떨어진다.

| 채점 기준 | 배점 |
| --- | --- |
| (가)와 (나)에서 사과에 작용하는 힘에 대해 모두 옳게 서술한 경우 | 100 % |
| (가) 또는 (나)에서 사과에 작용하는 힘을 하나만 옳게 서술한 경우 | 50 % |

# VI 기체의 성질

## 01 기체의 압력과 부피

**학교 시험 문제**  부록 51~52쪽

01 ⑤  02 ④  03 ①  04 ③  05 ③  06 ④
07 ③  08 ④  09 ①  10 ①  11 ⑤

## 01

①, ③, ④ 압력 $=\dfrac{수직으로\ 작용하는\ 힘}{힘을\ 받는\ 면적}$ 으로 압력의 단위는 Pa, $N/m^2$, $N/cm^2$ 등이 있다.

② 힘이 작용하는 면적을 넓혀 압력을 작게 이용하는 경우에는 설피, 스노보드, 스키 등이 있다.

**바로 알기 >** ⑤ 칼은 힘을 받는 면적을 좁게 하여 압력을 크게 이용하는 경우이다.

## 02

스키는 힘을 받는 면적을 넓게 하여 압력을 작게 한 경우이다.

## 03

ㄱ. 스펀지에 작용하는 압력의 크기는 작용하는 힘이 클수록, 힘이 작용하는 면적이 좁을수록 크다. 따라서 압력의 크기는 면적이 좁은 (가)가 (나)보다 크다.

**바로 알기 >** ㄴ. 스펀지에 작용하는 힘의 크기는 벽돌이 2 개인 (다)가 (나)보다 크다.

ㄷ. (가) 위에 벽돌 1 개를 같은 모습으로 올린다면 (다)와 벽돌의 질량은 같지만 면적이 더 좁아 스펀지를 누르는 압력이 (가)가 (다)보다 크다. 따라서 (가)가 (다)보다 깊게 눌릴 것이다.

## 04

ㄱ. 기체의 압력은 일정한 면적에 기체 입자가 충돌하여 가하는 힘의 크기를 말한다.

ㄷ. 고무풍선의 안쪽 벽은 모든 방향에서 기체 입자들로부터 같은 크기의 압력을 받고 있다.

**바로 알기 >** ㄴ. 기체 입자가 벽면에 충돌하는 횟수가 많을수록 기체의 압력이 커진다.

## 05

일정한 온도에서 기체의 외부 압력을 감소시키면 용기 속 기체의 압력(㉠)이 외부 압력과 같아질(㉡) 때까지 기체의 부피가 증가(㉢)한다.

## 06

④ 피스톤을 누르면 주사기 속 기체의 부피가 작아져 기체 입자의 충돌 횟수가 증가하므로 주사기 속 기체의 압력이 커진다.

**바로 알기 >** ① 주사기 속 내부 기체의 압력은 커진다.

② 주사기 내부에 출입한 기체는 없으므로 기체 입자의 개수는 일정하다.

③ 주사기 내부 기체 입자의 크기는 압력의 변화와 관련이 없다.

⑤ 주사기 내부 기체 입자 사이의 거리는 가까워진다.

## 07

ㄱ, ㄴ. 페트병 안에 구슬은 기체 입자에, 손바닥에 전해지는 힘은 기체의 압력에 비유한 실험이다. 구슬의 개수가 많아지면 구슬의 충돌 횟수(기체 입자의 충돌 횟수)가 증가하기 때문에 손바닥에 느껴지는 압력(기체의 압력)이 커진다.

**바로 알기 >** ㄷ. 구슬의 개수와 구슬이 움직이는 속도는 관계없다.

## 08

① $V \times 2P = (가) \times 4P$이므로 $(가) = \dfrac{V}{2}$이다.

② $V \times 2P = \dfrac{V}{3} \times (나)$이므로 $(나) = 6P$이다.

③ 기체 입자의 충돌 횟수는 부피가 작을수록, 기체의 압력이 클수록 커지므로 $C > B > A$이다.

⑤ 온도가 일정하므로 기체 입자의 운동 속도는 A, B, C 모두 같다.

**바로 알기 >** ④ B가 A보다 부피가 작으므로, 기체 입자의 평균 거리는 B가 A보다 가깝다.

## 09

$P_1 \times V_1 = P_2 \times V_2$이므로 1 기압 $\times$ 20 mL = 4 기압 $\times x$, $x = 5$ mL이다.

## 10

ㄱ. 감압 용기에 기체를 넣는 경우 용기 속 압력이 커져 고무풍선의 크기가 작아진다. 따라서 감압 용기 속 압력이 커진 경우는 (가)이다.

**바로 알기 >** ㄴ. (가)는 감압 용기에 기체를 넣어 기체 입자의 개수가 증가하고, (나)는 감압 용기 속 기체를 빼내 기체 입자의 개수가 감소한다.

ㄷ. (나)는 감압 용기 속 기체를 뺀 경우로, 감압 용기 속 기체 입자의 개수가 감소하여 압력이 작아져 고무풍선의 크기가 커진다. 온도는 일정하므로 기체 입자의 운동은 변하지 않는다.

## 11

에어바운스를 부풀려 놀이 기구로 사용하는 것은 기체의 압력에 따른 부피 변화 현상이다.

**바로 알기 >** ⑤ 따뜻한 음식을 담은 밀폐 용기를 냉장고에 두면 밀폐 용기가 잘 열리지 않는 것은 기체의 온도에 따른 부피 변화 현상이다.

## 02 기체의 온도와 부피

### 학교 시험 문제

부록 54~55쪽

| | | | | | |
|---|---|---|---|---|---|
| 01 ② | 02 ① | 03 ② | 04 ④ | 05 ① | 06 ④ |
| 07 ② | 08 ⑤ | 09 ④ | 10 ⑤ | 11 ② | |

## 01

ㄷ. 압력이 일정할 때 기체의 온도를 낮추면 기체 입자의 충돌 세기는 약해진다.

**바로 알기 >** ㄱ. 온도에 따른 기체의 부피 변화는 기체의 종류와 상관없이 같다.

ㄴ. 압력이 일정할 때, 기체의 온도를 높이면 기체 입자의 운동 속도는 빨라진다.

## 02

ㄱ. 유리컵 속 기체의 온도가 낮아지며 기체의 부피가 작아지므로 고무풍선은 유리컵 쪽으로 빨려 들어간다.

**바로 알기 >** ㄴ. 유리컵 쪽에 찬 바람을 쐬어주면 유리컵 속 기체의 부피가 더 빨리 작아지므로 고무풍선은 유리컵 쪽으로 더 빨리 빨려 들어간다.

ㄷ. 유리컵 속 기체의 온도가 낮아지며 기체 입자의 운동이 둔해지고, 기체의 부피가 작아져 나타나는 현상이다.

## 03

플라스크를 두 손으로 감싸 쥐면 플라스크 내부의 공기의 온도가 높아져 기체 입자 운동이 활발해진다. 입자 운동이 활발해지면 공기의 부피가 커지면서 잉크 방울이 왼쪽으로 움직인다.

## 04

④ 온도가 낮아져 기체 입자의 운동 속도가 느려졌고, 이에 따라 기체 입자가 용기 벽에 충돌하는 횟수가 줄어들었다.

**바로 알기 >** ① 기체의 부피가 작아졌으므로 온도는 낮아졌다.

② 기체의 온도가 낮아졌으므로 운동 속도는 느려졌다.

③ 기체의 부피가 작아졌으므로 기체 입자 사이의 거리는 가까워졌다.

⑤ 실린더에 공기의 유입이 없으므로 기체 입자의 개수는 일정하다.

## 05

ㄱ. 뚜껑이 닫힌 페트병 속 기체의 온도가 낮아지므로 기체의 부피가 작아졌다.

**바로 알기 >** ㄴ. 페트병 속 기체의 온도가 낮아졌으므로, 기체 입자의 운동 속도는 느려졌다.

ㄷ. 페트병 속 기체의 종류는 달라지지 않았으므로 기체 입자의 크기는 일정하다.

## 06

추운 겨울날 실내에 있던 헬륨 풍선을 가지고 밖으로 나가면 풍선 속 기체의 온도가 낮아져 부피가 작아지고 풍선이 쭈그러든다. 이는 샤를 법칙으로 설명할 수 있으며, 압력이 일정할 때 기체의 온도가 낮아질수록 기체의 부피가 작아지므로 답은 ④이다.

## 07

ㄷ. 압력이 일정할 때, 기체의 온도가 높아지면 기체 입자의 운동 속도가 빨라져 기체 입자 1 개가 용기 벽면에 충돌할 때 가하는 힘의 세기가 커진다. 따라서 기체 입자 1 개가 용기 벽면에 충돌할 때 가하는 힘의 세기는 기체의 온도가 낮은 A가 B보다 약하다.

**바로 알기 >** ㄱ. 밀폐된 용기 속에 있는 기체 입자의 개수는 일정하다.

ㄴ. 기체 입자 사이의 거리는 온도가 높고, 부피가 큰 B가 A보다 멀다.

## 08

ㄱ. 인형 속 기체 입자 사이가 멀어지는 것은 기체 입자의 온도가 높아질 때이다. 따라서 뜨거운 물에 넣은 (가)와 뜨거운 물을 붓는 (다)에서 기체 입자 사이의 거리가 멀어진다.

ㄴ. (나)에서 인형을 찬물에 넣었으므로, 인형 속 기체의 온도는 낮아져 기체 입자의 운동은 둔해진다.

ㄷ. 추운 겨울날 밖에 둔 자전거의 바퀴 속 기체는 온도가 낮아져 부피가 작아지므로 바퀴가 찌그러진다. 이는 기체의 온도에 따른 부피 변화 현상으로, 오줌싸개 인형과 같은 샤를 법칙으로 설명할 수 있다.

## 09

일정한 압력에서 기체의 온도가 높아질수록 기체의 부피도 일정한 비율로 커진다. 기체의 온도가 5 ℃씩 높아질 동안 기체의 부피는 2.2 mL 커졌으므로, 온도가 30 ℃일 때 기체의 부피는 11.8 mL이다.

## 10

ㄱ. 물의 온도가 21 ℃ 높아질수록 주사기 속 공기의 부피는 5 mL씩 커진다. 이는 압력이 일정할 때, 온도가 높아질수록 기체의 부피는 일정한 비율로 커진다는 샤를 법칙을 만족한다.

ㄴ. 물의 온도가 높아질수록 기체 입자의 운동이 활발해진다.

ㄷ. 물의 온도가 63 ℃일 때보다 42 ℃ 높아져 105 ℃가 되면 주사기 속 공기의 부피는 10 mL 커지므로 90 mL가 된다.

## 11

**바로 알기** > ② 하늘로 올라간 풍선이 터지는 것은 보일 법칙으로 설명할 수 있는 현상이다.

### 서술형 문제

> 부록 56~57쪽

## Ⅵ 기체의 성질

## 01

**모범 답안** > 뾰족한 부분의 손가락이 더 아프다. 연필의 양 끝부분을 같은 힘으로 눌렀을 때 뾰족한 부분이 뭉툭한 부분보다 힘을 받는 면적이 좁아 압력이 더 크게 작용하기 때문이다.

| 채점 기준 | 배점 |
| --- | --- |
| 아픈 부분과 까닭을 모두 옳게 서술한 경우 | 100 % |
| 아픈 부분만 서술한 경우 | 30 % |

## 02

**모범 답안** > (가), 삼각 플라스크를 따뜻한 물에 넣으면 고무풍선 속 기체의 온도가 높아져 기체 입자의 운동이 활발해지므로 고무풍선 속 기체의 부피가 커져 풍선이 부풀어 오른다.

| 채점 기준 | 배점 |
| --- | --- |
| 풍선을 알맞게 고르고, 그 까닭을 옳게 서술한 경우 | 100 % |
| 따뜻한 물에 넣은 풍선만 고른 경우 | 30 % |

## 03

**모범 답안** > A에서 B로 변하는 동안 기체의 부피는 작아지고, 압력은 커졌다. 따라서 기체 입자 사이의 거리는 가까워지고, 기체 입자가 충돌하는 횟수는 많아진다.

| 채점 기준 | 배점 |
| --- | --- |
| 기체의 부피와 압력 변화와 기체 입자의 운동을 모두 옳게 서술한 경우 | 100 % |
| 기체의 부피와 압력 변화만을 옳게 서술한 경우 | 30 % |

## 04

(1) **모범 답안** > 주사기의 피스톤 부분을 손으로 쥐게 되면 체온에 의해 주사기 속 기체의 온도가 높아져 기체의 부피가 커질 수 있기 때문이다.

| 채점 기준 | 배점 |
| --- | --- |
| 기체의 온도와 관련지어 옳게 서술한 경우 | 100 % |
| 다른 까닭을 들어 서술한 경우 | 40 % |

(2) **모범 답안** > 피스톤을 누르는 동안 기체 입자가 주사기 안쪽 벽면에 충돌하는 횟수가 많아져 기체의 압력이 커진다. 압력이 커질수록 부피는 작아진다.

| 채점 기준 | 배점 |
| --- | --- |
| 키워드를 포함하여 옳게 서술한 경우 | 100 % |
| 압력과 부피 관계만 옳게 서술한 경우 | 40 % |

## 05

**모범 답안** > 종이 팩에 든 음료를 모두 마신 뒤 공기를 더 빨아들이면 종이 팩에 든 기체 입자의 개수가 줄어 기체 입자가 종이 팩 벽면에 충돌하는 횟수가 줄어든다. 따라서 종이 팩 속 기체의 압력이 작아져 종이 팩이 찌그러진다.

| 채점 기준 | 배점 |
| --- | --- |
| 키워드를 모두 포함하여 옳게 서술한 경우 | 100 % |
| 다른 까닭을 들어 서술한 경우 | 50 % |

## 06

**모범 답안** > 범퍼카의 아래쪽에는 기체가 들어 있는 튜브인 범퍼가 존재한다. 범퍼카끼리 충돌할 때 튜브 속 기체의 압력이 커지고 기체의 부피가 작아지면서 충격을 흡수하므로 범퍼카가 부서지지 않는다.

| 채점 기준 | 배점 |
| --- | --- |
| 기체의 압력과 부피 변화와 관련지어 옳게 서술한 경우 | 100 % |
| 다른 까닭을 들어 서술한 경우 | 30 % |

## 07

**모범 답안** > 피스톤을 누르면 주사기 속 기체의 압력이 커진다. 따라서 고무풍선 속 기체에 가해지는 압력 또한 커지므로 고무풍선의 크기는 작아진다.

| 채점 기준 | 배점 |
| --- | --- |
| 키워드를 모두 포함하여 옳게 서술한 경우 | 100 % |
| 기체에 가해지는 압력으로만 서술한 경우 | 30 % |

## 08

**모범답안 >** 하늘로 날아 올라가다가 공중에서 터진다. 높은 곳은 지상보다 대기압이 작기 때문에 풍선의 부피가 계속 커지다가 터져버리게 된다.

| 채점 기준 | 배점 |
| --- | --- |
| 풍선이 터진다는 것과 까닭을 모두 옳게 서술한 경우 | 100 % |
| 풍선이 터진다고만 쓴 경우 | 30 % |

## 09

**모범답안 >** 온도를 높인다. 기체의 온도가 높아지면 기체 입자의 운동 속도가 빨라진다. 그 결과 기체 입자가 실린더에 충돌하는 횟수가 증가하므로 기체의 압력이 커지고 외부 압력과 같아질 때까지 부피가 커진다.

| 채점 기준 | 배점 |
| --- | --- |
| 온도를 높인 것과 그 까닭을 모두 옳게 서술한 경우 | 100 % |
| 온도를 높인다고만 쓴 경우 | 30 % |

## 10

**모범답안 >** 탁구공이 펴진다. 찌그러진 탁구공을 뜨거운 물에 넣으면 기체의 온도가 높아지고 탁구공 내부 기체의 운동이 활발해지면서 부피가 커지므로 탁구공의 찌그러진 부분이 펴진다.

| 채점 기준 | 배점 |
| --- | --- |
| 탁구공이 펴지는 것과 기체의 온도 변화와 부피 변화를 연관지어 옳게 서술한 경우 | 100 % |
| 탁구공이 펴진다고만 쓴 경우 | 30 % |

## 11

**모범답안 >** 양초를 유리컵으로 덮으면 양초의 불이 꺼진다. 초가 타면서 컵 안 공기의 압력이 컵 밖의 대기압보다 작아져 컵 밖에서 물을 누르는 압력이 상대적으로 더 커진다. 이 때문에 페트리 접시의 물이 컵 안으로 밀려 들어가며, 물에 손을 넣지 않고 동전을 꺼낼 수 있다.

| 채점 기준 | 배점 |
| --- | --- |
| 키워드를 모두 포함하여 옳게 서술한 경우 | 100 % |
| 컵 안 공기의 압력이 작아지는 것만 포함하여 서술한 경우 | 30 % |

# VII 태양계

## 01 태양계의 구성



01 ④　　02 ①　　03 ②　　04 ⑤　　05 ④　　06 ③
07 ③, ⑤　08 ③　　09 ③　　10 ①　　11 ③, ④　12 ③

## 01

소행성은 태양을 중심으로 공전하며 크기가 다양하고 모양이 불규칙한 천체로, 주로 화성과 목성 궤도 사이에서 띠를 이루어 분포한다.

## 02

(가)는 행성, (나)는 위성이다.
ㄱ. 행성(가)은 태양을 중심으로 공전하는 모양이 둥근 천체로, 궤도 주변의 다른 천체에게 지배적인 역할을 한다.
**바로알기 >** ㄴ. 위성(나)은 스스로 빛을 내지 못한다. 태양계 천체 중 스스로 빛을 내는 천체는 태양뿐이다.
ㄷ. 행성은 태양을 중심으로 공전하며, 위성은 행성을 중심으로 공전한다.

## 03

A는 (질량과 반지름이 작은) 지구형 행성, B는 (질량과 반지름이 큰) 목성형 행성이다.
ㄷ. 목성형 행성(B)은 표면에 단단한 부분이 없고 기체로 이루어져 있다.
**바로알기 >** ㄱ. 목성형 행성(B)은 고리가 있다. 고리가 없는 것은 지구형 행성(A)이다.
ㄴ. 목성형 행성(B)은 위성 수가 많다. 위성이 없거나 그 수가 적은 것은 지구형 행성(A)이다.

## 04

수성, 금성, 지구, 화성은 지구형 행성에 속하고, 목성, 토성, 천왕성, 해왕성은 목성형 행성에 속한다.

## 05

(가)는 금성, (나)는 해왕성, (다)는 천왕성, (라)는 화성이다.
금성(가)은 이산화 탄소로 이루어진 두꺼운 대기가 있다.
해왕성(나)은 대기의 소용돌이로 인해 표면에 대흑점이 나타난다.
천왕성(다)은 자전축이 공전 궤도면과 거의 나란하다.
화성(라)의 극지방에는 얼음과 드라이아이스로 이루어진 흰색의 극관이 있다. 이 극관은 크기가 여름에는 작아지고, 겨울에는 커진다.

## 06

(가)는 수성, (나)는 화성이다.
ㄱ. 수성(가)은 태양계 행성 중 태양에 가장 가까이 있으며, 크기가 가장 작다.
ㄴ. 화성(나)은 과거에 물이 흘렀던 흔적이 있다.
**바로알기 >** ㄷ. 수성(가)은 위성이 없고, 화성(나)은 2 개의 위성(포보스와 데이모스)이 있다.

## 07

A는 흑점, B는 쌀알 무늬이다.

①, ② 흑점(A)은 모양과 크기가 다양하며, 그 수가 약 11 년을 주기로 증감한다.

④ 쌀알 무늬(B)는 태양 내부에서 일어나는 대류 현상에 의해 생긴다.

**바로 알기>** ③ 흑점(A)과 쌀알 무늬(B)는 태양의 표면인 광구에 나타나므로 태양의 광구가 완전히 가려지는 개기일식 때는 관측할 수 없다.

⑤ 쌀알 무늬(B)에서 고온의 물질이 상승하는 곳은 밝고 표면에서 냉각된 물질이 하강하는 곳은 어둡다.

## 08

ㄱ, ㄷ. 흑점의 위치가 시간에 따라 변하는 모습을 통해 태양이 자전하고 있음을 알 수 있다.

**바로 알기>** ㄴ. 지구에서 흑점을 관측하면 동쪽에서 서쪽으로 이동한다.

## 09

(가)는 흑점, (나)는 홍염, (다)는 코로나이다.

ㄱ. 흑점(가)는 크기와 모양이 다양하다.

ㄴ. 홍염(나)은 태양 표면에서 물질이 솟아오르는 현상이다.

**바로 알기>** ㄷ. 태양의 표면인 광구에서 볼 수 있는 현상은 흑점(가)이다.

## 10

(가)는 쌀알 무늬, (나)는 채층, (다)는 플레어이다.

① 쌀알 무늬(가)는 광구에서 쌀알을 뿌려 놓은 것처럼 보이는 무늬이다.

**바로 알기>** ② 주변보다 온도가 약 2000 ℃ 낮아 어둡게 보이는 것은 흑점에 대한 설명이다.

③ 태양 활동이 활발해지면 플레어(다)의 발생 빈도가 증가한다.

④ 개기일식이 일어나면 태양의 대기인 채층(나)은 관측할 수 있지만, 태양의 표면에서 나타나는 쌀알 무늬(가)는 관측할 수 없다.

⑤ 태양 내부에서 일어나는 대류 현상에 의해 광구에 나타나는 것은 쌀알 무늬(가)에 대한 설명이다.

## 11

③ 태양의 활동이 활발할 때 자기 폭풍에 의해 지구의 송전 시설이 파괴되기도 한다.

④ 태양의 활동이 활발할 때 지구에서는 오로라가 더 넓은 지역에서 자주 일어나게 된다.

**바로 알기>** ①, ② 코로나의 크기가 커지고, 표면의 흑점 수가 증가하는 것은 태양의 활동이 활발할 때 태양에서 나타나는 현상이다.

⑤ 지구에서는 태양풍에 의해 전파 신호 방해를 받아 무선 전파 통신 장애(델린저 현상)가 일어난다.

## 12

A는 대물렌즈, B는 경통, C는 보조 망원경, D는 접안렌즈, E는 균형추이다.

③ 보조 망원경(C)은 배율이 낮아 시야가 넓으므로, 관측 대상을 쉽게 찾을 수 있다.

**바로 알기>** ① A는 대물렌즈로, 천체에서 오는 빛을 모은다.

② B는 경통으로, 대물렌즈와 접안렌즈를 연결한다.

④ D는 접안렌즈로, 천체의 상을 확대하는 역할을 한다. 경통을 지지하고 회전시키는 역할을 하는 가대는 경통과 삼각대를 연결하는 곳이다.

⑤ E는 균형추로, 망원경의 균형을 잡아주는 역할을 한다.

# 02 지구의 운동



## 01

태양은 지구의 자전(㉠)에 의해 매일 동 → 서(㉡) 방향으로 이동한다. 이러한 겉보기 운동을 태양의 일주 운동(㉢)이라고 한다.

## 02

지구의 자전(ㄱ), 지구의 공전(ㄴ), 태양의 연주 운동(ㄹ) 방향은 모두 서 → 동이다.

**바로 알기>** 별의 일주 운동(ㄷ), 태양의 일주 운동(ㅁ) 방향은 동 → 서이다.

## 03

A는 남쪽 하늘, B는 동쪽 하늘, C는 북쪽 하늘, D는 서쪽 하늘이다.

ㄱ. 북쪽 하늘(C)에서 별은 북극성을 중심으로 일주 운동하므로 별 P는 북극성이다.

**바로 알기>** ㄴ. (나)는 동쪽 하늘(B)을 관측한 모습이다.

ㄷ. 별은 하루에 한 바퀴 일주 운동하므로 동쪽 하늘(B)의 별은 24 시간 후 다시 동쪽 하늘(B)에서 관측될 것이다.

## 04

ㄴ. 우리나라의 북쪽 하늘에서는 별이 북극성을 중심으로 일주 운동한다.

ㄷ. 북쪽 하늘의 별은 한 시간에 15°씩 회전하므로 $\theta$는 15°이다.

**바로 알기>** ㄱ. 우리나라에서 관측한 북쪽 하늘의 별은 시계 반대 방향으로 회전한다.

## 05

북쪽 하늘에서는 별이 북극성을 중심으로 한 시간에 15°씩 시계 반대 방향으로 회전하므로, 카시오페이아자리가 B에 위치할 때의 관측 시각은 A 위치로부터 4 시간 전인 밤 12 시이다.

## 06

(가)는 별이 지평선과 거의 평행하게 이동하는 남쪽 하늘을 관측한 모습이며, (나)는 별이 오른쪽 아래로 비스듬히 지는 서쪽 하늘을 관측한 모습이다.

## 07

① 지구는 태양을 중심으로 서쪽에서 동쪽으로 공전한다.

③ 태양의 연주 운동 방향은 서 → 동으로 지구의 공전 방향과 같다.

④ 지구의 공전에 의한 겉보기 운동인 별의 연주 운동은 하루에 약 1°씩 이동하므로 지구의 공전 속도와 같다.

⑤ 지구가 태양을 중심으로 공전하면서 지구에서 보이는 태양의 위치가 달라지므로 계절마다 보이는 별자리가 달라진다.

**바로알기** ② 지구는 태양을 중심으로 1 년에 360°를 회전하므로 하루에 약 1°씩 이동한다.

## 08

별은 태양을 기준으로 동 → 서로 연주 운동하므로 (가) → (다) → (나) 순으로 관측하였다.

## 09

ㄱ. 태양은 별자리 사이를 이동하여 1 년 후 처음 위치로 되돌아오는 것처럼 보이므로 하루에 약 1°씩 연주 운동한다.

ㄴ. 별자리를 기준으로 태양이 서 → 동으로 이동하므로 태양의 연주 운동을 관측한 것이다.

ㄷ. 태양을 기준으로 별의 연주 운동을 관측한다면 태양과 반대 방향인 동 → 서로 이동할 것이다.

## 10

ㄱ. 태양이 지나는 별자리는 태양과 같은 방향에 있는 별자리이므로 양자리이다.

ㄴ. 지구는 태양을 중심으로 1 년에 한 바퀴 서 → 동으로 공전하여 처음의 위치로 되돌아온다.

**바로알기** ㄷ. 6 개월 후에 지구에서 태양을 보았을 때 태양은 천칭자리를 지나므로 한밤중에 남쪽 하늘에서는 반대 방향에 위치한 양자리가 관측된다.

## 11

2 월에 태양은 염소자리를 지나므로 한밤중에 남쪽 하늘에서는 태양의 반대편에 위치하여 6 개월 차이가 나는 게자리가 관측된다. 3 개월 후인 5 월에 태양은 양자리를 지난다.

## 12

별은 지구 공전에 의해 하루에 약 1°씩 동 → 서로 연주 운동한다. 3 개월 후 같은 시각에 관측되는 별자리는 약 90°만큼 동 → 서로 이동하므로 남쪽 하늘에서 처녀자리가 관측된다.

## 03 달의 운동

**학교 시험 문제**  부록 65~66쪽

| 01 ④ | 02 ② | 03 ④ | 04 ⑤ | 05 ③ | 06 ② |
| 07 ④ | 08 ② | 09 ④ | 10 ③ | 11 ① | 12 ④ |

## 01

(가)는 보름달, (나)는 삭, (다)는 하현달이다.

## 02

② B에서는 앞면 전체가 밝게 보이는 보름달로 보인다.

**바로알기** ① A에서는 오른쪽 절반이 밝게 보이는 상현달로 보인다.

③ C에서는 왼쪽 절반이 밝게 보이는 하현달로 보인다.

④ D에서는 왼쪽 일부가 밝게 보이는 그믐달로 보인다.

⑤ E에서는 달이 보이지 않는다.

## 03

초승달은 삭과 상현 사이에 위치한 F에서의 위상이며, 음력 2~3 일경에 관측된다.

## 04

ㄱ. 달이 서쪽에서 동쪽으로 공전하면서 같은 시각에 관측한 달의 위치가 서쪽에서 동쪽으로 조금씩 이동하였다.

ㄴ. 그믐달은 음력 27~28 일경 관측되므로 이 기간 동안 관측되지 않았다.

ㄷ. 음력 15 일경에는 달이 태양의 반대 방향에 있어 앞면 전체가 밝게 보이는 보름달로 보인다.

## 05

(가)는 하현달, (나)는 보름달, (다)는 상현달이다.

ㄷ. 하현달(가)과 상현달(다)은 모두 달과 태양이 지구를 중심으로 직각을 이룰 때의 위상이다.

**바로알기** ㄱ. 상현달(다)은 음력 7~8 일경, 보름달(나)은 음력 15 일경, 하현달(가)은 음력 22~23 일경의 위상이므로 약 7 일 간격으로 관측한 모습이다.

ㄴ. 삭 이후 달은 상현달(다) → 보름달(나) → 하현달(가) 순으로 관측되었다.

## 06

ㄷ. 달은 지구를 중심으로 약 한 달에 한 바퀴 공전하므로 약 한 달 후 같은 위치에서 같은 모양의 달이 관측된다.

**바로알기** ㄱ. 오른쪽 일부가 밝게 보이는 초승달의 모습이다.

ㄴ. 초승달은 달이 삭의 위치에 있어 지구에서 달이 보이지 않을 때로부터 1~2 일 후의 위상이다.

## 07

달이 A에 위치할 때를 망이라고 하며, 이때 월식이 일어날 수 있다.

## 08

① A 지역은 달이 태양의 전체를 가리는 지역으로 개기일식이 관측된다.

③ 달이 C 위치에 있을 때는 달의 일부가 지구의 그림자에 가려지는 부분월식이 관측된다.

④ 달이 D 위치에 있을 때는 달 전체가 지구의 그림자에 완전히 가려져 붉게 보이는 개기월식이 관측된다.

⑤ 달이 E 위치에 있을 때는 월식이 관측되지 않는다.

**바로알기** ② B 지역에서는 달이 태양의 일부를 가려 부분일식이 관측된다.

## 09

ㄴ. 일식은 달이 지구를 중심으로 공전하기 때문에 나타나는 현상이다.

ㄷ. 개기일식이 일어날 때 달이 태양의 광구를 완전히 가리므로 태양의 대기를 관측할 수 있다.

**바로 알기** ㄱ. 일식은 태양—달—지구 순으로 일직선상에 위치할 때 일어난다.

## 10

ㄱ. 달은 지구를 중심으로 서 → 동으로 공전하므로 B → A 방향으로 이동한다.

ㄷ. 월식은 지구의 그림자에 달이 가려져 나타나는 현상이므로, 밤이 되는 모든 지역에서 부분월식(나)을 관측할 수 있다.

**바로 알기** ㄴ. (나)는 달의 왼쪽이 지구의 그림자에 가려졌으므로, 월식이 시작되는 B에 달이 위치할 때 관측한 부분월식의 모습이다.

## 11

ㄱ. (가)는 달이 태양의 일부를 가리는 부분일식의 모습이다.

**바로 알기** ㄴ. (나)는 달의 일부만 지구의 그림자에 가려지는 부분월식의 모습이다.

ㄷ. 달은 일식(가)이 일어날 때는 삭, 월식(나)이 일어날 때는 보름달의 위상을 보인다.

## 12

월식은 달이 서 → 동으로 공전하여 지구의 그림자 속으로 들어가므로, 달의 왼쪽(동쪽)부터 가려지기 시작하여 왼쪽(동쪽)부터 빠져나오는 (나) → (다) → (가) 순으로 진행된다.

---

## 서술형 문제

부록 67쪽

## Ⅶ 태양계

### 01

**모범 답안** (가): 소행성, (나): 위성 / 소행성(가)은 태양을 중심으로 공전하지만 위성(나)은 행성을 중심으로 공전한다.

| 채점 기준 | 배점 |
| --- | --- |
| (가)와 (나)를 옳게 쓰고, 물리적인 특징을 옳게 서술한 경우 | 100 % |
| (가)와 (나)를 옳게 쓰기만 한 경우 | 30 % |

### 02

(1) **모범 답안** (가)와 (다) 집단, (나)와 (라) 집단 / 토성(가)과 천왕성(다)은 반지름과 질량이 크고, 고리가 있다. 화성(나)과 금성(라)은 반지름과 질량이 작고, 고리가 없다.

| 채점 기준 | 배점 |
| --- | --- |
| 두 집단으로 옳게 나누고, 물리적인 특징을 비교하여 옳게 서술한 경우 | 100 % |
| 두 집단으로 옳게 나누기만 한 경우 | 30 % |

(2) **모범 답안** (나)와 (라) 집단, (가)와 (다) 집단은 목성형 행성으로 표면이 기체로 이루어져 있어 행성의 표면에 우주 탐사선을 착륙시킬 수 없지만, (나)와 (라) 집단은 지구형 행성으로 표면이 고체로 이루어져 있어 행성의 표면에 우주 탐사선을 착륙시키기에 적합하다.

| 채점 기준 | 배점 |
| --- | --- |
| 집단을 옳게 고르고, 그 까닭을 행성 표면과 관련지어 옳게 서술한 경우 | 100 % |
| 집단을 옳게 고르기만 한 경우 | 30 % |

### 03

**모범 답안** 표면이 붉게 보인다. 과거에 물이 흘렀던 흔적이 있다. 극지방에 얼음과 드라이아이스로 이루어진 흰색의 극관이 있다. 등

| 채점 기준 | 배점 |
| --- | --- |
| 화성의 특징을 두 가지 이상 모두 옳게 서술한 경우 | 100 % |
| 화성의 특징을 한 가지만 옳게 서술한 경우 | 50 % |

### 04

**모범 답안** 흑점, 지구 자기장이 태양풍에 의해 일시적으로 불규칙하게 변하는 자기 폭풍이 발생한다. 오로라가 더 넓은 지역에서 더 자주 일어난다. 전파 신호가 방해를 받아 무선 전파 통신 장애가 발생한다. 태양풍에 의해 송전 시설이 파괴되어 대규모 정전이 나타난다. 등

| 채점 기준 | 배점 |
| --- | --- |
| A의 명칭을 쓰고, A의 증가로 인해 지구에 나타나는 현상을 두 가지 이상 옳게 서술한 경우 | 100 % |
| A의 명칭을 쓰고, A의 증가로 인해 지구에 나타나는 현상을 한 가지만 옳게 서술한 경우 | 60 % |
| A의 명칭만 쓴 경우 | 30 % |

### 05

**모범 답안** 보조 망원경은 배율이 낮아 시야가 넓어 관측하려는 천체를 쉽게 찾을 수 있다. 천체를 찾으면 천체의 상을 확대하여 자세하게 관측하기 위해 배율이 높은 접안렌즈로 관측한다.

| 채점 기준 | 배점 |
| --- | --- |
| 보조 망원경은 배율이 낮아 시야가 넓다는 것과 배율이 높은 접안렌즈로 상을 확대하여 자세하게 관측한다는 내용을 모두 옳게 서술한 경우 | 100 % |
| 배율이 낮아 시야가 넓어 천체를 찾기 쉽다는 내용만 옳게 서술한 경우 | 60 % |

### 06

**모범 답안** 별의 일주 운동, 지구의 자전 때문에 나타나는 현상이다.

| 채점 기준 | 배점 |
| --- | --- |
| 별의 일주 운동을 쓰고, 지구의 자전 때문에 나타나는 현상임을 포함하여 옳게 서술한 경우 | 100 % |
| 별의 일주 운동만 옳게 쓴 경우 | 40 % |

### 07

**모범 답안** 별의 연주 운동, 지구의 공전 때문에 나타나는 현상이다.

| 채점 기준 | 배점 |
| --- | --- |
| 별의 연주 운동을 쓰고, 지구의 공전 때문에 나타나는 현상임을 옳게 서술한 경우 | 100 % |
| 별의 연주 운동만 옳게 쓴 경우 | 40 % |

## 08

**모범 답안 >** 쌍둥이자리, 지구가 공전하여 태양이 보이는 위치가 달라지기 때문이다.

| 채점 기준 | 배점 |
|---|---|
| 별자리와 별자리가 변하는 까닭을 옳게 서술한 경우 | 100 % |
| 별자리만 옳게 서술한 경우 | 20 % |

## 09

**모범 답안 >** 해가 진 직후 저녁 6 시경. 달의 위상이 보름달일 때 태양—지구—달 순으로 일직선을 이루므로 태양과 달은 서로 반대 방향에 위치한다. 따라서 동쪽 하늘에서 보름달이 뜰 때 서쪽 하늘로 태양이 지므로, 해가 진 직후 저녁 6 시경에 관측한 모습이다.

| 채점 기준 | 배점 |
|---|---|
| 관측 시간을 옳게 쓰고, 그 까닭을 달의 위상과 상대적인 위치 관계로 옳게 서술한 경우 | 100 % |
| 관측한 시간 옳게 쓴 경우 | 20 % |

## 10

**모범 답안 >** E, B, 일식은 달이 삭의 위치에 있을 때 일어나고, 월식은 달이 망의 위치에 있을 때 일어난다. 따라서 일식이 일어날 때보다 월식이 일어날 때 태양과 달 사이의 거리가 더 멀다.

| 채점 기준 | 배점 |
|---|---|
| 일식과 월식이 일어나는 달의 위치와 태양과 달 사이의 거리를 옳게 비교하여 서술한 경우 | 100 % |
| 일식과 월식이 일어나는 달의 위치만 옳게 서술한 경우 | 30 % |

## 11

**모범 답안 >** 달은 지구를 중심으로 서쪽에서 동쪽으로 공전하여 지구의 그림자 속으로 들어감에 따라 달의 왼쪽(동쪽)부터 가려지고 왼쪽부터 빠져나오기 때문에 그림은 달이 지구의 그림자에서 빠져나오고 있는 모습이다.

| 채점 기준 | 배점 |
|---|---|
| 달의 공전 방향과 관련지어 옳게 서술한 경우 | 100 % |

## 12

**모범 답안 >** 개기일식은 지구에서 달의 그림자가 생기는 지역에서만 관측할 수 있어 관측 가능 지역이 좁지만, 개기월식은 지구에서 밤이 되는 모든 지역에서 관측할 수 있으므로 관측 가능 지역이 넓다.

| 채점 기준 | 배점 |
|---|---|
| 일식과 월식의 관측 가능 지역을 비교하여 옳게 서술한 경우 | 100 % |

백신 정답과 해설

중학 과학 1.2

메가스터디BOOKS

내용 문의 02-6984-6915 | 구입 문의 02-6984-6868,9 | www.megastudybooks.com

넥신
중학 과학 1.2
너만바
너의 만점을 위한 바람
메가스터디 BOOKS

100점
장풍쌤의 과학 백점 맞는 비법 수록!
백신
중학 과학 1.2

너만바
너의 만점을 위한 바람

# 너만바  힘의 표현과 평형

## 1. 힘의 표현

┌ '변화'의 원인!

1) 과학에서의 힘($F$): 물체의 **모양**이나 **운동 상태**를 변하게 하는 원인

    * 과학에서의 힘 X: 모양이나 운동 상태 변화 X, 물질의 상태나 성질 변화

        예 힘내, 얼음 → 물, 못 녹슬음

2) 힘의 효과

    ① **모양**의 변화  예 찰흙 누르기, 알루미늄 캔 세게 쥐기

    ② **운동 상태**의 변화: 속력, 방향 변화  예 창문 밀기, 야구공 던지기

    ③ **모양 + 운동 상태**의 동시 변화  예 축구공 발로 차기, 야구공 방망이로 치기

3) 힘의 단위: N(뉴턴)

4) 힘의 3요소: 힘의 작용점, 힘의 방향, 힘의 크기



물리 Tip!!

1) 용어에 대한 정의 check!

2) 단위 check!

3) '공식' 암기와 이해 동시! check!

## 2. 힘의 평형

1) 합력(알짜힘): 동시에 작용하는 여러 힘의 합
   물체에 작용하는 모든 힘의 합력!

2) 나란하게 작용하는 두 힘의 합력

| 구분 | 같은 방향으로 작용하는 두 힘 | 반대 방향으로 작용하는 두 힘 |
|---|---|---|
| 크기 | 두 힘의 합 더해~ | 두 힘의 차 큰 힘 − 작은 힘 |
| 방향 | 두 힘의 방향 | 큰 힘의 방향 |
| 합력 | 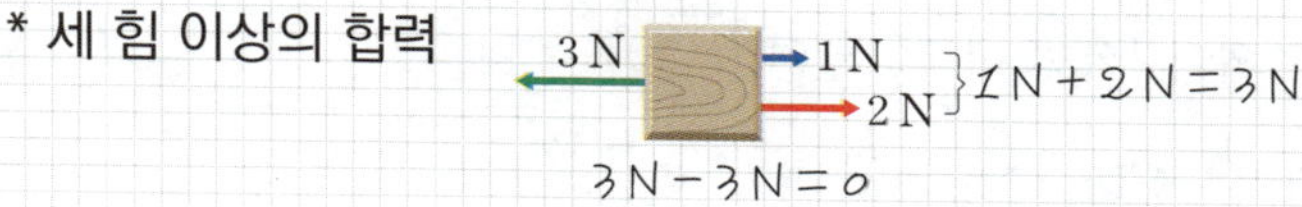<br>50 N<br>100 N<br>50 N  100 N<br>합력<br>50 N + 100 N = 150 N<br>• 크기: 50N + 100N = 150N<br>• 방향: 오른쪽 | 50 N  100 N<br>100 N<br>50 N<br>합력<br>100 N − 50 N = 50 N<br>• 크기: 100N − 50N = 50N<br>• 방향: 오른쪽 |

* 세 힘 이상의 합력

3) 힘의 평형: 알짜힘 0 ⇒ 물체의 운동 상태 변화 X
   정지해 있던 물체는 계속 정지! 움직이던 물체는 일정한 속력과 방향으로 운동!



4) 두 힘의 평형 조건: 같은 크기의 두 힘, 서로 반대 방향, 일직선상

   * 두 힘이 일직선상에서 작용하지 않을 때

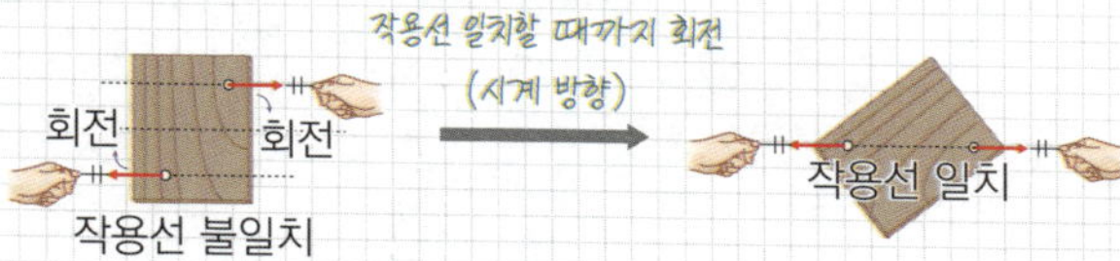

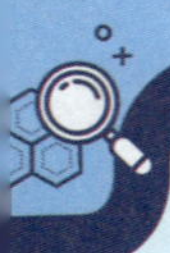

# 너만바 　중력

**1. 중력** 지구가 물체를 끌어당기는 힘 — 공중에 떠 있는 물체에도 중력 작용

**1) 방향:** 지구 중심 방향(= 연직 방향)

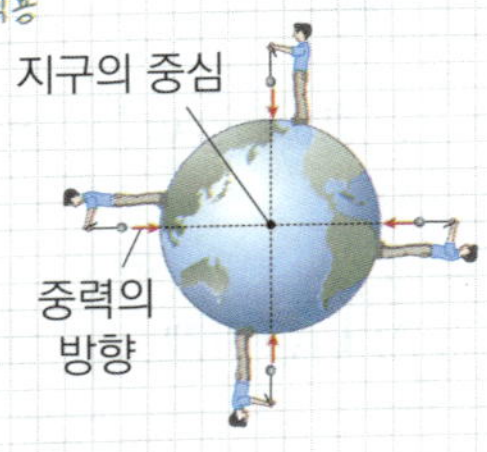



**2) 크기**

① 질량이 클수록 중력↑

② 지구~물체 거리 가까울수록 중력↑
　　　　물체와 지구 사이 거리의 제곱에 반비례

③ 장소에 따라 다름 ⇒ 달에서의 중력 = 지구에서의 중력 $\times \dfrac{1}{6}$

**3) 중력에 의한 현상과 이용**

① 날아가는 화살: 아래로 떨어짐

② 고드름: 아래로 자람

③ 목걸이, 머리카락: 아래로 떨어짐

④ 눈, 비, 우박: 하늘에서 아래로 떨어짐

⑤ 번지점프, 스카이다이빙: 아래로 떨어짐

⑥ 수직추: 아래를 향함 — 기둥, 벽의 수직 확인

고드름

비

번지점프

스카이다이빙

수직추

## 2. 무게와 질량

| 구분 | 무게 | 질량 |
| --- | --- | --- |
| 정의 | 물체에 작용하는 중력의 크기 | 물체의 고유한 양 |
| 단위 | N | g, kg |
| 측정 기구 | 용수철저울, 가정용 저울 | 양팔저울, 윗접시저울 |
| 특징 | 측정 장소에 따라 중력의 크기 달라짐<br>⇒ 무게 변함 | 측정 장소에 따라 질량이 변하지 않음 |
| 질량과 무게의 관계 | • 질량이 1 kg인 물체에 작용하는 지구 중력의 크기 = 9.8 N<br>• 무게는 질량에 비례 ⇒ 무게 = 9.8 × 질량<br>지구에서의 중력 가속도 상수 | |

## 3. 지구와 달에서의 질량과 무게

| 구분 | 지구 | 달 – 무중력 상태 X |
| --- | --- | --- |
| 질량 | 60 kg | 60 kg |
| 무게 | 질량 × 9.8 = 588 N | 98 N |

달에서의 무게 = 지구에서의 무게 × $\frac{1}{6}$

# 너만바 탄성력

**1. 탄성력** 힘을 받아 변형된 물체가 원래 모양으로 되돌아가려는 힘

1) 탄성: 원래 모양으로 되돌아가려는 성질

2) 방향과 크기

① 방향: 힘의 방향과 **반대** 방향

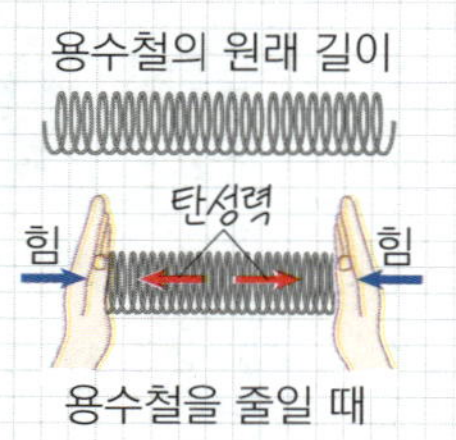


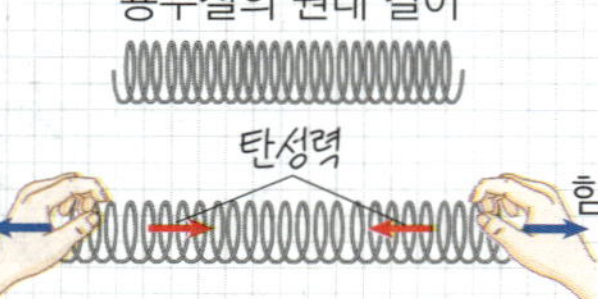


② 크기: 탄성력의 크기 = 탄성체에 작용한 힘의 크기

탄성을 가진 물체

⇒ 늘어나거나 줄어든 길이에 비례   변형↑ ⇒ 탄성력↑

3) 이용

① 생활용품: 빨래집게, 침대, 머리끈, 용수철저울, 컴퓨터 자판

② 장난감: 고무동력기, 새총

③ 운동 기구: 트램펄린, 완력기, 양궁, 장대높이뛰기, 번지점프

④ 교통수단: 자동차 타이어, 자전거 안장

빨래집게

침대

컴퓨터 자판

고무 동력기

새총

트램펄린

완력기

양궁

장대높이뛰기

번지점프

자동차 타이어

자전거 안장

* 탄성력과 중력

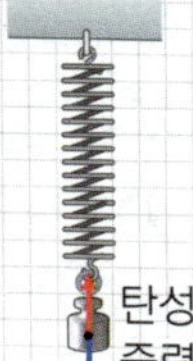


① 탄성력의 크기 = 물체에 작용하는 중력의 크기

② 탄성력의 방향: 중력과 <u>반대</u> 방향

4) 용수철을 이용한 무게의 측정: 추의 무게 ∝ 용수철이 늘어나는 길이

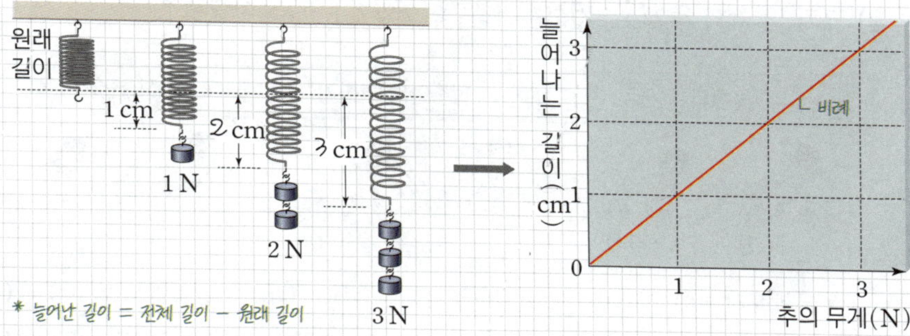


* 늘어난 길이 = 전체 길이 − 원래 길이

⇒ 용수철이 늘어나는 길이 ∝ 탄성력의 크기

* 추의 무게가 5 N일 때

→ $1\,N : 1\,cm = 5\,N : X$   ∴ $X = 5\,cm$

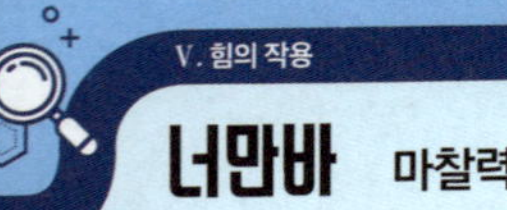

# 너만바  마찰력

## 1. 마찰력  두 물체의 접촉면 → 운동을 방해하는 힘

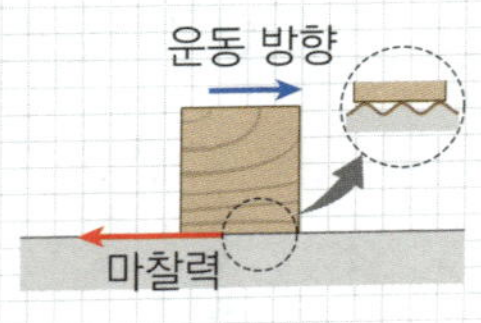
접촉면과 마찰력


### 1) 방향: 운동을 방해하는 방향 (반대)

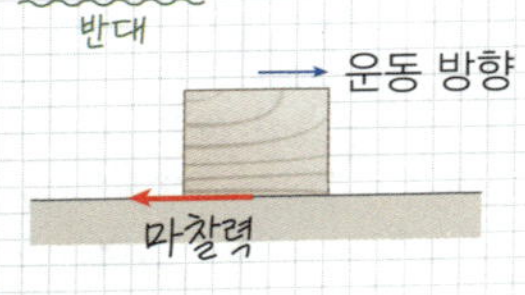


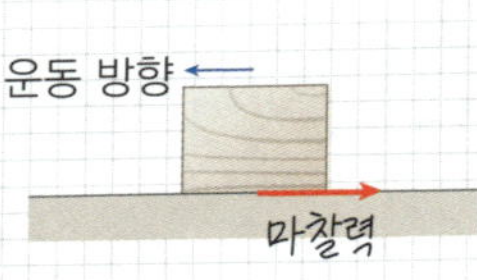


### 2) 크기: 물체의 무게↑, 접촉면 거칠수록(거칠기↑) ⇒ 마찰력↑

접촉면의 넓이와 상관 ×

| 물체의 무게 | 접촉면의 거칠기 | 접촉면의 넓이 |
| --- | --- | --- |
| (가)　(나) | (다)　(라) | (마)　(바) |
| • 물체 무게: (가) > (나)  <br> • 마찰력 크기: (가) > (나) | • 접촉면 거칠기: (다) > (라)  <br> • 마찰력 크기: (다) > (라) | • 접촉면 넓이: (마) < (바)  <br> • 마찰력 크기: (마) = (바) |

* 정지해 있는 물체에 작용하는 마찰력의 크기

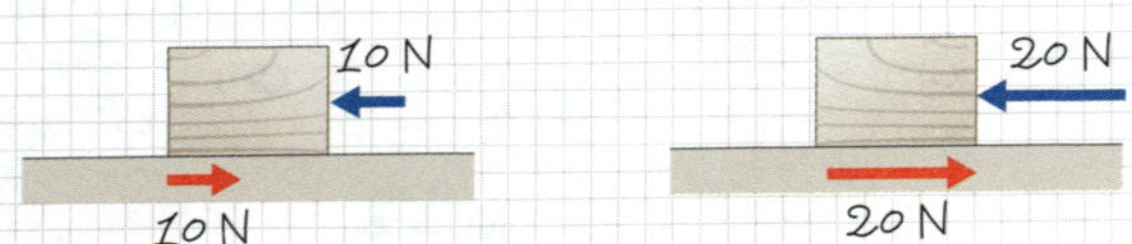

## 3) 빗면에서의 마찰력

| 기울기가 완만할 때 | 기울기가 급할 때 |
| --- | --- |
| 미끄러지려는 힘 = 마찰력<br>⇒ 미끄러지지 않음 | 미끄러지려는 힘 > 마찰력<br>⇒ 미끄러짐 |

## 4) 이용

① 마찰력↓ : 창문이나 서랍의 바퀴, 수영장 미끄럼틀의 물, 얼음 위 스케이트,

자전거 체인 윤활유, 눈 위 스키나 스노보드

② 마찰력↑ : 자동차 바퀴 체인, 투수 손에 백색 가루, 등산화 바닥,

계단 끝 미끄럼 방지 테이프, 고무장갑 손바닥이 울퉁불퉁

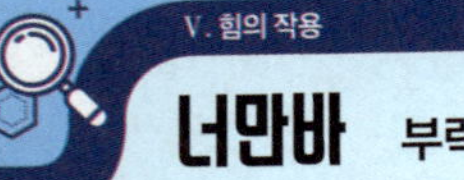

## 너만바 부력

### 1. 부력 기체, 액체 → 물체를 위로 밀어 올리는 힘

**1) 방향과 크기**

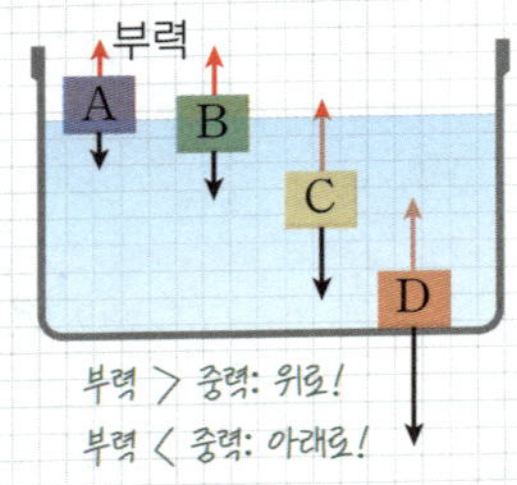


① 방향: 중력과 반대 방향

② 크기

ⅰ) 물체가 잠긴 부피에 비례

ⅱ) 밀어낸 기체 또는 액체의 무게에 비례

| 물에 잠긴 물체의 부피가 다를 때 | | 물에 잠긴 물체의 무게가 다를 때 | |
|---|---|---|---|
| 1 N | 1 N | 고무공 🟡 1 N | 쇠구슬 ⚫ 2 N |
| (가) | (나) | (다) | (라) |
| • 물체의 무게: (가) = (나) | | • 물체의 무게: (다) < (라) | |
| • 물에 잠긴 물체의 부피: (가) < (나) | | • 물에 잠긴 물체의 부피: (다) = (라) | |
| • 부력의 크기: (가) < (나) | | • 부력의 크기: (다) = (라) | |

**2) 크기 측정** 중력의 크기: 물 밖 = 물속 ⇒ 부력에 의해 용수철저울의 눈금 감소

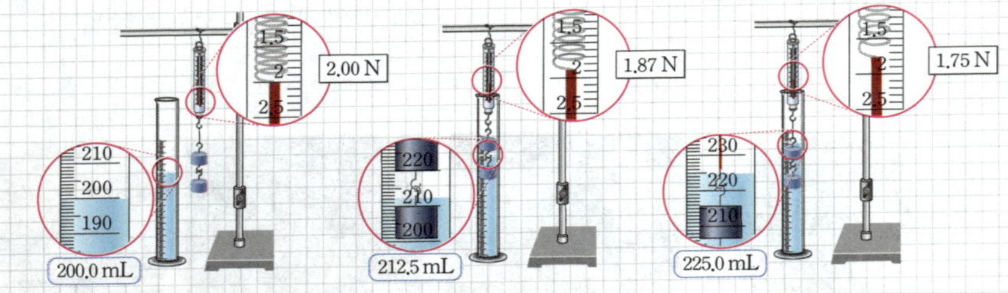


① 부력의 크기 = 물 밖에서 물체의 무게 − 물속에서 물체의 무게

## 3) 이용

### ① 기체 속

ⅰ) 비행선 → 내부에 공기보다 가벼운 헬륨

ⅱ) 풍등, 열기구 → 내부에 불을 피움

비행선이 떠 있다.

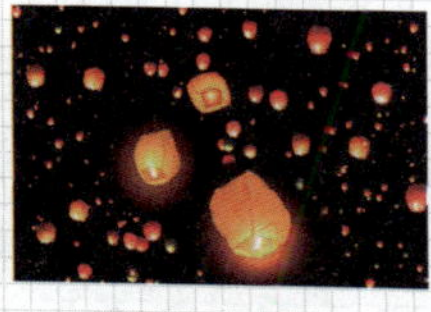
풍등이 떠오른다.

열기구가 떠오른다.

### ② 액체 속

ⅰ) 구명조끼, 튜브

ⅱ) 물건을 가득 실은 화물선 → 물의 부력에 의해 뜸

ⅲ) 잠수함 내부 공기의 양 조절 *물고기의 부레!*

ⅳ) 바다에 떠 있는 부표

ⅴ) 해녀의 테왁

구명조끼를 착용하여
물 위에 뜬다.

무거운 배가
물 위에 뜬다.

잠수함이
떠오른다.

부표가 바다
위에 떠 있다.

# 너만바  힘의 작용과 운동 상태 변화(1)

## 1. 알짜힘과 물체의 운동

1) 알짜힘이 0인 경우: 운동 상태 변하지 X  물체에 힘 작용 X, 물체에 작용하는 힘 평형

   * 일정한 운동 상태를 유지하는 운동: 컨베이어 벨트, 무빙워크, 에스컬레이터

2) 알짜힘이 0이 아닌 경우: 운동 상태 변함

| 알짜힘의 방향과<br>운동 방향이 같음 | 알짜힘의 방향과<br>운동 방향이 반대 | 알짜힘의 방향과<br>운동 방향이 수직 | 알짜힘의 방향과<br>운동 방향이 비스듬 |
| --- | --- | --- | --- |
| 속력 증가 | 속력 감소 | 운동 방향만 변함 | 속력과 운동 방향<br>모두 변함 |

## 2. 속력만 변하는 운동

1) 알짜힘의 방향 = 운동 방향 → 속력만 증가

   예  사과나무에서 떨어지는 사과, 빗면을 내려오는 스키 선수,
   낙하하는 자이로 드롭, 짚라인

   운동 방향은
   변하지 X

2) 알짜힘의 방향과 운동 방향 반대 → 속력만 감소

   예  연직으로 던져 올린 공, 잔디 위에서 굴러가는 골프공, 제동 장치를 작동한 자동차

## 3. 운동 방향만 변하는 운동

1) 알짜힘의 방향 ⊥ 운동 방향

① 일정한 속력으로 원을 그리는 운동

② 알짜힘의 방향: 원의 중심 방향

③ 속력: 변하지 않음

④ 운동 방향: 원의 접선 방향 → 계속 변함

예 대관람차, 회전목마, 인공위성 등

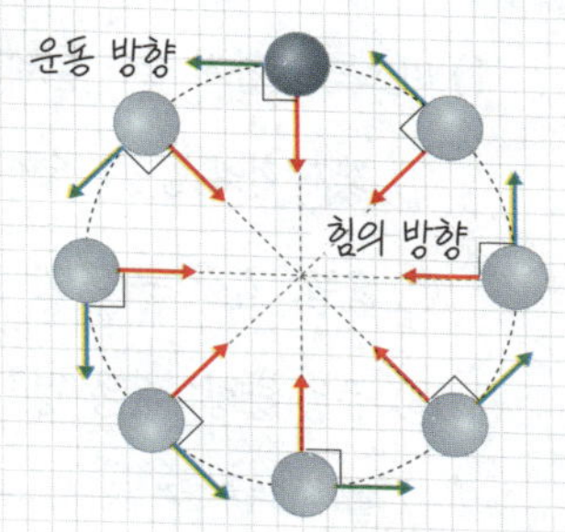


* 줄에 매달려 원운동하는 물체의 줄을 놓았을 때

: 원의 중심 방향으로 알짜힘 작용 ✕

⇒ 놓았을 때 위치에서 운동 방향으로 날아감

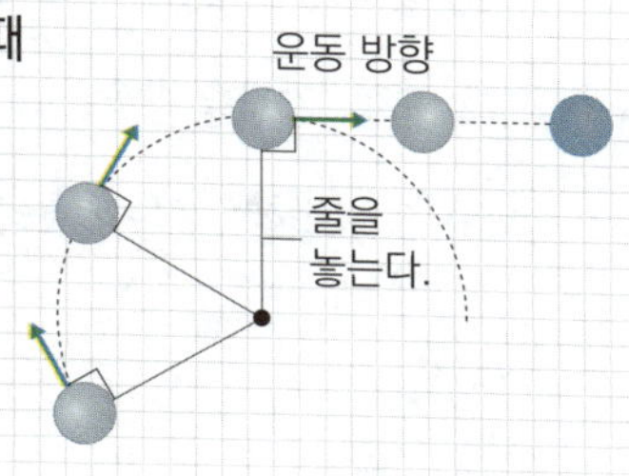

## 너만바  힘의 작용과 운동 상태 변화(2)

### 1. 속력과 운동 방향이 모두 변하는 운동  물체의 운동 방향과 알짜힘의 방향이 비스듬할 때

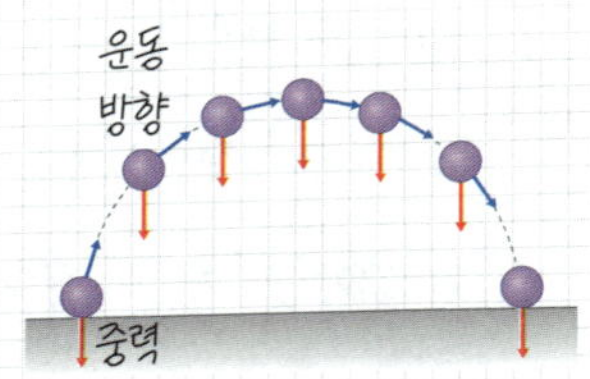


1) 비스듬히 던져 올린 물체의 운동

① 알짜힘의 방향: 중력 방향

② 속력: 감소 → 증가

③ 운동 방향: 운동 경로의 접선 방향

　예 비스듬히 던져 올린 공, 날아가는 화살, 스케이트보드를 타고 점프할 때, 발로 찬 축구공

2) 같은 경로를 왕복하는 운동

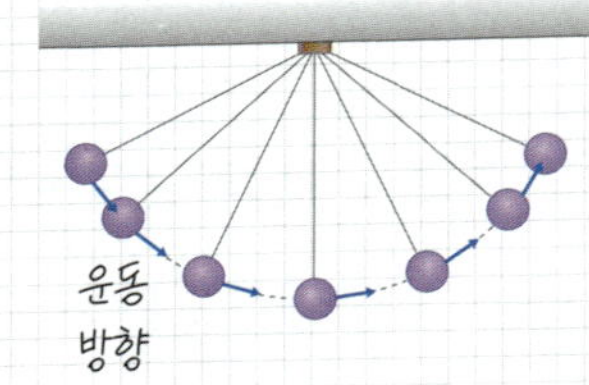


① 알짜힘의 방향: 계속 변함

② 속력: 증감을 반복

③ 운동 방향: 운동 경로의 접선 방향

　예 그네, 바이킹, 시계추

### 2. 일상생활에서의 힘의 작용

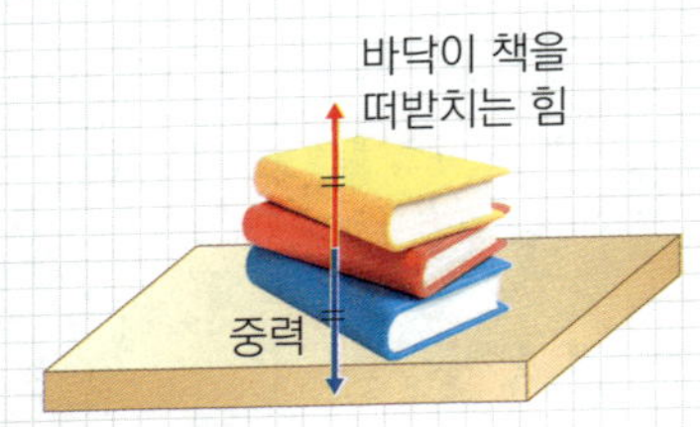


1) 바닥에 놓인 물체에 작용하는 힘

① 바닥이 물체를 떠받치는 힘 = 중력

　두 힘의 방향은 반대, 크기는 같음 → 알짜힘 0

## 2) 평형을 이루고 있는 여러 가지 힘

| 문 멈춤 장치 | 수직추 | 물 위에 떠 있는 인형 |
|---|---|---|
| 닫히려는 힘 = 마찰력 | 실이 추를 당기는 힘 = 중력 | 부력 = 중력 |

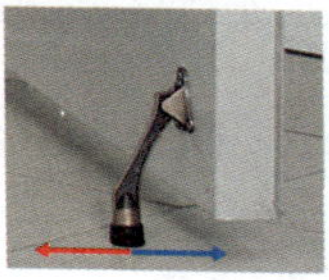

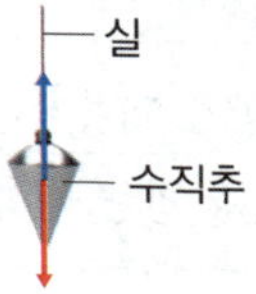

*수직추 그림 라벨: 실, 수직추*

* 엘리베이터에 작용하는 힘

- 엘리베이터가 정지해 있을 때: 알짜힘 $=$ 0

- 엘리베이터가 일정한 속력으로 올라갈 때: 알짜힘 $=$ 0

- 엘리베이터가 점점 빨라질 때: 알짜힘 $\neq$ 0

- 엘리베이터가 점점 느려질 때: 알짜힘 $\neq$ 0

## 3. 일상생활에서 힘의 특징을 이용한 기구나 장치

1) 미끄럼 방지 양말: 양말 바닥의 고무 → 마찰력↑

2) 가정용 저울: 저울 내부의 용수철 → 탄성력과 중력 이용

3) 모래시계: 모래에 작용하는 중력 & 좁은 틈 사이의 마찰력

4) 수중 카메라: 부력이 큰 물체로 감쌈 → 다루기 쉬움

5) 컴퓨터 자판: 자판 아래의 용수철 → 눌렀다 떼면 원래대로 돌아옴

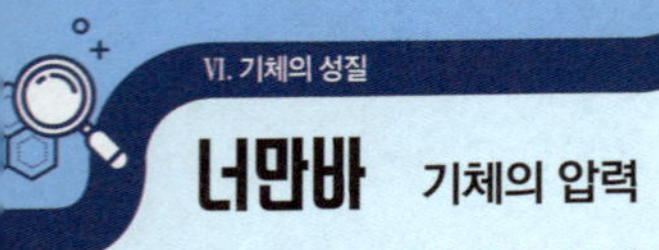

## 너만바  기체의 압력

## 1. 압력

1) 압력: 일정한 면적에 작용하는 힘

$$압력 = \frac{수직으로\ 작용하는\ 힘}{힘을\ 받는\ 면적}\ (단위: N/cm^2,\ N/m^2,\ Pa\ 등)$$

2) 크기: 작용하는 힘이 클수록, 힘이 작용하는 면적이 좁을수록 압력↑
   (비례)                              (반비례)

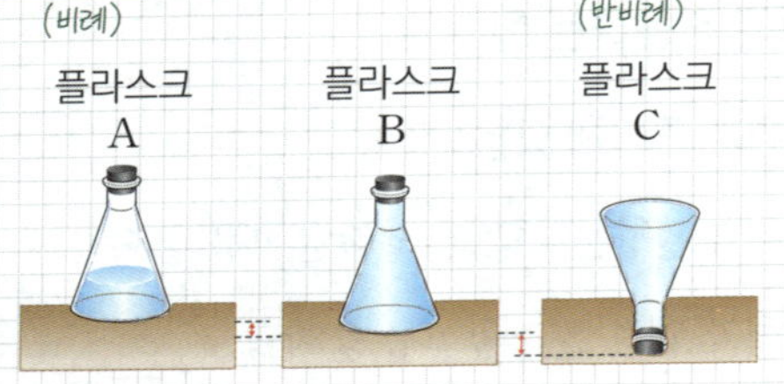


| 힘이 작용하는 면적이 같음(A와 B) | 작용하는 힘의 크기가 같음(B와 C) |
|---|---|
| • 작용하는 힘의 크기: A < B | • 힘이 작용하는 면적: B > C |
| • 스펀지가 눌리는 정도: A < B | • 스펀지가 눌리는 정도: B < C |
| ⇨ 압력의 크기(스펀지가 눌리는 정도): A < B < C ||

## 3) 압력을 이용하는 예

① 압력을 크게 이용하는 경우 – 힘을 받는 면적이 좁음

ⅰ) 바늘이나 못, 스케이트 날이 날카로움

ⅱ) 주삿바늘이 뾰족함

ⅲ) 빨대의 뾰족한 부분을 이용

ⅳ) 눈이 얼어있는 산을 오를 때 아이젠을 착용

아이젠

② 압력을 작게 이용하는 경우 – 힘을 받는 면적이 넓음

ⅰ) 자동차 타이어 수를 많게 함

ⅱ) 탄산음료 병 밑바닥을 <u>꽃잎 모양으로</u> 제작 – 표면적을 넓혀서 병 속 압력을 분산시킴

ⅲ) 스키나 설피의 밑면을 넓게 함

ⅳ) 얼음 위를 걸을 때보다 기어갈 때 깨질 위험 ↓

탄산음료 병 밑바닥의 꽃잎 모양

설피

## 너만바 기체의 압력

## 2. 기체의 압력

1) 기체의 압력(기압): 일정한 면적에 기체 입자가 충돌하여 가하는 힘

2) 방향과 크기: 모든 방향으로 같은 크기만큼 작용

3) 요인: 일정 면적에 기체 입자가 충돌하는 횟수가 많을수록 기체의 압력↑

① 탄산음료가 든 페트병의 뚜껑을 열었다가 닫음

: 페트병 속 기체 입자의 개수↓ → 기체의 압력↓, 누르기 쉬움

뚜껑을 열지 않은 페트병　　뚜껑을 열었다가 닫은 페트병

② 고무풍선이 둥글게 부풀어 오름

: 고무풍선 속 기체 입자의 개수↑ → 기체의 압력↑, 모든 방향으로 작용

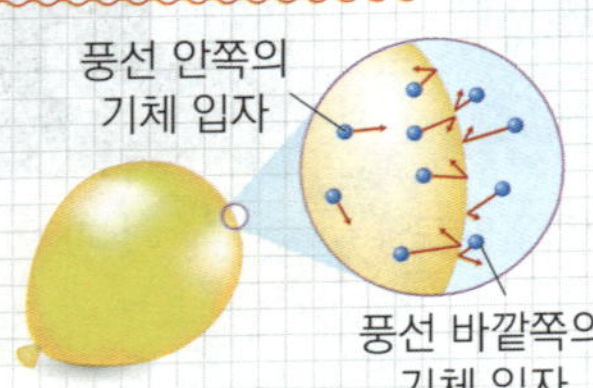


고무풍선 속 기체의 압력

〈쇠구슬을 이용한 기체의 압력 실험〉

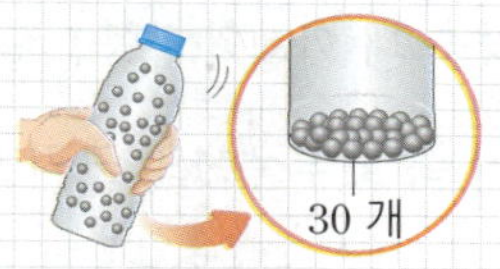


쇠구슬이 15 개 들어 있는 페트병    쇠구슬이 30 개 들어 있는 페트병

- 쇠구슬: 기체 입자
- 쇠구슬이 페트병의 벽면에 충돌하여 손에 느껴지는 힘: 기체의 압력
- 페트병을 같은 빠르기로 흔들 때 쇠구슬이 페트병의 벽면에 충돌하여 손에 느껴지는 힘의 크기

  : 쇠구슬이 15 개 들어 있는 페트병 〈 쇠구슬이 30 개 들어 있는 페트병

  ⇒ 쇠구슬(기체 입자)이 충돌하는 횟수 ∝ 기체의 압력

4) 기체의 압력을 이용한 예: 포장용 에어 캡, 압축 공기, 혈압계, 흡착판, 구조용 안전 매트, 자동차 구조용 에어 잭 등

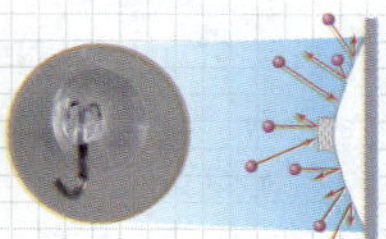

압축 공기        흡착판        구조용 안전 매트        자동차 구조용 에어 잭

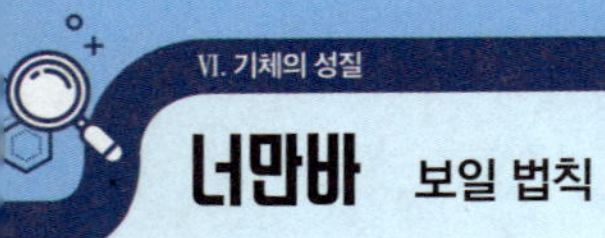

# 너만바  보일 법칙

## 1. 기체의 압력과 부피

: 온도가 일정할 때 기체의 압력↑ → 기체의 부피↓

### 1) 감압 용기 속 고무풍선의 크기 변화

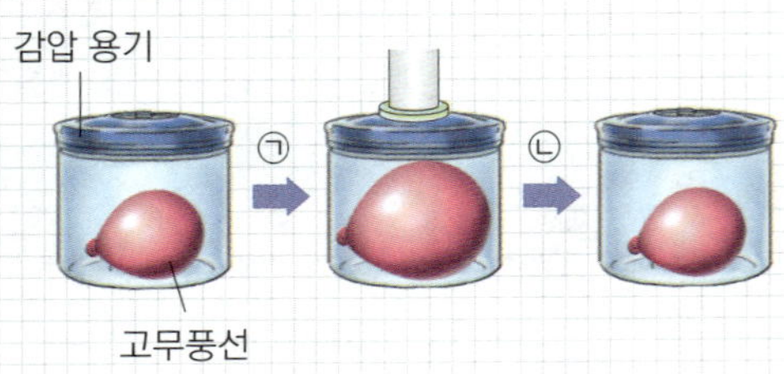


| ㉠ 공기를 빼내는 경우 | 구분 | ㉡ 공기를 넣는 경우 |
|---|---|---|
| 감소 | (1) 감압 용기 속 기체 입자의 개수 | 증가 |
| 감소 | (2) 감압 용기 속 기체 입자 충돌 횟수 | 증가 |
| 감소 | (3) 감압 용기 속 기체의 압력 | 증가 |
| 증가 | (4) 고무풍선 속 기체의 부피 | 감소 |
| 감소 | (5) 고무풍선 속 기체 입자 충돌 횟수 | 증가 |
| 감소 | (6) 고무풍선 속 기체의 압력 | 증가 |

### 2) 입구를 막은 주사기를 누를 때 고무풍선의 크기 변화

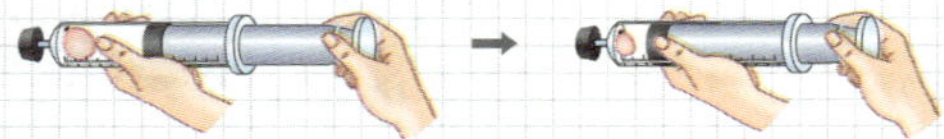

: 주사기 속 기체의 부피↓ → 주사기 속 기체 입자의 충돌 횟수↑ → 주사기 속

기체의 압력↑ → 고무풍선의 크기↓ → 고무풍선 속 기체의 압력↑

## 2. 보일 법칙

1) 온도가 일정할 때,

   일정량의 기체의 압력($P$)과 부피($V$)는 반비례

2) 기체의 압력($P$) × 부피($V$) = 일정

$$V = \frac{1}{P} \implies P \times V = k(일정) \implies P_1 \times V_1 = P_2 \times V_2$$

($P_1$＝처음 압력, $V_1$＝처음 부피, $P_2$＝나중 압력, $V_2$＝나중 부피)

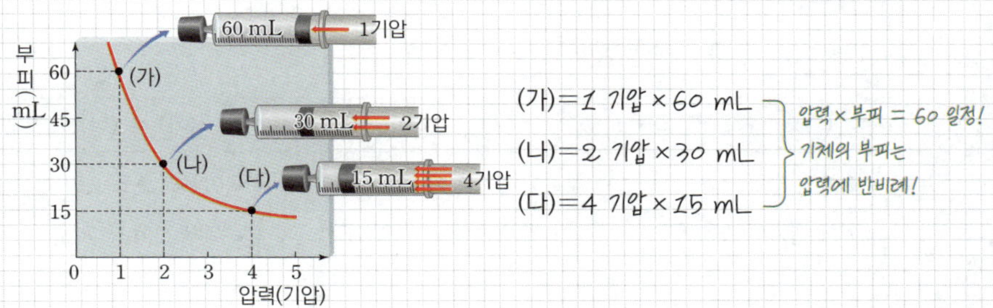


* 외부 압력과 내부 압력

- 외부 압력(A): 기체에 작용하는 압력(＝ 대기압＋추가 누르는 압력)

- 내부 압력(B): 용기 속 기체의 압력

- 피스톤이 움직이지 않을 때 압력의 크기

  : A ＝ B(＝ 대기압 + 추가 누르는 압력)

- 피스톤이 움직일 때

  : A와 B가 같아질 때까지 실린더 안 기체의 부피 변화

## 너만바  보일 법칙

### 3) 보일 법칙과 기체 입자 온도(온도 일정)

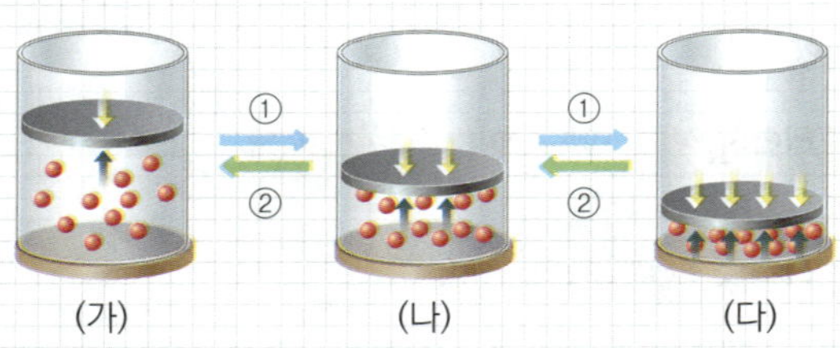


① 외부 압력이 커질 때: 기체의 **부피↓** → 기체 입자 사이의 거리 **가까워짐**
　　　　　　　　　　　　└ 기체의 압력과 내부 압력이 같아질 때까지!

　　→ 기체 입자의 **충돌 횟수↑** → 기체의 **압력↑**

② 외부 압력이 작아질 때: 기체의 **부피↑** → 기체 입자 사이의 거리 **멀어짐**
　　　　　　　　　　　　└ 기체의 압력과 내부 압력이 같아질 때까지!

　　→ 기체 입자의 **충돌 횟수↓** → 기체의 **압력↓**

| (가) < (나) < (다) | (가) > (나) > (다) | (가) = (나) = (다) |
|---|---|---|
| • 기체의 압력<br>• 기체 입자의 충돌 횟수 | • 기체의 부피<br>• 기체 입자 사이의 거리 | • 기체의 온도<br>• 기체 입자의 개수<br>• 기체 입자의 운동 속도 |

## 4) 보일 법칙으로 설명할 수 있는 현상

① 타이어에 연결된 공기 펌프를 누르면 타이어가 팽팽해짐 – 펌프 내부 부피↓, 압력↑
⇒ 공기 이동

② 잠수부가 물속에서 내뿜은 공기 방울이 수면 위로 올라갈수록 커짐 – 수압↓

③ 높은 산 정상에 오르면 과자 봉지가 부풀어 오름 – 대기압↓

④ 산 정상에서 닫은 빈 페트병을 산 아래로 가져오면 찌그러짐 – 대기압↑

⑤ 하늘로 날아간 풍선이 공중에서 터짐 – 대기압↓

⑥ 운동화에 공기주머니가 든 밑창을 사용 – 누를 때마다 압력↑, 부피↓ ⇒ 충격 감소

⑦ 기체 저장 용기에 많은 양의 기체 보관 – 압력↑

⑧ 에어바운스를 부풀려 놀이 기구로 사용 – 누를 때마다 압력↑, 부피↓ ⇒ 충격 감소

기체 저장 용기

에어바운스

# 너만바 기체의 온도와 부피

## 1. 기체의 온도와 부피

1) 압력이 일정할 때, 기체의 온도↑ → 기체의 부피↑

2) 오줌싸개 인형의 원리

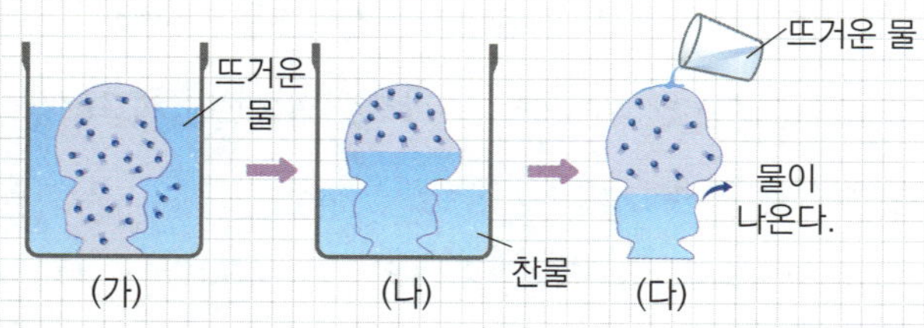


① 인형을 뜨거운 물에 넣음

  : 인형 속 기체의 온도↑ → 부피↑ → 인형 속 공기가 밖으로 빠져나옴

② 인형을 차가운 물에 넣음

  : 인형 속 기체의 온도↓ → 부피↓ → 물이 인형 속으로 들어감

③ 인형을 꺼내 뜨거운 물을 부음

  : 인형 속 기체의 온도↑ → 부피↑ → 인형의 구멍으로 물이 빠져나옴

## 2. 샤를 법칙

1) 압력이 일정할 때,

    온도가 높아지면 기체의 부피는 일정한 비율로 커짐

2) 기체의 부피가 변하는 정도는 기체의 종류와 관계 X

3) 샤를 법칙과 기체 입자 운동

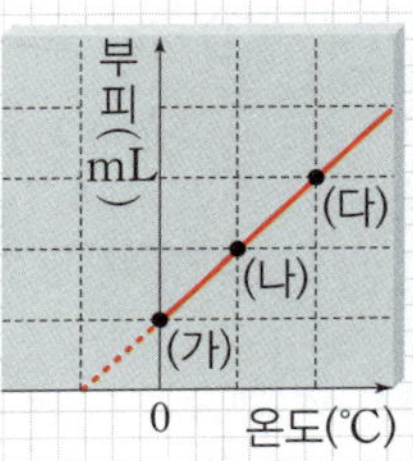


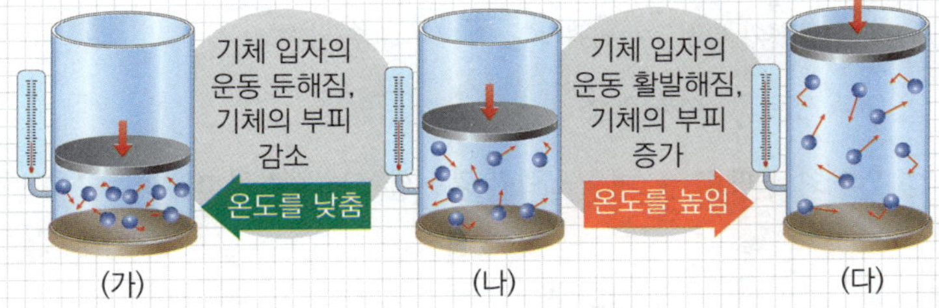


① 온도를 낮출 때: 기체 입자의 운동 둔해짐 → 기체 입자의 충돌 세기 ↓

    → 용기 속 기체의 압력↓ → 기체의 부피↓ – 외부 압력과 기체 압력이 같아질 때까지!

② 온도를 높일 때: 기체 입자의 운동 활발해짐 → 기체 입자의 충돌 세기 ↑

    → 용기 속 기체의 압력↑ → 기체의 부피↑ – 외부 압력과 기체 압력이 같아질 때까지!

| (가) = (나) = (다) | (가) < (나) < (다) |
|---|---|
| • 기체 입자의 개수<br>• 기체 입자의 크기<br>• 기체 입자의 질량 | • 기체의 부피<br>• 기체의 온도<br>• 기체 입자 사이의 거리<br>• 기체 입자의 운동 속도<br>• 기체 입자의 충돌 횟수 및 충돌 세기 |

## 너만바   기체의 온도와 부피

* 둥근바닥 플라스크를 손으로 감쌌을 때 잉크 방울의 이동

① 플라스크 속 기체의 온도↑ → 기체 입자의 운동 활발

② 기체 입자 사이의 거리 멀어짐 → 기체의 부피↑

③ 잉크 방울 오른쪽으로 이동

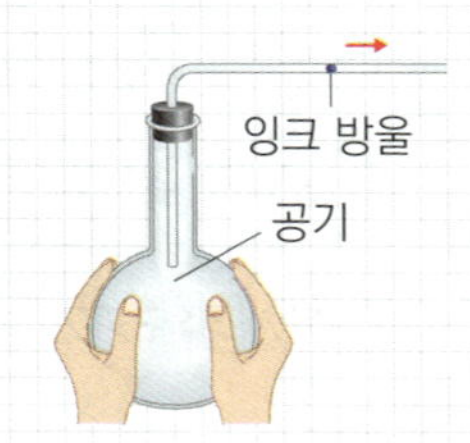


* 온도가 높아질 때 내부 압력 변화

① 외부 압력이 일정, 기체의 온도↑ → 내부 압력↑

② 내부 압력 > 외부 압력

③ 기체의 부피↑ ⇒ 내부 압력이 외부 압력과 같아질 때까지 부피 변화

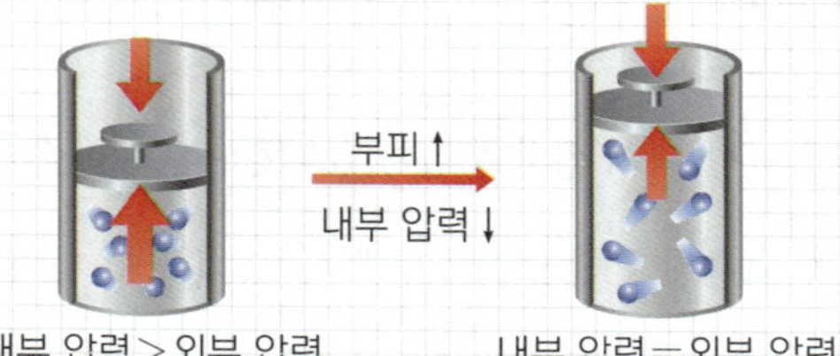

## 4) 온도가 낮아지는 샤를 법칙의 예 – 기체의 부피 감소!

① 따뜻한 곳에서 추운 실외로 이동하면 풍선이 쭈그러듦

② 반 정도 마신 페트병을 닫아 냉장고에 두면 찌그러짐

③ 뜨거운 물에 담근 플라스틱병을 고무풍선에 대고 기다리면 플라스틱병이 붙음

④ 따뜻한 음식을 담은 밀폐 용기의 뚜껑을 닫아 냉장고에 두면 잘 열리지 않음

헬륨 풍선의 부피 변화

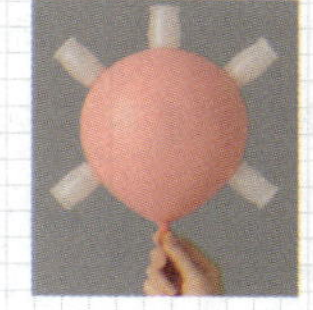

플라스틱병 속 기체의 부피 변화

밀폐 용기 속 기체의 부피 변화

## 5) 온도가 높아지는 샤를 법칙의 예 – 기체의 부피 증가!

① 열기구, 풍등 속의 공기를 가열해 위로 뜨게 함

② 여름철 자동차 타이어에 공기를 겨울철보다 적게 넣음

③ 햇빛이 비추는 곳에 과자 봉지를 두면 부풀어 오름

④ 차가운 달걀을 끓는 물에 넣어 삶으면 껍데기가 깨짐

⑤ 바닥이 오목한 그릇에 뜨거운 음식을 담으면 그릇이 저절로 미끄러짐

⑥ 빈 유리병 입구에 물을 묻히고 동전을 올린 뒤 손으로 감싸면 동전이 움직임

⑦ 포개진 그릇의 아래 그릇을 따뜻한 물에 넣어 분리

⑧ 피펫의 윗부분을 막고 가운데를 손으로 감싸 남은 액체를 제거

과자 봉지 속 기체의 부피 변화

유리병 속 기체의 부피 변화

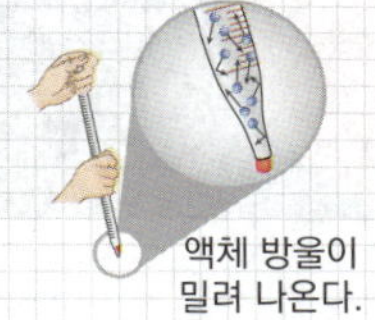


피펫 속 기체의 부피 변화

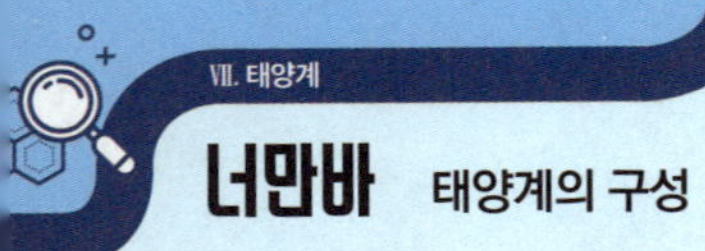

# 너만바 태양계의 구성

## 1. 태양계 구성 천체

1) **태양**: 태양과 태양 주위를 공전하는 천체 및 이들이 차지하는 공간
└ 태양계 전체 질량의 대부분을 차지함

2) 태양계 구성 천체

| 태양 | 소행성 |
|---|---|
| • 태양계의 중심<br>• 태양계에서 유일하게 스스로 빛을 내는 천체<br>• 주로 수소 + 헬륨으로 구성 | • 태양 중심으로 공전<br>• 크기 다양, 불규칙한 모양<br>• 주로 화성-목성 사이 띠를 이루어 분포 |
| **행성** | **혜성** |
| • 태양 중심으로 공전, 둥근 모양<br>• 궤도 주변 천체에 지배적 지위 가짐<br>• 수금지화목토천해 ⇒ 총 8 개 | • 대부분 태양 중심으로 타원 궤도로 공전<br>• 얼음 + 먼지로 구성<br>• 태양과 가까워질 때 꼬리(태양 반대쪽) |
| **왜소 행성** | **위성** |
| • 태양 중심으로 공전, 둥근 모양<br>• 행성보다 크기·질량 ↓<br>• 궤도 주변 천체에 지배적 역할 X<br>예 명왕성, 세레스 등 | • 행성 중심으로 공전<br>• 크기와 모양이 다양함(둥글거나 불규칙)<br>• 행성마다 위성 개수 다양함<br>예 달, 타이탄 등 |

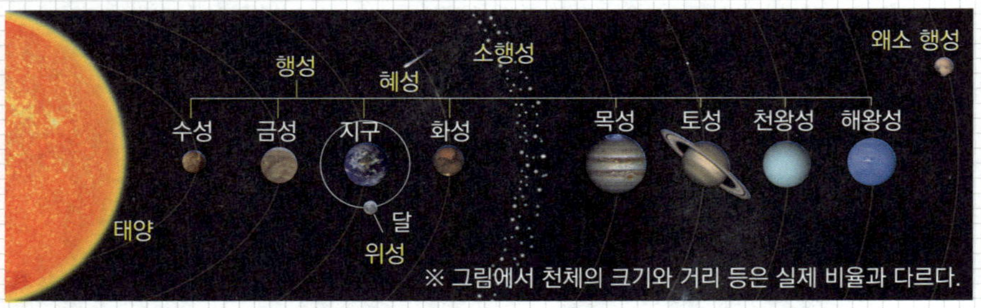

## 2. 태양계 행성의 분류

1) 태양계 행성의 분류: 행성의 특징에 따라 구분

① 지구형 행성: 수성, 금성, 지구, 화성

② 목성형 행성: 목성, 토성, 천왕성, 해왕성

| 구분 | 반지름 | 질량 | 위성 수 | 고리 | 표면 상태 |
|---|---|---|---|---|---|
| 지구형 행성 | 작음 | 작음 | 없거나 적음 | 없음 | 고체 |
| 목성형 행성 | 큼 | 큼 | 많음 | 있음 | 기체 |

* 그래프로 행성 분류하기

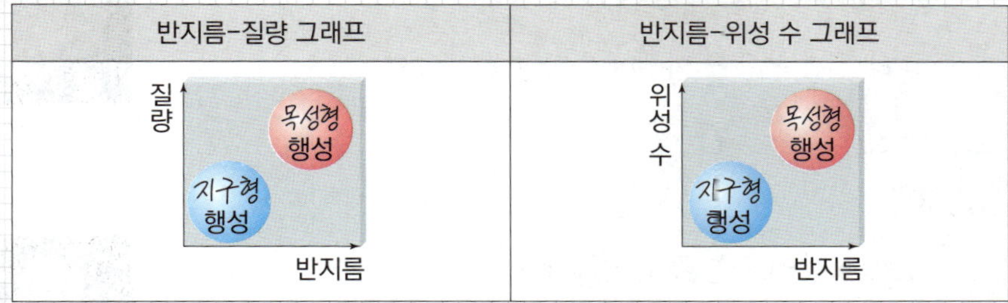


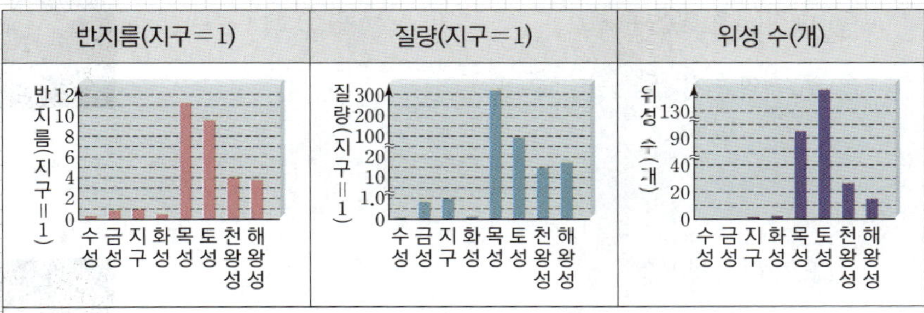


- 수성, 금성, 지구, 화성: 반지름·질량·위성 수 ↓ ⇒ 지구형 행성
- 목성, 토성, 천왕성, 해왕성: 반지름·질량·위성 수 ↑ ⇒ 목성형 행성

# 너만바  태양계 행성의 특징

## 1. 태양계 행성의 특징

### 1) 수성

① 태양과 가장 가까움, 태양계에서 가장 작은 행성

② 운석 구덩이 많음(풍화·침식↓)
  └ 표면의 모습이 달과 비슷

③ 대기 거의 X ⇒ 낮과 밤의 온도 차 매우↑

### 2) 금성

① 크기·질량이 지구와 비슷

② 두꺼운 이산화 탄소 대기 ⇒ 표면 온도↑
  └ 수성보다 표면 온도 더↑

③ 태양계 행성 중 지구에서 가장 밝게 보임

### 3) 지구

① 액체 상태의 물 ⇒ 생명체 존재

② 대기(주로 질소 + 산소)

③ 1 개의 위성: 달

### 4) 화성

① 표면이 붉게 보임

② 극지방에 흰색의 극관 존재(얼음 + 드라이아이스)

  ⇒ 계절별 크기 변화(여름 < 겨울)

③ 주로 이산화 탄소로 이루어진 희박한 대기

④ 물이 흘렀던 흔적

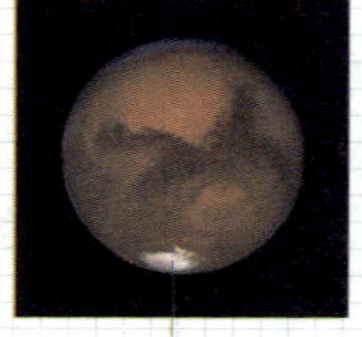

극관

5) **목성**

① 태양계에서 가장 큰 행성

② 주로 수소 + 헬륨으로 구성, 표면에 가로 줄무늬

③ 대적점: 대기의 소용돌이 – 붉은색 큰 점

④ 수많은 위성, 희미한 고리
　　　└ 이오, 유로파, 가니메데, 칼리스토 등

대적점

6) **토성**

① 태양계에서 두 번째로 큰 행성

② 주로 수소 + 헬륨으로 구성, 표면에 가로 줄무늬

③ 뚜렷한 고리: 얼음 + 암석

④ 타이탄 등 수많은 위성

7) **천왕성**

① 청록색 표면, 주로 수소 + 헬륨 + 메테인으로 구성

② 자전축이 공전 궤도면에 거의 나란함
　　　└ 누운 채로 자전·공전

③ 희미한 고리, 많은 위성

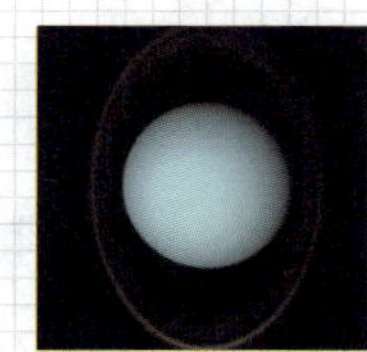

8) **해왕성**

① 태양계 행성 중 가장 바깥쪽 위치

② 청록색 표면, 주로 수소 + 헬륨 + 메테인으로 구성

③ 대흑점: 대기의 소용돌이 – 검은색 큰 점

④ 희미한 고리, 많은 위성

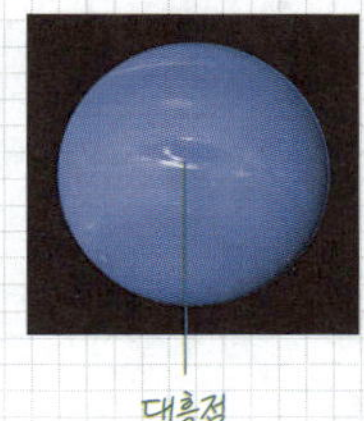
대흑점

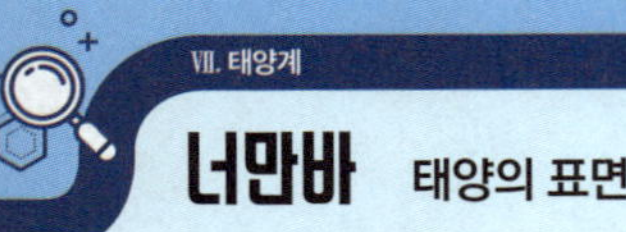


## 1. 태양의 표면

1) **광구**: 태양의 표면(평균 온도 약 6000 ℃)

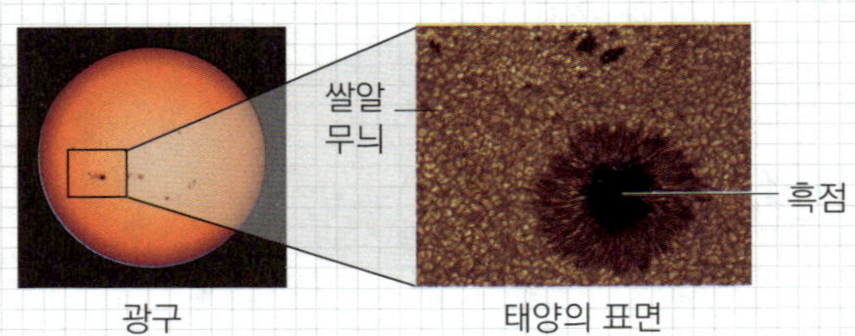


2) **쌀알 무늬**

① 태양 표면에 쌀알을 뿌려놓은 듯한 무늬

② 태양 내부의 대류 현상에 의해 발생

③ 밝은 부분: 고온 물질 상승

 어두운 부분: 냉각 물질 하강

3) **흑점**

① 주변보다 온도가 낮아 어둡게 보임

 (온도 약 4000 ℃)

② 수명, 모양, 크기 다양함

③ 흑점 이동(동 → 서) ⇒ 태양 자전

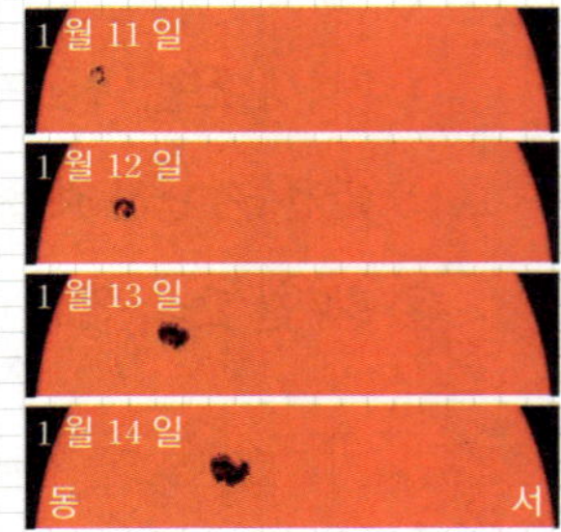

## 1. 태양의 대기

### 1) 채층

① 광구 바로 위 얇고 붉은색을 띠는 대기층

### 2) 코로나

① 채층 위 넓게 뻗어있는 진주색의 대기층

② 온도: 약 100만 ℃ 이상

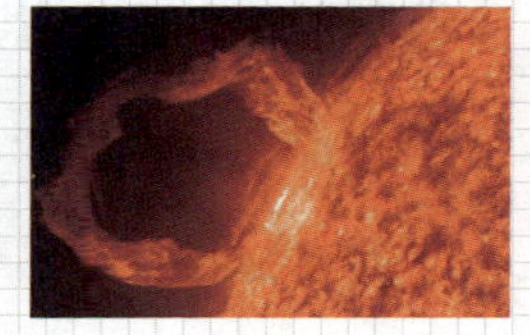

### 3) 홍염

① 광구에서 코로나까지 물질이 솟아 오르는 현상

② 다양한 모양(기둥, 고리 등)

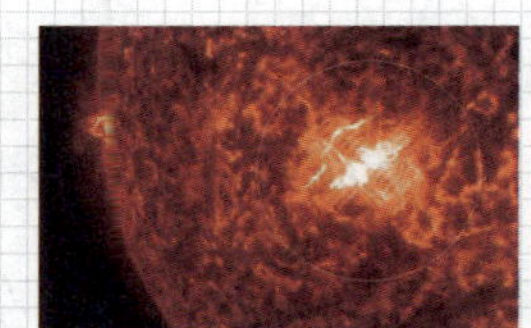

### 4) 플레어

① 흑점 주변에서 짧은 시간 동안 나타나는 폭발

② 에너지 + 물질 우주로 방출

* 달이 태양의 광구를 완전히 가릴 때 – 개기일식

- 관측 가능: 태양의 대기(채층, 코로나)

- 관측 불가: 태양의 표면(쌀알 무늬, 흑점)

**너만바** 태양의 대기, 천체 관측

## 2. 태양의 활동

1) 태양의 활동이 활발할 때 태양에서 나타나는 현상

① 태양 표면 흑점 수↑

　i ) 약 11 년 주기로 증감

　ii ) 흑점의 수로 태양 활동 예측 가능

② 홍염, 플레어 발생 빈도↑

③ 코로나 크기↑

④ 태양풍 세기↑

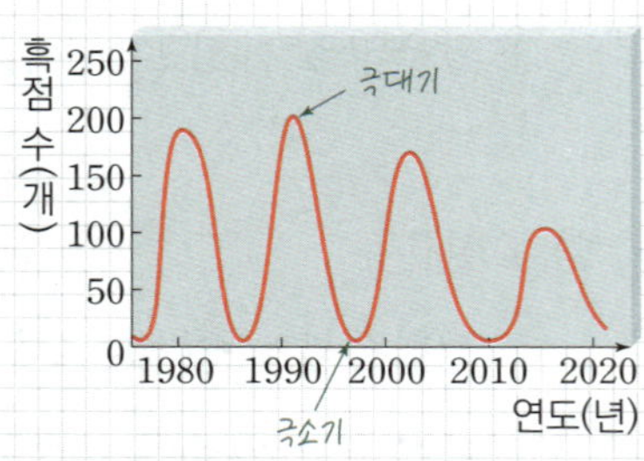


태양 흑점 수의 변화

2) 태양의 활동이 활발할 때 지구에서 나타나는 현상

① 자기 폭풍 발생: 지구 자기장이 일시적으로 불규칙하게 변함

② 오로라: 더 넓은 지역에서, 더 자주 발생

③ 무선 통신 장애: 전파 신호가 방해 받아 발생

④ 대규모 정전: 태양풍에 의해 송전 시설 파괴

⑤ 인공위성 성능 저하: 부품 손상, 오작동, 궤도 이탈

⑥ 위성 위치 확인 시스템(GPS) 통신 오류: 위치 정보 정확성↓

⑦ 항공기 운항 피해: 북극 항로에서 비행 어려움

## 3. 천체 망원경을 이용한 천체 관측

### 1) 천체 망원경의 구조

① 대물렌즈: 천체에서 오는 빛을 모음

② 가대: 경통과 삼각대 연결 및 지지

③ 균형추: 망원경의 균형 잡아줌

④ 삼각대: 경통과 가대 받쳐 줌

⑤ 경통: 대물렌즈와 접안렌즈 연결

⑥ 보조 망원경(파인더): 낮은 배율로 시야 넓음

⑦ 접안렌즈: 천체의 상 확대하여 관측

⑧ 초점 조절 나사: 접안렌즈 움직여 초점 맞춤

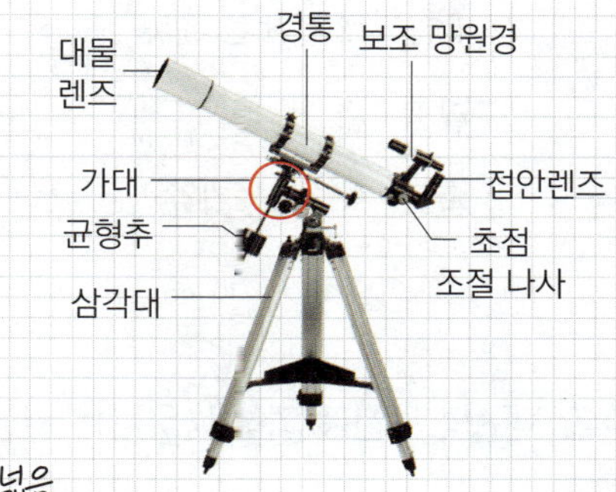


### 2) 조립 순서: 삼각대 설치 → 가대, 균형추 설치 → 경통 설치 → 보조 망원경, 접안렌즈 설치 → 균형 맞추기 → 시야 정렬

### 3) 조작 방법

① 설치 장소: 주위가 트여 있고 빛이 적은 평평한 곳

② 보조 망원경으로 천체 찾기

③ 천체가 십자선 중앙에 오도록 조정 – 천체의 상하좌우가 바뀌어 보일 수 있음

④ 접안렌즈로 초점 맞춘 후 천체 관측(저배율 → 고배율)

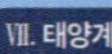

# 너만바  지구의 자전과 천체의 일주 운동

## 1. 지구의 자전 — 천체의 일주 운동, 태양과 달의 일주 운동, 낮과 밤의 반복 등

1) 지구의 자전: 지구가 자전축을 중심으로 하루에 한 바퀴씩 회전하는 운동

① 방향: 서 → 동

② 속도: 약 15°/시간 — 하루(24 시간)에 한 바퀴(360°) 회전

## 2. 지구의 자전에 의해 나타나는 현상

* 겉보기 운동: 자전하는 지구에서 고정된 천체 관측 ⇒ 지구의 자전 방향과 반대 방향으로 움직이는 것처럼 보임 — 실제 천체는 이동 X

1) 천체의 일주 운동: 천구의 북극을 중심으로 하루에 한 바퀴씩 회전하는 겉보기 운동

① 방향: 동 → 서 — 지구 자전과 반대 방향

② 속도: 약 15°/시간 — 지구 자전과 같은 속도

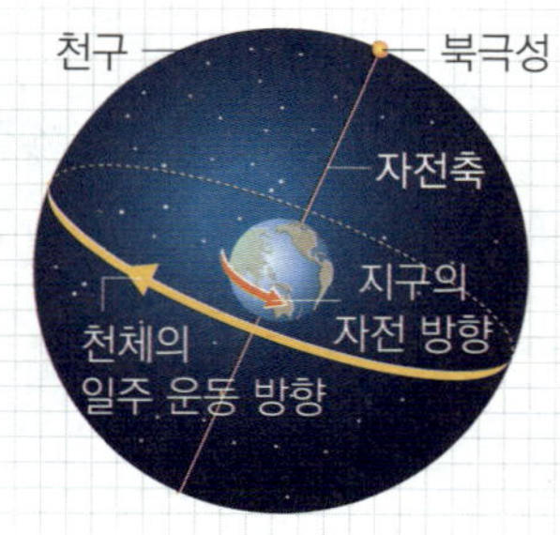


2) 태양과 달의 일주 운동: 매일 동쪽에서 뜨고 서쪽으로 짐 ⇒ 낮과 밤의 반복

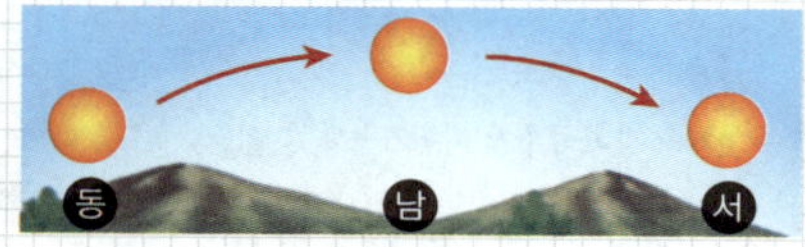


태양의 일주 운동

달의 일주 운동

3) 우리나라(북반구 중위도)에서 관측한 천체의 일주 운동

① 서쪽 하늘: 오른쪽 아래로 비스듬히 짐

② 남쪽 하늘: 지평선과 거의 나란함, 동 → 서 방향

③ 동쪽 하늘: 오른쪽 위로 비스듬히 떠오름

④ 북쪽 하늘: 북극성 중심, 시계 반대 방향으로 회전

* 북쪽 하늘에서 1 시간 동안 관측한 별의 일주 운동

: 지구는 하루(24 시간) 동안 한 바퀴(360°) 회전

⇒ 북쪽 하늘의 별은 1 시간에 15°씩 북극성 중심으로

시계 반대 방향으로 회전

# 너만바  지구의 공전과 천체의 연주 운동

## 1. 지구의 공전 — 태양의 연주 운동, 별의 연주 운동, 계절별 별자리 변화 등

1) 지구의 공전: 지구가 태양을 중심으로 1 년에

한 바퀴씩 회전하는 운동

① 방향: 서 → 동

② 속도: 약 1°/일 — 1년에 한 바퀴(360°) 회전

## 2. 지구의 공전에 의해 나타나는 현상

1) 태양의 연주 운동: 태양이 별자리 사이를 서 → 동으로 이동하여 1년 후 처음

위치로 되돌아오는 겉보기 운동

① 방향: 서 → 동 — 지구 공전과 같은 방향

② 속도: 약 1°/일 — 지구 공전과 같은 속도

* 태양의 연주 운동 방향

① 지구 공전: 서 → 동(1 → 3)

② 태양의 연주 운동: 서 → 동(1' → 3')

⇒ 지구 공전 방향 = 태양의 연주 운동 방향

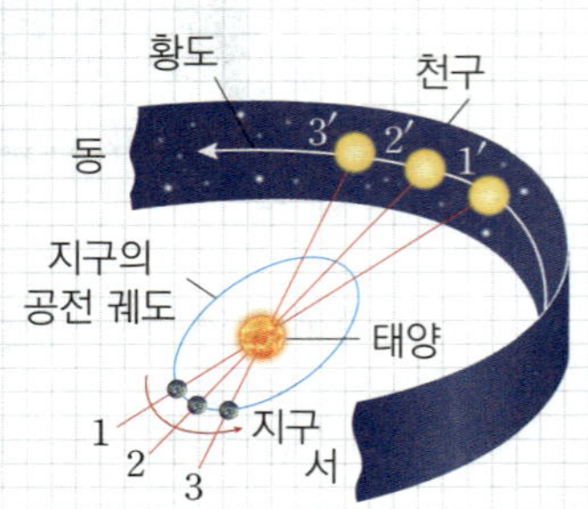

2) 별의 연주 운동: 별들이 태양 기준으로 동 → 서로 이동하여 1년 후 처음 위치로 되돌아오는 겉보기 운동

① 방향: 동 → 서 – 지구 공전과 반대 방향

② 속도: 약 1°/일 – 지구 공전과 같은 속도

* 해가 진 직후 서쪽 하늘 관측(15 일 간격)

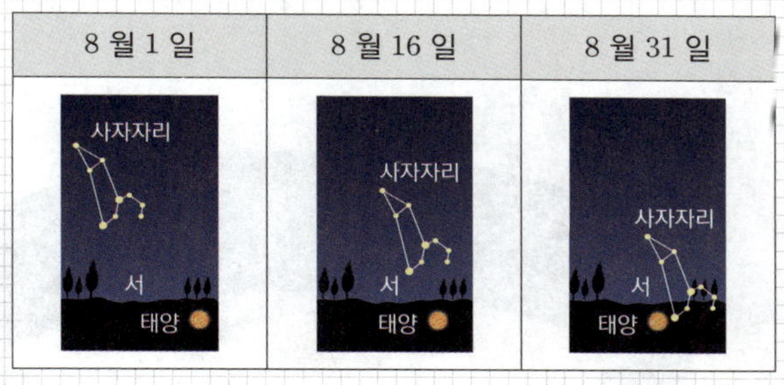


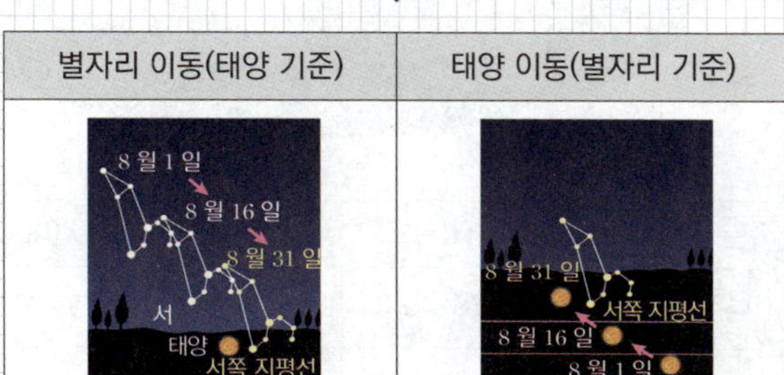


① 모두 지구 공전에 의한 겉보기 운동

② 관측 기준에 따라 이동 대상이 상대적으로 다르게 보임

ⅰ) 태양 기준으로 관측 ⇒ 별의 연주 운동(동 → 서)

ⅱ) 별자리 기준으로 관측 ⇒ 태양의 연주 운동(서 → 동)

## 3) 계절별 별자리 변화

① 황도 12궁: 황도에 있는 12 개의 별자리

② 태양이 지나는 별자리: 황도 12궁에 표시된 달에 해당하는 별자리

⇒ 태양과 함께 뜨고 지므로 한밤중 관측 X – 태양과 같은 방향에 있는 별자리

③ 한밤중 남쪽 하늘에서 관측되는 별자리: 태양의 반대쪽에 있는 별자리

⇒ 태양이 진 직후 동쪽 하늘 → 자정에 남쪽 하늘 → 태양이 뜰 때 서쪽 하늘

에서 관측됨

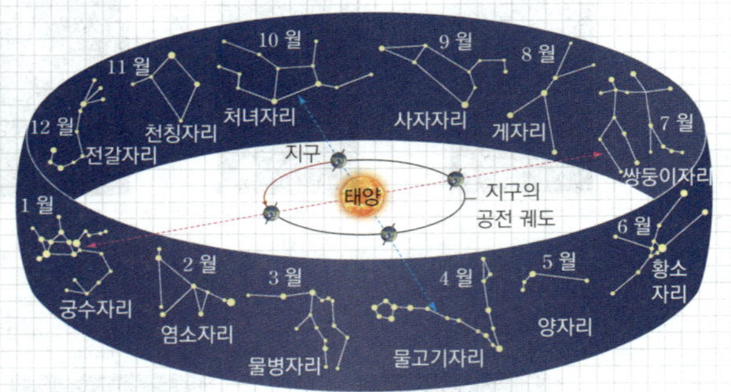


| 구분 | 1 월(겨울) | 4 월(봄) | 7 월(여름) | 10 월(가을) |
|---|---|---|---|---|
| 태양이 지나는 별자리 | 궁수자리 | 물고기자리 | 쌍둥이자리 | 처녀자리 |
| 한밤중 남쪽 하늘의 별자리 | 쌍둥이자리 | 처녀자리 | 궁수자리 | 물고기자리 |

* 지구에서 보이는 별자리

  • 태양과 같은 방향: 태양 빛이 밝아 관측 X

  • 태양과 반대 방향: 한밤중 남쪽 하늘에서 관측 O

  ⇒ 서로 반대 방향에 있어서 6 개월 차이

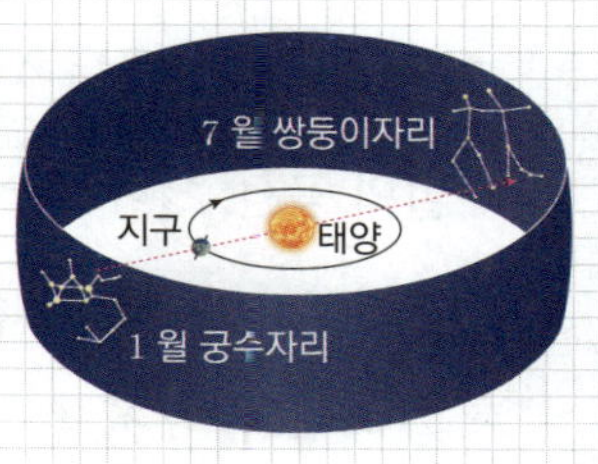


* 지구의 운동, 일주 운동, 연주 운동 정리

| 구분 | 지구의 자전 | 지구의 공전 | 천체의 일주 운동 | 태양의 연주 운동 | 별의 연주 운동 |
|---|---|---|---|---|---|
| 운동 | 실제 회전운동 | | 겉보기 운동 | | |
| 방향 | 서 → 동 | 서 → 동 | 동 → 서 | 서 → 동 | 동 → 서 |
| 속도 | 15°/시간 | 1°/일 | 15°/시간 | 1°/일 | 1°/일 |

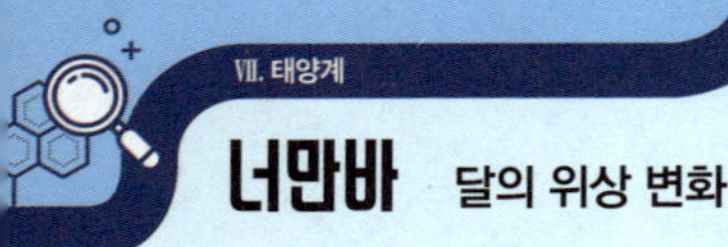


## 너만바 달의 위상 변화

### 1. 달의 공전 – 달의 위상 변화, 일식과 월식 등

1) 달의 공전: 달이 지구를 중심으로 약 **한 달**에 **한 바퀴**씩 회전하는 운동

① 방향: 서 → 동

② 속도: 약 13°/일 – 약 한 달에 한 바퀴(360°) 회전

③ 달의 자전 방향과 속도 = 공전 방향과 속도

⇒ 항상 달의 한쪽 면만 관측

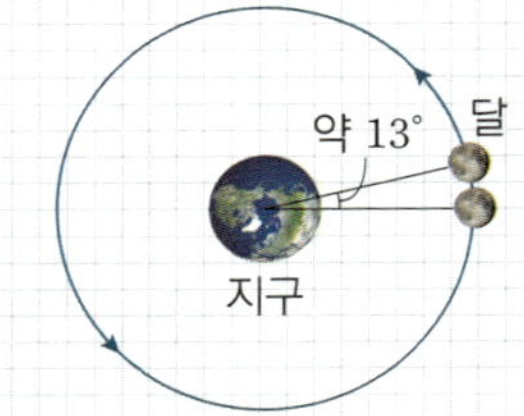


### 2. 달의 위상 변화

1) 달의 위상: 지구에서 달을 볼 때 밝게 보이는 **달의 모양**

2) 달의 위상이 변하는 까닭: 태양 빛 반사하여 밝게 빛남(스스로 빛 X)

⇒ 태양, 지구, 달의 **상대적 위치**에 따라 달의 밝은 부분 모양 달라짐

ㄴ 같은 날 다른 위치에서 관측할 때 달의 위상 동일

3) 달의 위상 변화 순서

: 보이지 않음(삭) → 초승달 → 상현달 → 보름달(망) → 하현달 → 그믐달 →

보이지 않음(삭)

## 4) 달의 위상 종류

| 위상 | 음력 날짜 | 상대적인 위치 | 모양 |
|---|---|---|---|
| 보이지 않음(삭) | 1 일경 | 지구-달-태양 | |
| 초승달 | 2~3 일경 | 삭과 상현 사이 | |
| 상현달 | 7~8 일경 | 달⊥태양(지구 중심) | |
| 보름달(망) | 15 일경 | 달-지구-태양 | |
| 하현달 | 22~23 일경 | 달⊥태양(지구 중심) | |
| 그믐달 | 27~28 일경 | 하현과 삭 사이 | |

* 달을 바라보는 방향

: 남쪽 하늘 관측 ⇒ 상현달은 오른쪽 절반, 하현달은

왼쪽 절반이 밝게 관측

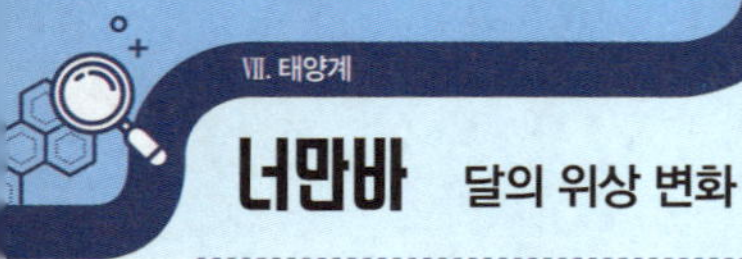


3. 달의 위치와 모양 변화

1) 해가 진 직후 관측되는 달의 모양 변화

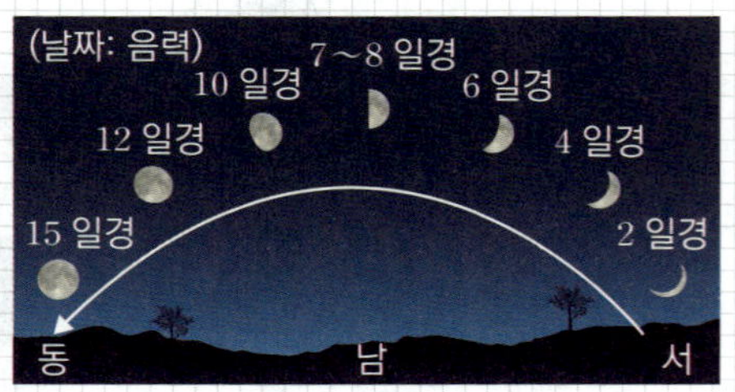


① 음력 1 일경: 보이지 X(삭)

② 음력 2 일경: 서쪽 하늘, 초승달

③ 음력 7~8 일경: 남쪽 하늘, 상현달

④ 음력 15 일경: 동쪽 하늘, 보름달

⇒ 약 한 달 후 달은 같은 위치에서 같은 모양


2) 보름달이 동쪽 하늘에 있을 때 태양의 위치

: 보름달(망)일 때 달-지구-태양 순 위치 → 태양과 달 서로 반대 방향

⇒ 보름달 동쪽 하늘 ←— 반대 방향 —→ 태양 서쪽 하늘

**1. 일식** : 달이 태양을 가리는 현상 ⇒ 달이 공전하면서 태양의 앞 지날 때
　　　　　└ 태양이 달보다 매우 크지만, 지구로부터 떨어진 거리가 태양이 달보다 매우
　　　　　멀어서 지구에서 태양과 달의 크기가 비슷하므로 달이 태양을 가릴 수 있음

**1) 천체의 위치 관계:** 태양−달−지구 순 일직선상 ⇒ 달의 위치: 삭

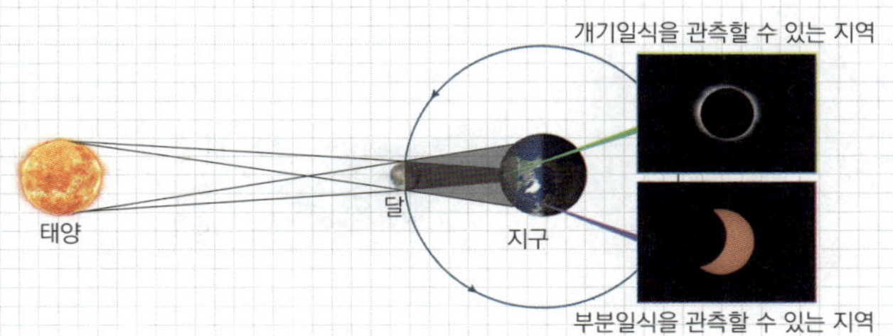


**2) 일식의 종류와 관측 가능 지역**

지구에서 달의 그림자가 생기는 지역에서만 관측됨

| 구분 | 정의 | 관측 가능 지역 |
|---|---|---|
| 개기일식 | 달이 태양의 전체를 가리는 현상<br>→ 태양의 대기 관측 가능 | 달이 태양의 전체를 가리는 지역 |
| 부분일식 | 달이 태양의 일부를 가리는 현상 | 달이 태양의 일부를 가리는 지역 |

**3) 진행 과정:** 달이 태양 앞을 오른쪽 → 왼쪽으로 지나감

⇒ 태양의 오른쪽(서쪽)부터 가려지고 오른쪽(서쪽)부터 빠져나옴

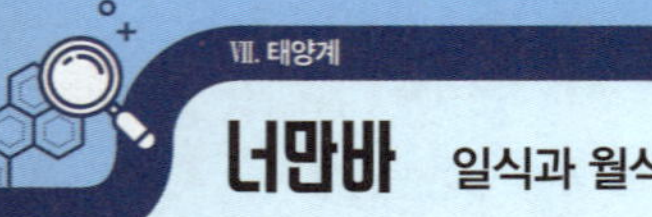


**2. 월식**  지구 그림자가 달을 가리는 현상 ⇒ 달이 공전하면서 지구 그림자에 들어갈 때

1) 천체의 위치 관계: 태양-지구-달 순 일직선상 ⇒ 달의 위치: 망

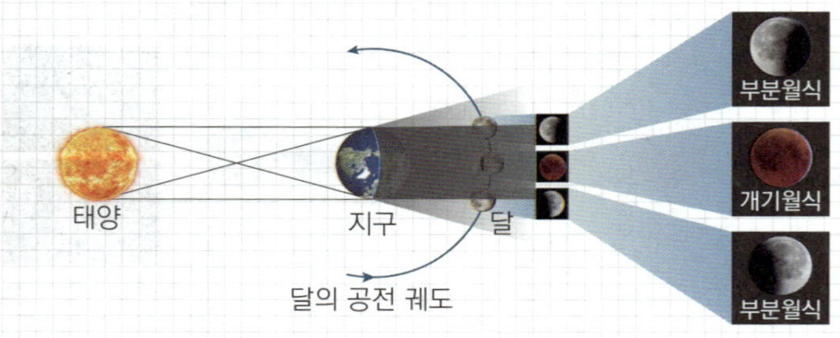


2) 월식의 종류와 관측 가능 지역

| 구분 | 정의 | 관측 가능 지역 |
|---|---|---|
| 개기월식 | 달 전체가 지구 그림자에 완전히 가려짐 → 달 전체가 붉게 보임 | 지구 그림자에 달이 들어가면 월식 발생 ⇒ 밤이 되는 모든 지역 관측 |
| 부분월식 | 달의 일부가 지구 그림자에 가려짐 | |

3) 진행 과정: 달이 지구 그림자 속을 오른쪽 → 왼쪽으로 지나감

　　⇒ 달의 왼쪽(동쪽)부터 가려지고 왼쪽(동쪽)부터 빠져나옴

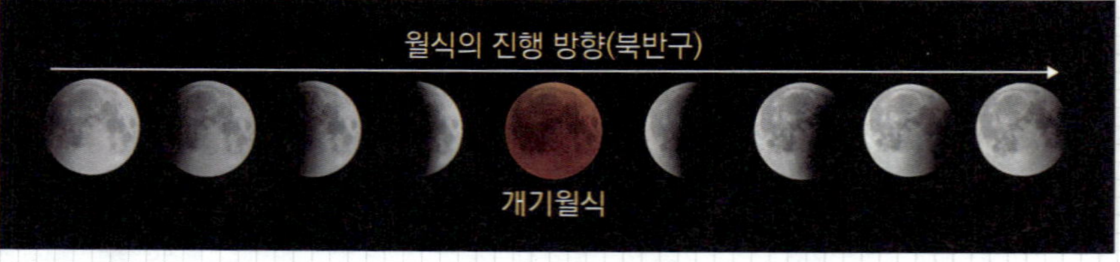

* 개기월식이 일어날 때 달이 붉게 보이는 까닭

  : 파장이 긴 붉은색 태양 빛 → 지구 대기에 의해 굴절 → 달 표면에 도달


* 일식과 월식의 달의 위상

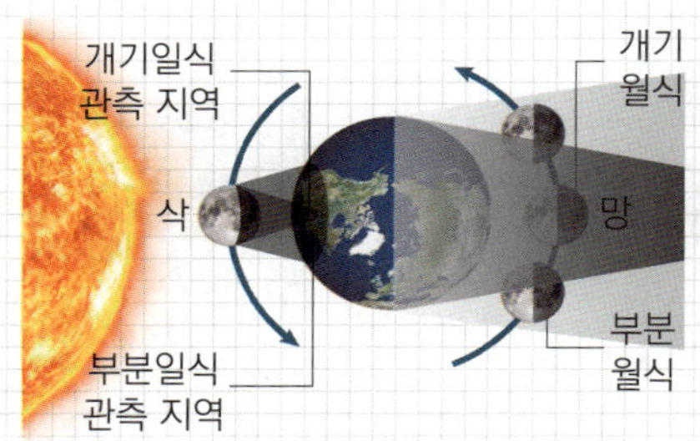


- 일식: 달이 태양과 지구 사이에 위치 ⇒ 삭(이날 달 관측 X)
- 월식: 달이 태양과 반대 방향에 위치 ⇒ 망(이날 보름달 관측)


우리 풍마니들! 장풍이 믿고 중1 잘 따라와 줘서 정말 고마워요!~

어려운 내용들도 많은데 잘 참고 같이 공부해줘서 너무 행복했어요~~

중1 때의 올바른 과학 공부 습관이 중2, 3, 그리고 고등학교 때까지!

우리 풍마니들 과학 실력의 기초가 될 것입니다!

우리 중2, 3, 그리고 고등학교 때까지

즐겁고 행복하게 과학 공부해보자요~~

화이팅 합시다!!! 풍마니 포에버~~~

MEMO

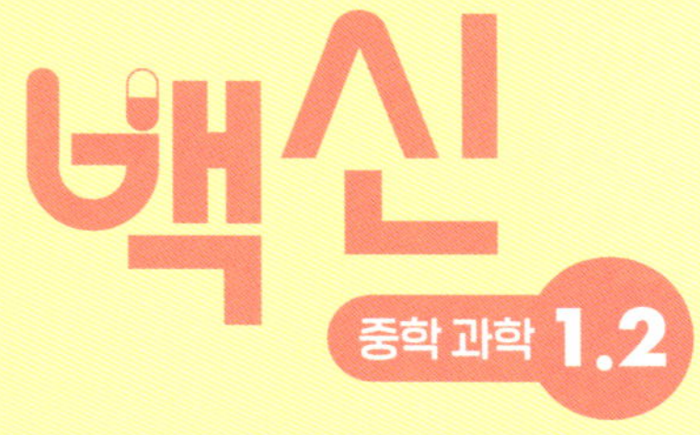

메가스터디**BOOKS**

내용 문의 02-6984-6915 | 구입 문의 02-6984-6868,9 | www.megastudybooks.com